Adobe InDesign 中文版 从入门到精通

（适合CS3、CS4、CS5版本）

王青　编著

清华大学出版社
北　京

内 容 简 介

本书详细地介绍了InDesign的基础知识、操作方法和应用技巧，并配以大量练习实例。全书由两大主线贯穿，一条主线是软件知识点，包括文本与段落的设置、图形绘制、颜色设置、图像处理、对象的变换与组织、表格的绘制与修饰、页面与长篇文档的创建与编辑、印前和输出设置等内容。另一条主线是常见的商业案例类型，如宣传页设计、报纸及杂志的设计等内容。知识点、设计理念与丰富的应用实例相结合是本书的主要特色，另附有一张DVD多媒体光盘，包含本书所有案例的素材、源文件及多媒体教学视频。

本书适合InDesign的初、中级读者以及从事版式设计相关工作的设计师阅读。同时也非常适合作为高职、高专及培训机构的教学参考书。

图书在版编目（CIP）数据

Adobe InDesign中文版从入门到精通：适合CS3、CS4、CS5版本/王青编著.
一北京：清华大学出版社，2011.1（2021.1重印）
ISBN 978-7-302-24244-4
I. ①A… II. ①王… III. ①排版一应用软件，InDesign一教材 IV. ①TS803.23

中国版本图书馆CIP数据核字（2010）第231084号

责任编辑： 夏非彼　张　皓
封面设计： 王　翔
责任校对： 闫秀华
责任印制： 吴佳雯

出版发行： 清华大学出版社
　　网　　址： http://www.tup.com.cn，http://www.wqbook.com
　　地　　址： 北京清华大学学研大厦A座　　**邮　　编：** 100084
　　社 总 机： 010-62770175　　**邮　　购：** 010-62786544
　　投稿与读者服务： 010-62776969，c-service@tup.tsinghua.edu.cn
　　质量反馈： 010-62772015，zhiliang@tup.tsinghua.edu.cn
印 装 者： 三河市龙大印装有限公司
经　　销： 全国新华书店
开　　本： 190mm×260mm　　**印　　张：** 25.75　　**彩　　插：** 8　　**字　　数：** 685千字
　　附光盘1张
版　　次： 2011年1月第1版　　**印　　次：** 2021年1月第13次印刷
定　　价： 59.00元

产品编号： 039951-01

前 言

版式设计是现代艺术设计的重要组成部分，是视觉传达的重要手段。而InDesign正是Adobe公司发布的一款专门用于设计印刷品和数字出版物版式设计的软件。它为平面设计师、包装设计师和印前专家提供了很多便捷的工作模式，为杂志、书籍、报纸和广告等设计工作提供了一系列更为完善的排版功能。它不但与Adobe公司旗下的其他系列软件有很好的兼容性，保证了真正意义上的无缝链接，同时对图像、字型、印刷和色彩等方面进行专业的技术管理。

本书采用“教程+案例”的双线编写形式，将软件的基本操作技巧通过案例串联起来，并在其中体现与版面编排有关的设计、制作方法以及印刷方面的基础知识，力求使其兼具技术手册和应用技巧参考手册的特点。

全书共分为10章，第1章至第8章包含有近50个典型实例，循序渐进的介绍了软件的基础知识以及设计、制作的基础知识。其中第1章对InDesign CS5的界面、工作环境、文档的基本操作做了详细的介绍，并通过两个案例为读者演示了InDesign CS5的基本使用。第2章介绍了文本与段落的创建和设置。第3章介绍了各种图形绘制工具的使用。第4章介绍了颜色模式、颜色面板、色板面版、渐变面板、效果面板等面板的相关知识。第5章介绍了图片的置入、编辑和链接等设置方法。第6章介绍了对象的变换与组织，第7章介绍了表格的创建及设置方法，第8章介绍了长篇与动态文档的编排方法。第9章讲解了InDesign的印前与输出设置，包括输出PDF、打印设置和打包等内容。第10章是一个综合案例章节，依次总结了在宣传页、报纸和杂志的制作流程中需要注意的问题和具体的制作方法。

本书技术实用，讲解清晰，不仅可以作为InDesign平面设计初、中级读者的学习用书，也可以作为大中专院校相关专业及InDesign平面设计培训班的教材。也非常适合InDesign的初、中级读者以及从事版式设计相关工作的设计师自学与查阅。

本书附有一张DVD多媒体光盘，包括本书所有案例的素材、InDesign源文件及教学视频。

本书由垒土文化策划，王青主持编写，参与本书编写和整理的还有李龙、王华、李辉、刘峰、徐浩、李建国、马建军、唐爱华、苏小平、朱丽云、马淑娟、周毅、张浩、张乐、李大勇、魏勇、王云、许小荣等同志，在编写的过程中，得到了清华大学出版社夏非彼老师的大力支持，在此一并表示感谢。

由于时间仓促，加之水平有限，书中难免存在错误和不妥之处，敬请广大读者批评指正。

编者

2010.08

InDesign

DVD光盘使用说明

光盘内容

双击打开光盘后，可以看到本光盘内容结构。

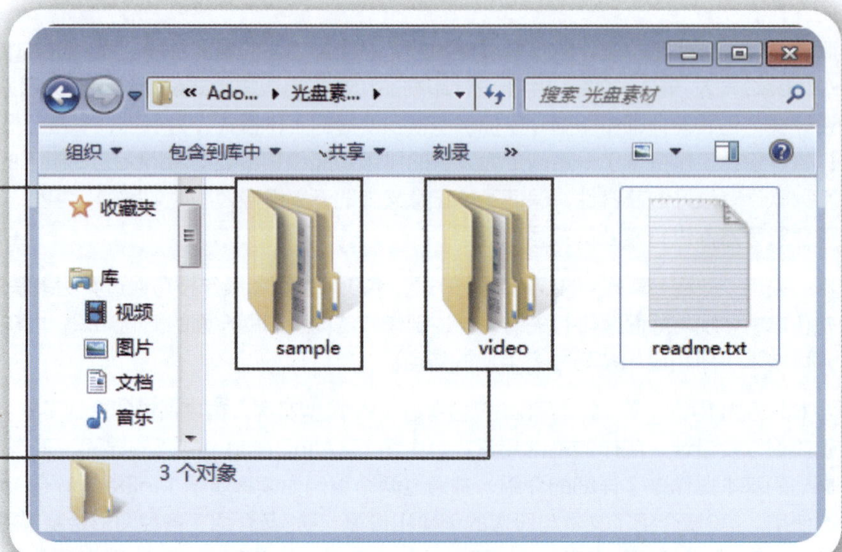

提供了本书所有章节案例的源文件和素材文件，共425个

提供了本书技术和案例的多媒体教学文件，共48个

多媒体课程索引

教学视频播放文件

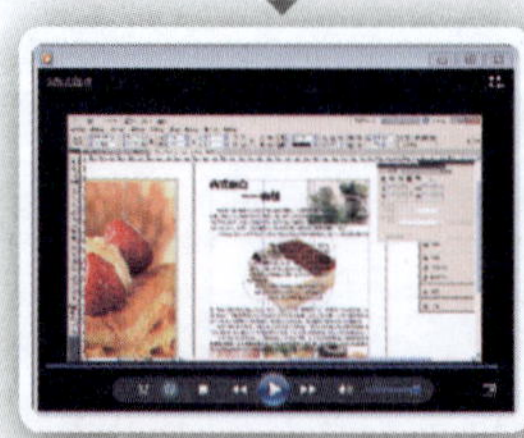

目　录

第1章 入门基础 1

第2章 文本与段落 29

第5章 图像处理 157

第10章 综合案例的制作 330

Adobe

InDesign

③

InDesign

FANGYUAN

电脑 手机 时尚小家电 尽在方圆

方圆大世界

电脑 手机 时尚小家电 尽在方圆

方圆家电商场经营范围涵盖电视、冰箱、空调、洗衣机、音响、电工电料等，营业面积近3000平方米。

Best!

Children

时代广场

夏季购物节

welcome to...

场购物节来啦！

各种大牌均参加活动。

主要品牌有VM、ONLY、LEE、LEVIS、艾格、艾格周末、小熊、依恋等等。。。

均六五折代购。

shopping

flower

七彩人生

——水果养颜美肤秘诀

幼儿歌曲精选 4

④

国际高尔夫俱乐部
golfgolf
衣冠楚楚的绅士表演
最昂贵的绿色奢华运动
感受结缕草在眼前蔓延出的开阔
验击球一刻得淋漓畅快
中国高尔夫球协会
地址：北京市体育馆路 5 号
电话：87183910/87183535
www.golf.org.cn

Adobe
InDesign
6
休闲生活 XK 超薄数码相机
PICTURE
甜天西饼屋
5折
天籁之音
VIOLIN CONCENT 小提琴演奏会
SOUNDS OF NATURE

7
课程表
星期一
星期二
星期三
星期四
星期五
星期六至星期日
活动一：通信费返还方案
方案1
方案2
方案3
方案4
方案5
160
208
280
400
640
2400
3120
4200
6000
9600
1200
1560
2100
3000
4800
品牌
机型
HP
Dell
1. 办理此方案的上网本不再享受通信费返还优惠。
2. 办理此方案时，您必须到现场进行成功绑定操作，绑定号码为办理全球通话费换上网业务的号码。
引领时尚生活
全球通信 无限精彩
活动一：通信费返还方案
活动二：全球通承诺话费换上网本方案
引领时尚生活

8

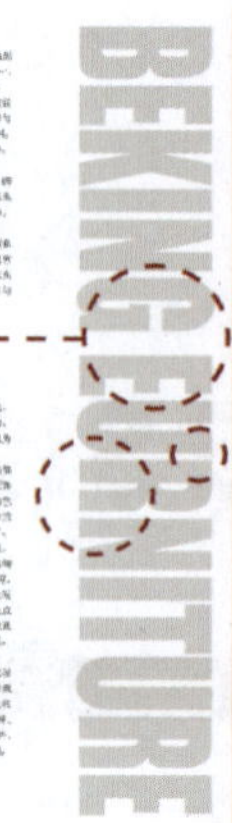

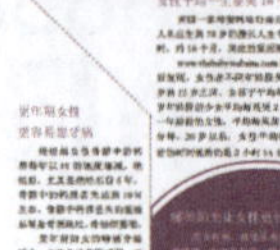

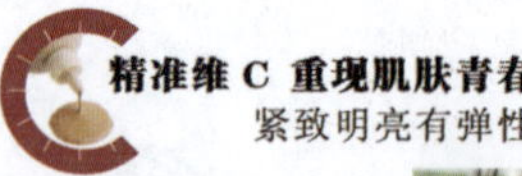

10

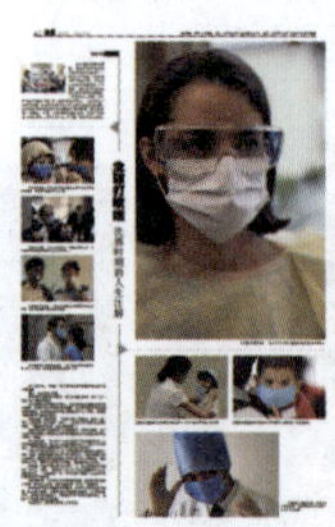

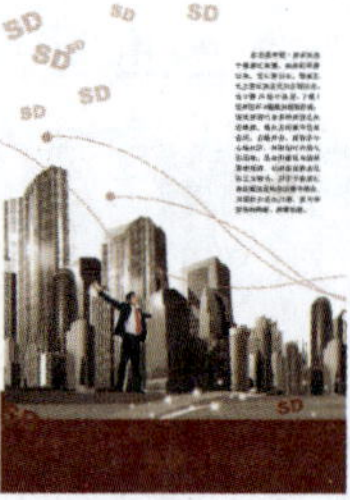

InDesign

第1章 入门基础

InDesign是Adobe公司发布的一款专门用于设计印刷品和数字出版物版面设计的软件。它为平面设计师、包装设计师和印前专家提供了很多便捷的工作模式，为杂志、书籍、报纸和广告等设计工作提供了一系列更为完善的排版功能。它不但与Adobe公司旗下的其他系列软件有很好的兼容性，保证了真正意义上的无缝链接，同时对图像、字型、印刷和色彩等方面进行专业的技术管理。

本章将简要向读者介绍版式设计的相关基础知识，然后重点讲解InDesign的工作环境和相关基础操作。

1.1 版式设计概述

版式设计是现代设计艺术的重要组成部分，是视觉传达的重要手段。

所谓版式设计，即在版面上将有限的视觉元素进行有机的排列组合，将理性思维个性化地表现出来，是一种具有个人风格和艺术特色的视觉传达方式。它在传达信息的同时，也产生感观上的美感。版式设计的范围可以涉及到报纸、杂志、书籍、画册、产品样本、挂历、招贴、唱片封套等平面设计的各个领域，它的设计原理和理论贯穿于每一个平面设计的始终。

但是，无论何种版式设计，都需要遵循主题鲜明、形式与内容统一和强化整体布局三大原则。

1. 主题鲜明

版式设计的最终目的是使版面产生清晰的条理，用悦目的组织来更好地突出主题，达成最佳的宣传效果。它有助于引起读者对版面的注意，增强读者对内容的理解。要使版面获得良好的诱导力，可以通过版面的空间层次、主从关系、视觉秩序及彼此间的逻辑条理性的把握与运用来展现 。

如图1-1所示的作品，它按照主从关系的顺序，使放大的主体水晶形象成为视觉中心，以此来表达主题思想。作品中无论是文字设计还是所使用的图片，都是为了表达相同的主题，色调与字体和谐统一，让人一目了然。

图1-1 主题鲜明版式设计1

如图1-2所示的作品，通过在主题形象四周增加空白区，使被强调的主体形象更加鲜明突出。

图1-2 主题鲜明版式设计2

如图1-3所示的报纸排版中，将文案中多种信息做整体编排设计，有助于整体形象的建立，在整体上对版面进行了分割，同时明确了主题。

Life

1988 CHRYSLER NEW YORKER

1932 FORD ROADSTER

OLDIES BUT GOODIES

Car buffs descend on Columbus for annual show

1939 GRAHAM

1948 CHEVROLET COUPE

1948 CHEVROLET CANOPY EXPRESS

Discordance dominates modern-day appointments of justices

Tuesday, May 4, 2004

The Jackson Sun

jacksonsun.com

Inside

Stories from the Storm/One year later

Still mourning

Last year, two tornadoes swept across our region, killing 11 people. On today's anniversary, West Tennessee remembers those lost.

BlueCross adding Regional to network

Thousands will now have access to Regional

Top Stories

CyHigh

Living

Inside today

- Read about the lives of those who died in last year's storms, 10A.
- Find out where downtown, residential, business and other areas stand on rebuilding efforts, 8A.
- The Weather Channel studies Jackson's storm in a TV special, 10A.
- The city plans an event to commemorate the tornadoes tonight, 10A.

About this series

Index

American hostage heard Army coming and made his escape

图1-3 主题鲜明的版式设计3

2. 形式与内容统一

版式设计所追求的完美形式必须符合主题的思想，这是版面设计的前提。只讲完美的表现形式而脱离内容或只追求内容而没有艺术的表现，都会使版式设计变得空洞与刻板，也就会失去版式设计的意义。要将二者统一，设计者首先要深入领会其主题的思想精神，再融合自己的思想感情，找到一个符合两者的完美表现形式，版面设计才会体现出它独特的分量和特有的价值。

如图1-4和1-5所示的作品的主题内容不同，因此采用了不同的排版设计来达到形式与内容相统一的效果。

图1-4 形式与内容统一的版式设计1

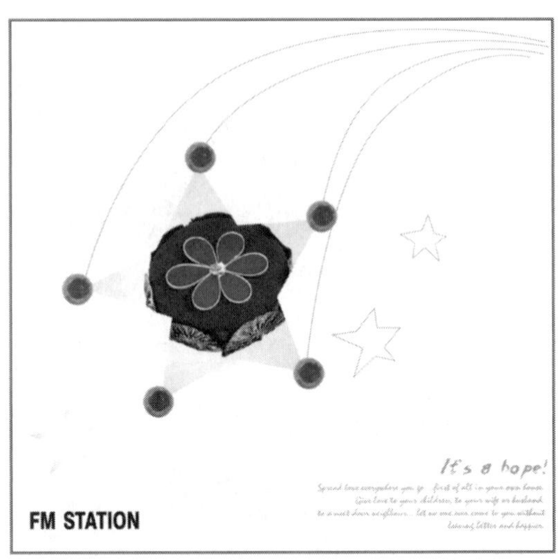

图1-5 形式与内容统一的版式设计2

3. 强化整体布局

强化整体布局，即将版面各种编排要素（图与图、图与文字）在编排结构及色彩上作整体的设计。譬如：当图片与文字较少时，则需要以周密的组织和定位来获得版面的秩序，即使运用“散”的结构，也是设计中特意的追求。而对于展开页的设计，必须同时考虑左页和右页的效果，否则，必将造成松散、各自为阵的状态，也就破坏了版面的整体性。

要强化整体布局，可以通过加强整体的结构组织和方向视觉秩序，如水平结构，垂直结构，斜向结构，曲线结构等来实现。如图1-6所示的即为一个斜向结构的排版方式。

如图1-7所示的排版方式，通过加强文案的集合性，将文案中多种信息组合成块状，使版面具有条理性，从而强化了整体布局。

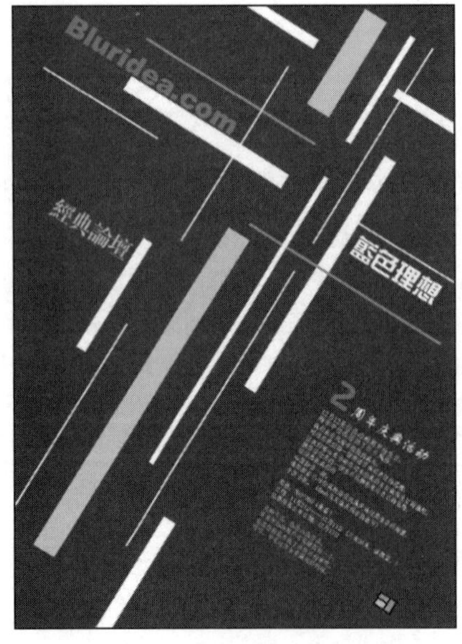

图1-6 强化整体布局版式设计1

图1-7 强化整体布局版式设计2

此外，无论是产品目录的展开页版，还是跨页版，均为同视线下展示，因此加强整体性，可获得更好的视觉效果。如图1-8所示的为宣传册的内页设计，此设计加强了展开页的整体性。

图1-8 强化整体布局版式设计3

1.2 InDesign工作环境简介

InDesign CS5的工作环境与Adobe系列的其他软件在风格和操作习惯上类似，操作起来非常便利。

1.2.1 启动InDesign CS5

执行“开始”|“所有程序”命令，在展开的子菜单中选择Adobe InDesign CS5，即可启动InDesign CS5软件，进入Adobe InDesign CS5的启动引导画面，并进行系统检测，如图1-9所示。

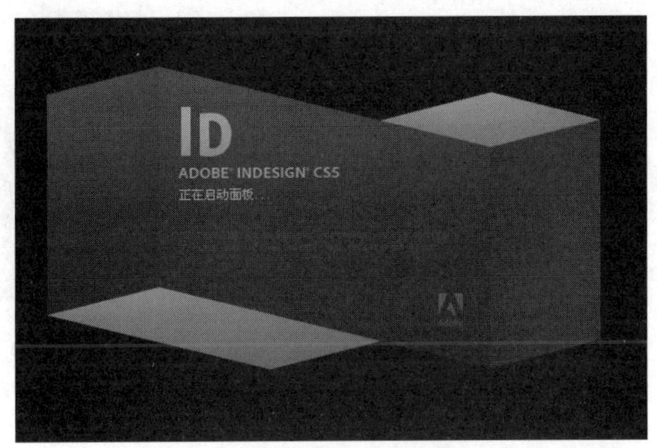

图1-9 启动引导画面

检测完成后，即可出现InDesign CS5的工作窗口，如图1-10所示。在此窗口中显示有欢迎对话框，并展示了基本操作命令。在对话框左侧显示有“打开”图标，单击此图标可以在弹出的“打开”对话框中将需要的文件打开；在右侧的“新建”选项组中可以单击相应的图标来创建“文档”、“书籍”或“库”；在“社区”选项给中提供有对该软件介绍的相关信息，单击每个链接可以打开相应的网页；勾选“不再显示”复选框，以后再打开软件将不再显示该欢迎界面。

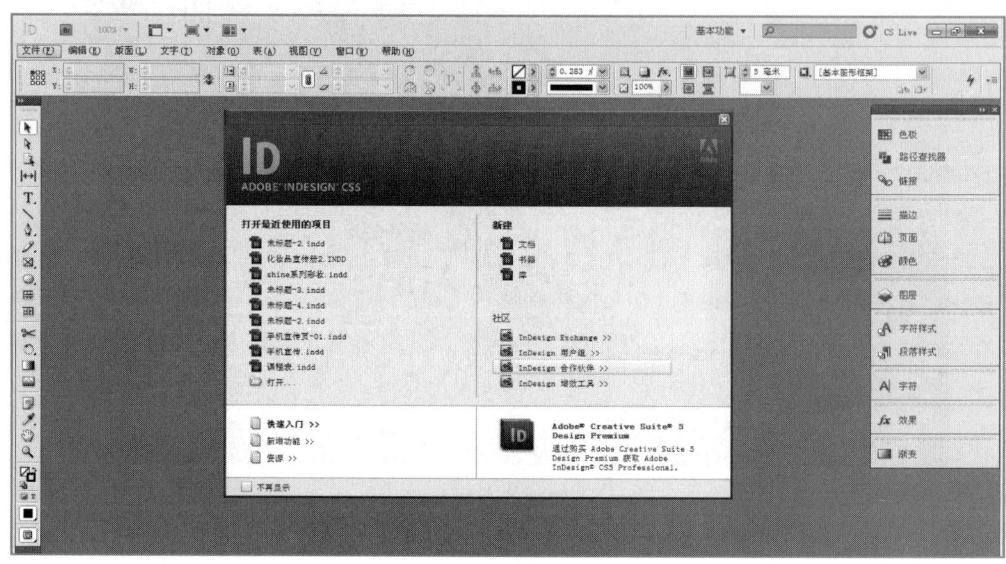

图1-10 欢迎界面对话框

1.2.2 工作区组成

工作区是用户可以使用各种元素（如面板、栏以及窗口）来创建、处理文档和文件的区域。用户可以使用例如面板、工具栏以及窗口等各种元素来创建和处理文档与文件。这些元素的任何排列方式均称为工作区。Adobe InDesign CS5工作区的布局方式将帮助您更多地将精力集中在页面的设计和生成上。在首次启动InDesign时，您会看到默认的工作区，如图1-11所示。

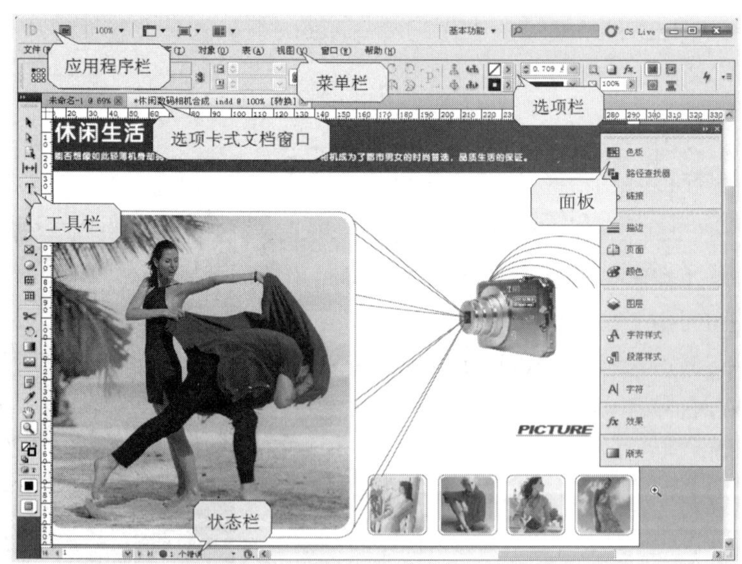

图1-11 默认工作区

下面简要介绍一下工作区中主要面板的功能：

1. 菜单栏

“菜单栏”用于组织菜单下面的命令。使用鼠标单击各项命令，可以打开该命令的下拉式菜单，在弹出的菜单中可以选择子命令，以执行该命令或打开该命令的对话框。菜单栏中中包含文件、编辑、版面、文字、对象、表、视图、窗口和帮助9个菜单。

2. 应用程序栏

“应用程序栏”包含工作区切换器、缩放级别、视图选项、屏幕模式和排列文档等应用程序控件，主体如图1-12所示。

图1-12 应用程序栏

3. 选项栏

它用于显示当前所选工具的选项。在工具箱中选择一种工具后，可以在InDesign的窗口操作界面上方的工具选项栏中自定义工具的属性，如图1-13所示为选中钢笔工具后的选项栏。InDesign将工具选项栏横行放置在工作界面上方，节省空间，并让用户能更清楚、简易进行设置。

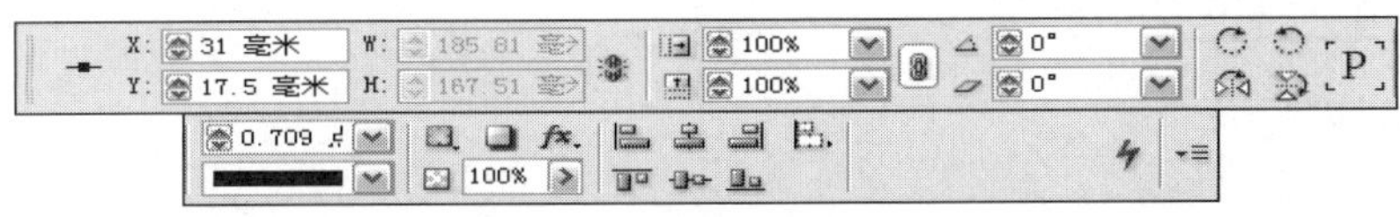

图1-13 选项栏

4. 工具栏

它包含创建、编辑图像和文本等页面元素的工具。默认状态下的工具栏位于操作界面的左侧。使用鼠标单击工具箱中的工具图标可以选择该工具，如果工具图标右下角有黑色三角标志，说明还有工具隐藏其中，如图1-14所示。

5. 选项卡式文档窗口

它用于显示正在使用的文件。其文档标题中将显示文件名、缩放比例，括号内显示当前所选图层名、色彩模式、通道位数。

6. 面板

它可帮助用户监视和修改工作区中的内容。面板包括了导航器面板、信息面板、历史记录面板、动作面板、工具面板、图层面板、路径面板、通道面板、颜色面板、色标面板、图层样式面板等内容。

7. 状态栏

状态栏是窗口中很重要的组成部分，状态栏位于文档窗口的下方，显示当前文档的显示比例和状态，如图1-15所示的状态栏中就显示当前文档中包含有1个错误。

图1-14 展开的工具扩展菜单

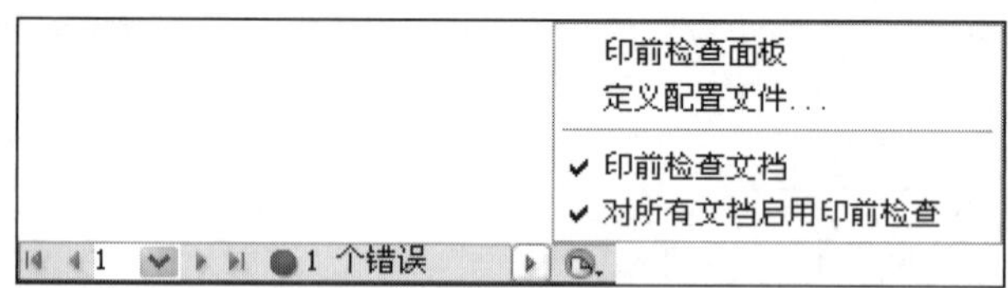

图1-15 状态栏

1.3 自定义工作环境

在InDesign中用户可以根据自己的习惯对工作环境进行设置，不但可以自定义菜单和快捷键，还可以对工具箱等内容进行设置，并且可以将设置好的工作区域进行存储。

1.3.1 自定义工作区域

对工作区域的重新布置可以节省屏幕空间，从而留出更大的操作空间，也可以方便快捷地找到自己需要的面板或工具。

1. 自定义工作环境

具体操作方法如下：

Step 01 启动软件后，即可打开默认的工作环境。以工具箱为例，通过按钮可以切换工具箱的单排与双排的显示方式，如图1-16所示。

Step 02 按下鼠标左键拖动“工具箱”顶部的按钮可以拖动工具箱到软件中的任意位置，如图1-17所示。

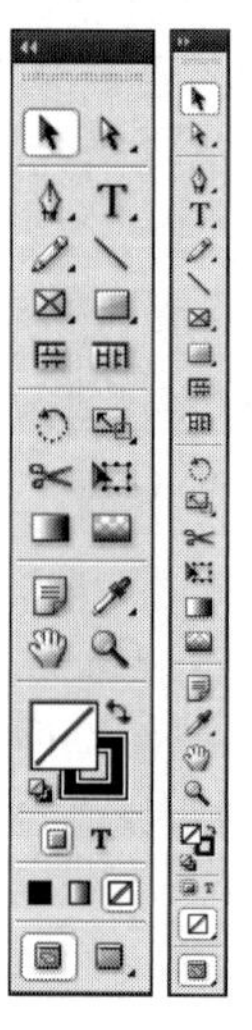

图1-16 切换两种显示方式

图1-17 拖动工具箱

提示

按照相同的原理，同样可以通过按下鼠标左键拖动来随意移动右侧的“面板”区域。

Step 03 在右侧的面板区域中单击不同的标题，就可以打开相应的面板，如图1-18所示的即为展开的“页面”面板。单击按钮即可将面板缩回。

Step 04 在展开的面板中单击按钮可以展开和收缩面板，如图1-19所示，左图为展开的面板，右图为收缩的面板。

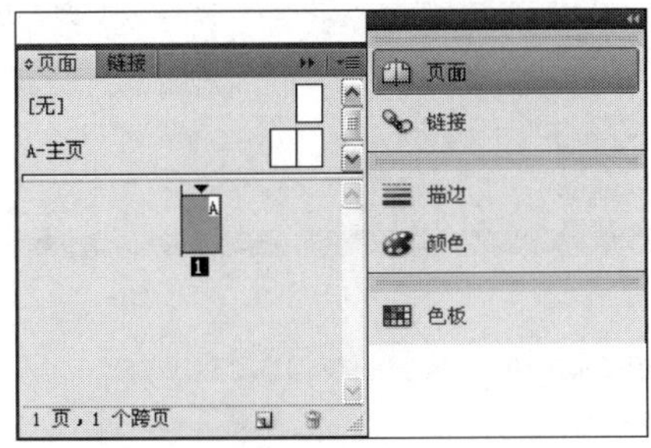

图1-18 展开的“页面”面板目

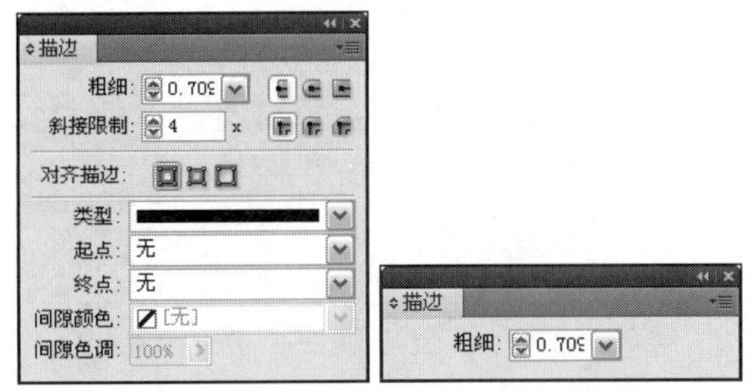

图1-19 展开和收缩面板

2. 存储与删除自定义工作区域

调整完工作区域后，通过将面板的当前大小和位置存储为命名的工作区，即使移动或关闭了面板，您也可以恢复该工作区。已存储的工作区的名称即会出现在应用程序栏上的工作区切换器中。同样，对不需要的工作区也可以进行删除，或者进行恢复默认工作区的操作。

具体操作方法如下：

Step 01 执行“窗口”｜“工作区”｜“新建工作区”命令，打开如图1-20所示“新建工作区”对话框。在“名称”文本框中输入“新建工作区”，单击“确定”按钮即可保存工作区。

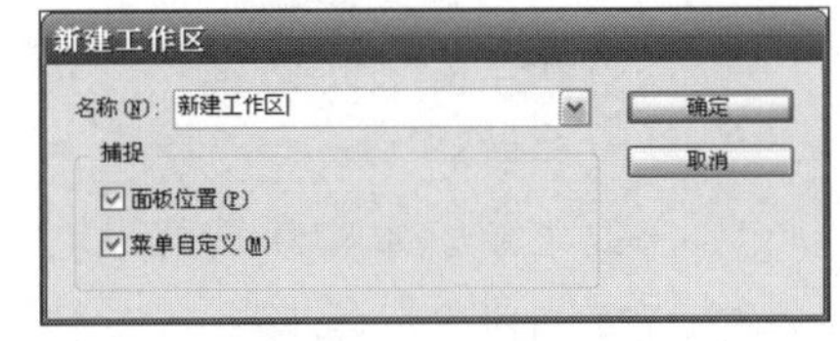

图1-20 新建工作区

各主要选项含义如下。

◎ “面板位置”选项：用于存储当前面板位置。

◎ “菜单自定义”选项：用于存储当前定义的菜单组。

Step 02 如果想要删除不需要的工作区，只要在“应用程序栏”中的工作区切换器的下拉列表中选择“删除工作区”命令，如图1-21所示，即可在弹出的如图1-22所示的“删除工作区”对话框。在“名称”下拉列表中选择不需要的工作区，单击“删除”按钮即可。

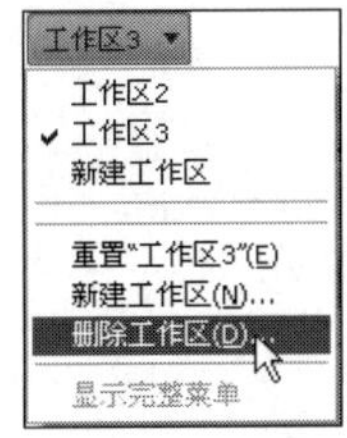

图1-21 选择“删除工作区”命令

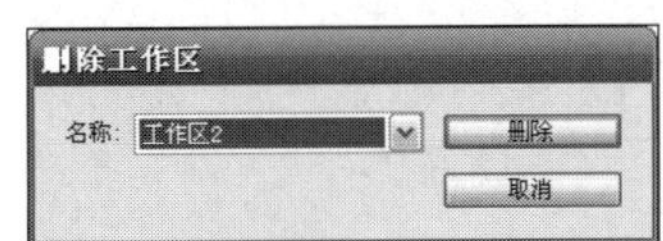

图1-22 删除工作区

1.3.2 自定义菜单与快捷键

隐藏菜单命令和对其着色，可以避免菜单出现杂乱现象，并可突出常用的命令。下面来介绍自定义菜单的方法。

1. 自定义菜单

具体操作步骤如下：

Step 01 打开软件后，执行“编辑”|“菜单”命令，在打开的如图1-23所示的“菜单自定义”对话框中单击“存储为”按钮，在弹出的“存储菜单集”对话框中输入菜单集的名称，单击“确定”按钮保存设置。

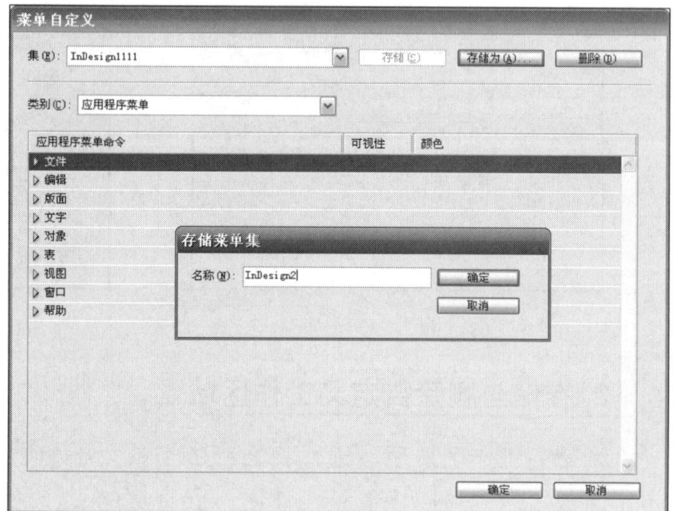

图1-23 “菜单自定义”对话框

> **提示**
>
> 用户不可以直接编辑默认菜单。

Step 02 从“类别”下拉列表中选择“应用程序菜单”或“上下文菜单和面板菜单”选项，以此确定要自定义哪些类型的菜单。本实例选择“应用程序菜单”选项。

Step 03 单击菜单类别左边的箭头以显示子类别或菜单命令。对于每一个要自定义的命令，单击“可视性”下方的眼睛图标以显示或隐藏此命令；单击“颜色”下方的“无”可从菜单中选择一种颜色，如图1-24所示。此例，单击应用程序菜单命令下的“新建”选项，在展开的菜单中选择“书籍”选项。接着在“颜色”下方选择黄色。

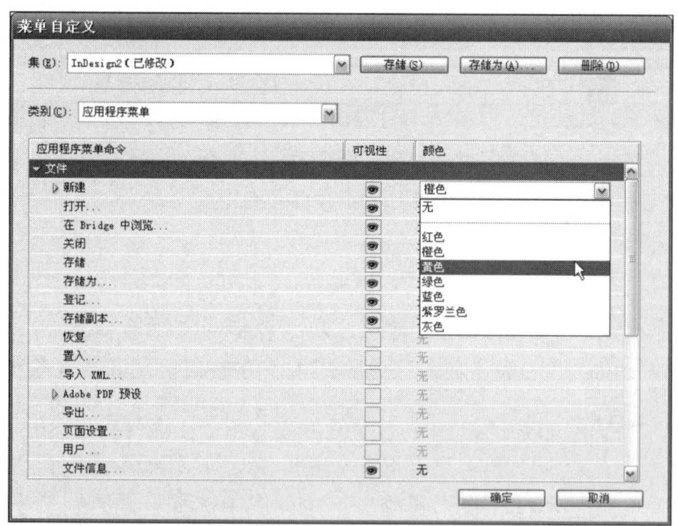

图1-24 “菜单自定义”对话框

> **提示**
>
> 隐藏菜单命令只是将其从视图中删除，不会停用任何功能。执行“窗口”|“工作区”|“显示完整菜单”命令，即可打开所选工作区的所有菜单。也可通过重置工作区，再次隐藏菜单。

Step 04 设置完成后，单击“存储”和“确定”按钮后即可保存设置，此时的效果如图1-25所示。

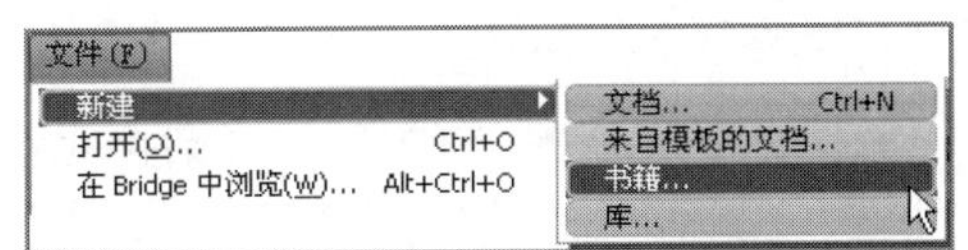

图1-25 自定义菜单后的效果

InDesign还提供了快捷键编辑器，在该编辑器中，不仅可以查看并生成所有快捷键的列表，而且可以编辑或创建自己的快捷键。快捷键编辑器包括所有接受快捷键的命令，但这些命令中有一部分未在“默认”快捷键集里进行定义。

2. 自定义快捷键

具体操作步骤如下：

Step 01 选择不同的集。执行“编辑”|“键盘快捷键”命令，在打开如图1-26所示的“键盘快捷键”对话框中的“集”下拉列表中选择一个快捷键集。例如，选择“QuarkXPress 4.0快捷键”。单击“确定”按钮后即可选定所需的快捷键集。

Step 02 在“产品区域”下拉列表中选择所要查看命令的区域，在“命令”下拉列表中选择所需的命令，该命令的快捷键将显示在“当前快捷键”显示框中。

Step 03 同样，用户也可以根据自己的需要新建集。只要在“键盘快捷键”对话框中单击“新建集”按钮，在弹出的如图1-27所示的“新建集”对话框中输入新集的名称，单击“确定”按钮即可。

Step 04 如果要更改快捷键，则只需要在“命令”列表框中选择需要更改的命令，然后在“新建快捷键”文本框中输入新的快捷键，单击“确定”按钮即可。

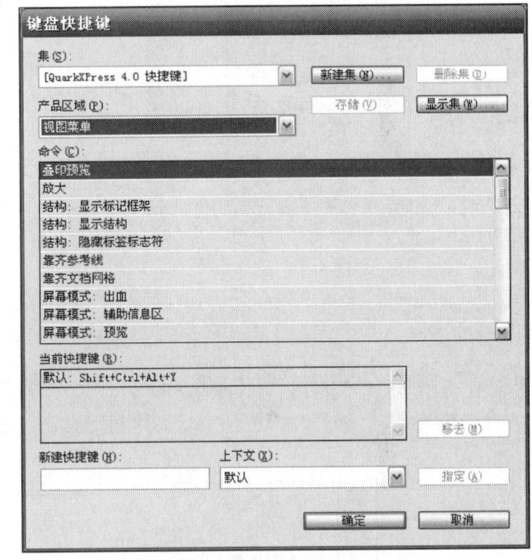

图1-26 “键盘快捷键”对话框

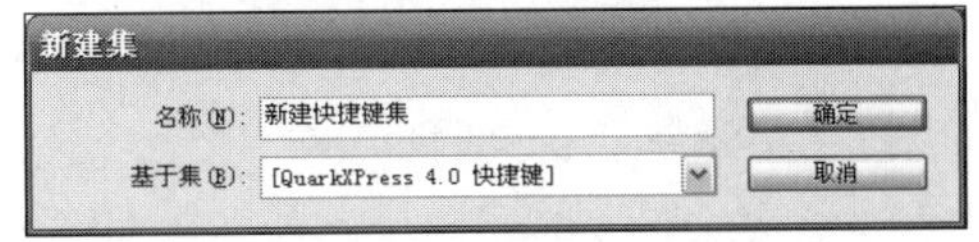

图1-27 “新建集”对话框

1.4 文档窗口管理

在文档的操作过程中，为了方便操作与观察，就需要调整文档窗口的位置、调整文档窗口的大小、排列文档窗口及切换屏幕模式。

InDesign全新的界面设计带给用户更大的编辑自由，菜单部分经过了重新的设计，图标简洁明快。全新的标签页的方式方便用户在不同文档间切换，且可以通过Ctrl + Tab快捷键依次进行选择。

新版本的菜单栏中添加了“文档组织”按钮，单击此按钮会弹出如图1-28所示的下拉列表，在此下拉列表中可以选择文本的排列方式，如图1-29所示的为选择“双联”排列方式后的效果。此时，按住H键可以实现对单幅文档的拖动。

图1-28 文档组织下拉菜单

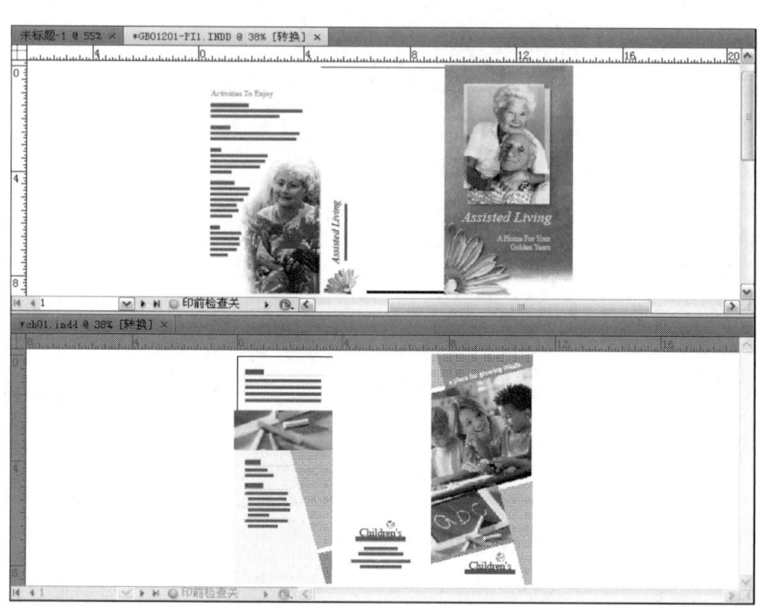

图1-29 “双联”排列方式

此外，文档窗口有4种屏幕模式，单击工具箱内的“屏幕模式”按钮，可以切换图像的显示模式，如图1-30所示。也可以在菜单栏中选择“视图”|“屏幕模式”菜单命令，打开“屏幕模式”菜单，选择一种屏幕模式选项，如图1-31所示。

图1-30 切换图像的显示模式

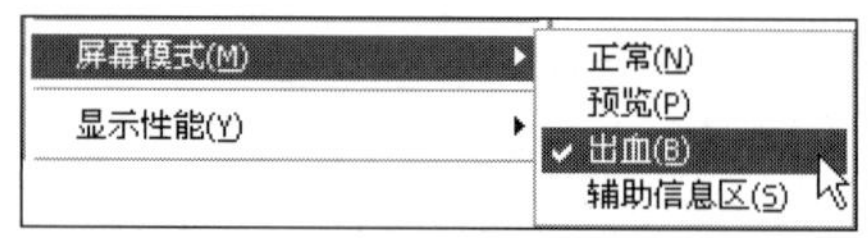

图1-31 4种屏幕模式

各主要选项含义如下。

◎ “正常”模式：在标准窗口中显示版面及所有可见网络、参考线、非打印对象、空白粘贴板等，如图1-11所示。

◎ “预览”模式：此模式完全按照最终输出现实图片，所有非打印元素（网络、参考线、非打印对象等）都被禁止，粘贴板被设置为“首选项”中所定义的预览背景色。

◎ “出血”模式：完全按照最终输出显示图稿，所有非打印元素（网格、参考线、非打印对象等）都被禁止，粘贴板被设置为“首选项”中所定义的预览背景色，而文档出血区（在“文档设置”中定义）内的所有可打印元素都会显示出来。

◎ “辅助信息区”模式：完全按照最终输出显示图稿，所有非打印元素（网格、参考线、非打印对象等）都被禁止，粘贴板被设置成“首选项”中所定义的预览背景色，而文档辅助信息区（在“文档设置”中定义）内的所有可打印元素都会显示出来。

1.5 文档基础操作

在使用软件时，基础操作的学习非常重要，如新建文档、打开文档、存储文档等。下面就简单介绍一下文档中最基本的操作。

1.5.1 新建文档

新建文档是排版设置的第一步，用户可以根据自己的设计需要新建文档。

具体操作步骤如下：

Step 01 执行“文件”｜“新建”｜“文档”命令，在弹出的如图1-32所示的“新建文档”对话框中，可以对文档的页面进行设置。如果需要设置出血和辅助信息区，可以单击“更多选项”按钮，展开“出血和辅助信息区”选项组，如图1-33所示。

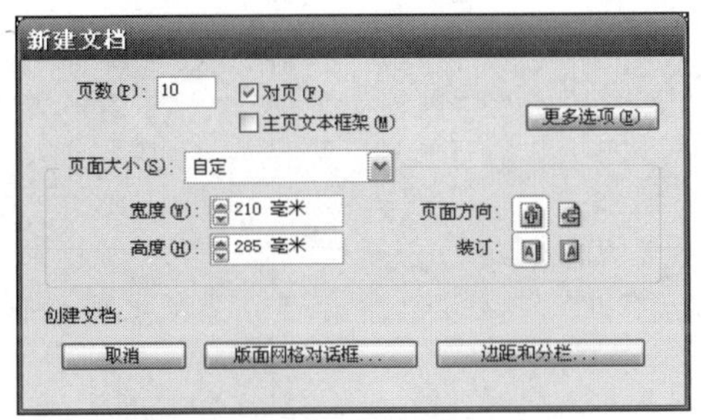

图1-32　“新建文档”对话框

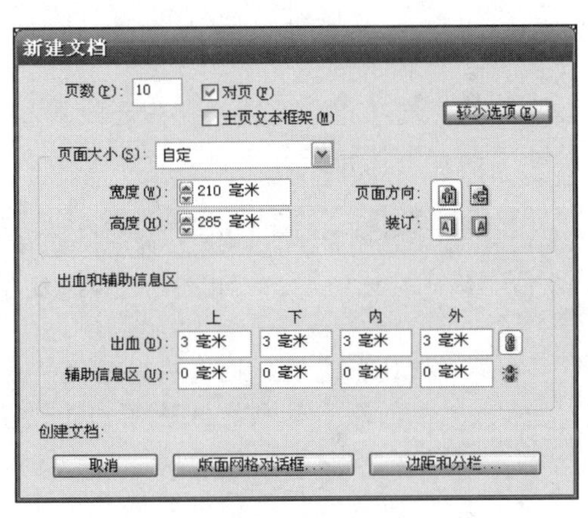

图1-33　展开“出血和辅助信息区”选项组

各主要选项含义如下。

◎ “页数”选项：此选项可以根据需要来设置文档的总页数。本例输入数字10，表示设置文档页数为10页。

◎ “对页”复选框：勾选此复选框可以在多页文档中建立以“对页”形式显示的版面格式。不选择此项，则以单页显示。本例为勾选此项。

◎ “主页文本框架”复选框：选择此选项，将创建一个与边距参考线内的区域大小相同的文本框架，并与指定的栏设置相匹配。

◎ “页面大小”选项：此选项可以依据所要制作的文件的尺寸来选择页面大小，如A3、A4、A5、B2、B3、信封等选项。同时，用户也可以自己设定尺寸。本实例中在“宽度”文本框中输入数值210，在“高度”文本框中输入数值285，如图1-34所示。

◎ “页面方向”选项与“装订”选项：这两项用于设置页面的方向和装订的方向。本实例选择纵向显示方式。

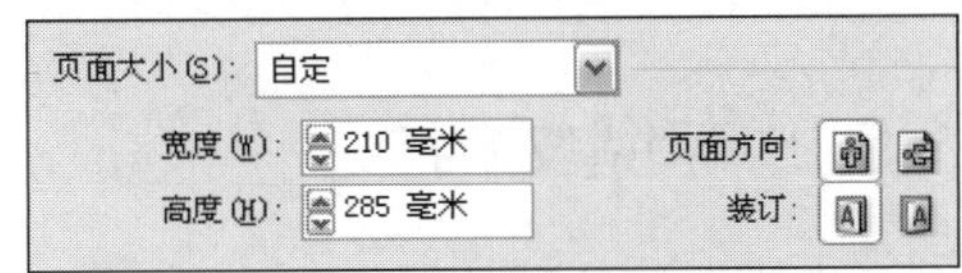

图1-34 设置尺寸和页面方向

提示

页面的纵向和横向与页面的高度和宽度设置有关，当“高度”的数值较大时，系统将自动选择纵向图标；当“宽度”的数值较大时，系统将自动选择横向图标。

Step 02 单击“边距和分栏”按钮，即可打开“新建边距和分栏”对话框，如图1-35所示。

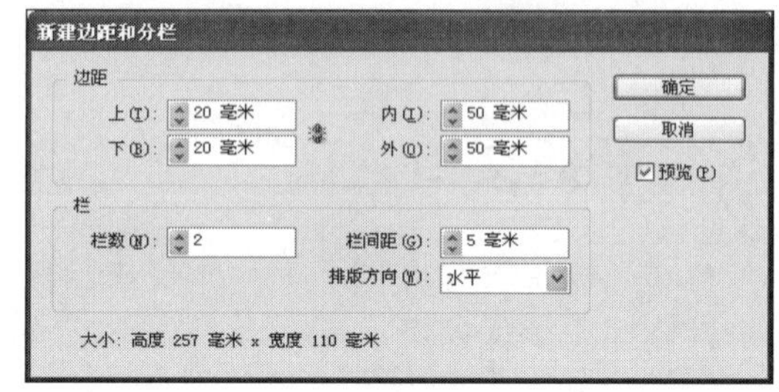

图1-35 “新建边距和分栏”对话框

各主要选项含义如下。

◎ “边距”选项组：此选项卡中可以设置页面的上、下、内、外的留白。本实例设置上、下选项的数值为20毫米，设置内、外选项的数值为50毫米，效果如图1-36所示。

◎ “栏”选项组：此选项组用于设置栏数、栏间距和排版方向。本实例设置栏数为2，单击“确定”按钮即可保存设置。

提示

栏数可以根据新建文档的类型决定，一般文学类书籍不分栏，而杂志、报纸则可能有两栏、三栏甚至更多栏的情况。

- “栏数”选项：此选项用于设置要在边距参考线内创建的分栏的数目。
- “栏间距”选项：此选项用于设置栏间距，在此可以输入1毫米~508毫米之间的任意数值，可以根据版面设计需要设定。
- “排版方向”选项：此选项用于设置排版方向，如图1-37所示的左图为垂直方向，右图为水平方向。本实例选择“水平”方向分栏。

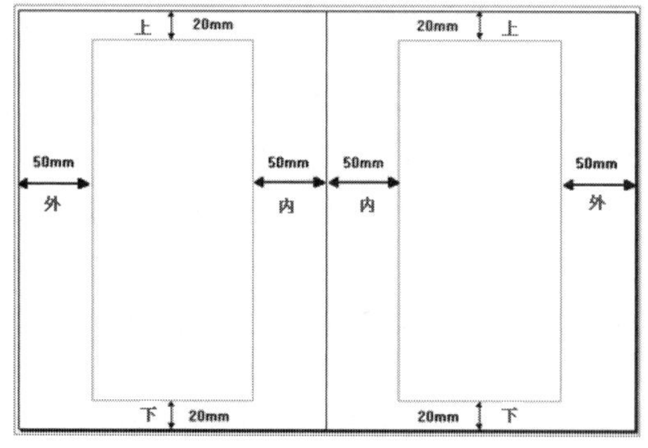

图1-36 设置上、下、内、外的数值

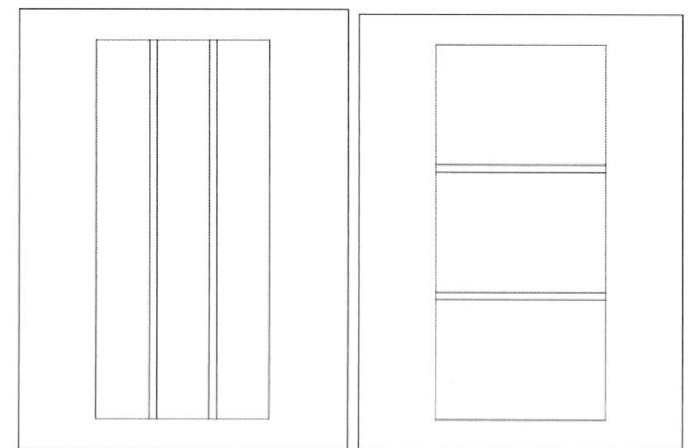

图1-37 设置排版方向

1.5.2 存储文档

新建文档后，可以使用“存储”命令直接进行保存，但如果不想替代原文件而进行保存，则可以使用“存储为”命令进行保存。

新建文件后并进行设置，设置完成后，执行“文件”｜“存储”命令，或者按下快捷键Ctrl+S，在弹出的“存储为”对话框中设置文件名为“新建文档”，单击“保存”按钮保存设置，如图1-38所示。

图1-38　“存储为”对话框

> **提示**
>
> 第一次保存文件时，InDesign会提供一个默认的文件名“未标题-1”。

1.5.3 打开文档

执行“文件”｜“打开”命令，可以打开文档、模板、书籍和库。当打开模板文件时，默认情况下，将作为一个新建的无标题文档打开。

具体操作步骤如下：

Step 01 执行“文件”｜“打开”命令，在如图1-39所示的“打开文件”对话框中选中文件ch01.indd，单击“打开”按钮即可将其打开。

Step 02 如果要打开最近编辑过的文档，则执行“文件”｜“最近打开文件”命令，在弹出的扩展菜单中可以看到最近打开过的文档名称，单击鼠标选择其中一个文件即可打开相应的文档。

> **提示**
>
> “最近打开文件”菜单中最多可以存储10个文件。

Step 03 如果连续打开了多个文档，可以在“窗口”下拉列表中选择打开的不同的文档，如图1-40所示，或者按下键盘上的Ctrl+Tab键也可以切换显示文档。

图1-39　“打开文件”对话框

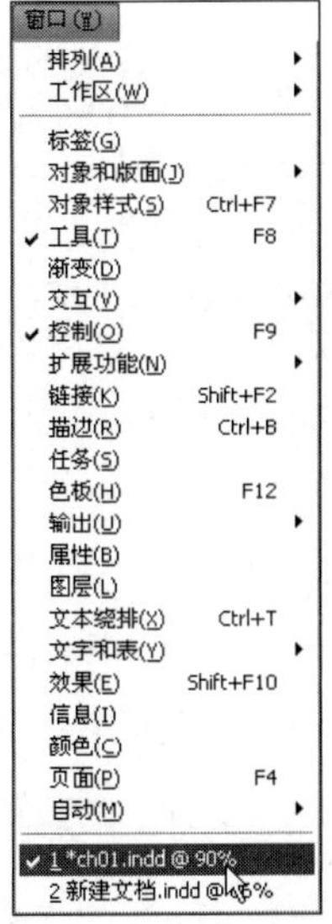

图1-40　显示打开的文档

1.5.4 关闭文档

执行“文件”|“关闭”命令，可以将当前的文档关闭。如果关闭文档时没有进行保存的操作，系统将弹出如图1-41所示的Adobe InDesign对话框，询问是否保存文档后再进行关闭的操作。单击“是”按钮，系统会保存文件后将其关闭；单击“否”按钮后，系统将不保存文档而执行关闭操作；单击“取消”按钮，则会关闭提示对话框回到文档中。

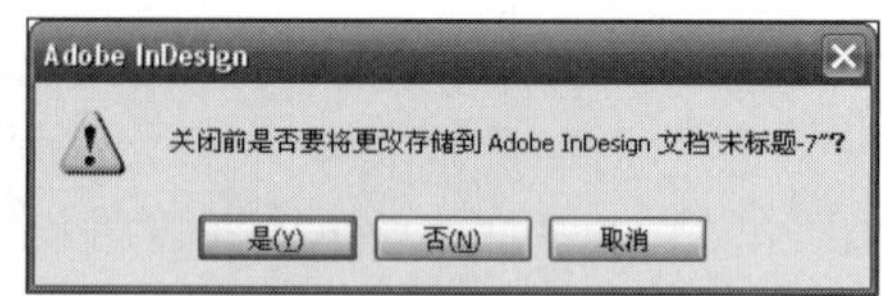

图1-41 询问提示对话框

1.5.5 恢复文档

InDesign使用自动恢复功能来保护数据不会因为意外电源或系统故障而受损。自动恢复的数据位于“临时”文件中，该临时文件独立于磁盘上的原始文档文件。正常情况下，不需要考虑自动恢复的数据，因为当选择“存储”或“存储为”命令，或者正常退出InDesign时，任何存储在自动恢复文件中的文档更新都会自动添加到原始文档文件中。只有在出现意外电源故障或系统故障而又尚未成功存储的情况下，自动恢复数据才非常重要。尽管有这些功能，仍应当经常存储文件并创建备份文件，以防止意外电源故障或系统故障。

重新启动计算机和InDesign后，如果存在自动恢复的数据，InDesign将自动显示恢复的文档。如果文档窗口的标题栏上的文件名之后出现“恢复”一词，表明该文档包含有自动恢复、尚未存储的更改。

执行以下操作可以恢复数据：

◎ 执行“文件”|“存储为”命令，指定一个位置和新文件名，然后单击“存储”按钮。“存储为”命令存储包括自动恢复的数据在内的恢复版本；存储后，“恢复”一词将从标题栏中消失。

◎ 要放弃自动恢复的更改，并使用故障发生前明确存储到磁盘上的文档最新版本，请在不存储文件的情况下关闭文件，然后打开磁盘上的该文件，或者执行“文件”|“恢复”命令。

提示

如果InDesign在尝试使用自动恢复的更改来打开文档后失败，则可能是自动恢复的数据已损坏。

1.5.6 撤销错误操作

如有必要，可以将尚未完成的冗长操作取消，然后还原最近的修改，或者恢复到以前存储的版本。可以还原或重做数百次最近的动作（具体次数可能受可用的RAM数量以及所执行的动作种类限制）。

用户只要按下Ctrl+Z键即可撤销上一步的操作，多次按下Ctrl+Z键就可以依次撤销多个操作。多次按下Ctrl+Shift+Z键也可以将刚刚撤销的操作依依还原。

提示

当选择“存储为”命令、关闭文档或退出程序时，将放弃这一系列操作。

1.6 标尺和参考线

在排版过程中需要一些辅助工具，如参考线、标尺和“度量”工具，使用这些工具可以增强工作效率。下面就介绍工具的使用方法。

1.6.1 “信息”面板

“信息”面板显示有关选定对象、当前文档或当前工具下区域的信息，包括位置、大小和旋转等数值。移动对象时，“信息”面板还会显示该对象相对于其起点的位置。

使用信息面板的具体操作步骤如下：

Step 01 启动软件后，执行“文件”｜“打开”命令，打开本书附带光盘\Chapter 01\实例——宣传招贴\宣传招贴.indd文件，打开的效果如图1-42所示。

Step 02 执行“窗口”|“信息”命令，打开“信息”面板，如图1-43所示。

图1-42　“宣传招贴”文件

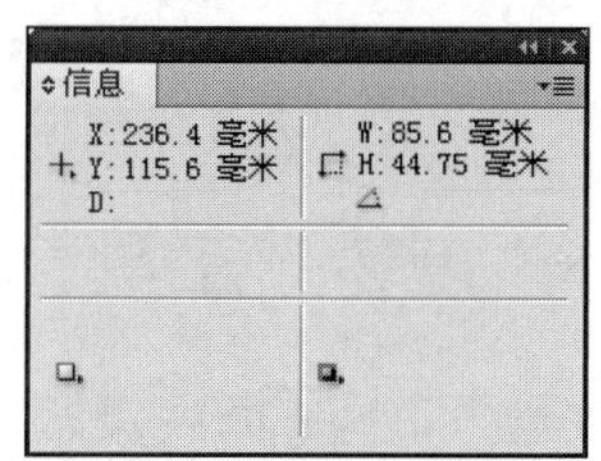

图1-43　“信息”面板

Step 03 在工具箱中选中“选择工具”按钮，然后单击左键选中文档中的文本，拖动即可在“信息”面板中查看当前的位置。其中X选项用于显示光标的水平位置；Y选项用于显示光标的垂直位置；D选项用于显示对象或工具相对于起始位置移动的距离，即不同位置的不同数值。

Step 04 在“信息”面板的第二个信息窗口中显示当前被选择文件的长宽值，其中W选项用于显示被选对象的宽度；H选项用于显示被选对象的高度，如图1-44所示。

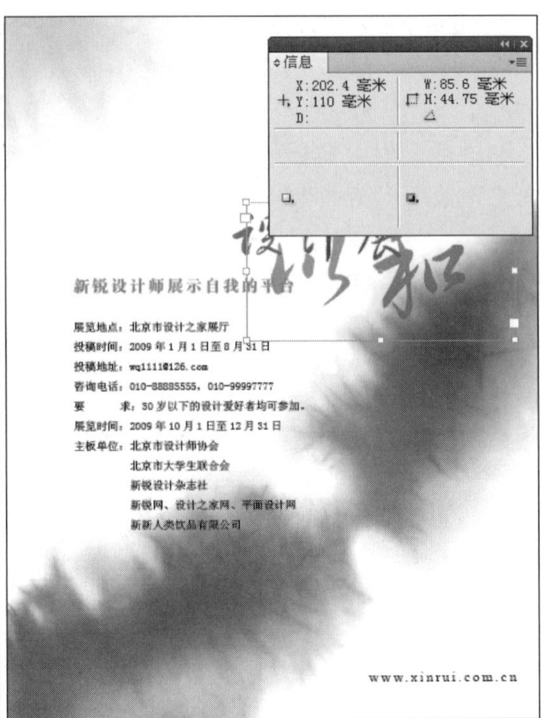

图1-44 打开文件

Step 05 在没有选中任何对象的前提下，“信息”面板下方的信息栏中将显示当前文档的位置等相关信息，如图1-45所示。

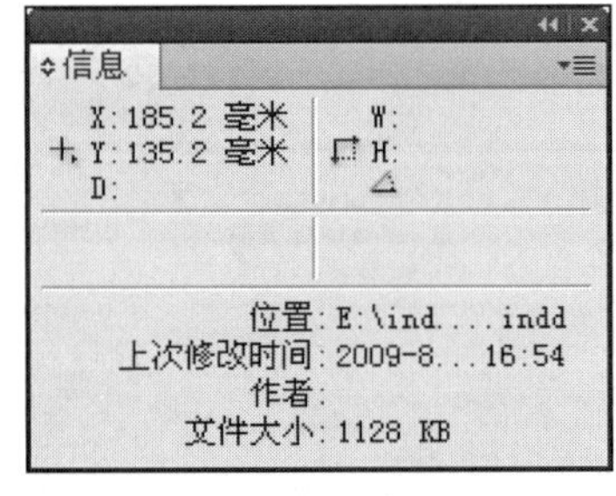

图1-45 “信息”面板

提示

如果要更改度量单位，可以单击信息面板右侧的扩展按钮，在打开的下拉菜单中进行设置。

1.6.2 “度量”工具

“度量”工具可以测量工作区域中任意两点间的距离和两条直线间的夹角，测量的结果会显示在“信息”面板中。除“角度”外的所有度量值都以当前文档设置的度量单位计算。

Step 01 在工具箱中选择“度量”工具，然后在文档中按住鼠标左键并拖动，即可绘制一条标尺线，这时可以看到“信息”面板中显示该标尺线测量的相关信息，如图1-46所示。其中D1选项用于显示测量的长度，选项用于显示测量的角度。

Step 02 把鼠标移动到绘制的测量工具的任意一个端点，当鼠标变为符号时，按住鼠标左键拖动，即可调整测量的角度和距离。

Step 03 按下Alt键的同时将鼠标移动到其中的一个端点上，当指针变为符号时，按住鼠标并拖动，即可绘制出第二条测量线，测量出需要测量的角度和距离，如图1-47所示。D2选项用于显示第二条测量的长度，选项用于显示当前的测量角度。

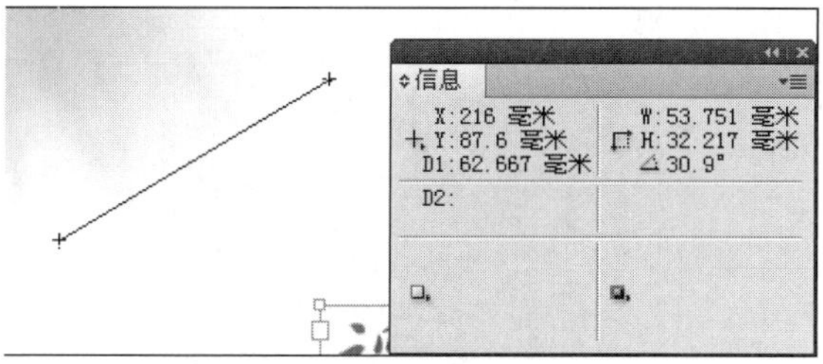

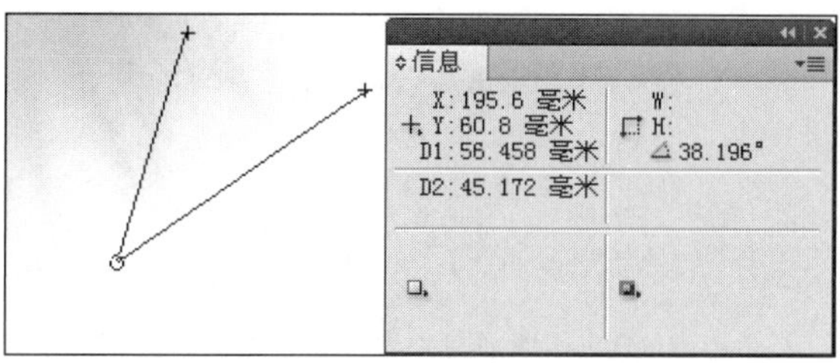

图1-46 测量信息

图1-47 测量信息

1.6.3 标尺

标尺的主要作用是了解对象在窗口中的位置和尺寸，在窗口的顶端和左侧各显示一条水平标尺和垂直标尺，根据不同的需要可以改变标尺的原点和标尺度量单位，标尺的原点也确定了网格的原点。

Step 01 如果标尺未显示，执行“视图”|“显示标尺”命令，即可显示标尺，如图1-48所示。

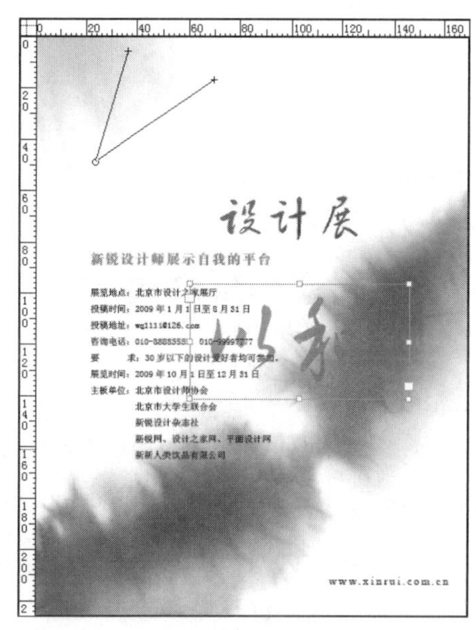

图1-48 显示标尺

> **提示**
>
> 如果想要隐藏标尺，执行“视图”|“隐藏标尺”命令，即可隐藏标尺。

Step 02 在文档的标尺上单击鼠标右键，即可在弹出的快捷菜单中选择不同的显示单位，如图1-49所示。

Step 03 在弹出的快捷菜单中选择“页面标尺”选项，标尺的原点将会显示在每个页面的左上角，水平标尺将起始于跨页中各个页面的零点，如图1-50所示。

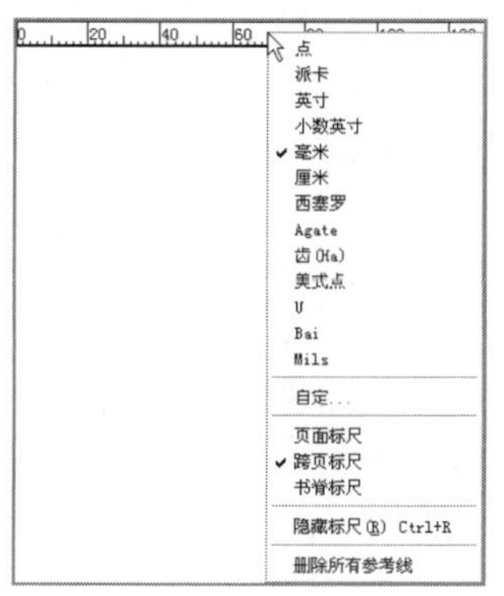

图1-49 显示度量单位

图1-50 标尺的起始点

Step 04 在左上角处按住鼠标左键拖动，即可调整标尺原点的位置，如图1-51所示。

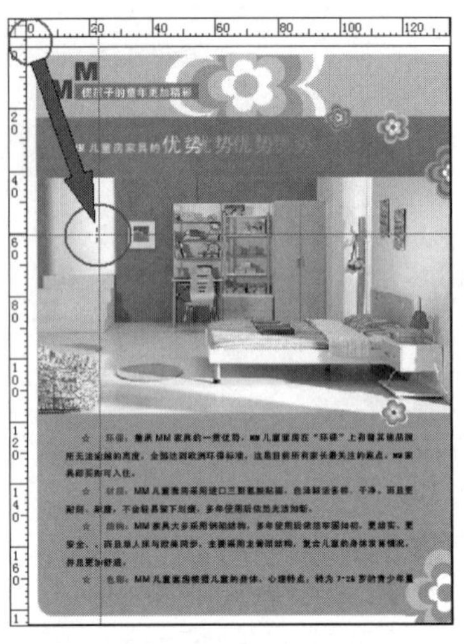
图1-51 调整标尺原点的位置

> **提示**
>
> 提示：请确保标尺和参考线都可见，并确保选择了正确的跨页作为目标，然后在“正常视图”模式中查看文档，而不是“预览”模式。

1.6.4 参考线和智能参考线

1. 参考线

参考线是用于版面布局时精确定位的辅助对象，使用常规打印命令不能打印出参考线。参考线可以被选择，并具有和InDesign中绘制对象类似的位置属性。

Step 01 要创建参考线，执行“版面”|“创建参考线”命令，打开“创建参考线”对话框，如图1-52所示。

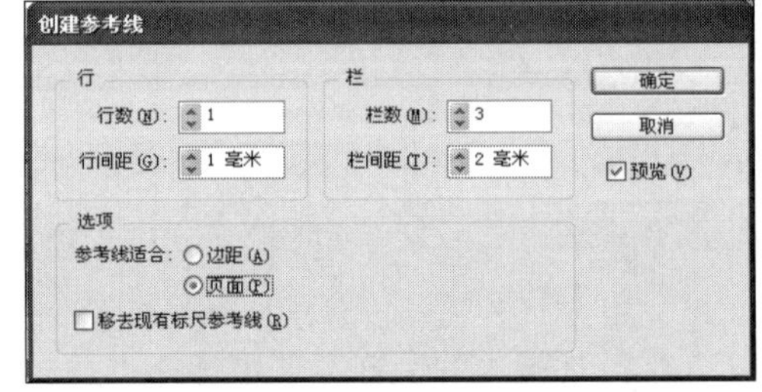

图1-52 “创建参考线”对话框

各主要选项含义如下。

◎ “行数”选项：用于设置页面中网格标尺参考线的行数。

◎ “行间距”选项：用于设置水平参考线之间的距离。

◎ “栏数”选项：用于设置页面中网格标尺参考线的栏数。

◎ “栏间距”选项：用于设置垂直参考线之间的距离。

◎ “边距”选项：用于将页面版心等分。

◎ “页面”选项：用于将整个页面等分。

◎ “移去现有标尺参考线”选项：勾选此复选框，将删去文档中原有的参考线。

Step 02 本实例设置“栏数”为3栏，设置“栏间距”为2毫米，设置完成后，单击“确定”按钮保存设置。此时的效果如图1-53所示。

Step 03 使用“选择工具” 在需要调整的参考线上单击，即可将该参考线选中，执行“版面”|“标尺参考线”命令，打开“标尺参考线”对话框，如图1-54所示。

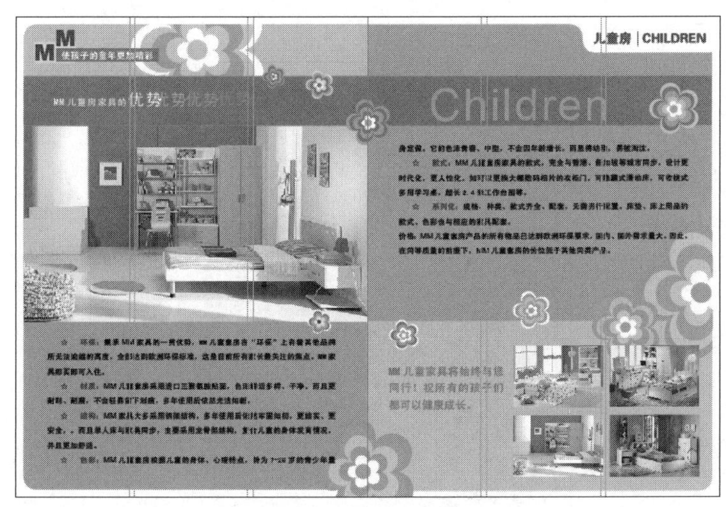

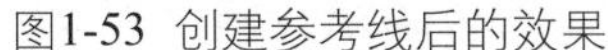
图1-53 创建参考线后的效果

图1-54 “标尺参考线”对话框

各主要选项含义如下。

◎ “视图阈值”下拉列表：此下拉列表中的参数可指定视图缩放大于或等于制定的数值时显示参考线。

◎ “颜色”选项：该下拉列表中的选项用于设置参考线的颜色。

Step 04 例如本实例设置为红色，效果如图1-55所示。

Step 05 使用“选择工具”选中参考线并拖动即可随意调整参考线的位置。

Step 06 为避免不小心将参考线选择或移动，可以将其锁定，锁定后参考线将不能进行移动。确认选定参考线后，执行“视图”|“网格和参考线”|“锁定参考线”命令，即可将参考线锁定。

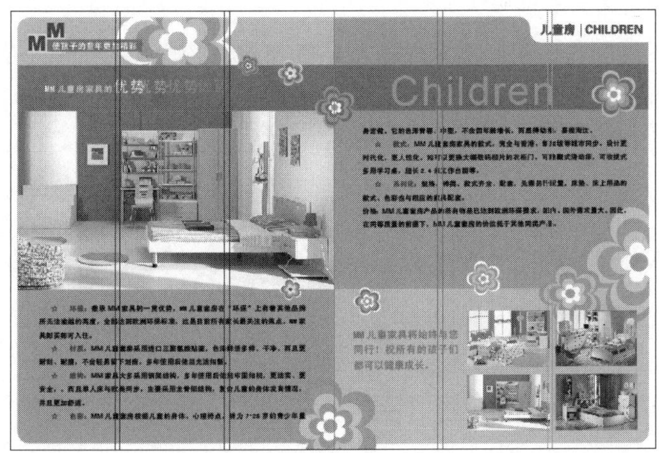

图1-55 设置标尺参考线的颜色

提示

如果要解除锁定，只要再执行“视图”|“网格和参考线”|“锁定参考线”命令，解除对此选项的选中即可。

2. 智能参考线

利用智能参考线功能，可以轻松地将对象与版面中的项目靠齐。在拖动或创建对象时，会出现临时参考线，表明该对象与页面边缘或中心对齐，或者与另一个页面项目对齐。

默认情况下，智能参考线功能已选定。您也可以关闭智能参考线。执行“视图”|“网格和参考线”|“智能参考线”命令，即可打开智能参考线。

如果要设置智能参考线，执行“编辑”|“首选项”|“常规”命令，打开“首选项”对话框，切换到“参考线和粘贴板”选项，如图1-56所示。

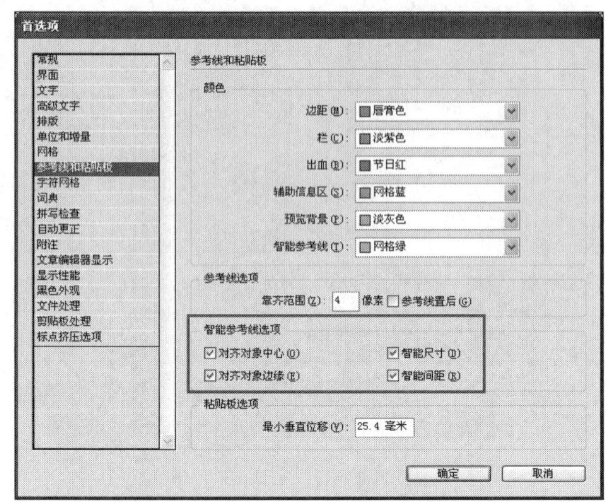

图1-56 “首选项”对话框

各主要选项含义如下。

◎ 智能对象对齐方式：智能对象对齐方式允许轻松地靠齐页面项目中心或边缘。除了靠齐，智能参考线还可以动态绘制，以指示要靠齐哪个对象。

◎ 智能尺寸：在调整页面项目大小、创建页面项目或旋转页面项目时，会显示智能尺寸反馈。例如，如果将页面上的一个项目旋转24°，那么在将另一个项目旋转到接近24°时，会显示一个旋转图标。此提示允许您将对象靠齐相邻对象所用的旋转角度。同样，如果要调整其大小的对象与另一个对象相邻，将显示一条两端有箭头的线段，帮助您将第一个对象靠齐此相邻对象具有的宽度或高度。

◎ 智能间距：通过智能间距，您可以在临时参考线的帮助下快速排列页面项目，这种参考线会在对象间距相同时给出提示。

◎ 智能光标：移动对象或调整对象大小时，智能光标反馈在灰色框中显示为X值和Y值；在您旋转对象的时候，智能光标反馈在灰色框中显示为度量值。切换到“界面”选项勾选“显示变换值”复选框可以打开和关闭智能光标。

1.7 上机实践

1.7.1 实例1——数码相机广告

下面以一个虚拟的介绍数码相机的实例制作，来了解一下排版制作的基本流程。实例效果如图1-57所示。

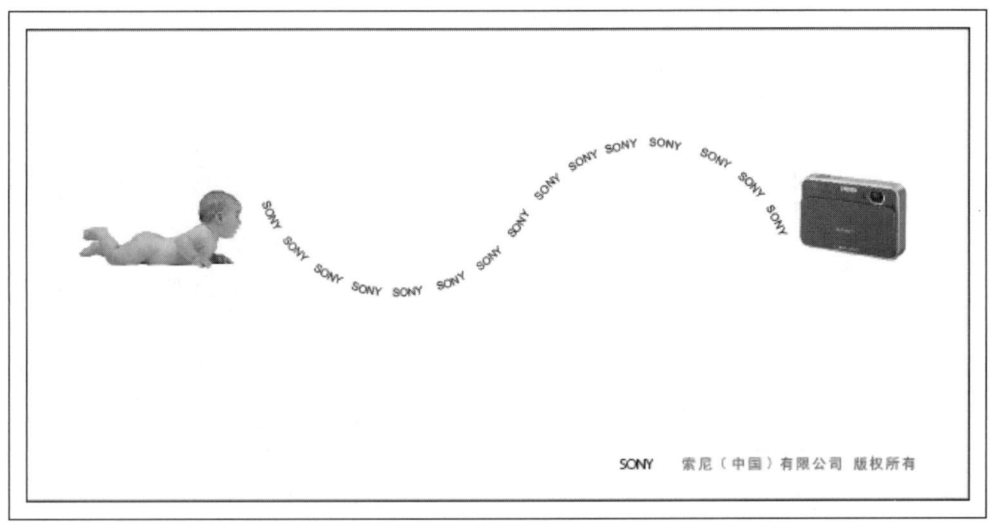

图1-57 实例效果

具体操作步骤如下：

Step 01 执行"文件"｜"新建"｜"文档"命令，在打开的"新建文档"对话框中的"页面大小"选项组中设置"宽度"为180毫米，设置"高度"为90毫米，如图1-58所示。

Step 02 单击"边距和分栏"按钮。打开"新建边距和分栏"对话框，在其中设置"上"选项的数值为0毫米，此时其他3项也一起变为0毫米，如图1-59所示，单击"确定"按钮保存设置。

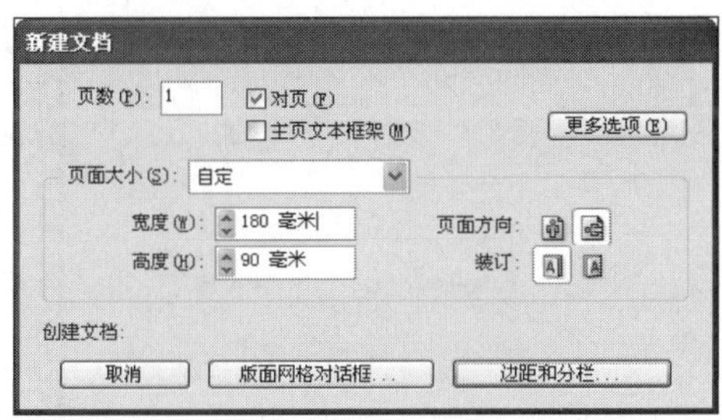

图1-58 "新建文档"对话框

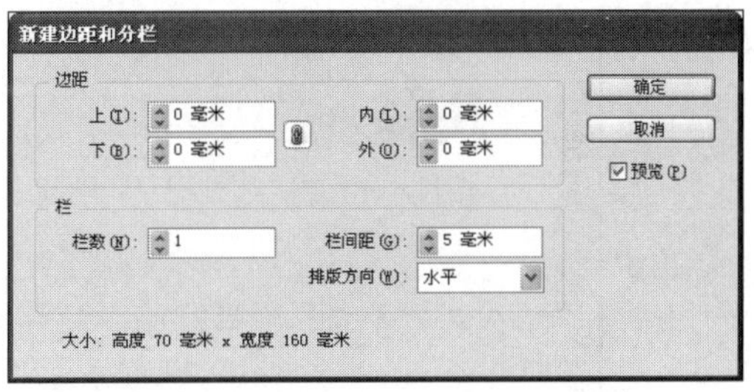

图1-59 "新建边距和分栏"对话框

Step 03 在工具箱中选择"矩形框架工具"，在文档中单击鼠标左键，弹出如图1-60所示的对话框，设置"宽度"选项为40毫米，设置"高度"选项为28毫米，单击"确定"按钮新建矩形框架。

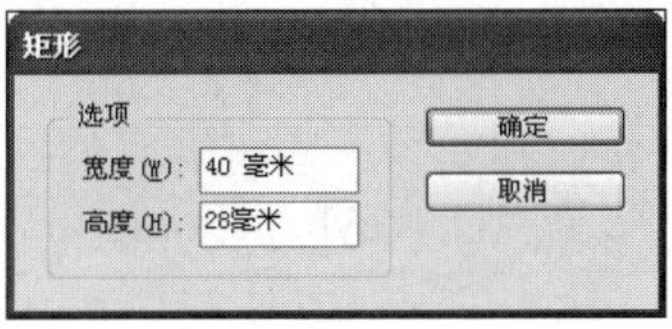

矩形
选项
宽度(W): 40 毫米
高度(H): 28毫米
确定
取消

图1-60 "矩形"对话框

Step 04 在工具箱中选择"选择工具"，选中框架，在"选项栏"中设置X选项为30毫米，设置Y选项为36毫米，此时选框的位置如图1-61所示。

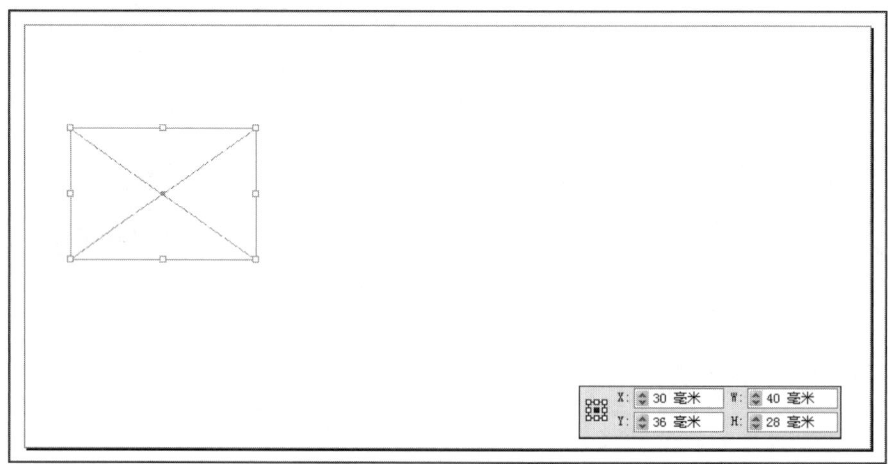

图1-61 矩形框架放置的位置

Step 05 保持框架在选中状态，执行“文件”|“置入”命令，在弹出的“置入”对话框中选择“实例——数码相机广告”实例文件夹中的baby.jpg素材，单击“打开”按钮即可将图片导入到框架中。

Step 06 在工具箱中选择“直接选择工具”，单击框架即可激活框架中的图片，按住Shift键的同时调整图片的大小比例，此时效果如图1-62所示。

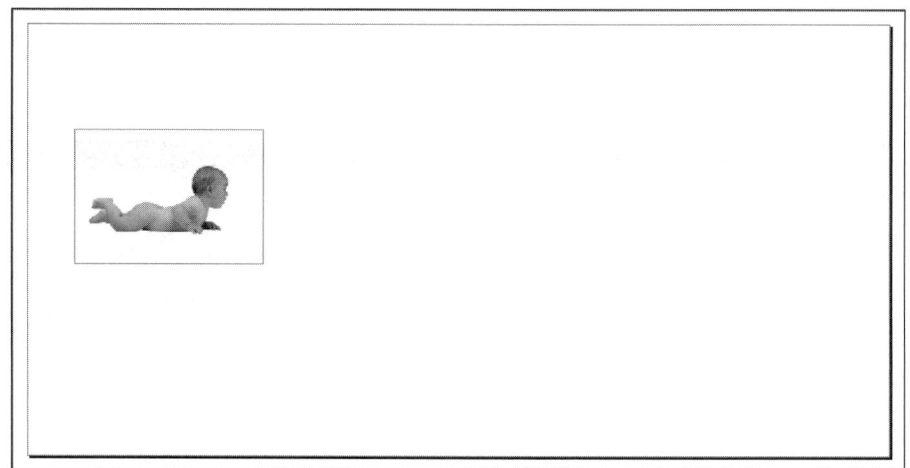

图1-62 置入的图片

Step 07 按照相同的方法绘制另外的一个框架，或者按住Alt键的同时制作框架复本，导入另外一张素材图片cyber-shot.jpg，如图1-63所示。

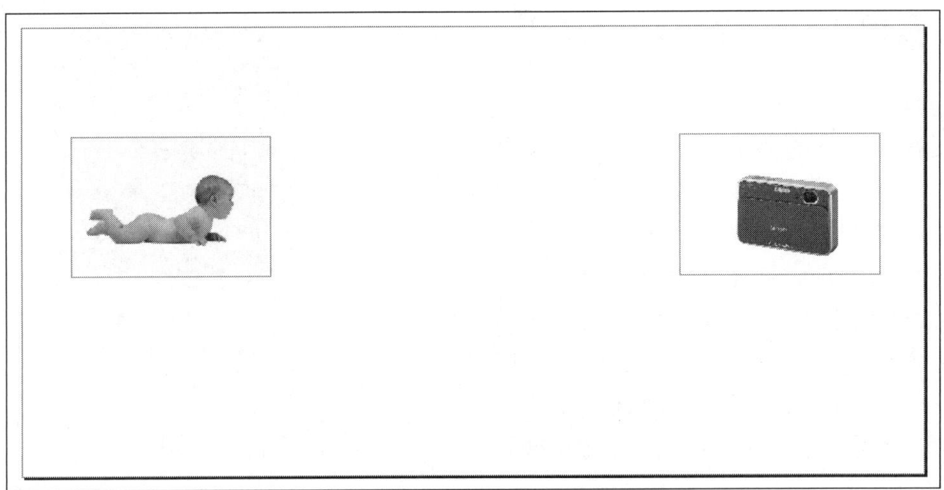

图1-63 置入的图片

Step 08 在“工具箱”的“钢笔工具”图标上按住鼠标不放，展开工具扩展菜单，选择“转换方向点工具”，或者按下键盘上的Shift+C键，拖动并改变路径到理想的状态，如图1-64所示。

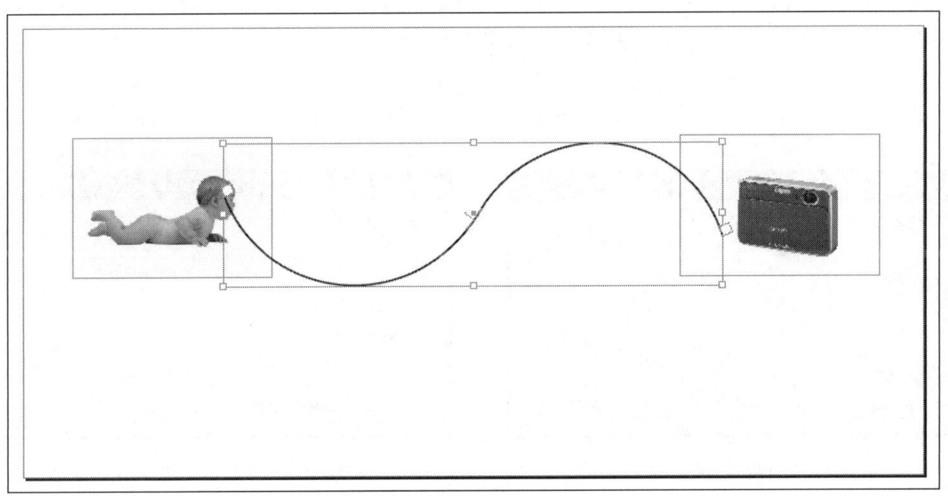

图1-64 绘制路径

Step 09 选中路径，单击“应用无”按钮，取消对路径的填充。

Step 10 在工具箱中选择“文字工具”，然后在页面上按下鼠标左键的同时拖动鼠标绘制一个矩形框架，释放鼠标后，框架的左上角出现光标，即可输入文字。将光标至于路径上，光标变成符号，此时单击鼠标左键，文本光标将添加到路径上，输入文本SONY，并且使用Ctrl+C快捷键复制，Ctrl+V快捷键粘贴。最终完成效果如图1-57所示。

1.7.2 实例2——绿色环保招贴

招贴是现代广告中使用最频繁、最广泛、最便利、最快捷和最经济的传播手段之一。随着世界经济的飞速发展，商界和企业界对自身形象宣传的重视，同时创意设计也越来越受到艺术界的重视，使现代的招贴设计不但具有传播实用的价值，而且还具有极高的艺术欣赏性和收藏性。下面以一个虚拟的绿色环保方面的招贴实例，来进一步熟悉新建、保存、置入文件的方法。实例效果如图1-65所示。

图1-65 实例效果

具体操作步骤如下：

Step 01 执行“文件”｜“新建”｜“文档”命令，在打开的“新建文档”对话框中的“页面大小”下拉列表中选择A4纸张命令，如图1-66所示。

Step 02 单击“边距和分栏”按钮，打开“新建边距和分栏”对话框，在其中设置“上”选项为20毫米，此时其他3项也一起变为20毫米，如图1-67所示，单击“确定”按钮保存设置。

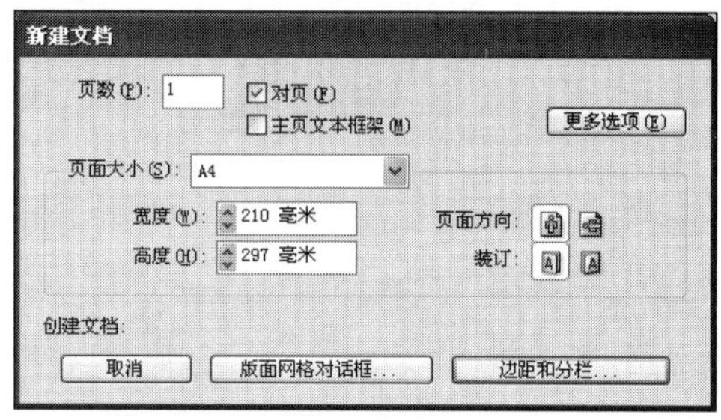

图1-66 “新建文档”对话框

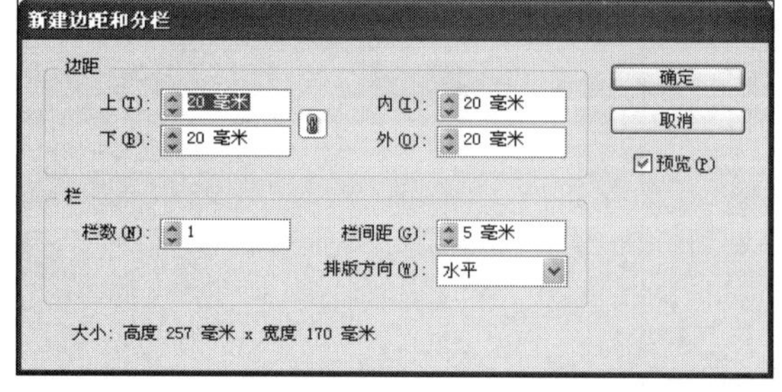

图1-67 “新建边距和分栏”对话框

Step 03 在工具箱中选择“矩形框架工具”，在文档中单击鼠标左键，在弹出的如图1-68所示的对话框中，设置“宽度”选项为100毫米，设置“高度”选项为95毫米，单击“确定”按钮新建矩形框架。

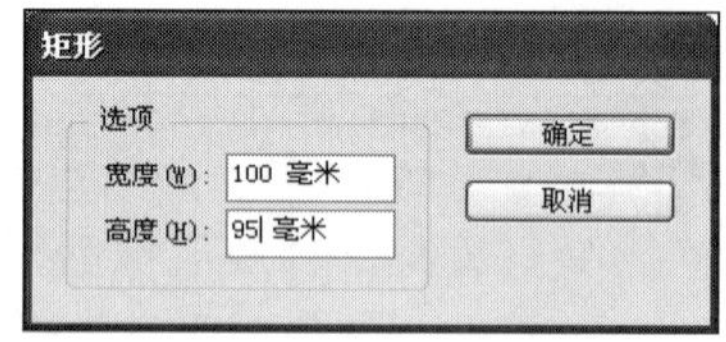

图1-68 “矩形”对话框

Step 04 按下V键切换到选择工具，选中矩形框架拖动，直到系统出现自动对齐中线的功能，此时的效果如图1-69所示，松开鼠标即可。

Step 05 执行“文件”|“置入”命令，打开如图1-70所示的“置入”对话框，选中文件夹中的“树叶.jpg”选项，单击“打开”按钮将其置入。

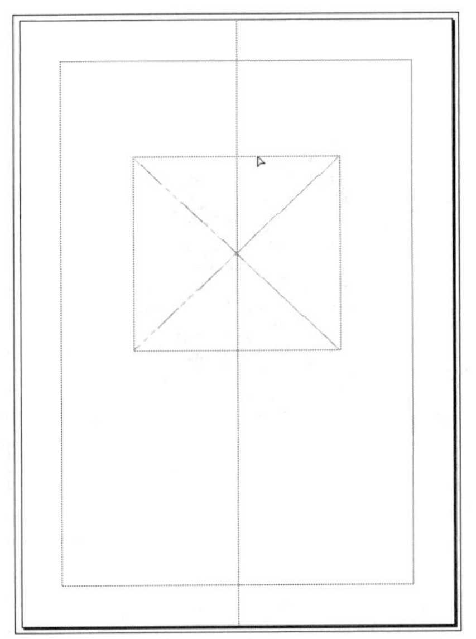

图1-69 创建的框架

图1-70 “置入”对话框

Step 06 置入后会发现图片并不能显示全部的内容，此时需要调整框架中图片的大小、旋转、位移等内容，所以在工具箱中选择或者按下A键切换到“直接选择”工具，将工具移动到框架区域内，当鼠标变为小手状，按下鼠标拖动即可调整图片的位置，前后对比效果如图1-71所示。

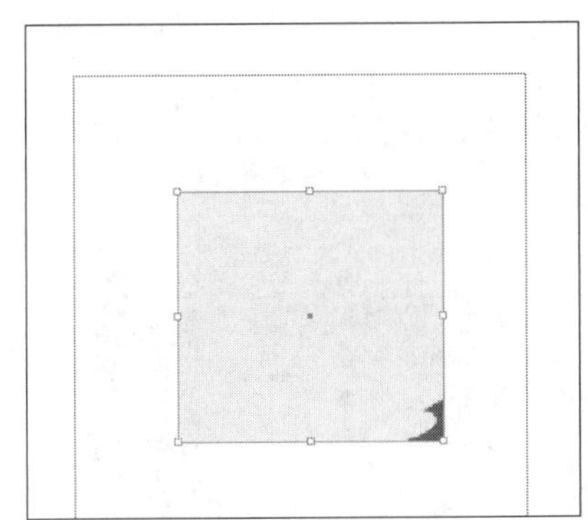

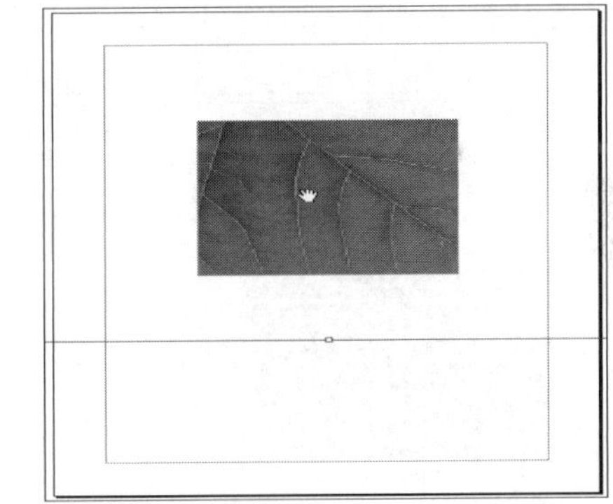

图1-71 调整前后对比效果

Step 07 在矩形工具箱中单击“矩形工具”按钮 ，然后单击鼠标左键，在打开的“矩形”对话框中设置数值如图1-72所示。单击“确定”按钮后将新建的矩形与原有的矩形框架对齐。

图1-72 “矩形”对话框

Step 08 选中新创建的矩形，然后设置填充色为墨绿色。设置方法为执行“窗口”|“色板”命令，打开“色板”面板，单击面板底部的“新建色板”按钮，新建一个色板，设置数值为（C：36，M：0，Y：100，K：66），如图1-73所示。此时的效果如图1-74所示。

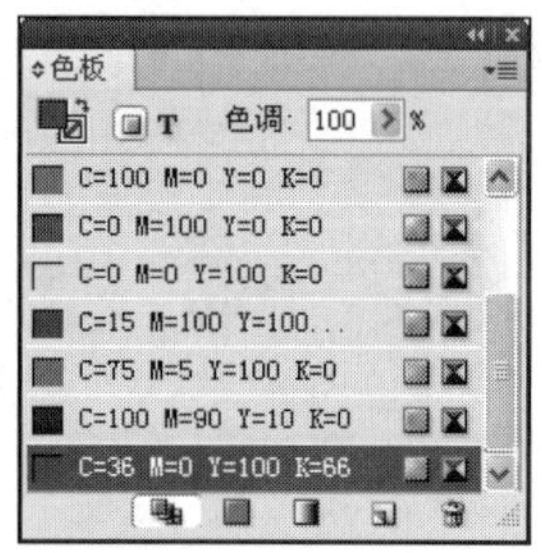

图1-73 “色板”面板

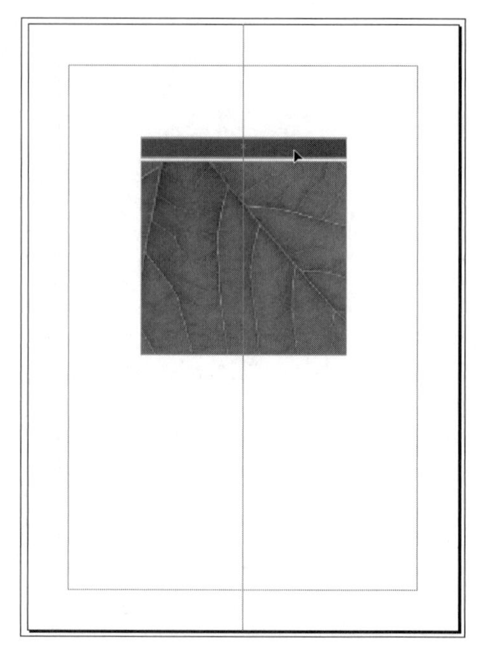

图1-74 创建矩形

Step 09 接下来就需要输入文本。按下T键或者在工具箱中单击“文字工具”按钮，按下鼠标左键拖动绘制出一个文本框，输入相关的文本，并且执行“文字”|“字符”命令，打开“字符”面板，设置字体，字体大小等内容，如图1-75所示。

Step 10 按照相同的方法输入其他的文本，如图1-76所示。最终效果如图1-65所示。

图1-75 输入并设置文本

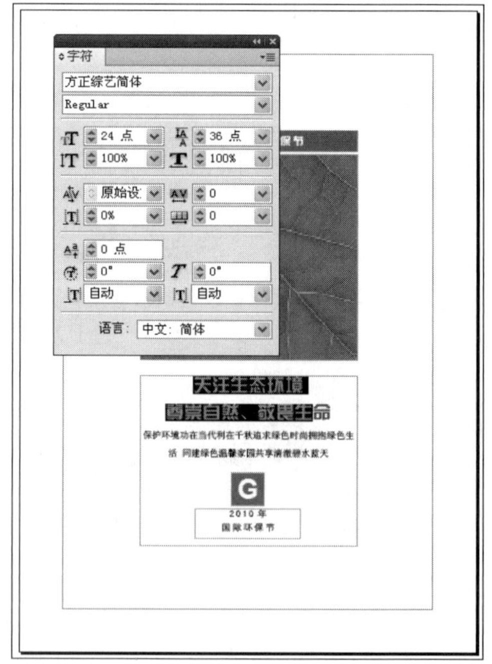

图1-76 矩形框架放置的位置

第2章 文本与段落

InDesign可灵活精确地向页面添加文本所需的各种工具。特别是格式化字符、格式化段落、设置字符样式和段落样式等功能，可以在创建和编排出版物时操作更为方便，从而使版面设计变得更为丰富。

2.1 创建文本

InDesign 中的文本位于称作文本框架的容器内。共包含有两种类型的文本框架：框架网格和纯文本框架。框架网格是亚洲语言排版特有的文本框架类型，其中字符的全角字框和间距都显示为网格。纯文本框架是不显示任何网格的空文本框架。和图形框架一样，可以对文本框架进行移动、调整大小和更改。

2.1.1 创建纯文本框架

InDesign的文本创建功能非常强大。该软件为读者提供了多种创建文本的工具，如“文字工具”T、“直排文字工具”IT、“路径文字工具”等。使用这些工具不但可以在文本框中创建文本，还可以在路径上创建文本。

下面通过一个“静夜思”的实例来讲解创建文本的具体步骤与方法，实例效果如图2-1所示。

图2-1 “静夜思”实例效果

Step 01 启动软件后，执行“文件”|“打开”命令，打开本书附带光盘\Chapter 02\静夜思\“静夜思-01.indd”文件，打开的效果如图2-2所示。

Step 02 在工具箱中选择“文字工具”T，然后在页面上按下鼠标左键的同时拖动鼠标绘制一个矩形框架，释放鼠标后，框架的左上角出现光标，即可绘制出一个文本框架，用来输入文字。如图2-3所示。

图2-2 打开文件

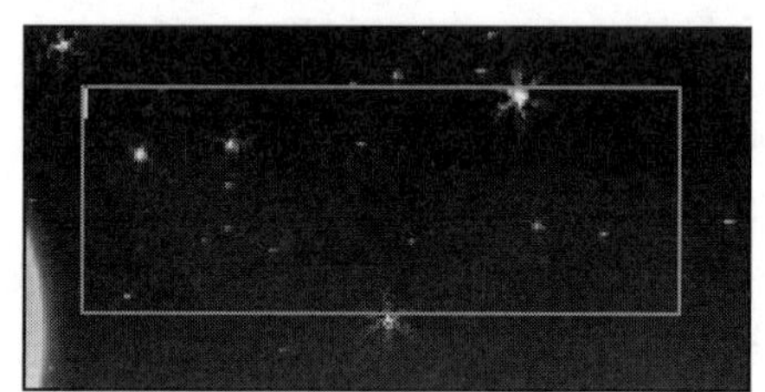

图2-3 绘制文本框

提示

按下Shift键的同时拖动鼠标可以绘制一个正方形框架。如果框架不可见，可以执行“视图”|“显示框架边缘”命令，或者按下Ctrl+H键进行切换操作。

Step 03 本实例输入文本“静夜思”，选中文本，在右侧的“色板”面板中设置颜色为“白色”，在“选项栏”中设置“字体”为“方正粗宋简体”，设置“字体大小”为36点，如图2-4所示。

Step 04 选中文本后，执行“文字”|“字符”命令，在打开的“字符”面板中设置“字间距”AV为200，在选项栏中单击“居中对齐”按钮，此时的效果如图2-5所示。

图2-4 输入并设置文本

图2-5 居中显示文本

Step 05 在工具箱中选择“直排文字工具”IT，然后在页面上按下鼠标左键的同时拖动鼠标绘制一个矩形框架，释放鼠标后，框架的左上角出现光标，在其中输入文本“李白”，设置其颜色为白色，如图2-6所示。

图2-6 输入竖排文本

2.1.2 创建框架网格

在工具栏中选择“水平网格工具”或“垂直网格工具”，在文档中拖动鼠标，就可以创建出水平或垂直的网格框架。

Step 01 本实例在工具箱中选择“水平网络工具”，拖动鼠标绘制一个12W×2L的网格，如图2-7所示。松开鼠标后的效果如图2-8所示。

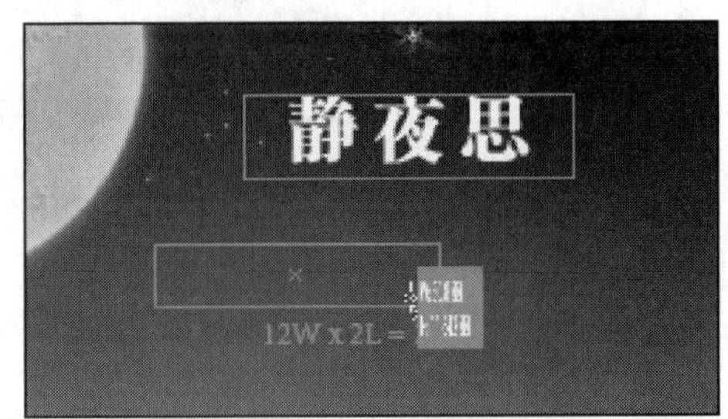

图2-7 绘制网格

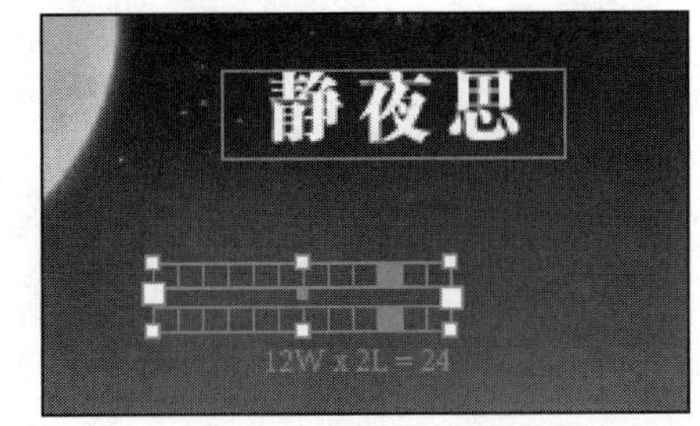

图2-8 绘制完成的网格

Step 02 按下T键切换到“文字工具”，输入文本“床前明月光，疑是地上霜。举头望明月，低头思故乡。”，如图2-9所示。

图2-9 输入文本

Step 03 此时在网格上单击鼠标右键，或者按下V键切换到“选择工具”，按住Alt键的同时在框架上双击鼠标左键，在弹出的快捷菜单中选择“框架网格选项”，在打开的“框架网格”对话框中设置“大小”选项的为30点，设置“行间距”选项的为30点，如图2-10所示，单击“确定”按钮保存设置。此时的效果如图2-11所示。

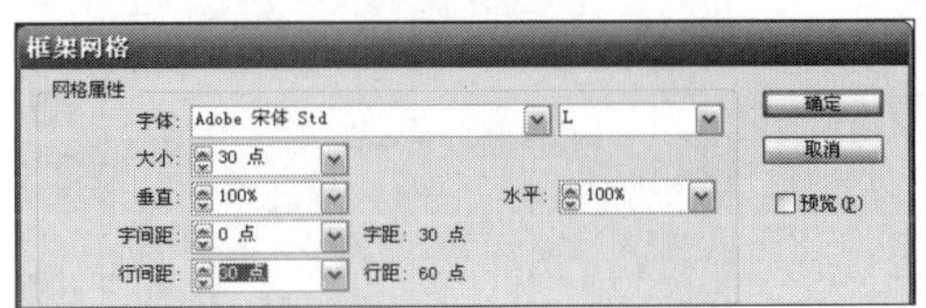

图2-10 “框架网格”对话框

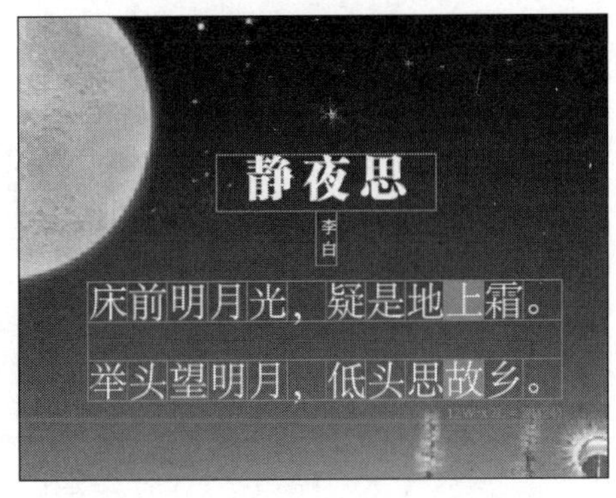

图2-11 设置“框架网格”后的效果

Step 04 按住Shift键的同时选中文本“静夜思”和刚刚新建的框架网格，在选项栏中单击“水平居中对齐”按钮，使标题与框架对齐，如图2-12所示。

Step 05 输入完成后在工具箱中单击“预览”按钮，即可观察效果。

图2-12 对齐文本

图2-13 绘制竖排框架和文本

提示

水平的网格框架文本将从左向右排列，垂直网格框架的文本将从上到下排列，如图2-13所示的即为使用“垂直网格工具”绘制框架并使用“直排文字工具”输入文本后的效果。

2.1.3 文本框架间的转换

文本框架与框架网格是可以转换的，可以将纯文本转换为框架网格，也可以将框架网格转换为纯文本。两种框架的转换方式如下：

1. 纯文本框架转换为框架网格

执行“对象”｜“框架类型”｜“框架网格”命令，转换后的框架网格以默认的网格格式为准。或者在“文章”面板中的“框架类型”中选择“框架网格”即可。

2. 框架网格转换为纯文本框架

执行“对象”｜“框架类型”｜“文本框架”命令，或者在“文章”面板中的“框架类型”列表中选择“文本框架”，可以将框架网格转换为纯文本框架。

Step 01 在本实例中使用“选择工具”选中前面框架网格，执行“对象”｜“框架类型”｜“文本框架”命令，即可将框架网格转换为文本框架，如图2-14所示，左侧为框架网格，右侧为纯文本框架。

Step 02 执行“文件”｜“导出”命令，在打开的“导出”对话框的“保存类型”下拉列表中选择Adobe PDF，导出后的效果如图2-1所示。

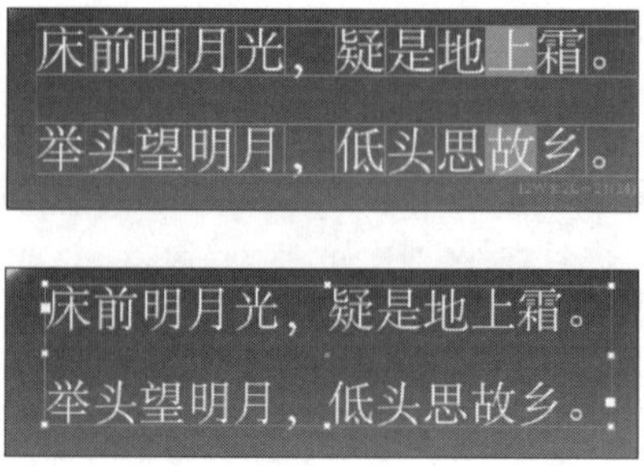

图2-14 框架网格转换为纯文本框架

2.1.4 创建路径文本

使用“路径文字工具”和“垂直路径文字工具”都可以沿路径创建文本。不同的是“路径文字工具”创建的文字基线和路径平行，如图2-15所示；而“垂直路径文字工具”创建的文字基线和路径垂直，如图2-16所示。

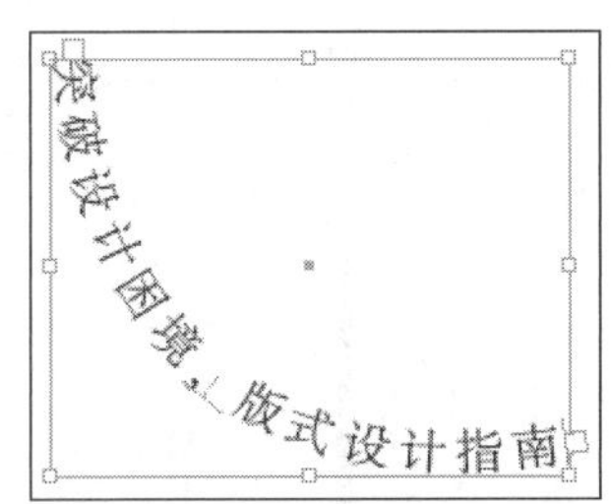

图2-15 路径文字工具

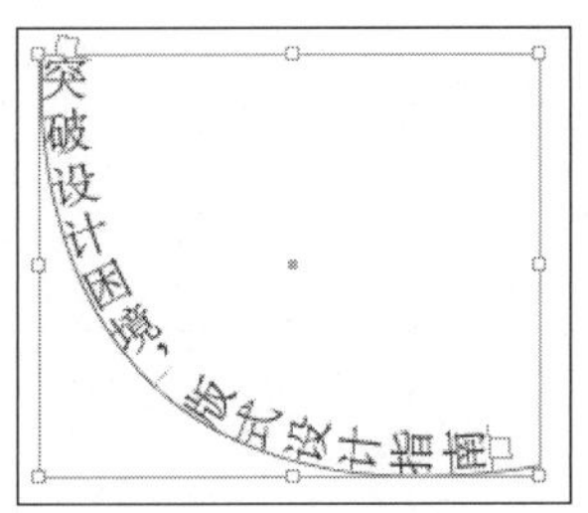

图2-16 垂直路径文字

下面通过一个名为“路径文本”的实例来进一步讲解，实例效果如图2-17所示。

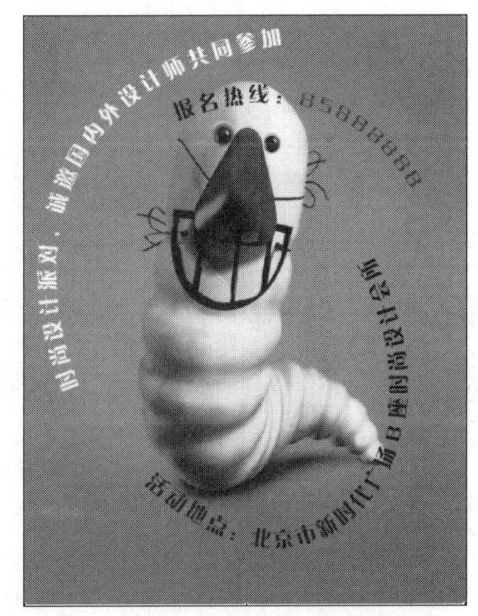

图2-17 实例效果

Step 01 启动软件后，执行“文件”|“打开”命令，打开本书附带光盘\Chapter02\路径文本\“路径文本-01.indd”文件，打开的效果如图2-18所示。

图2-18 打开文件

Step 02 创建路径文本。在工具箱中选择“钢笔工具”、“铅笔工具”或“矩形工具”等绘制出一条路径。本实例选择“钢笔工具”。绘制出一条倾斜的路径，如图2-19所示。

Step 03 在“工具箱”的“钢笔工具”图标上按住鼠标不放，展开工具扩展菜单，选择“转换方向点工具”，或者按下键盘上的Shift+C键，拖动并改变路径到理想的状态，如图2-20所示。

Step 04 在工具箱中选择“路径文字工具”。将光标至于路径上，光标变成符号，此时单击鼠标左键，文本光标将添加到路径上，输入文本“时尚设计派对，诚邀国内外设计师共同参加”，如图2-21所示。

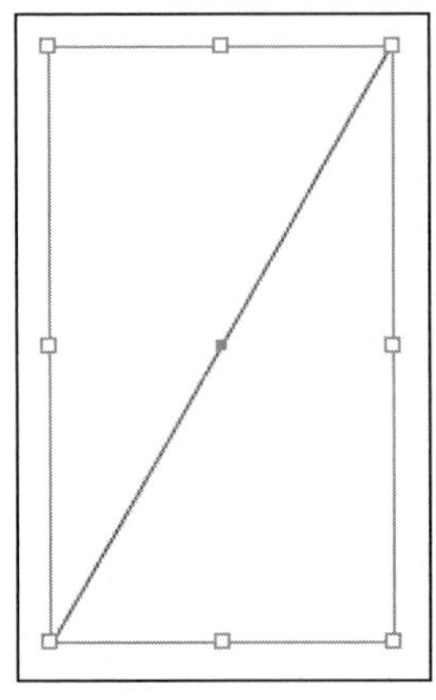

图2-19 绘制倾斜路径

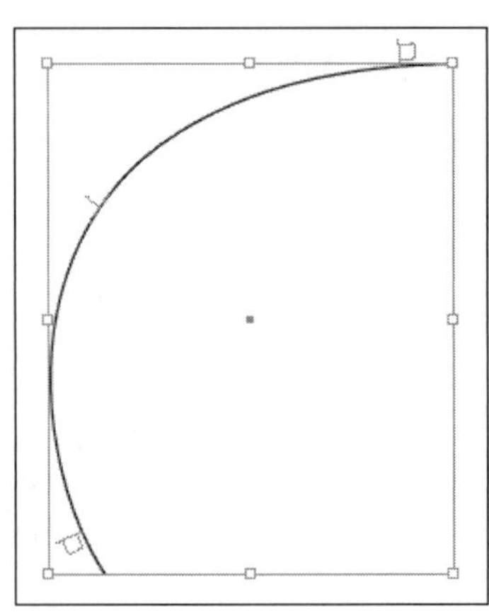

图2-20 改变路径的形状

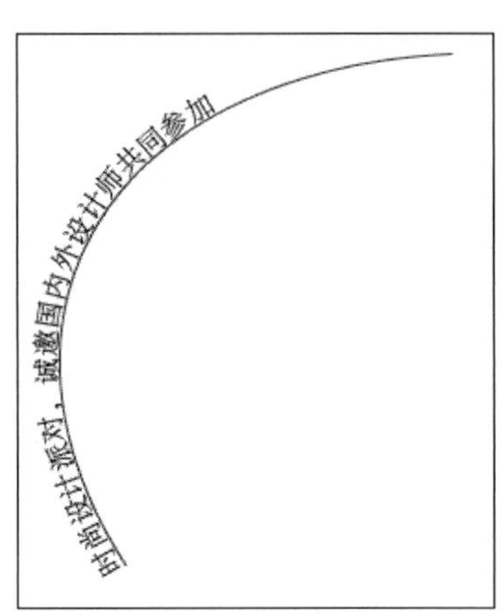

图2-21 添加文本

Step 05 选中路径，单击“应用无”按钮，取消对路径的填充。

Step 06 使用“文字工具”选中文本，在选项栏中设置“字体”为“方正粗倩简体”，设置“字体大小”为12点，输入后的效果如图2-22所示，文本沿路径的整个长度来显示。

Step 07 更改路径文本的开始和结束位置。在工具箱中选中“选择工具”，选择路径文本。将指针放置在路径文本的开始标记或结束标记上，直到指针旁边显示一个小图标，沿路径拖动开始标记或结束标记，即可改变路径的起始位置和结束位置，如图2-23所示。

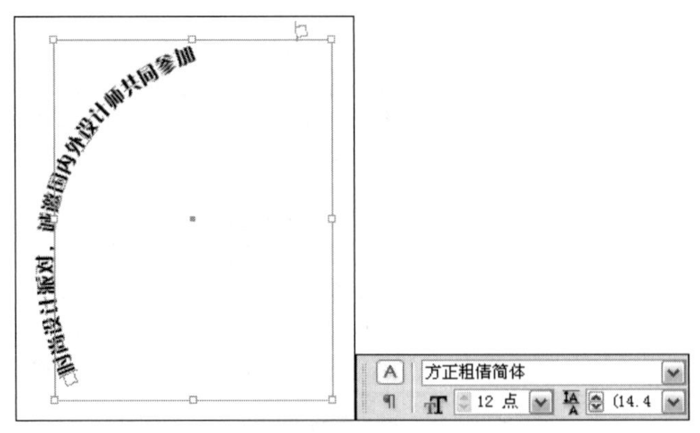

图2-22 设置文本

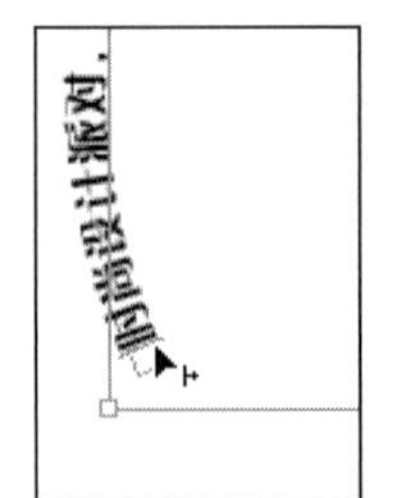

图2-23 调整开始标记

提示

如果要隐藏路径查看效果。只要使用“选择工具”或“直接选择工具”选中文本，然后在工具箱中设置描边和填色都为“无”。

Step 08 选中文本后，执行“文字” | “字符”命令，在打开的“字符”面板中的“字符间距” 下拉列表中选择200，此时的效果如图2-24所示。

Step 09 保持文本的选中状态，在右侧的“色板”面板中选择颜色为“白色”，效果如图2-25所示。如果色板处于关闭状态，只要执行“窗口” | “色板”命令，即可打开“色板”面板。

Step 10 按照相同的方法绘制其他的路径文本并更改颜色，效果如图2-26所示。

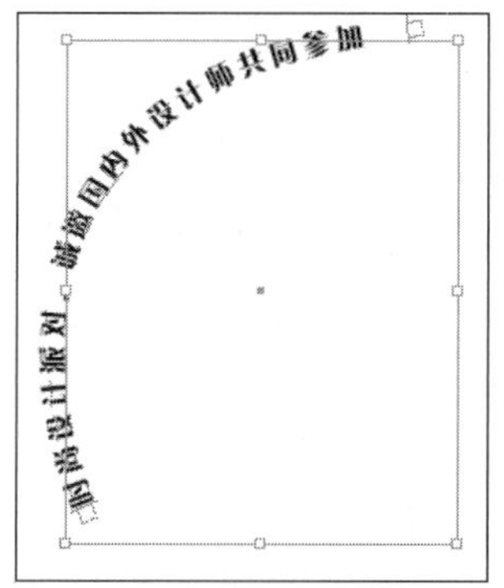

图2-24 调整字间距

图2-25 更改文本颜色

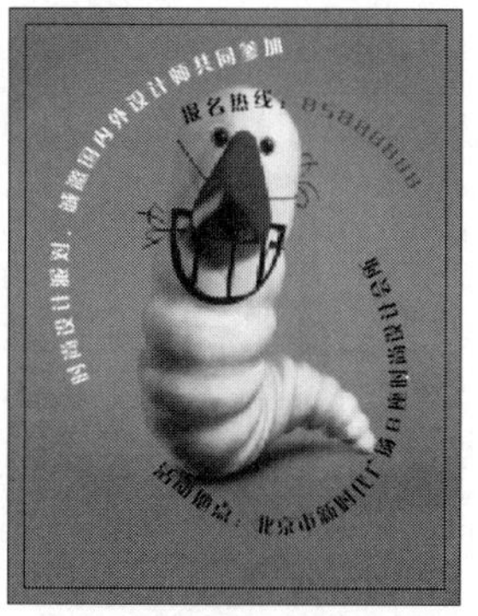

图2-26 输入路径文本

提示

如果用户想要删除不需要的路径，只要在选中路径文本时，直接按下Delete键删除；如果只需要删除路径上的文字可以选中一个或多个路径文字对象，然后执行“文字” | “路径文字” | “删除路径文字”命令。

Step 11 添加文字效果。选中文本后，执行“文字” | “路径文字” | “选项”命令，打开“路径文字选项”对话框，如图2-27所示。本实例保持默认设置，单击“确定”按钮即可。但是，用户也可以根据需要在“对齐”下拉列表中选择所需要的对齐方式。

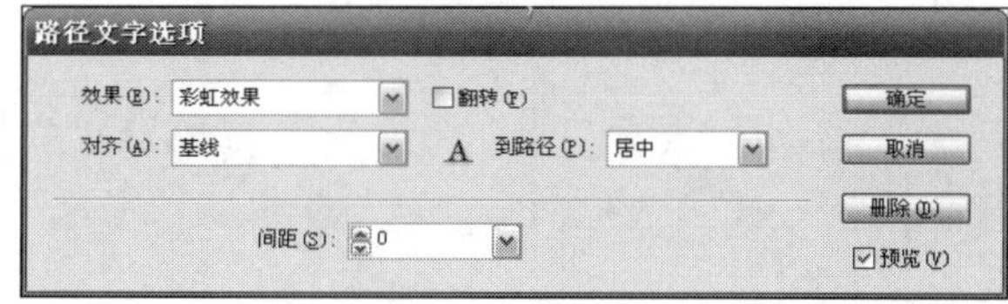

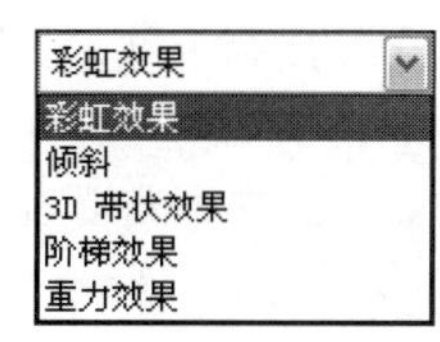

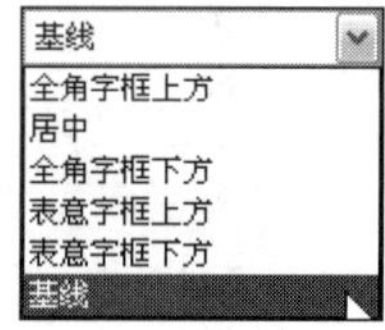

图2-27 “路径文字选项”对话框及其展开菜单

各主要选项含义如下。

◎ “到路径”下拉列表中包含有“居中”、“上”、“下”三个选项。其中：“上”选项将路径对齐到其描边的顶边；“下”选项将路径描边的底边对其路径；“居中”选项将路径对齐到描边的中央。

◎ “彩虹效果”选项：此选项表示字符基线的中心与路径的切线平行，它为默认效果。

◎ “倾斜”选项：字符的垂直边缘保持完全竖直，而字符的水平边缘则遵循路径方向。

◎ “3D带状效果”选项：字符的水平边缘保持完全水平，而各个字符的垂直边缘则与路径保持垂直。

◎ “阶梯效果”选项：在不旋转任何字符的前提下，使各个字符极限的左边缘始终保持位于路径上。

◎ “重力效果”选项：字符基线的中心始终位于路径上，而各垂直边缘与路径的中心点位于同一直线上。可以通过调整文本路径的弧度，来控制此选项的透视效果。
◎ “全角字框上方”选项：将路径与全角字框的顶部或左侧边缘对齐。
◎ “全角字框下方”选项：将路径与全角字框的底部或右侧边缘对齐。
◎ “表意字框上方”选项：将路径与表意字框的顶部或左侧边缘对齐。
◎ “表意字框下方”选项：将路径与表意字框的底部或右侧边缘对齐。
◎ “居中”选项：将路径与全角字框的中点对齐。
◎ “基线”选项：将路径与罗马字基线对齐。

如图2-28所示依次为彩虹效果、倾斜、3D带状效果、阶梯效果、重力效果。

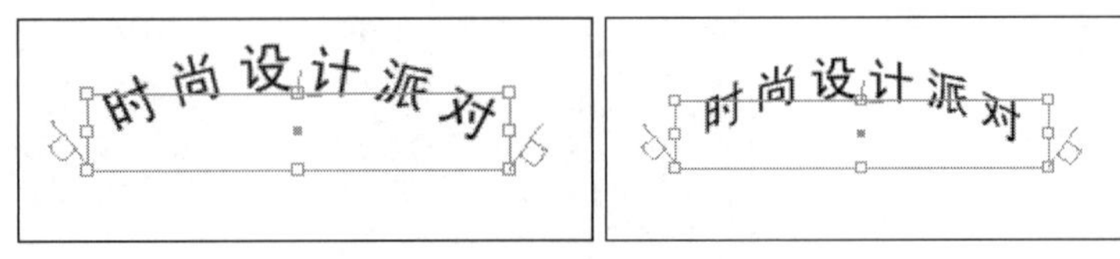

彩虹效果　　倾斜

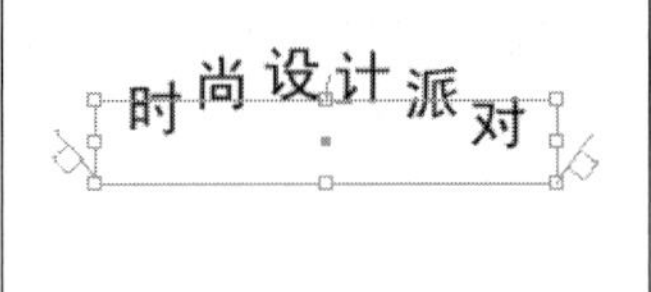

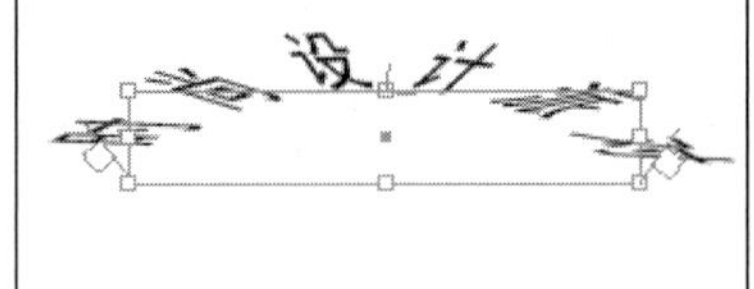

3D带状效果　　阶梯效果　　重力效果

图2-28 各种路径文字效果

用户也可以根据需要翻转路径文本。在工具箱中单击“选择工具”，将指针放置在文本的中点标记上，直到指针图标变成符号，将中点标记在路径中向路径的另一边拖动，使路径上的文字翻转，对比效果如图2-29所示。

Step 12 本实例中保持文本路径选项的默认设置即可，按下Ctrl+S键，保存文件。

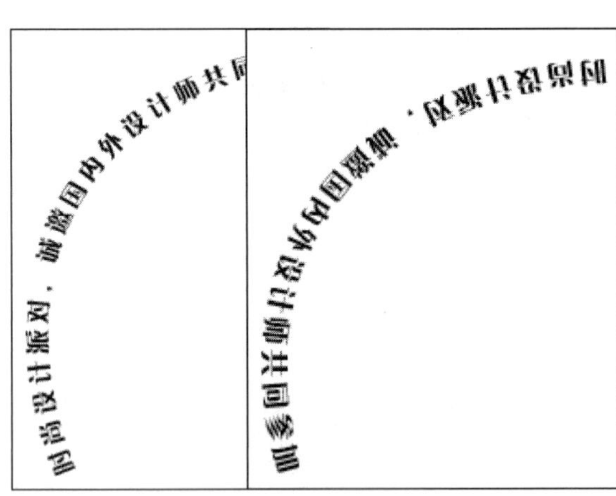

图2-29 翻转路径文本

提示

用户也可以使用菜单命令来翻转路径。使用“选择工具”或“文字工具”选中需要翻转的文本，打开“路径文字选项”对话框勾选“翻转”复选框，单击“确定”按钮即可保存设置，可以取得同样的效果。

2.1.5 编辑文本框架

在“文本框架选项”对话框中可以设置文本框的分栏、内边距、垂直对齐等文本框属性。在编辑文件时，善于应用文本框与网格文本框的各项设置，在编排文件或修改文件的编排方式时是非常重要的。

下面通过一个实例来详细讲解，实例效果如图2-30所示。

图2-30 实例效果

Step 01 启动软件后，执行“文件”|“打开”命令，打开本书附带光盘\Chapter02\名片\“名片-01.indd”文件，打开的效果如图2-31所示。

Step 02 在工具箱中选择“文字工具”T，绘制一个文本框，如图2-32所示，在选项栏中设置其尺寸为32毫米×24毫米。

图2-31 打开文件

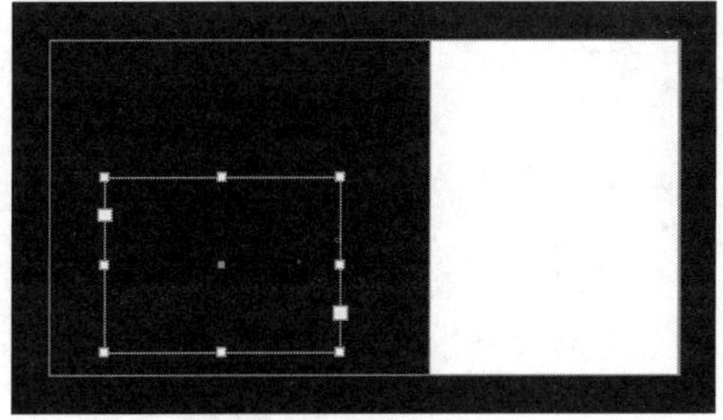

图2-32 绘制文本框架

Step 03 更改文本框架的属性。在工具箱中选中“选择工具”，选中刚才绘制的框架，或者选中“文字工具”T，在框架内单击，选择框架内的文本。

Step 04 执行“对象”|“文本框架选项”命令，或者按住Alt键的同时使用“选择工具”双击文本框，打开“文本框架选项”对话框。

各主要选项含义如下。

◎ “分栏”选项组：此选项组用于指定文本框架的栏数，每栏的宽度和每栏之间的间距。其中“栏数”选项用于设置文本框架的栏数；“栏间距”选项用于调整栏与栏之间的距离；“宽度”选项用于调整栏的宽度。

◎ “内边距”选项组：此选项组用于设置文本与框架的“上”、“下”、“左”、“右”的距离。

◎ “垂直对齐”选项组：此选项组用于设置对齐方式。其中勾选“忽略文本绕排”复选框用于使文本框架中的文本忽略任何文本绕排。

提示

如果所选的框架不是矩形，则以上的4个选项都会无法设置。而改为只显示“内边距”一项。

Step 05 本实例设置“栏数”为2，设置“栏间距”为2毫米，设置四边的内边距为1毫米，勾选“忽略文本绕排”复选框，如图2-33所示，单击“确定”按钮保存设置。

Step 06 此时在工具箱中选中“文字工具”T输入文本，效果如图2-34所示。

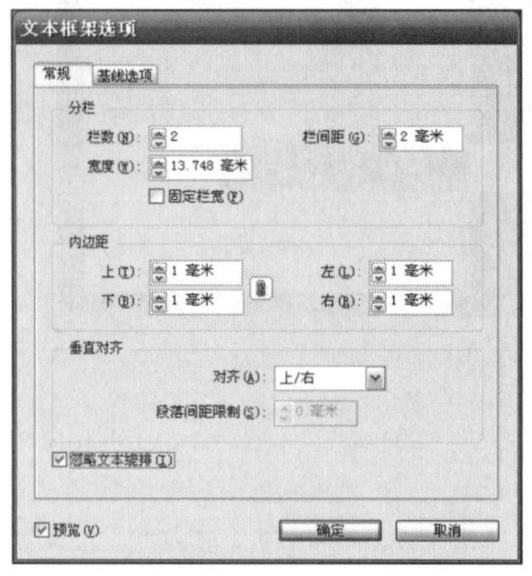

图2-33 “常规”选项卡

图2-34 输入文本后的效果

Step 07 切换到“基线选项”选项卡。本实例在“位移”下拉列表中选择“字母上缘”选项，如图2-35所示，单击“确定”按钮保存设置。

各主要选项含义如下。

◎ “全角字框高度”选项：全角字框决定框架的顶部与首行基线之间的距离。

◎ “字母上缘”选项：使字体中“d”字符的高度降到文本框架的上内陷之下。

◎ “大写字母高度”选项：使大写字母的顶部触及文本框架的上内陷。

◎ “行距”选项：此选项以文本的行距作为文本首行基线和框架的上内陷之间的距离。

◎ “x高度”选项：此选项可以使字体中“x”字符的高度降到框架的上内陷之下。

◎ “固定”选项：此选项用以指定文本首行基线和框架的上内陷之间的距离。

◎ “最小”选项：此选项用来选择基线位移的最小值。例如，对于行距为20H的文本，如果将位移设置为“行距”，则当使用的位移值小于行距值时，将应用“行距”；当设置的位移值大于行距时，则将位置值应用于文本。

提示

如果要将文本框架的顶部与网格靠齐，请选择“行距”或“固定”，以便控制文本框架中文本首行基线的位置。在框架网格中，默认网格对齐方式设置为“全角字框，居中”。这意味着行高的中心将与网格框的中心对齐。通常，如果文本大小超过网格，“自动强制行数”将导致文本的中心与网格行间距的中心对齐。要使文本与第一个网格框的中心对齐，请使用首行基线位移设置，该设置可将文本首行的中心置于网格首行的中心上面。之后，将该行与网格对齐时，文本行的中心将与网格首行的中心对齐。

Step 08 使用“文字工具”输入相关的文本，然后设置左侧文本的颜色为“暗红色”（C：27，M：100，Y：100，K：10），右侧文本的颜色为“白色”。在选项栏中设置“字体大小”为7点，设置左侧文本的“字体”为“黑体”，设置右侧文本的“字体”为Sylfaen，此时的效果如图2-36所示。

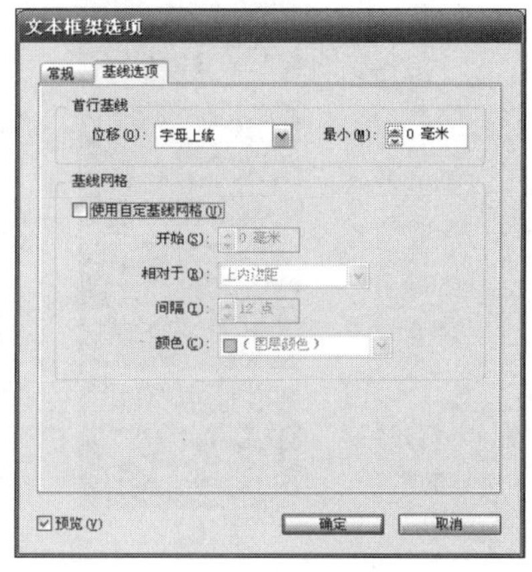

图2-35 “基线选项”选项卡

图2-36 设置文本后的效果

Step 09 在工具箱中选择“文字工具” T，绘制一个文本框，输入文本LIKE，在选项栏中设置“字体”为Arial，设置“字体大小”为60点，为其填充白色，效果如图2-37所示。

Step 10 接下来需要编辑文本框。文本框架和图形一样是可以编辑的，可以改变大小、旋转和改变形状。

Step 11 使用“选择工具”单击或拖动鼠标选取文本框。在四周的8个控制点处拖动鼠标，可以调整长和宽，按住Shift键则可以按比例缩放。本实例保持比例不变。

Step 12 选中文本框架，然后在工具箱中选择“旋转工具”，在文档中拖动鼠标，网格框架就以指定的中心进行旋转，本实例逆时针旋转5°，效果如图2-38所示。

图2-37 输入文本并设置

图2-38 调整角度

Step 13 按照相同的方法输入文本“Bar”，设置字母B的“字体大小”为100点，设置字母ar的“字体大小”为18点，设置其旋转角度为9°，设置其填充色为“暗红色”，效果如图2-39所示。

Step 14 按照相同的方法完善作品，最终效果如图2-30所示。

图2-39 调整角度

2.1.6 编辑框架网格

通过一个实例来讲解编辑框架网格的方法。实例效果如图2-40所示。

图2-40 实例效果

Step 01 启动软件后，执行“文件”｜“打开”命令，打开本书附带光盘\Chapter02\明星介绍\“明星介绍-01.indd”文件，打开的效果如图2-41所示。

Step 02 在工具箱中选择“直排文字工具”，在左侧绘制一个直排的文本框，输入文本Angelina Jolie Voight，如图2-42所示。

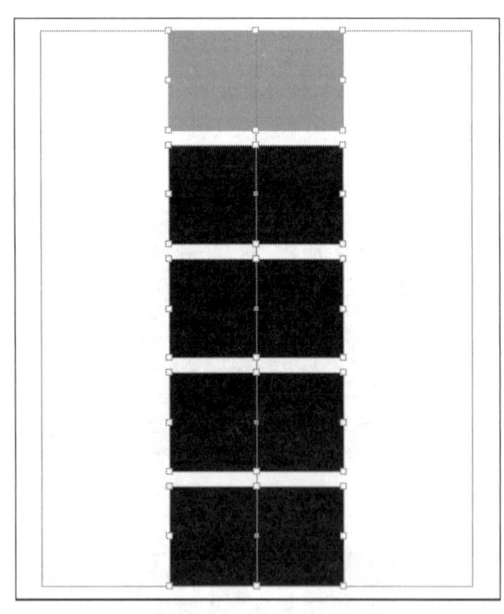
图2-41 打开素材文件

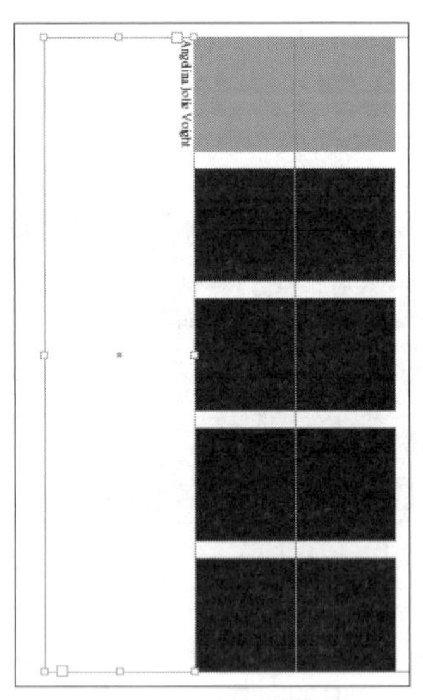

图2-42 输入直排文本

Step 03 选中文本，设置“字体大小”为72点，设置“字体”为Garamond，设置文本颜色为“灰色”（C：32，M：24，Y：25，K：0）。在右侧的“字符”面板中设置“水平缩放”选项的数值为150%，设置“字符间距”选项的数值为-50，如图2-43所示。此时的效果如图2-44所示。

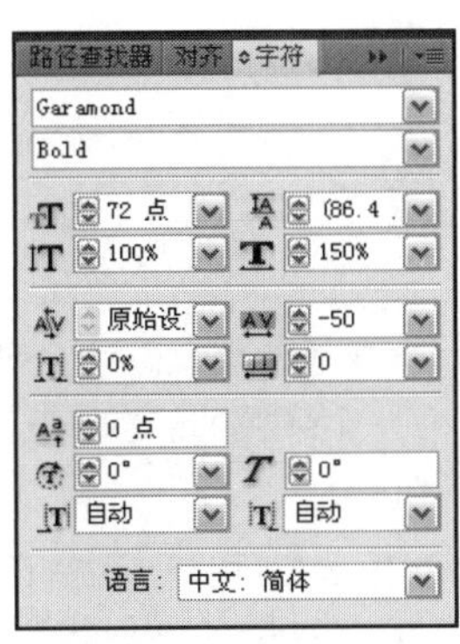

图2-43 “字符”面板

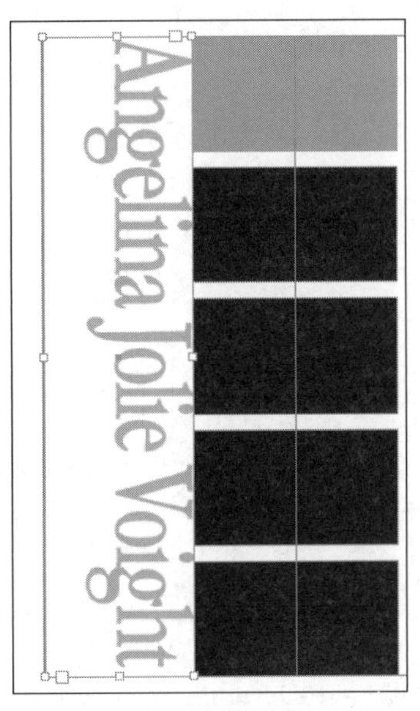

图2-44 设置字符后的效果

Step 04 在工具箱中单击“选择工具”选中文本，在选项栏中依次单击“水平翻转”和“垂直翻转”按钮，依次将文本水平和垂直翻转，如图2-45所示。

Step 05 按住Shift+Alt键的同时按下鼠标左键向右拖动将文本制作一个副本，并水平移动到右侧，再次单击“水平翻转”和“垂直翻转”按钮，将文本水平和垂直翻转，从新输入文本Best Leading Actress，如图2-46所示。

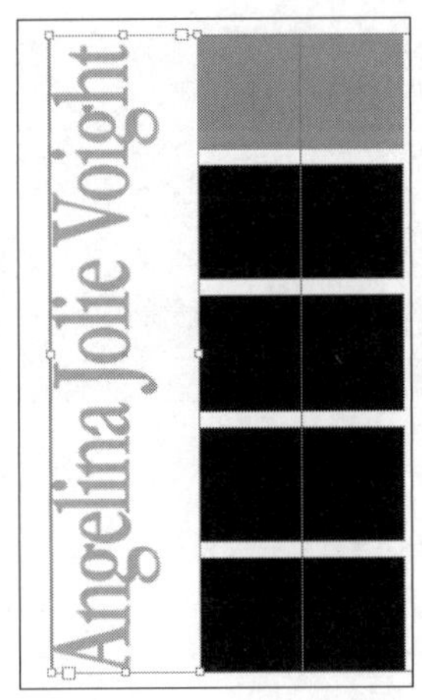

图2-45 水平翻转和垂直翻转

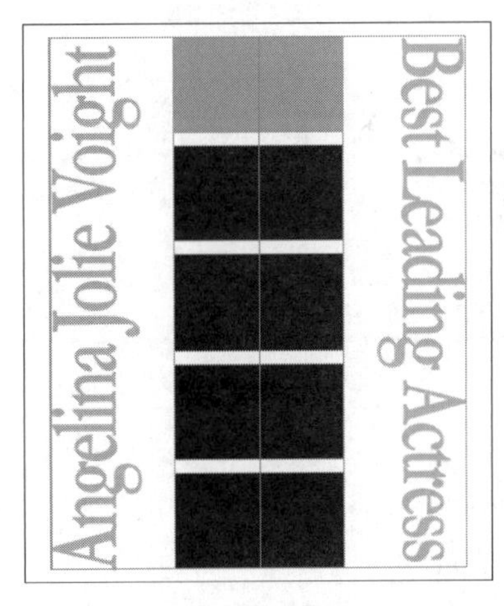

图2-46 制作副本并进行翻转

Step 06 在工具箱中选择“矩形框架工具”，单击鼠标，新建一个29毫米×34毫米的框架。执行“文件”｜“置入”命令，在弹出的“置入”对话框中选择实例文件夹中的“图片.jpg”素材，将图片置入。使用“直接选择工具”选中图片，按住Shift+Ctrl键的同时按比例缩小图片，如图2-47所示。

图2-47 置入图片

Step 07 在工具箱中选择“水平网格工具”，拖动鼠标绘制一个框架网格。

Step 08 更改框架网格的属性。执行“对象”｜“框架网格选项”命令，或者按住Alt键的同时使用“选择工具”双击网格框架，打开“框架网络”对话框。

各主要选项含义如下。

◎ “网格属性”选项组：网格框架中网格的大小由字体大小决定。在此可以设置字体、大小、字间距、行间距等内容。

◎ “对齐方式选项”选项组：用于设置字符和网格的对齐方式。

◎ “视图选项”选项组：此选项组用以在视图选项中调整字数统计的位置、显示大小。

Step 09 本实例在其中设置“字体”为“宋体”，设置“大小”为6点，设置“行间距”为6点，在“行和栏”选项组的“字数”文本框中输入15，在“行数”文本框中输入5，勾选“预览”复选框，如图2-48所示，单击“确定”按钮保存设置。

Step 10 在实例文件夹中，打开Word文档“人物介绍文本”，选中第一段按下Ctrl+C键复制文件，再切换回InDesign软件中，按下Ctrl+V键粘贴文本，效果如图2-49所示。

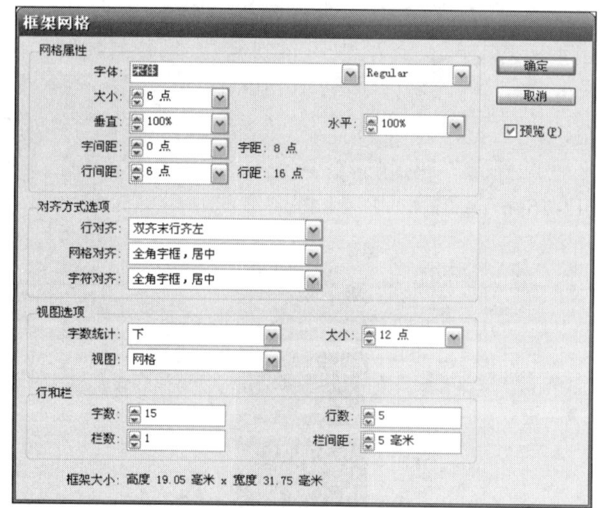

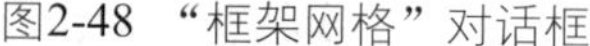
图2-48 “框架网格”对话框

图2-49 粘贴文本

Step 11 按照相同的方法绘制出其他的4个框架网格，注意设置“字数”为22，设置“行数”为8，然后分别将Word文档中的第2至5段粘贴进来，并设置颜色为白色，如图2-50所示。

Step 12 输入完成后在工具箱中单击“出血”按钮，即可观察效果，如图2-51所示。

Step 13 至此，整个实例制作完成，保存文件后，执行“文件”｜“导出”命令，在弹出的“导出”对话框的“保存类型”下拉列表中选择Adobe PDF选项，设置一个文件名，单击“保存”按钮导出文件，最终效果如图2-40所示。

提示

可以通过使用“显示/隐藏框架边缘”命令隐藏框架边缘来简化屏幕显示。此方法还会隐藏图形占位符框架中的十字条。框架边缘的显示设置不影响文本框架上的文本端口的显示。

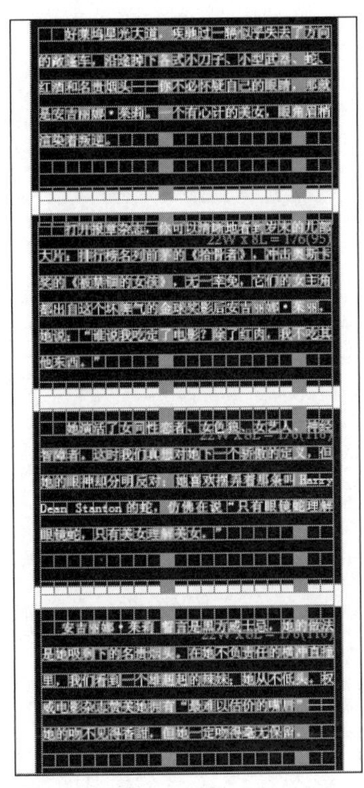

图2-50 导入文本

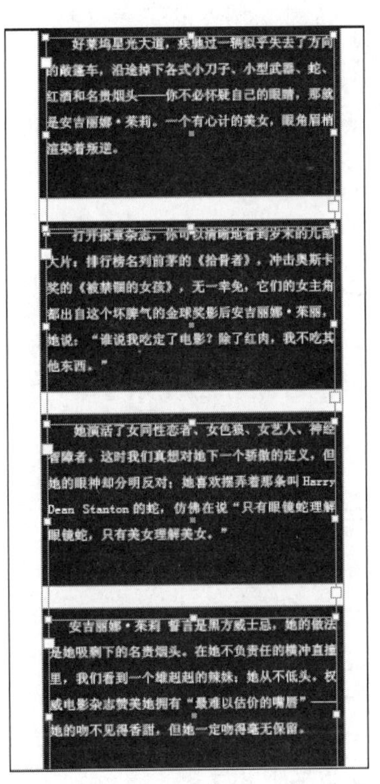

图2-51 预览效果

执行下列操作之一：

◎ 要显示或隐藏框架边缘，可以执行"视图"|"其他"|"显示/隐藏框架边缘"命令。
◎ 要隐藏框架边缘，可以单击位于"工具箱"底部的"预览"按钮。
◎ 要显示或隐藏框架网格，可以执行"视图"|"网格和参考线"|"显示框架网格"命令，或者执行"视图"|"网格和参考线"|"隐藏框架网格"命令。

2.2 串接文本

框架中的文本可独立于其他框架，也可在多个框架之间连续排文。要在多个框架之间连续排文，首先必须将框架连接起来。连接的框架可位于同一页或跨页，也可位于文档的其他页。在框架之间连接文本的过程称为串接文本。

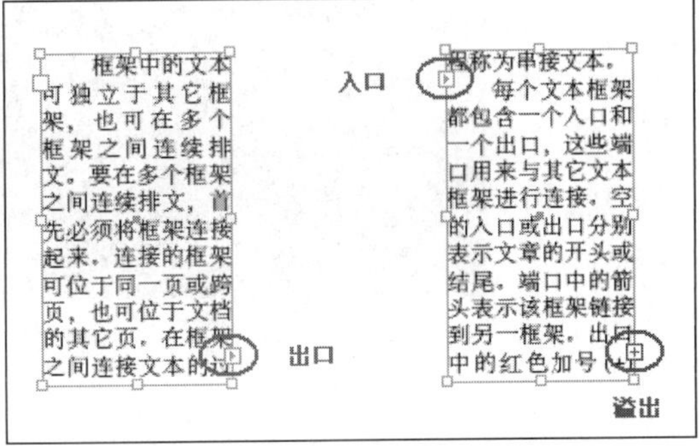

图2-52 串接文本

每个文本框架都包含一个入口和一个出口，这些端口用来与其他文本框架进行连接。空的入口或出口分别表示文章的开头或结尾。端口中的箭头表示该框架链接到另一框架。出口中的红色加号 (+) 表示该文章中有更多要置入的文本，但没有更多的文本框架可放置文本。这些剩余的不可见文本称为溢流文本。如图2-52所示。

2.2.1 创建串接文本

串接文本的方法有很多种，在这里为读者介绍手动排文、半自动排文和自动排文3种串接文本的方法。

1. 手动排文

首先使用“文字工具”绘制一个文本框，粘贴所需的文本，然后在工具箱中单击“选择工具”，将鼠标指针移动到目标位置，单击图标，此时鼠标指针变为符号，在视图相应的位置按住鼠标左键并拖动，绘制文本框，绘制的文本框和第一个文本框连接，填满文本。

2. 半自动排文

单击文档端口处，使鼠标指针成为载入文本的状态，按下Alt键，鼠标指针变为符号，在第2栏中单击，创建串接文本。此时鼠标指针仍保持导入状态，可以继续串接文本。

3. 自动排文

保持鼠标指针处于载入文本的状态，按下Shift键，鼠标指针呈现符号，在第3栏中单击，这时根据文本的多少创建文本框，如果页数不够将会自动创建新页面直到完全容下所有文本。

下面通过一个实例来具体介绍创建串接文本的方法，实例效果如图2-53所示。

Lydia Courteille
隐秘的哥特梦境

Lydia Courteille长着一张像欧洲古董店橱窗里那种卷发洋娃娃的圆圆脸，清澈的茶绿色大眼睛、一排神似蝴蝶触须的浓密长睫毛，随性剪的刘海儿这辈子都没服服帖帖过，左一撮右一撮地堆在前额自由得像风吹过的草，使人联想这必然是小女孩站在板凳上对着带有巴洛克卷边大镜子挥舞剪刀的结果。纯真甜美中带些不羁，尤其是笑容绽放的瞬间，一个活脱脱的“天使艾米丽”。最初，这个家境富足的娃娃脸美人儿只是喜欢收集稀奇古怪的东西，比如她闺房里成堆的玩偶，从这些玩偶里你可以找到所有恶作剧的女主角，然后你便开始琢磨她的法国小脑袋瓜儿里到底想些什么，现实与梦幻，亦或昨天与后天？水蜜桃一样甜美笑容背后是一颗对世界充满好奇和叛逆的心。

图2-53 实例效果

Step 01 启动软件后，执行“文件”|“打开”命令，打开本书附带光盘\Chapter02\杂志内页\“杂志内页-01.indd”文件，打开的效果如图2-54所示。

图2-54 打开文件

Step 02 执行“版面”｜“边距和分栏”命令，在打开的“边距和分栏”对话框中设置“上”、“下”、“内”、“外”选项的数值为5毫米，设置“栏数”为3毫米，设置“栏间距”为3毫米，如图2-55所示。

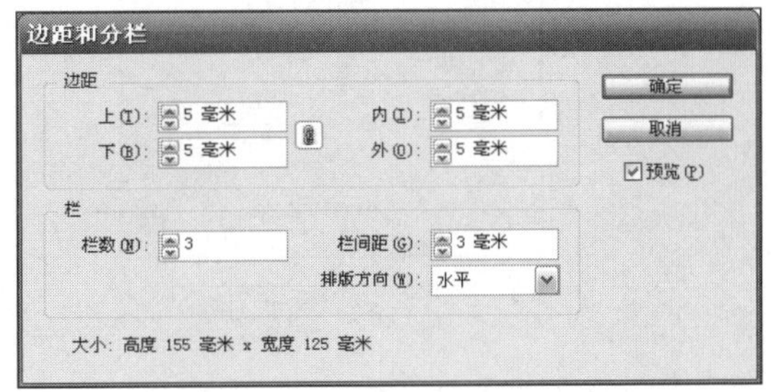

图2-55 “边距和分栏”对话框

Step 03 打开本书附带光盘\Chapter02\杂志内页\“杂志内页文本.doc”，按下Ctrl+C键复制文件。

Step 04 切换回InDesign软件中，沿分栏线使用“文字工具”T绘制一个文本框，按下Ctrl+V键粘贴文本，如图2-56所示。

Step 05 然后在工具箱中单击“选择工具”，将鼠标指针移动到右下角单击图标，此时鼠标指针变为符号，在视图相应的位置按住鼠标左键并拖动，绘制文本框，绘制的文本框和第一个文本框连接，且系统会自动将刚才未显示的文本填满，如图2-57所示。

图2-56 粘贴文本

图2-57 串接文本

Step 06 使用“文字工具”T框选中所有的文本，在右侧的“字符”面板中设置“字体”为“宋体”，设置“字体大小”为10点，设置“行距”为18点，如图2-58所示。设置完成后的效果如图2-59所示。

Step 07 至此，整个实例制作完成，最终效果如图2-53所示。

图2-58 在“字符”面板中设置文本

图2-59 设置完成的效果

2.2.2 在串接中删除文本框

当删除串接中的文本框时，文本框中的内容不删除，并且不影响其他文本框的连接。在串接中删除文本框的方法如下：

Step 01 执行“视图”｜“其他”｜“显示文本串接”命令，在视图中显示串接符。

Step 02 在工具箱中单击“选择工具”，选择需要删除的文本框架，按下Delete键，将其删除。

2.2.3 在串接中插入文本框

在InDesign中可以在串接的文本框中插入空白的文本框，在串接中插入文本框的方法如下：

Step 01 使用“文字工具”T，在需要添加的栏中绘制一个所需的文本框架，使用“选择工具”，将第一栏选中，显示端口。

Step 02 在出端口处单击，移动鼠标指针到空白的文本框中，鼠标指针呈符号时单击，即可将空白文本框插入到串接的文本框中。

2.2.4 取消文本框架串接

文本框和文本框之间可以串接到一起，同样也可以取消文本框中间的连接。取消文本框串接的方法：使用“选择工具”[选择工具图标]，将需要取消链接的文本框选中，然后在文本框的出端口处双击，即可取消文本框的串接。

2.3 置入文本

在InDesign中可以置入各种文档中的文本，如Microsoft Word文本、Microsoft Excel文本、文本文件等，也可以对置入的文本进行文字添加、删除、更改、设置文字样式等操作。

2.3.1 置入Microsoft Word文本

将Microsoft Word文档导入InDesign中时，可以将Word中使用的每种样式映射到InDesign对应样式中。这样，用户就可以指定使用哪些样式来设置导入文本的格式。

下面通过实例来介绍置入Microsoft Word文本的方法，实例效果如图2-60所示。

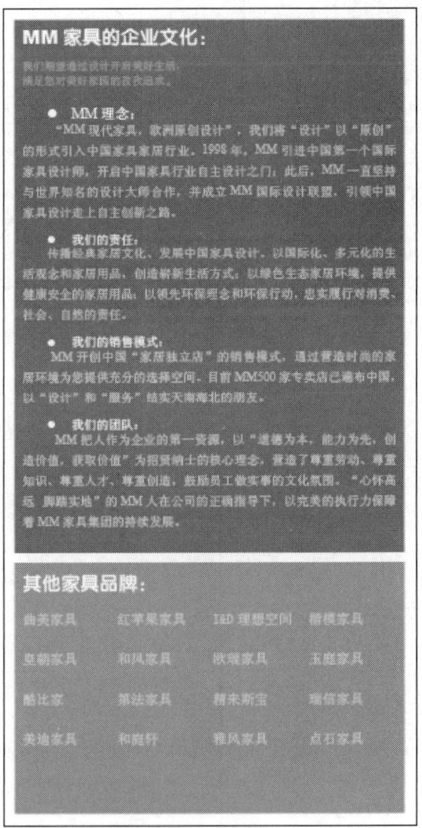

图2-60 实例效果

Step 01 启动软件后，执行“文件”|“打开”命令，打开本书附带光盘\Chapter02\MM家具单页\“MM家具单页-01.indd”文件，打开的效果如图2-61所示。

Step 02 执行“文件”｜“置入”命令，在打开的“置入”对话框中选择本书附带光盘中的Word文档“企业文化文本”，勾选“显示导入选项”和“替换所选项目”复选框，如图2-62所示。

图2-61 打开素材文件

图2-62 “置入”对话框

各主要选项含义如下。

◎ “显示导入选项”选项：勾选该复选框，在置入文件时显示置入时的设置选项。

◎ “应用网格格式”选项：勾选该复选框，使置入文本的框架为框架网格；取消勾选该复选框，置入文本的框架为文本框架。

◎ “替换所选项目”选项：勾选该复选框，在置入文本时将选择对象中的内容替换。

Step 03 设置完成后单击“打开”按钮，打开“Microsoft Word导入选项（文本.doc）”对话框，如图2-63所示。

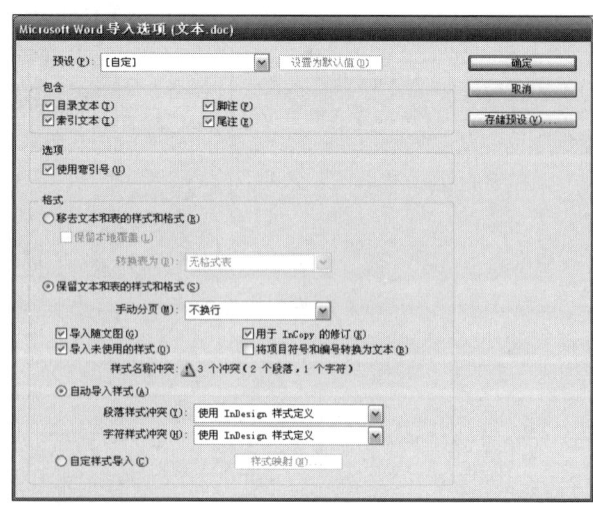

图2-63 “Microsoft Word导入选项（文本.doc）”对话框

各主要选项含义如下。

◎ “包含”选项组：该选项组中包含有4个选项“目录文本”、“脚注”、“索引文本”、“尾注”。勾选相应的复选框，置入的Word文本将包含目录、脚注、索引文本和尾注。

◎ “使用弯引号”选项：勾选此复选框，将确保导入的文本只包含中文文本左右引号，而不包含西文引号。

◎ “移去文本和表的样式和格式”选项：单击此单选按钮，将会使Word文档中的文本不使用原有的样式，并且不置入文档中的随文图。“保留本地覆盖”选项可以保留应用到段落中部分字符的格式，取消选择该选项可以移去所有格式。“转换表为”选项可以选择移去文本和表的样式和格式。

◎ “保留文本和表的样式和格式”选项：单击此单选按钮，将在InDesign文档中保留Word文档中的格式。“手动分页”选项用于确定Word文档中的分页在InDesign中格式化的方式；选择“保留分页符”选项可以使用Word中用到的同一分页符，也可以选择“转换为分栏符”或“不换行”选项。

◎ “导入随文图”选项：勾选此复选框，将导入文件中的随文图。

◎ “导入未使用的样式”选项：勾选此复选框，将Word文档中的所有样式，包括没有使用的样式也导入到文档中。

◎ “自动导入样式”选项：当字符样式和段落样式的名称相同时可以选择该选项。选择“使用InDesign样式定义”选项，将删除Word文档中的样式，应用InDesign中的样式；选择“重新定义InDesign样式”选项，将删除InDesign中的样式，使用Word文档中的样式；选择“自动重命名”选项，将对Word文档中的样式重新命名。

Step 04 本实例保持所有选项的默认设置，单击“确定”按钮即可。此时鼠标变为了图标，在目标位置单击鼠标左键即可将带有所有Word格式的文本导入，效果如图2-64所示。

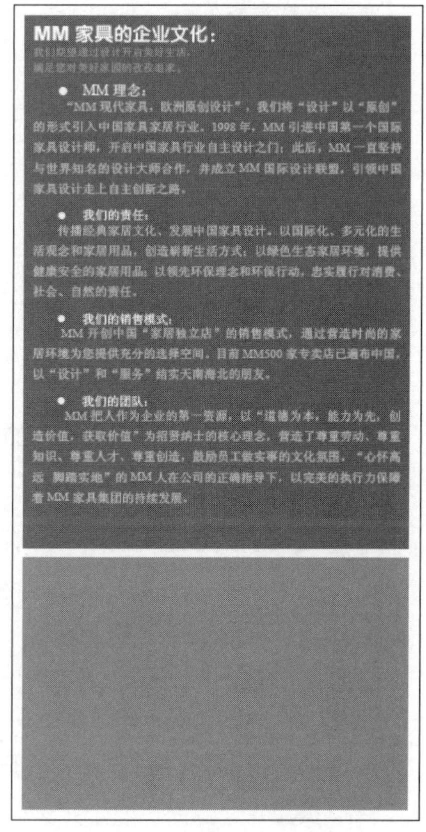

图2-64 设置完成的效果

2.3.2 置入Microsoft Excel文本

置入Microsoft Excel文本，可以将文档中的表格和文本同时置入到InDesign文档中。在置入的同时，可以设置表格的样式、文本对齐方式等。下面就继续完成前面的实例。

Step 01 执行“文件”|“置入”命令，打开“置入”对话框，选择本书附带光盘\Chapter02\“MM家具单页\“数据.xls””文件，如图2-65所示。

Step 02 单击“打开”按钮，就会弹出“Microsoft Excel导入选项（数据.xls）”对话框，本实例在“表”下拉列表中选择“有格式的表”选项，如图2-66所示。这样就会将Excel中的设置都导入文档中。

各主要选项含义如下。

◎ “工作表”下拉列表：该下拉列表用于指定导入的工作表。

◎ “视图”下拉列表：此下拉列表用于指定是导入任何存储的自定或个人视图，还是忽略这些视图。

◎ “单元格范围”下拉列表：该下拉列表用于设置导入单元格的范围。

◎ “导入视图中未保存的隐藏单元格”选项：勾选此复选框，将Excel电子表格中的任何表格都导入。

◎ “表”下拉列表：此下拉列表用于设置电子表格信息的显示方式。

◎ “表样式”下拉列表：该下拉列表用于选择当前文档中的表样式，将选择的样式应用到导入的Excel电子表格中。

◎ “单元格对齐方式”下拉列表：此下拉列表用于设置导入文档的单元格对齐方式。

◎ “包含随文图”选项：此选项用于决定是否导入文档中的图形。

◎ “包含的小数位数”选项：此选项用于设置小数保留的位数。

◎ “使用弯引号”选项：此选项用于确保导入的文本包含文中左右引号（“”）。

图2-65 “置入”对话框

图2-66 “Microsoft Excel导入选项（数据.xls）”对话框

Step 03 设置导入后的效果如图2-67所示。

Step 04 使用“文字工具”T选中文本，在“字符”面板或“选项栏”中设置其“字体大小”为10点，调整一下表格的位置，此时的效果如图2-68所示。

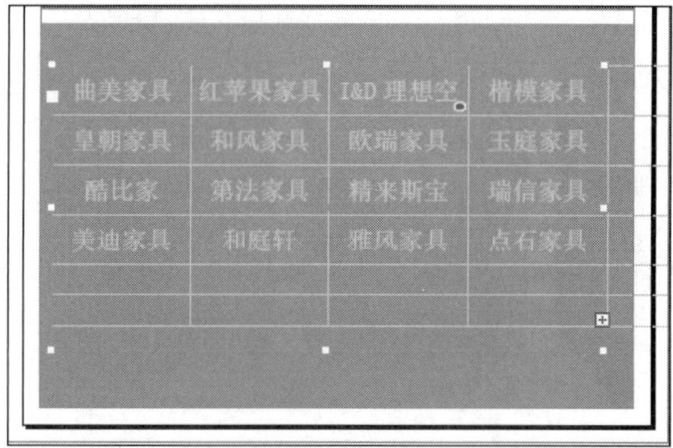

图2-67 置入文本

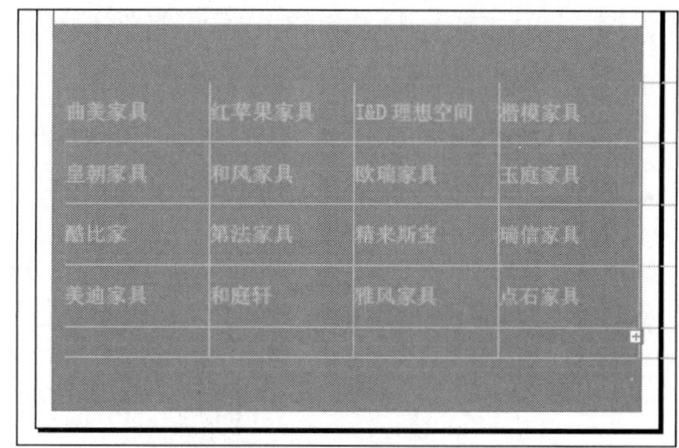

图2-68 调整后的效果

Step 05 最后使用“文字工具”T绘制一个文本框，输入文本“其他家具品牌”，设置“字体”为“方正粗圆简体”，设置“字体大小”为14点，设置文本颜色为“白色”，如图2-69所示。最终效果如图2-60所示。

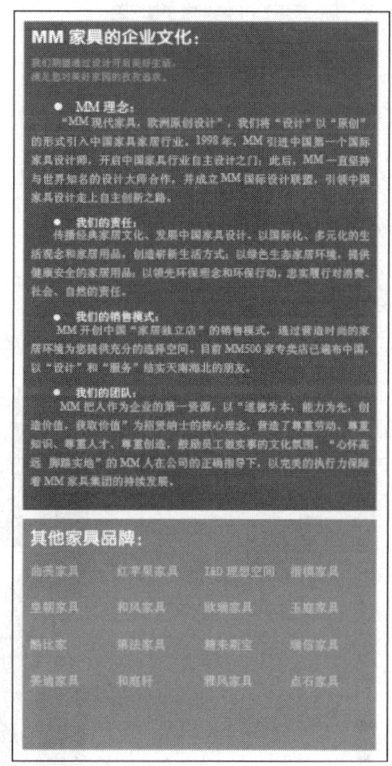

图2-69 “字符”选项卡和调整后的效果

2.4 格式化字符

在排版工作中需要对文字进行各种样式的编排，其中字体样式的搭配决定了排版的效果，因此对文字样式的设置成为排版中重要的一项工作。在InDesign中提供了各种各样的字体样式的设置，如文字大小、字符间距、基线偏移、字符旋转、字符挤压间距、直排内横排等，通过设置这些选项可以使文字产生丰富的效果，从而满足用户对排版的要求。

在InDesign中文字属性的更改方式有很多种。可以在“选项栏”和“字符”面板中设置，也可以使用文字菜单中的命令设置，如图2-70所示。

选项栏

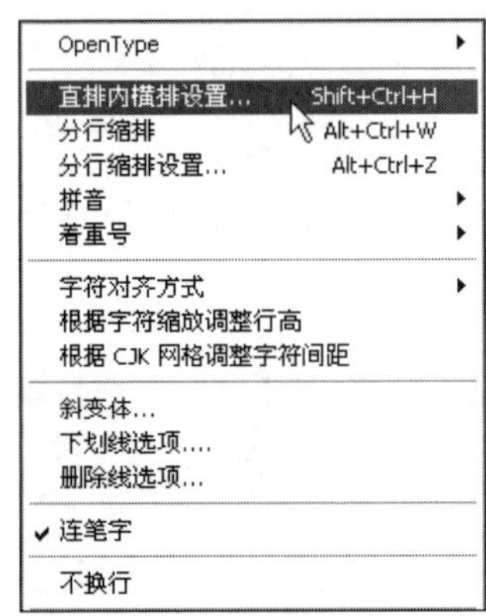

文字菜单

“字符”面板

图2-70 中文属性的更改方式

下面通过实例来详细讲解，实例效果如图2-71所示。

图2-71 实例效果

具体操作步骤如下：

Step 01 执行“文件”｜“新建”｜“文档”命令，在打开的“新建文档”对话框中的“页面大小”下拉列表中选择90毫米×50毫米，单击按钮设置页面为横向效果，如图2-72所示。

Step 02 单击“边距和分栏”按钮，打开“新建边距和分栏”对话框。首先单击“断开链接”按钮，然后在其中设置“上”、“下”、“内”、“外”选项的数值为4毫米，如图2-73所示，单击“确定”按钮保存设置。

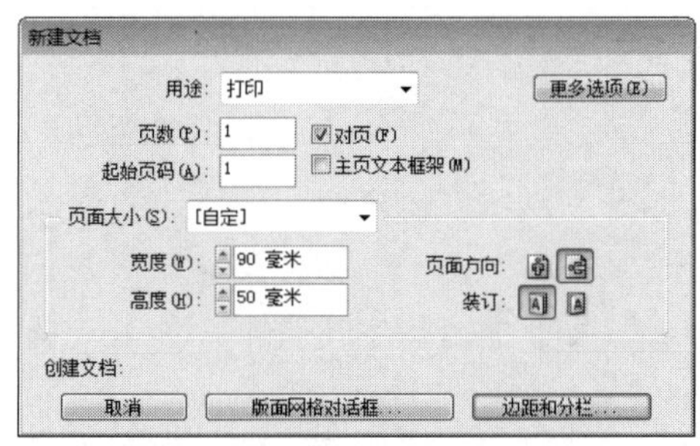

图2-72 新建文档

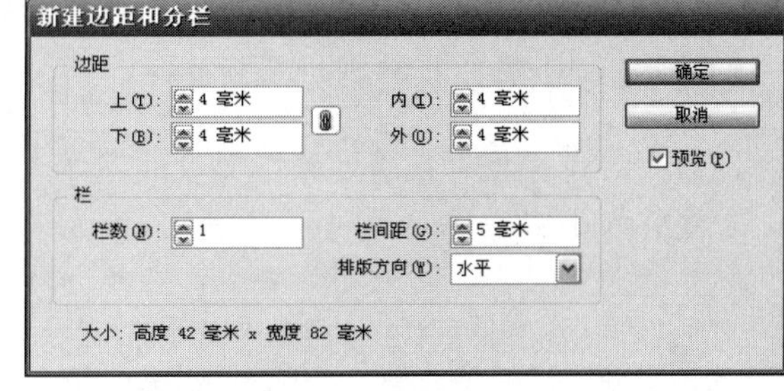

图2-73 设置边距和分栏

1. 设置字体

字体就是具有同样粗细、宽度和样式的一组字符所形成的完整集合。设置文字的字体时，包括设置字体系列的字体样式。

文字经过几千年的发展，已经形成其自身的应用特点。例如：中文正规印刷物经常使用“宋体”字体作为正文字体，而英文则经常使用Times New Roman。

要应用字体，只要选择要更改的文本，执行下列任意操作之一：

◎ 在“控制”面板或“字符”面板中的字体下拉列表中选择所需要的字体，并且可以在“字体样式”下拉列表中选择样式。

◎ 在“控制”面板或“字符”面板中的字体系列名称或字体样式名称前单击或双击名称的第一个单词，然后输入所需名称的前几个字符。在输入过程中，InDesign会根据所输入字符，显示与其匹配的字体系列名称或字体样式名称。

◎ 执行“文字”|“字体”命令，在弹出的字体菜单中选择一种字体。使用此菜单时，会同时选择字体系列和字体样式。

本实例首先使用“文字工具”输入文本S，执行“窗口”|“文字和表”|“字符”命令，在打开的“字符”选项卡中的“字体”下拉列表中选择Impact，如图2-74所示。此时效果如图2-75所示。

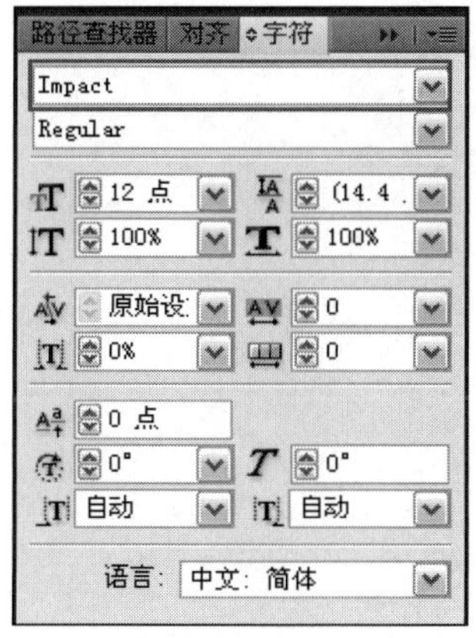

图2-74 设置字体

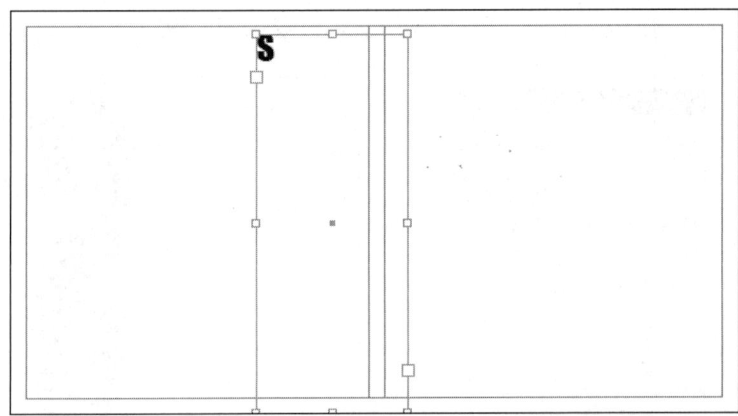

图2-75 输入文本的效果

2. 设置字体大小

我国字体大小的规格单位有两种：号制和点制。号制是以互不成倍数的三种字体大小为标准，加倍或减半制成系统，有四号字、五号字和六号字系统。

指定文字大小可以执行下列操作之一：

◎ 在“控制面板”或“字符”面板的字体大小列表中，选择所需的字体大小。应用不同的字体大小的效果。

◎ 执行“文字”|“大小”命令，在打开的“大小”菜单中选择字体大小，如果选择“其他”选项，则可以在打开的“字符”面板中进行设置。

◎ 选中文本后，单击鼠标右键，在弹出的快捷菜单中选择“大小”选项。

本实例中保持文本的选中状态不变，在“字符”面板中的“字体大小”下拉列表中输入158点，如图2-76所示。效果如图2-77所示。

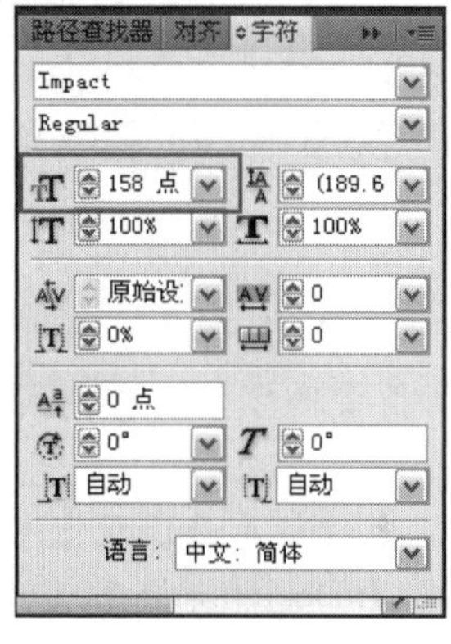

图2-76 设置字体大小

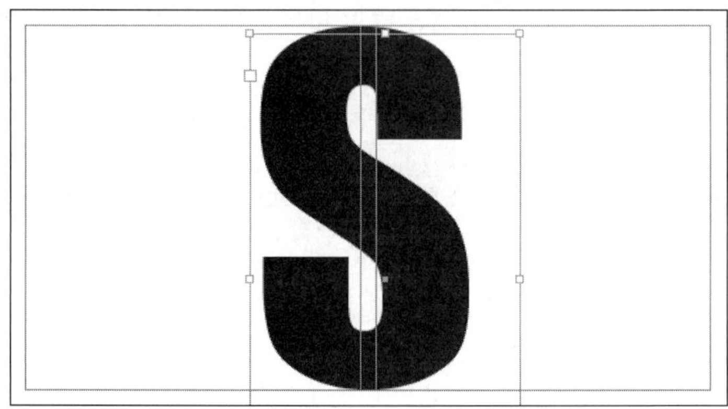

图2-77 设置字体大小后的效果

3. 设置字体缩放比例

“水平缩放”和“垂直缩放”选项通过对字符的宽度和高度进行挤压或扩展，创建缩小或扩大比例的文本。

Step 01 本实例中保持文本的选中状态不变，在“字符”面板中的“水平缩放”下拉列表中选择50%选项，如图2-78所示。效果如图2-79所示。

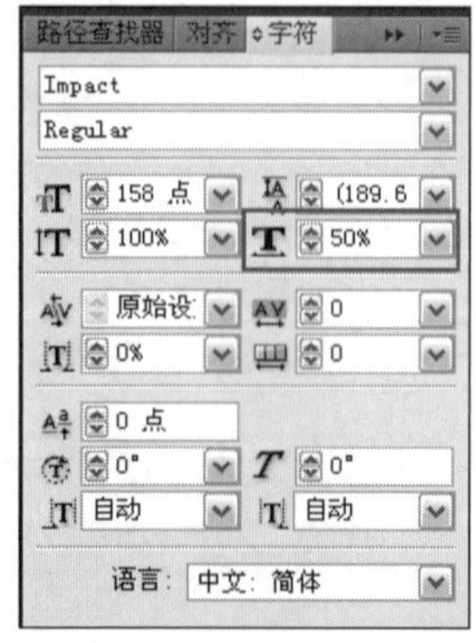

图2-78 设置字体水平缩放

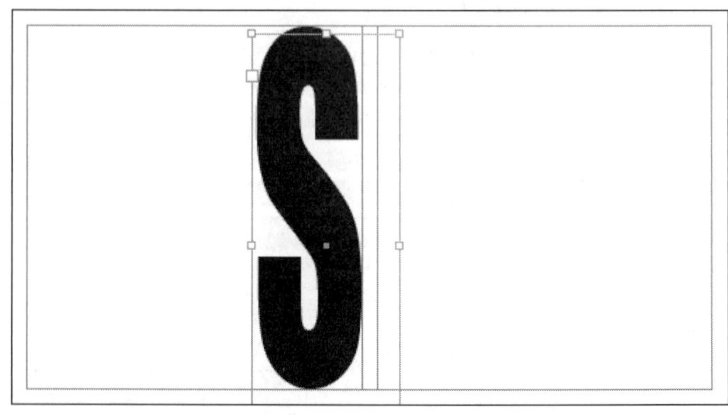

图2-79 “水平缩放”后的效果

Step 02 按照相同的方法再输入文本C，在右侧的“色板”面板中选择红色，如图2-80所示。

图2-80 更改颜色

4. 设置行距

相邻行文字间的垂直间距称为行距。测量行距是计算一行文本的基线到上一行文本基线的距离。

提示

默认的“自动行距”选项按文字大小的120%设置行距。例如，10点文字的行距为12点。当使用自动行距时，InDesign会在“字符”面板的“行距”菜单中，将行距值显示在圆括号中。

Step 01 使用“文字工具”T绘制一个文本框，打开Word文档，按下Ctrl+C键复制文本，回到InDesign软件中，按下Ctrl+V键粘贴文本。

Step 02 使用“文字工具”T选中粘贴的文本设置“字体”为“黑体”，设置“字体大小”为6点，设置“行距”为12点，如图2-81所示。设置完成的效果如图2-82所示。

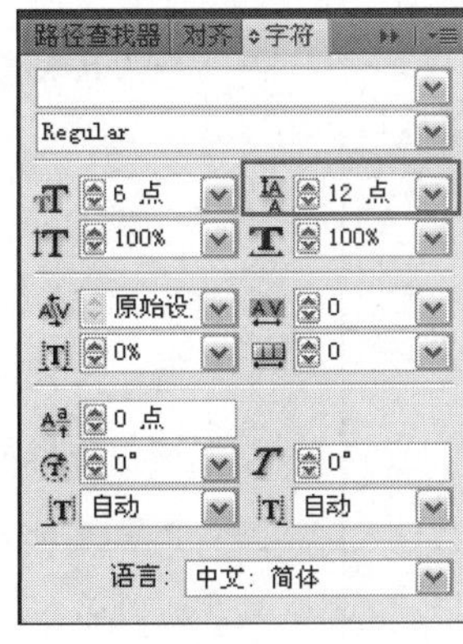

图2-81 设置行距

图2-82 设置行距后的效果

提示

数值越大，两行间的间距越大，数值越小，间距越小，如下图所示，由左至右依次为4点、6点、8点、18点和24点行距的位置，如图2-83所示。本实例设置“行距”为12点。

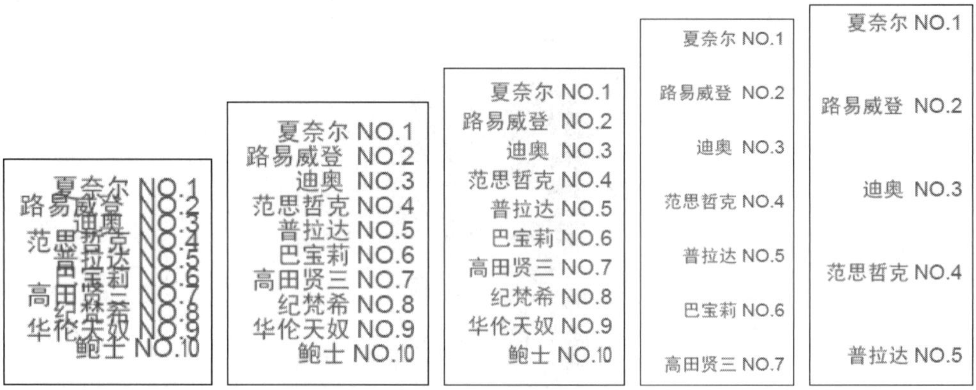

图2-83 不同行距的效果

5. 基线偏移

使用“基线偏移”可以相对于周围文本的基线上下移动选定字符。

Step 01 用户只要选择文本。在“字符”面板或“控制”面板中，为“基线偏移”输入一个数值。将基线偏移选项设置为正值时，将使该字符的基线移动到这一行中其余字符基线的上方；设置为负值时，将使其移动到这一行中其余字符基线的下方。如图2-84左图所示的为设置为2点的显示方式，右图所示的为设置为-2点时的效果。

Step 02 本实例依次选中数值1至10，在“字符”面板中设置“基线偏移”选项的数值为2，如图2-85所示，将所有的都设置完成的效果如图2-86所示。

提示

要增大或减小该值，请在“基线偏移”框中单击，然后按向上或向下箭头键。同时按住Shift，可以按更大的增量更改数值。要更改基线偏移的默认增量，请在“首选项”对话框的“单位和增量”参数设置窗口中为“基线偏移”设置一个数值。

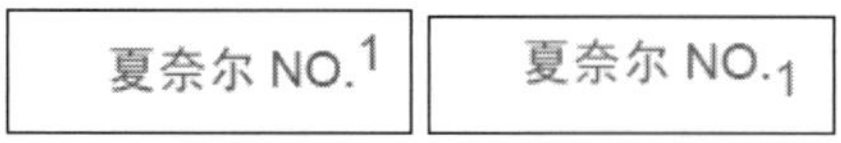

图2-84 基线偏移效果对比

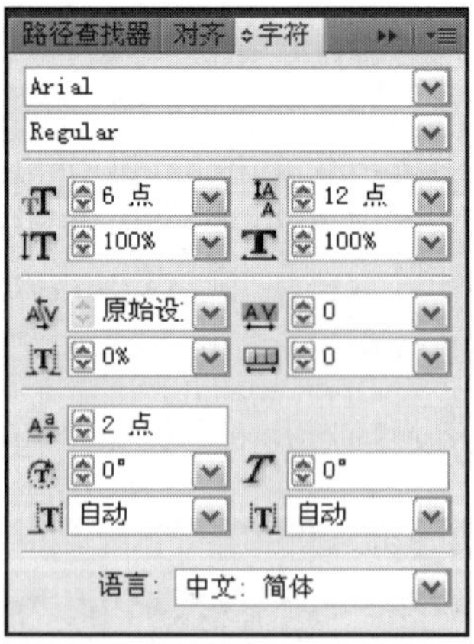

图2-85 设置基线偏移数值

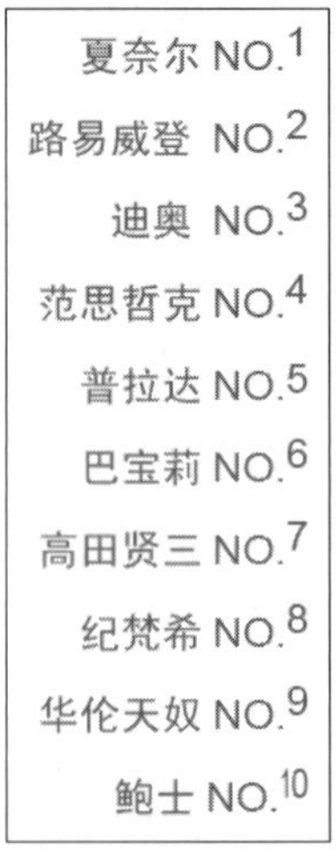

图2-86 基线偏移效果

6. 字符旋转与倾斜

“字符旋转”选项可以调整选择文本的角度。在文本框中设置的值为负数时，可以使字符顺时针旋转。

“倾斜”选项可以使文字按任意角度倾斜，弥补了中文字库中无斜体字的缺憾。参数值为正数表示文字向右倾斜，参数值为负数表示文字向左倾斜。

Step 01 选中文本“夏奈尔”，在“字符”面板中设置“倾斜”选项的数值为20，可以看到现在由于输入的参考值为整数，所以字符向右倾斜，如图2-87所示。

Step 02 选中文本“1”，在“字符”面板中设置“旋转”选项的数值为-15，可以看到现在由于输入的参考值为负数，所以字符顺时针旋转，如图2-88所示。

Step 03 按照相同的方法将其他的文字和数值也进行相同的设置。

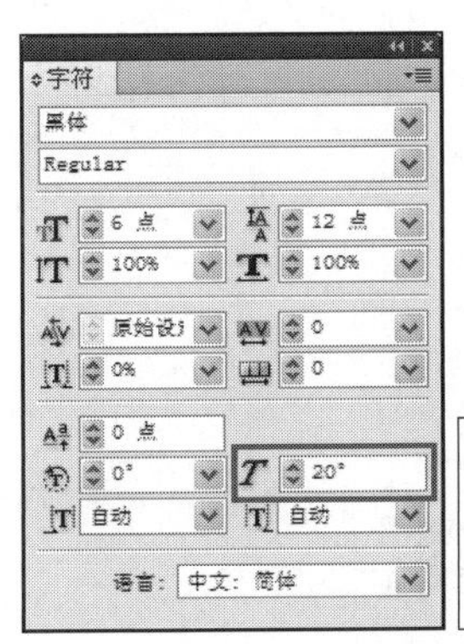

图2-87 设置倾斜

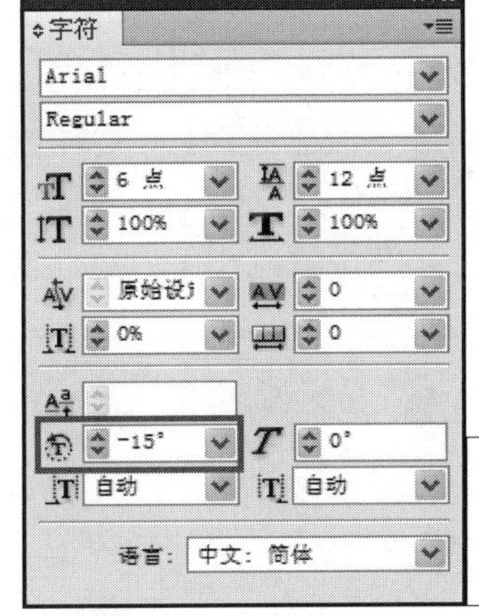

图2-88 设置旋转

7. 字符前/后挤压间距

字符前/后挤压间距是以当前文本为基础，在字符前后插入空格，插入的空格是以一个全角空格为单位。当该行设置为两端对齐时，则不调整该间距。

要设置字符前/后挤压间距，只要选中相应的文本，在“字符”面板中单击“字符前挤压间距”或者“字符后挤压间距”按钮，在如图2-89所示的下拉菜单中选择相应的数值即可。

按照相同的方法完成其他文字的输入并设置颜色，如图2-90所示。

至此，文字样式的主要选项就介绍完了，请用户参考源文件完成实例的制作，最终效果如图2-71所示。

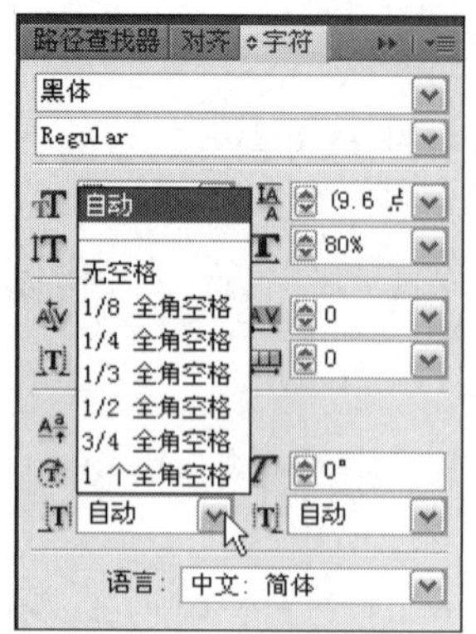

图2-89 设置字符前/后挤压间距

图2-90 设置后的效果

8. 拼音

“拼音”选项是为汉字标注发音时使用的。执行“拼音”命令可以为选择的汉字添加拼音。当添加的拼音长度超过正文时，可以指定拼音分布范围，还可以将“自动直排内横排”应用于拼音。

下面通过实例来详细讲解制作的过程，实例效果如图2-91所示。

图2-91 实例效果

Step 01 启动软件后，执行“文件”｜“打开”命令，打开本书附带光盘\Chapter02\幼儿读物\“幼儿读物-01.indd”文件，打开的效果如图2-92所示。

Step 02 在工具箱中选择“文字工具”T，绘制出一个文本框，输入文本“幼儿算术天天练”，设置其“字体大小”为24点，设置“字体”为“迷你简毡笔黑”。按照前面介绍的方法分别选中每个字符，对它的角度进行调整，此时的效果如图2-93所示。

图2-92 打开文件

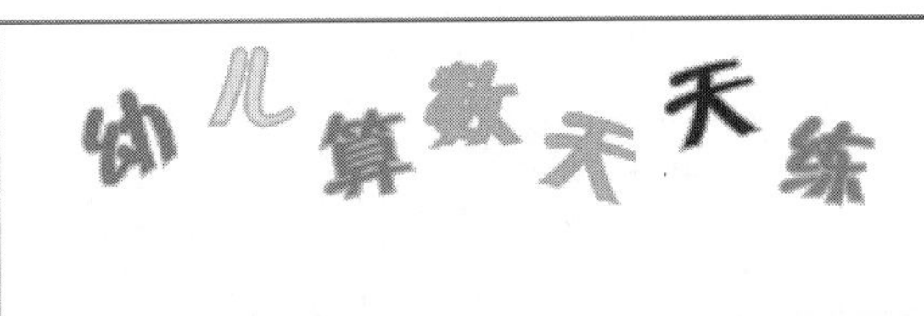

图2-93 调整文本角度

Step 03 选中输入的所有文本，为其添加拼音。选中文本后，在“选项栏”的右侧单击按钮，在展开的下拉菜单中选择“拼音”命令，打开如图2-94所示的“拼音”对话框。在“拼音”文本框中输入拼音，you er suan shu tian tian lian。

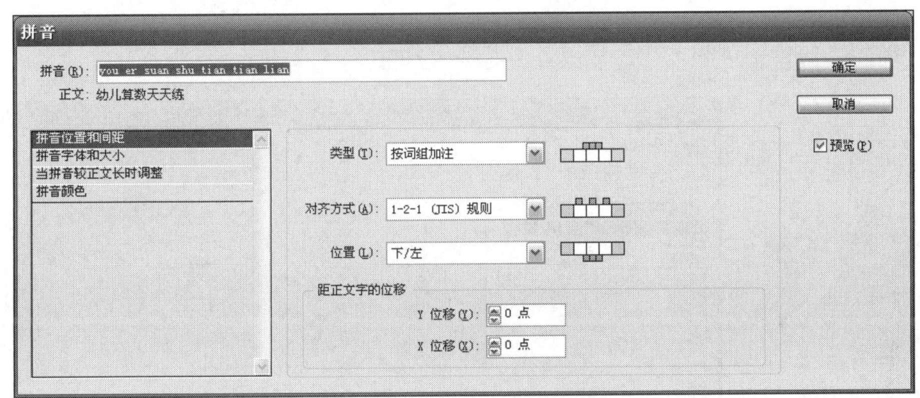

图2-94 “拼音”对话框

各主要选项含义如下。

◎ “类型”下拉列表：可以选择“逐字加注”或“按词组加注”两个选项。如果选择“逐字加注”，则在输入拼音字符时，用一个半角或全角空格进行分隔，以便与对应正文字符对齐，而且会根据字符的角度来调整添加的拼音的角度。如图2-95所示，左图为“逐字加注”效果，右图为“按词组加注”效果。本实例选择“按词组加注”效果。

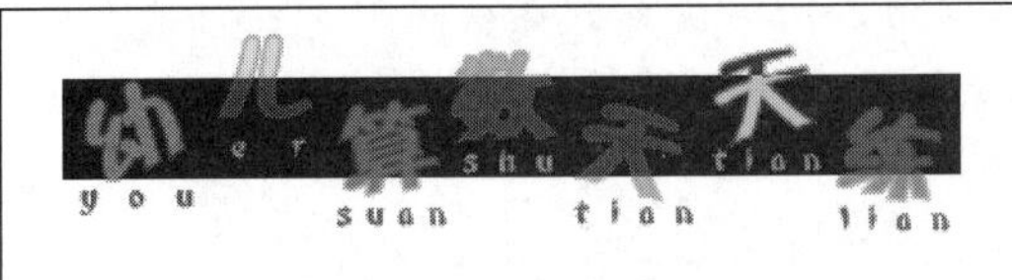

图2-95 “逐字加注”效果和“按词组加注”效果

◎ “对齐方式”下拉列表：用于指定拼音字符的对齐方式。本实例保持默认设置即可。

◎ “位置”下拉列表：用于指定拼音字符的位置。要将拼音附加到横排文本上方或直排文本右方，即可在“位置”下拉列表中选择“上/右”；要附加到横排文本下方或直排文本左方，即在“位置”下拉列表中选择“下/左”。

◎ “X位移”和“Y位移”选项：用于指定拼音与正文之间的间距。如果输入的是负值，则远离文本；输入的为正数，拼音就会更加靠近正文。

Step 04 本实例如图2-96所示，选择“下/左”方式，同时设置“X位移”选项的数值为-12，此时的效果如图2-97所示。

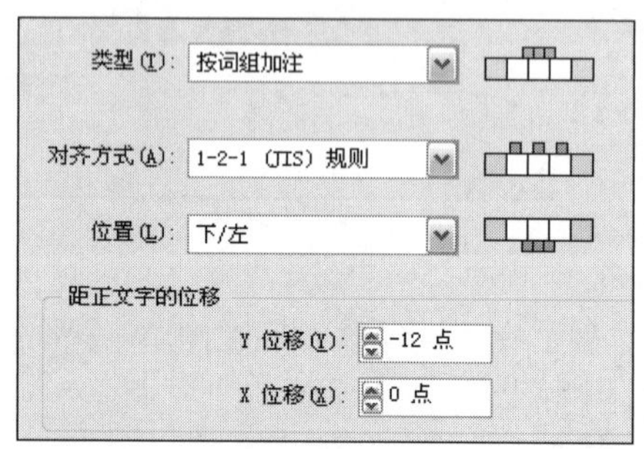

图2-96 设置“位置”和“距正文字的位移”

图2-97 调整后的效果

Step 05 切换到“拼音字体和大小”选项，如图2-98所示。

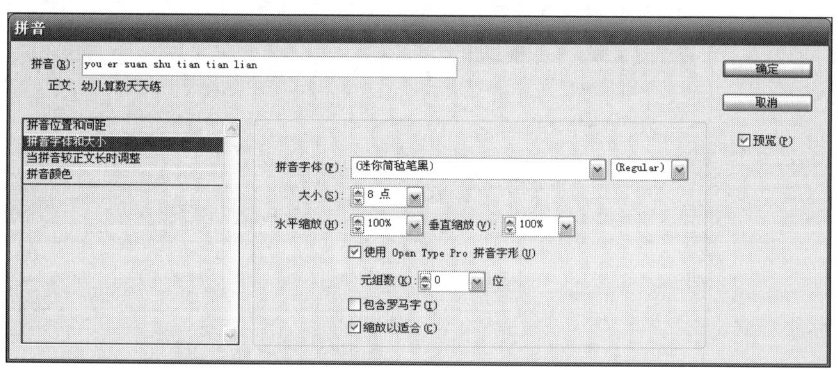

图2-98 设置“拼音字体和大小”选项参数

提示

每次最多可为32个文字添加拼音。如果文字过多，“拼音”选项将为不可使用状态。

各主要选项含义如下。

◎ “拼音字体”下拉列表：用于选择字体系列和字体样式。

◎ “大小”下拉列表：用于指定拼音字符的大小。默认的拼音大小为正文大小的一半。

◎ “水平缩放”和“垂直缩放”选项：用于指定拼音字符的高度和宽度缩放。

◎ “使用Open Type Pro拼音字形”选项：此选项用以使用拼音的替换字形（若可能）。

◎ “元组数”选项：用以指定要旋转为垂直方向的、连续半角字符的数量。例如，如果该选项设置为2，将不旋转字符串“123”，但会旋转“12”。

◎ “包含罗马字”选项：此选项将直排内横排应用于罗马字文本。

◎ “缩放以适合”选项：勾选此复选框以便拼音字符串内的直排内横排强制采用相同尺寸（1个字宽×1个字宽）。可以通过使用OpenType功能或通过缩放字形来实现。

Step 06 本实例设置“拼音字体”为“迷你简毡笔黑”，设置“大小”为8点，勾选“缩放以适合”复选框，如图2-98所示，单击“确定”按钮保存设置。

Step 07 切换到“当拼音较正文长时调整”选项中，如图2-99所示。

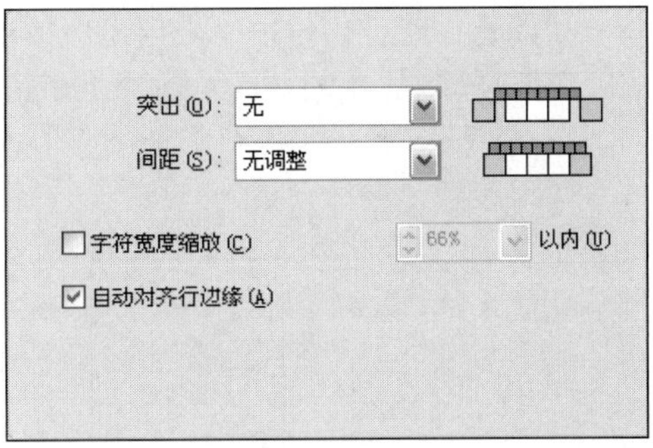

图2-99 “当拼音较正文长时调整”选项组

各主要选项含义如下。

◎ “突出”下拉列表：当拼音总宽度大于其正文字符的宽度时，此下拉列表中的选项用于将指定的拼音横向溢出，进入正文字符两侧的空间中。

◎ “间距”下拉列表：此下拉列表用于指定附加拼音所需的正文字符间距。当选择不同选项后，样本栏显示的图形会更新。

◎ “字符宽度缩放”选项：此选项用于自动调整拼音字符宽度，并指定拼音字符宽度的压缩比例。

◎ “自动对齐行边缘”选项：此选项用于将正文的行首和行尾对齐。

Step 08 切换到“拼音颜色”选项，如图2-100所示。

其中各主要选项的含义如下。

◎ “颜色色板”下拉列表：此下拉列表用于设置拼音颜色，本实例选择品红色（C：0，M：100，Y：0，K：0）。

◎ “叠印填充”和“叠印描边”选项：用于为拼音字符设置填色或描边叠印。

Step 09 设置完成的拼音效果如图2-101所示。

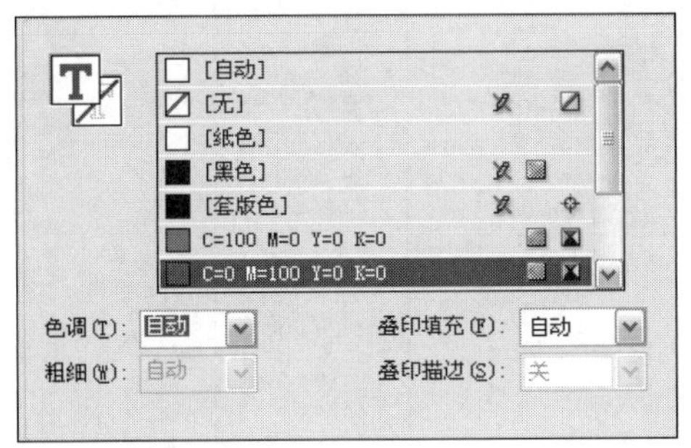

图2-100 “拼音颜色”选项组

图2-101 设置完拼音的效果

9. 直排内横排

直排内横排是指在直排文本中使选择的字符旋转为横排，读者可以在“字符”菜单中执行“直排内横排设置”命令，然后在打开的对话框中勾选“直排内横排”复选框，同时勾选“预览”复选框，设置数值的同时即可观看到设置效果。

Step 01 在工具箱中选择“钢笔工具”，绘制出一条路径。按下键盘上的Shift+C键，拖动并改变路径到理想的状态，如图2-102所示。

Step 02 选中路径，单击“应用无”按钮，取消对路径的填充。在工具箱中选择“垂直路径文字工具”。将光标至于路径上，光标变成符号，此时单击鼠标左键，文本光标将添加到路径上，输入文本“每天1小时，宝宝更聪明”。

Step 03 设置“字体大小”为12点，设置“字体”为“方正少儿简体”，如图2-103所示。

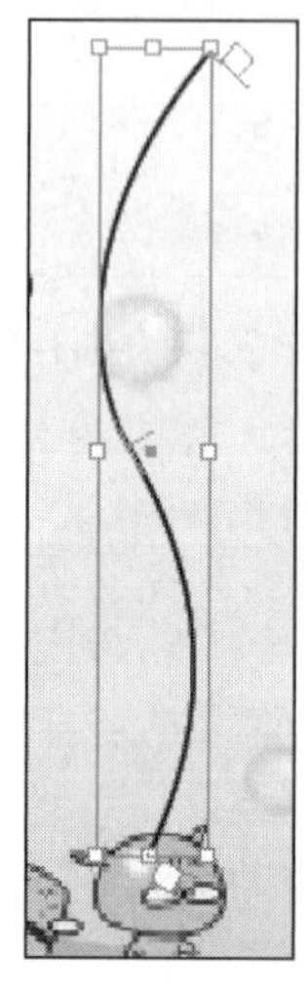

图2-102 绘制路径

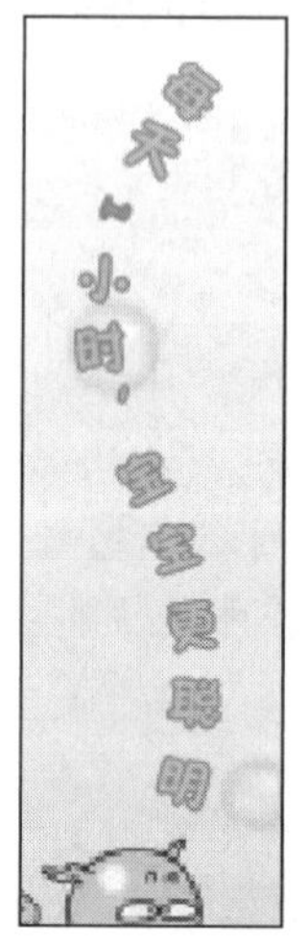

图2-103 输入文本

Step 04 选中文本“1”，在“选项栏”的右侧单击按钮，在展开的下拉菜单中选择“直排内横排设置”选项，打开如图2-104所示的“直排内横排设置”对话框。

Step 05 勾选“直排内横排”复选框，同时勾选“预览”复选框，此时即可看到数字转化为横排，如图2-105所示。

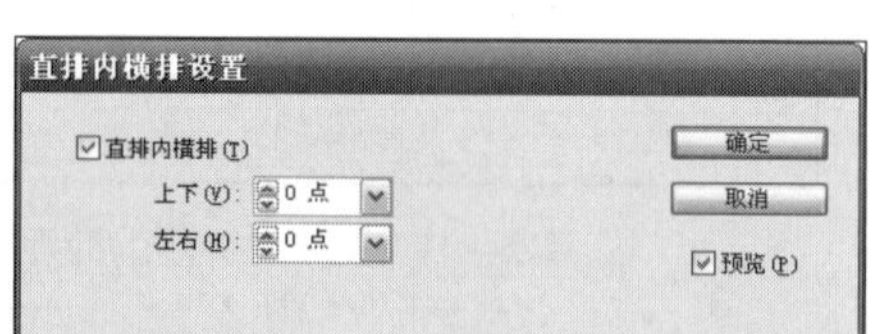

图2-104 “直排内横排设置”对话框

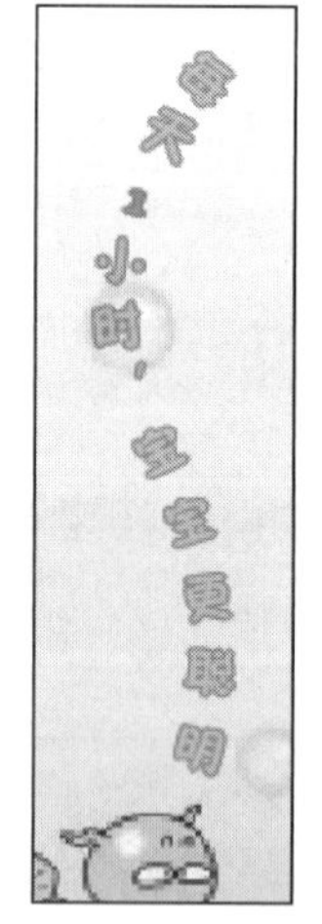

图2-105 设置完的效果

10. 下划线和删除线

下划线是在文字的底部添加线，删除线是在文字的中心位置添加线。在“字符”菜单中都有相应的两个命令，“下划线选项”和“删除线选项”命令。执行“下划线选项”命令可以直接为文本添加效果，执行“删除线选项”命令可以设置删除文本下划线效果。也可以在“选项栏”中直接单击[T]按钮添加下划线，或者单击[T]按钮删除下划线。

Step 01 在工具箱中选择“文字工具”[T]，绘制出一个文本框，输入文本“一共几个水果呢？”，设置其“字体大小”为14点，设置“字体”为“方正少儿简体”。按照前面介绍的方法分别选中每个字符，对它的角度进行调整，此时的效果如图2-106所示。

Step 02 在“选项栏”的右侧单击按钮，在展开的下拉菜单中执行“下划线选项”命令，打开如图2-107所示的“下划线选项”对话框，勾选“启用下划线”复选框。

图2-106 调整角度

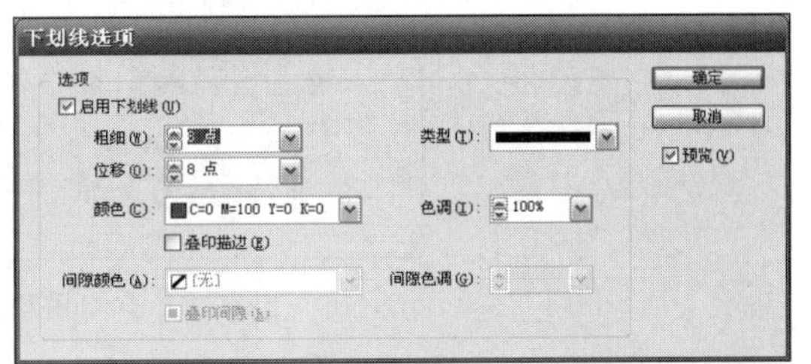

图2-107 “下划线选项”对话框

各主要选项含义如下。

◎ “粗细”下拉列表：在此下拉列表中选择一种粗细或输入一个值，以确定下划线或删除线的线条粗细。
◎ “类型”下拉列表：在此下拉列表中可以设置下划线的类型。
◎ “位移”下拉列表：此下拉列表用于确定线条的垂直位置。位移从基线算起，正值将使下划线移到基线的上方，使删除线移到基线的下方。
◎ “叠印描边”选项：勾选此复选框，用于确保在印刷时描边不会使下层油墨挖空。
◎ 颜色和色调选项：如果指定了实线以外的线条类型，请选择间隙颜色或间隙色调，以更改虚线、点或线之间区域的外观。
◎ “叠印描边”或“叠印间隙”选项：如果要在另一种颜色上打印下划线或删除线，且希望避免出现打印错误，可以选择这两项。

Step 03 本实例设置“粗细”和“位移”选项的数值为8，输入拼音，此时的效果如图2-108所示。

图2-108 调整后的效果

11. 字母大写

在选项栏中可以单击“小型大写字母”[Tr]和“全部大写字母”按钮[TT]，使文本中的字母全部大写。不同的是“全部大写字母”命令保持大写字母原有的大小，而“小型大写字母”命令是大写字母的大小和小写字母的大小相同。如图2-109左图所示为单击“全部大写字母”按钮[TT]后的效果，右图为单击“小型大写字母”[Tr]的效果。

本实例选择“全部大写字母”TT方式。按照相同的方法完成实例的其他部分。

至此，实例制作完成，效果如图2-91所示。

图2-109 “全部大写字母”与“小型大写字母”对比效果

12. 上标或下标

在“选项栏”中显示的“上标”T^1或“下标”T_1，会对选定的文本应用预定义的极限偏移值和文字大小，所应用的值为当前字体大小和字距的百分比，这些值可以在“首选项”对话框中进行设置。

下面通过实例来详细讲解，实例效果如图2-110所示。

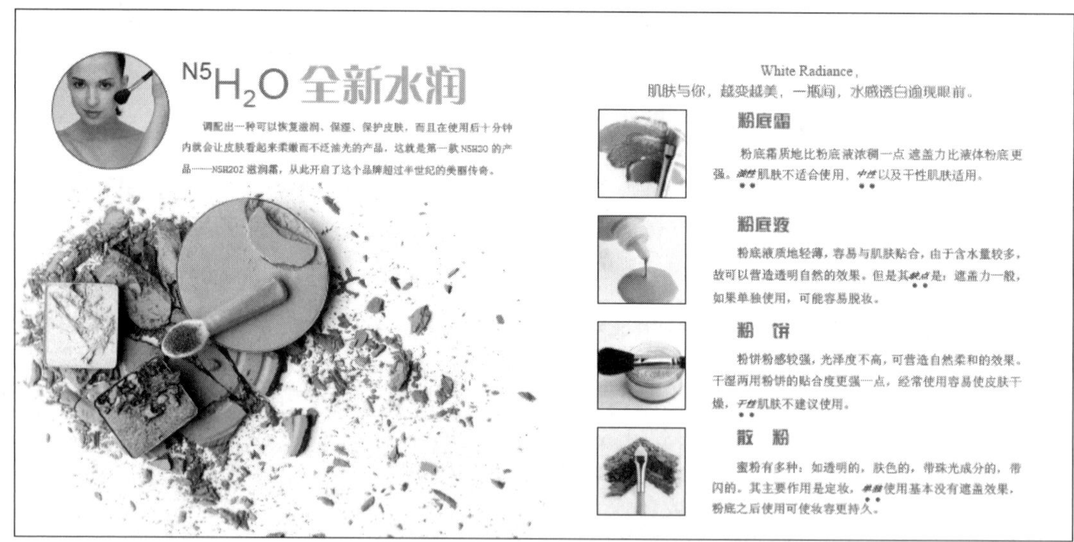

图2-110 实例效果

Step 01 启动软件后，执行“文件”｜“打开”命令，打开本书附带光盘\Chapter02\彩妆\“彩妆-01.indd”文件，打开的效果如图2-111所示。

Step 02 在工具箱中单击“文字工具”T，绘制出一个文本框，输入文本“N5H2O全新水润”，设置其“字体大小”为24点，选中英文，设置“字体”为Arial；选中中文，设置“字体”为“方正粗倩简体”。

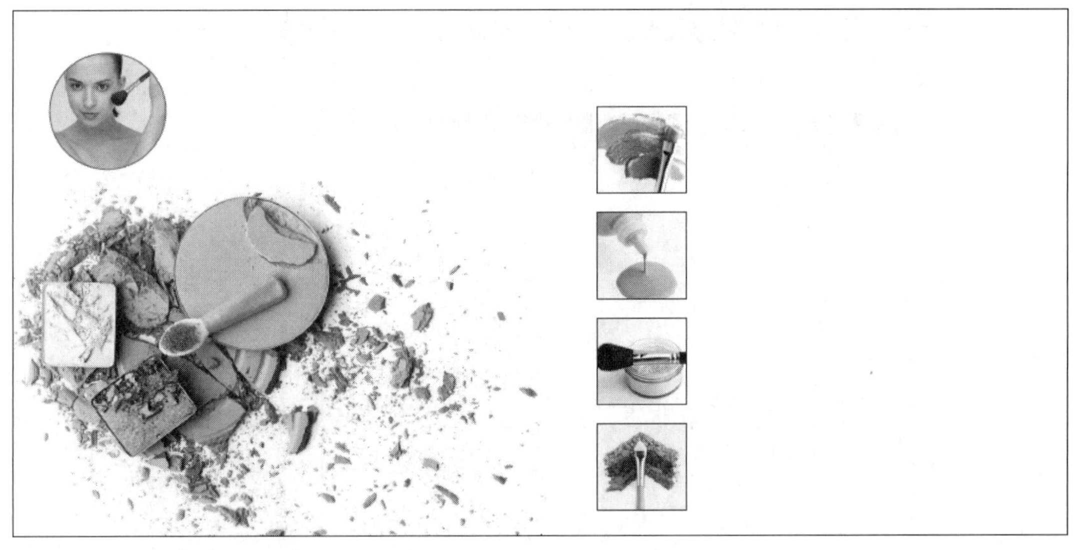

图2-111 打开素材文件

Step 03 分别选中不同的字符，在右侧的“色板”面板中选择颜色，效果如图2-112所示。

Step 04 选中文本N5，在“选项栏”中单击“上标”按钮T^1，将N5设置为上标效果；选中文本2，在“选项栏”中单击“下标”按钮T_1，文本2即设置为下标效果，如图2-113所示。

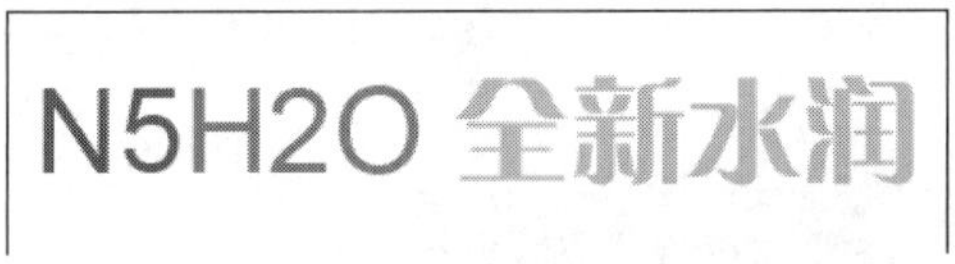

N5H2O 全新水润

图2-112 输入文本并进行设置

$^{N5}H_2O$ 全新水润

图2-113 设置上标和下标

13. 复合字体

在出版物中经常会出现中文与西文夹杂的情况，不同的内容需要设置不同的字体，例如中文设置为“黑体”，而英文需要设置为Arial。大篇幅的段落文字中英文是穿插出现的，注意查找变换字体是一个非常繁琐的操作，这时使用“复合字体”功能可以快速解决这个问题。

Step 01 打开本书附带光盘\Chapter 02\彩妆\“文本.doc”文件，选中第一段，按下Ctrl+C命令复制文件，回到InDesign软件中按下Ctrl+V命令粘贴文本，设置文本颜色为灰色（C：59，M：50，Y：47，K：0）。

Step 02 执行“文字”｜“复合字体”命令，打开“复合字体编辑器”对话框，如图2-114所示。

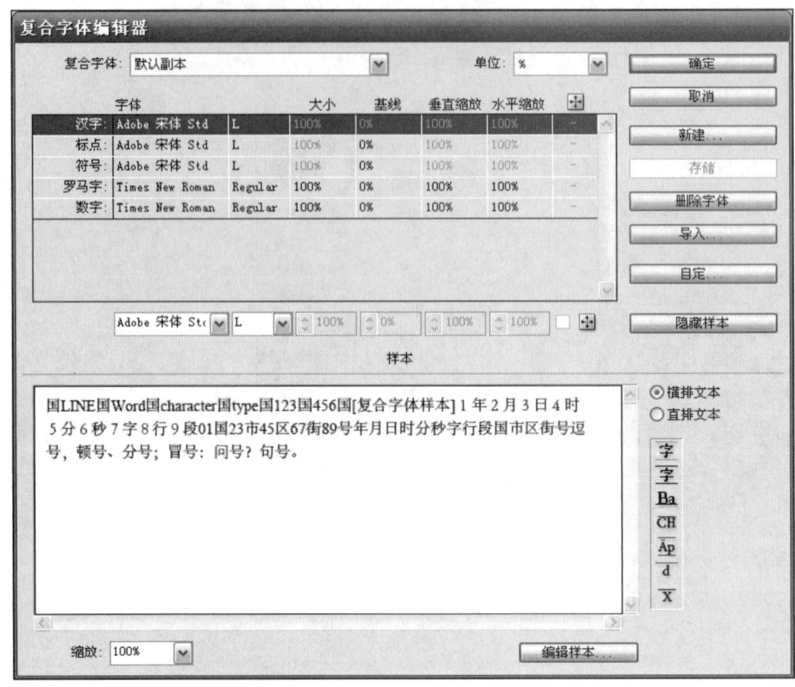

图2-114 “复合字体编辑器”对话框

Step 03 单击右侧的“新建”按钮，打开“新建复合字体”对话框，设置名称为“混合字体1”，如图2-115所示，单击“确定”按钮保存设置。

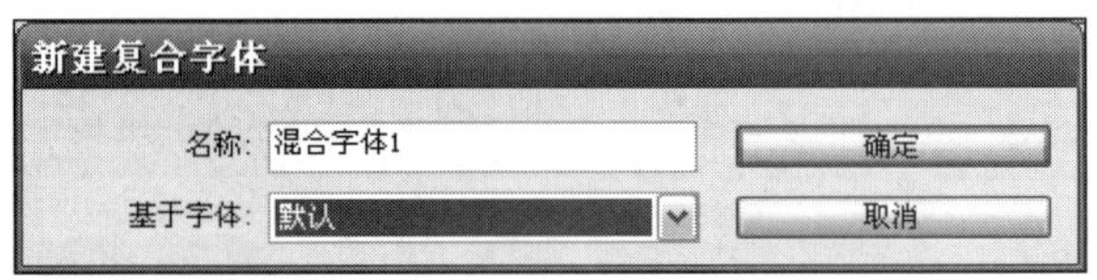

图2-115 “新建复合字体”对话框

Step 04 创建新的复合字体后，确认汉字为选中状态，单击“字体选项”下拉列表框，在弹出的列表中选择“宋体”，这时可以看到底部预览窗口中的汉字也随之更改。设置西文的字体为Times New Roman，如图2-116所示。

	字体		大小	基线	垂直缩放	水平缩放
汉字：	宋体	Regular	100%	0%	100%	100%
标点：	Adobe 宋体 Std	L	100%	0%	100%	100%
符号：	Adobe 宋体 Std	L	100%	0%	100%	100%
罗马字：	Times New Roman	Regular	100%	0%	100%	100%
数字：	Times New Roman	Regular	100%	0%	100%	100%

图2-116 设置字体

Step 05 设置完成后单击“存储”按钮保存设置。然后单击“确定”按钮，关闭对话框。

Step 06 按下键盘上的V键切换到“选择工具”，选中之前粘贴的文本，在“字符”面板中单击“字体”下拉列表框，在弹出的下拉列表中选择“混合字体1”选项，设置文本为复合字体，设置的数值和设置完的效果如图2-117所示。

图2-117 选择混合字体1和应用混合字体后的效果

14. 斜变体

斜变体与简体的字形倾斜不同，区别在于它同时会缩放字形。利用该功能，可以在不更改字形高度的情况下，以文本的中心点为固定点调整其大小或角度。

Step 01 选中“文本.doc”文件中的“粉底霜”相关的一段，按下Ctrl+C复制文件，回到InDesign软件中使用“文字工具”绘制文本框，按下Ctrl+V粘贴文本。

Step 02 设置文本“粉底霜”的“字体”为“方正综艺简体”，设置“字体大小”为10点。设置段落文本的“字体”为“宋体”，设置“字体大小”为7点。选中文本“油性”和“中性”，设置其颜色为蓝色。如图2-118所示。

Step 03 选中文本“油性”，在“选项栏”的右侧单击按钮，在展开的下拉菜单中执行“斜变体”命令，打开如图2-119所示的“斜边体”对话框。设置“放大”和“角度”选项的数值来调整文字的放大程度和倾斜角度。

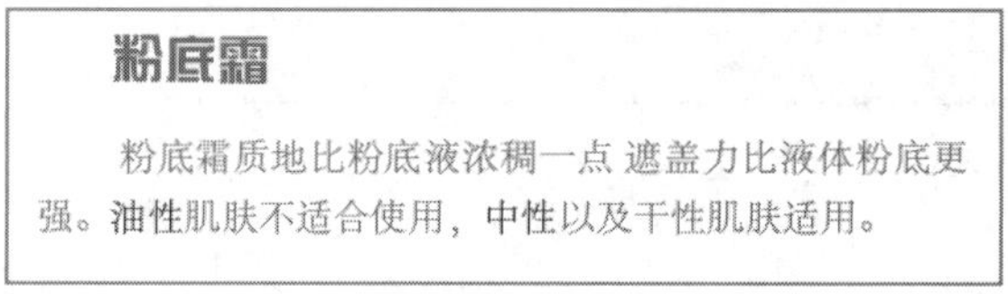

图2-118 设置文本

图2-119 “斜变体”对话框

Step 04 本实例勾选“调整旋转”复选框，设置“放大”选项的数值为40，设置“角度”选项的数值为45，单击“确定”按钮保存设置。按照相同的方法设置文字“中性”为“斜变体”。效果如图2-120所示。

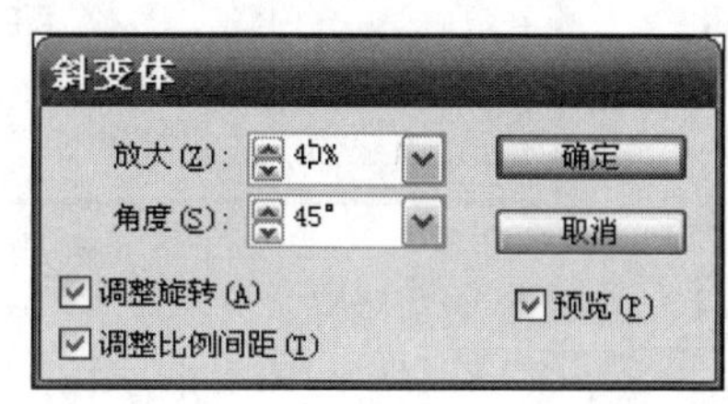

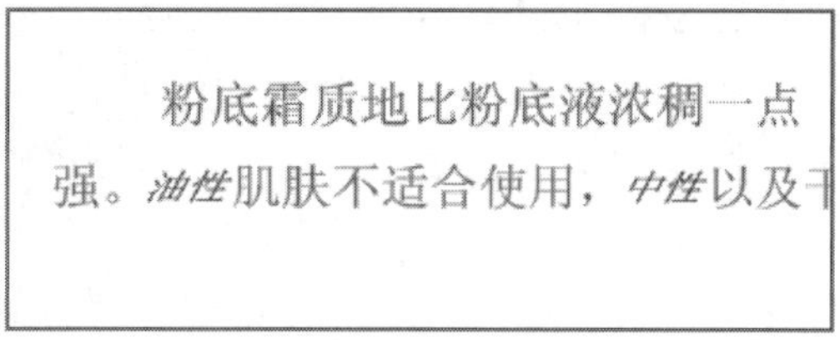

图2-120 斜变体效果

15. 着重号

“着重号”选项是指附加在要强调的文本上的点。可以从现有着重号形式中选择点的类型，也可以指定自定义的着重号字符。此外，还可以调整着重号的位置、大小、缩放、颜色等设置。

Step 01 继续选择文本“油性”和“中性”，在“选项栏”的右侧单击按钮，在展开的下拉菜单中执行“着重号”命令，打开如图2-121所示的“着重号”对话框。在“着重号设置”选项组中设置“偏移”选项的数值为-12，设置“大小”选项的数值为4，设置“位置”选项为“上/右”。

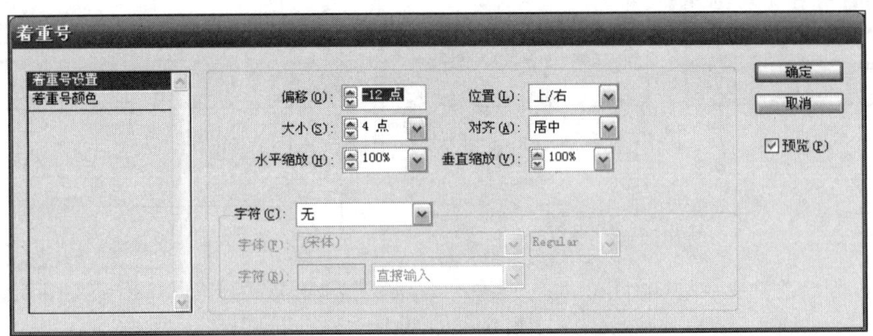

图2-121 “着重号”对话框

Step 02 再切换到“着重号颜色”选项，设置其颜色如图2-122所示，单击“确定”按钮保存设置。

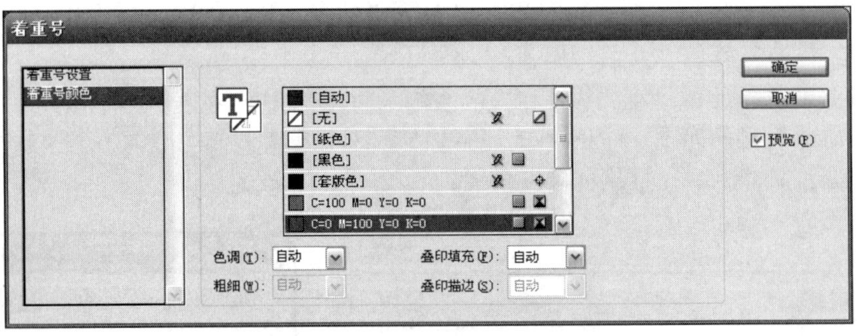

图2-122 “着重号颜色”选项组

Step 03 然后在“选项栏”的右侧单击按钮，在展开的下拉菜单中选择“着重号”|“实心圆点”命令，此时的效果如图2-123所示。

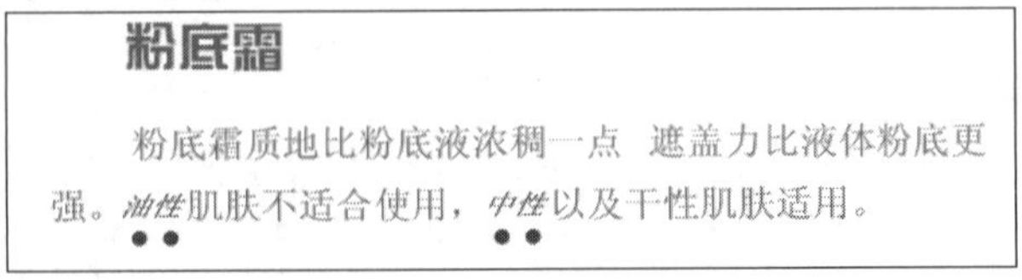

粉底霜

粉底霜质地比粉底液浓稠一点 遮盖力比液体粉底更强。油性肌肤不适合使用，中性以及干性肌肤适用。

图2-123 添加着重号的效果

16. 复制字符属性

用户可以使用吸管工具来复制字符、段落、填色及描边属性，然后对其他文字应用这些属性。默认情况下，吸管工具可以复制所有的文字属性。

Step 01 在Word文档中依次选中“粉底液”、“粉饼”和“散粉”相关的文字，参考源文件粘贴到相应的位置。

Step 02 将文字属性复制到未选中的文本。在工具箱中选中“吸管工具”，单击格式中包含想要复制属性的文本“油性”，如图2-124所示。

Step 03 吸管工具反转方向，并显示处于吸满状态，表明已经暂存需要复制的属性。将吸管工具放置到第二段文本上的“缺点”字符时，已载入属性的吸管旁边会出现一个图标，如图2-125所示。

Step 04 按下鼠标左键拖动选中文本“缺点”，即可为其复制字符属性，如图2-126所示。

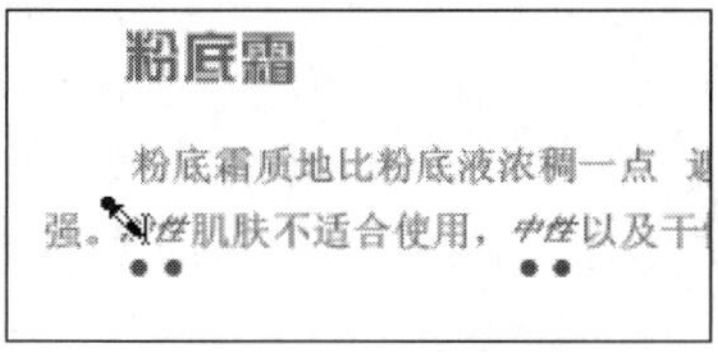

图2-124 吸取颜色 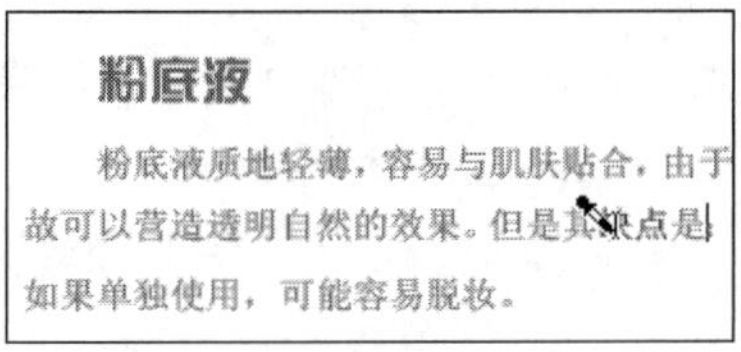　　图2-125 吸满状态 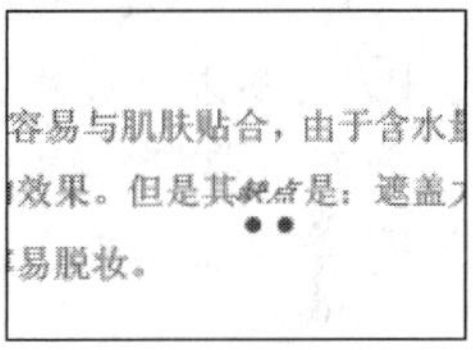　　图2-126 应用效果

Step 05 按照相同的方法完成整个实例的制作。

> **提示**
>
> 单击其他工具，可以取消对于“吸管工具”的选择。

2.5 格式化段落

每个段落都可以有属于自己的编排方式。格式化字符是针对个别文字的，而格式化段落是针对段落及文本块。

“选项栏”和“段落”面板是格式化段落的得力助手，为制作提供了丰富的设置选项。如图2-127上排所示为段落面板，下图所示为选项栏。

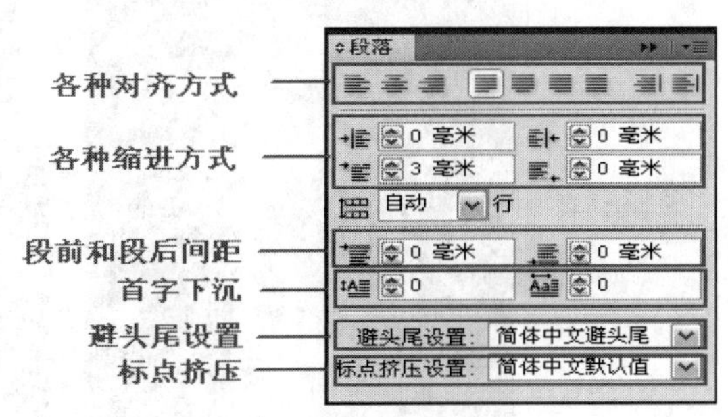

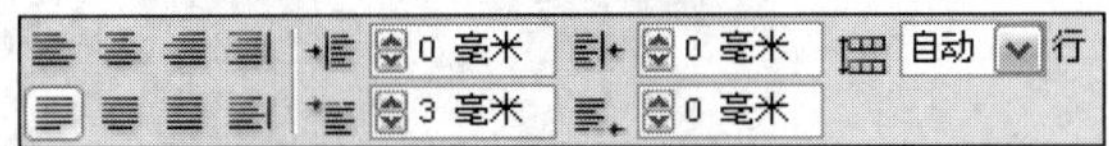

图2-127 段落面板和选项栏

1. 段落文本对齐

在InDesign中可以使用对齐方式，使得文本段落的设置非常方便。段落面板中包含有左对齐、居中对齐、右对齐、双齐末行齐左、双齐末行居中、双齐末行齐右、全部强制双齐、朝向书脊对齐和背向书脊对齐9种方式，在“选项栏”和“段落”面板中均可显示。其中各主要选项的含义如下。

- ◎ 左对齐：左对齐是将段落中每行文字与文本框的左边对齐。
- ◎ 居中对齐：居中对齐是将段落中每行文字在文本框的中间对齐。
- ◎ 右对齐：右对齐是将段落中每行文字与文本框右边对齐。
- ◎ 双齐末行齐左：双齐末行齐左是将段落中最后一行文本左对齐，而其他文本的其他行的左右两边分别对齐文本框的左右边界。
- ◎ 双齐末行居中：双齐末行居中是将段落中最后一行文本居中对齐，而其他文本的其他行的左右两边分别对齐文本框的左右边界。
- ◎ 双齐末行齐右：双齐末行齐右是将段落中最后一行文本右对齐，而其他文本的其他行的左右两边分别对齐文本框的左右边界。
- ◎ 全部强制双齐：全部强制对齐是将段落中的所有文本行左右两端分别对齐文本框的左右边界。
- ◎ 朝向书脊对齐：左手页（偶数页）的文本行将向右对齐，右手页（奇数页）的文本行将向左对齐。
- ◎ 背向书脊对齐：左手页（偶数页）的文本行将向左对齐，右手页（奇数页）的文本行将向右对齐。

提示

如果“段落”面板不可见，只要执行“文字”|“段落”命令即可将其打开。

下面通过一个实例来具体讲解。实例效果如图2-128所示。

图2-128 实例效果

Step 01 启动软件后，执行“文件”｜“打开”命令，打开本书附带光盘\Chapter02\时尚杂志内页\“杂志内页-01.indd”文件，打开的效果如图2-129所示。

图2-129 打开文件

Step 02 打开本书附带光盘文件夹中的“妆容新姿态.doc”文件，按下Ctrl+A选中所有文本，按下Ctrl+C复制文件，回到InDesign软件中按下Ctrl+V粘贴文本。

Step 03 单击“双齐末行齐左”按钮，使段落中最后一行文本左对齐，而其他行的左右两边分别对齐文本框的左右边界。选中所有文本，设置其“行距”为18，设置“字体”为“方正粗圆简体”，设置段落的“字体大小”为9点，设置标题的“字体大小”为12点。如图2-130所示。

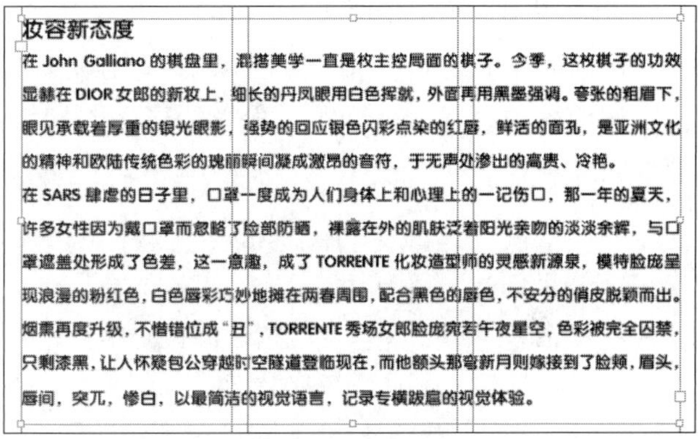

妆容新态度

在 John Galliano 的棋盘里，混搭美学一直是枚主控局面的棋子。今季，这枚棋子的功效显赫在 DIOR 女郎的新妆上，细长的丹凤眼用白色挥就，外面再用黑墨强调。夸张的粗眉下，眼见承载着厚重的银光眼影，强势的回应银色闪彩点染的红唇，鲜活的面孔，是亚洲文化的精神和欧陆传统色彩的瑰丽瞬间凝成激昂的音符，于无声处渗出的高贵、冷艳。

在 SARS 肆虐的日子里，口罩一度成为人们身体上和心理上的一记伤口，那一年的夏天，许多女性因为戴口罩而忽略了脸部防晒，裸露在外的肌肤泛着阳光亲吻的淡淡余辉，与口罩遮盖处形成了色差，这一意趣，成了 TORRENTE 化妆造型师的灵感新源泉，模特脸庞呈现浪漫的粉红色，白色唇彩巧妙地摊在两春周围，配合黑色的唇色，不安分的俏皮脱颖而出。烟熏再度升级，不惜错位成“丑”，TORRENTE 秀场女郎脸庞宛若午夜星空，色彩被完全囚禁，只剩漆黑，让人怀疑包公穿越时空隧道登临现在，而他额头那弯新月则嫁接到了脸颊，眉头，唇间，突兀，惨白，以最简洁的视觉语言，记录专横跋扈的视觉体验。

图2-130 设置文本

2. 缩进

缩进命令会将文本从框架的右边缘和左边缘向内做少许移动。在“段落”面板中共有4个缩进选项，分别为“左缩进”、“右缩进”、“首行左缩进”和“末行右缩进”选项。“左缩进”和“右缩进”选项可以使整个段落左侧或右侧向内移动；“首行左缩进”选项可以使每段的第一行左侧向内移动，一般使用该选项设置段落的第一行；“末行右缩进”选项是每段的最后一行右侧向内移动。

选中所有的段落文本，在“字符”面板中设置“首行左缩进”选项的数值为7，此时设置的数值和效果如图2-131所示。

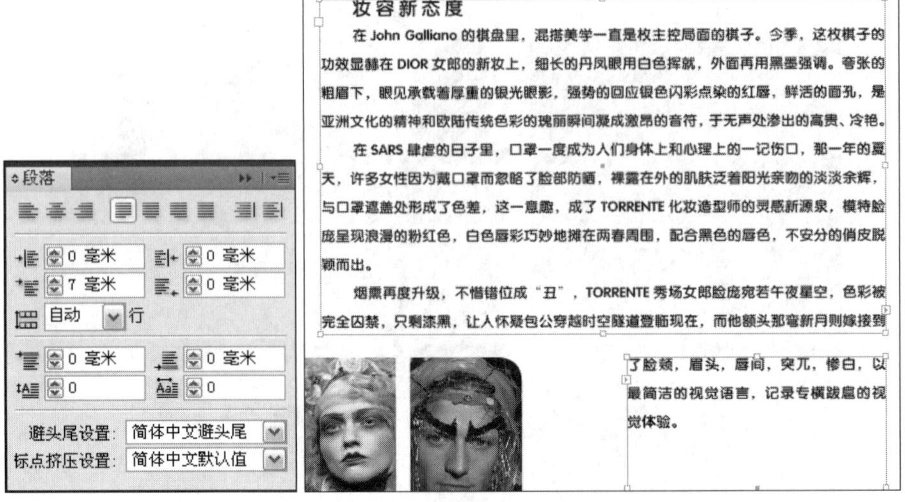

妆容新态度

在 John Galliano 的棋盘里，混搭美学一直是校主控局面的棋子。今季，这枚棋子的功效显赫在 DIOR 女郎的新妆上，细长的丹凤眼用白色挥就，外面再用黑墨强调。夸张的粗眉下，眼见承载着厚重的银光眼影，强势的回应银色闪彩点染的红唇，鲜活的面孔，是亚洲文化的精神和欧陆传统色彩的瑰丽瞬间凝成激昂的音符，于无声处渗出的高贵、冷艳。

在 SARS 肆虐的日子里，口罩一度成为人们身体上和心理上的一记伤口，那一年的夏天，许多女性因为戴口罩而忽略了脸部防晒，裸露在外的肌肤泛着阳光亲吻的淡淡余辉，与口罩遮盖处形成了色差，这一意趣，成了 TORRENTE 化妆造型师的灵感新源泉，模特脸庞呈现浪漫的粉红色，白色唇彩巧妙地摊在两春周围，配合黑色的唇色，不安分的俏皮脱颖而出。

烟熏再度升级，不惜错位成“丑”，TORRENTE 秀场女郎脸庞宛若午夜星空，色彩被完全囚禁，只剩漆黑，让人怀疑包公穿越时空隧道登临现在，而他额头那弯新月则嫁接到了脸颊，眉头，唇间，突兀，惨白，以最简洁的视觉语言，记录专横跋扈的视觉体验。

图2-131 在“段落”面板中设置缩进和设置后的效果

3. 段前间距和段后间距

段前间距和段后间距可以调整段落与段落间的距离。当段落始于栏或框架的顶部，则不会在该段落前插入额外间距，如果需要插入间距，可以增加该段落第一行的行距或该框架的顶部内边距。

一般情况下，段落与段落间会有默认的间距，若觉得这样的版面太挤，或者有其他特殊的版面需求时，也可以在段落的前后，设置该段落与前、后段落间的距离。

选中文章标题，在“字符”面板中设置“段后间距”的数值为3。选中文章正文，在“字符”面板中设置“段前间距”的数值为2，此时的效果如图2-132所示。

妆容新态度

在 John Galliano 的棋盘里，混搭美学一直是校主控局面的棋子。今季，这枚棋子的功效显赫在 DIOR 女郎的新妆上，细长的丹凤眼用白色挥就，外面再用黑墨强调。夸张的粗眉下，眼见承载着厚重的银光眼影，强势的回应银色闪彩点染的红唇，鲜活的面孔，是亚洲文化的精神和欧陆传统色彩的瑰丽瞬间凝成激昂的音符，于无声处渗出的高贵、冷艳。

在 SARS 肆虐的日子里，口罩一度成为人们身体上和心理上的一记伤口，那一年的夏天，许多女性因为戴口罩而忽略了脸部防晒，裸露在外的肌肤泛着阳光亲吻的淡淡余辉，与口罩遮盖处形成了色差，这一意趣，成了 TORRENTE 化妆造型师的灵感新源泉，模特脸庞呈现浪漫的粉红色，白色唇彩巧妙地摊在两春周围，配合黑色的唇色，不安分的俏皮脱颖而出。

烟熏再度升级，不惜错位成“丑”，TORRENTE 秀场女郎脸庞宛若午夜星空，色彩被完全囚禁，只剩漆黑，让人怀疑包公穿越时空隧道登临现在，而他额头那弯新月则嫁接到了脸颊，眉头，唇间，突兀，惨白，以最简洁的视觉语言，记录专横跋扈的视觉体验。

图2-132 设置段前间距和段后间距

4. 首字下沉

在InDesign中一次可以对一个或多个段落添加首字下沉。首字下沉的基线比段落第一行的基线低一行或多行。

根据第一行中的首字下沉字符是半角罗马字还是全角 CJK，首字下沉文本的大小会有所不同。当第一行中的首字下沉字符是半角罗马字时，首字下沉的大写字母高度将与段落中第一行文本的大写字母高度匹配；首字下沉的罗马字基线，将与段落中最后一行首字下沉的基线匹配。首字下沉的全角字框上边缘将与段落中第一行的全角字框上边缘匹配；首字下沉的全角字框下边缘，将与段落中最后一行首字下沉的全角字框下边缘匹配。

本实例在“段落”面板中设置“首字下沉行数”为2，设置“首次下沉一个或多个字符”为1，如图2-133所示，每段的第一个字符下沉2行。

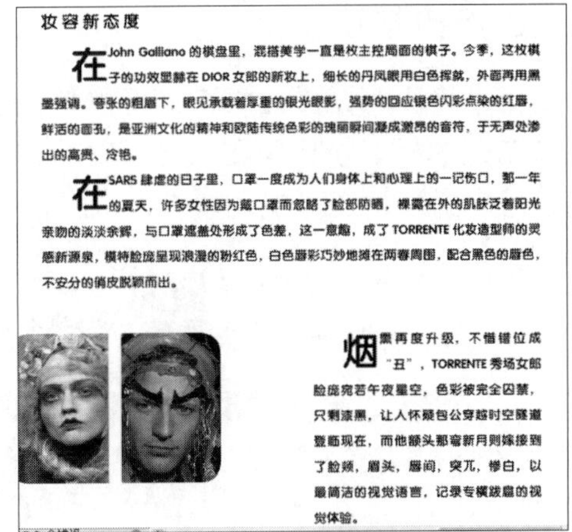

图2-133 首字下沉

5. 避头尾

避头尾设置可以避免每行的开始和结束出现不符合常规的符号。例如，当行的第一个字符为“！”时，在“避头尾设置”下拉列表中选择“简体中文避头尾”选项，则可以使“！”不出现在行的第一个字符中。

Step 01 选中段落文本，在“避头尾设置”下拉列表中选择“设置”选项，打开如图2-134所示的“避头尾规则集”对话框，这时在对话框中显示避头尾的内容。

各主要选项含义如下。

◎ “禁止在行首的字符”选项：该选项中显示不能出现在行的第1个字符中的标点和符号。
◎ “禁止在行尾的字符”选项：该选项中显示不能出现在行的最后1个字符中的标点和符号。
◎ “悬挂标点”选项：该选项中显示可以在行外显式的标点。
◎ “禁止分开的字符”选项：该选项中显示不能分开的标点。

Step 02 单击“新建”按钮，弹出如图2-135所示的“新建避头尾规则集”对话框，在对话框中设置“名称”选项，设置完成后，单击“确定”按钮即可创建新的避头尾规则集。

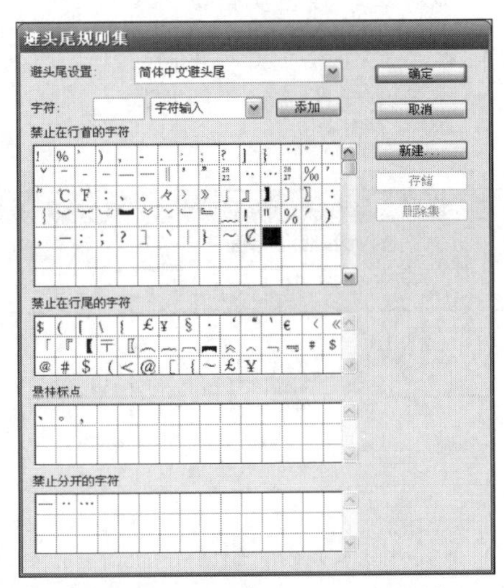

图2-134 “避头尾规则集”对话框

新建避头尾规则集
名称: 简体中文避头尾副本
基于: 简体中文避头尾
确定
取消

图2-135 “新建避头尾规则集”对话框

6. 标点挤压

标点挤压可以更改标点间距的值，现有标点挤压规则依照一般的排版标准而制定。可以从预定义的标点挤压设置中选择，也可以从模版文件或其他InDesign文件中导入其他标点挤压设置。此外，还可以创建特定的标点挤压设置。

Step 01 使用“选择工具”选中段落文本，单击“段落”面板底部的“标点挤压设置”下拉列表，在其中单击“基本”命令，即可打开如图2-136所示的“标点挤压设置”对话框。

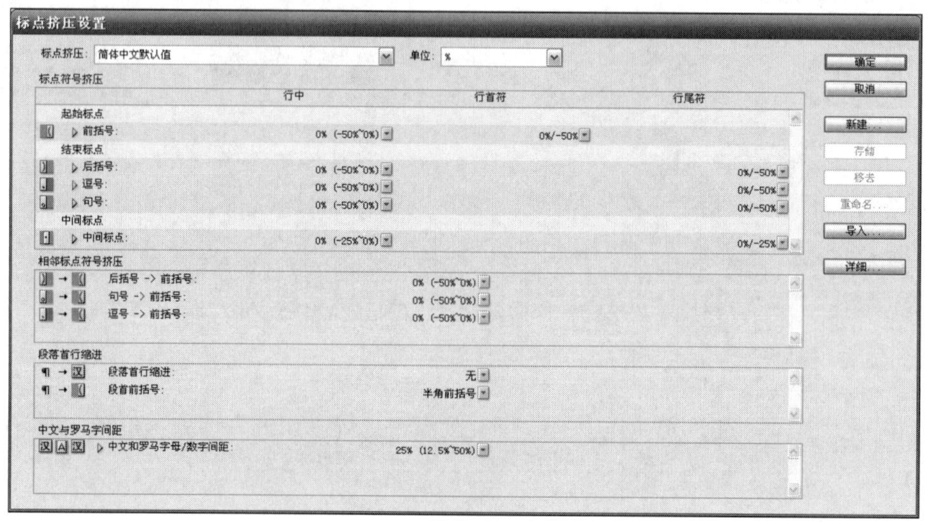

图2-136 “标点挤压设置”对话框

各主要选项含义如下。

◎ “行中”选项：当符号在文本的中间时，标点和文字之间距离挤压的标准。
◎ “行首符”选项：当符号在行的第1个字符时，标点和文字之间距离挤压的标准。
◎ “行尾符”选项：当符号在行的最后1个字符时，标点和文字之间距离挤压的标准。
◎ “标点符号挤压”选项：显示文本和各个标点之间距离挤压的标准。
◎ “相邻标点符号挤压”选项：显示标点和标点之间距离挤压的标准。
◎ “段落首行缩进”选项：显示回车符和文本、回车符和符号之间距离挤压的标准。
◎ “中文与罗马字间距”选项：显示中文和半角字符之间距离挤压的标准。

Step 02 单击“新建”按钮，弹出“新建标点挤压集”对话框，如图2-137所示。

Step 03 设置完成后，单击“确定”按钮，即可新建标点挤压集。

图2-137 “新建标点挤压集”对话框

7. 段落线

段落线是一种段落属性，可随段落在页面中一起移动并适当调节长短。如果您在文档的标题中用到了段落线，可能希望将段落线作为段落样式的一部分。段落线的宽度由栏宽决定。接下来通过一个实例来具体讲解，实例效果如图2-138所示。

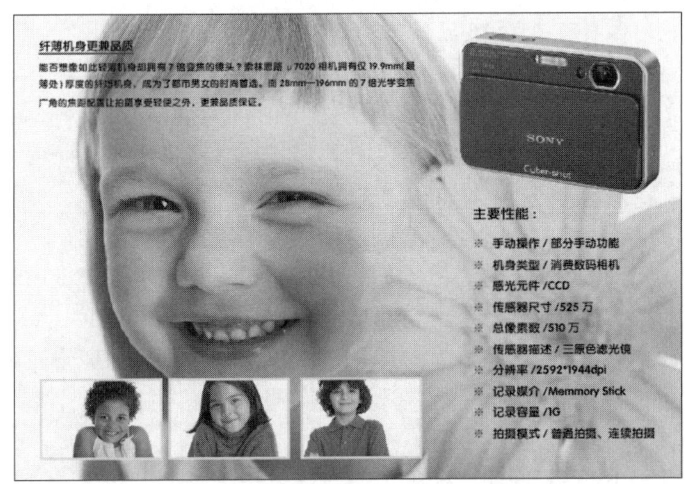

图2-138 实例效果

Step 01 启动软件后，执行“文件”|“打开”命令，打开本书附带光盘\Chapter02\数码相机\“数码相机-01.indd”文件，。

Step 02 打开Word文档“主要性能.doc”，在Word文档中选中第一段，按下Ctrl+C复制文件，然后回到InDesign文档中，按下Ctrl+V粘贴文件，设置“字体大小”为8点，设置“字体”为“方正粗圆简体”，并且适当调整小标题与段落间的距离，如图2-139所示。

Step 03 选中文本“纤薄机身更兼品质”，在“段落”面板的右侧单击扩展按钮，在展开的下拉列表中选择“段落线”命令，打开如图2-140所示的“段落线”对话框。

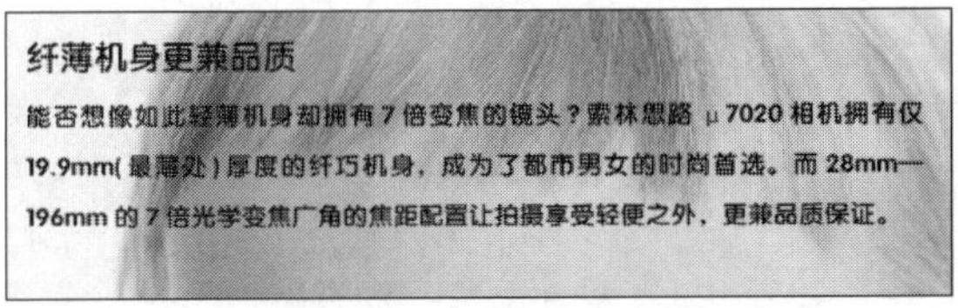

图2-139 粘贴并调整文档

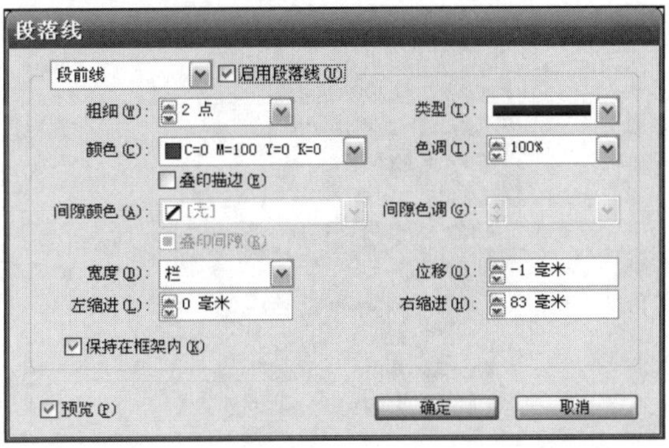

图2-140 添加段落线

Step 04 在下拉列表中选择“段前线”选项，在此对话框中勾选“启用段落线”复选框，启动段前段落线，并且勾选“预览”复选框，在文档中显示效果，如图2-141所示。

图2-141 添加段前线的效果

Step 05 在“粗细”下拉列表中可以指定段落线的粗细，本实例选择2点；“宽度”下拉列表用来设置段落线的长度，有“栏”和“文本”两个选择，在此选择“文本”选项，效果如图2-142所示。

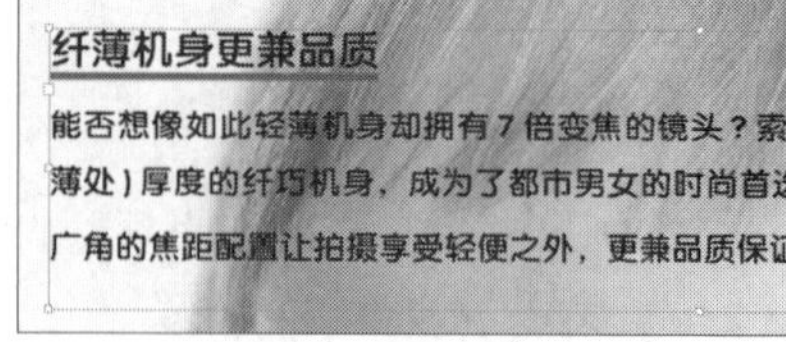

图2-142 调整后的效果

8. 项目符号与编号

项目符号是指为每一段的开始添加符号，编号是指为每一段的开始添加序号。如果向添加了编号列表的段落中添加段落或从中移去段落，则其中的编号会自动更新。

Step 01 在Word文档中选中主要功能介绍相关的段落文本，按下Ctrl+C复制文件，然后回到InDesign文档中，按下Ctrl+V粘贴文件，设置“字体大小”为10点，设置“字体”为“方正粗圆简体”，设置段落间距为18点，并且适当调整小标题与段落间的距离，如图2-143所示。

Step 02 选中段落文本，继续在“段落”面板的右侧单击按钮，在展开的下拉列表中选择“项目符号和编号”命令，打开如图2-144所示的“项目符号和编号”对话框，在“列表类型”下拉列表中选择“项目符号”命令，即可添加项目符号。

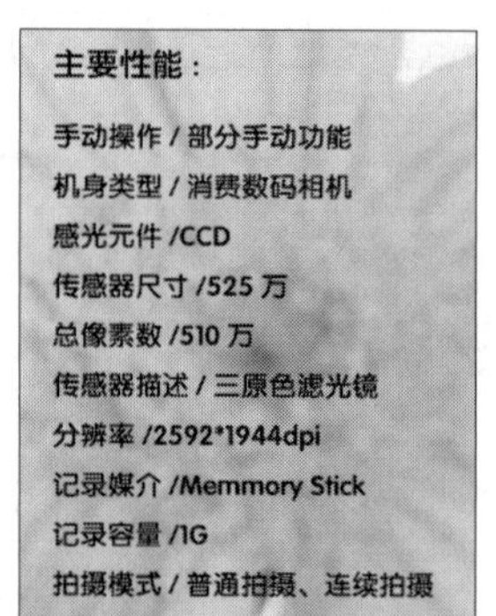

图2-143 调整后的效果

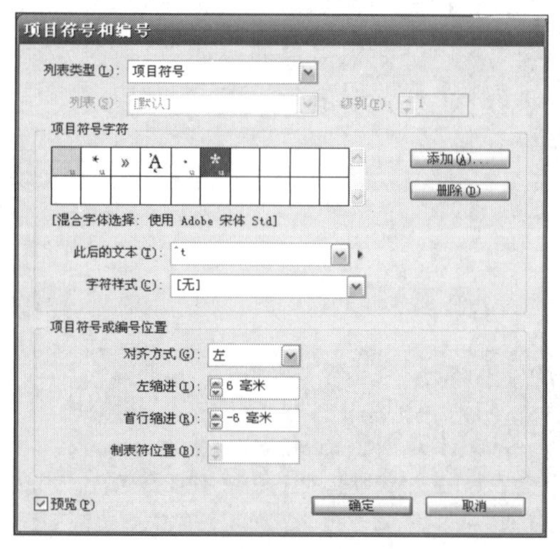

图2-144 “项目符号和编号”对话框

Step 03 在“项目符号字符”列表中单击需要添加的符号，即可添加相应的符号，本实例选择如图2-145所示的符号。

Step 04 可以通过设置“首行缩进”的数值来调整符号与文本间的距离，本实例设置为-6毫米，同样可以通过设置“左缩进”选项的数值来控制整体文本的移动效果，本实例设置数值为6毫米，单击“确定”按钮即可添加项目符号，如图2-146所示。

项目符号字符
[混合字体选择: 使用 Adobe 宋体 Std]

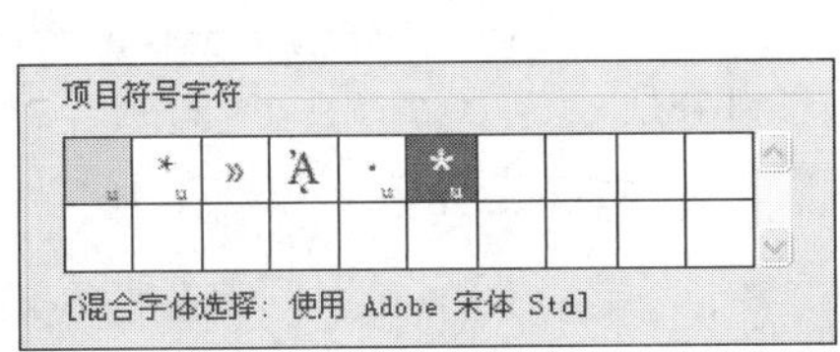

图2-145 添加项目符号

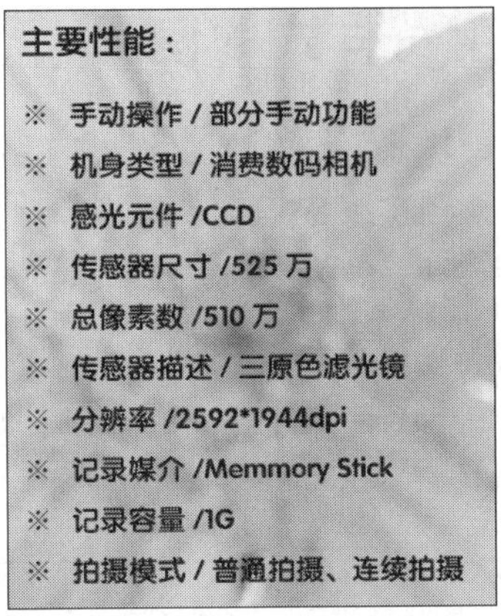

主要性能：
※ 手动操作 / 部分手动功能
※ 机身类型 / 消费数码相机
※ 感光元件 /CCD
※ 传感器尺寸 /525 万
※ 总像素数 /510 万
※ 传感器描述 / 三原色滤光镜
※ 分辨率 /2592*1944dpi
※ 记录媒介 /Memmory Stick
※ 记录容量 /1G
※ 拍摄模式 / 普通拍摄、连续拍摄

图2-146 添加项目符号后的效果

2.6 字符样式与段落样式

应用样式是文章等排版过程的重要环节，它不仅节省时间，还可以使排版的文件风格统一、和谐。在样式设置对话框中，可以设置基本属性，如字体、大小、间距、字间距、行间距、段落线等，还可以设置框架、表格、图片等。

接下来通过实例详细讲解。实例效果如图2-147所示。

浪漫的维也纳
浪漫乡愁&现代情怀
享受户外乐趣和浪漫的代名词
期待着您的到来…

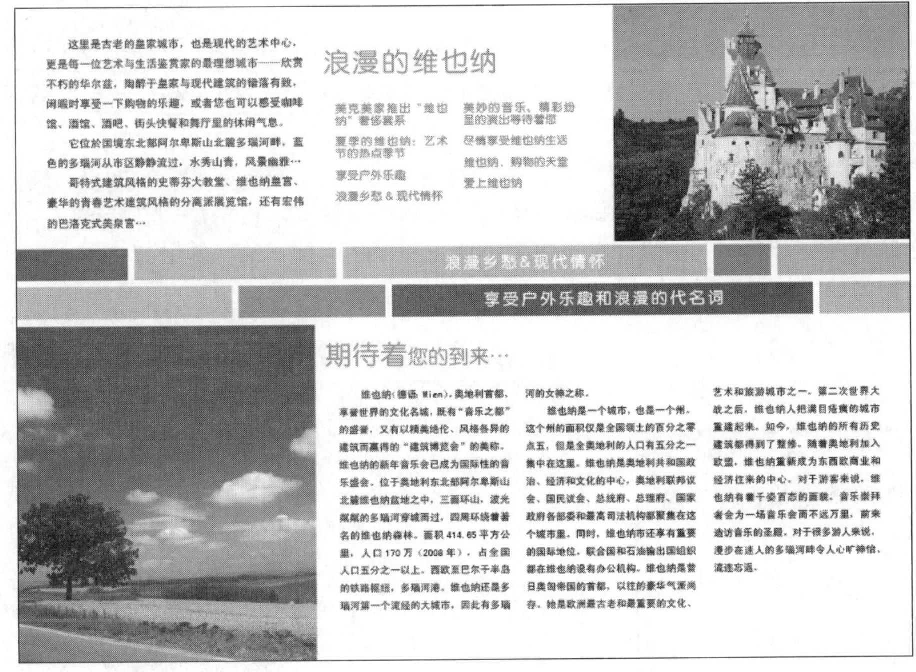

图2-147 实例效果

2.6.1 字符样式的使用

“字符样式”面板可以设置文字的大小、颜色、字距、旋转角度、倾斜等与文字格式相关的设置。当文件中有需要常使用到相同字符样式的设置时，可以为这些文字格式新建一个字符样式，以减少许多文字格式设置的操作。

Step 01 启动软件后，执行“文件”|“打开”命令，打开本书附带光盘\Chapter02\旅游宣传\“旅游宣传-01.indd”文件，打开的效果如图2-148所示。

Step 02 输入文本“浪漫的维也纳期待着您的到来…”，如图2-149所示。

图2-148 打开文件

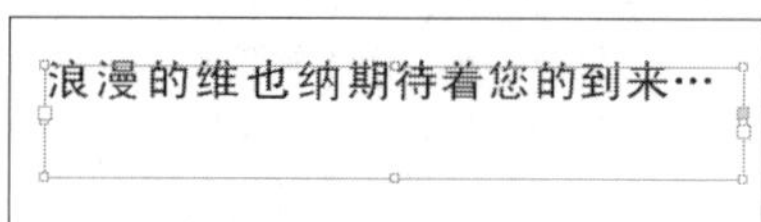

图2-149 粘贴文本

Step 03 执行“文字”|“字符样式”命令，即可打开“字符样式”面板，如图2-150所示。

Step 04 在“字符样式”面板中，单击面板底部的“创建新样式”按钮，然后在新建的字符样式名称上双击鼠标左键。

Step 05 打开如图2-151所示的“字符样式选项”对话框后，在“样式名称”文本框中输入新建的样式名称，然后在“基于”下拉列表中选择想要字符样式，再切换到“快捷键”文本框内单击鼠标左键，然后在键盘上按下想要指定应用该字符样式的快捷键。由于每个选项的含义在前面已经基本讲解过，所以在此不再详细讲解。

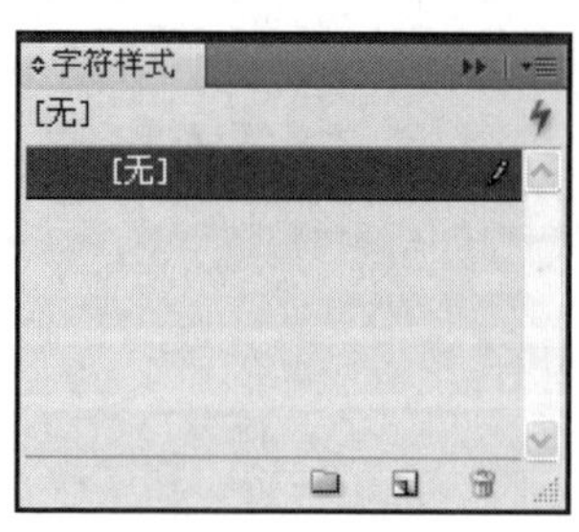

图2-150 “字符样式”面板

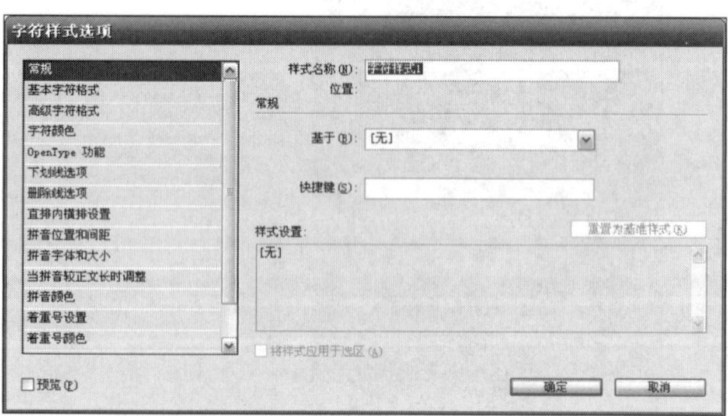

图2-151 “字符样式选项”对话框

Step 06 本实例首先切换到“基本字符格式”选项，在“样式名称”文本框中输入“标题”，在“字体系列”下拉列表中选择“方正准圆简体”，设置“大小”为24点，设置“行距”为38点，如图2-152所示。

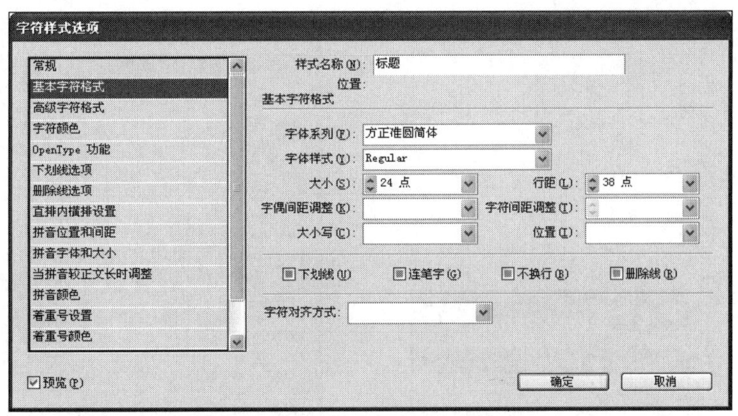

图2-152 “基本字符格式”选项

Step 07 切换到“字符颜色”选项，在“字符颜色”下拉列表中选择“橙色”，如图2-153所示。设置完成后单击确定按钮保存设置。

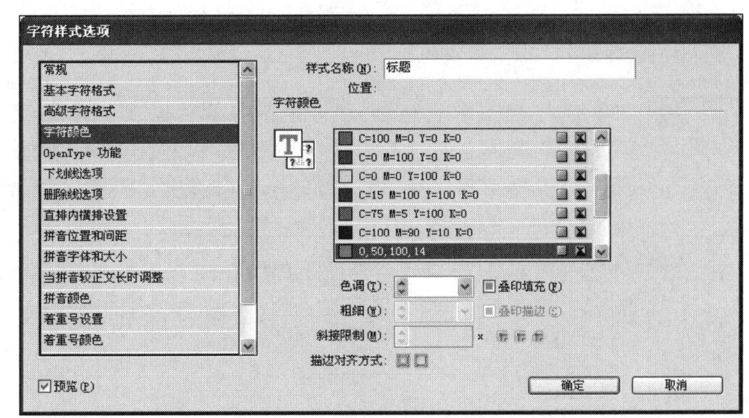

图2-153 “字符颜色”选项

2.6.2 段落样式的使用

在创建段落样式时，不仅要设置与段落相关的选项，还可以设置字符样式。

将一个段落样式应用到文件段落时，在段落样式中所做的设置，包括文字的大小、字体、颜色等，一直到段落的对齐方式、内缩格式，都会一起应用到所选择的段落中。

Step 01 执行“窗口”|“样式”|“段落样式”命令，即可打开“段落样式”面板，如图2-154所示。

Step 02 在“段落样式”面板中，单击面板底部的“创建新样式”按钮，然后再新建的段落样式名称上双击鼠标左键。

Step 03 打开如图2-155所示的“段落样式选项”对话框后，在“样式名称”文本框中输入新建的样式名称，然后在“基于”下拉列表中选择想要的字符样式，再切换到“快捷键”文本框内单击，然后在键盘上输入想要指定应用该字符样式的快捷键。

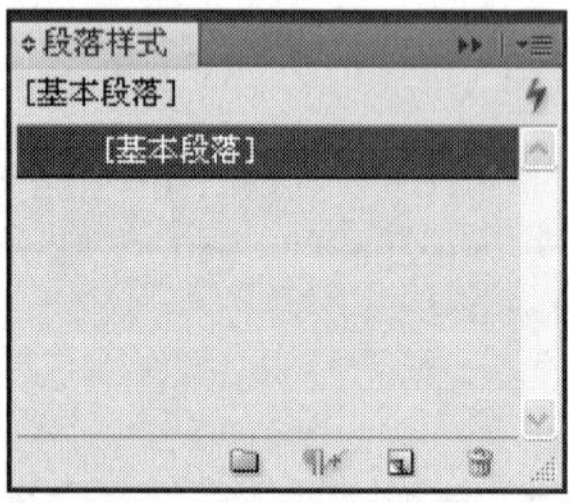

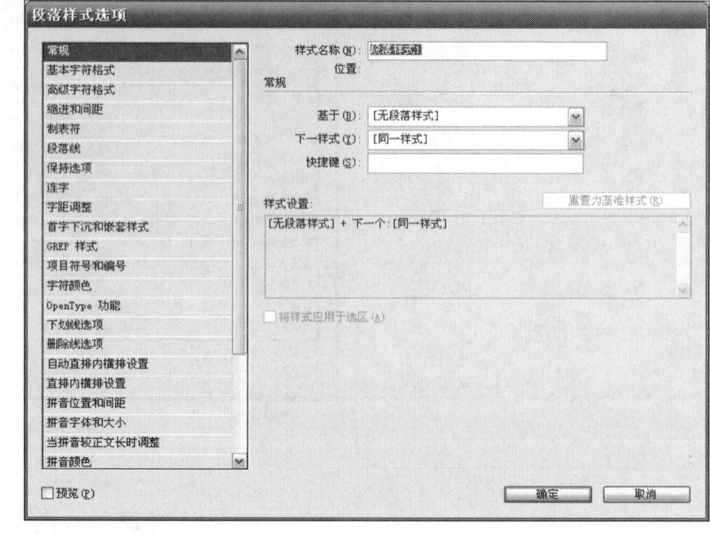

图2-154 “段落样式”面板

图2-155 “段落样式选项”对话框

Step 04 本实例打开本书附带光盘文件夹中的“维也纳期待着您的到来.doc”文件。选中正文的前三段的内容，按下Ctrl+C复制文件，回到InDesign软件中按下Ctrl+V粘贴文本。在选项栏中设置文本框的大小为70毫米×62毫米，设置位置为X：45毫米，Y：41毫米。效果如图2-156所示。

Step 05 切换到“基本字符格式”选项，在“样式名称”文本框中输入文本“导语”，在“字体系列”下拉列表中选择“宋体”，设“大小”为9点，设置“行距”为14点，如图2-157所示。

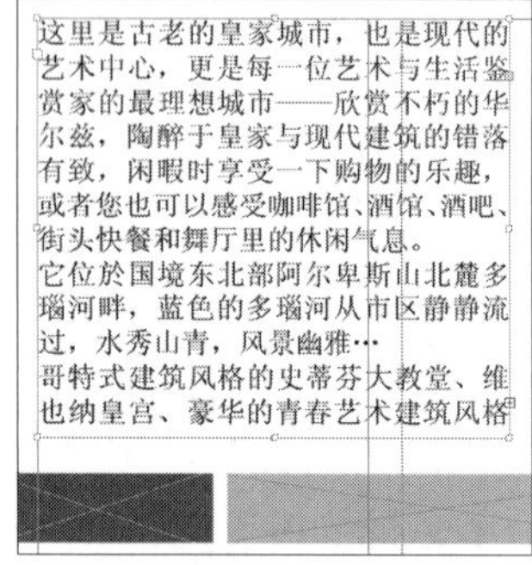

图2-156 粘贴文本

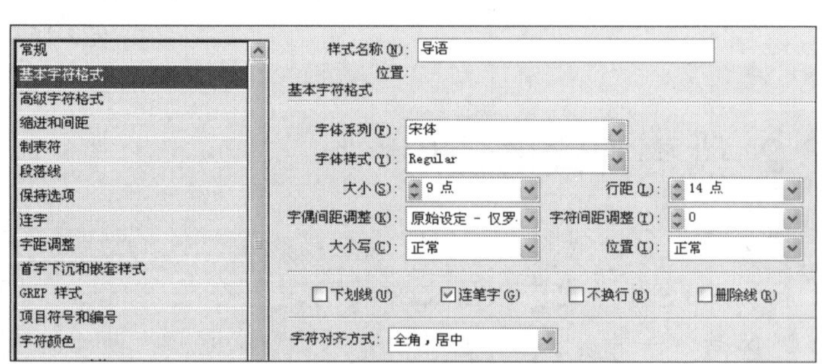

图2-157 “基本字符格式”选项卡

Step 06 切换到“缩进和间距”选项，设置“首行缩进”选项的数值为7毫米，如图2-158所示。

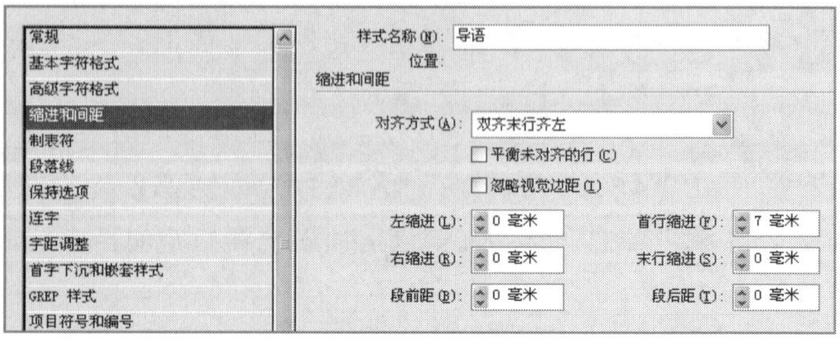

图2-158 “缩进和间距”选项卡

Step 07 切换到“字符颜色”选项，在“字符颜色”下拉列表中选择“灰色”，如图2-159所示。设置完成后单击“确定”按钮保存设置。此时的效果如图2-160所示。

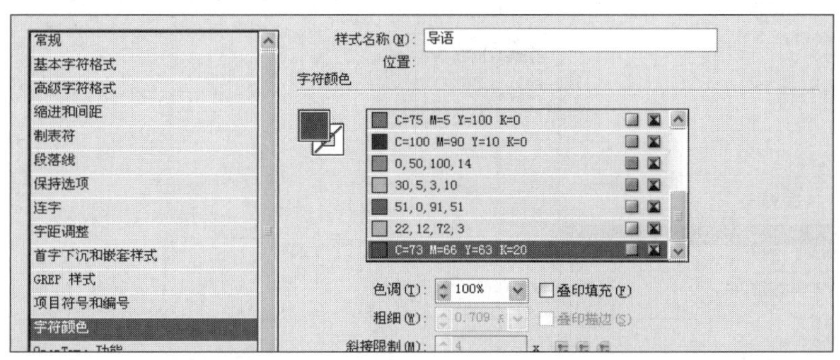

图2-159　“字符颜色”选项卡

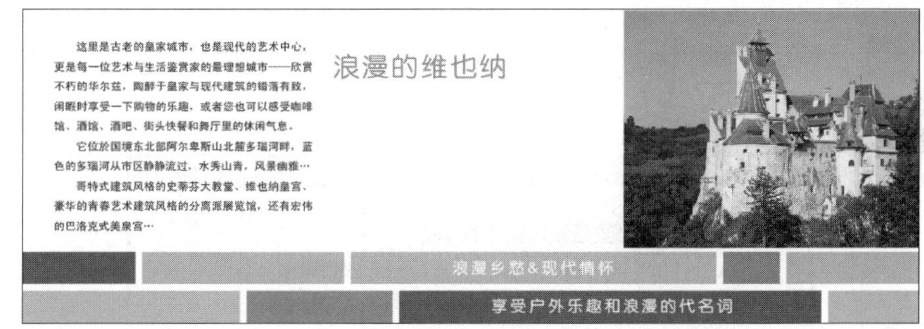

图2-160　设置效果

Step 08 按照相同的方法，参考源文件完成整个实例的制作，最终效果如图2-147所示。

2.6.3 载入样式

在InDesign中，还可以将另一个InDesign文档的段落和字符样式导入到当前文档中。在导入时，可以决定载入哪些样式，也可以决定当某个载入的样式与当前文档中的某个样式同名时该怎么处理。

具体操作方法如下：

Step 01 单击“段落样式”面板右侧的按钮，在打开的快捷菜单中选择“载入段落样式”命令，即可打开“打开文件”对话框，如图2-161所示。

Step 02 选中需要导入的文件后，单击“打开”按钮，即可打开“载入样式”对话框，选中要导入的样式，如图2-162所示。如果现有样式与其中一个要导入的样式同名，可以在“与现有样式冲突”下拉列表中选择。

各主要选项含义如下。

◎ “使用传入定义”选项：该选项用载入的样式覆盖现有样式，并将它的新属性应用于当前文档中使用旧样式的所有文本。传入样式和现有样式的定义都显示在“载入样式”对话框的下方。

◎ “自动重命名”选项：为载入的样式重命名。

Step 03 设置完成后，单击“确定”按钮即可。

图2-161 载入段落样式

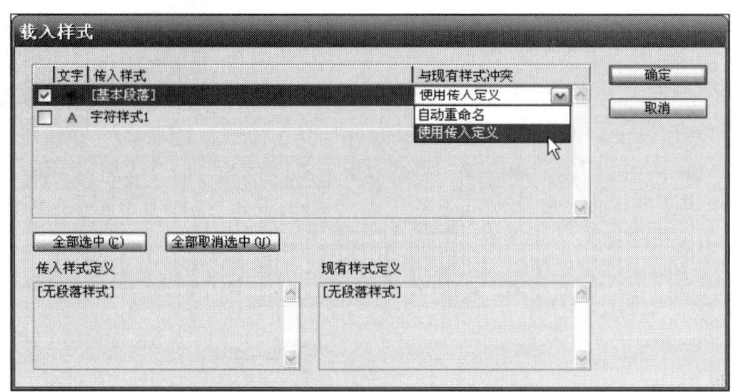

图2-162 “载入样式”对话框

2.6.4 复制样式

当想要创建的两个样式很相似时，可以先创建其中一个样式，再将创建的样式复制，然后再将复制的样式加以修改，就可以加快创建样式的速度了。

选择要复制的样式，然后按住鼠标左键拖移到“创建新样式”按钮上，当鼠标指针变为添加符号后，放开鼠标左键，如图2-163所示。

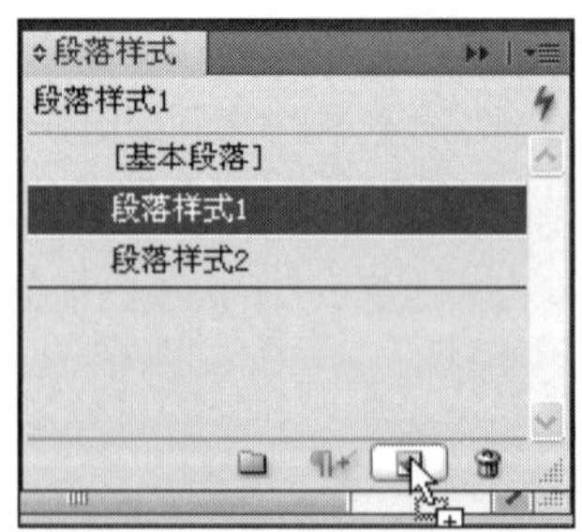

图2-163 复制样式

2.7 文章编辑器

文章编辑器是专用于编辑文章的窗口。文章编辑器中只显示所选择的单一文字框或同一个串接文字排中的文字，并针对这些文字进行阅读、校对、编辑等。当关闭窗口切换回版面中编辑状态时，内容也会自动更新。

2.7.1 打开文章编辑器

Step 01 启动软件后，执行“文件”｜“打开”命令，打开本书附带光盘\Chapter02\旅游宣传\“旅游宣传-01.indd”文件。

Step 02 在工具箱中单击“选择工具”，选中文档中的文本框。执行“编辑”｜“在文章编辑器中编辑”命令，即可打开文章编辑器窗口，如图2-164所示。

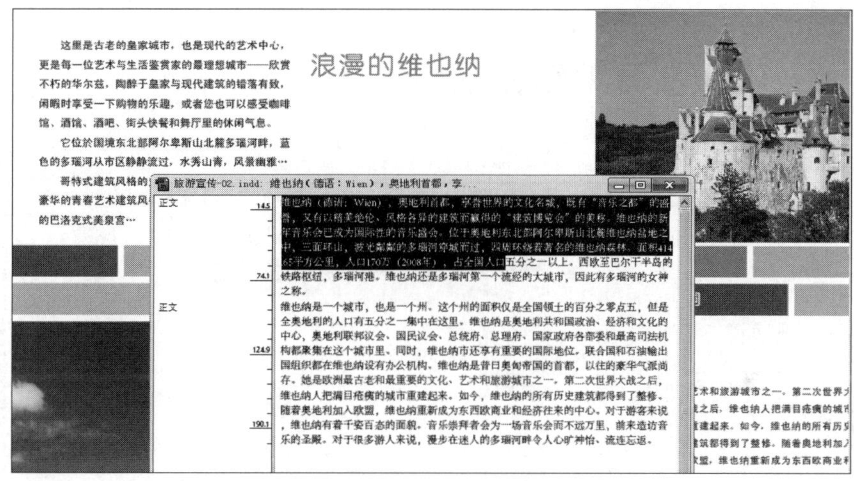

图2-164 文章编辑器

> **提示**
>
> 文章编辑器窗口的左侧显示文本的样式名称，在右侧可以更改文本内容。如果文本中出现红色竖线则表示文本是溢流文本。

Step 03 在文章编辑器窗口中编辑完毕文本后，单击右上角的按钮即可关闭此窗口。

Step 04 如果在文章编辑器窗口编辑文本时，感觉现实的文本过小，查看不方便，可以执行“编辑”｜“首选项”｜“文章编辑器显示”命令，打开“首选项”对话框，在其中可以对其各选项进行设置，如图2-165所示。

Step 05 设置完毕后，单击“确定”按钮，关闭对话框。此时的显示效果如图2-166所示。

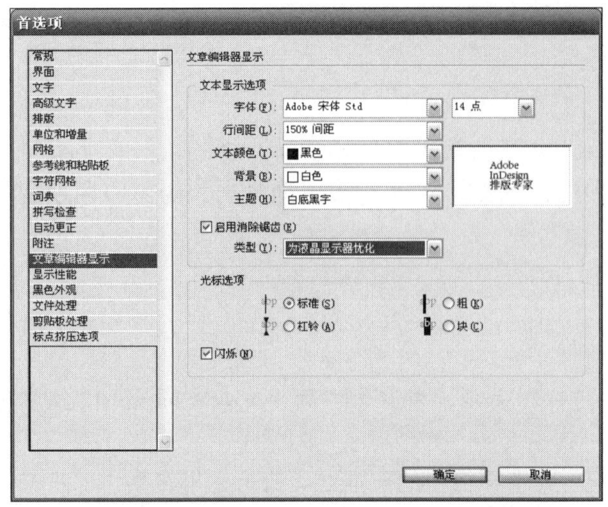

图2-165 在“首选项”中设置显示文本大小

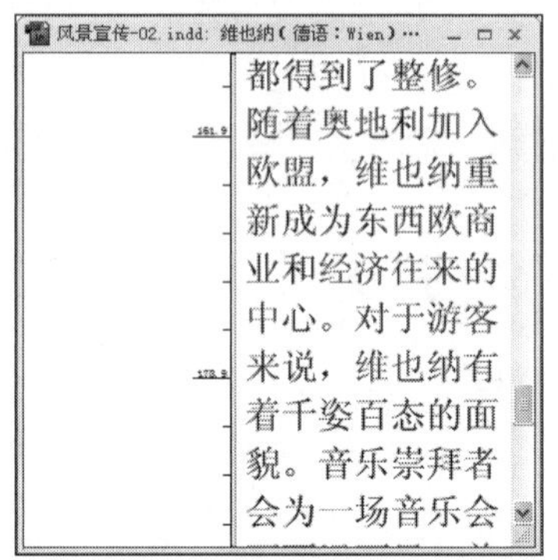

图2-166 设置完成的效果

2.7.2 显示或隐藏文章编辑器项目

在文章编辑器中，可以显示或隐藏样式名称栏和深度标尺，也可扩展或折叠脚注。

选择要更改设置的文章编辑器窗口，执行“视图”|“文章编辑器”命令，然后在菜单中选择要显示或隐藏的项目即可，如图2-167所示。

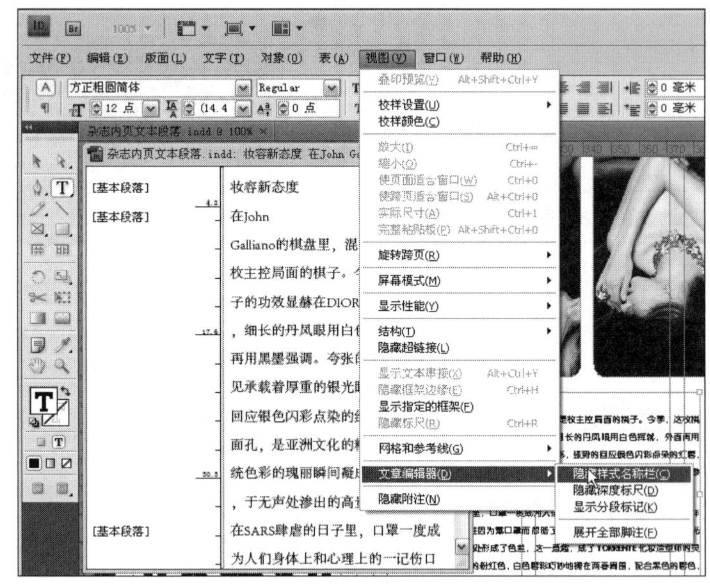

图2-167 文章编辑器

> **提示**
>
> 文章中的所有文本都显示在文章编辑器中。可以同时打开多个文章编辑器窗口，包括同一篇文章的多个实例。垂直深度标尺指示文本填充框架的程度，直线指示文本溢流的位置。

2.8 文章检查

在编辑文章时，字符、单词或文本使用的字体在一篇文章中可能多次出现或使用，如果出现错误，要查找并更改并不是一件容易的事。而在InDesign中，可以使用“查找字体”和“查找/更改”命令对使用的字符、单词或文本等进行查找并更改。

2.8.1 查找和更改字体

使用查找字体命令，可以搜索并列出整篇文档所使用的字体。然后可用系统中的其他任何可用字体替换搜索到的所有字体。

具体操作方法如下：

Step 01 执行“文字”|“查找字体”命令。打开“查找字体”对话框，如图2-168所示。

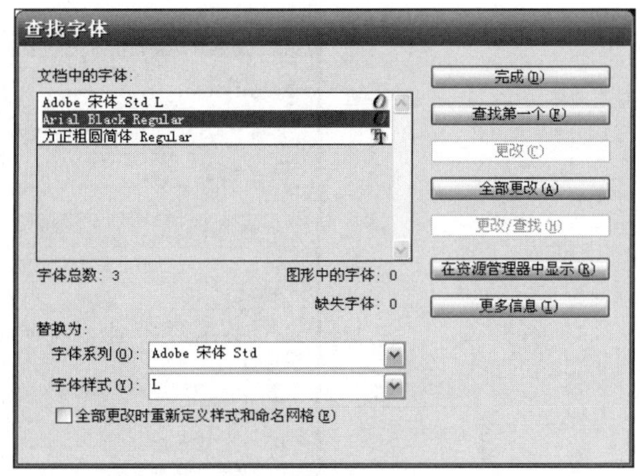

图2-168 “查找字体”对话框

Step 02 在“文档中的字体”列表框中选择一个或多个字体的名称。

Step 03 要查找列表中选定字体的版面的第一个实例，可以单击“查找第一个”按钮。使用该字体的文本将移入视图中。如果在导入的图形中使用选定字体，或者在列表中选择了多个字体，则“查找第一个”按钮将不可用。

Step 04 要查看关于选定字体的详细信息，可以单击“更多信息”按钮。要隐藏详细信息，可以单击“较少信息”按钮。如果在列表中选择了多个字体，则信息区域为空白。

> **提示**
>
> 如果选定图形的文件不提供关于字体的信息，则这种字体可能被列为“未知”。位图图形中的字体，根本不会显示在列表中，原因是它们不是真实字符。

Step 05 要替换某个字体，可以从“替换为”列表中选择要使用的新字体，然后执行下列操作之一：

◎ 如果仅更改选定字体的某个实例，可以单击“更改”按钮。如果选择了多个字体，则该选项不可用。

◎ 要更改该实例中的字体，然后查找下一实例，可以单击“更改/查找”按钮。如果选择了多个字体，该选项将不可用。

◎ 要更改列表中选定字体的所有实例，请单击“全部更改”。如果要重新定义包含搜索到的字体的所有段落样式、字符样式或命名网格，请勾选“全部更改时重新定义样式和命名网格”选项。如果文件中的字体没有更多实例，则字体名称将从“文档中的字体”列表删除。

Step 06 如果单击“更改”按钮，则单击“查找下一个”按钮可查找字体的下一实例。

Step 07 单击“完成”按钮。

2.8.2 查找和更改文本

在输入和编写文章时难免会出现错误，有时错误相同，分布的位置广泛、不容易查找，这时可以使用“查找/更改”命令将文章中的错误找出并更改。使用“查找/更改”命令可以搜索文本、GREP、字形和对象，并进行更改。

Step 01 执行“编辑”|“查找/更改”命令，即可打开“查找/更改”对话框。

Step 02 在“查询”下拉列表中选择要查询的项目。如果要自定义查找内容，可以选择“自定”选项，然后再下面的选项卡中设置查找和更改的选项。

Step 03 打开的“查找/更改”对话框中，默认显示“文本”选项卡，如图2-169所示。

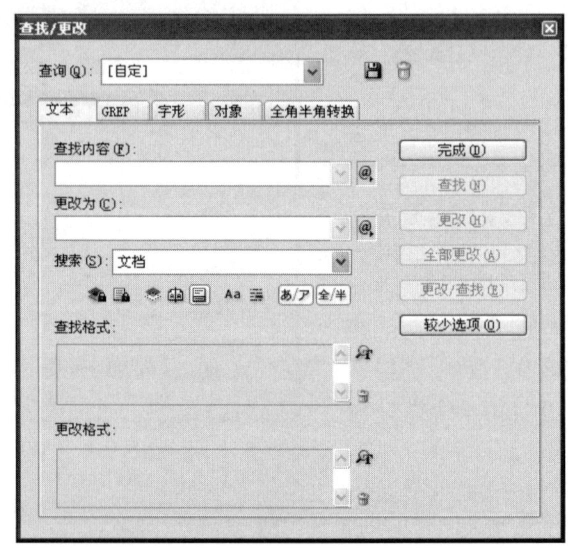

图2-169 “查找/更改”对话框

各主要选项含义如下。

◎ ：包括锁定图层和锁定对象。
◎ ：包括锁定文章。
◎ ：包括隐藏图层和隐藏对象。
◎ ：包括主页。
◎ ：包括脚注。
◎ Aa：区分大小写。
◎ ：全字匹配。
◎ あ/ア：区分假名。
◎ 全/半：区分全角/半角。
◎ “查找内容”选项：输入或粘贴要查找的文本。如果要查找特殊符号，可以单击文本框后面的“要搜索的特殊字符”按钮@，然后在弹出的菜单中选择要查找的特殊字符即可。
◎ “更改为”选项：输入或粘贴要更改的文本，同样，也可以在特殊字符菜单中选择要更改的特殊字符即可。
◎ “搜索”下拉列表：用于在下拉列表中选择要搜索的范围。

Step 04 根据需要，选择对话框下面的图标按钮，包括锁定图层、全字匹配等。

Step 05 单击“查找”按钮已开始搜索要查找内容的第一个实例，此时按钮变为“查找下一个”按钮，单击此按钮，可以查找下一个实例。

2.8.3 拼写检查

拼写检查可以对文本的选定范围、文章中的所有文本、文档中的所有文章或所有打开的文档中的所有文章，进行拼写检查。除了可以进行拼写检查，还可以启用动态拼写检查以便在输入时对可能拼写错误的单词添加下划线。

进行拼写检查时，InDesign将使用指定给文本的语言词典。可将单词快速添加到词典。

1. 拼写检查

Step 01 执行“编辑”|“拼写检查”|“拼写检查”命令，打开“拼写检查”对话框，如图2-170所示。

Step 02 在“搜索”下拉列表中指定拼写检查的范围。

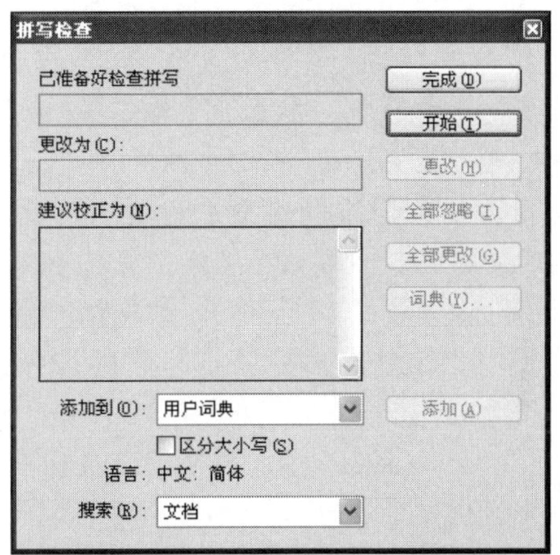

图2-170 “拼写检查”对话框

各主要选项含义如下。

◎ 选择“文档”可检查整个文档。

◎ 选择“所有文档”可检查所有打开的文档。

◎ 选择“文章”可检查当前选中框架中的所有文本，包括其串接文本框架中的文本和溢流文本。

◎ 选择“所有文章”可检查所有选中框架中的文章。

◎ 选择“到文章末尾”可从插入点开始检查。

◎ 选择“选区”仅检查选中文本。仅当选中文本时该选项才可用。选择“文档”可检查整个文档。

◎ 选择“所有文档”可检查所有打开的文档。

◎ 选择“文章”可检查当前选中框架中的所有文本，包括其串接文本框架中的文本和溢流文本。

◎ 选择“所有文章”可检查所有选中框架中的文章。

◎ 选择“到文章末尾”可从插入点开始检查。

◎ 选择“选区”仅检查选中文本。仅当选中文本时该选项才可用。

Step 03 单击“开始”按钮可以开始检查拼写。

Step 04 当InDesign中显示不熟悉的、拼写错误的单词或其他可能的错误时，可以选择下列选项之一：

◎ 单击“跳过”按钮可以继续进行拼写检查而不更改突出显示的单词。单击“全部忽略”按钮可忽略突出显示的单词的所有实例，直到重新启动InDesign。

◎ 从“建议校正为”列表中选择一个单词或在“更改为”文本框中输入正确的单词，然后单击“更改”按钮可以仅更改拼写错误的单词的那个实例。也可以单击“全部更改”按钮更改文档中拼写错误的单词的所有实例。

◎ 要将单词添加到词典，可以从“添加到”下拉列表中选择该词典，并单击“添加”按钮。

◎ 单击“词典”按钮可以显示“词典”对话框，可以在该对话框中指定目标词典和语言。

2. 动态拼写检查

启动动态拼写检查时，可以使用上下文菜单更正拼写错误。拼写错误的单词可能已带有下划线。

Step 01 执行“编辑”|“拼写检查”|“动态拼写检查”命令。

Step 02 右键单击带有下划线的单词，在弹出的菜单中执行下列操作之一：

◎ 选择一个建议更正的单词。如果某个单词重复出现或需要大写，可以选择“删除重复单词”或“大写”。

◎ 选择“将单词添加到用户词典”，就会将单词自动添加到当前词典，而无需打开“词典”对话框。该单词在文本中保持不变。

◎ 选择“词典”，就会打开“词典”对话框，可在该对话框中选择目标词典、语言和更改连字分隔符，然后单击“添加”按钮，该单词就会添加到所选词典，且在文本中保持不变。

◎ 选择“全部忽略”可以忽略所有文档中该单词的实例。重新启动InDesign时，该单词重新标记为拼写错误的单词。

3. 自动更正

选择“自动更正”，将按“自动更正”首选项中的设置进行自动更正。如果选择“自动更正大写字母”将自动更正所有的大写错误，也将自动更正在“自动更正”列表中的单词。

4. 使用词典

执行“编辑”|“拼写检查”|“词典”命令，即可打开“词典”对话框，如图2-171所示。

Step 01 在“目标”下拉列表中，选择要存储单词的词典。使用“目标”菜单，可以在外部用户词典或任何打开的InDesign文档中存储更改。

Step 02 在“语言”下拉列表中选择一种语言。每种语言至少包含一个词典。

Step 03 在“词典列表”下拉列表中，可以根据操作需要选择添加的单词、删除的单词或忽略的单词。

Step 04 在“单词”文本框中，输入或编辑要添加到单词列表中的单词。

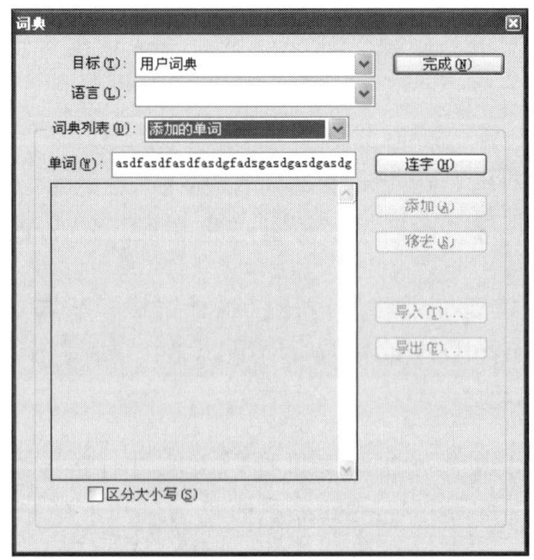

图2-171 “词典”对话框

Step 05 单击“连字”按钮以查看单词的默认连字。代字符表示可能的连字点。如果不想要InDesign的连字点，则按照下面的准则指示单词的首选连字。

◎ 输入一个代字符（~），表示单词中最可能的连字点或唯一接受的连字点。
◎ 输入两个代字符（~~），表示第二选择。
◎ 输入三个代字符（~~~），表示并不理想但可接受的连字点。
◎ 如果是希望从不连字的单词，可以在单词的第一个字母之前输入一个代字符。

Step 06 单击“添加”按钮，可以将单词添加到指定词典的词典列表中。
Step 07 单击“移去”按钮，可以将指定单词从指定词典的词典列表中移去。
Step 08 单击“导入”按钮，可以从文本文件导入单词列表。
Step 09 单击“导出”按钮：可以将其他应用程序中的单词导出到一个文本文件中。

2.9 脚注

脚注用于对文章中难以理解的内容进行解释或对某些内容补充说明。脚注由2个相互连接的部分构成，即显示在文本中的脚注引用编号和显示在页面底部的脚注文本。

2.9.1 创建脚注

可以创建脚注或从Word、RTF文档中导入脚注。将脚注添加到文档时，脚注会自动编号，每篇文章种都会重新编号。可控制脚注的编号样式、外观和位置。不能将脚注添加到表或脚注文本。

Step 01 执行“文件”｜“打开”命令，打开本书附带光盘\Chapter02\旅游宣传\“旅游宣传-01.indd”文件。

Step 02 在想要脚注引用标号出现的地方置入插入点，本实例在文本“维也纳”处单击鼠标左键添加插入点，如图2-172所示。

期待着您的到来…

维也纳(德语 Wien)，奥地利首都，享誉世界的文化名城，既有“音乐之都”的盛誉，又有以精美绝伦、风格各异的建筑而赢得的“建筑博览会”的美称。维也纳的新年音乐会已成为国际性的音乐盛会。位于奥地利东北部阿尔卑斯山河的女神之称。

维也纳是一个城市，也是一个州。这个州的面积仅是全国领土的百分之零点五，但是全奥地利的人口有五分之一集中在这里。维也纳是奥地利共和国政治、经济和文化的中心，奥地利联邦议

2-172 添加插入点

Step 03 执行“文字”|“插入脚注”命令，这时在文本的右上侧插入序号，并在文本栏的底部插入相应的序号，如图2-173所示。

Step 04 确认光标在底部的文本栏中，输入注解，如图2-174所示。

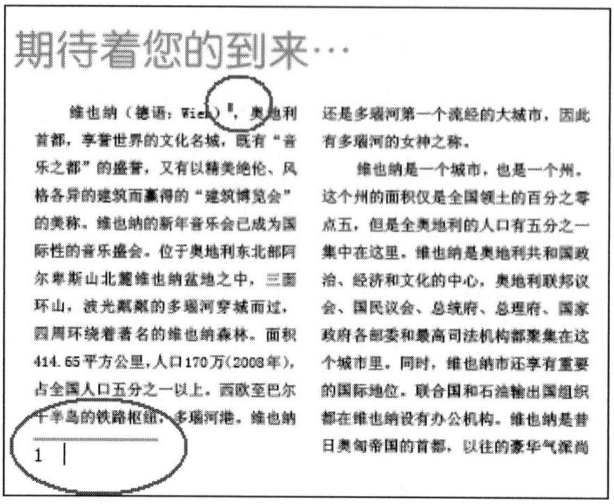

2-173 插入序号

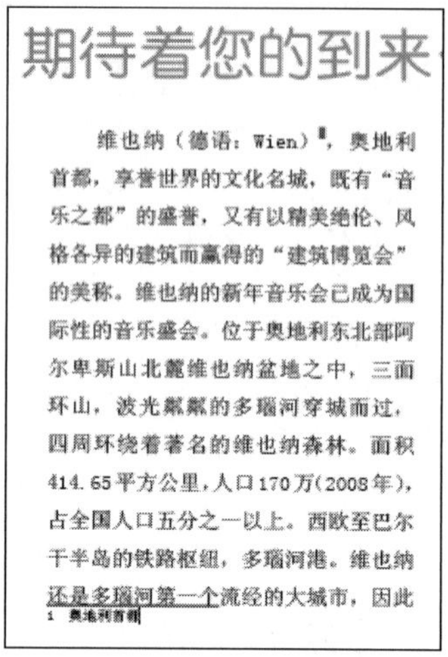

图2-174 输入注解

2.9.2 脚注编号与格式设置

执行“文字”|“文档脚注选项”命令，打开“脚注选项”对话框，如图2-175所示。在“脚注选项”对话框中单击“编号与格式”标签，设置选项卡中各选项。

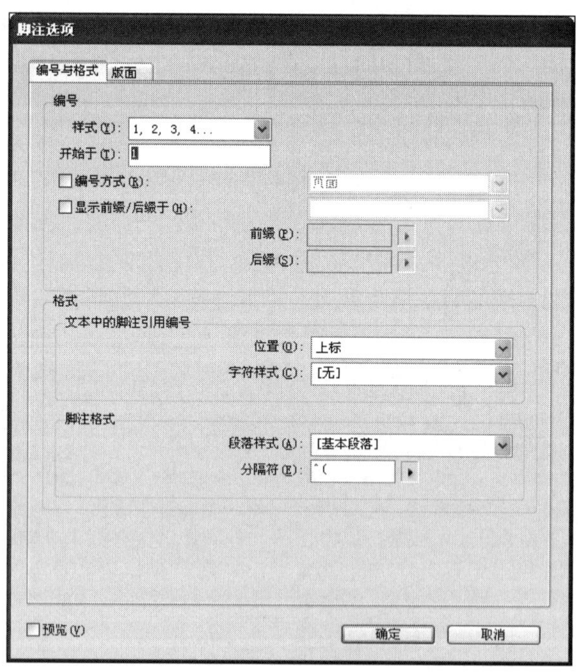

图2-175 “编号与格式”选项卡

各主要选项含义如下。

◎ “样式”下拉列表：选择脚注引用编号的编号样式，如“1，2，3，4”，“a，b，c，d”等。
◎ “开始于”选项：用于指定文章中第一个脚注所用的号码。文档中每篇文章的第一个脚注都具有相同的起始编号。如果书籍的多个文档具有连续页码，则可以使每章的脚注编号都能继续上一章的编号。
◎ “编号方式”选项：勾选此复选框可以对文章中的脚注重新编号，制定重新编号的位置可以为页面、跨页或章节。
◎ “显示前缀/后缀于”选项：勾选此复选框，可以显示脚注引用、脚注文本或两者中的前缀、后缀，在“前缀”与“后缀”中可以选择一种或多种字符。
◎ “位置”下拉列表：用于指定脚注的位置，可以指定为上标、下标、拼音、普通字符的位置。选择“普通字符”，可以使用字符样式来设置引用编号位置的格式。默认情况下为拼音。
◎ “字符样式”下拉列表：指定用来设置脚注引用编号的字符样式。
◎ “段落样式”下拉列表：为文档中的所有脚注选择一个段落样式来设置脚注文本。默认情况下，使用“基本段落”样式。
◎ “分隔符”下拉列表：分隔符确定脚注编号和脚注文本开头之间的空白。要更改分隔符，可以选择或删除现有分隔符，然后选择新分隔符。分隔符可包含多个字符。要插入空格字符，可以使用适当的元字符作为全角空格。

2.9.3 脚注版面设置

要设置脚注的编号与格式，执行“文字”|“文档脚注选项”命令，切换到“版面”选项卡，如图2-176所示。

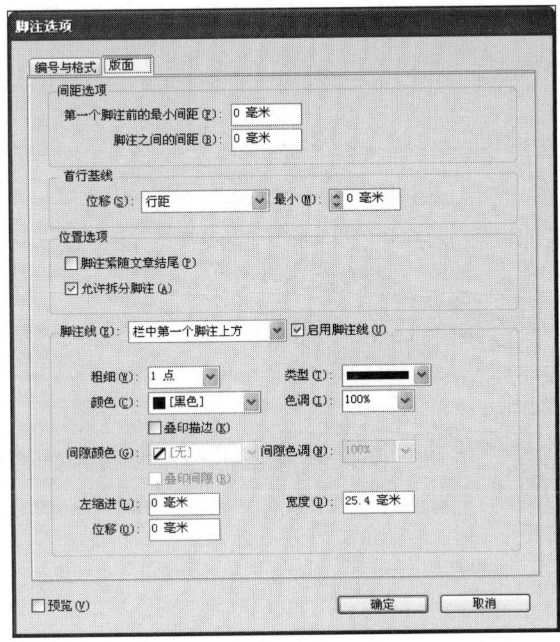

图2-176 “版面”选项卡

各主要选项含义如下。

◎ “第一个脚注前的最小间距”选项：输入数值以指定文本框架底部与首行脚注之间的最小间距。间距数值不能为负数。
◎ “脚注之间的间距”选项：用于指定一个文本框中某一个脚注的最后一个段落与下一个脚注的距离。间距数值不能为负数。
◎ “位移”选项：指定脚注分隔符与脚注文本的首行之间的距离。可以设置为字母上缘、大写字母高度、行距、x高度、全角字框高度或固定。
◎ “脚注紧随文章结尾”选项：使最后一栏的脚注显示在文章的最后一个文本框架中的文本的下面。否则文章的最后一个框架中的任何脚注将显示在栏底部。
◎ “允许拆分脚注”选项：勾选此复选框，当脚注大小超过栏中脚注的可用间距大小时，将跨栏分隔脚注。否则包含脚注引用编号的行移动到下一栏，或者文本变为溢流文本。
◎ “脚注线”选项：指定在页面中有分栏时，脚注线至于栏中第一个脚注上方或使用连续脚注。勾选“启用脚注线”复选框，脚注线将出现在脚注内容的上方。可以在“脚注线”选项组中设置脚注线的粗细、颜色、类型、色调、间隙颜色、间隙色调、左缩进、宽度和位移。

2.9.4 删除脚注

要删除脚注，可以在文本中选择显式的脚注引用编号，然后按Delete键。如果仅删除脚注文本，则脚注引用编号和脚注结构将保留下来。

2.10 文字排版中应注意的问题

从古至今，文字一直是记录人类文化活动的主要传播载体，是人类传播继承文明的主要方式。随着信息技术的发展，人们真正思考的时间也越来越少，这使人们往往忽略了版面设计的重要性。

在版面设计中，文字作为信息传达的主要手段是信息形式的重要组成部分，担负着传递大部分资讯信息的重任。文字版面的设计同时也是创意的过程，创意是设计者的思维水准的体现，是评价意见涉及作品好坏的重要标准，在现代设计领域，一切制作的程序由电脑代劳，使人类的劳动仅限于思维上，这是好事儿，可以省却了许多不必要的供需，为创作提供了更好的条件。但是在某些必要的阶段上，我们应该记住：人，毕竟才是设计的主体。

1. 提高文字的可读性

文字的主要功能是在视觉传达中向大众传达作者的意图和各种信息，要达到这一目的必须考虑文字的整体诉求效果，给人以清晰的视觉印象。因此，设计中的文字应避免繁杂凌乱，使读者易读、易懂，切忌为了设计而设计，忘记了文字设计的根本目的是为了更好、更有效的传达作者的意图，表达设计的主题和构想。

2. 提高文字布局的整体性

文字在画面中的安排要考虑到全局的因素，不能有视觉上的冲突，否则在画面上主次不分，很容易引起视觉顺序的混乱，有时候甚至1个像素的差距也会改变你整个作品的味道。

3. 提高文字布局的视觉美感

在视觉传达的过程中，文字作为画面的视觉要素之一，具有传达信息和情感的双重功能，因此它必须具备视觉上的美感，能够给人以美的感受。字型设计良好，组合巧妙的文字能使人感到愉快，留下美好的印象，从而获得良好的心理反应。反之，读者阅读后则可能产生视觉疲劳、心里不悦等问题，这样势必难以传达出作者想要表现出的设计意图。

4. 提高文字设计的创意性

文字设计要富于创造性才能给人以耳目一新的感觉。设计师需要能够根据作品主题的要求，突出文字设计的造型和色彩，创造出独具特色的字体，才能给读者与众不同的视觉感受，同时更加有利于作品设计意图的表现。设计中，应注意从文字的形态特征与组合关系上进行探求，不断修改，反复琢磨，这样才能创造出富有个性的文字，使其外部形态和设计格调都能唤起人们愉悦的审美感觉。

总之，文字不仅要在字体上和画面配合好，甚至颜色和部分壁画都要加工，这样才能达到更完整的效果。而这些细节的地方需要的是耐性和长期积累的设计经验和审美能力。对作品而言，每一件作品都有其特有的风格。在这个前提下，一部作品在版面上的各种不同字体的组合，一定要具有一种整体性，且作品风格要符合总体的感情倾向，不能各种文字自成风格，各司其职。这样，整部作品才会产生视觉上的美感，符合人们的欣赏心理。

2.11 上机实践

2.11.1 实例1——糕点简介

下面通过一个名为“糕点简介”的实例来练习串接字符以及设置段落样式，最终效果如图2-177所示。

图2-177　实例效果

Step 01 执行“文件”｜“新建”｜“文档”命令，在打开的“新建文档”对话框中的“页面大小”下拉列表中选择640毫米×480毫米，单击“边距和分栏”按钮，打开“边距和分栏”对话框。

Step 02 在对话框中设置“上”选项为5毫米，此时其他3项也一起变为5毫米了，设置“栏数”为3，设置“栏间距”为20毫米，如图2-178所示，单击“确定”按钮保存设置。

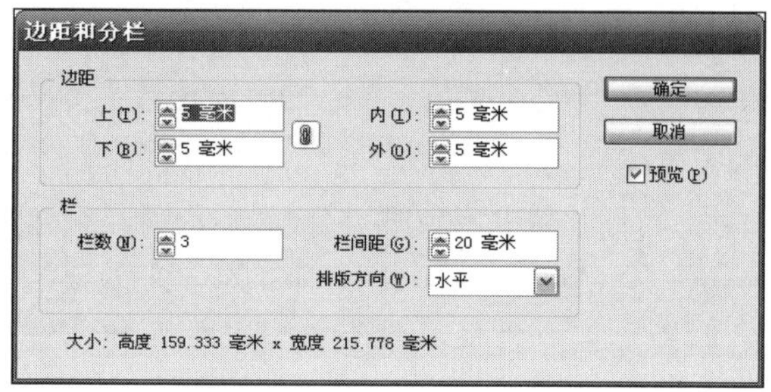

图2-178　“边距和分栏”对话框

Step 03 执行“文件”｜“置入”命令，在弹出的“置入”对话框中选择打开本书附带光盘\Chapter02\实例1-糕点简介\“糕点简介.indd”文件，当鼠标变为图标时，在新建页面的左上角单击，导入图片素材，如图2-179所示。

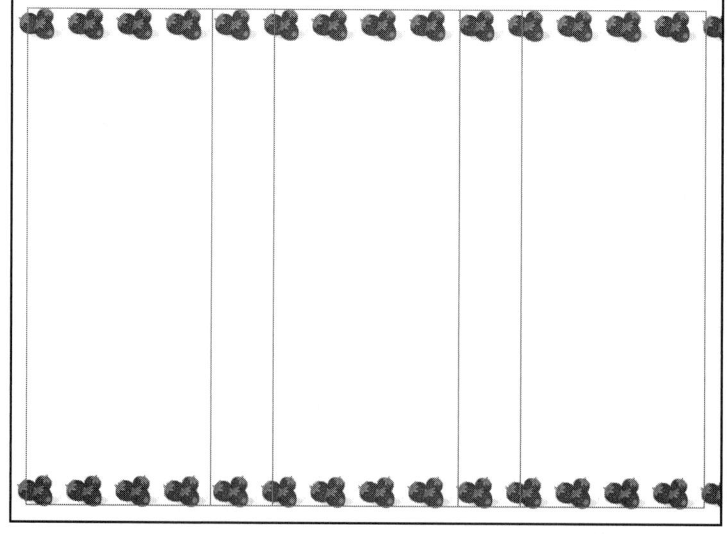

图2-179 置入素材图片

Step 04 创建路径文本。在工具箱中选择“钢笔工具”、“铅笔工具”或“矩形工具”等绘制出一条路径。本实例选择“钢笔工具”。绘制出一条倾斜的路径，如图2-180所示。

Step 05 在“工具箱”的“钢笔工具”图标上按住鼠标不放，展开工具扩展菜单，选择“转换方向点工具”，或者按下键盘上的Shift+C键，拖动并改变路径到理想的状态，如图2-181所示。

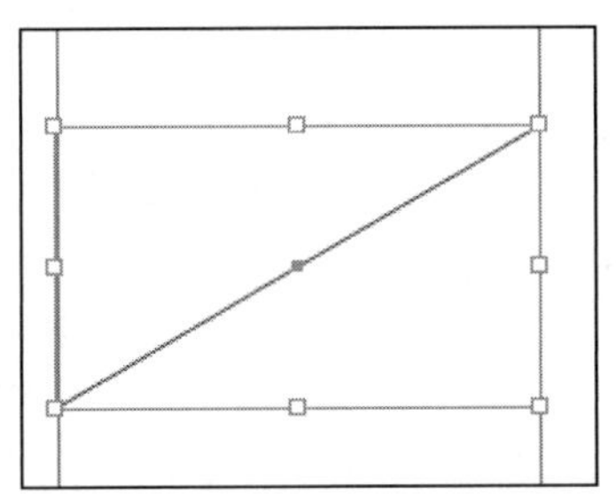

图2-180 绘制路径

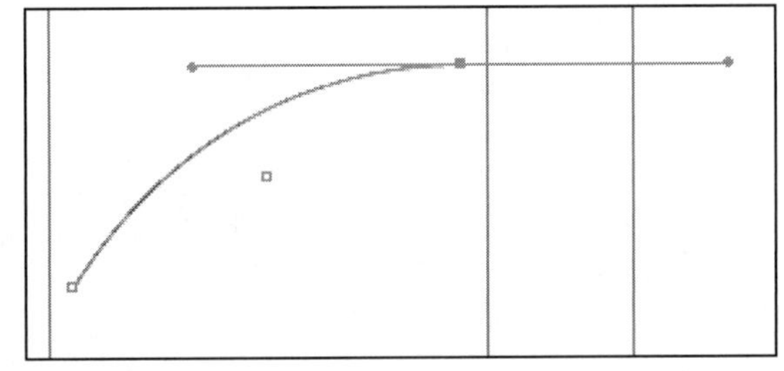

图2-181 更改路径形状

Step 06 选中路径，单击“应用无”按钮，取消对路径的填充。

Step 07 在工具箱中选择“路径文字工具”。将光标至于路径上，光标变成符号，此时单击鼠标左键，文本光标将添加到路径上，输入文本Breakfast，如图2-182所示。

Step 08 使用“文字工具”选中文本，在选项栏中设置“字体”为Cooper Std，设置“字体大小”为30点，设置后的效果如图2-183所示，文本沿路径的整个长度来显示。

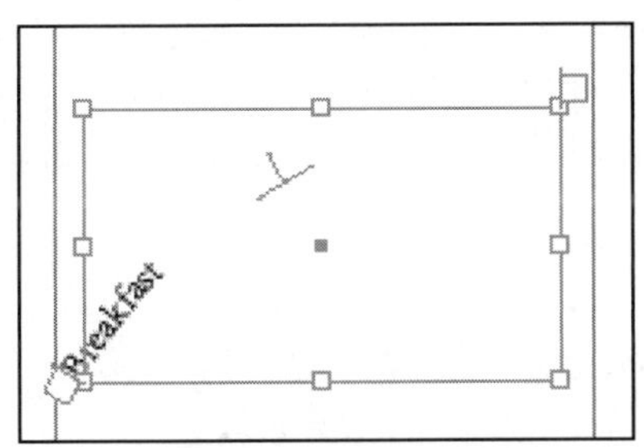

图2-182 输入文本

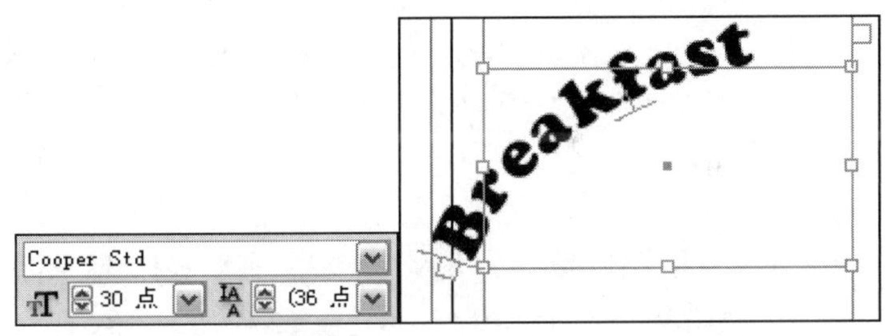

图2-183 设置文本

Step 09 更改路径文本的开始和结束位置。在工具箱中单击“选择工具”，选择路径文本。

Step 10 将指针放置在路径文本的中间的标记上，直到指针旁边显示一个小图标，拖动将其翻转，如图2-184所示。

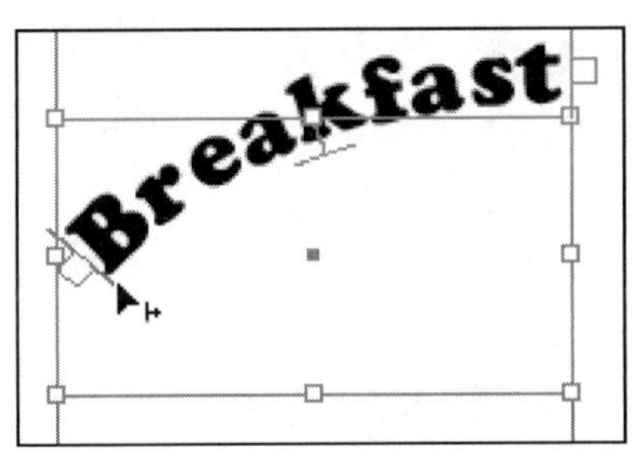

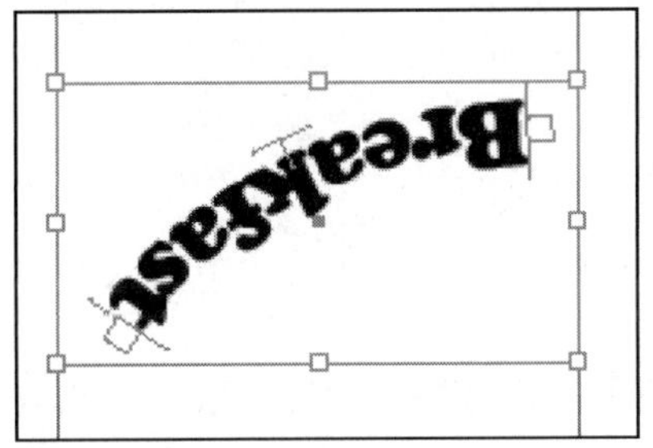

图2-184 翻转文本

Step 11 按照前面介绍的方法，绘制出另外的两个路径，并输入文本Lunch和Dinner，设置好“字体”和“字体大小”，效果如图2-185所示。

图2-185 输入文本

Step 12 打开素材文件夹中的“中英对照.doc”文件，按下Ctrl+A键选中所有文本，按下Ctrl+C键复制文本。回到InDesign软件中，使用“文字工具”T绘制出文本框，沿文件边距的辅助线绘制出文本框，按下Ctrl+V键粘贴文本，如图2-186所示。

Step 13 按下V键切换到“选择工具”，单击文本框右下方的⊞符号，在要继续排列文本的目标位置再此按下鼠标绘制出相应的文本框，按照相同的方法绘制出的效果如图2-187所示。

图2-186 粘贴文本

图2-187 串接文本

Step 14 改变文本框的外轮廓。在工具箱中单击“直接选择工具”，选中最左侧的文本框的一个端点，按住Shift键的同时按下鼠标左键向下拖动，使其倾斜，如图2-188所示。

Step 15 再按下Shift+C键切换到“转换方向点工具”，调整端点的杠杆，使其形成弧度，此时可以看到文本的排列也随之变化，如图2-189所示。

图2-188 改变文本框架

图2-189 调整轮廓弧度

Step 16 按照相同的方法调整另一侧文本的外轮廓，此时的整体效果如图2-190所示。

图2-190 调整完成的效果

Step 17 设置字符样式。执行“文字”|“字符样式”命令，打开“字符样式”面板，单击底部

的按钮新建一个“字符样式1”，双击“字符样式1”，打开字符样式选项对话框，选择“基本字符格式”选项，在其中的“字体系列”下拉列表中选择Brush Script Std选项，设置“大小”为10点，设置“行距”为14点，如图2-191所示，单击“确定”按钮保存设置。

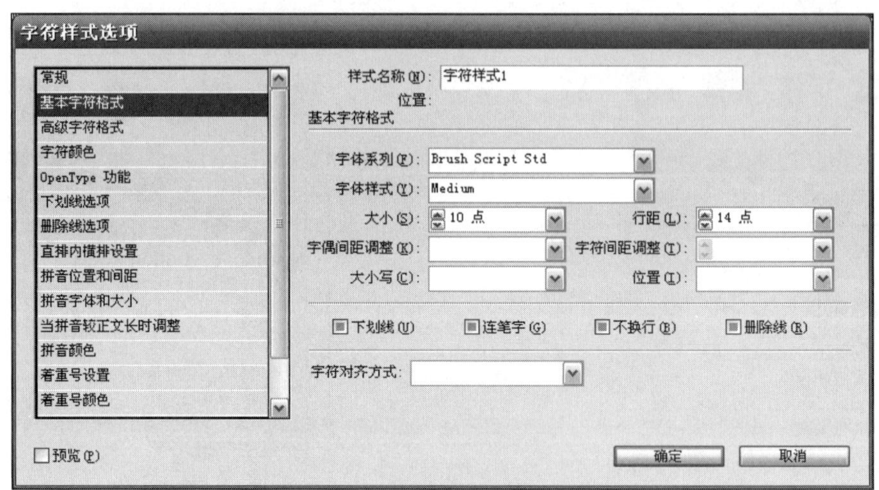

图2-191 “基本字符格式”选项卡

Step 18 按住Shift键的同时选中所有英文文本，应用“字符样式1”。

Step 19 按照相同的方法，新建“字符样式2”，在“字体系列”下拉列表中选择“方正粗倩简体”选项，其他设置同“字符样式1”，按住Shift键的同时，选中所有的中文，此时效果如图2-192所示。

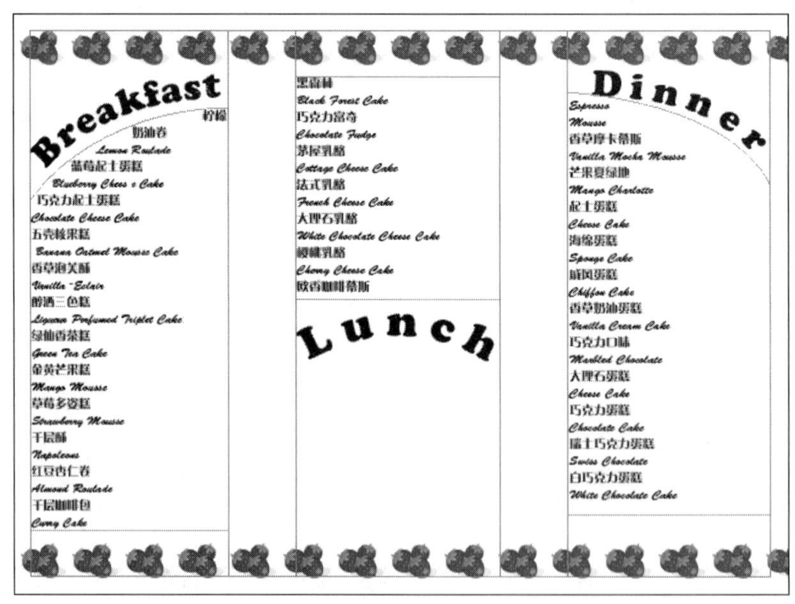

图2-192 设置字符样式

Step 20 选中最左侧一列的文本，在上方的选项栏中单击“右对齐”按钮，是文本在文本框右侧对齐；选中中间一列的文本，在上方的选项栏中单击“居中对齐”按钮，此时的效果如图2-193所示。

图2-193 对齐文本

Step 21 执行“文件”｜“置入”命令，在弹出的“置入”对话框中选择“糕点简介”实例文件夹中的“蛋糕.jpg”素材，当鼠标变为图标时，在新建页面的左上角单击鼠标导入图片素材。按住Ctrl+Shift键的同时缩小图片，将它放置在文本Lunch的下方，最终效果如图2-177所示。

Step 22 按下Ctrl+S键，保存文件。

2.11.2 实例2——保健品宣传页

下面通过一个名为“营养品广告”的实例练习设置段落样式、添加项目符号以及设置字符等内容，最终效果如图2-194所示。

图2-194 实例效果

Step 01 执行“文件”|“新建”|“文档”命令，在打开的“新建文档”对话框中的“页面大小”下拉列表中选择240毫米×190毫米，单击“边距和分栏”按钮，打开“边距和分栏”对话框。

Step 02 在对话框中设置“上”选项的数值为10毫米，此时其他3项也一起变为10毫米，设置“栏数”为2，设置“栏间距”为5毫米，如图2-195所示，单击“确定”按钮保存设置。

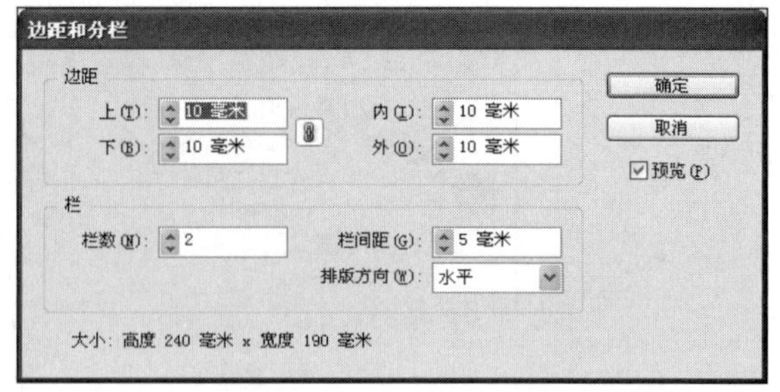

图2-195 “边距和分栏”对话框

Step 03 在工具箱中选择“矩形工具”，然后绘制一个矩形框，并为其填充颜色，颜色数值如图2-196所示。

Step 04 继续使用“矩形工具”单击鼠标左键，在弹出的“矩形”对话框中设置数值为215毫米×98毫米，单击“确定”按钮保存设置。设置其填充色为白色，将其放置在如图2-197所示的位置。

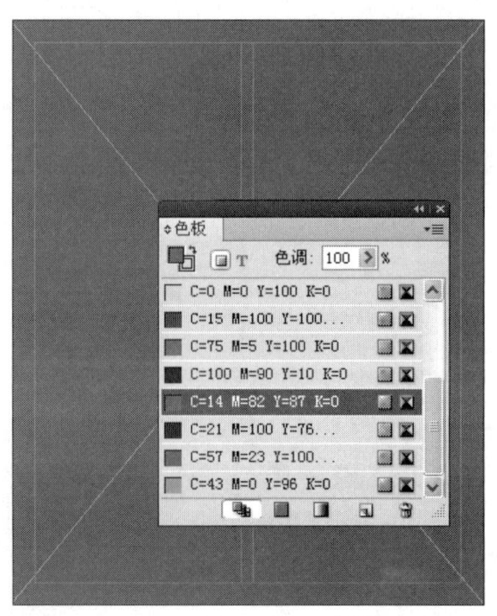

图2-196 绘制矩形

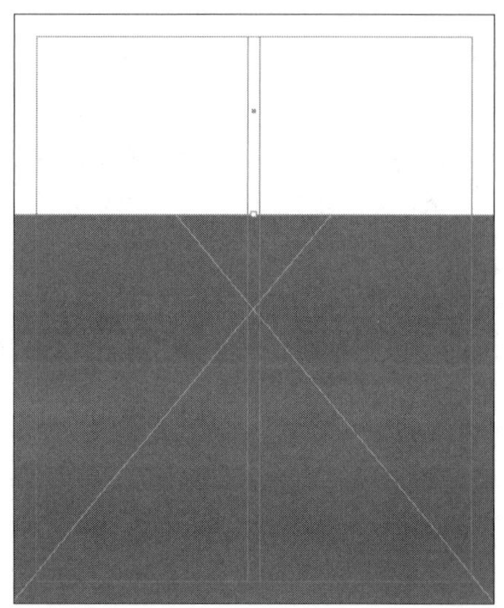

图2-197 绘制白色矩形

Step 05 在工具箱中单击“直接选择工具”，选中白色矩形左下角的端点，按住Shift键的同时在垂直方向上调整端点位置，如图2-198所示。

Step 06 在工具箱中单击“转换方向点工具”或者按下Shift+C键，拖动端点的控制杆来调整曲线弧度，如图2-199所示。

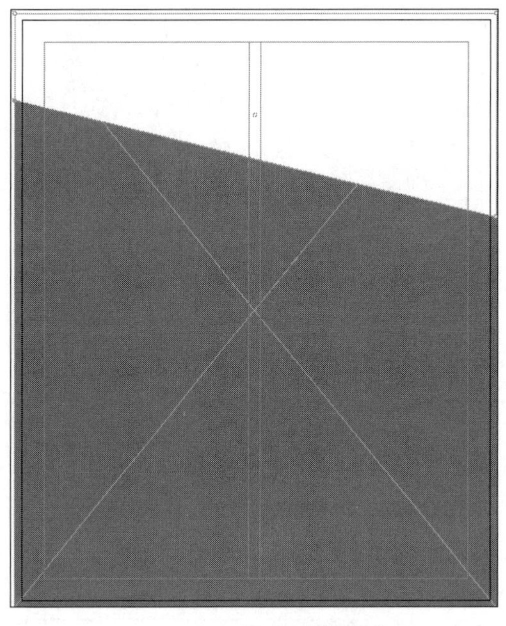

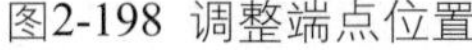
图2-198 调整端点位置

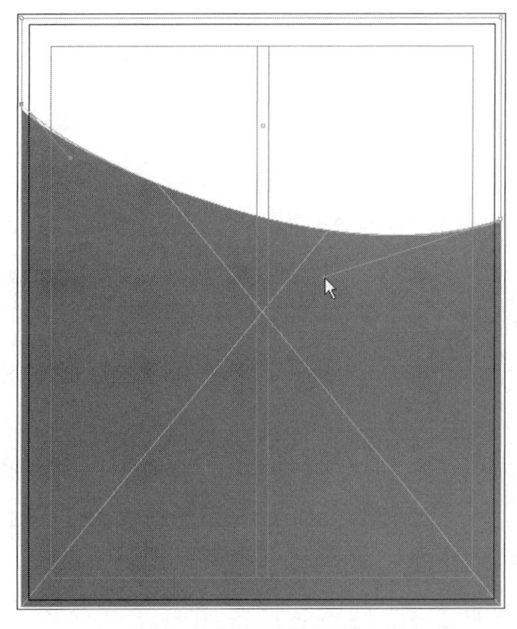

图2-199 调整曲线弧度

Step 07 选中调整过的白色矩形，执行“文件”|“置入”命令，在弹出的“置入”对话框中选中本书附带光盘\Chapter02\实例2-保健品宣传\“01.jpg”文件，单击“打开”按钮将图片导入。选择“直接选择工具”按住Shift键的同时按比例来调整图片的尺寸，效果如图2-200所示。

Step 08 使用“矩形框架工具”绘制一个矩形框架放置于左上角，执行“文件”|“置入”命令，在弹出的“置入”对话框中选中本书附带光盘\Chapter02\实例2-保健品宣传页\“flower.ai”文件，单击“打开”按钮将图片导入。选择“直接选择工具”按住Shift键的同时按比例来调整图片的尺寸。

Step 09 在选项栏中单击“垂直翻转”和“水平翻转”按钮，调整后如图2-201所示。

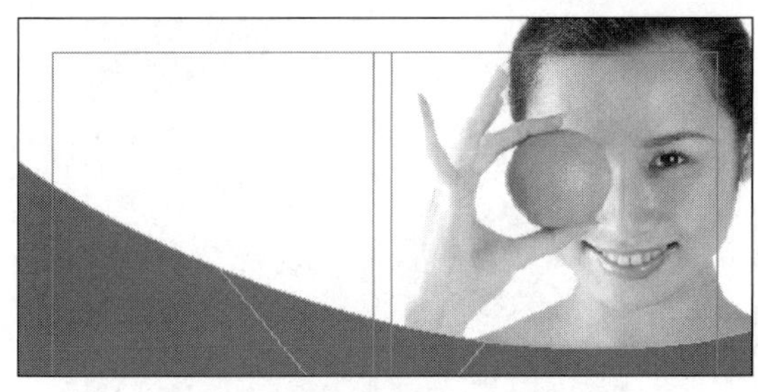

图2-200 实例效果

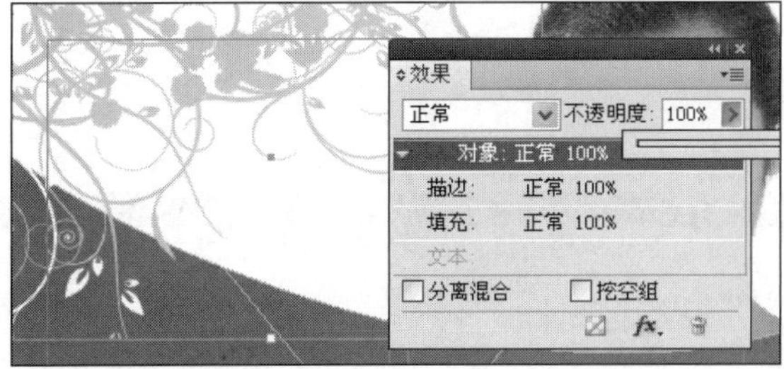

图2-201 导入图片并调整不透明度

Step 10 此时在“效果”面板中显示置入的“flower2.ai”素材的不透明度为100%，拖动调整不透明度到60%，如图2-202所示。继续置入素材flower.ai，同样调整其不透明度为60%，此时效果如图2-203所示。

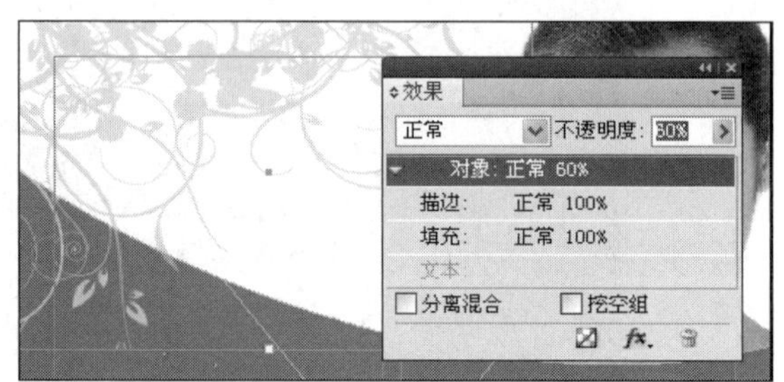

图2-202 调整不透明度

图2-203 导入图片并调整不透明度

Step 11 使用“矩形框架工具”⊠绘制2个矩形框架放置于左上角，执行“文件”|“置入”命令，在弹出的“置入”对话框中选中本书附带光盘\Chapter02\实例2-保健品宣传页\“02.psd”文件，单击“打开”按钮将图片导入。选择“直接选择工具”按住Shift键的同时按比例来调整图片的尺寸。放置在如图2-204所示的位置。

Step 12 选中刚才导入的图片，单击鼠标右键，在弹出的快捷菜单中选择“效果”|“投影”命令，设置数值如图2-205所示。此时效果如图2-206所示。

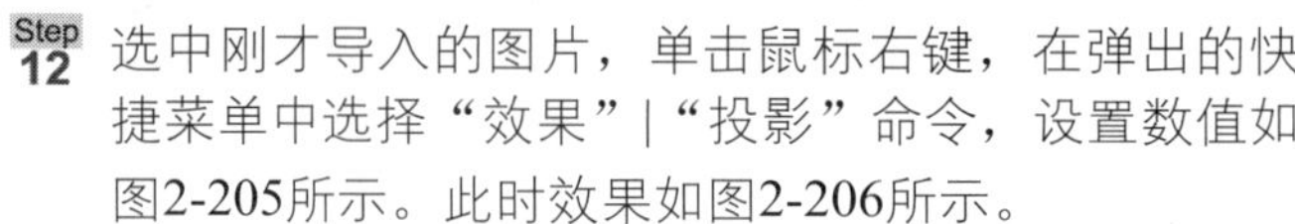

图2-204 导入图片

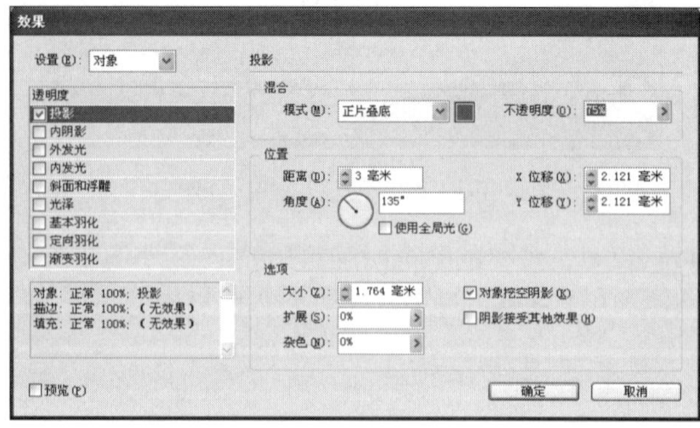

图2-205 添加“投影”效果

图2-206 添加投影的效果

Step 13 使用“矩形工具”绘制一个矩形框，放置在文档的右侧。输入咨询电话等相关文本，在“段落样式”面板中选择名为“电话”的段落样式，如图2-207所示。

图2-207 输入文本并添加段落样式

Step 14 本书附带光盘\Chapter02\实例2-保健品宣传页\“保健品介绍.doc”文件，按下Ctrl+C键复制所有文本，回到InDesign文件中，使用“文字工具”绘制出文本框架，按下Ctrl+V键将文本粘贴到文本框架内，默认效果如图2-208所示。

Step 15 按住Shift键的同时选中导入文本中的3个小标题，在“段落样式”面板中单击“新建”按钮，新建一个段落样式并双击打开设置对话框，选择“基本字符格式”选项，在其中设置“样式名称”为“小标题”，设置“字体系列”为“方正粗宋简体”，设置“大小”为12点，如图2-209所示。

图2-208 导入文本

样式名称(N): 小标题
位置:
基本字符格式
字体系列(F): 方正粗宋简体
字体样式(Y): Regular
大小(S): 12 点　行距(L): (14.4 点)
字偶间距调整(K): 原始设定 - 仅罗马字　字符间距调整(T): 0
大小写(C): 正常　位置(I): 正常
☑下划线(U)　☑连笔字(G)　☐不换行(B)　☐删除线(R)
字符对齐方式: 全角，居中

图2-209 添加段落样式

Step 16 切换到“缩进和间距”选项，设置“段前距”选项的数值为3毫米，如图2-210所示。切换到“项目符号和编号”选项，在“列表类型”下拉列表中选择“项目符号”选项，设置数值如图2-211所示。此时的效果如图2-212所示。

缩进和间距
对齐方式(A): 双齐末行齐左
☐平衡未对齐的行(C)
☐忽略视觉边距(I)
左缩进(L): 0 毫米　首行缩进(F): 0 毫米
右缩进(R): 0 毫米　末行缩进(S): 0 毫米
段前距(B): 3 毫米　段后距(T): 0 毫米

图2-210 设置段落样式的数值

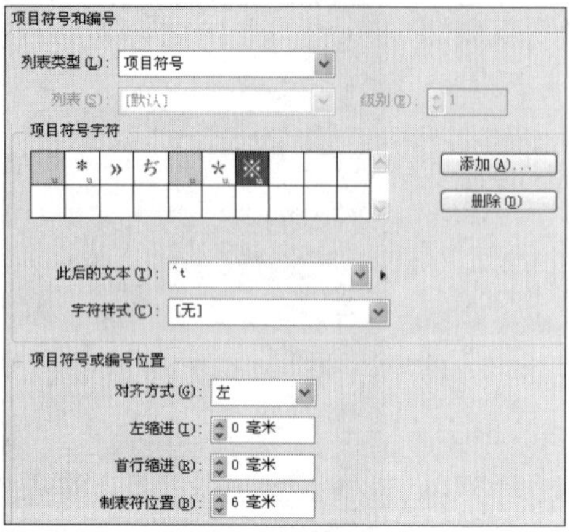

图2-211 设置段落样式的数值

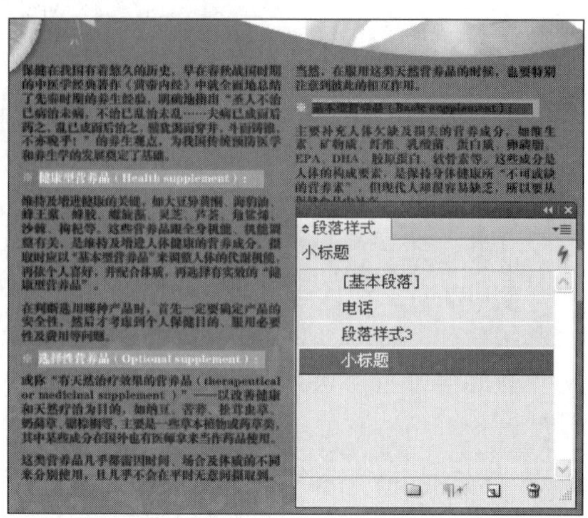

图2-212 设置“小标题”段落样式

Step 17 选中其他的说明文本，在“段落样式”面板中单击“新建”按钮，新建一个段落样式并双击打开设置对话框，选择“基本字符格式”选项卡，在其中设置“样式名称”为“正文”，设置“字体系列”为“宋体”，设置“大小”为11点，设置“行距”为16点，如图2-213所示，此时效果如图2-214所示。

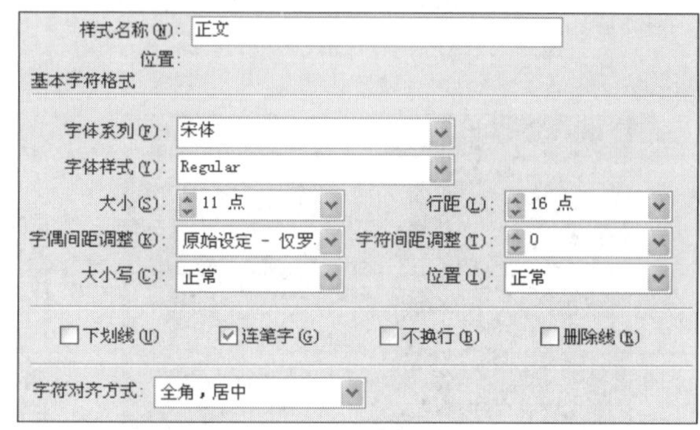

图2-213 添加“正文”段落样式

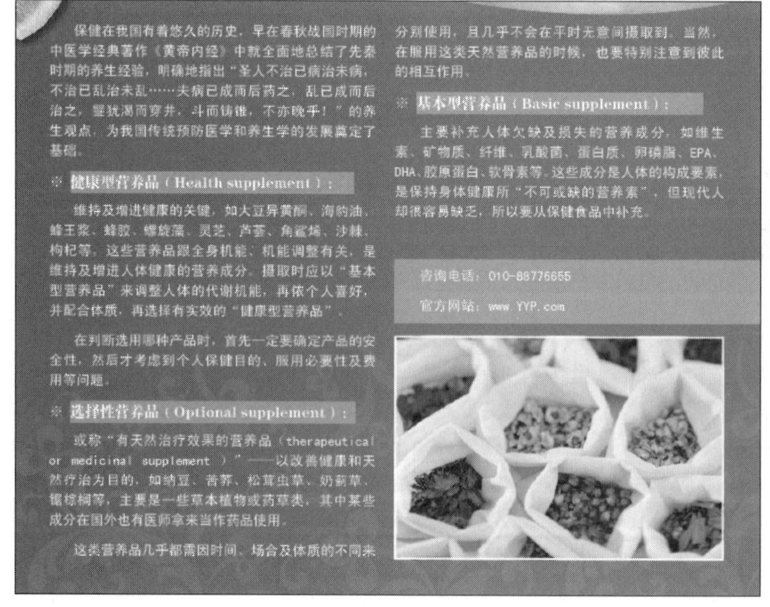

图2-214 设置“正文”段落样式后的效果

Step 18 最终效果如图2-194所示。

第3章 绘制图形

在版面设计中，图形和图像是必不可少的设计元素。InDesign虽然是一款排版软件，但是在其内部提供了多种绘制图形的工具，如“矩形工具”、“椭圆形工具”、“多边形工具”、“钢笔工具”等，每一种工具都有其独特的功能与优势，只有正确、合理的选择与使用InDesign提供的图形和图像编辑处理功能，才可以帮助设计者更好地把握设计的意图，得到最佳的制作效果。

本章主要讲解了图像的绘制编辑方法，通过不同的实例，帮助读者更好地理解和掌握这些知识内容，并快速的应用到实际工作中。

3.1 基本绘图工具

InDesign中的基本绘图工具包括“矩形工具”、“椭圆工具”、“多边形工具”和“直线工具”。使用这些工具可以绘制诸如矩形、圆形、星行等简单规则的图形形状。另外，结合“角效果选项”可以对图形的四个角进行控制，使图形外观产生更加丰富的变化效果。

下面通过一个实例来讲解基本绘图工具的具体步骤与方法：

实例效果如图3-1所示。

图3-1 实例效果

3.1.1 矩形工具

使用“矩形工具”可以在视图中创建矩形、正方形。该工具的使用方法较为简单，用于绘制规则封闭的图形，使用频率非常高，用户可以通过以下两种方式来创建矩形：

◎ 在视图中按住鼠标左键拖动，直接绘制出矩形。

◎ 在视图中单击鼠标左键，在弹出的“矩形”对话框中直接输入需要的数值，单击“确定”按钮新建矩形。

Step 01 启动软件后，执行“文件”｜“打开”命令，打开本书附带光盘\Chapter03\方圆大世界\“方圆大世界-01.indd”文件，打开的效果如图3-2所示。

图3-2 打开文件

Step 02 在工具箱中选择“矩形工具”，在视图中单击鼠标左键，在弹出的“矩形”对话框中直接输入数值为36毫米，如图3-3所示。单击“确定”按钮新建矩形，如图3-4所示。

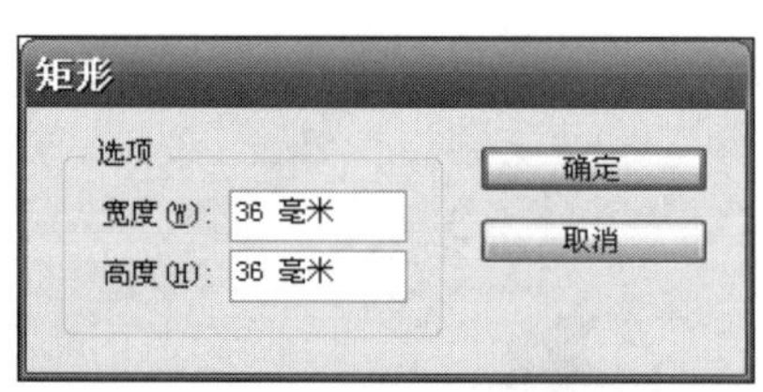

图3-3 “矩形”对话框

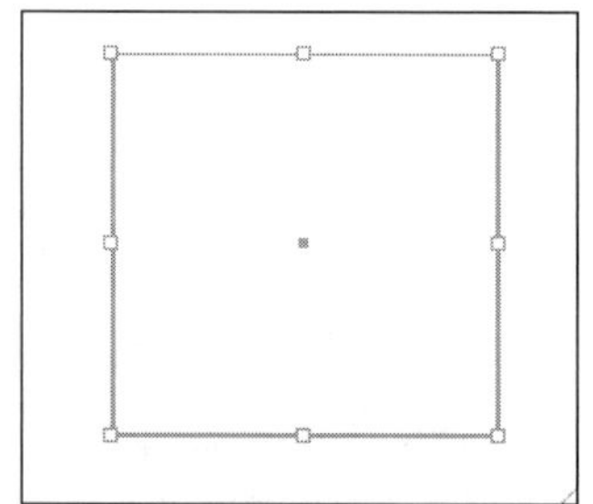

图3-4 绘制出的矩形

提示

绘制矩形时按住Alt键，单击确定矩形的中心点，拖动鼠标将以这个中心点向四周扩散绘制矩形；绘制矩形时按住Shift键，拖动鼠标将绘制一个正方形。

Step 03 按下F10键，打开“描边”面板，设置“粗细”选项的数值为8点，如图3-5所示。

Step 04 按下F5键打开“色板”面板，设置描边色为“浅蓝色”（C：54，M：0，Y：18，K：0），设置填充色为“湖蓝色”（C：73，M：19，Y：4，K：0），如图3-6所示。此时效果如图3-7所示。

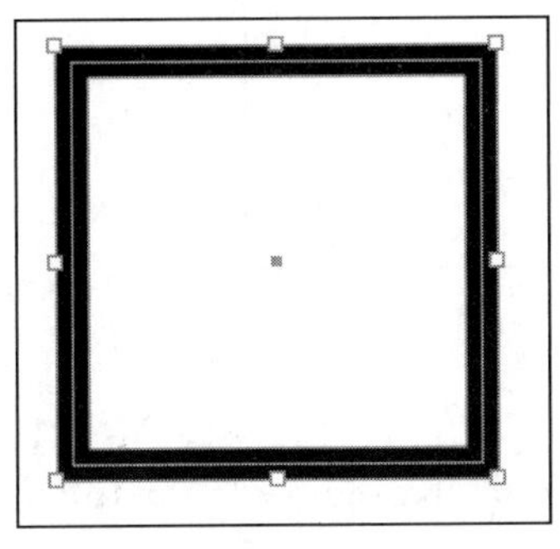

图3-5 描边

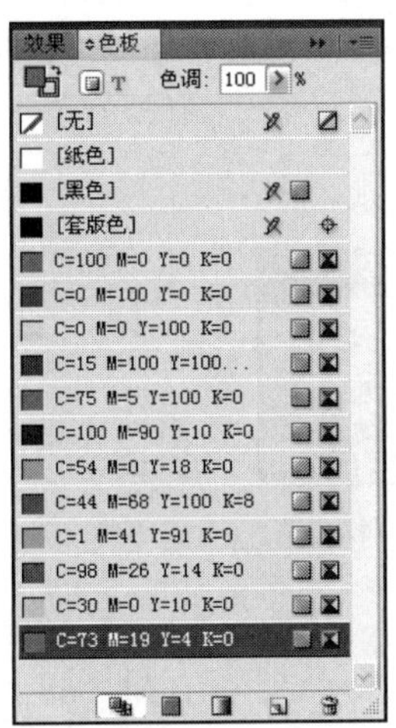

图3-6 色板面板

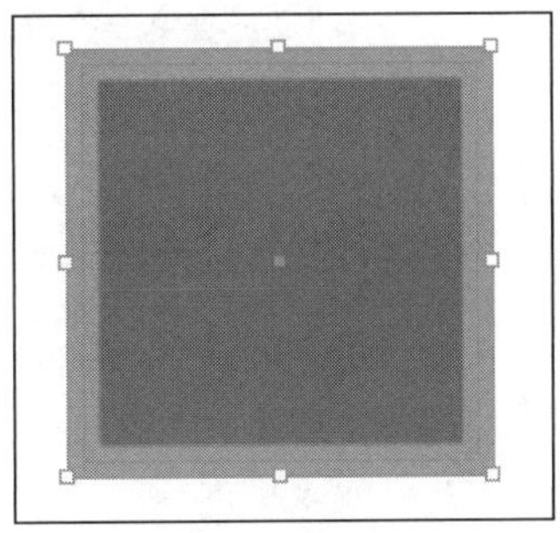
图3-7 填充颜色

Step 05 选中新建的矩形，单击鼠标右键，在弹出的快捷菜单中选择“变换”｜“旋转”命令，在打开的“旋转”对话框中设置“角度”选项为45°，如图3-8所示，单击“确定”按钮。此时的效果如图3-9所示。

Step 06 按住Alt+Shift键的同时将图形再制作一个副本，在35°方向上移动，并且在工具箱中单击按钮将填充色和描边色进行转换，如图3-10所示。

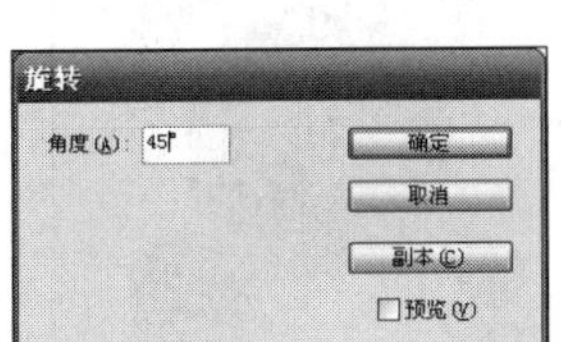

图3-8 “旋转”对话框

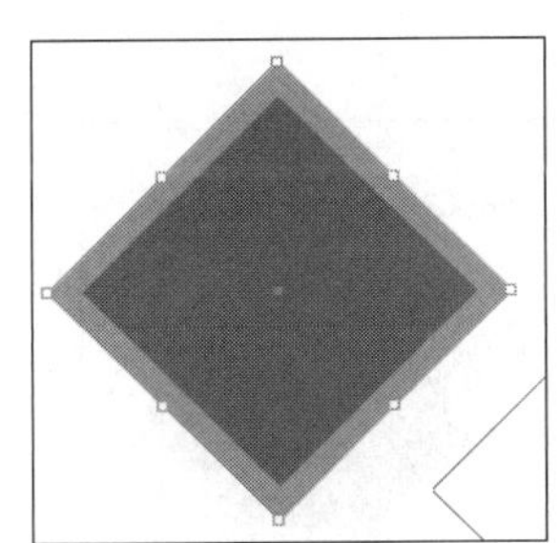
图3-9 旋转的效果

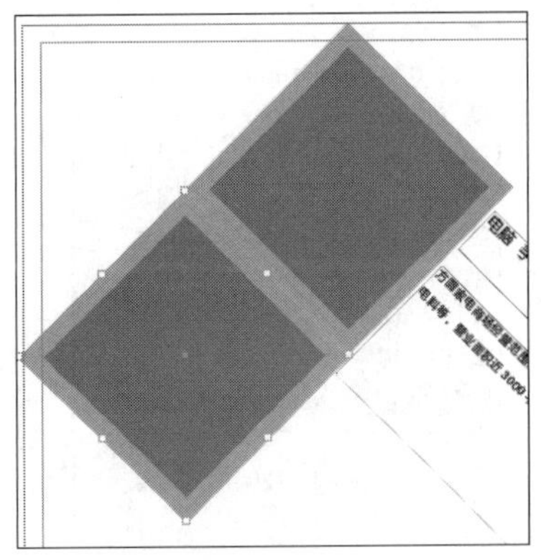
图3-10 复制对象并移动

3.1.2 椭圆工具

在工具箱中单击按钮或按下L快捷键选择“椭圆工具”，当光标变为十字星图标时拖动鼠标，松开后，即可绘制好一个椭圆形。

Step 01 在工具箱中选择“椭圆工具”，在视图中单击，在弹出的“椭圆”对话框中直接输入数值19毫米，如图3-11所示，单击“确定”按钮新建椭圆形。

提示

绘制椭圆形时按住Alt键，单击确定椭圆形的中心点，拖动鼠标将以这个中心点向四周扩散绘制椭圆形；绘制椭圆形时按住Shift键，拖动鼠标将绘制一个正圆形。

Step 02 按下F10键，打开“描边”面板，设置“粗细”选项的数值为3点，如图3-12所示。

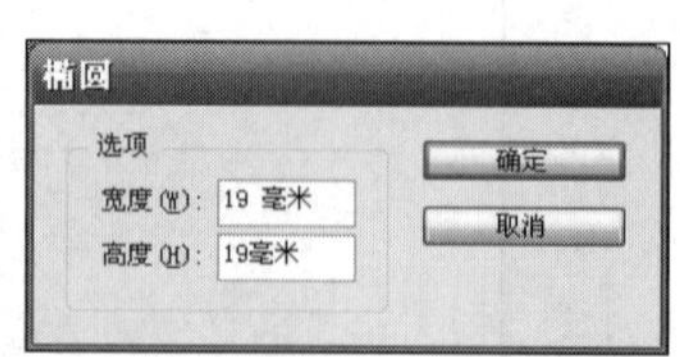

图3-11 “椭圆”对话框

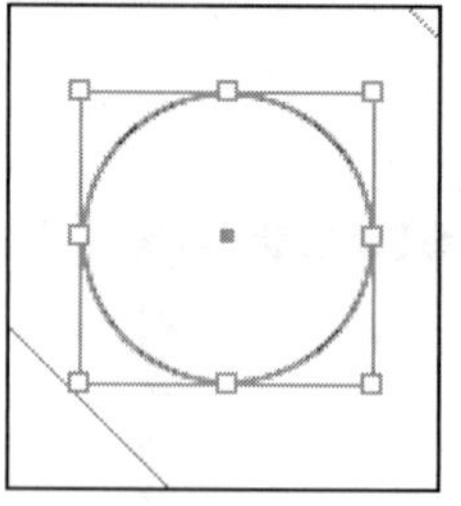

图3-12 绘制的椭圆

Step 03 按下F5键打开“色板”面板，设置描边色为“中黄色”（C：1，M：41，Y：91，K：0），设置填充色为“土黄色”（C：44，M：68，Y：100，K：8），如图3-13所示。此时效果如图3-14所示。

Step 04 选中圆形，按住Alt键的同时拖动鼠标制作副本，然后按住Shift键的同时对圆形进行缩放，如图3-15所示。

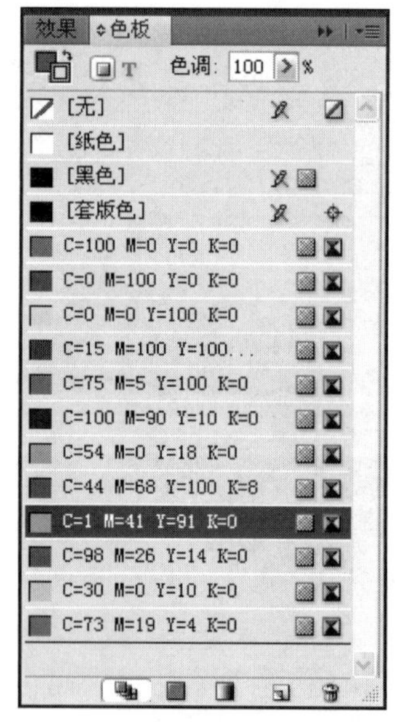

图3-13 选择描边色

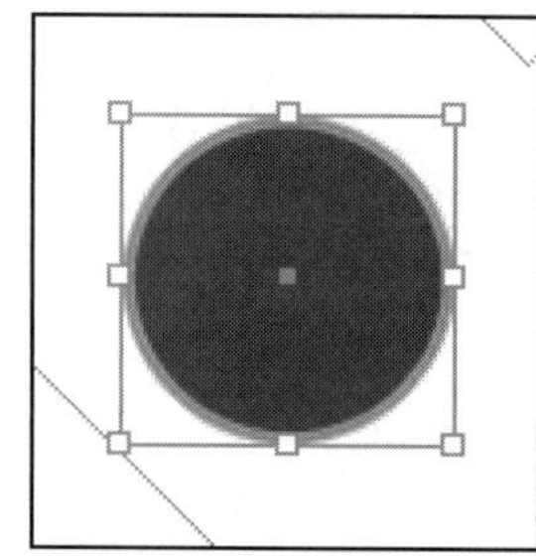

图3-14 描边效果

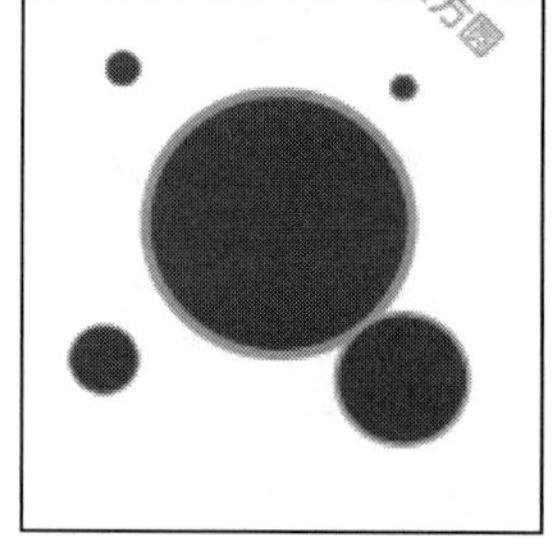

图3-15 填充颜色

3.1.3 多边形工具

使用“多边形工具”可以绘制3至100条多边的图形，还可以绘制星星图形。

Step 01 在工具箱中选择“多边形工具”，在视图中单击，弹出“多边形”对话框。

Step 02 在对话框中设置“宽度”为1.24毫米，设置“高度”为2.82毫米，如图3-16所示，单击“确定”按钮新建多边形，设置其填充色为白色。

各主要选项含义如下。

◎ “多边形宽度”选项：设置绘制图形的宽度。
◎ “多边形高度”选项：设置绘制图形的高度。
◎ “边数”选项：设置绘制图形边的数目，设置范围为3～100。
◎ “星行内陷”选项：当该选项不为0%时，可以使多边形的边向内凹陷，呈现为星行图形。

Step 03 按住Alt键的同时拖动制作一个副本，放置如图3-17所示的位置。

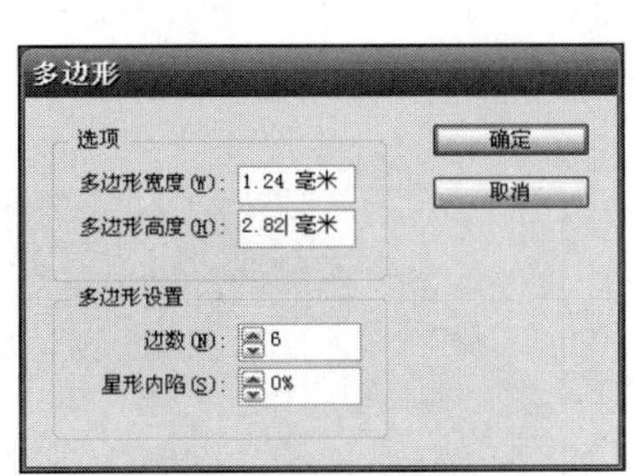

图3-16 “多边形”对话框

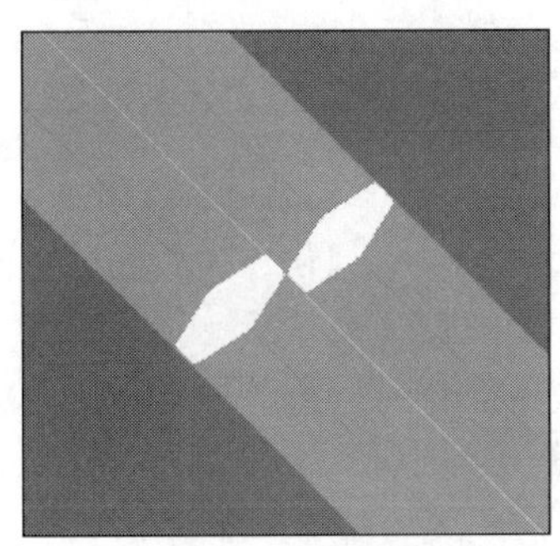

图3-17 绘制效果

Step 04 选中最初绘制的矩形，执行“对象”｜“角选项”命令，打开“角选项”对话框，在“效果”下拉列表中选择“圆角”选项，在“大小”文本框中输入数值3，单击“确定”按钮保存设置。此时的效果如图3-18所示。

Step 05 继续选择“椭圆工具”，按住Shift键的同时绘制正圆并填充白色。按住Alt键的同时制作副本，排列如图3-19所示。

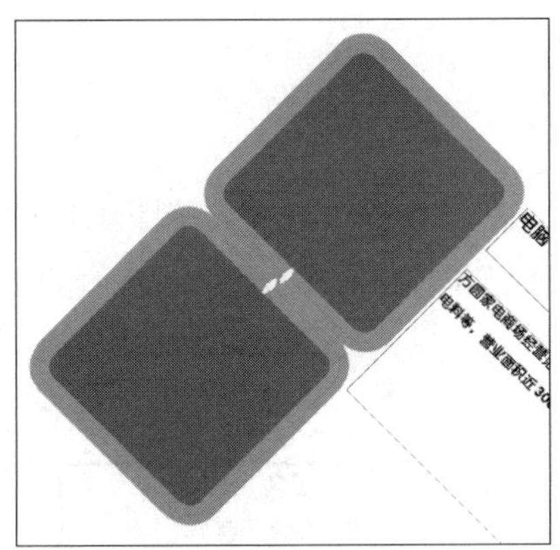

图3-18 设置角选项

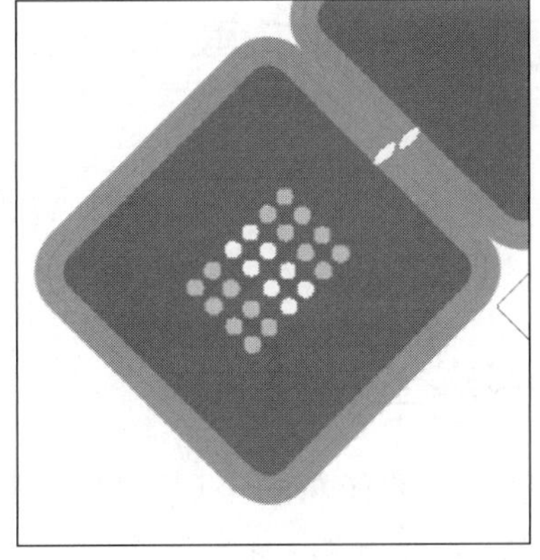

图3-19 绘制椭圆并填充颜色

3.1.4 直线工具

使用“直线工具”可以绘制各个角度的直线。使用鼠标或按下“\”快捷键即可选择“直线工具”，当光标变为十字星图标时，拖动鼠标即可绘制直线，按住Shift键可以绘制水平、垂直和35°的倾斜线。

Step 01 按下“\”快捷键，切换到“直线工具”，当光标变为十字星图标时按住Shift键拖动鼠标，松开后完成一条直线，设置填充色为“蓝色”（C：98，M：36，Y：13，K：0）。按照相同的方法绘制其他的线段，效果如图3-20所示。

Step 02 最后再次选择“矩形工具”，绘制矩形并填充黑色，如图3-21所示。

Step 03 至此，整个实例制作完成。保存文件，最终效果如图3-1所示。

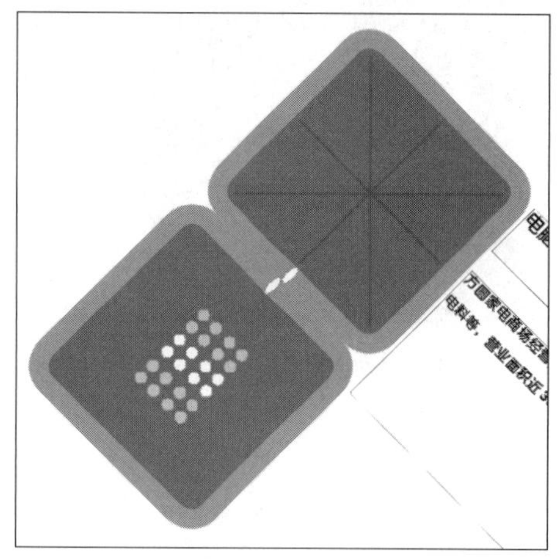

图3-20 绘制直线

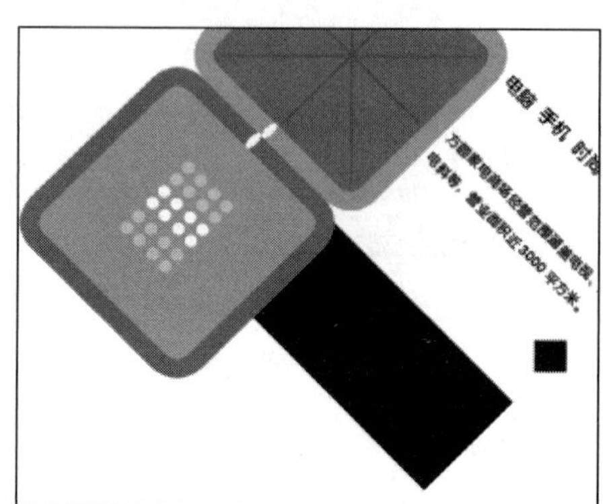

图3-21 绘制矩形并填充颜色

3.2 图形绘制工具

在上一节中学习了绘制各种规则图形的工具，但在排版的过程中这些图像是不能满足排版需要的。在本节中将为读者介绍“钢笔工具”和“铅笔工具”的使用方法。

3.2.1 钢笔工具组

使用钢笔工具组中的工具可以绘制和编辑路径。如图3-22所示的为钢笔工具组。

下面通过实例来具体介绍钢笔工具的使用方法。实例效果如图3-23所示。

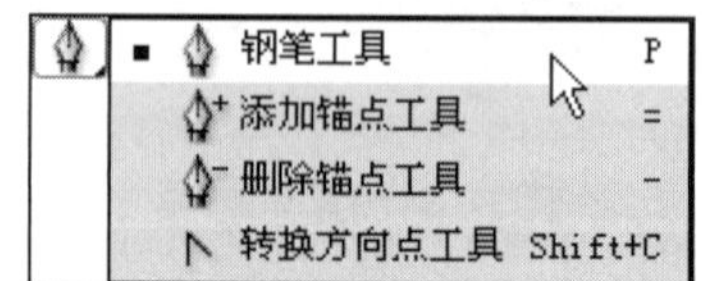

图3-22 钢笔工具组

图3-23 实例效果

1. 钢笔工具

单击“钢笔工具”或按下快捷键P键，可以绘制直线也可以绘制曲线。绘制直线的方法较为简单，在视图中多次单击即可绘制连续的直线。

Step 01 新建一个A4纸张，在工具箱中选择“钢笔工具”，将鼠标指针移动到视图的空白处，鼠标指针呈现状时单击鼠标左键，创建第一个锚点，如图3-24所示。

Step 02 将鼠标指针移动到第二个位置，单击鼠标左键，创建第2个锚点，此时两个锚点之间即连成线段，如图3-25所示。

图3-24 创建第一个锚点

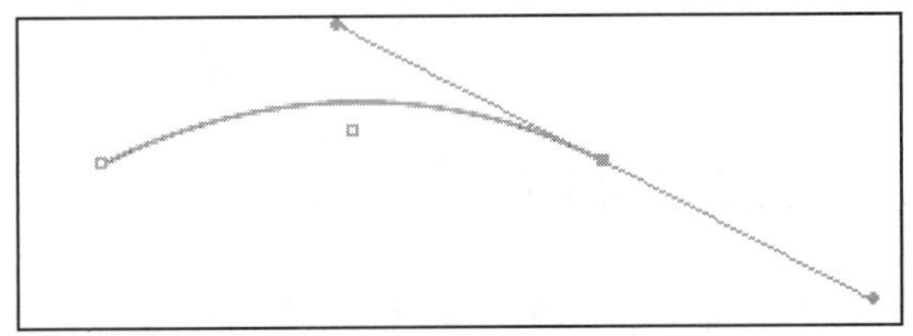

图3-25 创建第二个锚点

Step 03 再次单击并拖动鼠标绘制曲线。然后按下Alt键，移动鼠标指针到第3个锚点，鼠标指针呈现状时单击鼠标左键，可将一侧的方向线删除，如图3-26所示。

Step 04 按照上前面讲解的绘图方法，绘制出如图3-27所示的图形。

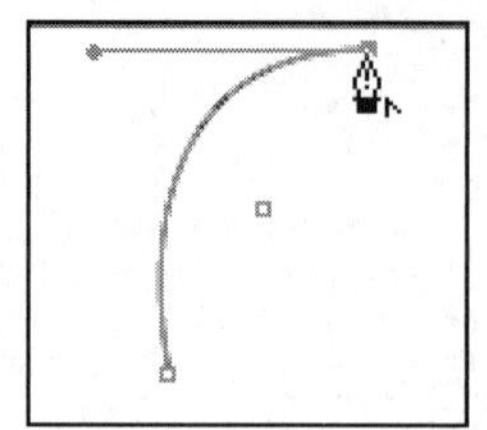

图3-26 操作一侧方向线

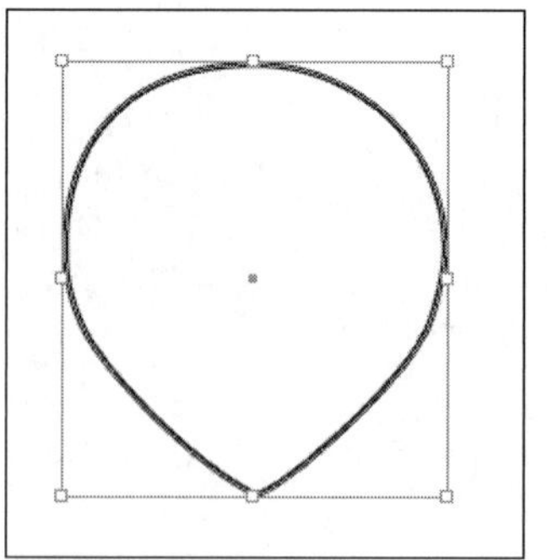

图3-27 绘制图形

2. 添加、删除和转换锚点工具

用户可以通过增加和删除锚点来改变路径的锚点的位置和曲线的弯度。在工具箱中单击“添加锚点工具”按钮，即可在路径上增加锚点；单击“删除锚点工具”按钮，然后在绘图区中单击想要删除的锚点即可；单击“转换方向点工具”按钮，即可显示操纵杆以调整曲线的弧度。用户只需要在需要调节的锚点上单击并拖拽即可。

此外，在编辑和修改路径之前首先要选定路径，我们可以通过在工具箱中选择“直接选择工具”按钮和“选择工具”按钮来实现。

“直接选择工具”用于对现有路径的选区进行调整，并且它可以移动每一个锚点的位置。“选择工具”用于选中整个路径，如图3-28所示，左图为使用直接选择工具，右图为使用选择工具。

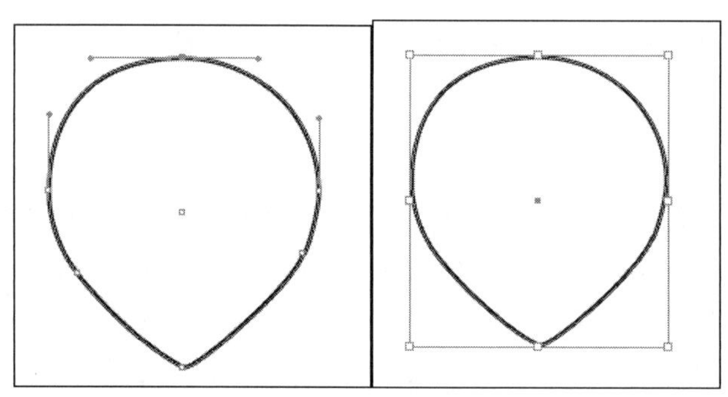

图3-28 选择路经

3.2.2 铅笔工具组

铅笔工具组中的铅笔工具可以模拟手绘的铅笔线条效果，可以绘制任意封闭或不封闭的图形，平滑工具和抹除工具可以对铅笔工具绘制的路径进行修改，如图3-29所示的为铅笔工具组。

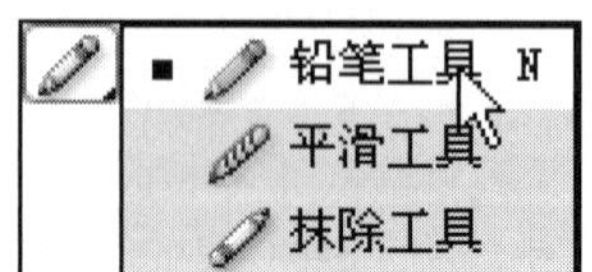

图3-29 铅笔工具组

1. 铅笔工具

使用“铅笔工具”绘制图形的方法很简单，在视图中按住鼠标左键并拖动，即可绘制所需要的图形，但由于完全靠鼠标操作因此绘制的图形不够精确。如图3-27所示的图形也可以使用“铅笔工具”进行绘制。

Step 01 在工具箱中选择“铅笔工具”，在视图中按住鼠标左键并拖动，即可绘制出未封闭图形。

Step 02 按下Alt键，在要闭合路径的位置松开鼠标，即可绘制出图形，如图3-30所示。

Step 03 双击工具箱中的“铅笔工具”，即可打开“铅笔工具首选项”对话框，如图3-31所示。

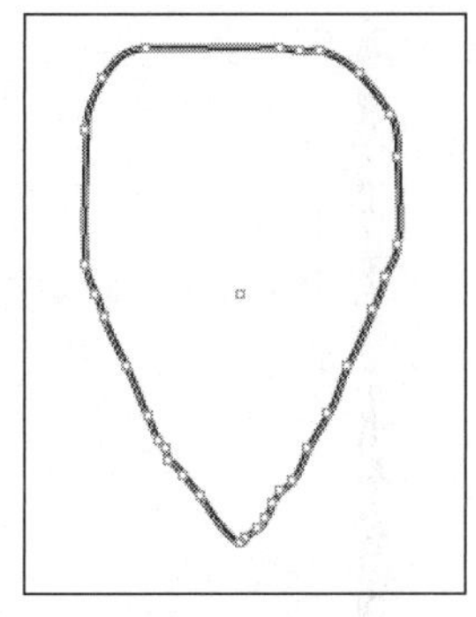

图3-30 绘制图形

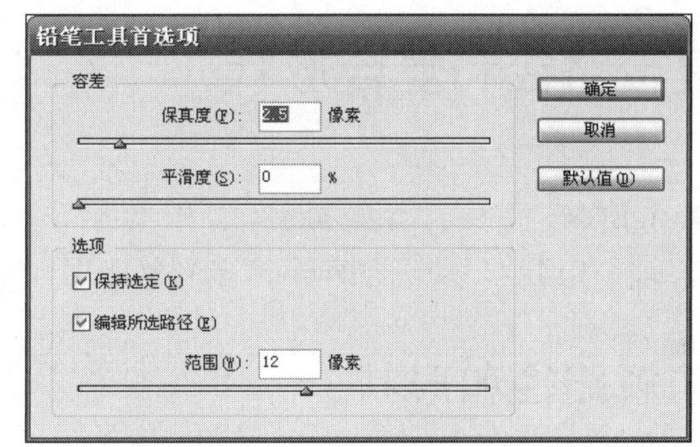

图3-31 “铅笔工具首选项”对话框

各主要选项含义如下。

◎ “保真度”选项：值越大，绘制曲线上的锚点越少。

◎ “平滑度”选项：值越大，所画曲线与铅笔移动的方向差别越大，也就越平滑。

◎ “保持选定”选项：取消勾选该复选框，使用铅笔绘制曲线后，曲线将不处于选中状态。

◎ “编辑所选路径”选项：如果取消勾选该复选框，则无法使用“铅笔”工具编辑或合并路径。

Step 04 单击对话框中的“默认值”按钮，可以将“铅笔工具首选项”对话框中的数值恢复到系统默认的状态。

2. 平滑工具

使用“平滑工具”可以平滑路径。选择“平滑工具”后，当光标变为平滑图标后，在绘制好的铅笔路径或其他路径上拖动，可以使路径平滑，效果如图3-32所示。

3. 抹除工具

使用“抹除工具”可以擦除路径。选择“抹除工具”后，当光标变为抹除图标后，在绘制好的铅笔路径或其他路径上拖动，可以擦除路径，如图3-33所示的为抹除的不同程度的两张图。本实例选择将刚才铅笔工具绘制的图形都擦除掉。

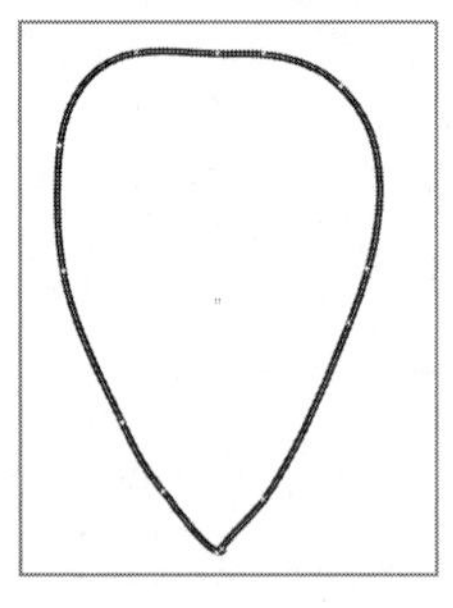

图3-32 平滑曲线

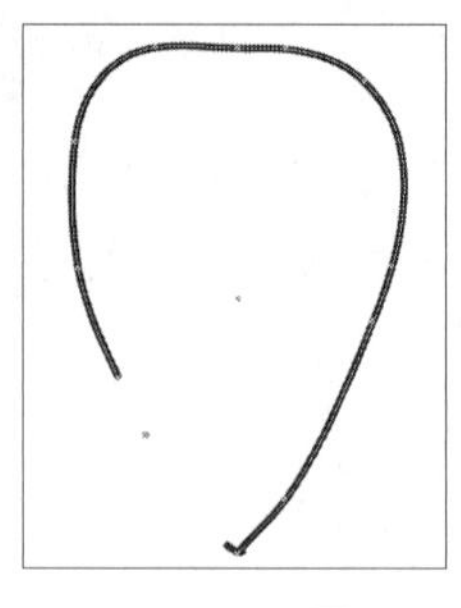

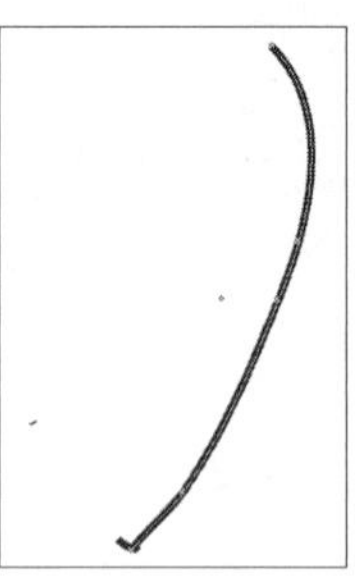

图3-33 擦除路径

3.3 复合路径和复合形状

在InDesign中还提供了“复合路径”和“路径查找器”面板，使用这两个功能可以对多个路径进行编辑和组合，从而创建丰富多彩的版面效果。下面继续通过实例讲解。

3.3.1 了解路径和形状

在InDesign中，您可以创建多个路径并通过多种方法组合这些路径。InDesign可创建下列类型的路径和形状：

◎ 简单路径：简单路径是复合路径和形状的基本构造块。简单路径由一条开放或闭合路径组成。

◎ 复合路径：复合路径由两个或多个相互交叉或相互截断的简单路径组成。复合路径比复合形状更基本，所有符合PostScript标准的应用程序均能够识别。组合到复合路径中的各个路径作为一个对象发挥作用并具有相同的属性。

◎ 复合形状：复合形状由两个或多个路径、复合路径、组、混合体、文本轮廓、文本框架或彼此相交和截断以创建新的可编辑形状的其他形状组成。有些复合形状虽然显示为复合路径，但它们的复合路径可以逐路径地进行编辑并且不需要共享属性。

3.3.2 创建复合形状

复合形状可以有简单路径、复合路径、文本框架、文本轮廓或其他形状组成。复合形状的外观取决于所选择的路径查找器。

Step 01 选中最初使用“钢笔工具”绘制的图形，按住Alt键的同时制作4个副本，并使用“旋转工具”对制作的副本进行调整，如图3-34所示。

Step 02 执行“窗口”｜“对象和面板”｜“路径查找器”命令，打开“路径查找器”面板，如图3-35所示。

图3-34 制作副本并调整

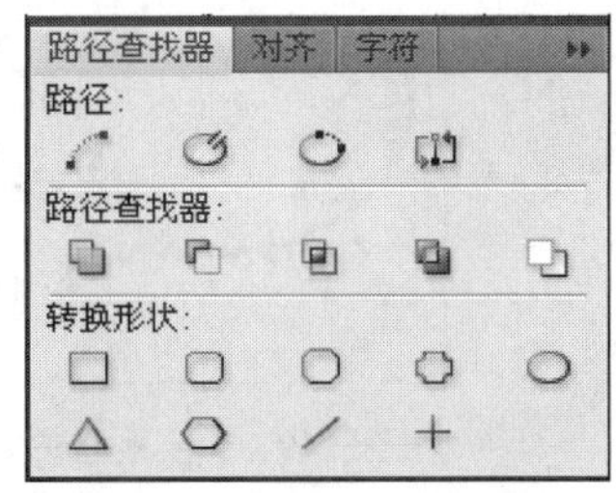

图3-35 “路经查找器”面板

Step 03 单击“路经查找器”上的不同的按钮，最后会制作出不同的复合形状。

各主要选项的含义如下。

◎ 相加：将所选择对象合成一个形状，如图3-36所示为原始图形，如图3-37所示为相加后的效果。

图3-36 原始图形

图3-37 相加效果

◎ 减去：从底层的对象中减去顶层的对象，如图3-38所示。

◎ 交叉：保留对象的交叉区域，如图3-39所示。

图3-38 减去效果

图3-39 交叉效果

◎ 排除重叠：重叠形状区域除外，如图3-40所示。

◎ 减去后方对象：从顶层的对象中减去底层的对象，如图3-41所示。

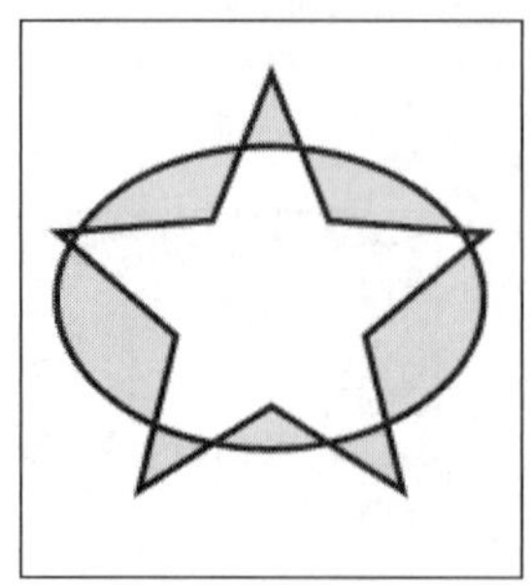

图3-40 排除重叠效果

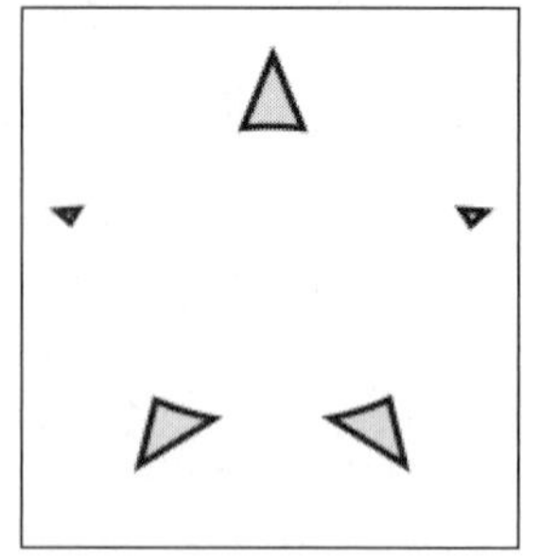
图3-41 减去后方对象效果

Step 04 本实例按住Shift键的同时选中前面制作的形状，在“路径查找器”面板中单击相加按钮，即可生成如图3-42所示的路径。在工具箱中选择“选择工具”，选中中心部位的路径，按下Delete键将其删除，如图3-43所示。

Step 05 不断按住Alt键制作副本，并且调整副本的颜色和大小比例，效果如图3-44所示。按住Shift的同时选中所有副本，单击鼠标右键，在弹出的快捷菜单中选择“编组”命令。

图3-42 使用路经查找器

图3-43 删除不需要的部分

图3-44 复制图形并填充颜色

Step 06 执行“文件”｜“打开”命令，打开本书附带光盘\Chapter03\儿童房宣传单页\“儿童房-01.indd”文件，打开的效果如图3-45所示。

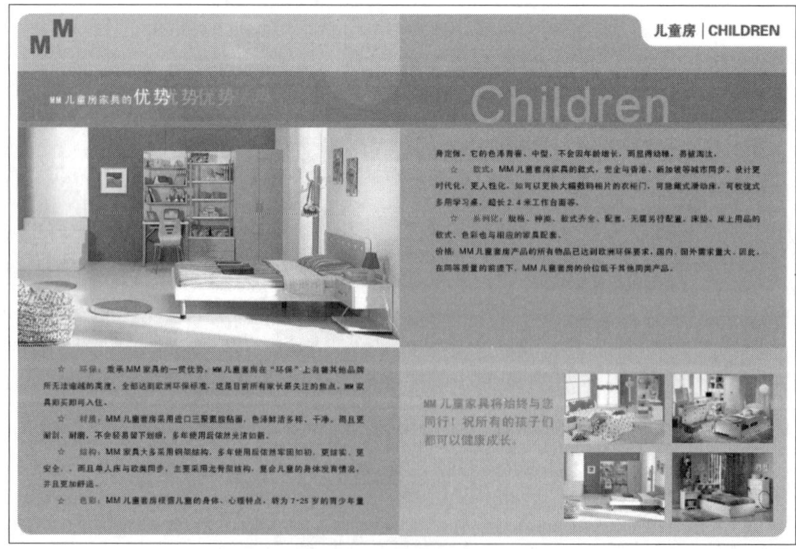

图3-45 打开素材

Step 07 按下Ctrl+C键复制前面制作的花的形状，按下Ctrl+V键粘贴形状。按下Alt键制作几个副本，按住Ctrl+Shift键的同时调整副本的大小比例。然后在图形组上单击鼠标右键，在弹出的快捷菜单中选择“取消编组”选项，然后更改颜色，效果如图3-46所示。

图3-46 制作副本并调整颜色

3.3.3 创建复合路径

复合路径可以从两个或更多个开放或封闭的路径中创建。复合路径将多个重叠的路径对象合并为一个新的路径，合并之后，路径会保持底层对象的属性。

创建复合路径，只要使用“选择工具”选择所有要包含在复合路径中的路径，如图3-47所示。执行“对象”|“路径”|“建立复合路径”命令，选定的路径的重叠之处，都将显示为透明，如图3-48所示。

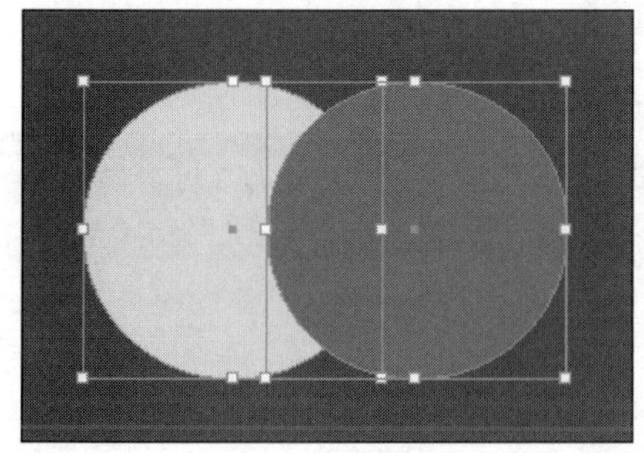

图3-47 选中图形

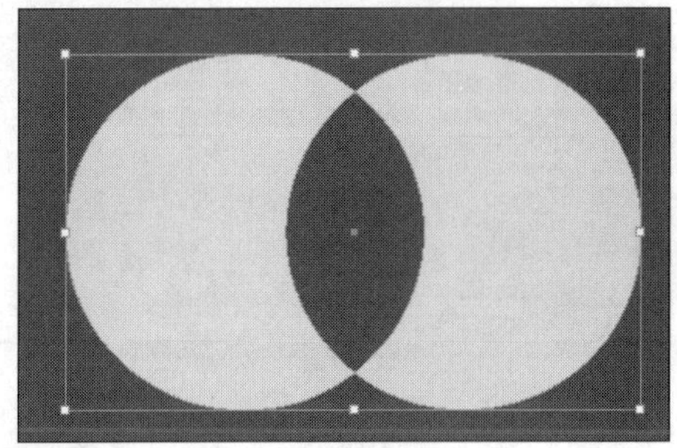

图3-48 创建复合路经

3.4 图形描边

通过“描边”选项可以将不同类型的线条应用于路径、形状，文本框架和文本轮廓。对描边的设置主要可以在“描边”面板中进行。下面通过实例来详细讲解，实例效果如图3-49所示。

图3-49 实例效果

3.4.1 “描边”面板

“描边”面板还提供对描边粗细和外观的设置，这些选项可以设置路径如何连接、起点形状和终点形状以及用于拐角点选项。

Step 01 启动软件后，执行“文件” | “打开”命令，打开本书附带光盘\Chapter03\电子产品促销\“电子产品促销-01.indd”文件，打开的效果如图3-50所示。

Step 02 执行“窗口” | “描边”命令，打开“描边”面板，如图3-51所示。

图3-50 打开文件

图3-51 “描边”面板

各主要选项含义如下。

◎ “粗细”选项：此下拉列表用于指定描边的粗细。如图3-52从左至右依次为0.35毫米、1毫米、3毫米。

图3-52 描边粗细

◎ “斜接限制”选项：用于指定在斜角连接成为斜面连接之前拐点的长度与描边宽度的限制。斜接限制不适用于圆角连接。

- “斜接连接”按钮：创建当斜接的长度位于斜接限制范围内时超出端点扩展的尖角，如图3-53所示。
- “圆角连接”按钮：创建在端点之外扩展半个描边宽度的圆角，如图3-54所示。
- “斜面连接”按钮：创建与端点临接的方角，如图3-55所示。

图3-53 斜接连接

图3-54 圆角连接

图3-55 斜面连接

◎ “端点”选项：用于指定开放路径两端的外观。

- “平头端点”按钮：创建连接端点的方形端点，如图3-56所示。
- “圆头端点”按钮：创建在端点外扩展半个描边宽度的半圆端点，如图3-57所示。
- “投射末端”按钮：创建在端点之外扩展半个描边宽度的方形端点，如图3-58所示。此选项使描边粗细与路径周围的所有方向均匀扩展。

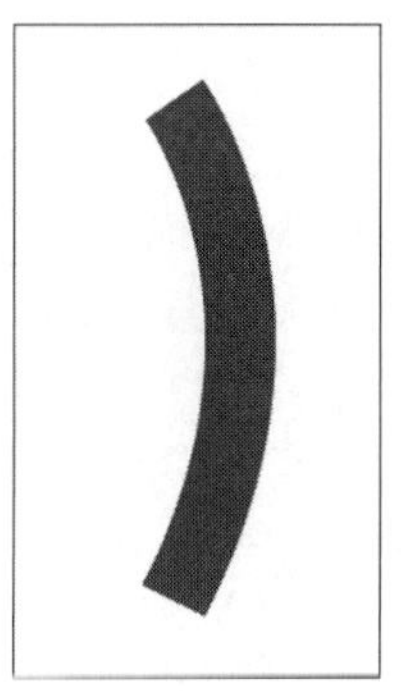

图3-56 平头端点

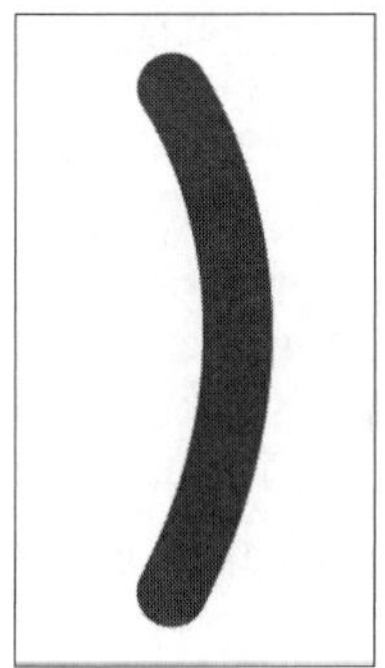

图3-57 圆头端点

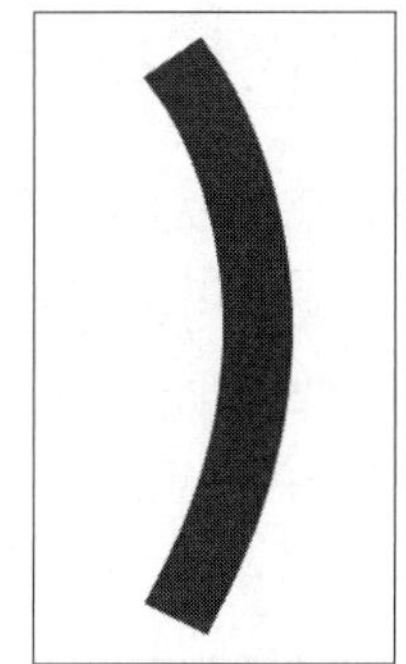

图3-58 投射末端

◎ “对齐描边”选项：用于指定描边相对于它的路径的位置。

- “描边对齐中心”按钮：使描边居中于轮廓，如图3-59所示。
- “描边居内”按钮：居于轮廓内部描边，如图3-60所示。
- “描边居外”：居于轮廓外部描边，如图3-61所示。

图3-59 描边对齐中心

图3-60 描边居内

图3-61 描边居外

Step 03 本实例使用“文字工具”，选中每个品牌的号码，设置“粗细”为0.75毫米，设置描边色为白色；选中价格，设置“粗细”为0.25毫米，设置描边色为淡粉色。按照相同的方法将其他的菜单中的文本进行描边操作。完成后的效果如图3-62所示。

Step 04 选中位于中间的文本“手机、电脑、笔记本、Ipad”，设置“粗细”为0.75毫米，选中文本“3”，设置描边“粗细”为0.35毫米。如图3-63所示。

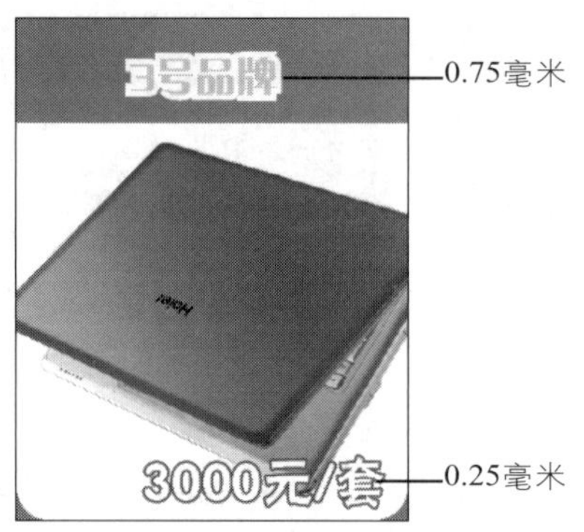

图3-62 描边

图3-63 描边

3.4.2 起点形状与终点形状

对路径应用起点形状和终点形状，更加丰富了路径描边的效果。

使用“描边”面板中的“起点”和“终点”选项，可以将箭头或其他形状添加到开放路径的端点，如图3-64所示。

用户只要选中任意一个开放路径，在“描边”面板的“起点”和“终点”选项列表中选择一个样式。“起点”选项向路径的第一个端点应用形状，“终点”选项向最后一个端点应用形状，如图3-65为几种起点的形状。

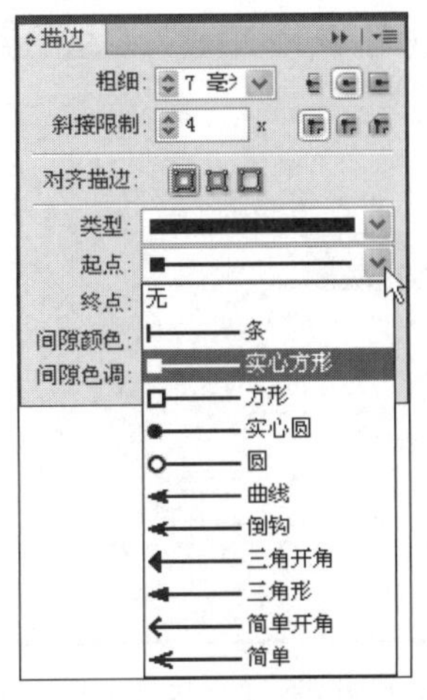

图3-64 起点与终点下拉列表

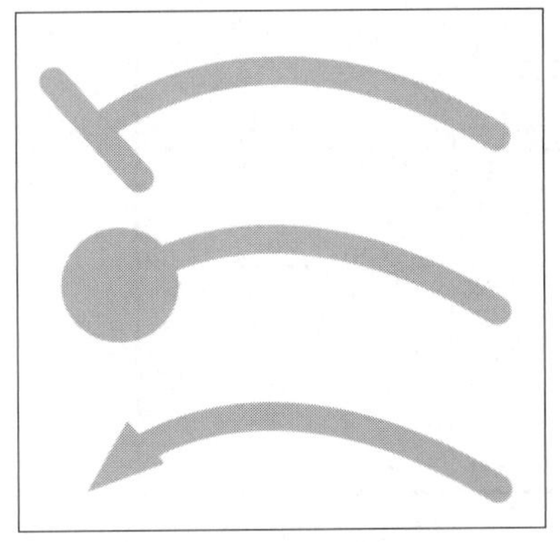
图3-65 不同的起点的形状

3.4.3 描边样式

在“描边”面板中不仅提供了许多已定义好的样式，还可以自定义描边样式。在“描边”面板的“类型”下拉列表中有多种描边样式，如实底等，如图3-66所示。

Step 01 本实例选中位于中心的矩形框，在“类型”下拉列表中选择“点线”选项，设置“粗细”为3毫米，设置颜色为品红色，如图3-67所示。

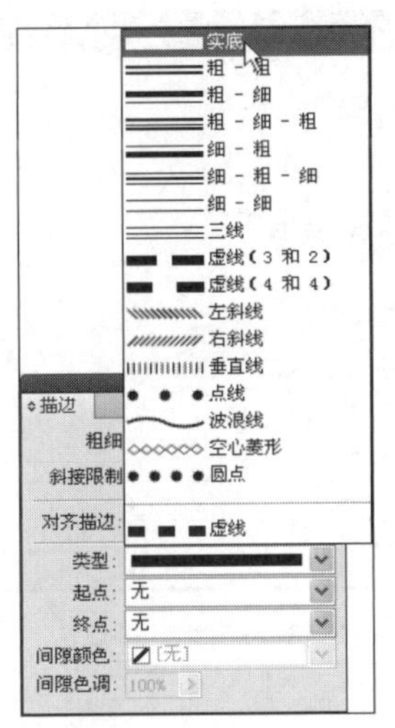

图3-66 类型下拉列表

图3-67 应用“点线”类型

Step 02 或者为满足设计需要可以自定义描边样式。单击“描边”面板右侧的扩展按钮，在展开的菜单中选择“描边样式”选项，打开如图3-68所示的“描边样式”对话框。

Step 03 单击“新建”按钮，即可打开如图3-69所示的“新建描边样式”对话框。

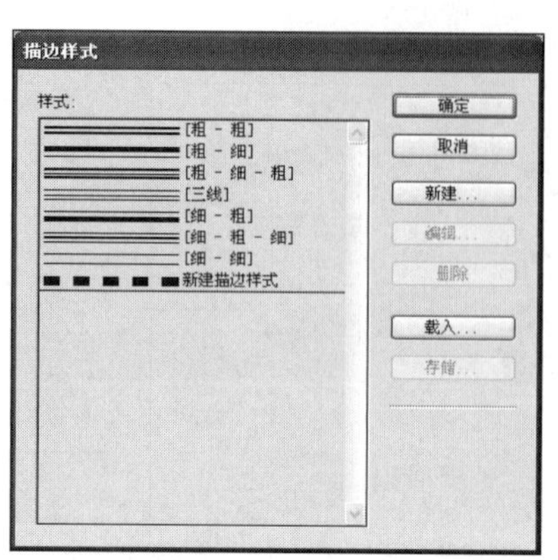

图3-68 “描边样式”对话框

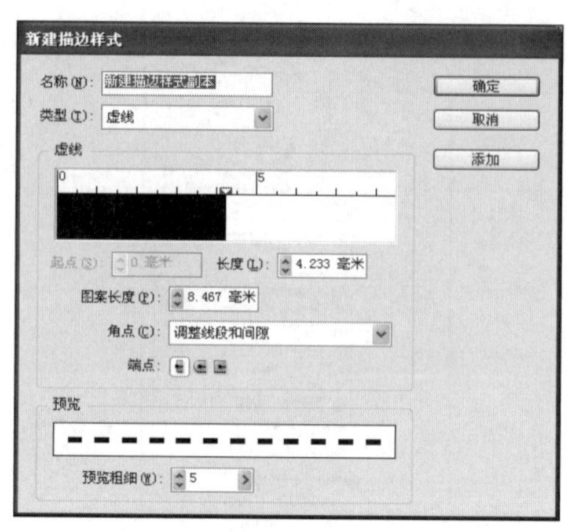

图3-69 “新建描边样式”对话框

Step 04 在“名称”文本框中输入新建描边样式的名称，本实例输入“特殊描边”；在“类型”下拉列表中选择要定义的线条类型，本实例选择“点线”选项；“图案长度”选项用来指定重复图案的长度，在“预览”窗口中可以看到设置后的效果，本实例设置“图案长度”的数值为8毫米，如图3-70所示。

Step 05 用户可以通过在“点线”框的标尺上单击来添加图案元素，同时通过拖动 符号来调整添加元素的具体间距，如图3-71所示。

Step 06 设置完成后单击“确定”按钮即可将新的描边样式添加到“新建描边样式”对话框的“类型”下拉列表中。

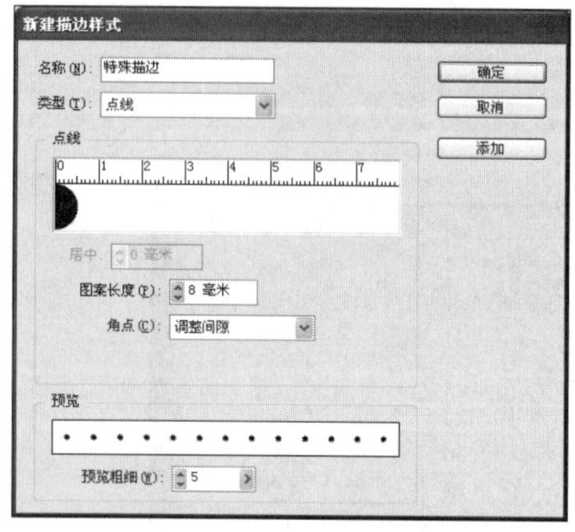

图3-70 设置各项数值

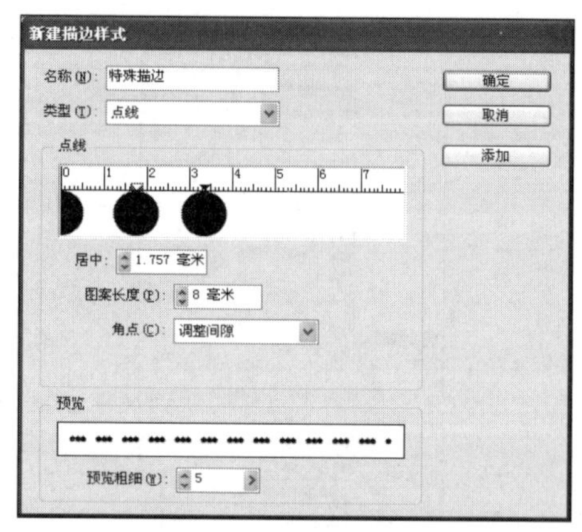

图3-71 调整间距

3.4.4 “角选项”命令

“角选项”命令可以设置图形拐角处的外观样式，如圆角、斜角、反向圆角等。用户只要选中需要变换的对象，执行“对象”|“角选项”命令，即可打开如图3-72所示的“角选项”对话框。

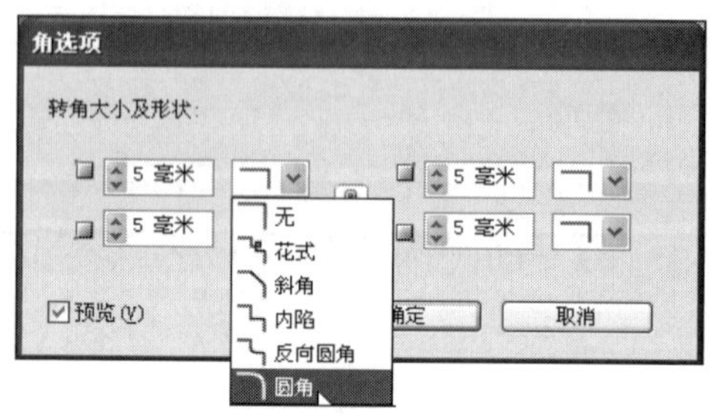

图3-72 “角选项”对话框

勾选“预览”复选框，然后在“效果”下拉列表中即可选择不同效果，在“大小”选项中输入一个数值可指定角效果到每个角点的扩展半径，效果可以直接在视图中观察，设置完成后单击“确定”按钮即可。如图3-73所示的为不同的角效果。

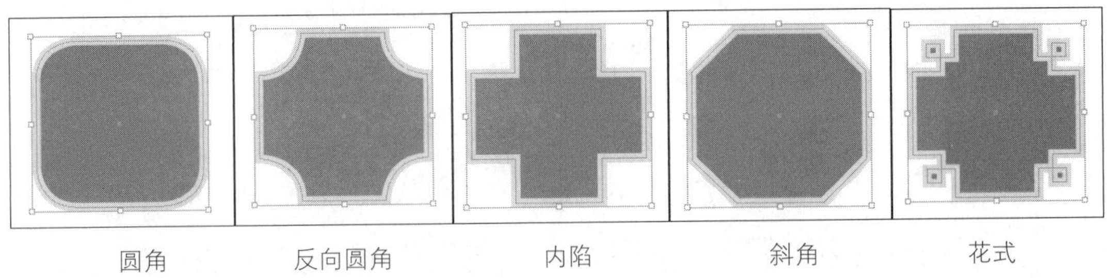

图3-73 各种角效果

本实例分别选中每一个矩形元素，执行“对象”|“角选项”命令，在“效果”下拉列表中选择“圆角”选项，设置“大小”选项的数值为3，对比效果如图3-74所示。按照相同的方法将其他的矩形元素也设置为圆角效果，最终效果如图3-49所示。

图3-74 对比效果

3.5 上机实践

3.5.1 实例1——讲述水果糖的故事

接下来通过一个实例介绍“路径查找器”的使用方法，实例效果如图3-75所示。

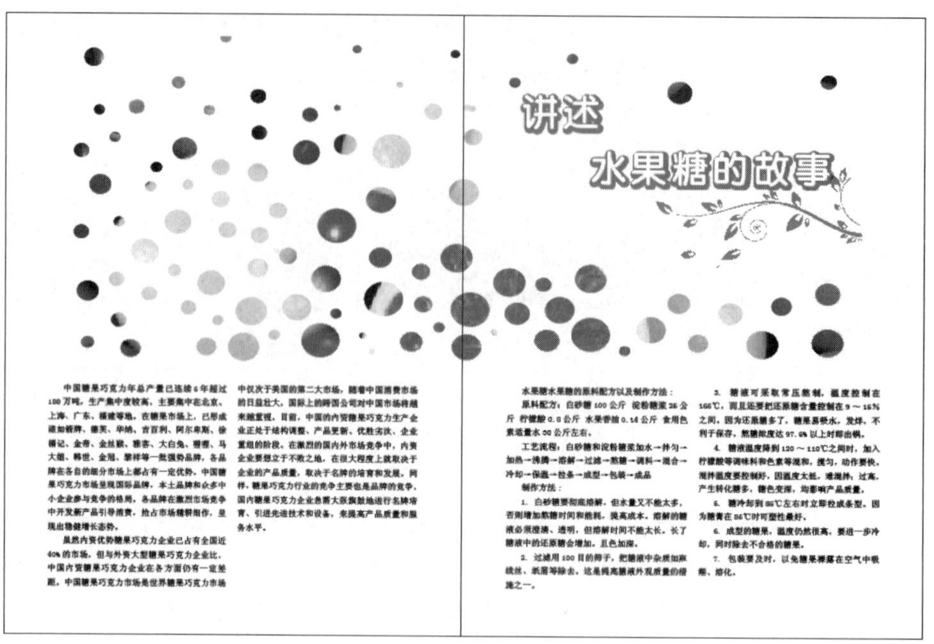

图3-75 实例效果

Step 01 执行“文件”|“新建”|“文档”命令，或者按下Ctrl+N键，打开“新建文档”对话框，在打开的“新建文档”对话框中设置“宽度”为210毫米，“高度”为285毫米，单击“边距和分栏”按钮。

Step 02 打开“边距和分栏”对话框，在其中设置“上”选项的数值为15毫米，设置“栏数”为2栏，设置“栏间距”为5毫米，单击“确定”按钮新建文档。

Step 03 在工具箱中选择“矩形框架工具”⊠，绘制一个矩形框架。执行“文件”|“置入”命令，在打开的“置入”对话框中选择素材“01.jpg”，在工具箱中单击“直接选择工具”↖，按住Shift键的同时调整素材比例，如图3-76所示。

图3-76 导入素材

Step 04 在工具箱中选择“矩形工具”绘制一个矩形框，填充白色。然后在工具箱中选中“椭圆工具”，按住Shift键的同时绘制圆形并填充黑色，按住Alt键的同时拖动鼠标制作多个圆形副本，并按下Shift键的同时拖动鼠标来调整圆形的大小，此时的效果如图3-77所示。

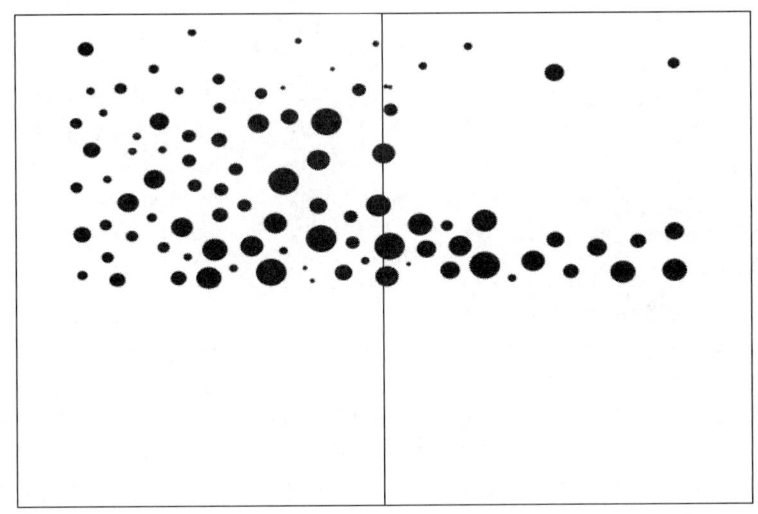

图3-77 绘制矩形和圆形并制作多个副本

Step 05 同时选中矩形和圆形，然后执行“对象”|“路径查找器”|“减去”命令，这样，有圆形的部分就变为镂空效果，如图3-78所示。

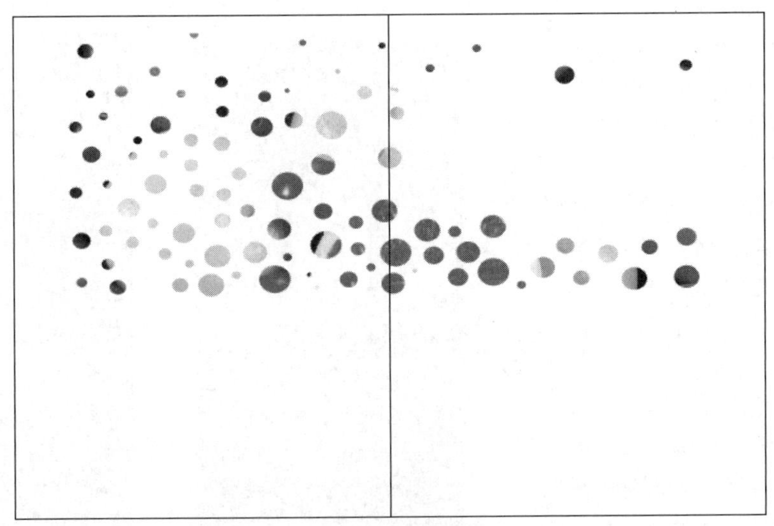

图3-78 镂空效果

Step 06 在工具箱中选择“文字工具”T，输入文本“水果糖的故事”，在“字符”面板中设置“字体”为“方正粗圆简体”，设置“字体大小”为48点，设置“字符间距”为100点。

Step 07 然后选中文本，单击鼠标右键，在弹出的快捷菜单中选择“效果”|“投影”命令，设置各项数值如图3-79所示。

Step 08 执行“文件”|“置入”命令，在打开的“置入”对话框中选择素材“藤蔓.ai”，按住Ctrl+Shift键的同时调整素材比例，此时的效果如图3-80所示。

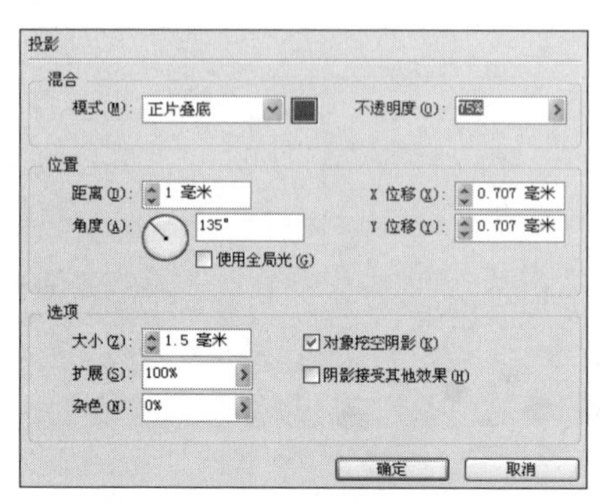

图3-79 添加投影

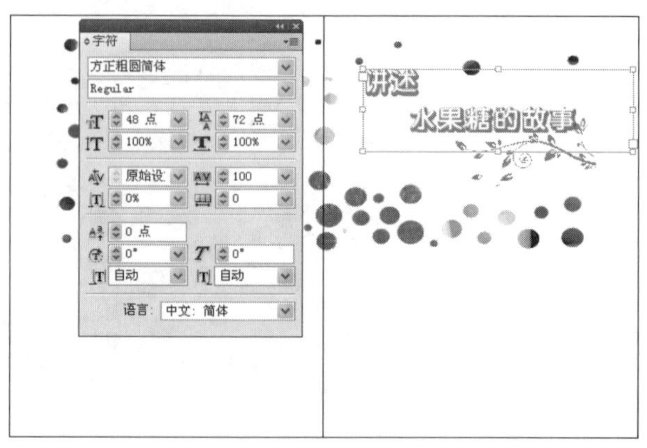

图3-80 输入文本

Step 09 打开本书附带光盘\Chapter03\讲述水果糖的故事\“水果糖的故事.indd”文件，按下Ctrl+C键复制全部文本，回到InDesign文档中，使用“文字工具”绘制出文本框，将文本导入。在“段落样式”面板中选择“正文”样式。最后最终效果如图3-75所示。

3.5.2 实例2——秀自己

通过实例来练习综合使用各种绘图工具的方法，实例效果如图3-81所示。

Step 01 执行“文件”|“新建”|“文档”命令，或者按下Ctrl+N键，打开“新建文档”对话框，在打开的“新建文档”对话框中设置“宽度”为105毫米，设置“高度”为225毫米，单击“边距和分栏”按钮。

Step 02 打开“边距和分栏”对话框，在其中设置“上”选项的数值为0毫米，设置“栏数”为1栏，设置“栏间距”为0毫米，单击“确定”按钮新建文档。

Step 03 在工具箱中选择“矩形工具”，然后绘制一个矩形框布满页面，并为其填充紫红色，继续绘制矩形，设置其大小为105毫米×96毫米，颜色数值如图3-82所示。

图3-81 实例效果

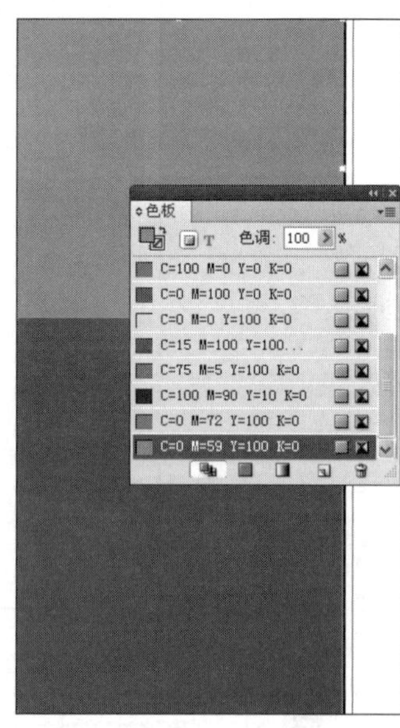

图3-82 绘制矩形并填充颜色

Step 04 在工具箱中选择“椭圆工具”，按住Shift键的同时绘制一个圆形，再选择直线工具，在“描边”面板中单击“圆角连接”按钮，然后绘制直线。在工具箱中选择“旋转工具”，按住Shift+Alt键的同时复制直线并旋转。

Step 05 按住Shift键的同时选中刚才绘制的图形，单击鼠标右键，在弹出的快捷菜单中选择“编组”命令，此时效果如图3-83所示。

Step 06 按住Shift+Alt键的同时拖动制作图形副本，选中复制的第一行的所有副本，单击“水平分布间距”按钮，将副本水平分布，再将分布后的图形群组，然后按住Shift+Alt键的同时拖动制作图形副本，按下“垂直分布间距”按钮，垂直分布对象，如图3-84所示。

Step 07 在工具箱中选择“钢笔工具”绘制心形，并按下Shift+C键切换到“转换方向点工具”，调整各点的曲线效果，如图3-85所示。

图3-83 绘制图形并编组

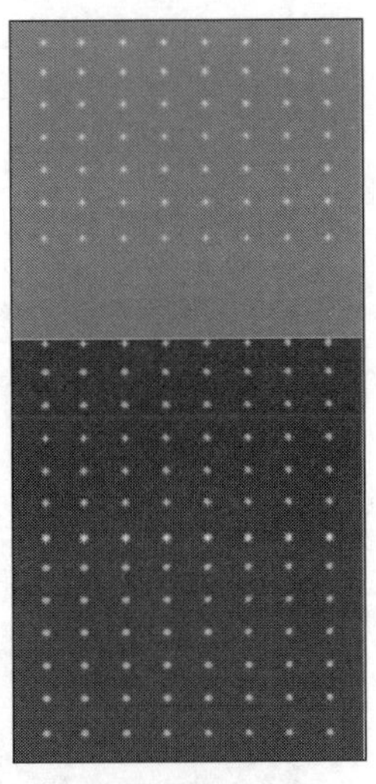
图3-84 复制图形

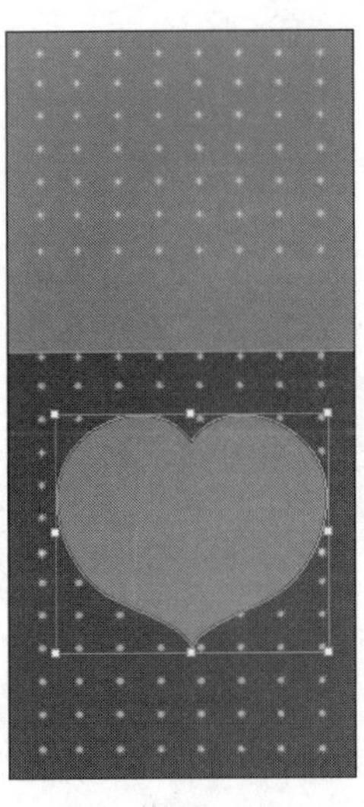
图3-85 绘制心形

Step 08 执行“文件”|“置入”命令，在弹出的“置入”对话框中选中本书附带光盘\Chapter03\秀自己\“05.jpg”文件，单击“打开”按钮将图片导入。选择“直接选择工具”按住Shift键的同时按比例来调整图片的尺寸。

Step 09 选中导入的素材，执行“对象”|“剪切路径”|“选项”命令，在打开的“剪切路径”对话框中设置数值如图3-86所示，单击“确定”按钮保存设置。此时的效果如图3-87所示。

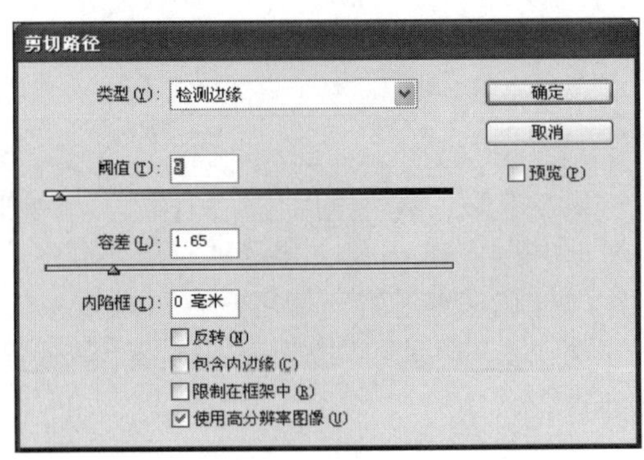

图3-86 剪切路径

图3-87 剪切路径的效果

Step 10 在工具箱中选择“文字工具”[T]，输入文本“秀自己”，然后选中文本，在“字符”面板中设置字体、字体大小等，如图3-88所示。再分别选中字符“秀”和“己”，分别设置它们的字符旋转角度为-4°和6°，此时的效果如图3-89所示。

图3-88 在“字符”面板

图3-89 输入文本

Step 11 输入其他的相关文本，参考源文件在“字符”面板中设置字体，并在“描边”面板中设置描边粗细，效果如图3-90所示。

Step 12 在工具箱中选择“矩形工具”，然后绘制一个矩形框，并为其填充白色。使用“添加锚点工具”在左上角添加2个锚点，然后在工具箱中选择“直接选择工具”，选中白色矩形左上角的端点，调整端点位置，如图3-91所示。

图3-90 输入文本

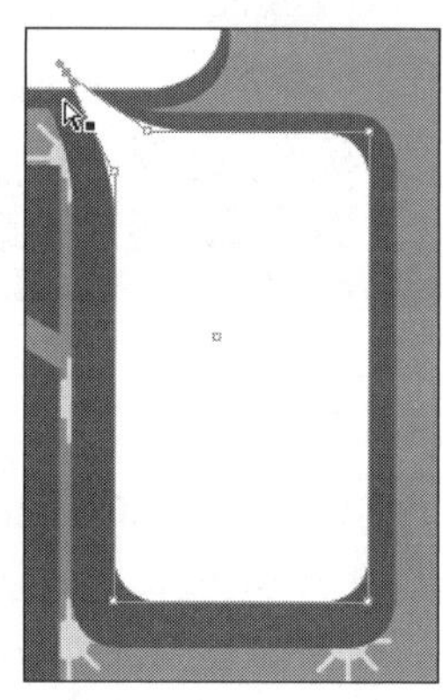

图3-91 绘制矩形并更改

Step 13 继续在工具箱中选择“矩形工具”，然后绘制一个矩形框，并为其填充颜色。执行“对象”|“角选项”命令，在打开的“角选项”对话框中选择“圆角”效果，设置大小为5毫米，单击“确定”按钮保存设置。使用文字工具输入文本，并使用“直线工具”绘制直线，在“描边”面板的“类型”下拉列表中选择“波浪线”效果，如图3-92所示。此时的效果如图3-93所示。

图3-92 选择直线类型

图3-93 绘制矩形并制作倒角效果

Step 14 按住Shift键的同时选中上一步制作的内容，单击鼠标右键，在弹出的快捷菜单中选择“编组”命令，然后在选项栏中设置“旋转”角度为53°。如图3-94所示。

Step 15 最终效果如图3-81所示。

图3-94 旋转角度

3.5.3 实例3——相机宣传页

本节中将运用所学知识模拟制作相机宣传册内页，主要练习“描边”面板、“对齐”面板、“路径查找器”面板以及“字符”面板的综合使用方法，实例效果如图3-95所示。

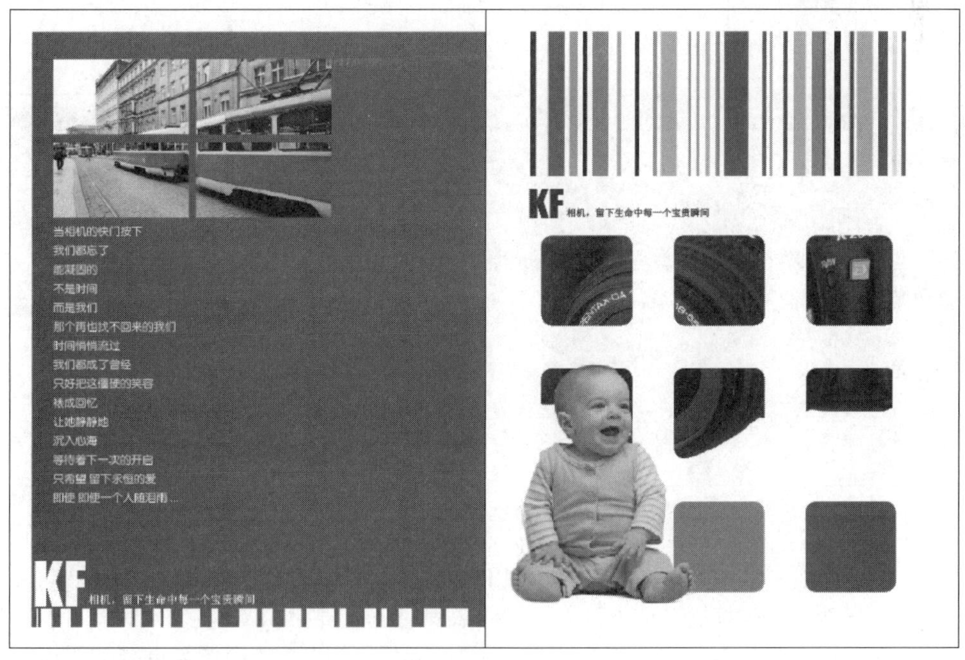

图3-95 实例效果

Step 01 执行“文件”|“新建”|“文档”命令，或者按下Ctrl+N键，在打开的“新建文档”对话框中设置“宽度”为210毫米，设置“高度”为285毫米，单击“边距和分栏”按钮。

Step 02 打开“边距和分栏”对话框，在其中设置“上”选项的数值为10毫米，设置“栏数”为1栏，设置“栏间距”为0毫米，单击“确定”按钮新建文档。

Step 03 在工具箱中选择“矩形工具”，单击鼠标左键，在弹出的“矩形”对话框中设置“宽度”为200毫米，设置“高度”为256毫米，为其填充颜色，效果如图3-96所示。

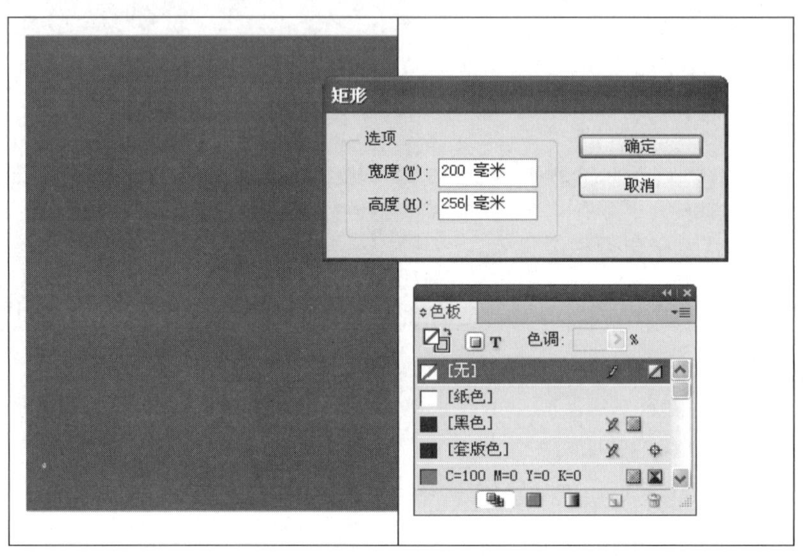

图3-96 绘制矩形并填充颜色

Step 04 在工具箱中选择“直线工具”，按住Shift键的同时绘制直线，在选项栏中设置直线长度为9毫米，接着按住Shift+Alt键的同时在水平方向上制作多个副本，然后分别选中不同的直线副本，在“描边”面板的“粗细”下拉列表中设置不同的点数来调整直线的粗细，然后设置其填充色为紫红色，如图3-97所示。

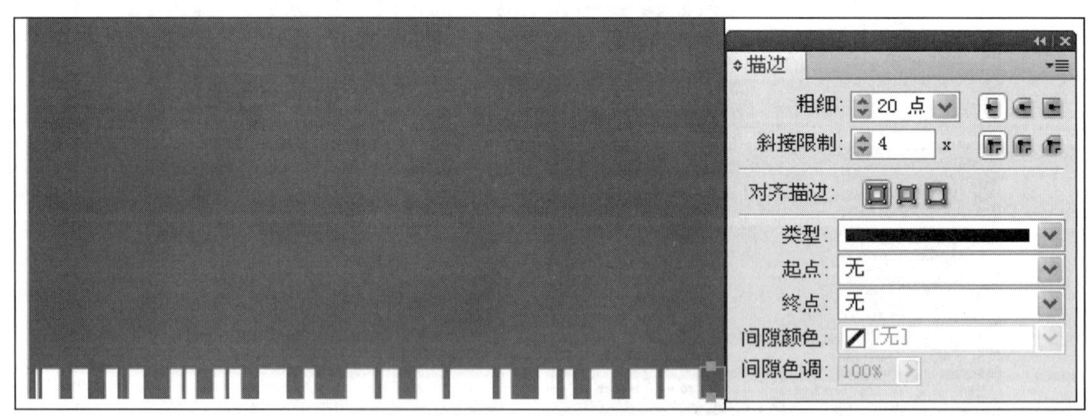

图3-97 设置描边粗细

Step 05 继续使用“直线工具”在右侧页面上绘制直线，在选项栏中设置直线长度为64毫米。同样按住Shift+Alt键的同时在水平方向上制作多个副本，然后分别选中不同的直线副本，在“描边”面板的“粗细”下拉列表中设置不同的点数来调整直线的粗细。

Step 06 在“色板”面板中设置多个颜色数值，如图3-98所示。然后将绘制的直线设置不同的颜色，效果如图3-99所示。

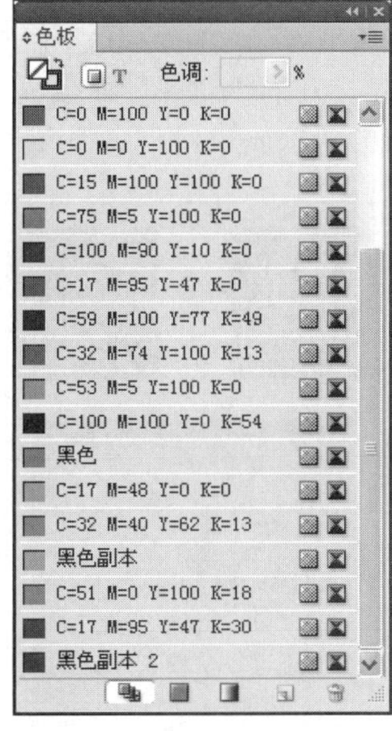

图3-98 “色板”面板

图3-99 绘制并设置颜色

Step 07 按住Shift键的同时选中绘制的多条直线，单击鼠标右键，在弹出的快捷菜单中选择“编组”命令，将直线编组。

Step 08 在工具箱中选择“矩形框架工具”，绘制两个矩形框架，选中右侧的框架，执行“对象”|“角选项”命令，在打开的“角选项”对话框中选择圆角选项，设置大小为5毫米。然后执行“文件”|“置入”命令，在打开的“置入”对话框中选中本书附带光盘\Chapter03\相机宣传册内页\01.jpg和02.jpg文件，单击“打开”按钮将图片导入到不同的框架中。选择“直接选择工具”按住Shift键的同时按比例来调整图片的尺寸，如图3-100所示。

图3-100 导入图片

Step 09 在工具箱中选择“矩形工具”绘制一个矩形框，填充白色。然后继续按住Shift键的同时绘制矩形并填充黑色，设置其尺寸为40毫米×40毫米，执行“对象”|“角选项”命令，在打开的“角选项”对话框中选择圆角选项，设置大小为5毫米。如图3-101所示。

Step 10 按住Shift+Alt键的同时拖动鼠标制作2个矩形副本。按住Shift键的同时选中3个圆角矩形，然后执行“窗口”|“对象和版面”|“对齐”命令，在打开的“对齐”面板中单击“水平间距分布”按钮，使对象水平间距分布，如图3-102所示。

图3-101 绘制矩形并填充颜色

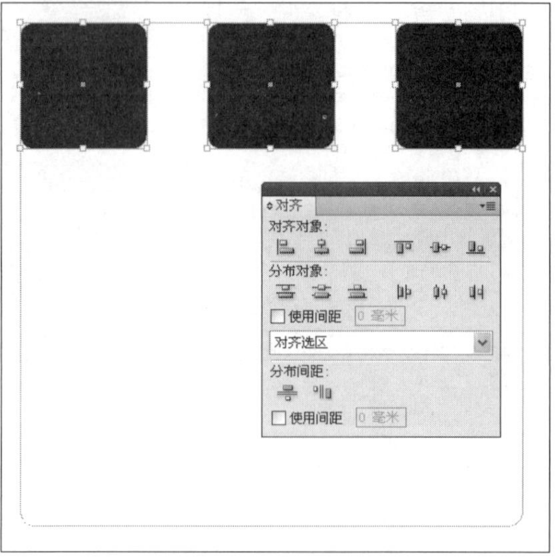

图3-102 制作矩形副本并水平间距分布

Step 11 然后单击鼠标右键，在弹出的快捷菜单中选择“编组”命令将矩形编组，继续按住Shift+Alt键的同时拖动鼠标制作2个矩形组副本。在打开的“对齐”面板中单击“垂直间距分布”按钮，如图3-103所示。

Step 12 同时选中黑色矩形和白色矩形，然后执行“对象”|“路径查找器”|“减去”命令，这样，有黑色矩形的部分就变为镂空效果，如图3-104所示。

图3-103 制作矩形副本并垂直对齐

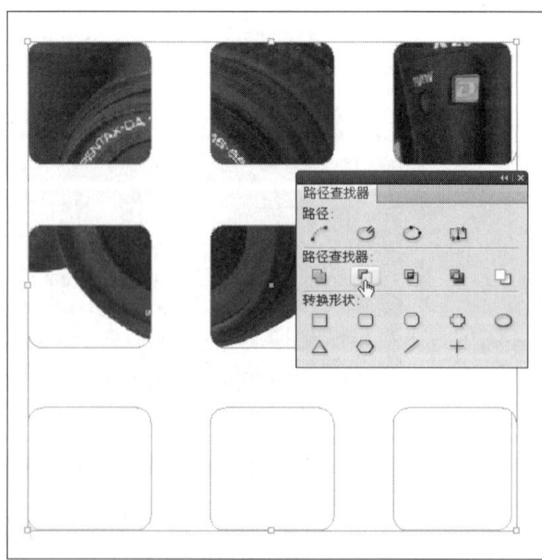

图3-104 使用路径查找器

Step 13 在工具箱中选择“矩形框架工具”，绘制1个矩形框架，执行“文件”|“置入”命令，在打开的“置入”对话框中选中本书附带光盘\Chapter03\相机宣传册内页\04.psd文件，单击“打开”按钮将图片导入到框架中。选择“直接选择工具”按住Shift键的同时按比例来调整图片的尺寸，如图3-105所示。

Step 14 在工具箱中选择“矩形工具”，绘制矩形并填充颜色，按住Alt键的同时拖动鼠标制作副本，然后在选项栏中设置副本的旋转角度为90°，选中绘制的矩形和下面的图形框架，将它们对齐，效果如图3-106所示。

图3-105 置入图片

图3-106 使用路径查找器

Step 15 在工具箱中选择“文字工具”T输入文本“KF”，设置“字体”为Impact，选中文本，设置“字体大小”为48点，设置剩余文本的“字体大小”为14点，如图3-107所示。

Step 16 继续输入段落文本，在“字符”面板中设置数值如图3-108所示。

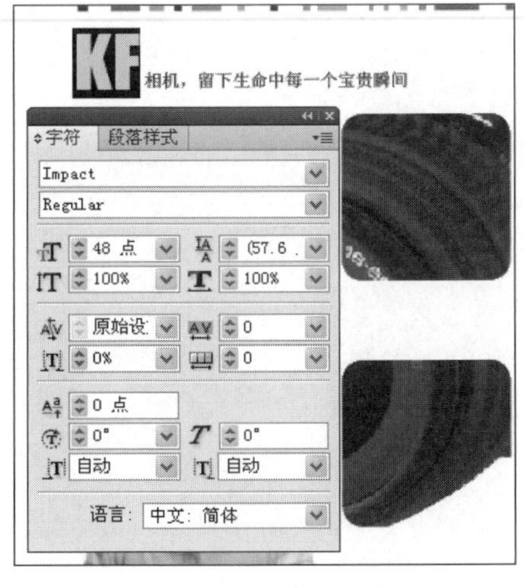

图3-107 设置字符

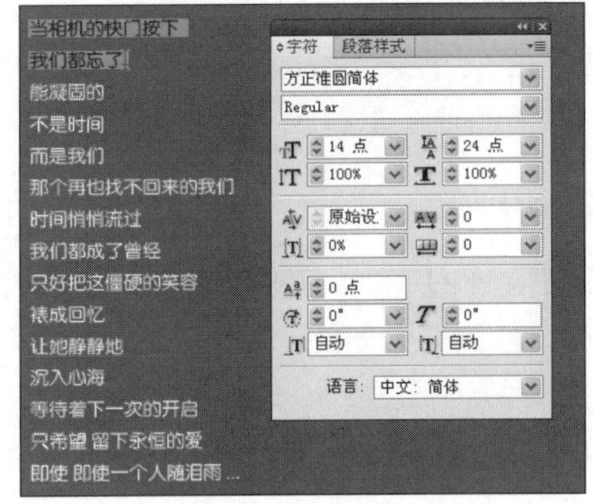

图3-108 设置段落字符

Step 17 实例最终效果如图3-95所示。

第4章 颜色

一个排版物是否能够吸引人，除了内容丰富、版式精美外，色彩的运用与搭配也有着举足轻重的作用，本章主要介绍了颜色模式颜色面板、色板面版、渐变面板、效果面板等面板的相关知识。

4.1 颜色基础

在学习应用颜色之前，首先需要对颜色的基本概念有所了解，如颜色类型、专色、印刷色等。读者只有了解了颜色的基本概念后，才能准确合理的设置颜色。

4.1.1 颜色类型

颜色包含有专色与印刷色两种，这两种颜色类型与商业印刷中使用的两个中主要的油墨类型相对应。

1. 专色

专色是一种预先混合的特殊油墨，是CMYK四色印刷油墨之外的另一种油墨，如金、银等特殊色。

创建的每个专色都会在印刷时生成一个额外的专色版，从而增加印刷成本，所以应该尽量减少使用专色的数量。

2. 印刷色

印刷色是使用4种标准印刷色油墨的组合进行印刷的：青色、洋红色、黄色和黑色。当需要的颜色较多从而导致使用单独的专色油墨成本很高或者不可行时，需要使用印刷色。

4.1.2 颜色模式

颜色模式用来确定如何描述和重现图像的色彩。常见的颜色模型包括HSB（色相、饱和度、亮度）、RGB（红色、绿色、蓝色）、CMYK（青色、洋红色、黄色、黑色）和Lab等。因此，相应的颜色模式也就有RGB、CMYK、Lab等。如图4-1所示的是InDesign调色板的几种颜色模式表示红颜色时的数值。

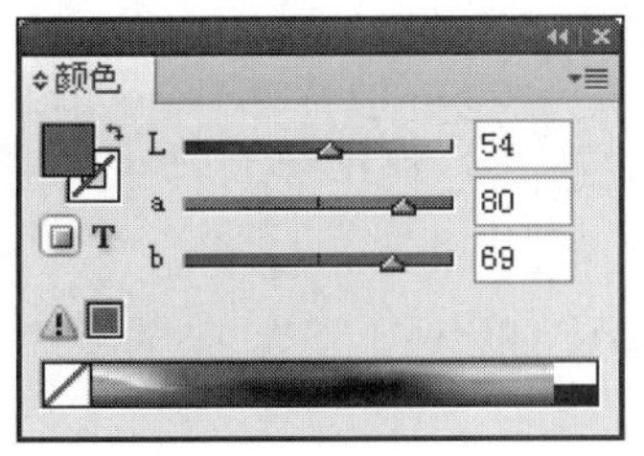

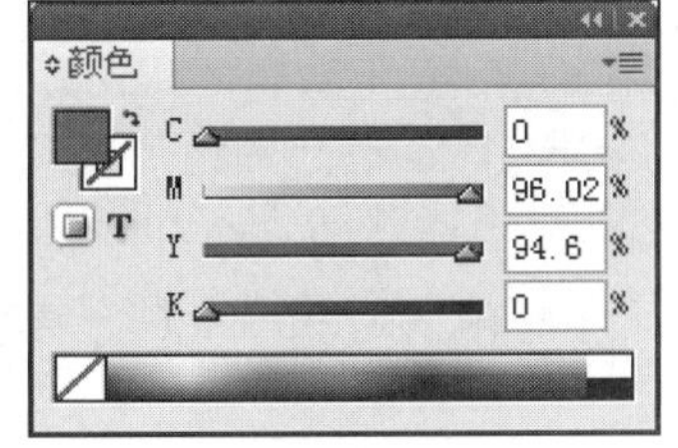

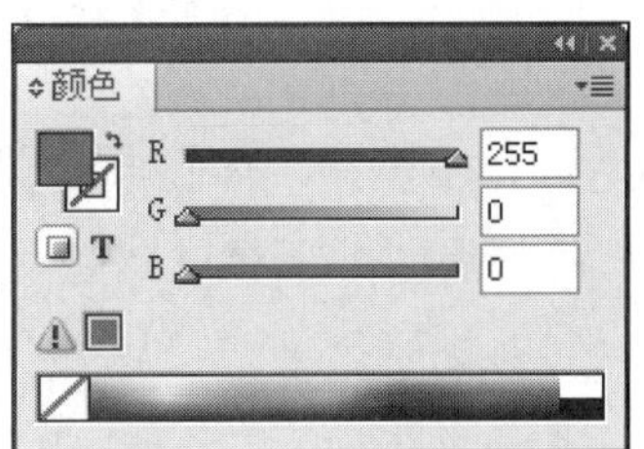

图4-1 几种颜色模式

1. RGB模式

RGB模式是Photoshop中最常用的一种色彩模式，不管是扫描输入的图像，还是绘制的图像，几乎都是以RGB模式存储的。新建的Photoshop图像的默认模式也为RGB模式。Photoshop的RGB模式使用RGB模型，为彩色图像中每个像素的RGB分量指定一个介于0（黑色）到255（白色）之间的强度值。例如，亮红色可能R值为246，G值为20，而B值为50。当所有这三个分量的值相等时，结果是中性灰色。当所有分量的值均为255时，结果是纯白色；当这三个值都为0时，结果是纯黑色。

RGB模式由红（Red）、绿（Green）和蓝（Blue）三种原色组合而成，如图4-2所示，然后由这三种原色混合出各种色彩。RGB图像通过三种颜色或通道，可以在屏幕上重新生成多达1670万种颜色；这三个通道转换为每像素24位（8×3）的颜色信息（在16位／通道的图像中，这些通道转换为每像素48位（16×3）的颜色信息，具有再现更多颜色的能力）。

RGB模式的优点：在RGB模式下处理图像很方便，而且RGB模式图像比CMYK模式图像要小得多，可以节省内存与空间。在RGB模式下还可以使用Photoshop软件所有的命令和滤镜。

提示

在InDesign中可以通过“信息”面板或“链接”面板查看图片的颜色模式，在预检时会将RGB颜色模式图片列为有问题图片，因为印刷出版物都采用CMYK颜色模式。

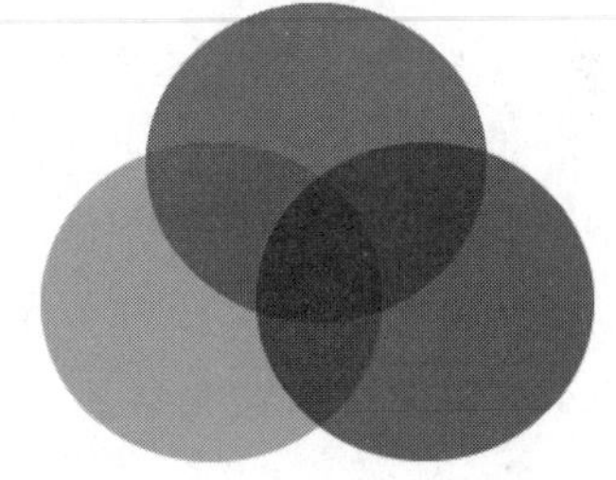

图4-2 RGB颜色模式

下面是RGB颜色模式所表示的几种特殊颜色：

表4-1 RGB颜色模式

R值	G值	B值	颜色
255	0	0	表示红色
0	255	0	表示绿色
0	0	255	表示蓝色
0	0	0	表示黑色
255	255	255	表示白色

2. CMYK模式

CMYK模式是一种印刷模式，与RGB模式产生色彩的方式不同。RGB模式产生色彩的方式是加色，而CMYK模式产生色彩的方式是减色。

CMYK模式由青色（Cyan）、洋红色（Magenta）、黄色（Yellow）和黑色（Black）四种原色组合而成。

由于CMYK模式的图像文件占用的存储空间较大，RGB模式支持的色彩更多，色域更广，而且大多数软件对RGB模式支持的更好，所以如果从原始RGB图像开始处理，则最好先在RGB模式下编辑，然后在处理结束或在印刷时才转换为CMYK模式。

CMYK值表示油墨浓度，取值范围为0%~100%。尽管CMYK是标准颜色模式，但是其颜色范围随印刷和打印条件变化。

3. 灰度模式

灰度模式的图像是灰色图像，它可以表现出丰富的色调、生动的形态和景观。该模式使用多达256级灰度。灰度图像中的每个像素都有一个由0（黑色）到255（白色）之间的亮度值。灰度值也可以用黑色油墨覆盖的百分比来度量（0%等于白色，100%等于黑色）。利用256种色调可以使黑白图像表现得很完美。

灰度模式的图像可以直接转换成位图模式的图像和RGB模式的彩色图像，同样，黑白图像和彩色图像也可以直接转换为灰色图像。当RGB彩色图像转换为灰色图像时，将丢掉颜色信息，所以我们将RGB彩色图像转换为灰色图像，再由灰色图像转换为RGB图像时，显示出来的图像不再是彩色。灰度图像也可转换为CMYK图像或Lab彩色图像。

4. 位图模式

日常工作中所说的位图是指图像，而非位图模式。通常会把文字或漫画等扫描进计算机，将其设置成位图模式，这种模式通常也被称为“黑白艺术”。

Bitmap（位图）模式适合那些只由黑白两色构成而且不存在灰色阴影的图像。按照这种方式扫描图像的速度快，并且产生的图像文件小，易于操作，但它所获取的源图像信息很有限。在In Design中可以直接为位图模式图像填色。

5. HSB模式

HSB模式以色相、饱和度、亮度与色调来表示颜色。

通常情况下，色相由颜色名称标识，如红色、橙色或绿色。

饱和度（又称彩度）是指颜色的强度或纯度。饱和度表示色相中灰色分量所占的比例，使用从0（灰色）～100%（完全饱和）的百分比来度量。

亮度是颜色的相对明暗程度，通常使用从0（黑色）～100%（白色）的百分比来度量。

色调是指图像的整体明暗度，例如，如果图像亮部像素较多，则图像整体上看起来较为明快。反之，如果图像中暗部像素较多，则图像整体上看起来较为昏暗。对于彩色图像而言，图像具有多个色调。通过调整不同颜色通道的色调，可对图像进行细微的调整。

4.1.3 专色与印刷色

1. 专色介绍

专色是一种预先混合的特殊油墨，用于替代或补充CMYK油墨，印刷时需要有专门的印版。当指定的颜色较少而且对颜色的准确性要求较高时，或者当印刷过程要求使用专色油墨时，应使用专色。专色油墨可以准确地重现超出印刷色域外的颜色。不过，印刷专色的实际结果由印刷商混合的油墨和印刷纸张的组合决定，因此它并不受指定的颜色值或颜色管理的影响。指定专色值时，只是在为显示器和复合打印机描述该颜色的模拟外观。

要使印刷文档呈现最佳效果，可以咨询印刷商在支持的配色系统中指定专色。InDesign包含多个配色系统库，可以从与定义的自定颜色库载入色板。

应尽量减少使用专色的数量。每创建一个专色都会在印刷时生成一个额外的专色版，从而增加印刷成本，所以最好优先考虑采用四色印刷。

如果一个对象包含专色并且与另一个包含透明功能的对象重叠，那么当以EPS格式导出，在“打印”对话框中将专色转换为印刷色或者在InDesign之外的应用程序中创建分色时，可能会出现不可预料的结果。要获得最佳效果，最好在打印之前使用“拼合预览”或“分色预览”对拼合透明度的效果进行校样。

此外，在打印或导出之前，单击“色板”面板右侧的扩展菜单，在打开的快捷菜单中选择“油墨管理器”命令，打开“油墨管理器”对话框，如图4-3所示。选择“所有专色转为印刷色”选项，即可将专色转换为印刷色。

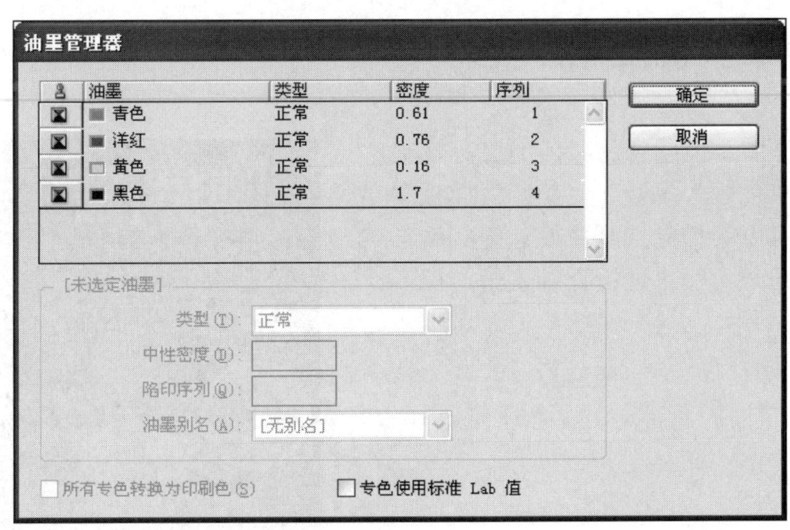

图4-3 对比效果

2. 专色与印刷色

可以将颜色类型指定为专色或印刷色，这两种颜色类型与商业印刷中使用的两种主要的油墨类型相对应。在“色板”面板中，可以通过“颜色名称”旁边显示的图标来识别该颜色的颜色类型。

对路径和框架应用颜色时，应当考虑出版该图片的最终媒介，以便使用最合适的颜色模式应用颜色。

如果颜色工作流程涉及在设备间传输文档，可能要使用颜色管理系统（CMS）来帮助保持和调节整个过程中的颜色。

3. 印刷色

印刷色是使用青色、洋红色、黄色和黑色4种标准印刷色油墨的组合进行印刷的。当需要的颜色较多，从而导致使用单独的专色油墨成本很高或者不可行时，需要使用印刷色。指定印刷色时，记住下列原则可减少色差。

◎ 使高品质印刷文档呈现最佳效果，可以参考印刷在四色色谱中的CMYK值设定颜色。

◎ 由于印刷色的最终效果值是它的CMYK值，因此如果使用RGB或者Lab指定印刷色，在分色时，这些颜色值将会转换为CMYK值。当打开颜色管理功能时，这些转换的工作方式将会不同，它们受指定的配置文件影响。

◎ 除非已经正确设置了颜色关系系统，并且了解它在预览颜色时的限制，否则不要根据显示器上的显示设定四色色值。

◎ 因为CMYK的色域比普通显示器的色域小，所以应避免在只供屏幕查看的文档中使用印刷色，通常CMYK较RGB会更暗一点。

4.2 颜色工具的应用

InDesign提供了大量应用颜色的工具，包括工具箱、“色板”面板、“颜色”面板和拾色器等，可以轻松完成版面设计中的颜色需求。下面通过实例来进行详细讲解，实例效果如图4-4所示。

图4-4 实例效果

4.2.1 使用颜色工具

在工具箱中包含了“填色”和“描边”两个颜色框，通过这两个颜色框可以分别设置对象的填充色和描边色。也可以使用“吸管工具”来选择并填充颜色。

图4-5 打开文件

Step 01 启动软件后，执行“文件”|“打开”命令，打开本书附带光盘\Chapter04\商场广告\“时尚-01.indd”文件，打开的效果如图4-5所示。

Step 02 使用“选择工具”选中位于最底层的矩形，然后在工具箱中单击“填色”图标，使“填色”图标显示在前面，然后双击“填色”图标，打开如图4-6所示的“拾色器”对话框，在其中可以设置颜色，最后单击“确定”按钮。本实例设置颜色为紫红色（C：15，M：93，Y：5，K：3）。此时的效果如图4-7所示。

提示

默认情况下。在页面中创建的新图形，填充色为无，描边色为黑色。

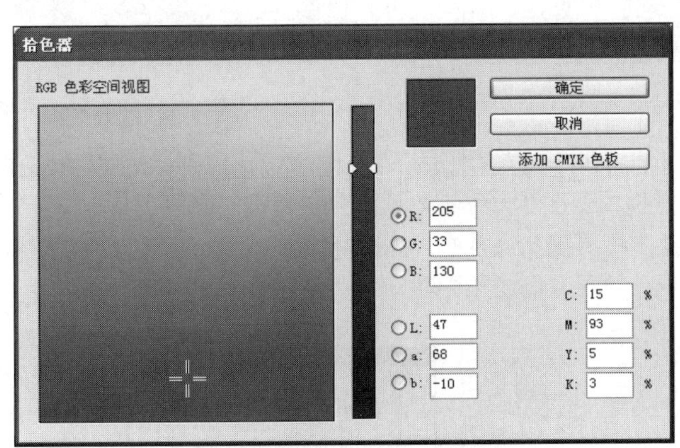

图4-6 “拾色器”对话框

图4-7 填充颜色

Step 03 同样，读者还可以在“拾色器”对话框中拖动鼠标来设置色域。本实例按住Shift键的同时使用“选择工具”选中画面中的条形形状。单击“填色”图标，填充与底层相同的颜色，然后双击打开“拾色器”对话框，通过拖动右侧的滑块来更改颜色，右侧的颜色值随着拖动鼠标而发生变化，本实例中将滑块向上拖动，如图4-8所示。此时的效果如图4-9所示。

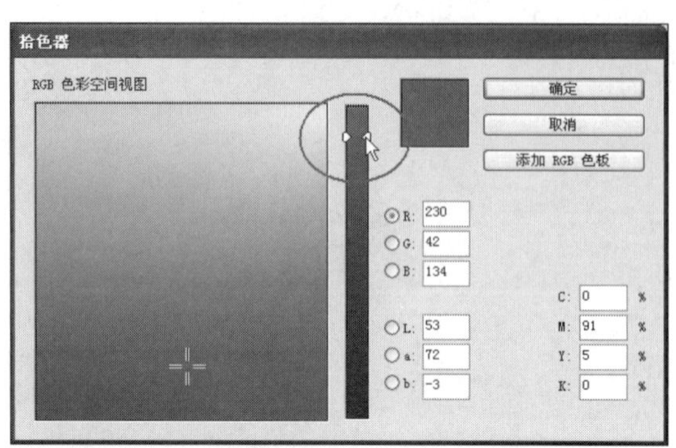

图4-8 “拾色器”对话框

图4-9 填充颜色

Step 04 保持曲线图形的选中状态。然后在工具箱中单击“描边”图标，使“描边”图标显示在前面，如图4-10所示。同样可以双击“描边”图标打开“拾色器”来更改颜色。本实例设置填充色为无，效果如图4-11所示。

> **提示**
>
> 在工具箱中单击两个颜色框右上方的“交换颜色和描边”图标，即可交换图形的填充颜色和描边颜色。

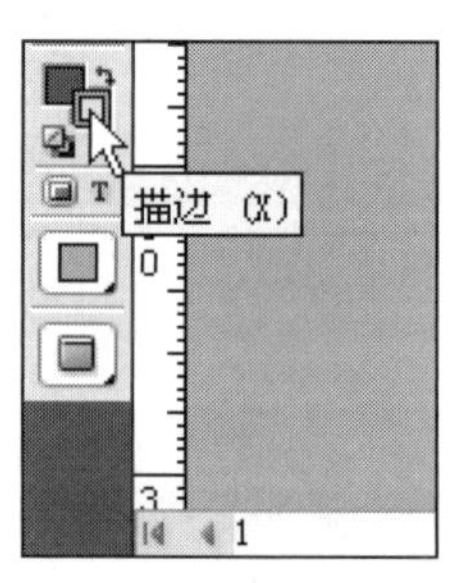

图4-10 选择“描边”图标

图4-11 去掉描边色

Step 05 读者也可以选择工具箱中的“吸管工具”，方便地进行填充与描边，特别是对属性相近的元素，不但可以提高效率，还可以提高准确度和一致性。读者只要单击“吸管工具”，或者按下键盘上的快捷键I，按住Alt键，在要复制属性的对象上单击，看到光标变成状态，在目标对象上单击，复制对象的边框、填充颜色及宽度就应用到目标对象了。

4.2.2 使用“色板”面板

在“色板”面板左上方单击“填色”图标或“描边”图标后，即可在色板中选择需要的颜色，执行“窗口”|“色板”命令，或者按下键盘上的F5键，即可打开“色板”面板，如图4-12所示。

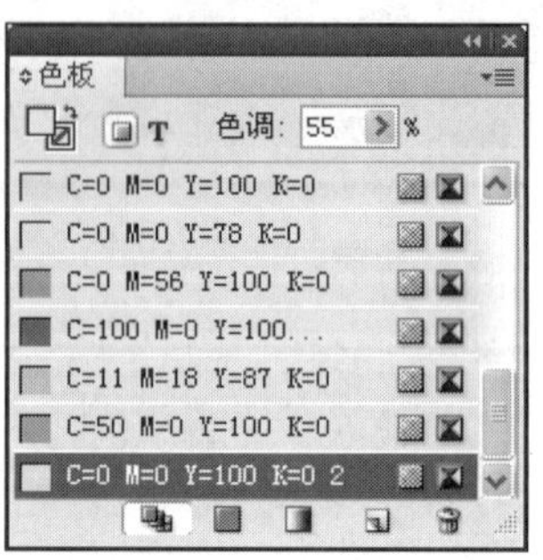

图4-12 “色板”面板

Step 01 接着进行前面的操作。“色板”面板左上侧的“填色”和“描边”图标与工具箱中的“填色”和“描边”图标是相对应的，但是在“色板”面板中只能设置“填色”和“描边”的当前启动状态，以及切换“填色”和“描边”的颜色。

Step 02 本实例选中文件中的四个正圆形，在“色板”面板中选择纸色，此时效果如图4-13所示。接着执行“窗口”|“描边”命令，在“描边”面板中设置描边“粗细”为8点，如图4-14所示。

图4-13　填色

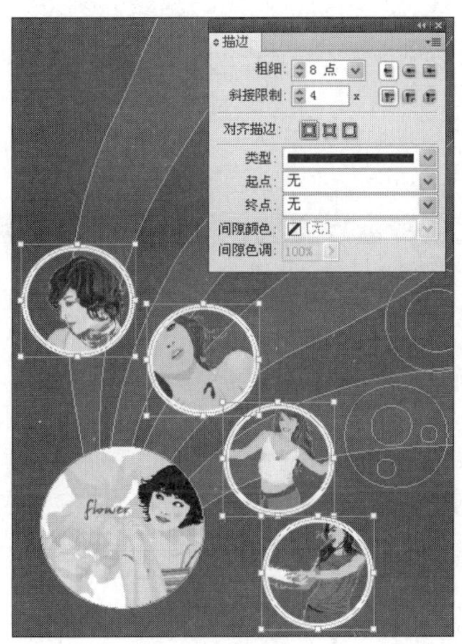

图4-14　设置描边粗细

Step 03 按照相同的方法选中其他的3个正圆形，然后在“色板”面板中选择纸色，在“描边”面板中设置描边“粗细”为2点，如图4-15所示。

Step 04 在“色板”面板中选择一个颜色选项后，单击面板底部的“新建色板”按钮，即可通过选中的颜色创建出一个颜色副本。本实例选中（C：75，M：5，Y：100，K：0）颜色选项，如图4-16所示。

图4-15　描边效果

图4-16　新建颜色副本

提示

在“色板”面板中包含3个较为特殊的色板，分别为“纸色”、“黑色”和“套版色”。应用“纸色”色板的对象不对其进行印刷而显示纸张的颜色；应用“黑色”色板的对象用100%的黑色油墨叠印；“套版色”色板是使对象可以在PostScript打印机的每个色粉中进行打印的内建色板，最好不要使用此种颜色来进行填充。

Step 05 鼠标左键双击已经创建的颜色副本，打开“色板选项”对话框，读者可以按照自己的需求来更改颜色，然后单击“确定”按钮关闭对话框。本实例设置颜色如图4-17所示，并且将它填充于正圆形中，效果如图4-18所示。

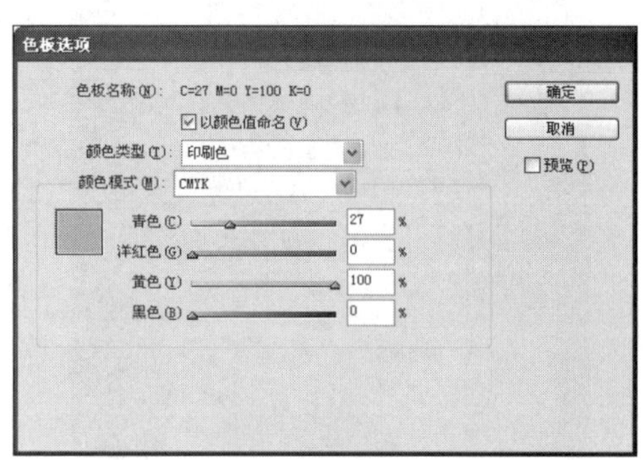

图4-17 “色板选项”对话框

图4-18 填充颜色的效果

4.2.3 使用“颜色”面板

“颜色”面板中显示当前选择对象的填充色和描边色的颜色值，通过该面板可以使用不同的颜色模式来设置对象的颜色，也可以从显示在面板底部的色谱中选取颜色。

Step 01 继续制作前面的实例。使用“选择工具”选中右侧的图形，执行“窗口”|“颜色”命令，或者按下键盘上的F6键，即可打开“颜色”面板。

Step 02 单击“颜色”面板右侧的“扩展菜单”按钮，在打开的快捷菜单中可以实现RGB颜色与CMYK颜色的转换，如图4-19所示。本实例选择CMYK颜色，并设置颜色为黄绿色。在“颜色”面板左上方单击填色图标或描边图标。

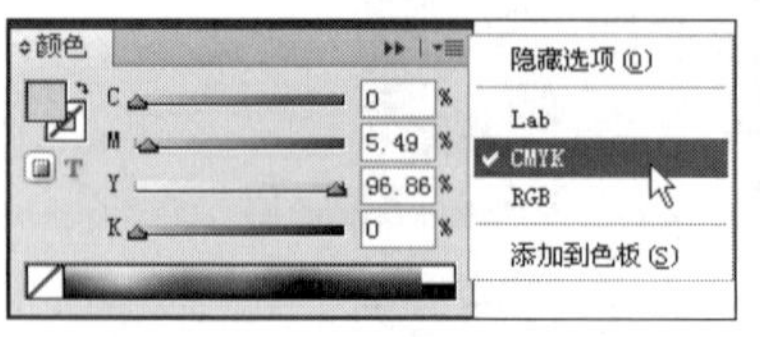

图4-19 “颜色”面板

图4-20 设置颜色后的效果

Step 03 同样设置描边色为无色，效果如图4-20所示。

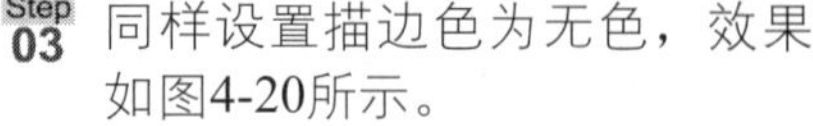

Step 04 通过以下2种方法来调整颜色：

◎ 拖动颜色滑块或输入数值设置颜色。

◎ 可以在颜色条上选择，将鼠标靠近颜色条时，鼠标变为吸管形状，在颜色条上单击即可，如图4-21所示。

Step 05 使用“文字工具”添加上相关的标题和说明文本，最终效果如图4-22所示。

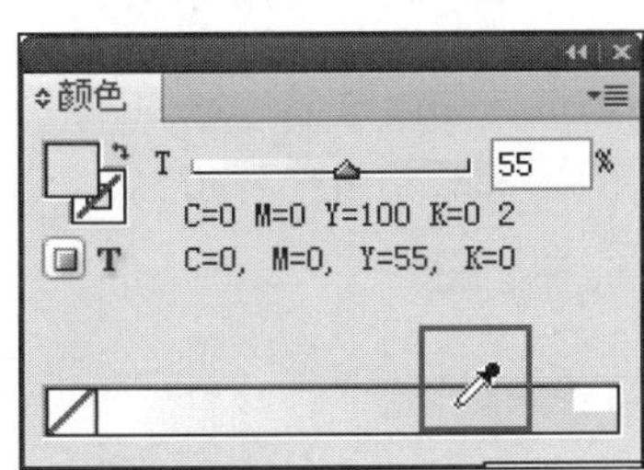

图4-21 选择颜色

图4-22 添加文本后的效果

4.2.4 使用“渐变”面板

渐变是两种或多种颜色之间或同一颜色的两个色调之间的逐渐混合。我们可以通过InDesign提供的“渐变”面板来为对象填充“线性”或“径向”渐变色，也可以为对象的描边应用渐变，这取决于当前启用的是“填色”还是“描边”。渐变可以包括纸色、印刷色、专色或使用任何颜色模式的混合油墨颜色。使用渐变色板可以创建色彩丰富的渐变颜色，还可以设置简便的类型、位置和角度。

Step 01 执行“窗口”|“渐变”命令，打开“渐变”面板。

Step 02 选中文件最底部的矩形，在工具箱或“色板”面板中单击选择“填色”或“描边”选项，以确定应用渐变的是对象内部还是边框。本实例选择“填色”选项。

Step 03 在“类型”下拉列表中选择“线性”或“径向”渐变方式，本实例选择“线性”渐变方式，如图4-23所示。

Step 04 要定义渐变的显示颜色，单击渐变条中的滑块，然后执行下列操作之一：

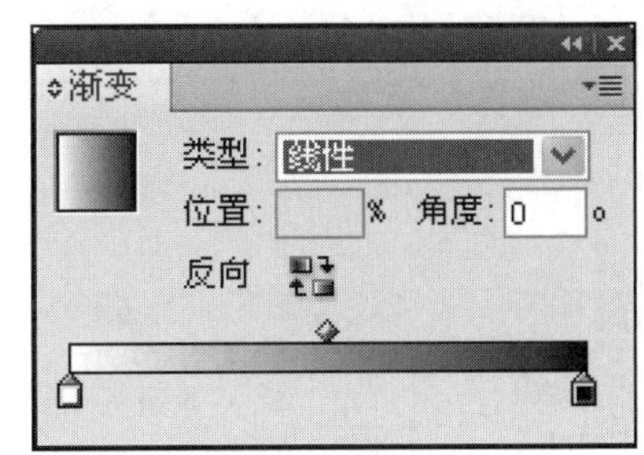

图4-23 “渐变”面板

◎ 从“色板”面板中拖动色板并将其置于滑块上。

◎ 按住Alt键单击“色板”面板中的一个颜色色板。

◎ 在“颜色”面板中，拖动滑块创建一种颜色，或者在颜色条上单击选择一种颜色。

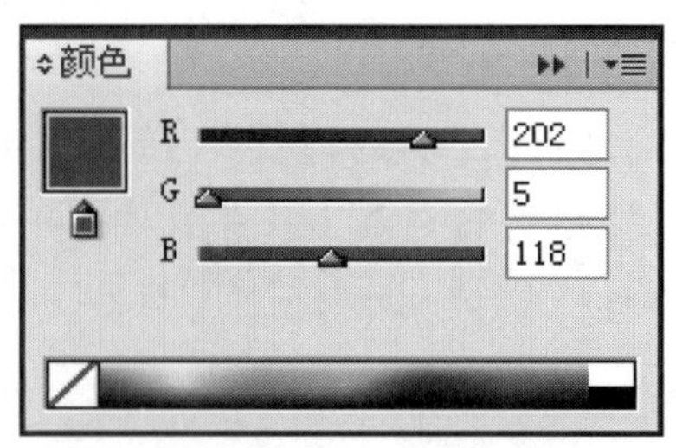

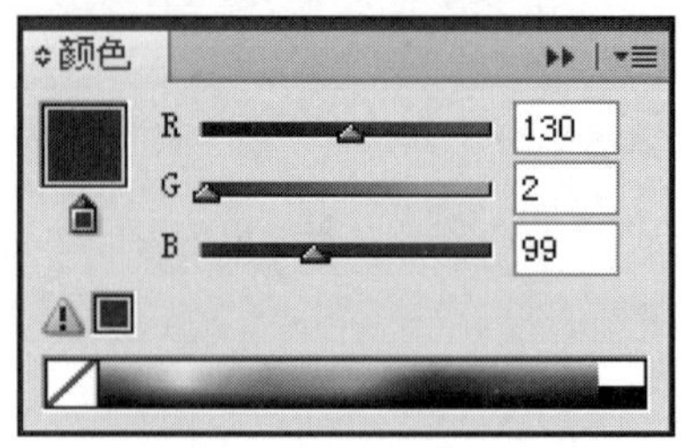

图4-24 设置颜色数值

Step 05 要定义渐变的结束颜色，单击渐变条下最右侧的滑块，然后设置一种颜色。如图4-24上侧所示为起始颜色数值，下侧所示为结束颜色数值。

Step 06 如果要设置多种颜色的渐变，可以在渐变条下方单击，然后设置一种颜色。

Step 07 拖动菱形滑块或在“位置”选项中输入数值，调整颜色之间中点的位置。

Step 08 在“角度”文本框中输入要调整的渐变角度，本实例设置渐变角度为90°。

Step 09 如果要反转渐变颜色的顺序，可以单击“反向渐变”图标。

Step 10 设置完成后的最终效果如图4-4所示。

4.3 编辑色板

在InDesign中，我们可以通过多种方法来为对象或对象轮廓填充颜色。通过工具箱中的“填色”和“描边”选框可以打开“拾色器”对话框精确设置对象颜色，使用“色板”面板可以将已经存储的颜色直接应用到对象上，同时还可以使用“渐变”面板为对象快速应用渐变颜色。

4.3.1 颜色色板

色板类似于样式，在色板中创建的颜色、渐变色可以保存并快速应用于文档。执行“窗口”|“色板”命令，打开“色板”面板，如图4-25所示。

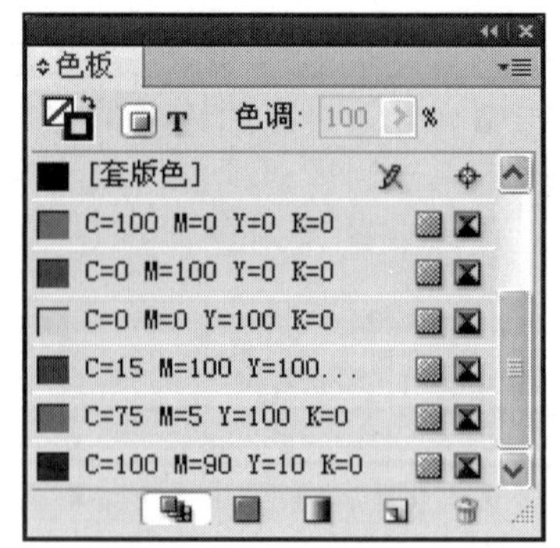

图4-25 “色板”面板

提示

如果选择“专色”选项，将不能以颜色值命名，需要输入新色板名称。

1. 新建颜色色板

新建颜色色板的具体操作方法如下：

Step 01 在“色板”面板中单击右侧的扩展菜单按钮，在弹出的快捷菜单中选择“新建颜色色板”命令，即可打开“新建颜色色板”对话框，如图4-26所示。

Step 02 设置颜色。拖动滑块以更改颜色值，或者在颜色滑块旁边的文本框中输入数值。如果设置专色，可以在“颜色模式”菜单的颜色库中进行选择。

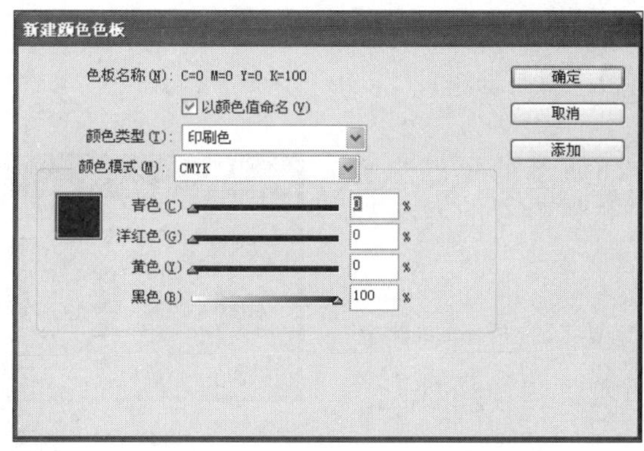

图4-26 “新建颜色色板”对话框

各主要选项含义如下。

◎ “颜色类型”下拉列表：用于选择将用于印刷文档颜色的类型。
◎ “色板名称”选项：在不勾选“以颜色值命名”复选框的情况下，可以按照需要命名。
◎ “以颜色值命名”选项：勾选此复选框，颜色名称将以各个颜色值为名称。
◎ “颜色模式”下拉列表：选择要用于定义颜色的模式，定义颜色后将不能更改模式。

2. 复制颜色色板

用户可以通过以下任意的操作来复制颜色色板：

◎ 选择一个色板，然后从“色板”面板菜单中选择“复制色板”命令，如图4-27所示。
◎ 选择一个色板，然后单击面板底部的“新建色板”按钮。
◎ 将一个色板拖动到面板底部的“新建色板”按钮上。

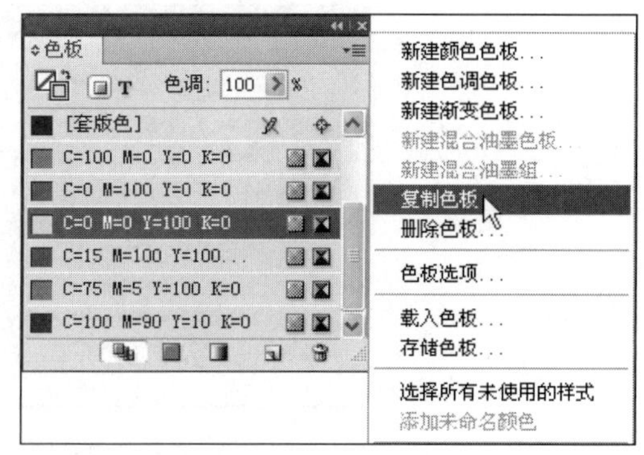

图4-27 选择“复制色板”命令

3. 删除颜色色板

当要删除一个已经用于文档中的对象的色板时，可以制定一个替换色板，可以使用现有色板或未命名色板，但是不能删除文档中置入图形所用的专色。如果要删除这个色板，必须先删除图形。

Step 01 选择需要删除的一个或多个色板，可以执行下列操作之一：

◎ 在“色板”面板菜单中选择“删除色板”命令。

◎ 单击“色板”面板底部的删除图标。

◎ 将所选色斑拖动到删除图标上。

Step 02 在弹出的如图4-28所示的“删除色标”对话框中，主要选项的含义如下。

◎ “已定义色板”选项：单击此单选按钮可以在菜单中选择一个色板用于替代使用删除的色板的所有实例。

◎ “未命名色板”选项：用一个等效的未命名颜色替换该色板的所有实例。

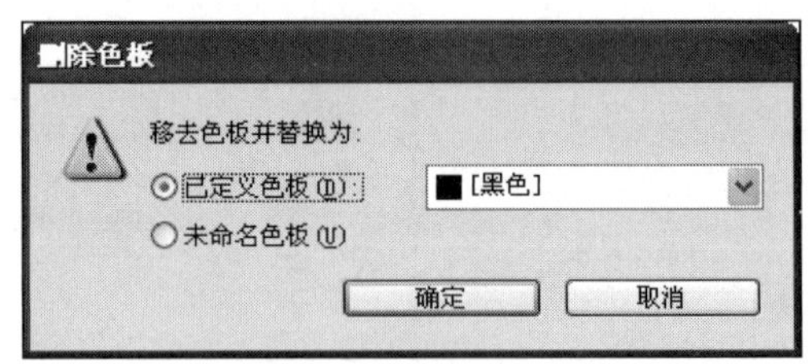

图4-28 “删除色板”对话框

Step 03 设置完成后单击“确定”按钮保存设置。

4.3.2 渐变色板

使用“色板”面板也可以创建、命名和编辑渐变色。具体操作方法如下：

Step 01 在“色板”面板中单击右侧的扩展菜单按钮，在弹出的快捷菜单中选择“新建渐变色板”命令，打开“新建渐变色板”对话框，如图4-29所示。

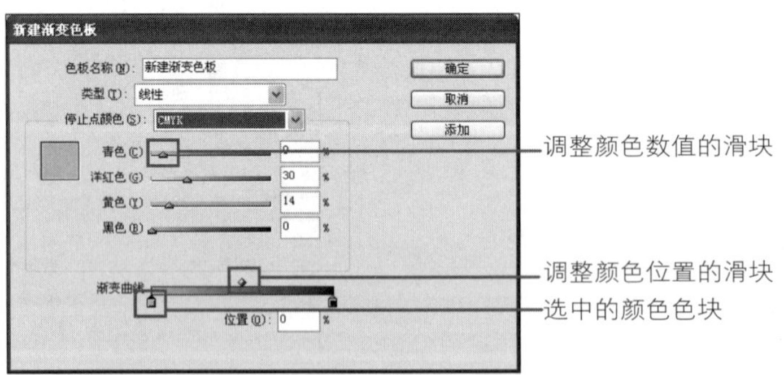

图4-29 “新建渐变色板”对话框

Step 02 下面读者可以根据自己的需要来设置渐变色。设置前首先在“色板名称”文本框中输入渐变色名称；在类型下拉列表中选择渐变方式，选择“线性”或“径向”渐变方式。

Step 03 选中需要设置颜色的色块，色块即变为黑色选中状态，然后在“停止点颜色”下拉列表中选择CMYK、RGB和Lab模式中的一种，然后输入颜色数值或拖动滑块，为渐变色混合颜色。

Step 04 继续调整渐变色的位置。用户可以通过直接拖动菱形滑块或者在“位置”选项中输入数值来进行调整。

Step 05 设置完成后单击“确定”或“添加”按钮，渐变将存储在与其同名的“色板”面板中。

4.3.3 色调色板

色调是给专色带来不同颜色深浅变化的较为快捷的方法。在“色板”面板中选择色板后，“颜色”面板将自动切换到色调显示，以便可以立即创建色调。

1. 使用色板面板创建色调色板

Step 01 在“色板”面板中创建一个色调色板。单击“色调”选项，即可打开色调滑块，如图4-30所示。

Step 02 设置完成后，单击“色板”面板底部的“新建色调”按钮直接创建新的色调色板，如图4-31所示。

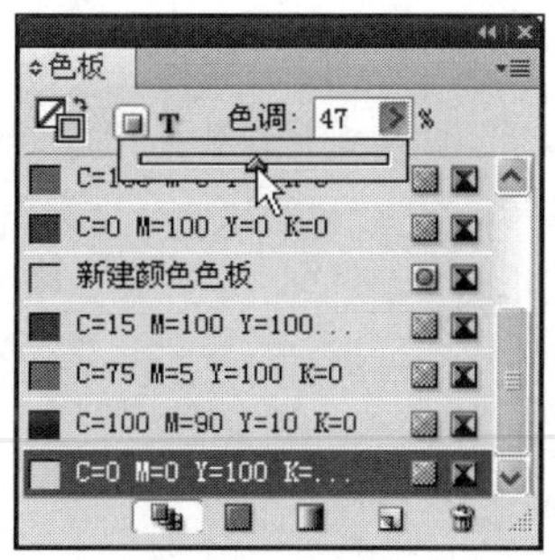

图4-30 单击“色调”选项

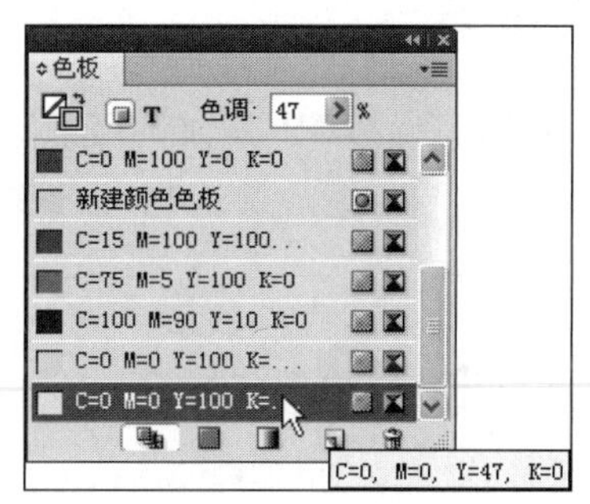

图4-31 新建色调

Step 03 或者单击右侧的扩展菜单按钮，在弹出的快捷菜单中选择“新建色调色板”命令，在打开的“新建色调色板”对话框中，如图4-32所示，单击“确定”按钮即可。

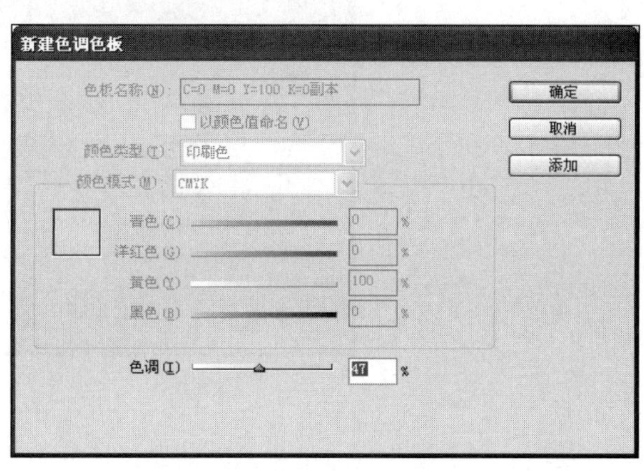

图4-32 “新建色调色板”对话框

> **提示**
>
> 如果要为一个颜色创建多个不同的色调色板，可以在“新建色调色板”对话框中每设置一种色调，然后单击“添加”按钮，直到设置完毕，单击“确定”按钮即可。

2. 使用颜色面板创建色调色板

在“色板”面板中，选择一个色板，如图4-33所示。然后在“颜色”面板中，拖动“色调”滑块，或者在“百分比”文本框中输入数值，然后在“颜色”面板中单击右侧的扩展菜单按钮，在弹出的快捷菜单中选择“添加到色板”命令，如图4-34所示，即可创建新的色调色板。

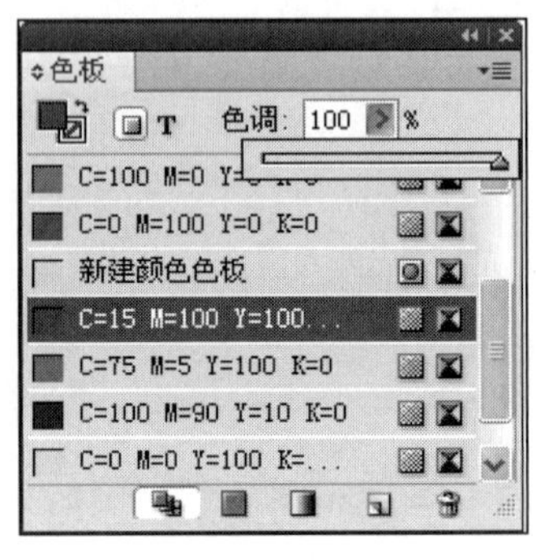

图4-33 选择颜色

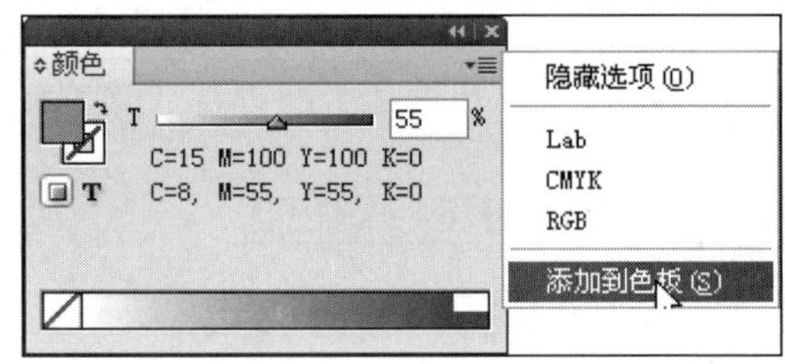

图4-34 选择“添加到色板”命令

4.3.4 混合油墨

使用混合油墨颜色，可以增加可用颜色的数量，而不会增加用于印刷文档的分色的数量。可以通过混合两种专色油墨或将一种专色油墨与一种或多种印刷色油墨混合，来创建新的油墨色板。

1. 创建混合油墨色板

创建混合油墨色板的方法如下：

Step 01 在“色板”面板中，单击右侧的扩展菜单按钮，在弹出的快捷菜单中选择“新建混合油墨色板”命令，打开“新建混合油墨色板”对话框，如图4-35所示。

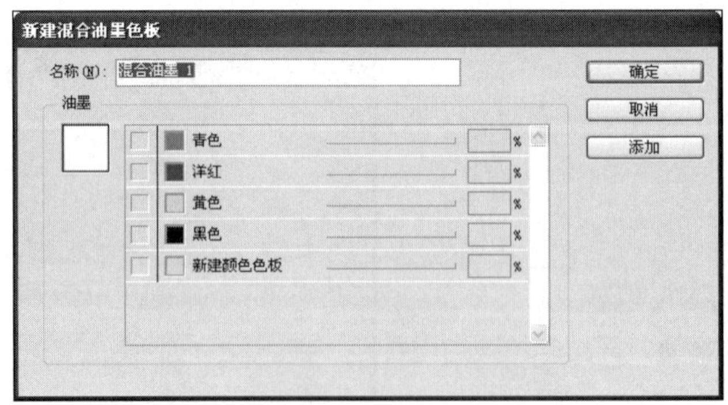

图4-35 “新建混合油墨色板”对话框

Step 02 在“名称”文本框中输入油墨色板的名称。

Step 03 要在混合油墨色板中包含一种油墨，可以单击其名称旁边的方框，选中的颜色将显示有油墨图标。

Step 04 通过拖动滑块或在百分比数值框中输入数值，可以调整色板中包括的每种油墨的百分比。

Step 05 设置完成后单击“添加”或“确定”按钮，将混合油墨添加到“色板”面板中。

2. 创建混合油墨组

创建混合油墨组的方法如下：

Step 01 在“色板”面板的扩展菜单中，选择“新建混合油墨组”命令，可以打开如图4-36所示的“新建混合油墨组”对话框。

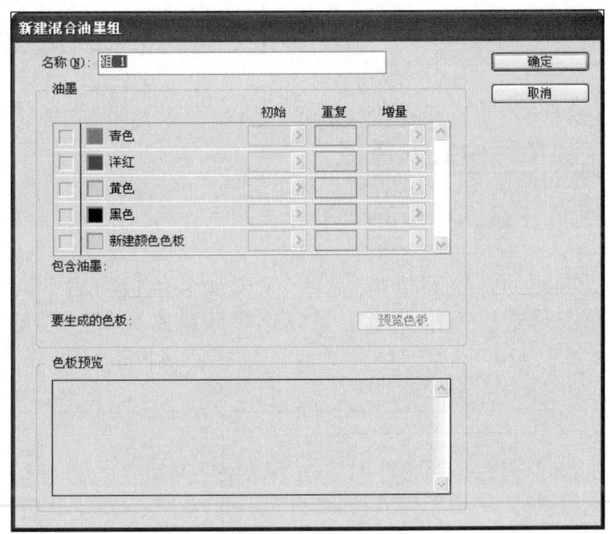

图4-36　“新建混合油墨组”对话框

Step 02 在“名称”文本框中输入新建混合油墨组的名称。要在混合油墨组中包含一种油墨，可以单击其名称旁边的方框，选中的色块旁边的方框中即可出现油墨图标。

各主要选项含义如下。

◎ “初始”选项：此选项用于输入要开始混合以创建混合组的油墨的百分比。

◎ “重复”选项：此选项用于指定要增加油墨百分比的次数。

◎ “增量”选项：此选项用于指定要在每次重复中增加的油墨的百分比。

Step 03 设置完成后，单击“预览色板”按钮，可以生成色板但不关闭对话框，以查看当前油墨设置值是否可以产生所需的效果，如果没有，则进行相应调整。

4.3.5 导入色板

如果想让当前正在编辑的文档应用其他文档中的色板时，可以应用载入样式功能载入这些色板。

1. 导入文档中的色板

导入其他文档中的色板的操作方法如下：

在“色板”面板右侧的扩展菜单中选择“载入色板”选项，打开如图4-37所示的“打开文件”对话框，从中选择要导入色板的文件，单击“打开”按钮，即可将相应的文件的色板导入。

图4-37 “打开文件”对话框

2. 从预定义的自定颜色库中载入色板

从预定义的自定颜色库中载入色板的操作方法如下：

Step 01 在“色板”面板右侧的扩展菜单中选择“新建颜色色板”命令，打开“新建颜色色板”对话框，从“颜色模式”下拉列表中可以选择颜色库文件，或者选择“其他库”选项，选中需要的库文件，然后单击“打开”按钮即可，如图4-38所示。

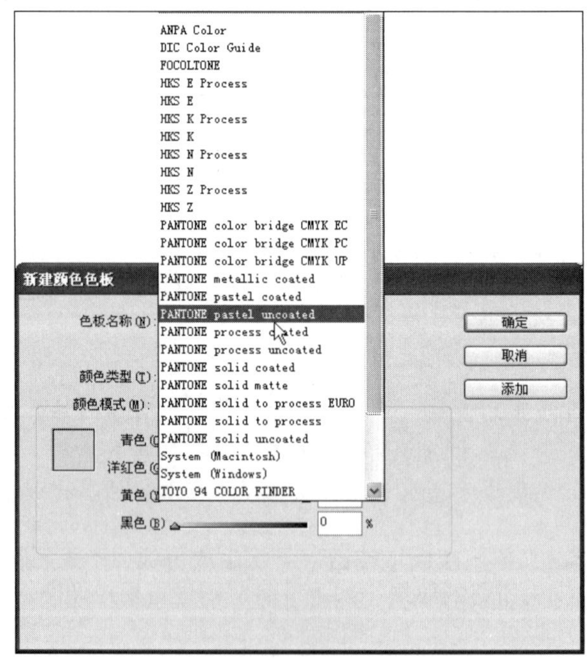

图4-38 选择需要的库文件

Step 02 从颜色库中选择一个或多个色板，然后单击“添加”按钮。

Step 03 添加色板完成后，单击“完成”按钮保存设置。

4.4 上机实践

4.4.1 实例1——七彩人生：水果养颜美肤秘诀

下面通过一个营养品广告的实例来进一步讲解，最终效果如图4-39所示。

图4-39 实例效果

Step 01 执行“文件”|“新建”|“文档”命令，在打开的“新建文档”对话框中的“页面大小”下拉列表中选择210毫米×285毫米，设置页数为2页，单击“边距和分栏”按钮，打开“边距和分栏”对话框。

Step 02 在对话框中设置“上”选项的数值为0毫米，此时其他3项也一起变为0毫米，设置“栏数”为3，设置“栏间距”为0毫米，单击“确定”按钮新建文件。

Step 03 在工具箱中选择“矩形框架工具”⊠，单击鼠标左键，在弹出的“矩形”对话框中设置矩形大小为210毫米×285毫米，单击“确定”按钮新建框架，或者直接拖动鼠标绘制一个矩形框架覆盖右侧页面，如图4-40所示。

Step 04 执行“文件”|“置入”命令，在打开的“置入”对话框中选择本书附带光盘\Chapter04\七彩人生\“01.jpg”文件，单击“打开”按钮将图片素材置入。在工具箱中选择“直接选择工具”，按住Shift键的同时调整素材的大小比例，并且拖动鼠标调整对象的位置，如图4-41所示。

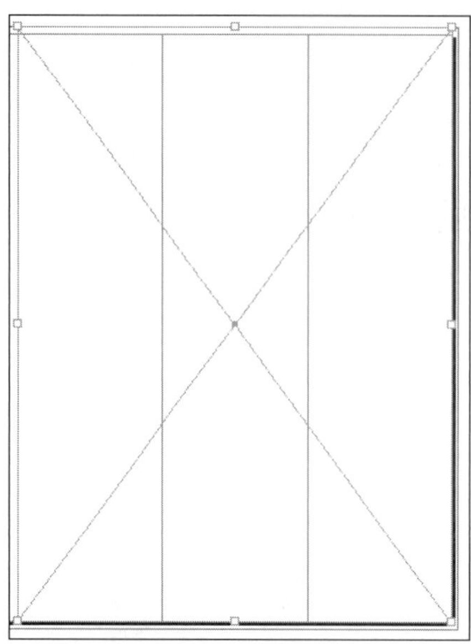
图4-40 绘制框架

图4-41 置入图片

Step 05 在工具箱中选择“矩形框架工具”，单击鼠标左键，在弹出的“矩形”对话框中设置矩形大小为70毫米×60毫米，单击“确定”按钮新建框架。按住Shift+Alt键的同时在水平方向上拖动制作2个框架副本，放置在页面的左侧。

Step 06 执行“文件”|“置入”命令，在打开的“置入”对话框中选择本书附带光盘\Chapter04\七彩人生\“02.jpg”和“04.jpg”文件，单击“打开”按钮将图片素材置入。在工具箱中选择“直接选择工具”，按住Shift键的同时调整素材的大小比例，并且拖动鼠标调整对象的位置，如图4-42所示。

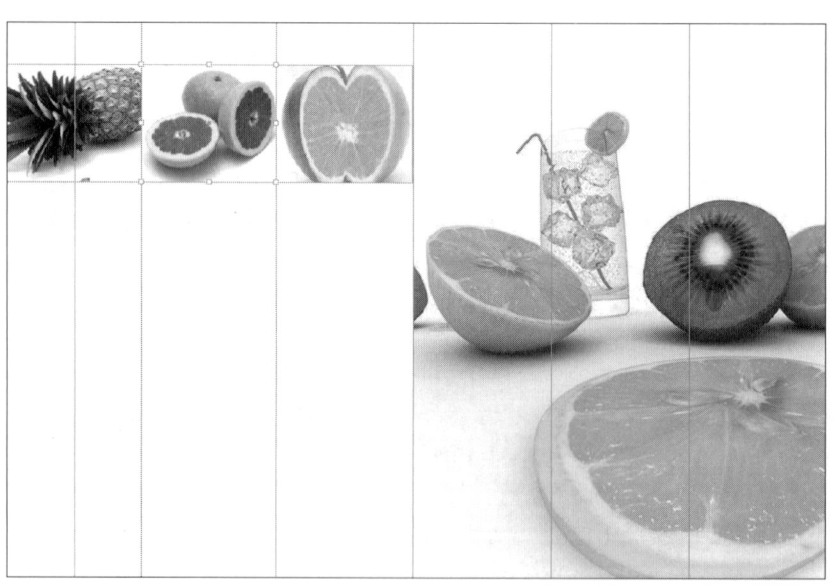
图4-42 绘制框架并置入图片

Step 07 按照前面介绍的方法继续绘制矩形框架，并设置大小为58毫米×47毫米。执行“文件”|“置入”命令，在打开的“置入”对话框中选择本书附带光盘\Chapter04\七彩人

生\“03.jpg”文件，单击“打开”按钮将图片素材置入。在工具箱中选择“直接选择工具”，按住Shift键的同时调整素材的大小比例，并且拖动鼠标调整对象的位置。

Step 08 在工具箱中选择“矩形工具”，单击鼠标左键，在弹出的“矩形”对话框中设置矩形大小为70毫米×60毫米，单击“确定”按钮新建框架。按住Shift+Alt键的同时在水平方向上拖动制作2个框架副本，放置在页面的左侧。并为它们设置不同的填充色。在色板中设置的颜色数值及填充效果如图4-43所示。

图4-43 绘制矩形框并填充颜色

Step 09 在工具箱中选择“文字工具”，然后输入段落文本，在“段落样式”面板中选择“正文”样式，设置文本颜色为灰色。同时输入段落标题“七彩人生——水果养颜美肤秘诀”，在“字符”面板中设置“字体”为方正粗圆简体，设置主标题的“字体大小”为30点，副标题的“字体大小”为24点，效果如图4-44所示。

图4-44 设置段落文本

Step 10 至此，实例制作完成，最终效果如图4-39所示。

4.4.2 实例2——儿童CD盘封

下面通过一个名为“儿童CD盘封”的实例来练习在“色板”面板中设置并填充颜色的方法，同时进一步熟悉前面章节中使用画笔绘制曲线并在“描边”面板中设置笔触粗细的方法。最终效果如图4-45所示。

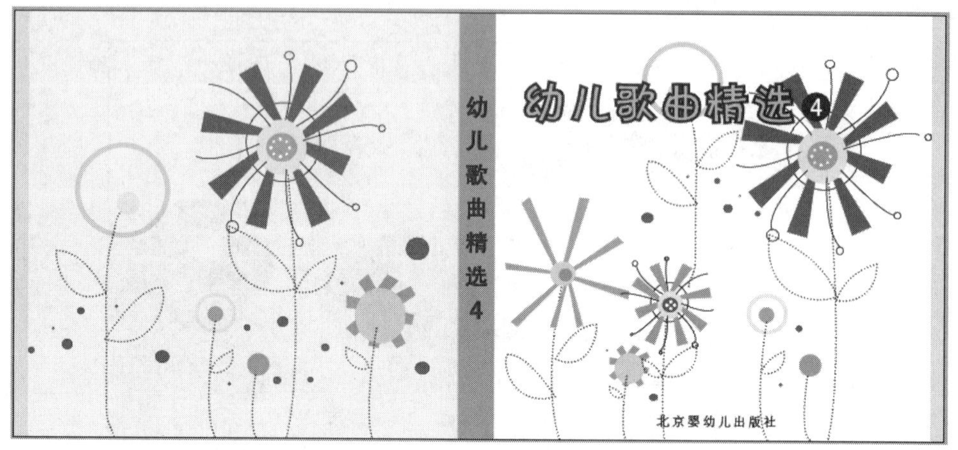

图4-45 实例效果

Step 01 执行“文件”｜“新建”｜“文档”命令，在打开的“新建文档”对话框中的“页面大小”下拉列表中选择260毫米×120毫米，设置页数为1页，如图4-46所示，单击“边距和分栏”按钮，打开“新建边距和分栏”对话框。

Step 02 在对话框中设置“上”选项的数值为0毫米，此时其他3项也一起变为0毫米，设置“栏数”为2，设置“栏间距”为10毫米，如图4-47所示，单击“确定”按钮新建文件。

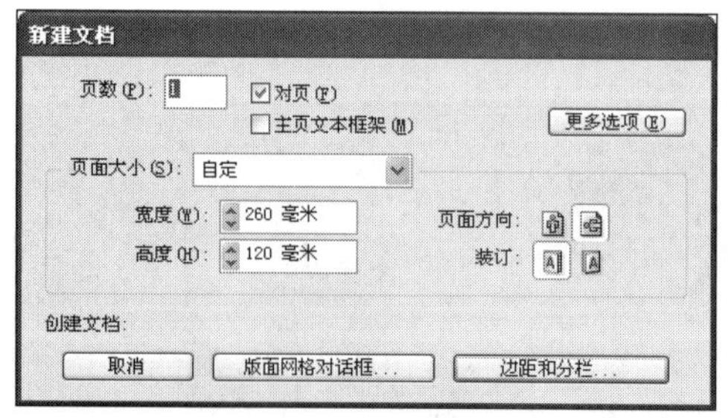

图4-46 “新建文档”对话框

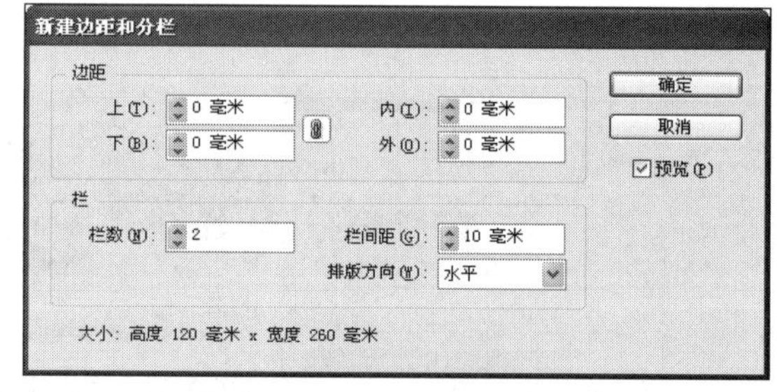

图4-47 “新建边距和分栏”对话框

Step 03 在工具箱中选择“矩形工具”，单击鼠标左键，在弹出的“矩形”对话框中设置矩形大小为122毫米×5毫米，单击“确定”按钮新建矩形，将其放置在页面的左侧。

Step 04 按下Ctrl+C键复制矩形，再单击鼠标右键，在弹出的快捷菜单中选择“原位粘贴”命令，制作一个副本，将副本移动到页面的右侧。

Step 05 接下来执行“窗口”|“色板”命令，打开“色板”面板，单击底部的“新建色板”命令新建一个色板，设置其填充色为柠檬黄色（C：0，M：0，Y：100，K：0）。

Step 06 再使用“矩形工具”绘制一个矩形覆盖左侧页面，设置其填充色为淡黄色（C：0，M：0，Y：42，K：0）。此时的效果如图4-48所示。

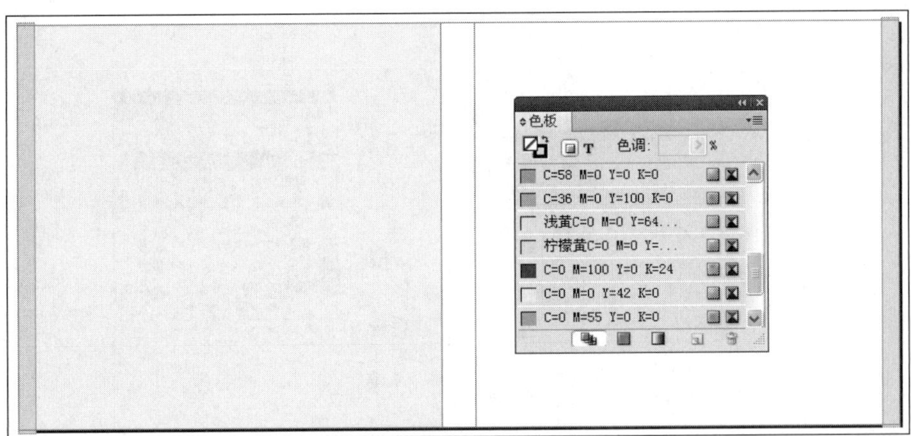

图4-48 新建矩形并填充颜色

Step 07 结合“钢笔工具”和椭圆形工具绘制出花头的形状，设置花瓣的颜色为枚红色（C：0，M：81，Y：31，K：0），设置花蕾的颜色为淡黄色（C：0，M：0，Y：64，K：0），设置花心的颜色为浅蓝色（C：57，M：0，Y：0，K：0），如图4-49所示。

Step 08 继续使用“铅笔工具”或“钢笔工具”绘制花的茎部，在“描边”面板中设置“粗细”为1.3点，在“类型”下拉列表中选择“圆点”，此时效果如图4-50所示。

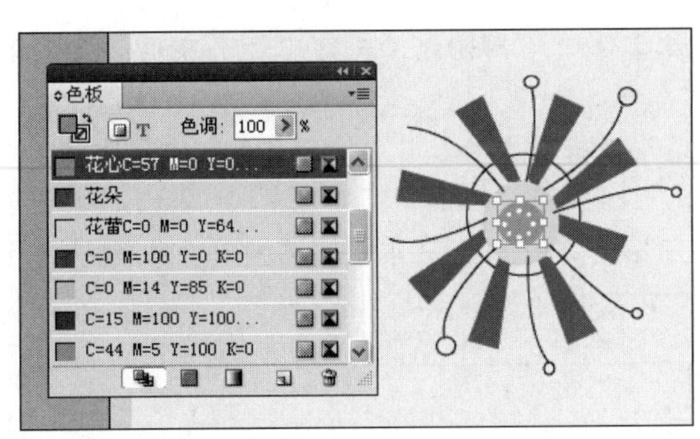

图4-49 在“色板”面板中设置颜色

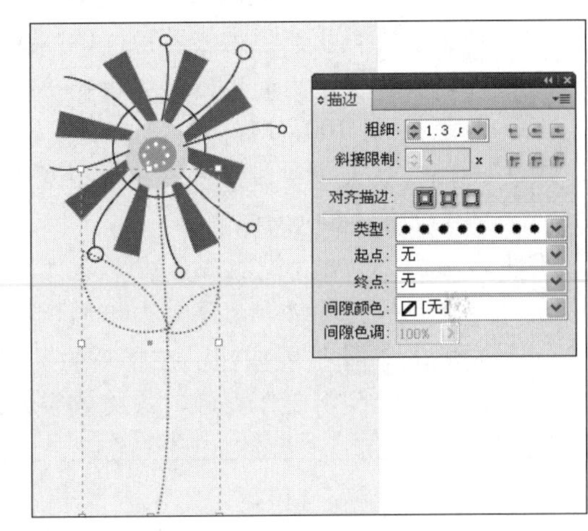

图4-50 在“描边”面板中设置类型

Step 09 继续使用相同的方法，绘制出其他的图案效果，此时笔触与图案的粗细效果可以根据读者的喜好来进行设置，本例的设置效果如图4-51所示。

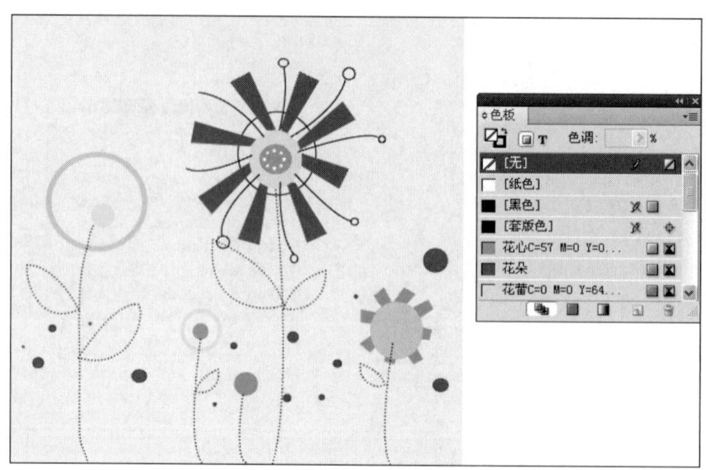

图4-51 制作出图案其他的部分

Step 10 继续按照相同的方法，完成右侧图案部分的制作，读者可以自己来调整图案的颜色和形状，效果如图4-52所示。

Step 11 最后需要输入标题文本和制作盘脊部分。按下T键切换到“文字工具”，然后输入文本“幼儿歌曲精选”，执行“文字”|“字符”命令，打开“字符”面板，在其中设置“字体”为“方正卡通简体”，设置“字体大小”为36点。再选中所有文本，在“色板”面板中设置其填充色为浅蓝色（C：43，M：0，Y：0，K：0）。

Step 12 再打开“描边”面板，设置描边“粗细”为2点，再在“色板”面板中设置其填充色为深蓝色（C：100，M：90，Y：10，K：0）。

Step 13 再输入文本“北京婴幼儿出版社”，设置其字体大小为10点，设置字体为宋体。此时的效果如图4-53所示。

Step 14 在盘脊部分填充浅蓝色，然后在工具箱中输入直排文本“幼儿歌曲精选4”，设置字体为“方正雅光简体”，字体大小为18点，填充为深蓝色。再选中文本“4”，单击选项栏最右侧的 扩展按钮，在展开的下拉列表中选择“在直排文本中旋转罗马字”选项。至此，整个实例制作完成，最终效果如图4-45所示。

图4-52 制作出图案其他的部分

图4-53 输入文本

第5章 图像处理

在排版过程中，除了文字的编排与设置之外，图片的运用也是不可忽视的。InDesign软件支持多种图像格式，可以很方便的与Photoshop、Illustrator等软件协同工作，并通过“链接”面板和“库”面板来管理图像文件。

通过本章的学习，读者应该了解图片的置入、编辑和链接等设置方法，掌握剪切路径、投影、不透明度等知识的设置方法。通过实例更好的理解和识记不同图像格式的特点和应用领域，并快速地将所学知识应用到实际工作中。

5.1 图像相关基础知识

在讲述图像处理的操作方法之前，我们有必要先了解一下图像处理的相关知识。这里主要先讲解以下的基本概念。

5.1.1 像素和分辨率

要学习计算机平面设计，必须掌握图像的像素数据是如何被测量与显示的基本知识。

1. 像素

像素是构成图像的最小单位，是图像的基本元素。

2. 分辨率

分辨率是指单位长度内所含像素点的数量，单位为“像素每英寸”（pixel/inch，ppi）。分辨率对处理数码图像非常重要，与图像处理有关的分辨率有图像分辨率、打印机或屏幕分辨率等，如图5-1所示。

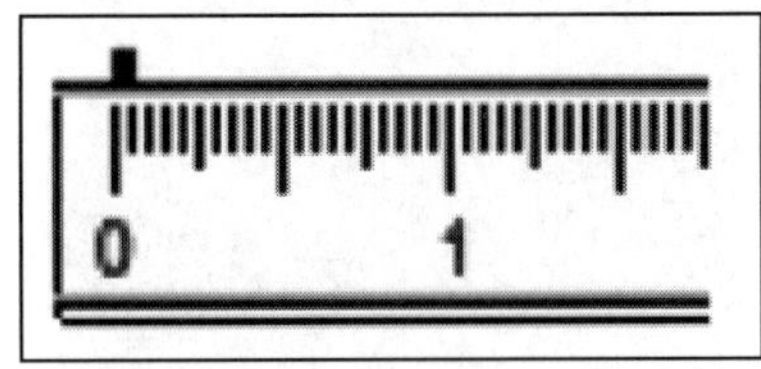

（a）1个像素

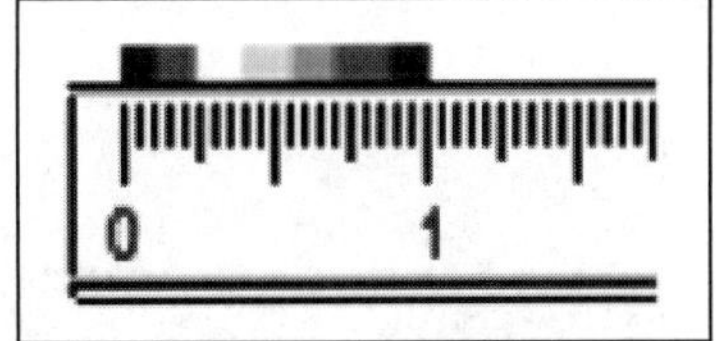

（b）8个像素

图5-1 分辨率

3. 图像分辨率

图像分辨率直接影响图像的清晰度，图像分辨率越高，则图像的清晰度越高，图像占用的存储空间也越大。

4. 显示器分辨率

在显示器中每个单位长度显示的像素或点数，通常以“点每英寸”（dpi）来衡量。显示器的分辨率依赖于显示器尺寸与像素设置，个人计算机显示器的典型分辨率通常为96dpi。

5. 打印机分辨率

与显示器分辨率类似，打印机分辨率也以“点每英寸”来衡量。如果打印机分辨率为300dpi~600dpi，则图像的分辨率最好为72ppi~150ppi；如果打印机的分辨率为1200dpi或更高，则图像分辨率最好为200ppi~300ppi。

> **提示**
>
> 通常情况下，如果希望图像仅用于显示，可将其分辨率设置为96ppi（与显示器分辨率相同）；如果希望图像用于印刷输出，则应将其分辨率设置为300ppi或更高。

5.1.2 图像的种类

计算机图像分为两大类：位图和矢量图。

1. 位图

位图是指以点阵方式保存的图像。它由多个不同颜色的点组成，可以在不同的软件之间转换，主要用于保存各种照片图像。位图的缺点是文件尺寸太大，并且和分辨率有关。因此，当位图的尺寸放大到一定程度后，会出现锯齿现象，图像将变得模糊，如图5-2所示。

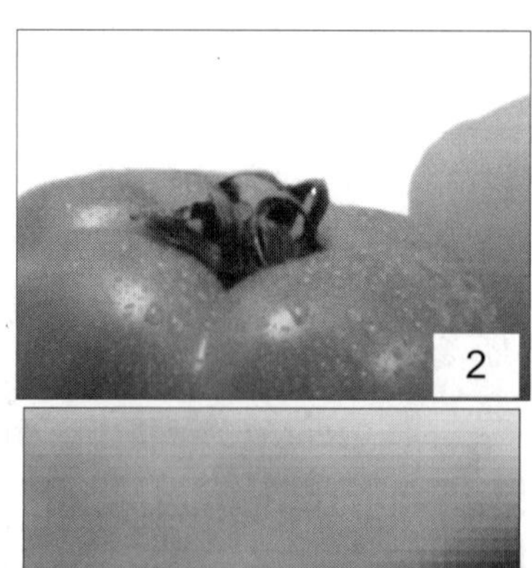

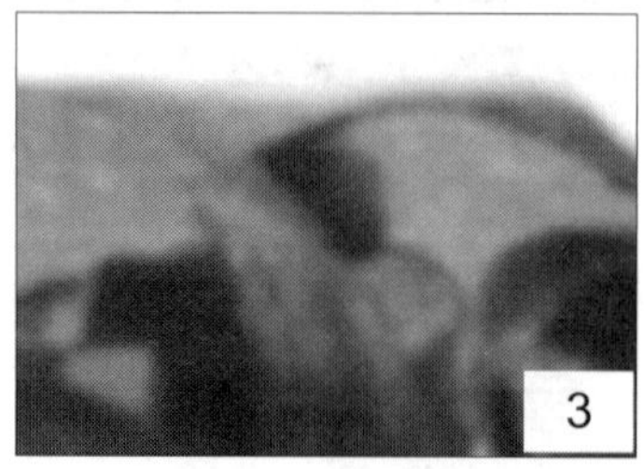

图5-2 位图逐步放大后会出现锯齿现象

2. 矢量图

矢量图是指利用图形的几何特性的数学模型进行描述的各种图形，它与分辨率无关，将图形放大到任意程度，都不会失真，如图5-3所示。

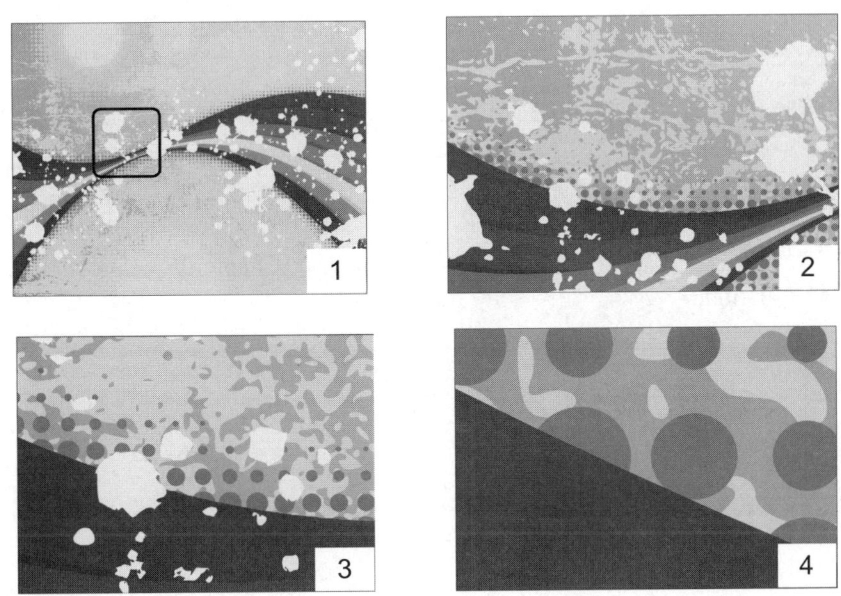

图5-3 矢量图放大到任意程度，都不会失真

5.2 置入图像

在InDesign中置入图形或图像的方法有很多，可以根据不同的情况选择不同的方法。同时，InDesign还支持各种模式的图形或图像文件，常用的有Photoshop产生的PSD格式文件、PNG格式文件以及TIFF格式、EPS格式、JPEG格式等。

下面通过实例来讲解，实例效果如图5-4所示。

图5-4 实例效果

5.2.1 置入一般图像

使用“置入”命令可以直接将图片置入，图片将会放置在自动建立的框架内，也可以先绘制一个图形框架，将图片置入到预先绘制好的框架内。

1. 直接置入图片

利用直接置入的方式，InDesign会自动建立一个适合图片大小的图片框，以呈现完整的图片大小。

下面通过一个实例来具体的讲解：

Step 01 执行“文件”｜“打开”命令，打开本书附带光盘\Chapter05\欢乐购物乐翻天\“欢乐购物乐翻天-01.indd”文件，如图5-5所示。

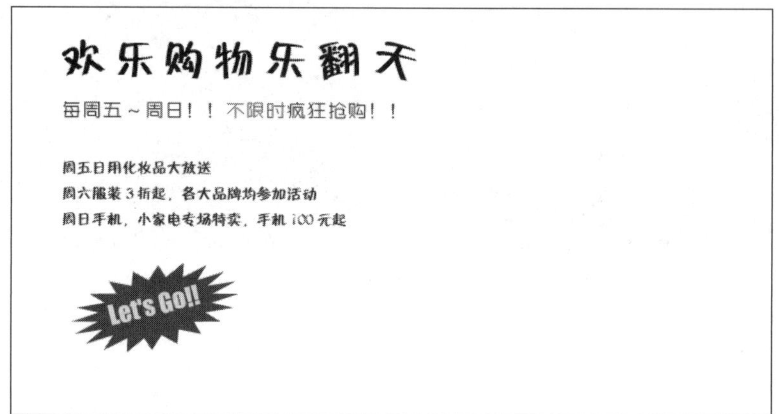

图5-5 打开文件

Step 02 执行“文件”｜“置入”命令，在弹出的“置入”对话框中，从“查找范围”中选择文本所在的文件夹，在该对话框中选择素材图片“bj.jpg”，并且勾选“显示导入选项”复选框，如图5-6所示。

图5-6 “置入”对话框

Step 03 设置完毕后，单击“打开”按钮，即可弹出“图像导入选项”对话框，如图5-7所示。

图5-7 “图像导入选项”对话框

Step 04 单击“颜色”标签切换到“颜色”选项卡，如图5-8所示。其中“配置文件”下拉列表用于设置和导入文件色域匹配的颜色源配置；“渲染方法”下拉列表用于设置输出图像颜色的方法。

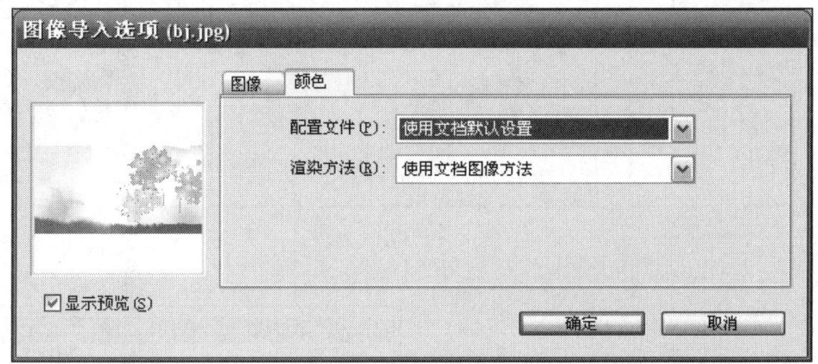

图5-8 颜色选项卡

Step 05 在这里保持对话框的默认设置，单击“确定”按钮，在页面的左上角单击，将图像导入。在图像上单击鼠标右键，在弹出的快捷菜单中选择“排列”｜“置为底层”命令，此时的效果如图5-9所示。

图5-9 实例效果

2. 将图片置入到指定的框架内

Step 01 在工具箱中选择“矩形框架工具”，在页面中单击鼠标左键，在弹出的“矩形”对话框中设置尺寸为34毫米×44毫米，单击确定按钮新建框架，如图5-10所示。

Step 02 保持框架的选中状态，执行“文件”｜“置入”命令，在弹出的“置入”对话框中，从“查找范围”中选择文本所在的文件夹，在该对话框中选择素材图片“1.jpg”，单击“确定”按钮保存设置，导入效果如图5-11所示。

提示

要在添加文本和图形之前初步确定设计，或者还不具备要使用的内容时，则可以使用框架作为占位符。

Step 03 在工具箱中选择“直接选择工具”，选中导入的图片，按住Ctrl+Shift键的同时调整素材在框架内的显示，如图5-12所示。

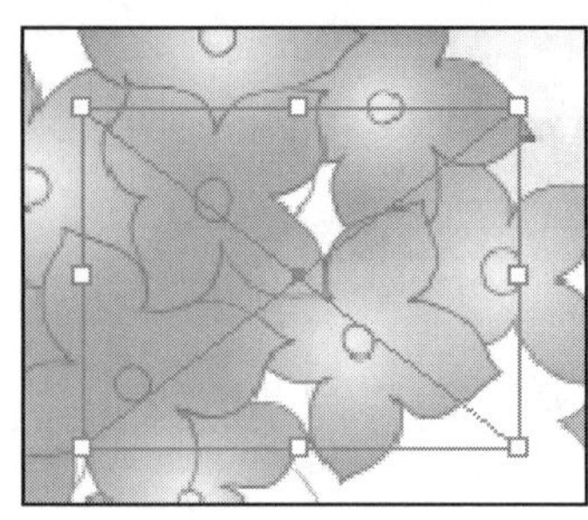

图5-10 新建框架

图5-11 置入图片

图5-12 调整大小比例

Step 04 用户也可以使用“适合”命令来自动调整图片与框架的大小关系。只需使用“选择工具”选中图像框架，执行“对象”｜“适合”命令，如图5-13所示，然后在“适合”菜单中可以选择一种调整类型即可。

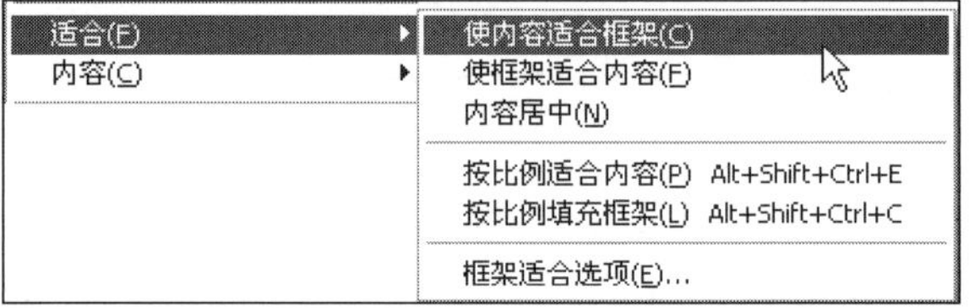

图5-13 选择适合命令

其中主要命令含义如下。

◎ “使内容适合框架”命令：此命令可以调整图片使其适合图形框架的大小，如图5-14所示为导入后的状态，如图5-15所示为使内容适合框架效果。

◎ “使框架适合内容”命令：此命令可以调整图形框架使其适合图片的大小，如图5-16所示。

◎ “内容居中”命令：此命令可以将图片调整至图形框架的居中位置，但不调整图片或图片框架的大小，如图5-17所示。

◎ “按比例适合内容”命令：此命令可以调整图片大小使其适合框架，但图片缩放的同时保持比例，如图5-18所示。

◎ “按比例填充框架”命令：此命令可以调整图片的大小使其充满框架，但图片缩放的同时保持比例，如图5-19所示。

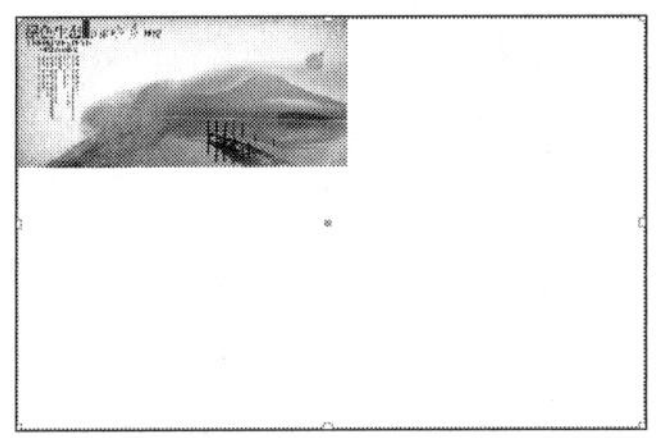
图5-14 导入后的状态

图5-15 使内容适合框架效果

图5-16 使框架适合内容

图5-17 内容居中

图5-18 按比例适合内容

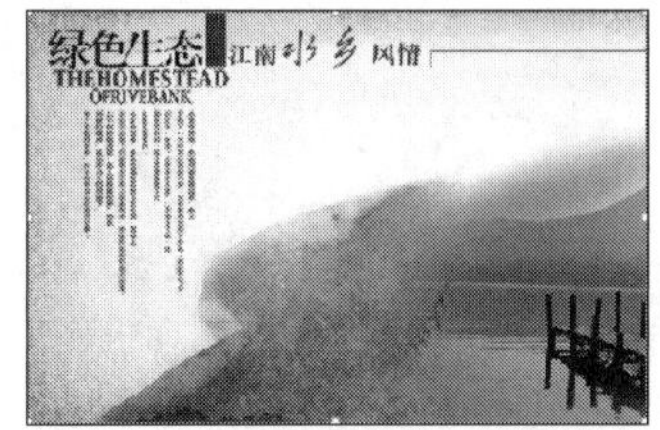
图5-19 按比例填充框架

5.2.2 置入Adobe Photoshop图像

置入Adobe Photoshop图片时，可以应用在Photoshop中创建的路径、蒙板或Alpha通道去除背景，也可以控制图层的显示情况。

Step 01 继续实例的制作。按住Alt键的同时按下鼠标左键拖动之前新建的框架，制作一个框架副本。

用户如果在绘制过程中发现创建的框架需要转换，可以执行下面的操作：

◎ 使用路径或文本框架作为图形占位符框架：选择一个路径或一个空文本框架，然后执行“对象”|“内容”|“图形”命令。

◎ 使用路径或图形框架作为文本占位符框架：选择一个路径或一个空图形框架，然后执行“对象”|“内容”|“文本”命令。

◎ 使用文本或图形框架作为路径：选择空架，然后执行“对象”|“内容”|“未指定”命令。

Step 02 执行“文件”|“置入”命令，在弹出的“置入”对话框中，从“查找范围”中选择文本所在的文件夹，在该对话框中选择素材图片“5.psd”文件，单击“打开”按钮。

Step 03 打开的“图像导入选项”对话框中，可以设置导入图片的图像、颜色和图层。如图5-20所示的为“图像导入选项”对话框。目前处于“图层”选项卡中，此选项卡用于设置图层的可视性，以及查看不同的图层。

Step 04 如果导入的图片中存储有路径、蒙板、Alpha通道，也可以切换到“图像”选项卡，在Alpha通道下拉列表中可以选择应用Photoshop路径或Alpha通道去除背景。

Step 05 设置完成后，单击“确定”按钮即可。

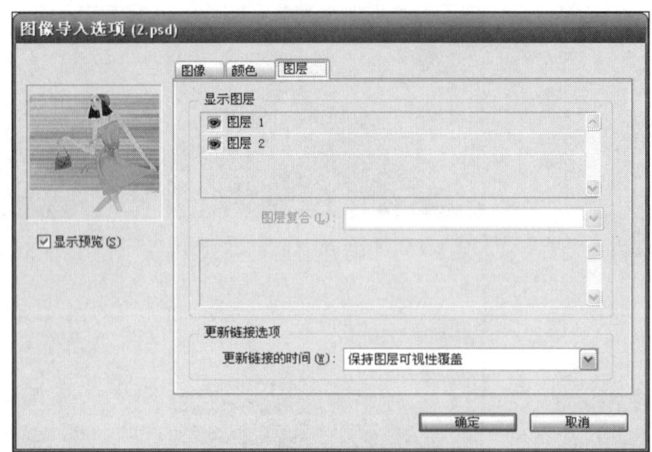

图5-20 “图像导入选项”对话框

5.2.3 置入PNG图像

PNG格式文件支持在Alpha通道或指定颜色中使用透明度，PNG的颜色支持使它比GIF更适合于印刷文档。但是，置入InDesign文档中的彩色PNG是RGB位图图形，因此它们只能打印为复合色，而不是分色。

Step 01 按住Alt键的同时拖动之前新建的框架，制作一个框架副本。

Step 02 执行“文件”｜“置入”命令，在弹出的“置入”对话框中，从“查找范围”中选择文本所在的文件夹，在该对话框中选择素材图片“3.png”文件，单击“打开”按钮。

Step 03 打开的“图像导入选项”对话框中，可以设置导入图片的图像、颜色，以及PNG设置，如图5-21所示。

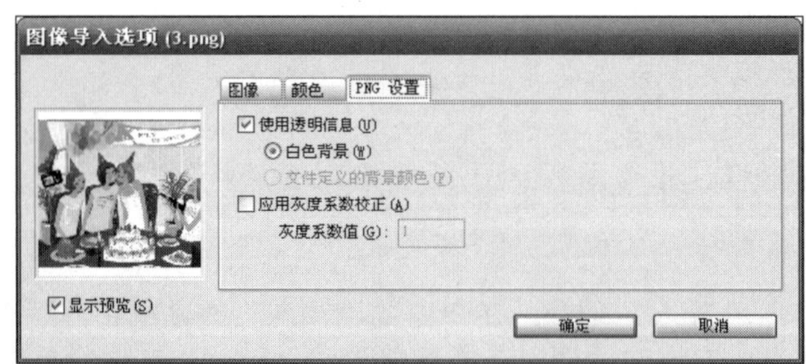

图5-21 “PNG设置”选项卡

各主要选项含义如下。

◎ “使用透明信息”选项：如果PNG图形包含透明度时，将启用此项。如果导入的PNG文件包含透明度，勾选此复选框，则图形只在背景透明的位置交互。

◎ “白色背景”选项：当PNG图像不包含文件定义的背景颜色时，将选中此项。如果单击此单选按钮，则在应用透明信息时会以白色为背景颜色。

◎ “文件定义的背景颜色”选项：默认情况下，如果使用非白色背景颜色存储PNG图形，并选择了“使用透明信息”，则会选择此选项。如果不想使用默认背景颜色，可以单击“白色背景”，导入具有白色背景的图形或取消选择“使用透明信息”复选框，导入没有任何透明度的图形。

◎ “应用灰度系数校正”选项：勾选此复选框，可以在置入PNG图形时调整其灰度系数值。使用此选项，可以使用图像灰度系数与用于打印或显示图像的设备的灰度系数匹配。取消此选项，将在不应用任何灰度系数校正的情况下置入图像。默认情况下，如果PNG图像存储有灰度系数值，则会选中此选项。

◎ “灰度系数值”选项：此选项显示与图像存储在一起的灰度系数值。要更改此数值，可以输入一个介于0.01到3.0之间的正数。

Step 04 设置完毕后，单击“确定”按钮即可导入图片，此时的效果如图5-22所示。

Step 05 在工具箱中单击“选择工具”，依次选中图中的三个图片框架，执行“窗口”|“描边”命令，在打开的“描边”对话框中设置“描边”选项的数值为6毫米。

Step 06 在工具箱中单击“旋转工具”，然后对图片的方向进行调整，效果如图5-23所示。

Step 07 选中图片框架，单击鼠标右键，在弹出的快捷菜单中选择“效果”|“投影”命令，在打开的“投影”对话框中设置“距离”为5毫米，单击“确定”按钮添加阴影，添加后的效果如图5-4所示。

图5-22 导入图片

图5-23 添加描边并旋转

5.3 图形显示方式

在InDesign中，可以修改图片的显示分辨率，读者可以调整成适合自己需要的显示模式。

执行“视图”|“显示性能”命令，然后从子菜单中选择一个需要的选项，即可调整显示方式，如图5-24所示。

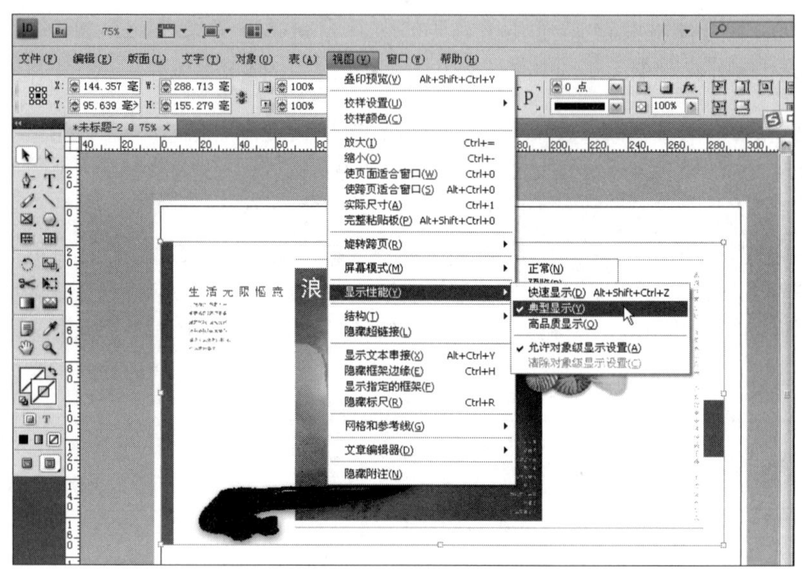

图5-24 显示性能

提示

利用“显示性能”首选项可以设置默认显示选项，InDeisgn会将此选项用于每一个打开的文档。执行“编辑”|“首选项”|“显示性能”命令，可以打开“首选项”对话框，来自定义每个显示性能选项。

可以看到，InDesign中提供了3个显示性能选项：如图5-25所示，从左至右依次为快速显示、典型显示和高品质显示。这些选项控制着图形在屏幕上的显示方式，但不影响打印品质或导出的效果。用户可以根据所需显示速度和所要求查看的图片质量进行控制。

各主要选项含义如下。

- ◎ 快速显示：将图片以灰色色块显示。快速显示质量最低，但是翻阅包含大量图像或透明效果的跨页时，速度较快。
- ◎ 典型显示：以中间质量来显示图片与其透明度。“典型显示”是默认选项，并且显示时可识别图像的最快捷的方式。
- ◎ 高品质显示：以高分辨率来显示图片与其透明度。此选项显示的图片质量最好，但执行速度最慢。一般在需要微调图像时使用。

提示

“高品质显示”选项可提供最高的显示品质，但是其执行速度最慢，该选项一般在需要微调图像时使用。

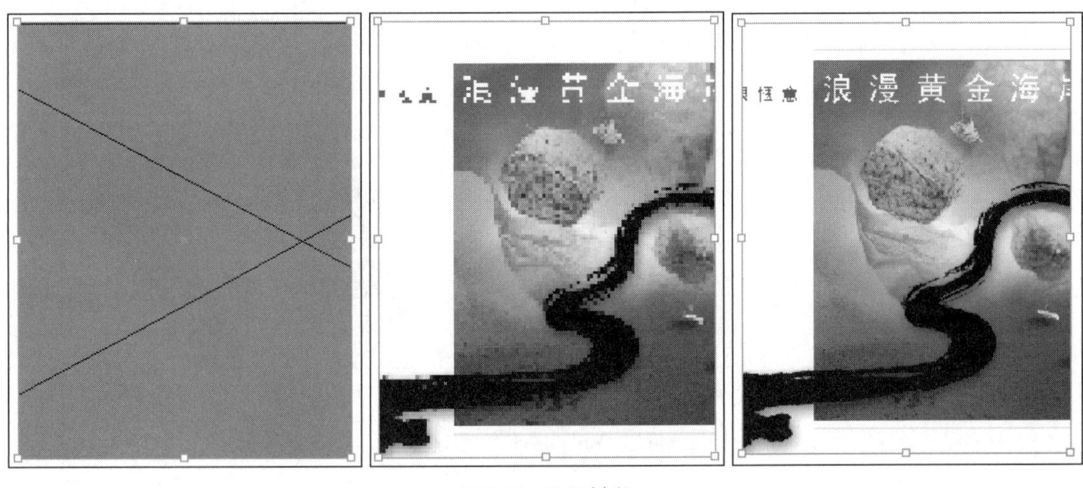

图5-25 显示性能

5.4 剪切路径

InDesign中，在排版时对一些图片的简单编辑不再需要另外打开图片编辑软件来修改图片。例如，通过“剪切路径”功能，可以将置入的图片去除背景。下面通过实例来详细介绍。实例效果如图5-26所示。

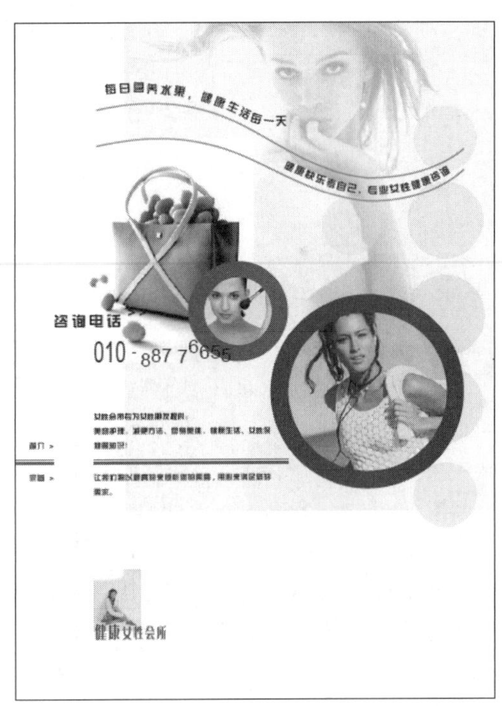

图5-26 实例效果

5.4.1 自动创建剪切路径

使用“检测边缘”命令，可以自动完成去除背景的操作。图片中主体与背景的色彩差别较大时，或者背景颜色相对单一时，使用此命令去除背景较为合适。

Step 01 执行“文件”|“打开”命令，打开本书附带光盘\Chapter05\健康女性会所\“健康女性会所-01.indd”文件，如图5-27所示。

Step 02 执行“文件”|“置入”命令，在弹出的“置入”对话框中，从“查找范围”中选择文本所在的文件夹，在该对话框中选择素材图片“图片1.jpg”，单击“打开”按钮将其导入，放置在如图5-28所示的位置。

图5-27 打开文件

图5-28 置入图片

Step 03 保持导入的图片在选中的状态下，执行“对象”｜“剪切路径”｜“选项”命令，打开“剪切路径”对话框，在“类型”下拉列表中选择“检测边缘”选项，如图5-29所示。

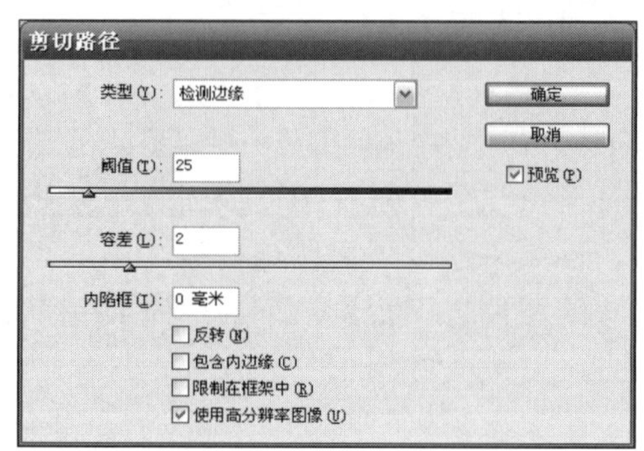

图5-29 “剪切路径”对话框

其中各主要选项含义如下。

◎ “阈值”选项：用于设置图片生成的剪切路径的最暗像素值。数值越大，图片包含越深的色域值，所选择的范围就越广；数值越小，图片包含越浅的色域值，所选择的范围也就越小，如图5-30左图所示为“阈值”为55的效果，右图所示为“阈值”为99的效果。

图5-30 设置阈值

◎ “容差”选项：此选项用于设置剪切路径与临界值之间的距离。数值越小，选择范围越容易呈现锯齿状；数值越大，选择范围越平滑。如图5-31所示，两张图片的“阈值”都为55，左图“容差”选项的数值为1，右图“容差”选项的数值为10。

◎ “内陷框”选项：此选项用于扩展或收缩图片边缘想要显示的范围，如图5-32左图所示“内陷框”选项的数值为-5，右图所示“内陷框”选项的数值为10。

图5-31 设置容差数值

图5-32 设置内陷框数值

◎ “反转”选项：该选项通过将最暗色调作为剪切路径，来切换可见和隐藏区域。

◎ “包含内边缘”选项：使存在于原始剪切路径内部的区域变得透明。

◎ “限制在框架中”选项：此选项用于创建终止于图形可见边缘的剪切路径。

◎ “使用高分辨率图像”选项：为了获得最大的精度，应使用实际文件计算透明区域。

Step 04 本实例设置“阈值”选项的数值为25，设置“容差”选项的数值为0，如图5-33所示。设置完成的效果如图5-34所示。

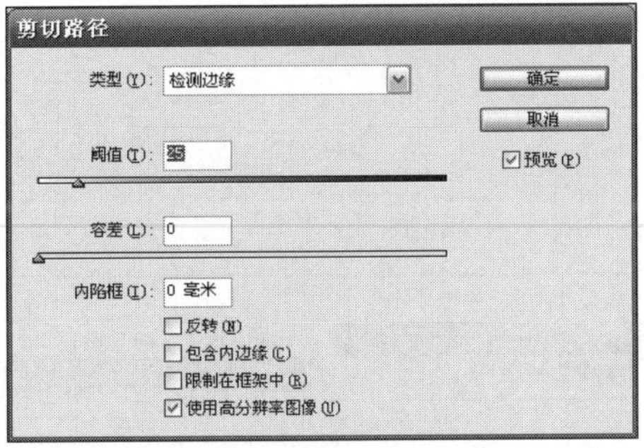

图5-33 “剪切路径”对话框

图5-34 剪切路径后的效果

5.4.2 使用Alpha通道进行剪切

当图片颜色和形状较为复杂时，可以将图片在Photoshop中进行制作，并存储一个通道，然后置入到InDesign文档中，应用剪切路径功能中的Alpha通道进行剪切。

Step 01 继续执行“文件”|“置入”命令，在弹出的“置入”对话框中，从“查找范围”中选择文本所在的文件夹，在该对话框中选择素材图片“图片5.psd”，单击“打开”按钮将其导入，放置在如图5-35所示的位置。

Step 02 保持导入的图片在选中的状态下，执行“对象”|“剪切路径”|“选项”命令，打开“剪切路径”对话框，在“类型”下拉列表中选择“Alpha通道”选项，如图5-36所示。

图5-35 置入图片

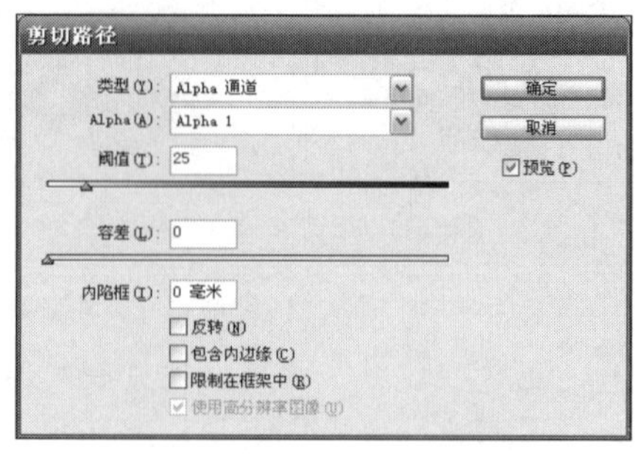

图5-36 设置阈值

Step 03 保持“阈值”选项的数值为25，设置“容差”选项的数值为0，此时的效果如图5-37所示。

Step 04 可以看到现在的框架和中间的图片的形状有一段距离，所以分别选中两张图片，执行“对象”｜“剪切路径”｜“将剪切路径转换为框架”命令，如图5-38所示。

图5-37 设置阈值后的效果

图5-38 选择“将剪切路径转换为框架”命令

Step 05 在工具箱中选择“椭圆工具”，分别按住Shift键的同时为图片添加边框，设置“描边”选项为50点，设置描边色分别为“紫红色”（C：0，M：100；Y：0，K：0）和“深紫色”（C：60，M：94，Y：37，K：0），对比效果如图5-39所示。

图5-39 对比效果

Step 06 参照源文件添加上相关的路径文本和段落文本，即可完成实例，最终效果如图5-26所示。

5.4.3 使用Photoshop路径进行剪切

如果置入的图片中有在Photoshop中存储的路径，可以使用“剪切路径”功能中的“Photoshop路径”选项对图片进行剪切。操作方式与Alpha通道的剪切方式基本相同。

用户只要选中需要剪切的图形，执行“对象”|“剪切路径”|“选项”命令，打开“剪切路径”对话框，在“类型”下拉列表中选择“Photoshop路径”选项即可，它设置方式与前面介绍的相同，在此不再赘述。

5.5 文本绕排

当图片和文本在同一图层中，文本与图像有重叠，而又不想让文字被图形图像遮盖，需要让文字绕开图形图像时，就可以使用文本绕排解决。

下面通过实例来详细讲解，实例效果如图5-40所示。

西式面点
——面包

面包是一种把面粉加水和其它辅助原料等调匀，发酵后烤制而成的食品。早在1万多年前，西亚一带的古代民族就已种植小麦和大麦。那时是利用石板将谷物碾压成粉，与水调和后在烧热的石板上烘烤。这就是面包的起源，但它还是未发酵的“死面”，也许叫做“烤饼”更为合适。大约与此同时，北美的古代印地安人也用橡实和某些植物的籽实磨粉制作“烤饼”。

大约在公元前3000年前后，古埃及人最先掌握了制作发酵面包的技术。最初的发酵方法可能是偶然发现的：和好的面团在温暖处放久了，受到空气中酵母菌的侵入，导致发酵、膨胀、变酸，再经烤制便得到了远比“烤饼”松软的一种新面食，这便是世界上最早的面包。古埃及的面包师最初是用酸面团发酵，后来改进为使用经过培养的酵母。

现今发现的世界上最早的面包坊诞生于公元前2500多年前的古埃及。大约在公元前13世纪，摩西带领希伯来人大迁徙，将面包制作技术带出了埃及。至今，在犹太人的“逾越节”时，仍制作一种那里叫做“马佐（matzo）”的膨胀饼状面包，以纪念犹太人从埃及出走。公元2世纪末，罗马的面包师行会统一了制作面包的技术和酵母菌种。他们经过实践比较，选用酿酒的酵母液作为标准酵母。

在古代漫长的岁月里，白面包是上层权贵们的奢侈品，普通大众只能以裸麦制作的黑面包为食。直到19世纪，面粉加工机械得到很大发展，小麦品种也得到改良，面包才变的软滑洁白了。

今天的面包大多数是由工厂的自动化生产线生产的，由于在面粉的精加工研磨过程中维生素损失较多，所以美国等国家在生产面包时经常添加维生素、矿物质等。另外，近年来不少人认为保留麸皮和麦芽对健康更有好处，因此粗面包又再度流行。

图5-40 实例效果

5.5.1 应用文本绕排

InDesign的文本绕排功能，可以轻松的将图片与文字融合成一体。另外，利用在文字中插入图片的功能，可以将图片与文字结合成一个对象。

Step 01 执行“文件”｜“打开”命令，打开本书附带光盘\Chapter05\西式西点\“西式西点-01.indd”文件，如图5-41所示。

图5-41 打开文件

Step 02 选中要应用文本绕排的图片，如图5-42所示。

Step 03 执行“窗口”｜“文本绕排”命令，打开“文本绕排”面板，如图5-43所示。“文本绕排”面板上方的一排图片为绕排方式，从左到右分别为“无文本绕排”、“沿定界框绕排”、“沿对象形状绕排”、“上下型绕排”、“下型绕排”。

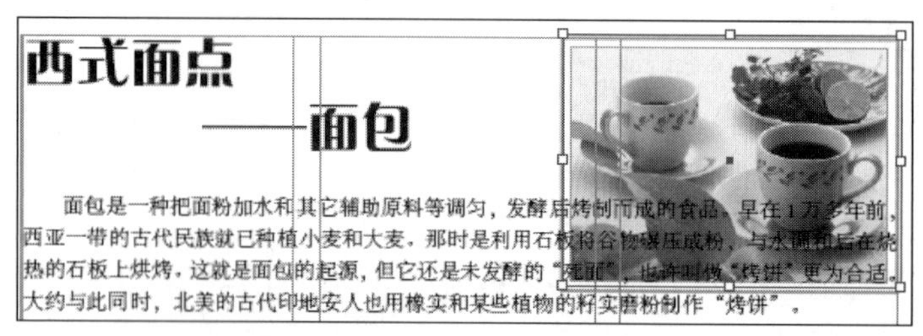

图5-42 选中图片

图5-43 “文本绕排”面板

其中各主要选项含义如下。

◎ “无文本绕排”选项：图片与文字不会有排挤效果，文本与图片还是重叠状态。

◎ “沿定界框绕排”选项：文本沿对象的定界框绕排。文本与图片的距离可以自行设定，如图5-44所示为距离为0毫米的状态，如图5-45所示为距离为2毫米的状态，如图5-46所示为距离为下方4毫米的状态。

◎ “沿对象形状绕排”选项：文本沿着图片或图形的形状绕排。文本与对象的距离可以自行设定，如图5-47所示为没有应用绕排的效果；如图5-48所示为应用“沿对象形状绕排”

方式，距离为0毫米的效果；如图5-49所示为应用“沿对象形状绕排”方式，距离为5毫米的效果。

图5-44　0毫米的状态

图5-45　5毫米的状态

图5-46　4毫米的状态

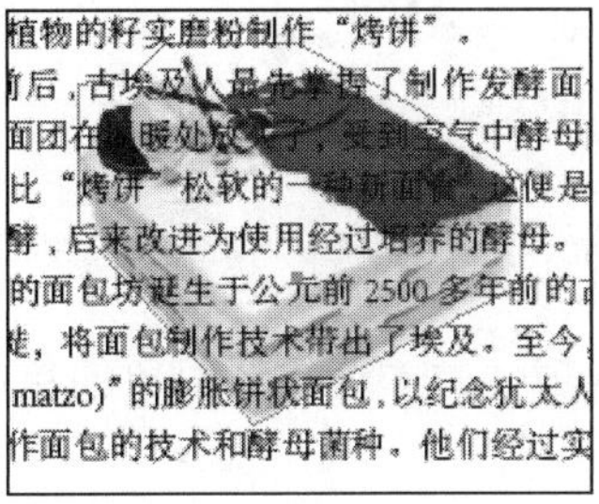

图5-47　没有应用绕排的效果

图5-48　距离为0毫米的效果

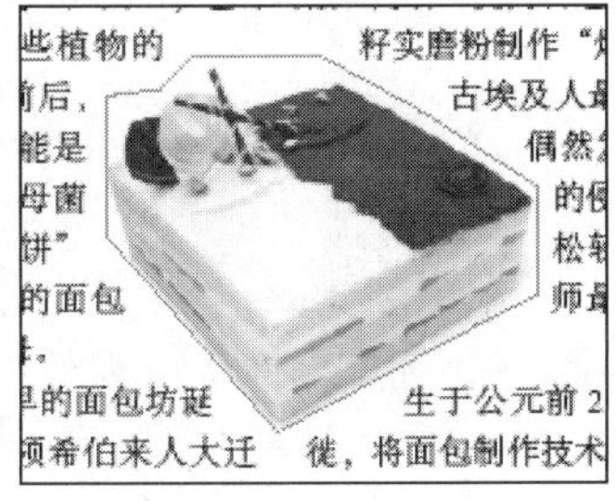

图5-49　距离为5毫米的效果

◎ “上下型绕排”选项：文本跳过对象所在行，只在对象的上下有文本存在。如图5-50所示。

◎ “下型绕排”选项：文本只在对象的上方，文字走到对象下方后会自动跳到下一页，如图5-51所示。

图5-50　上下型绕排

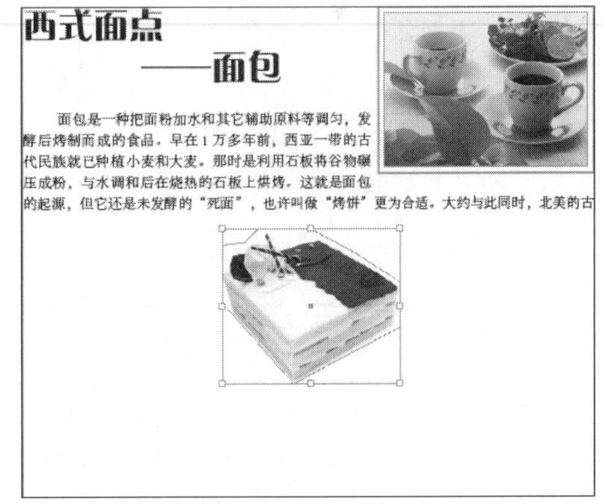

图5-51　下型绕排

◎ “反转”选项：将绕排在图像周围的文本放置在图像中，图像的左右无文本，对比效果如图5-52所示。

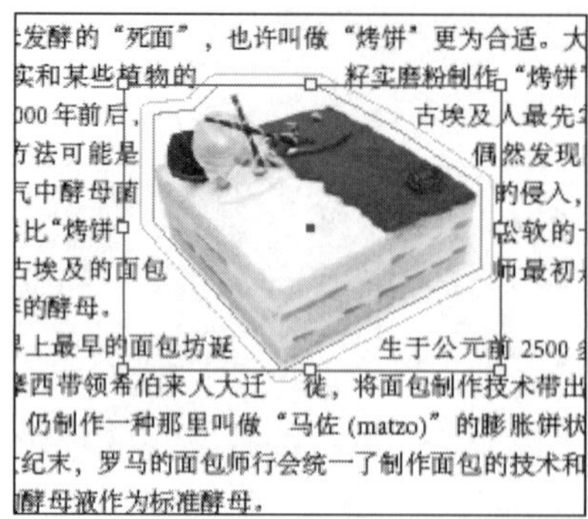

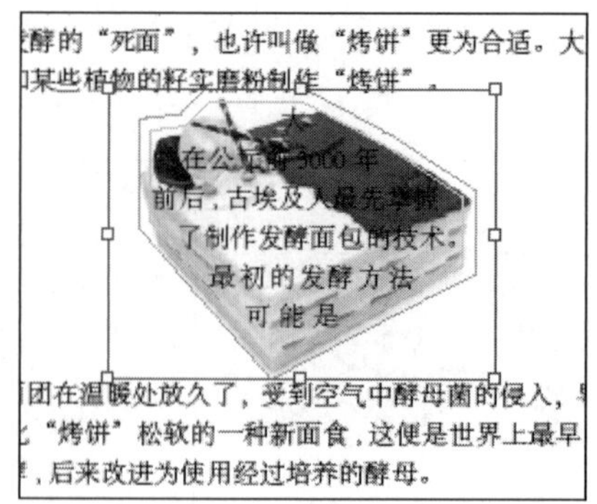

图5-52 对比效果

Step 04 在“文本绕排”面板的上、下、左、右位移文本框中设置绕排位移的值，如图5-53所示，如果数值为正值，绕排将远离框的边缘；如果是负值，绕排边界将位于框边缘内。

提示

如果图片应用“沿对象形状绕排”命令，则只有上位移可以设置。

Step 05 在“绕排至”下拉列表中列出了几个绕排选项，这些选项使文本绕排至对象的特定一侧或书脊的特定一侧，如图5-54所示。

提示

此项仅在选择了“沿定界框绕排”或“沿对象形状绕排”时才可用。

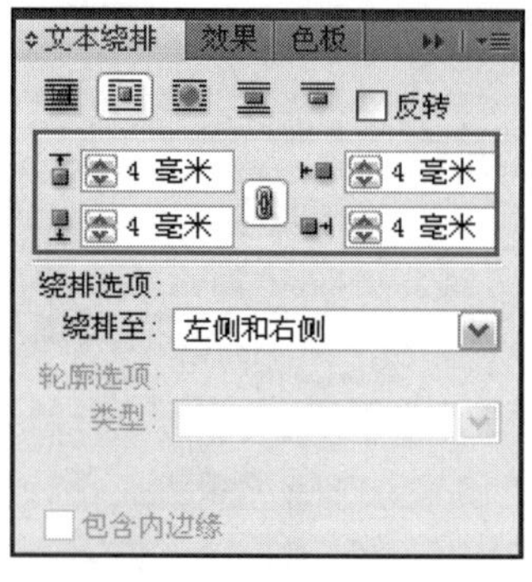

图5-53 设置绕排位移

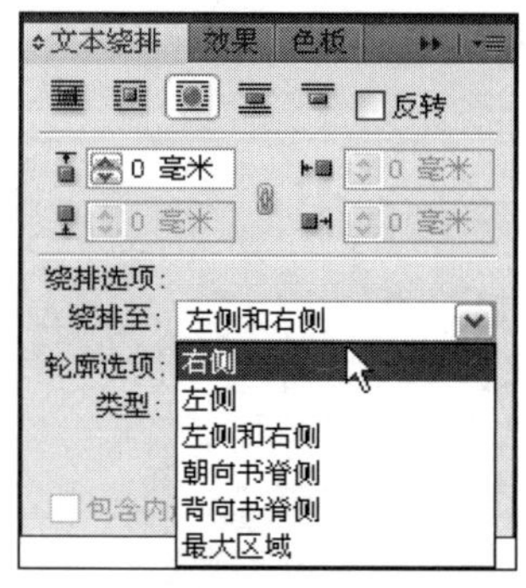

图5-54 在“绕排至”下拉列表中进行选择

Step 06 如果是导入的带有Alpha通道或Photoshop路径的图片，并且应用“沿对象形状绕排”时，则可以在“类型”下拉列表中选择绕排要应用的轮廓，如图5-55所示。

Step 07 本实例选中位于右上侧的图片，选中“沿定界框绕排”选项，设置位移选项的数值为4毫米；选中位于中间的图片，选中“沿对象形状绕排”选项，设置位移选项的数值为5毫米。如图5-56所示。

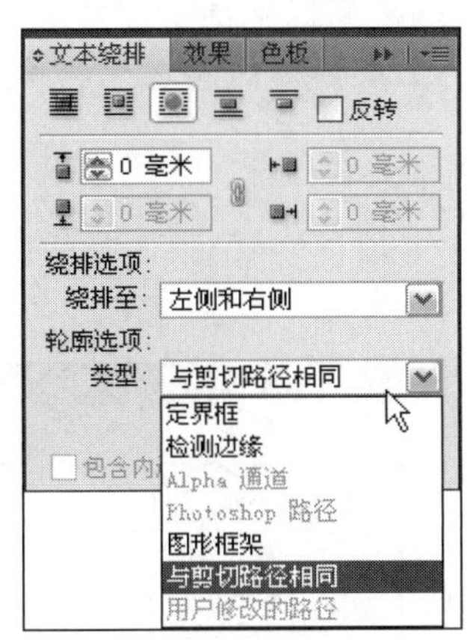

图5-55 在“类型”下拉列表中进行选择

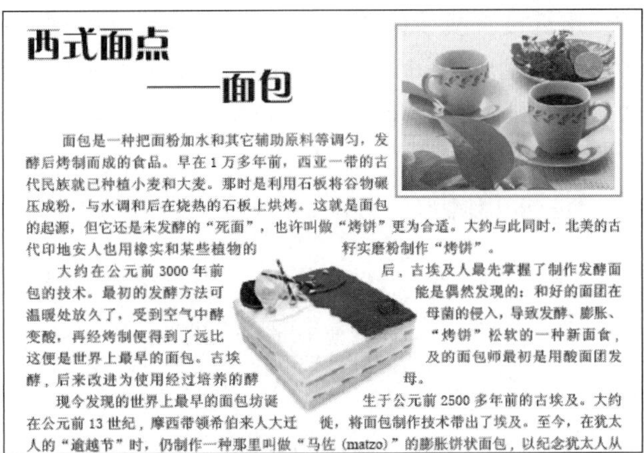

西式面点
——面包

面包是一种把面粉加水和其它辅助原料等调匀，发酵后烤制而成的食品。早在1万多年前，西亚一带的古代民族就已种植小麦和大麦。那时是利用石板将谷物碾压成粉，与水调和后在烧热的石板上烘烤。这就是面包的起源，但它还是未发酵的“死面”，也许叫做“烤饼”更为合适。大约与此同时，北美的古代印地安人也用橡实和某些植物的籽实磨粉制作“烤饼”。

大约在公元前3000年前后，古埃及人最先掌握了制作发酵面包的技术。最初的发酵方法可能是偶然发现的：和好的面团在温暖处放久了，受到空气中酵母菌的侵入，导致发酵、膨胀、变酸，再经烤制便得到了远比“烤饼”松软的一种新面食，这便是世界上最早的面包。古埃及的面包师最初是用酸面团发酵，后来改进为使用经过培养的酵母。

现今发现的世界上最早的面包坊诞生于公元前2500多年前的古埃及。大约在公元前13世纪，摩西带领希伯来人大迁徙，将面包制作技术带出了埃及。至今，在犹太人的“逾越节”时，仍制作一种那里叫做“马佐(matzo)”的膨胀饼状面包，以纪念犹太人从

图5-56 显示性能

5.5.2 更改文本绕排的形状

如果觉得图片的框架或轮廓不能满足需要，可以修改绕排图片的框架或轮廓，使文本绕排效果与实际需要更相符合。

本实例首先选中位于中心的图片，然后在工具箱中单击“直接选中工具”选中需要编辑的锚点进行拖动，或者也可以使用“钢笔工具”来编辑锚点。如图5-57所示为更改前后的对比效果。

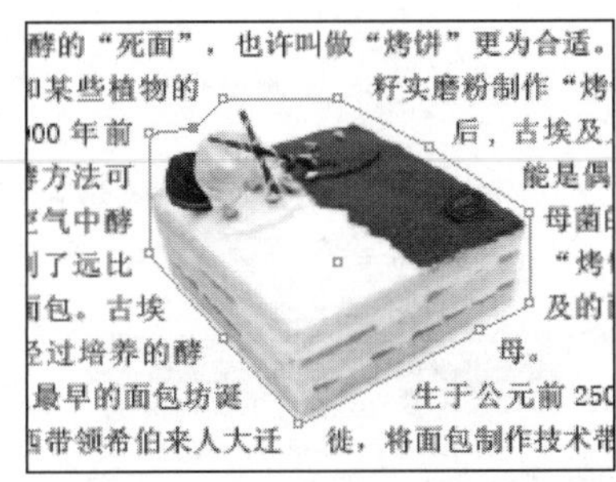

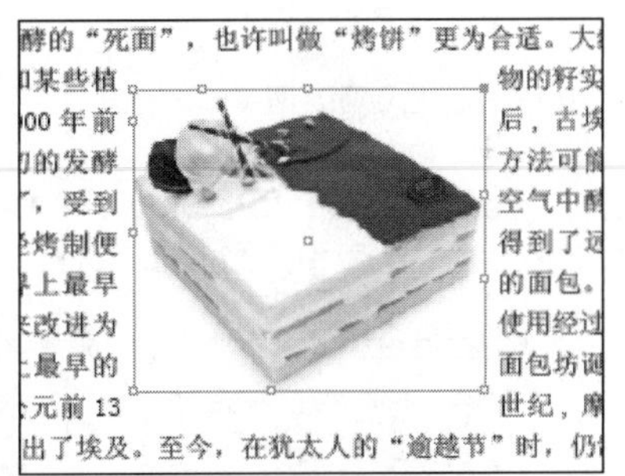

图5-57 对比效果

提示

按住Ctrl键的同时可以单击选中位于底层的图片。

5.6 图片的链接

将图片置入InDesign文件后，InDesign是通过链接的方式来显示图片。由于图片可以存储在文档文件外部，因此使用链接可以最大程度地降低文档大小。此外，在导出或打印文档

时，将使用链接查找原始图像，然后根据原始图像的完全分辨率创建最终输出。

所有置入到InDesign文档中的图像都将列在“链接”面板中，用户可以在该面板中对置入图像的链接关系进行调整。

5.6.1 链接面板

Step 01 执行“窗口”|“链接”命令，或者按下Ctrl+Shift+D键，可以打开“链接”面板，如图5-58所示。

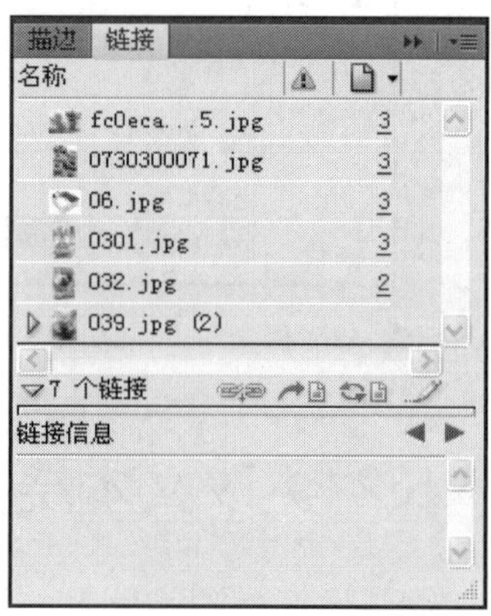

图5-58 “链接”面板

各主要选项含义如下。

◎ “缺失”按钮：带问号的红色圆形为缺失文件的链接图标，便是图形不在位于导入的位置，可能是存放位置或文件名称已经修改，或者是已被删除了，但仍存放于某个地方。

◎ “修改”按钮：带感叹号的黄色三角形为修改文件的链接图标，表示图片已被修改，而文档中的图片的属性是修改之前的属性。必须更新才会显示新的图片属性。

◎ “转到链接”按钮：可以快速切换至图片所置入的页面与位置。

◎ “重新链接”按钮：可以打开“定位文件”对话框，重新查找与链接文件。

◎ “编辑原稿”按钮：可以打开系统中所安装的图片视图或编辑软件，以进行图片的编辑工作。

◎ “更新链接”按钮：可自动搜寻并将图片修改至更新后的属性。

Step 02 在“链接”面板中选中“032.jpg”文件，然后单击面板底部的“转到链接”按钮，此时将选中页面中的“032.jpg”文件，并将图片文件完整显示，如图5-59所示。

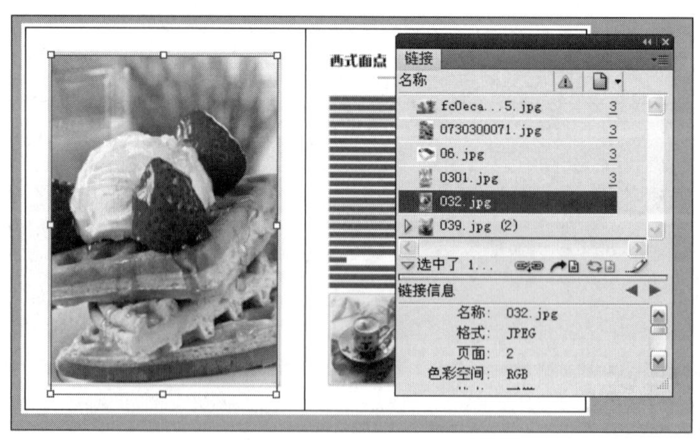

图5-59 转到链接

Step 03 选中“0301.jpg”文件，单击面板底部的“重新链接”按钮，即可打开“重新链接”对话框，在对话框中选择“03.jpg”文件，如图5-60示。单击“打开”按钮，页面中的“0301.jpg”文件即可替换为“03.jpg”文件，如图5-61所示。

图5-60　重新链接

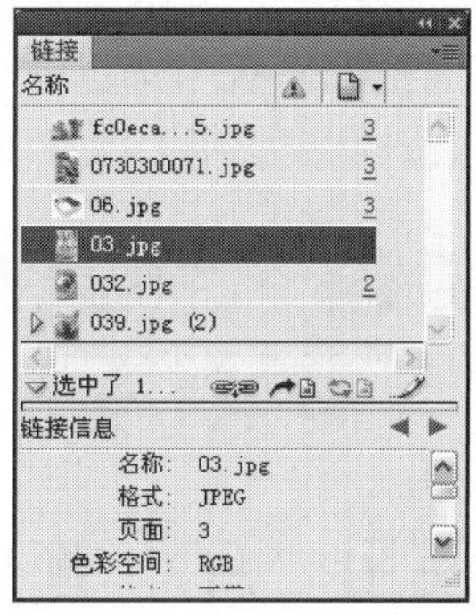

图5-61　重新链接图片

Step 04 按照相同的方法对其他的图片也进行重新链接，链接后的面板如图5-62所示。

Step 05 在“链接”面板中选择“01.jpg”文件，单击“编辑原稿”按钮，即可在“Windows图片和传真查看器”中查看文件。单击底部的编辑按钮，即可在打开的“画图”编辑器中进行编辑，编辑完成后，将文件保存。在InDesign软件中即可查看到效果，如图5-63所示。

Step 06 双击“链接”面板中的项目，即可在“链接”面板下方展开“链接信息”面板，如图5-64所示。

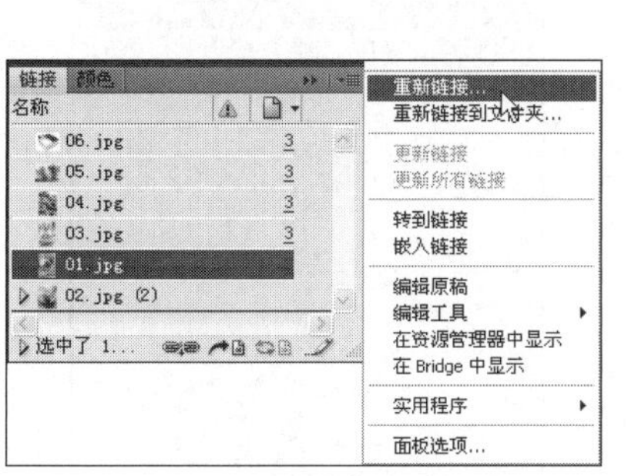

图5-62　重新链接后

图5-63　在“画图”编辑器中进行编辑

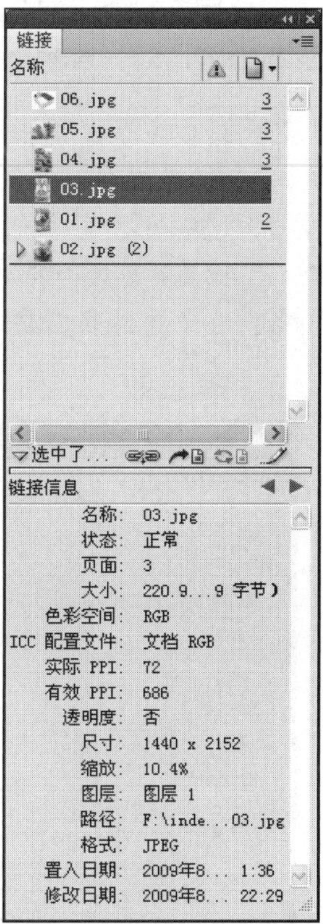

图5-64　链接信息

5.6.2 将文件嵌入文档中

嵌入文件时，会断开指向原始文件的链接。如果没有链接，当原始文件发生更改时，“链接”面板将不会发出警告，也无法自动更新相应的文件。

在“链接”面板中选择一个文件，在扩展侧菜单中选择“嵌入链接”命令，即可嵌入文件。文件嵌入文档之后，文件将保留在“链接”面板中，并标记有嵌入的链接图标。

> 提示
>
> 嵌入文件会增加文档文件的大小。

5.7 使用“库”管理对象

在“对象库”中可以存储参考线、绘制的形状和导入的图片和文本。在需要使用的时候，读者可以直接从“对象库”中将存储的内容置入到当前的文档中。在不需要的时候可以将“对象库”关闭，但不会丢失库中的内容。

5.7.1 新建对象库

对象库在磁盘上是以命名文件的形式存在的。库在打开后将显示为面板形式，可以与其他面板编组，对象库的文件名将显示在面板选项卡中。下面通过实例来进行详细的讲解。

Step 01 执行“文件” | “打开”命令，打开本书附带光盘\Chapter05\西式面点\“西式面点-02.indd”文件。

Step 02 执行“文件” | “新建” | “库”命令，打开“新建库”对话框，在对话框中选择存储库的位置，如图5-65所示。

Step 03 在“文件名”文本框中可以自行命名，设置完成后单击“保存”按钮即可打开新建的“库”，如图5-66所示。

图5-65 “新建库”对话框

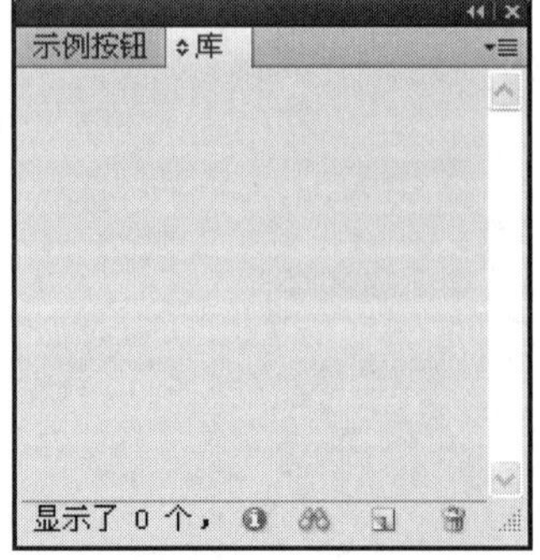

图5-66 新建的“库”面板

Step 04 选择需要添加到“库”中的对象，本实例选择文件左侧的图片，然后单击“库”面板底部的“新建库项目”按钮，即可将选择的对象保存到库中，如图5-67所示。

图5-67 向“库”中添加文件

Step 05 单击“库”面板右上角的“扩展菜单”按钮，在打开的快捷菜单中选择“将第3页上的项目作为单独对象添加”命令，即可将该页中的全部对象都添加到库面板中，如图5-68所示。

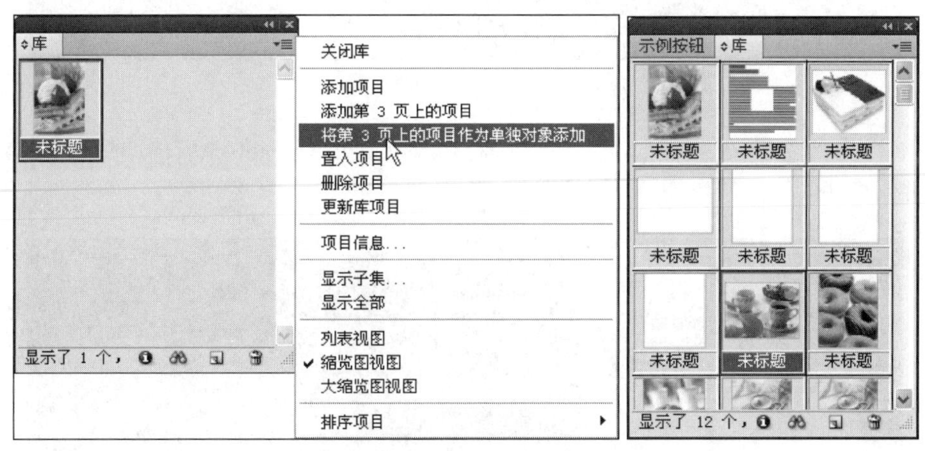

图5-68 添加到“库”中的对象

Step 06 如果要更新库中的项目，只要选中需要更新的图片，单击“库”面板右上角的“扩展菜单”按钮，在打开的快捷菜单中选择“更新库项目”命令，即可将选择的库项目更新为新的对象。

Step 07 如果需要删除库中存储的对象，只要选择需要删除的库项目，单击“库”面板底部的“删除库项目”按钮，弹出如图5-69所示的提示对话框，单击“确定”按钮，即可将选择的库项目删除。

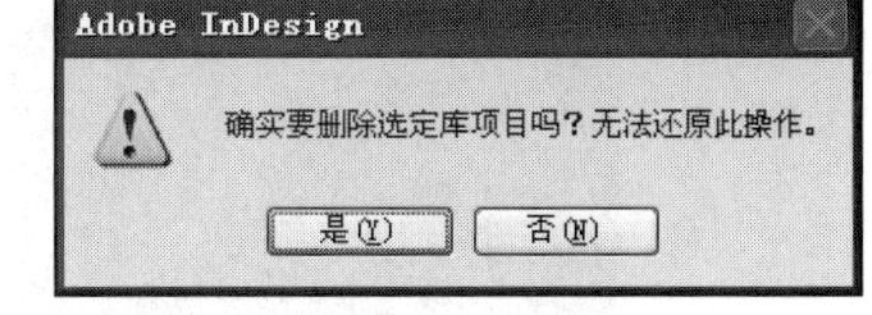

图5-69 删除对象

Step 08 完成实例，最终效果如图5-40所示。

5.7.2 从对象库中置入对象

将存储在对象库中的对象置入到文档中，共有两种方法。一种是使用命令将对象置入到文档中，另一种是直接将库项目拖动到文档中。下面通过实例来进行详细的讲解，实例效果如图5-70所示。

图5-70 实例效果

Step 01 执行“文件”|“打开”命令，打开本书附带光盘\Chapter05\时尚杂志卷首语\“时尚卷未编辑.indd”文件，如图5-71所示。

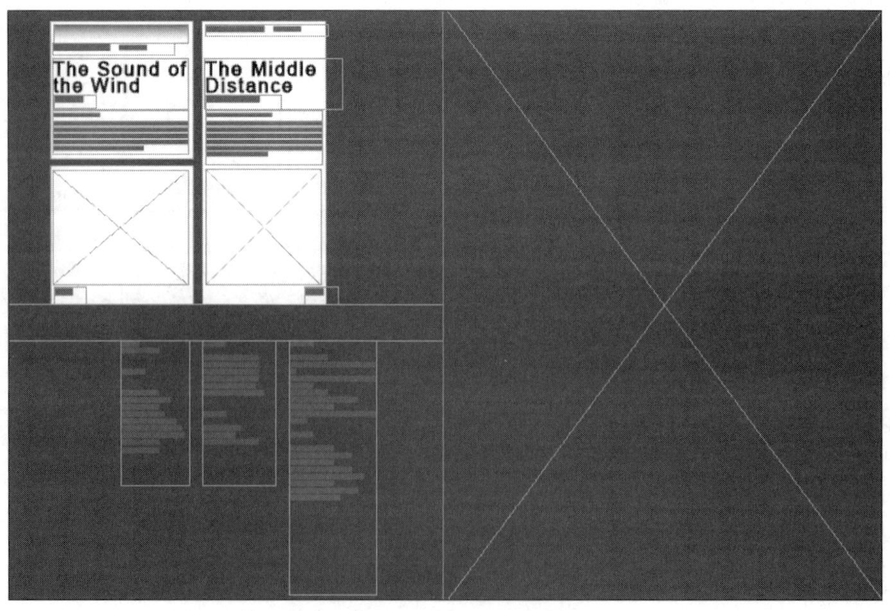

图5-71 打开文件

Step 02 如图5-72所示，选择文件左侧的框架后，选择名为“时尚杂志库.indl”的库，选中库中的需要置入的文件，单击“库”面板右上角的“扩展菜单”按钮，在打开的快捷菜单中选择“置入项目”命令，即可将图片置入到框架中，效果如图5-73所示。

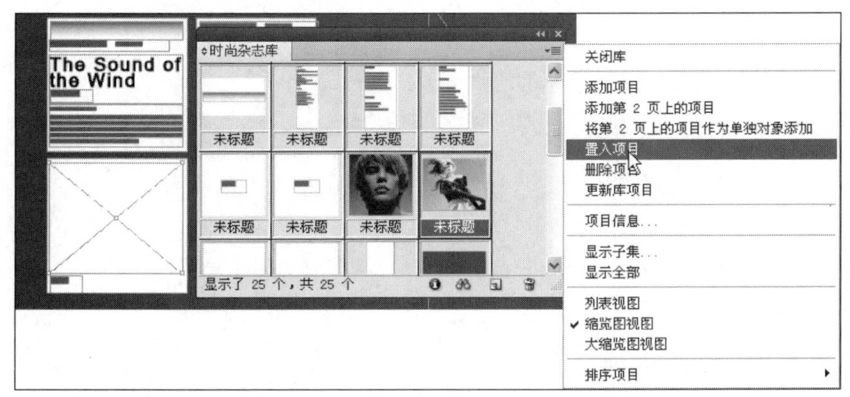

图5-72 置入图片

图5-73 置入图片后的效果

Step 03 读者也可以直接选中需要置入的图片，然后按住鼠标左键将其拖入到框架中。

5.7.3 管理对象库

为了方便查找对象库中的项目，读者可以在快捷菜单中选择“项目信息”命令，或者单击“库”面板底部的“库项目信息”按钮，在打开的对话框中设置项目的名称、类型并输入相关说明。

Step 01 选中“时尚杂志库.indl”库中前面置入的图片，单击“库”面板右上角的“扩展菜单”按钮，在打开的快捷菜单中选择“项目信息”命令，打开“项目信息”对话框。在其中设置“项目名称”为01，输入说明“链接图片”，单击“确定”按钮保存设置。如图5-74所示。

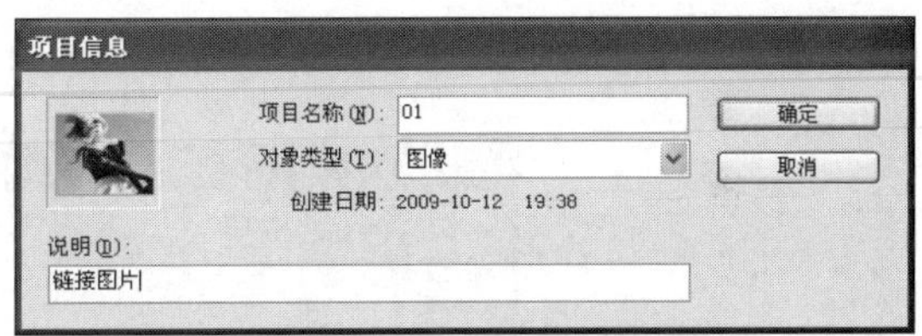

图5-74 “项目信息”对话框

各主要选项含义如下。

◎ “项目名称”选项：在文本框中输入文本，可以更改项目名称。

◎ “对象类型”下拉列表：此下拉列表用于选择对象类型。

◎ “说明”文本框：读者可在此文本框中输入文本记录项目的相关信息。

Step 02 按照相同的方法可以把其他的框架中置入图片。

Step 03 单击“库”面板右上角的“扩展菜单”按钮，在打开的快捷菜单中选择“列表视图”命令，库中的项目内容即可列表显示，如图5-75所示。

> **提示**
>
> 在快捷菜单中选择“排列项目”|“按时间”或“按类型”命令，即可按时间或按文件类型来排列项目。

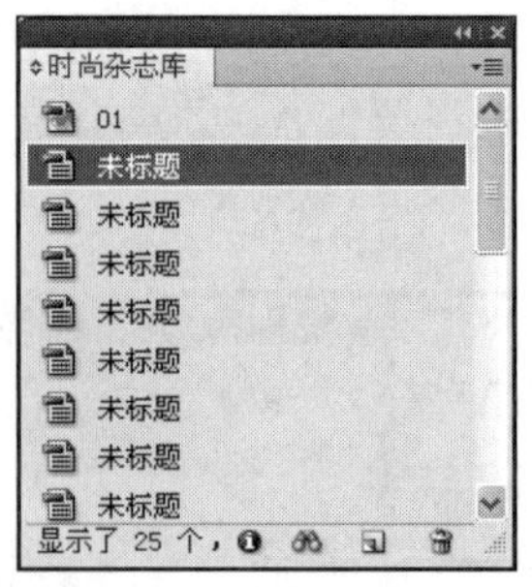

图5-75 列表显示

5.7.4 查找项目

在对象库中可以存储多个库项目，库项目过多会导致很难查找到需要的库项目。单击“库”面板底部的“显示库子集”按钮，即可打开如图5-76所示的“显示子集”对话框，在此可以查找需要的项目。

图5-76 “显示子集”对话框

单击“更多选择”按钮，可以显示更多的项目，如图5-77所示。

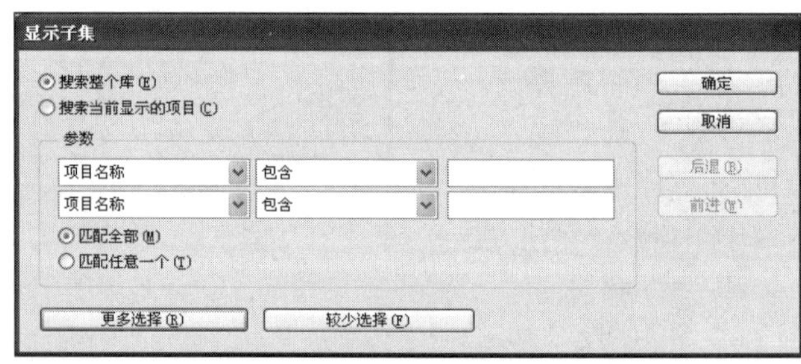

图5-77 显示更多项目

各主要选项含义如下。

◎ “搜索整个库”选项：单击此单选按钮，系统将在整个库中搜索项目。

◎ “搜索当前显示的项目”选项：单击此单选按钮，系统将在当前库中搜索项目。

◎ “参数”栏：“项目名称”下拉列表中用于选择搜索类型；“包含”下拉列表用于选择搜索时包含还是排除的条件；最后一个文本框用于输入指定范围中的关键词。

◎ “匹配全部”按钮：单击此单选按钮将只显示与所有搜索条件都匹配的对象。

◎ “匹配任意一个”按钮：单击此单选按钮将显示与条件中任意一项匹配的对象。

设置完成后，单击“确定”按钮即可在“库”面板中显示要查找的项目。

5.8 图像的效果

为了让图片更有设计感，InDesign软件提供了多种效果功能，可以制作出一些漂亮的效果，使图片更美观，也使整个文件版面更具吸引力。

5.8.1 不透明度

与Photoshop类似，InDesign中可以使用“效果”面板来设置对象的不透明度及混合模式。

在软件中一般创建的为不透明状态，降低对象不透明度后，就可以透过该对象看见下方的图片。具体操作方法如下：

Step 01 使用“直接选择工具”在框架中选中对象、图形，如图5-78所示，或者在组中选择对象。

图5-78 选中图片

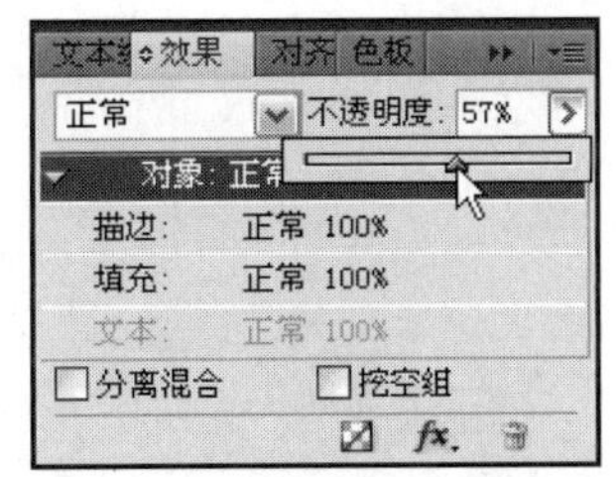

图5-79 设置“不透明度”数值

Step 02 执行“窗口”|“效果”命令，即可在打开的“效果”面板中设置不透明选项的数值。用户可以通过在“不透明度”文本框中直接输入数值或者拖动滑块来实现，如图5-79所示。当对象的不透明度数值降低时，其透明度将增加。

Step 03 完成后，所选择的图片对象就会应用指定的不透明度，显现下面的图片，对比效果如图5-80所示的不透明度依次为80%，65%和40%。

图5-80 不透明度对比效果

5.8.2 混合颜色

在InDesign中，还可以应用混合模式，在两个重叠对象间混合颜色。

选择一个或多个对象，或者选择一个群组对象，然后在“效果”面板下拉菜单中选择一种混合模式，如图5-81所示。原始图片和应用各种混合模式的效果如图5-82至5-97所示。将左侧的图片放置于顶层。

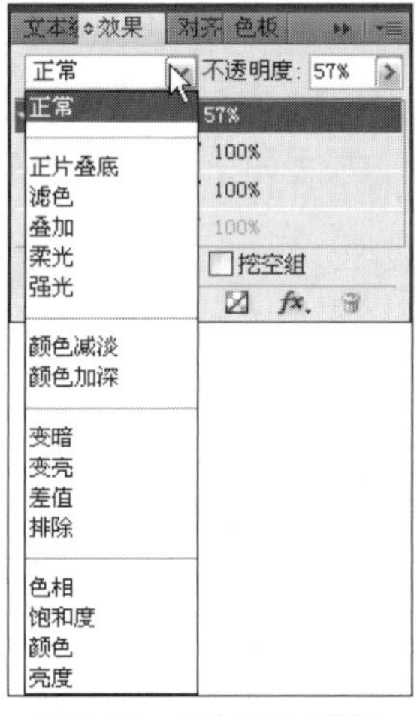

图5-81 “效果”面板

图5-82 原始图片

图5-83 正片叠底

图5-84 滤色

图5-85 叠加

图5-86 柔光

图5-87 强光

图5-88 颜色减淡

图5-89 颜色加深

图5-90 变暗

图5-91 变亮

图5-92 差值

图5-93 排除

图5-94 色相

图5-95 饱和度

图5-96 颜色

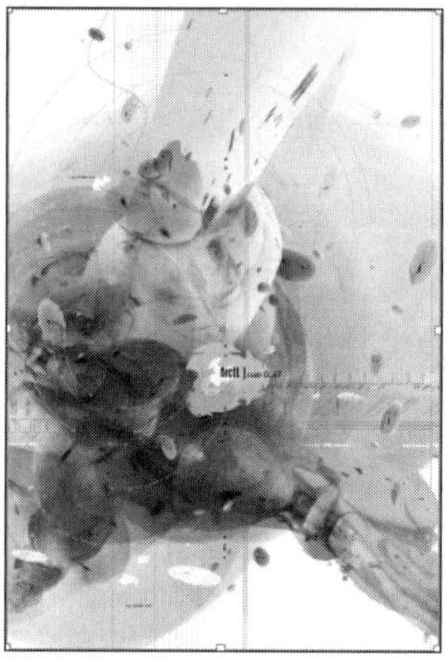

图5-97 亮度

5.8.3 投影

对图像添加阴影效果，可以使对象产生阴影，有立体感。添加羽化效果，可以为对象制作出边缘柔化的效果。如图5-98所示的为要添加阴影的图片效果。执行“文件”|“打开”命令，打开本书附带光盘\Chapter 05\投影\未标题-3.indd即可。

图5-98 素材文件

执行“对象”｜“效果”｜“投影”命令，或者在图片上单击鼠标右键，在弹出的快捷菜单中选择“效果”｜“投影”命令，即可打开“效果”对话框，如图5-99所示，可以看到“投影”选项处于选中状态。

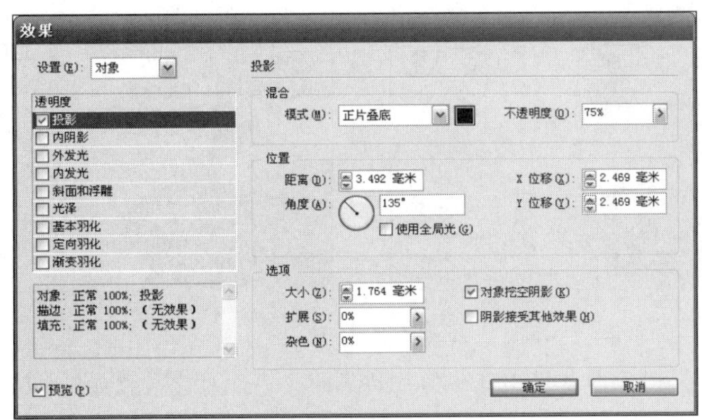

图5-99 “效果”对话框

其中各主要选项的含义如下。

◎ “模式”下拉列表：此下拉列表中的选项，用于设置阴影与下方对象的混合模式。列表框右侧的色块用于设置阴影的颜色。

◎ 颜色色块：单击模式右侧的色块，可以打开“效果颜色”对话框，如图5-100所示。在“颜色”下拉列表中可以选择一种所需的颜色模式。如果确定选择了一种颜色色板，可以双击打开对话框拖动滑块或输入数值设置颜色。如图5-101所示为选择CMYK模式的效果。

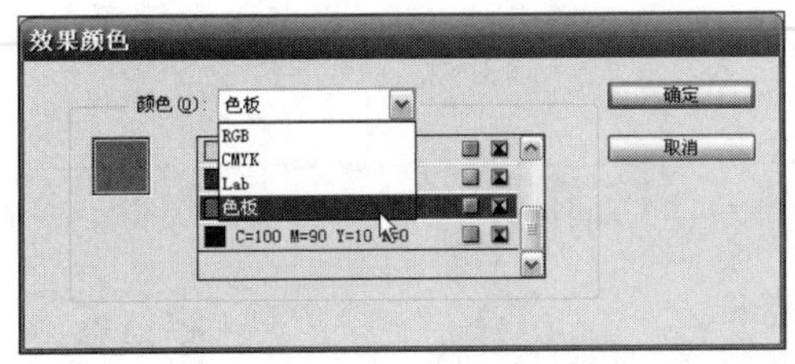

图5-100 选择“色板”选项

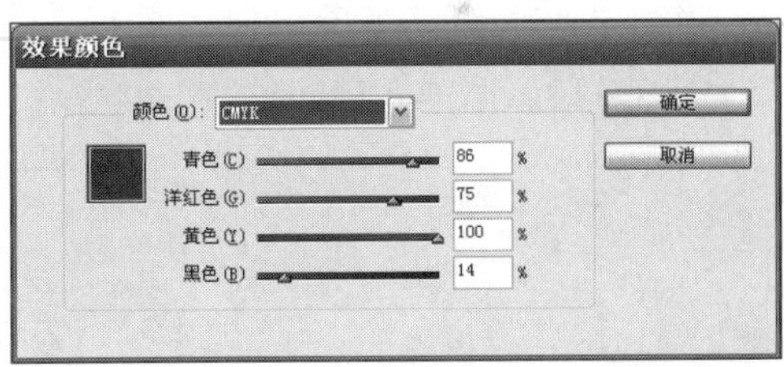

图5-101 选择CMYK模式

◎ “不透明度”选项：用于设置阴影的不透明度的效果。如图5-102左图所示为不透明度为75%，右图为45%的效果。

图5-102 对比效果

◎ “位置”选项：此选项用于设置对象阴影的位置。可以指定阴影与对象的距离，然后指定所需角度，或者通过“X位移”和“Y位移”选项来精确设定，如图5-103所示。

图5-103 设置角度

◎ “大小”选项：用于设置模糊区域的外边界的大小。对比效果如图5-104所示。

图5-104 设置大小

◎ “扩展”选项：用于将阴影覆盖区向外扩展，并减小模糊半径，对比效果如图5-105所示。如果“扩展”值为40%，阴影将向外扩展“大小”值的40%。

图5-105 设置扩展

◎ “杂色”选项：在阴影中添加杂色，使投影显示为颗粒效果，如图5-106所示。

◎ “对象挖空阴影”选项：单击此复选框，可以使对象显示在它所投射投影的前面。

◎ “阴影接受其他效果”选项：单击此复选框，投影中可包含效果。

图5-106 设置杂色

5.8.4 内阴影

内阴影效果是在对象内边缘产生阴影效果。执行“对象”|“效果”|“内阴影”命令，或者在图片上单击鼠标右键，在弹出的快捷菜单中选择“效果”|“内阴影”命令，即可打开“效果”对话框，如图5-107所示，可以看到“内阴影”选项处于选中状态。

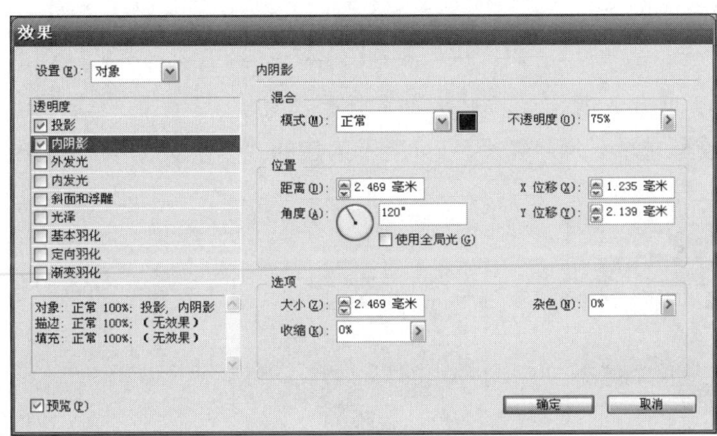

图5-107 选择“内阴影”选项

由于选项的含义与“投影”选项中各选项基本相同，所以不再一一介绍不同选项的数值，设置不同数值的对比效果如图5-108所示。

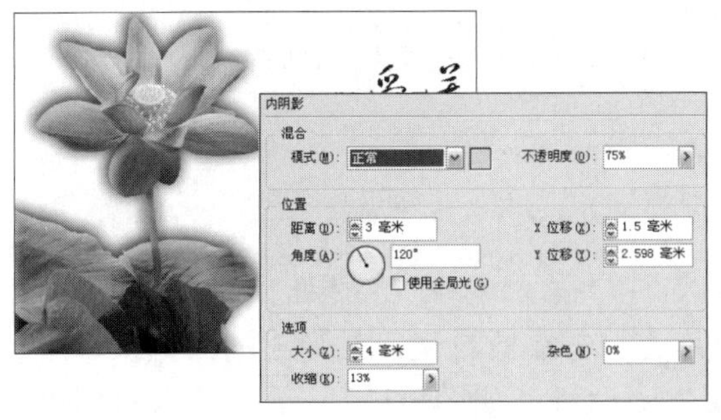

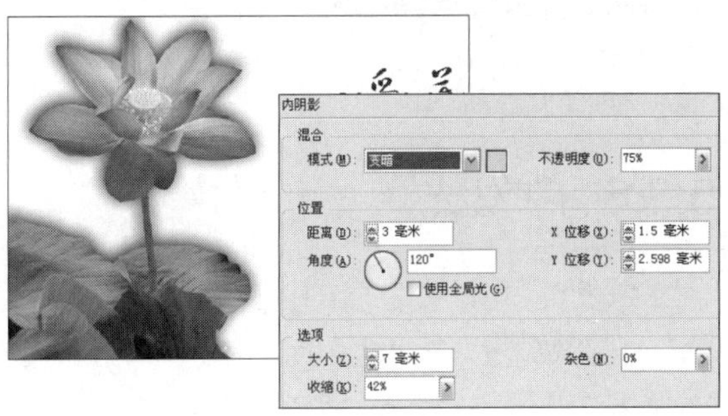

图5-108 内阴影对比效果

5.8.5 外发光

外发光添加从对象的外边缘发光的效果。选中要添加外发光效果的图片后，执行“对象”|“效果”|“外发光”命令，或者在图片上单击鼠标右键，在弹出的快捷菜单中选择“效果”|“外发光”命令，即可打开“效果”对话框，如图5-109所示，可以看到“外发光”选项处于选中状态。

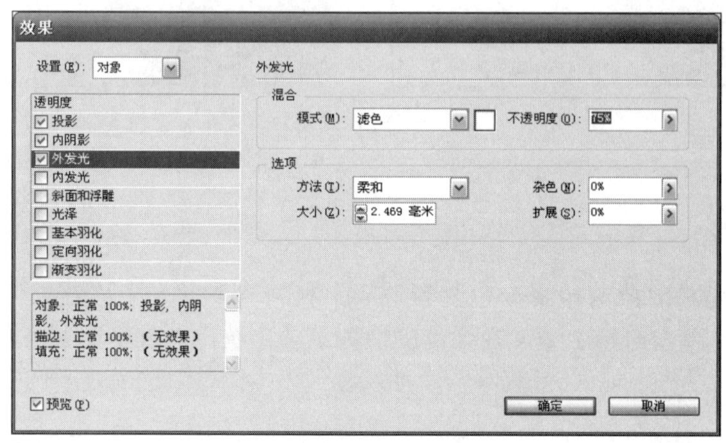

图5-109 选择“外发光”选项

“方法”选项：用于设置混合模式为精准还是柔和。

如图5-110所示为原始图片，如图5-111所示为应用“外发光”后的效果。

图5-110 原始图片

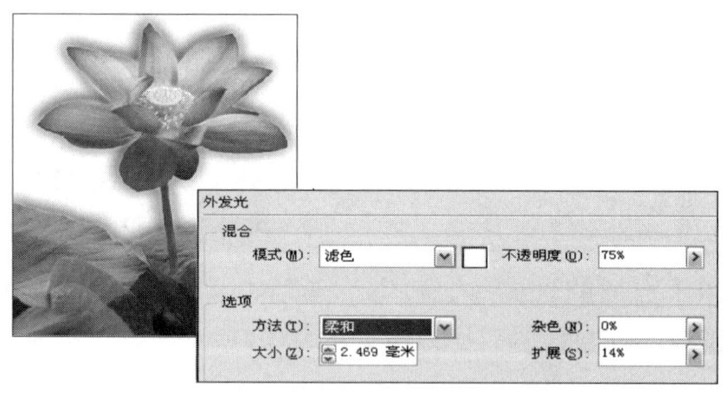

图5-111 应用“外发光”后的效果

5.8.6 内发光

内发光添加从对象的内边缘发光的效果。选中要添加内发光效果的图片后，执行“对象”|“效果”|“内发光”命令，或者在图片上单击鼠标右键，在弹出的快捷菜单中选择“效果”|“内发光”命令，即可打开“效果”对话框，如图5-112所示，可以看到“外发光”选项处于选中状态。

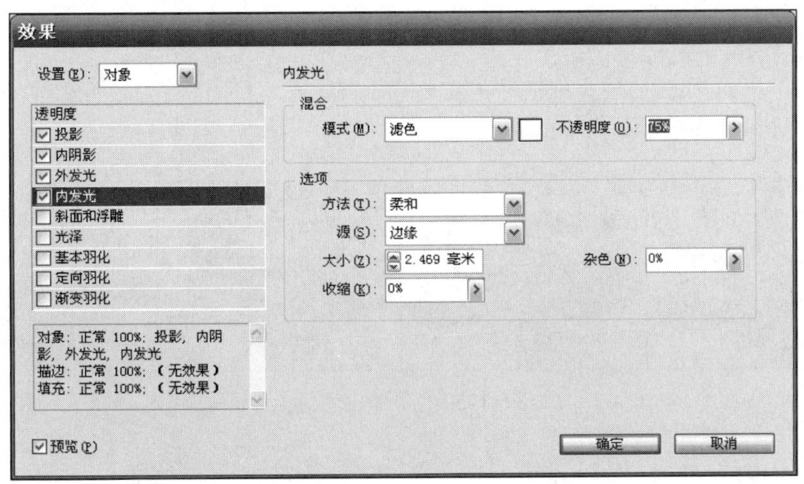

图5-112 选择“外发光”选项

“源”选项：用于设置发光源。选择“中心”使光从中间位置放射出来，选择“边缘”使光从对象边界放射出来，如图5-113所示的为对比效果。

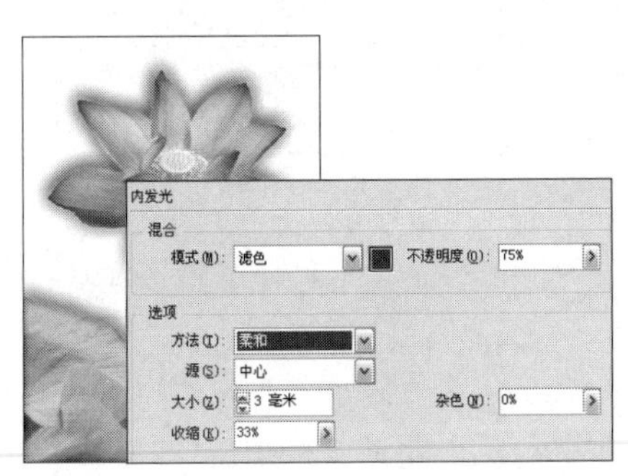

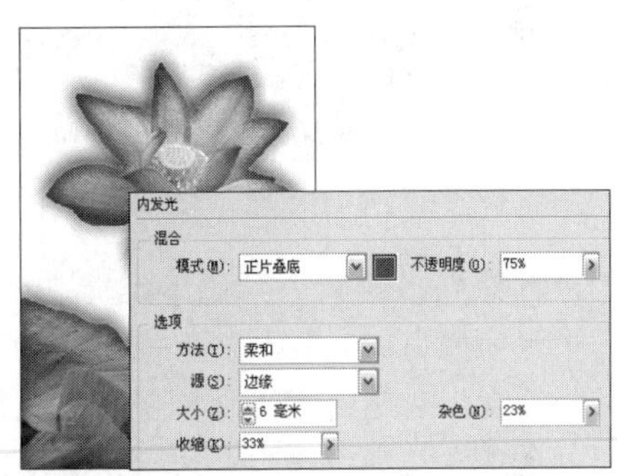

图5-113 对比效果

5.8.7 斜面和浮雕

斜面和浮雕可以对对象添加各种浮雕效果。选中要添加斜面和浮雕效果的图片后，执行“对象”|“效果”|“斜面和浮雕”命令，或者在图片上单击鼠标右键，在弹出的快捷菜单中选择“效果”|“斜面和浮雕”命令，即可打开“效果”对话框，如图5-114所示，可以看到“斜面和浮雕”选项处于选中状态。

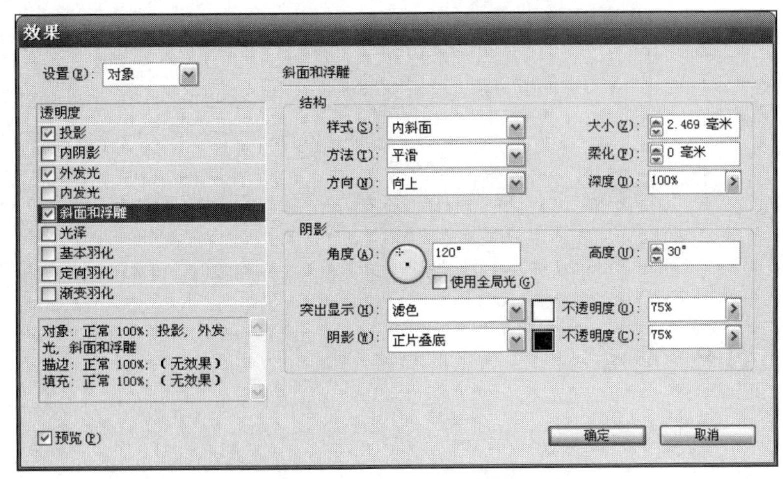

图5-114 选择“斜面和浮雕”选项

其中各主要选项的含义如下。

◎ “样式”下拉列表：样式列表中有4种样式：如图5-115中由左至右依次为外斜面、内斜面、浮雕和枕状浮雕效果。

图5-115 不同样式的对比

◎ “方法”下拉列表：方法下拉列表中有3种雕刻方法：如图5-116中由左至右依次为平滑、雕刻清晰和雕刻柔和。

图5-116 不同雕刻方法的对比

◎ “方向”下拉列表：此下拉列表中有“向上”和“向下”两种效果，用来设置浮雕效果光源的方向。

◎ “深度”选项：用来调整阴影颜色的深度。

◎ “角度和高度”选项：用来设置光源角度和高度，对比效果如图5-117所示。

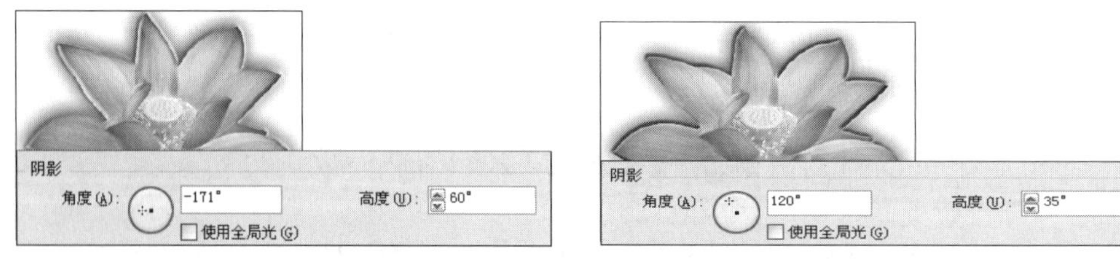

图5-117 角度和高度的对比效果

◎ “突出显示”选项：用来设置突出显示部分的颜色与下面对象的混合模式，以及不透明度。

◎ “阴影”选项：用来设置阴影部分的颜色与下面对象的混合模式，以及不透明度。

5.8.8 光泽

光泽效果可以创建光滑的内部阴影。选中要添加光泽效果的图片后，执行“对象”|“效果”|“光泽”命令，或者在图片上单击鼠标右键，在弹出的快捷菜单中选择“效果”|“光泽”命令，即可打开“效果”对话框，如图5-118所示，可以看到“光泽”选项处于选中状态。对比效果如图5-119所示。

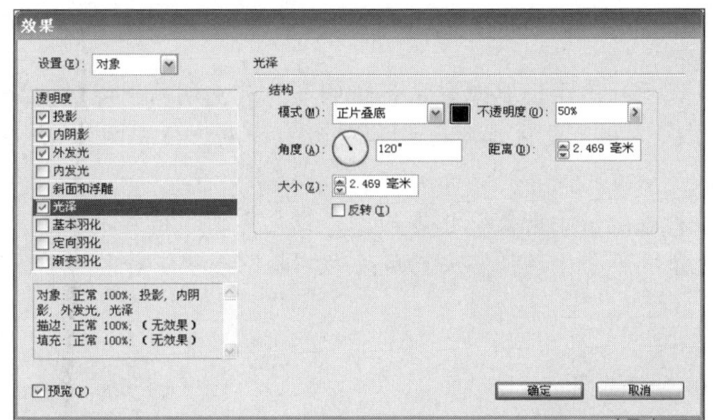

图5-118 选择“光泽”选项

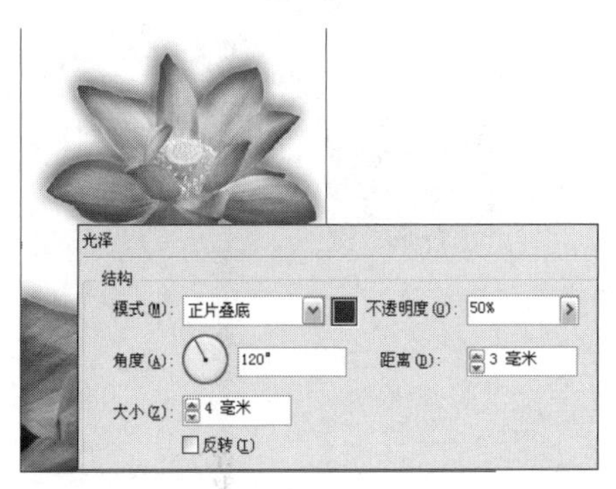

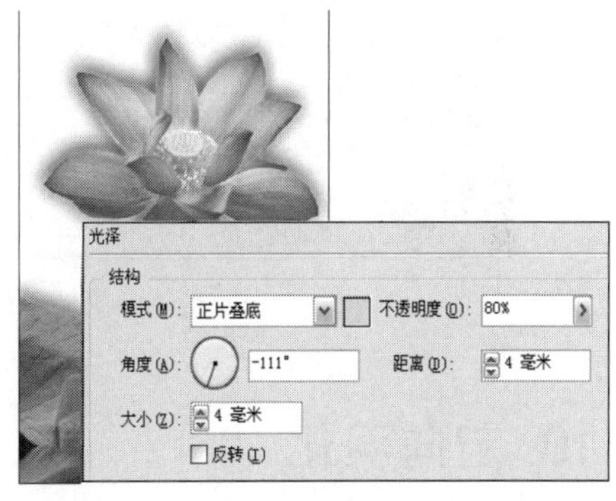

图5-119 设置光泽对比效果

5.8.9 基本羽化

基本羽化效果可以创建基本的羽化效果。选中要添加效果的图片后，执行“对象”｜“效果”｜“基本羽化”命令，或者在图片上单击鼠标右键，在弹出的快捷菜单中选择“效果”｜“基本羽化”命令，即可打开“效果”对话框，如图5-120所示，可以看到“基本羽化”选项处于选中状态。如图5-121所示的为基本羽化设置不同数值的对比效果。

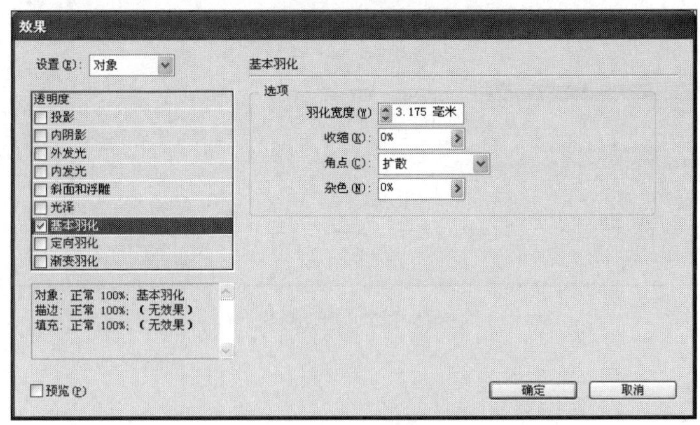

图5-120 选择“基本羽化”选项

各主要选项含义如下。

◎ “羽化宽度”选项：用于设置对象从不透明渐隐为透明需要经过的距离。

◎ “收缩”选项：将发光柔化为不透明和透明的程度。设置的值越大，不透明度越高；设置的值越小，透明度越高。

◎ “角点”下拉列表：用于设置羽化方式。“锐化”选项精确地颜色形状外边缘渐变；“圆角”选项将边角按照羽化半径修成圆角；“扩散”选项使对象从不透明渐隐为透明。

图5-121 基本羽化的对比效果

5.8.10 定向羽化

定向羽化效果可以创建所需角度的羽化效果。选中要添加效果的图片后，执行“对象”|“效果”|“定向羽化”命令，或者在图片上单击鼠标右键，在弹出的快捷菜单中选择“效果”|“定向羽化”命令，即可打开“效果”对话框，如图5-122所示，可以看到“定向羽化”选项处于选中状态。如图5-123所示的为定向羽化设置不同数值的对比效果。

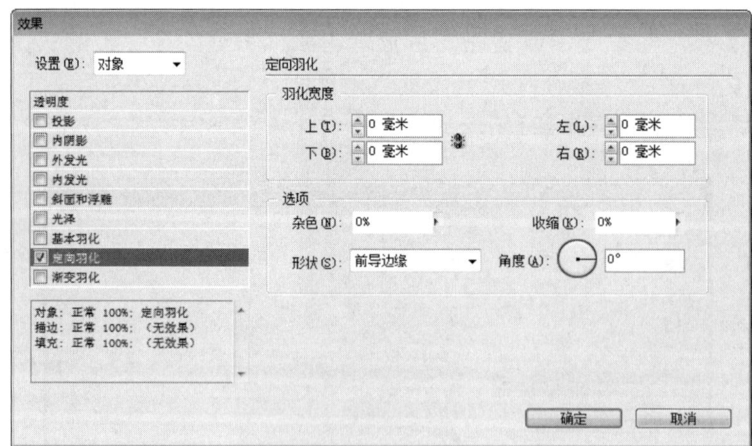

图5-122 定向羽化

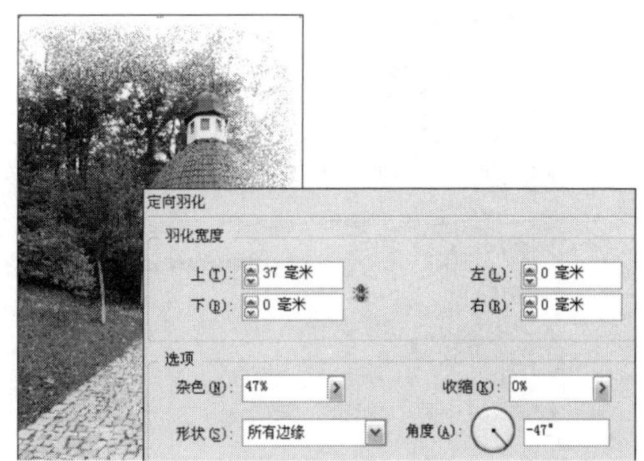

图5-123 定向羽化对比效果

5.8.11 渐变羽化

渐变羽化效果可以创建所需应用渐变羽化效果的对象。选中要添加效果的图片后，执行“对象”｜“效果”｜“渐变羽化”命令，或者在图片上单击鼠标右键，在弹出的快捷菜单中选择“效果”｜“渐变羽化”命令，即可打开“效果”对话框，如图5-124所示，可以看到“渐变羽化”选项处于选中状态。

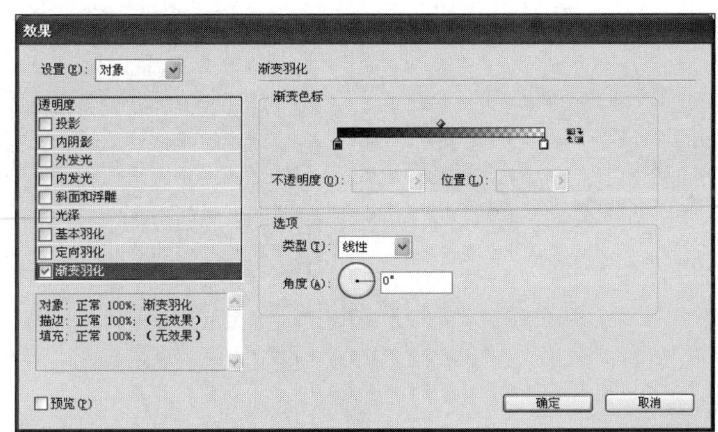

图5-124 选择“显示性能”选项

各主要选项的含义如下。

◎ “渐变色标”选项：用于设置渐变起始点、中点与终点的位置。在色标下面单击可以添加色块，如果要删除颜色色块，单击色块并向下拖离色标即可。

◎ “反向渐变”选项：单击按钮可以反转渐变方向。

◎ “类型”下拉列表：用于设置渐变类型。如图5-125和5-126所示分别为线性渐变和径向渐变效果。

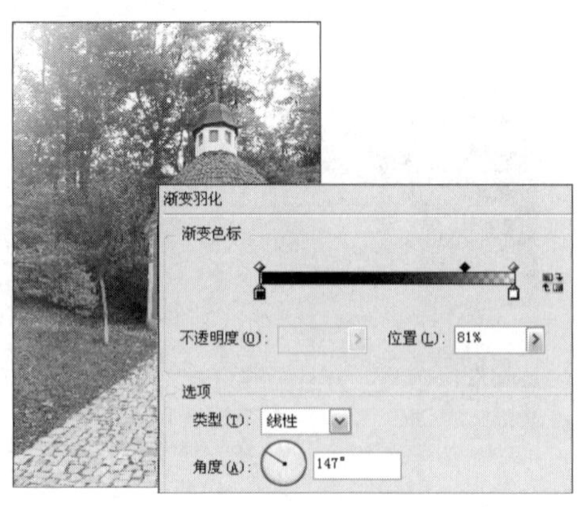

图5-125 线性渐变

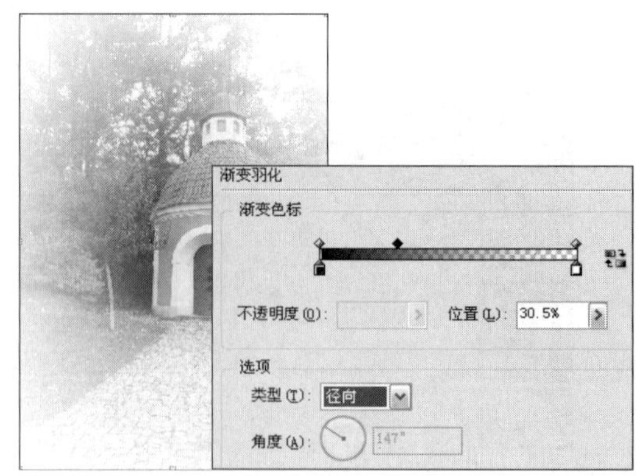

图5-126 径向渐变

5.9 图层

为了便于在InDesign中对特定区域或特定类型的对象进行单独编辑或调整，InDesign提供了“图层”功能来对这些对象进行管理。如图5-127所示。

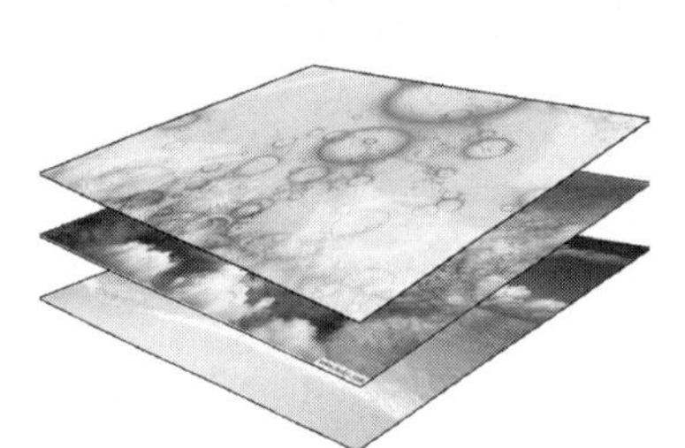

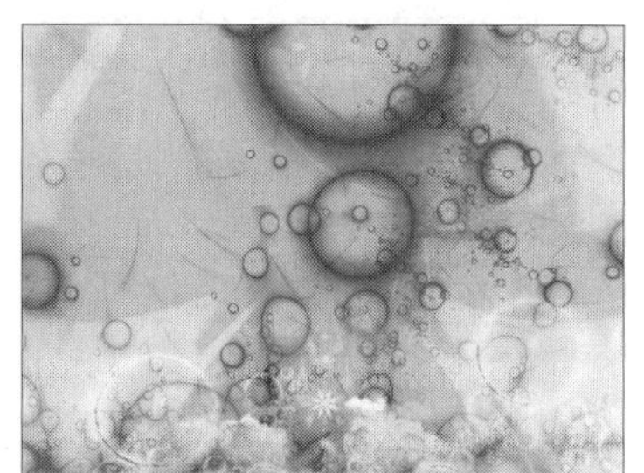

图5-127 图层效果

5.9.1 新建图层

新建文档时，在默认的状态下便会自动产生一个图层，如果图层不够使用时，可以随时新建图层，以达到个别管理不同类型对象的目的。

读者可以通过以下两种方法来创建图层，创建的图层应用默认属性：

◎ 单击面板底部的“创建新图层”按钮，创建一个新图层，如图5-128所示。

◎ 在选定图层上方创建一个新图层，可以按住Ctrl键单击“创建新图层”按钮，打开“新建图层”对话框。

如果要在创建图层时，指定图层名称、颜色、以及其他选项，可以按照以下步骤操作：

Step 01 执行“窗口” | “图层”命令，打开“图层”面板。

Step 02 在打开的“图层”面板中单击右侧的扩展菜单按钮，在打开的快捷菜单中选择“新建图层”命令，打开“新建图层”对话框，如图5-129所示。

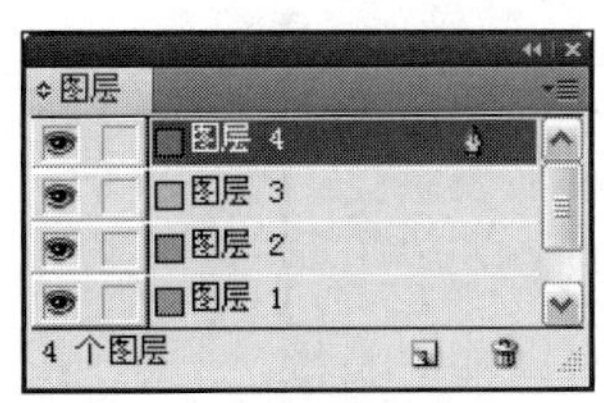

图5-128 创建新图层

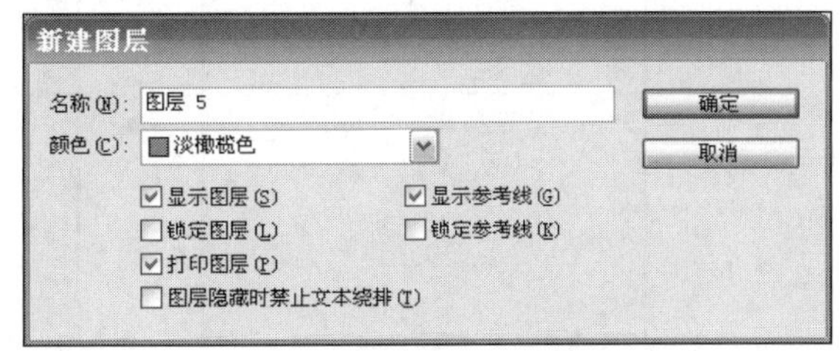

图5-129 “新建图层”对话框

Step 03 在打开的“新建图层”对话框中设置新图层的名称、颜色及其他选项。

各主要选项含义如下。

◎ “颜色”下拉列表：用于选择图层颜色。

◎ “显示图层”选项：勾选此复选框可以使图层可见并可打印。选择此选项与在“图层”面板中使眼睛图标可见的效果相同。

◎ “显示参考线”选项：勾选此复选框可以使图层上的参考线可见。如果没有为图层选择此项，即使通过执行“视图”｜“显示参考线”命令来显示整个文档中的参考线，也无法使参考线可见。

◎ “锁定图层”选项：勾选此复选框可以防止对图层进行更改。

◎ “锁定参考线”选项：勾选此复选框可以防止对图层上的所有标尺参考线进行更改。

◎ “图层隐藏时禁止文本绕排”选项：在图层处于隐藏状态并且该图层包含应用了文本绕排的文本时，勾选此复选框，可以使其他图层上的文本正常排列。

5.9.2 选择、移动图层上的对象

在“图层”面板中，选中一个对象后，对象所在的图层右侧显示一个同图层颜色相同的点，如图5-130所示。

要选择特定图层上的所有对象，可以按住Alt键并单击“图层”面板中的图层。

要将对象移动或复制到另一个图层，可以使用“选择工具”选择文档页面或主页上的一个或多个对象。在“图层”面板上，拖动图层列表右侧的彩色点，即可将选定对象移动到另一个图层，如图5-131所示。

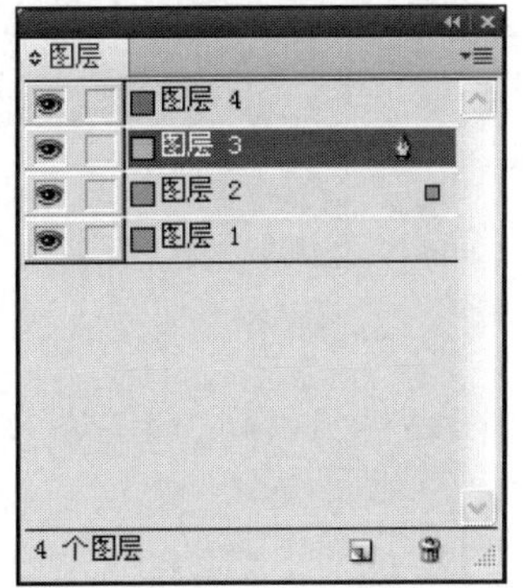

图5-130 与图层颜色相同的点

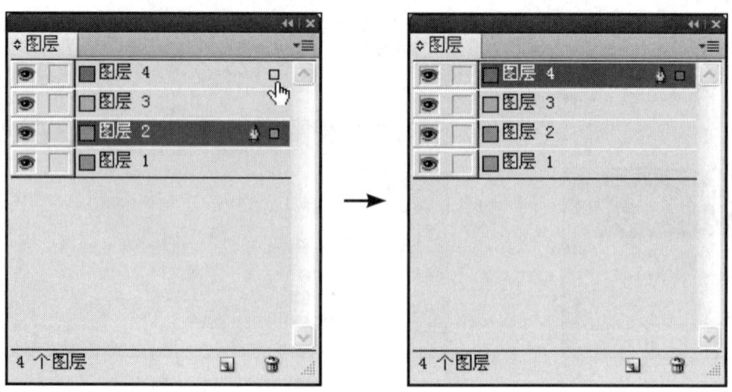

图5-131 移动图层上的对象

5.9.3 编辑图层

当创建了若干图层时，图层的管理也非常方便。在“图层”面板中，可以复制图层、指定图层颜色、更改图册顺序、显示或隐藏图层、解锁或锁定图层、删除图层。

1. 复制图层

如果两个图层的对象相同或相似时，可以利用复制图层的方式，将图层复制后，再针对复制后的图层来制作与修改对象格式。

在“图层”面板中，复制的图层将显示在原图层上方。在“图层”面板中，执行下列操作之一：

◎ 在“图层”面板中，选择图层名称，单击鼠标右键，在菜单中选择“复制图层 图层x”选项。

◎ 将图层名称拖放到“创建新图层”按钮上，如图5-132所示。复制后显示如图5-133所示。

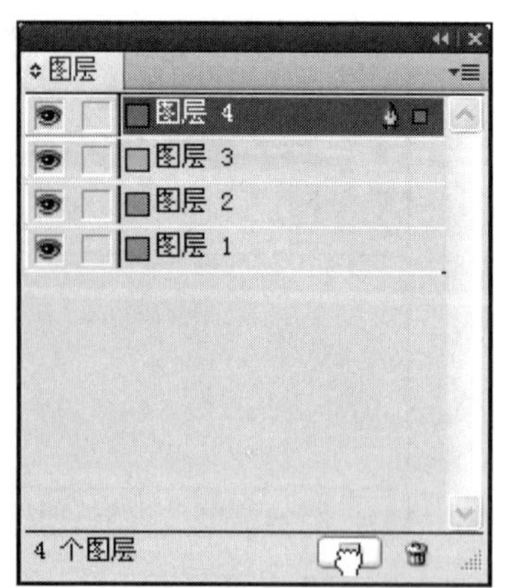

图5-132 复制图层

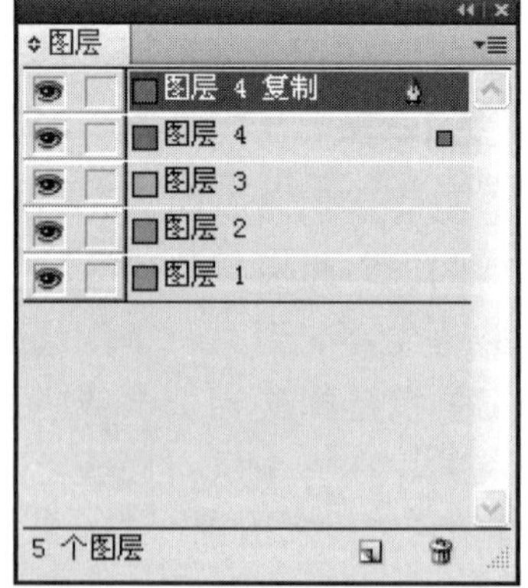

图5-133 复制出的新图层

2. 指定图层颜色

指定图层颜色便于区分不同选定对象的图层。对于包含选定对象的每个图层，“图层”

面板都将以该图层的颜色显示一个点。在页面上，每个对象的选择手柄、装订框、文本端口、文本绕排边界、框架边缘和隐含的字符中都将显示其图层的颜色。如果框架的边缘是隐藏的，则取消选择的框架不显示图层的颜色。

Step 01 在“图层”面板中，双击一个图层或选择一个图层并选择“×××的图层选项”，如图5-134所示。

Step 02 在“颜色”面板中，选择一种颜色，或者选择“自定”选项，即可在系统的拾色器中指定一种颜色，如图5-135所示。

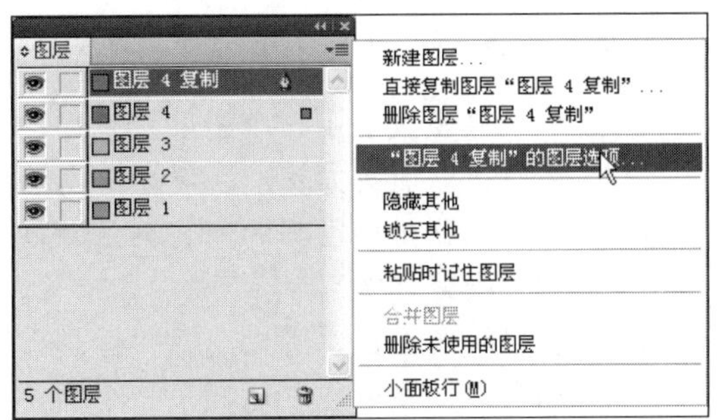

图5-134 选择“×××的图层选项”

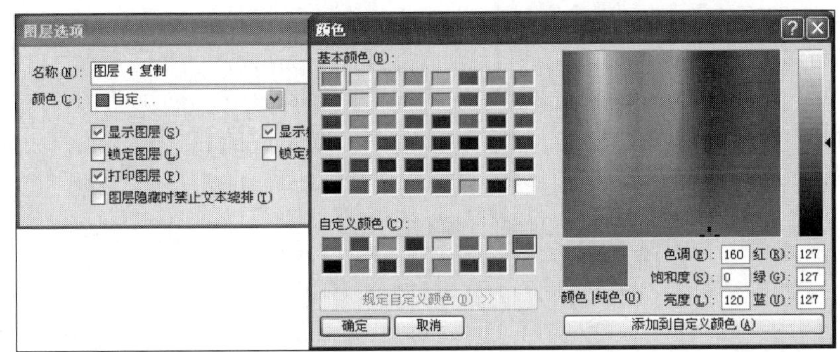

图5-135 指定颜色

3. 更改图层顺序

图层的上下顺序关系着对象的显示效果。在“图层”面板中，上方的图层，其包含的对象会显示在其他图层对象的上方。可以通过在“图层”面板中重新排列图层顺序来更改图层在文档中的排列顺序。

在“图层”面板中，将选中的图层在列表中向上或向下拖动，即可更改图层顺序，如图5-136左图为按住鼠标左键向下拖动的效果，右图为松开鼠标后的效果。

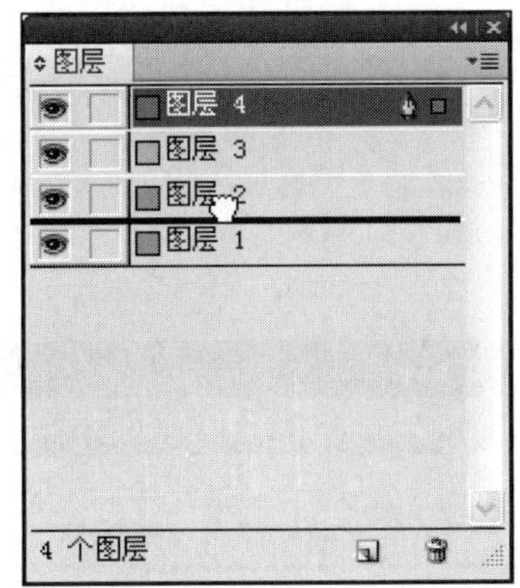

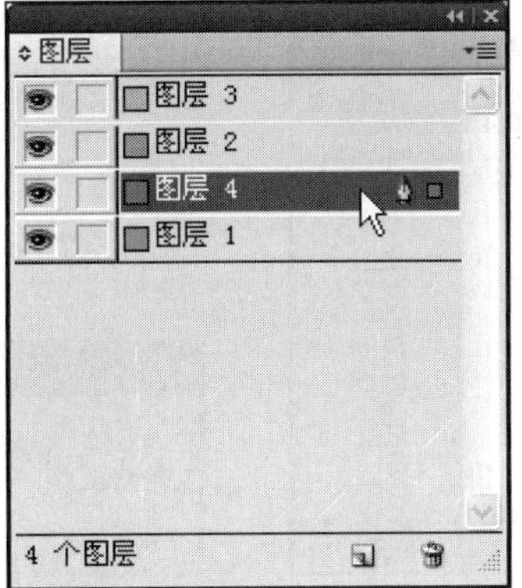

图5-136 调整图层的位置

4. 显示或隐藏图层

可以随时隐藏或显示任何图层，如图5-137所示的“图层1”和“图层2”是隐藏图层；“图层3”和“图层4”是可见图层。隐藏的图层不能编辑，并且不会显示在屏幕上，打印时也不显示。

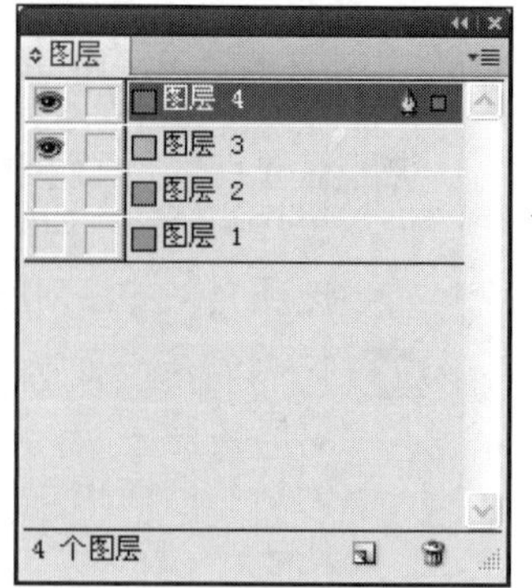

图5-137 调整图层的可视性

◎ 要一次隐藏或显示一个图层，可以在“图层”面板中单击图层名称最左侧的方块，以便隐藏或显示该图层的眼睛图标。

◎ 要隐藏除选定图层外的所有图层可以选择“图层”面板菜单中的“隐藏其他”。

◎ 要显示所有图层，可以选择“图层”面板菜单中的“显示全部图层”，或者在仅隐藏了一个图层时，单击其眼睛图标以显示它。

5. 锁定或解锁图层

锁定图层可以防止对图层的意外更改。在“图层”面板中，锁定的图层会显示一个锁形图标，如图5-138所示。锁定图层上的对象不能被直接选定或编辑。但是，如果锁定图层上的对象具有可以间接编辑的属性，则这些属性可以更改。

要锁定或解锁图层，可以执行下列任意操作。

◎ 要一次锁定或解锁一个图层，可以在“图层”面板中，单击左数第二栏中的方块以显示或隐藏图层的图标。

◎ 要锁定除目标图层外的所有图层，可以选择“图层”面板菜单中的“锁定其他”。

◎ 要解锁所有图层，可以选择“图层”面板菜单中的“解锁全部图层”。

只有显示或解锁目标图层，或者选择可见、解锁的图层作为目标。当目标图层处于隐藏或锁定状态时，如果选择“编辑”|“粘贴”，将显示一条警告消息，如图5-139所示，提示用户选择是否要显示并解锁该目标图层，此时只要单击“确定”按钮即可。

提示

用户无法在隐藏或锁定的图层上绘制或置入新对象。当用户在目标图层处于隐藏或锁定状态时选择绘制工具或“文字工具”，则指针定位在文档窗口上时将变为交叉的铅笔图标。

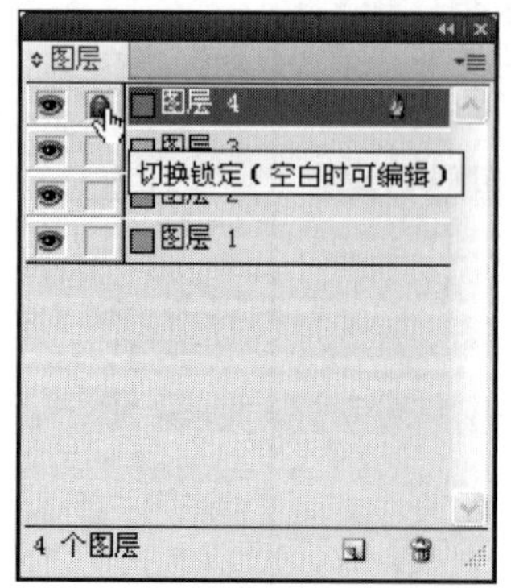

图5-138 锁定“图层4”

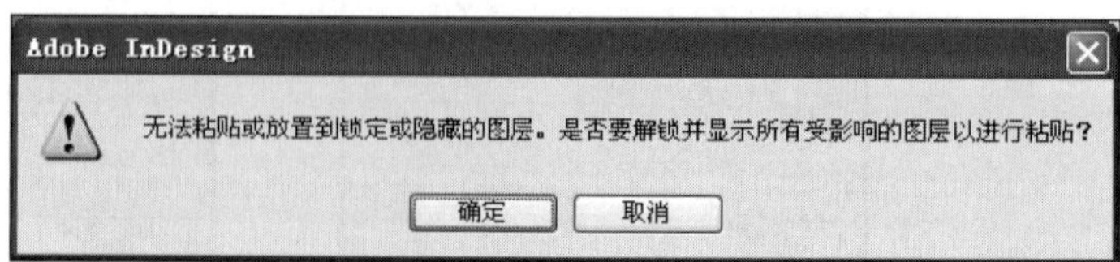

图5-139 提示对话框

6. 删除图层

不必要的图层，可将其删除。在删除图层之前，可以首先隐藏其他所有图层，然后转到文档的各页，以确认删除其余对象是安全的。

要删除图层，可以执行下列任意操作。

◎ 要删除图层，可以将图层从“图层”面板拖动到“删除选定图层”图标或从“图层”面板菜单中选择“删除图层”。

◎ 要删除多个图层，可以按Ctrl键并单击要删除的图层。在“图层”面板菜单中，将图层拖动到“删除选定图层”图标，或者从“图层”面板菜单中选择“删除图层”。

◎ 要删除所有空图层，可以在“图层”面板菜单中选择“删除未使用的图层”，如图5-140所示。

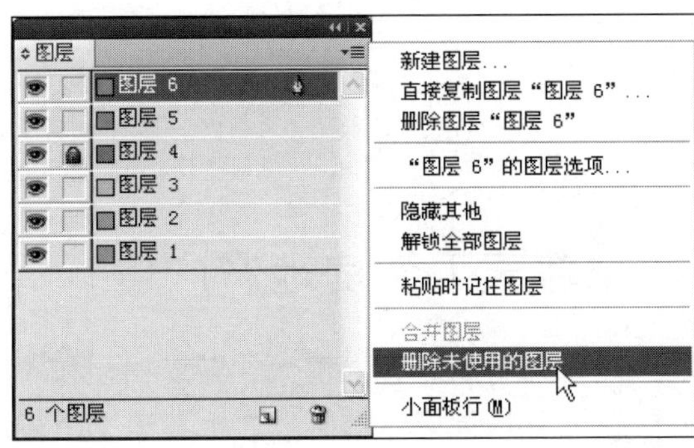

图5-140 删除图层命令

5.9.4 合并图层与拼合文档

合并图层可以减少文档中的图层数量，而不会删除任何对象。合并图层时，来自所有选定图层中的对象将被移动到目标图层。在合并的图层中，只有目标图层会保留在文档中，其他的选定图层将被删除。也可以通过合并所有图层来拼合文档。

> **提示**
>
> 如果合并同时包含页面对象和主页对象的图层，则主页对象将移动到生成的合并图层的后面。

在“图层”面板中，选择任意图层组合，按住Shift键可以选择多个图层，如图5-141所示。然后单击鼠标右键，在弹出的快捷菜单中选择“合并图层”命令。选中的图层将合并为一个图层，如图5-142所示。

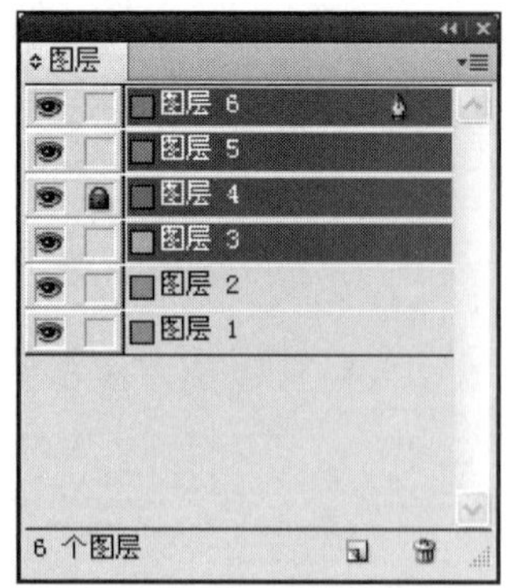

图5-141 选中多个图层

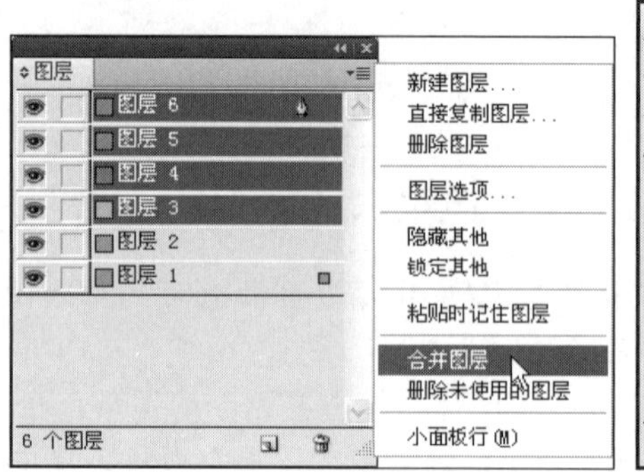

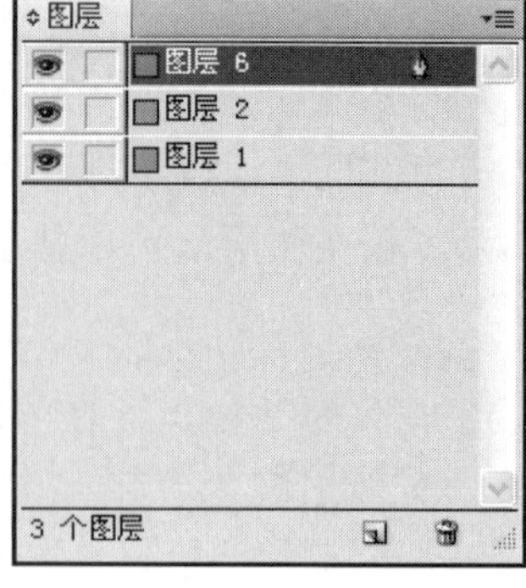

图5-142 合并图层

5.10 上机实践

5.10.1 实例1——“至尊天下”房地产广告

通过“至尊天下”房地产广告练习阴影、内发光、渐变羽化和不透明度等图像效果的应用与设置方法。此外，读者需要在练习中掌握“图层”面板和剪切路径命令的使用方法，包括创建图层并为其命名，选择、移动图层上的对象以及编辑图层的方法。实例效果如图5-143所示。

图5-143 实例效果

具体操作步骤如下：

Step 01 执行“文件”|“新建”|“文档”命令，在打开的“新建文档”对话框中的“页面大小”下拉列表中选择280毫米×160毫米，如图5-144所示。单击“边距和分栏”按钮，打开“新建边距和分栏”对话框。

Step 02 在对话框中设置“上”选项为0毫米，此时其他3项也一起变为0毫米，如图5-145所示，单击“确定”按钮保存设置。

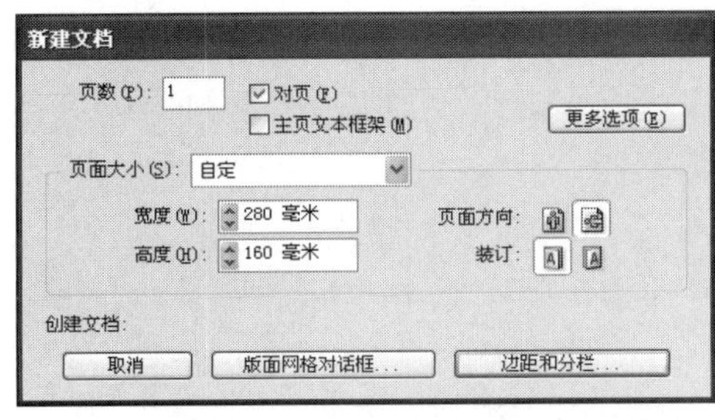

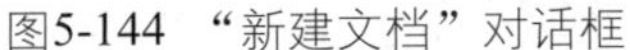
图5-144 “新建文档”对话框

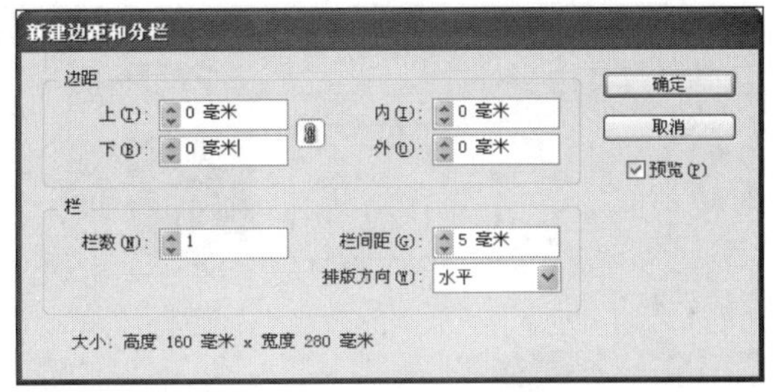

图5-145 “新建边距和分栏”对话框

Step 03 在“图层”面板中双击图层1，在打开的如图5-146所示的“图层选项”对话框中设置名称为“渐变底色”，设置颜色为“炭笔灰”，单击“确定”按钮保存设置。

Step 04 在工具箱中选择“矩形工具”，绘制一个矩形覆盖住整个页面，然后执行“窗口”|“颜色”|“渐变”命令，打开“渐变”面板，在“类型”下拉列表中选择“径向”选项，选中第一个滑块，在左侧的工具箱中双击“填色”选项，打开“拾色器”对话框，设置颜色为橙黄色（R：235，G：100，B：0），再按照同样的方法设置第二个滑块的颜色为砖红色（R：110，G：0，B：0）。

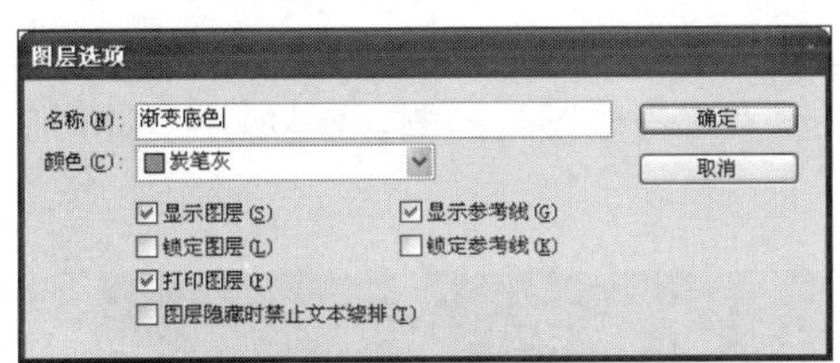

图5-146 “图层选项”对话框

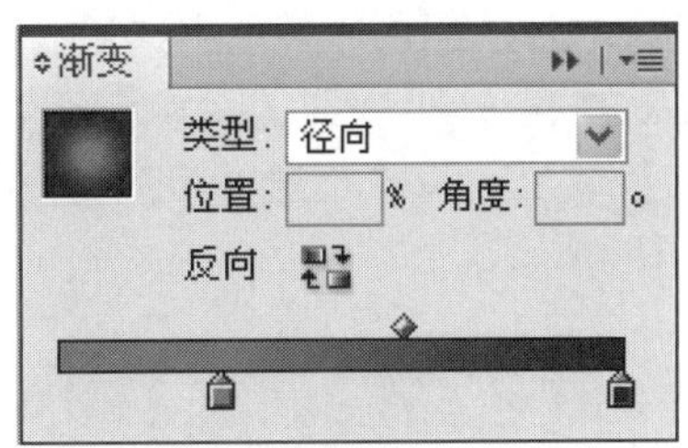

图5-147 “渐变”面板

Step 05 在工具箱中选择“渐变色板工具”，拖动后的填色效果如图5-148所示。

图5-148 填色效果

Step 06 单击图层面板底部的“新建图层”按钮，然后同样双击打开“图层选项”对话框中设置名称为“底纹”，单击“确定”按钮保存设置。

Step 07 在工具箱中选择“矩形框架工具”，绘制一个框架覆盖住整个矩形，执行“文件”|“置入”命令，打开“置入”对话框，在其中选中如图5-149所示的“底纹.jpg”图片，单击“确定”按钮保存设置。置入后的效果如图5-150所示。

图5-149 “置入”对话框

图5-150 导入的素材图片

Step 08 可以看到现在的素材图片是蓝色的，并不符合我们的要求，所以在图片上单击鼠标右键，在弹出的快捷菜单中选择“编辑原稿”命令，将其颜色调整为暗红色。

Step 09 接着执行“窗口”|“效果”命令，打开“效果”面板，在图层效果下拉列表中选择“叠加”选项，将“不透明度”选项的数值调整为46%，如图5-151所示。此时的效果如图5-152所示。

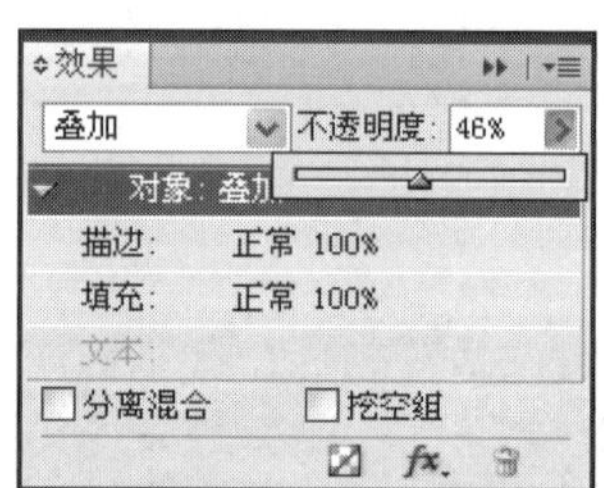

图5-151 “效果”面板

图5-152 叠加后的效果

Step 10 新建一个图层，将其命名为图片。下面需要导入图片。在工具箱中选择“椭圆框架工具”，然后绘制一个椭圆框架放置在左下方，如图5-153所示。

Step 11 执行“文件”|“置入”命令，在打开的“置入”对话框中选中素材图片“楼宇.jpg”，置入后的效果如图5-154所示。

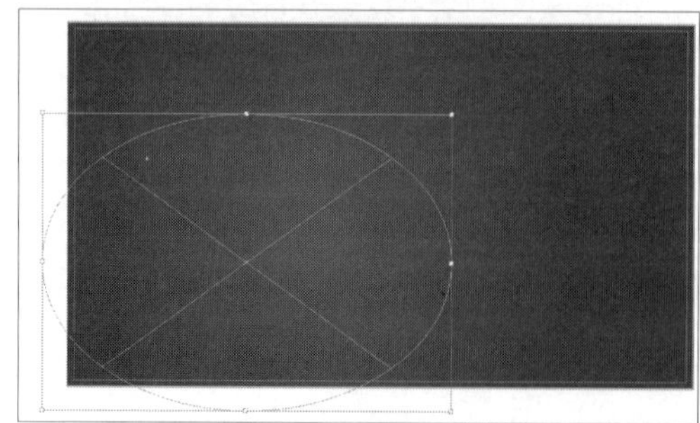

图5-153 绘制椭圆框架

图5-154 导入后的图片

Step 12 下面需要调整椭圆选框的角度，选中椭圆框架后，在选项栏中设置角度选项的数值为-30°，如图5-155所示，此时的效果如图5-156所示。

图5-155 调整角度

图5-156 调整图片角度后的效果

Step 13 接下来需要为图片添加效果。选中导入的图片素材，单击鼠标右键，在打开的快捷菜单中选择“效果”|“定向羽化”命令，在其中设置“上”选项的数值为59毫米；设置“下”选项的数值为35毫米；设置“左”选项的数值为43毫米；设置“右”选项的数值为52毫米，如图5-157所示。此时的效果如图5-158所示。

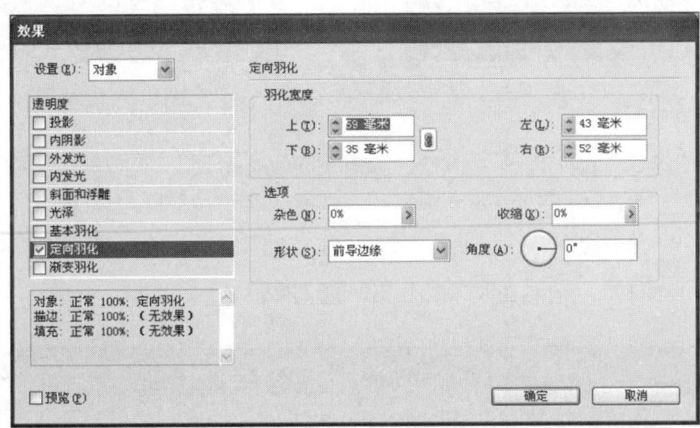

图5-157 选择“定向羽化”选项

图5-158 调整后的效果

Step 14 接下来输入文本。在工具箱中分别选择“文字工具”T和“直排文字工具”IT，输入文本“城中精品楼盘”和“至尊天下”，根据自己的需要设置字体，本实例设置完成的效果如图5-159所示。

图5-159 设置完成后的效果

Step 15 继续编辑文本，选中文本“下”，然后执行“文字”|“创建轮廓”命令，将“下”字转换成轮廓，如图5-160所示。然后将“下”字的“横”和“竖”笔画拖长，如图5-161所示。

图5-160 将文字转换为轮廓

图5-161 拖长笔画

Step 16 按照相同的方法，将其他的几个文字也转换为轮廓，选中“至尊天下”，单击鼠标右键，在打开的快捷菜单中选择“编组”命令。然后打开“渐变”面板，设置“类型”为径向，设置一个“土黄色”（R：252，G：213，B：0）至“砖红色”（R：215，G：0，B：2）的渐变色，此时的效果如图5-162所示。

图5-162 为文字填充渐变色

Step 17 接下来需要为文本添加效果。选中编组后的文本，单击鼠标右键，在打开的快捷菜单中执行“投影”命令，设置各项数值如图5-163所示，此时的效果如图5-164所示。再选择“内发光”选项，设置各项数值如图5-165所示。此时的效果如图5-166所示。

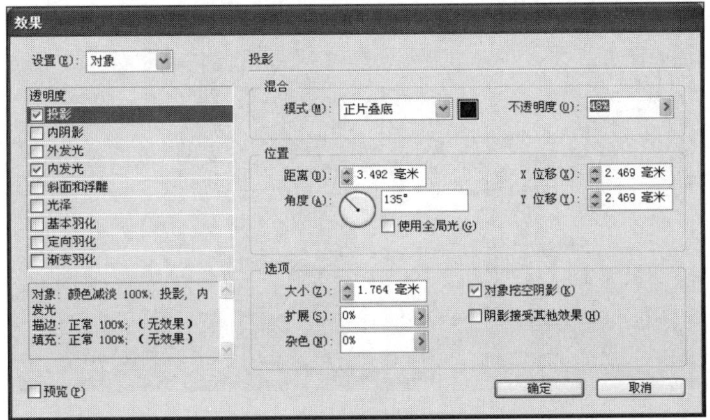

图5-163　“投影”效果

图5-164 添加效果后

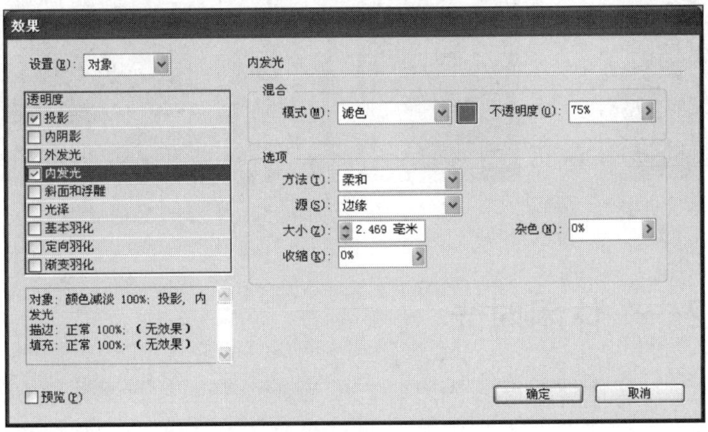

图5-165　“内发光”效果

图5-166 添加效果后

Step 18 新建一个图层，在画面的右上角绘制一个“矩形框架”，执行“文件”|“置入”命令，在打开的“置入”文件夹中选择角纹.jpg，单击“确定”按钮将图片置入。按下A键切换到“直接选择工具”，按住Shift键的同时调整图片的比例。

Step 19 接下来打开“效果”面板，设置图层模式为“正片叠底”，此时效果如图5-167所示。按住Ctrl+Shift键的同时可以复制并水平制作一个副本，将其水平翻转，调整到页面的左上角，按照相同的方法制作其他两个副本。

Step 20 最后再按下T键切换到“文字工具”，输入其他的文本，并调整字体大小和字体，此时的效果如图5-168所示。调整后最终效果如图5-143所示。

图5-167 置入角纹

图5-168 输入其他文本

5.10.2 实例2——休闲时光

通过“休闲时光”实例继续练习阴影、内发光、渐变羽化和不透明度等图像效果的应用与设置方法。此外，读者需要在练习中进一步熟悉文本转换为轮廓等多种文本编辑的方法。实例效果如图5-169所示。

图5-169 实例效果

具体操作步骤如下：

Step 01 执行“文件”|“新建”|“文档”命令，在打开的“新建文档”对话框中的“页面大小”下拉列表中选择210毫米×285毫米，如图5-170所示。单击“边距和分栏”按钮，打开“新建边距和分栏”对话框。

Step 02 在对话框中设置“上”选项的数值为0毫米，此时其他3项也一起变为0毫米，如图5-171所示，单击“确定”按钮保存设置。

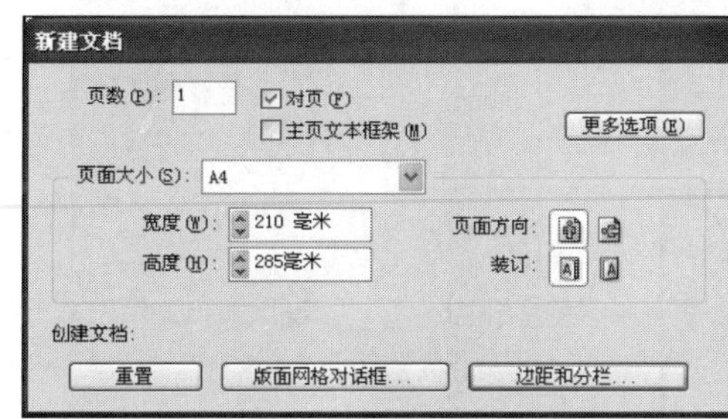

图5-170 “新建文档”对话框

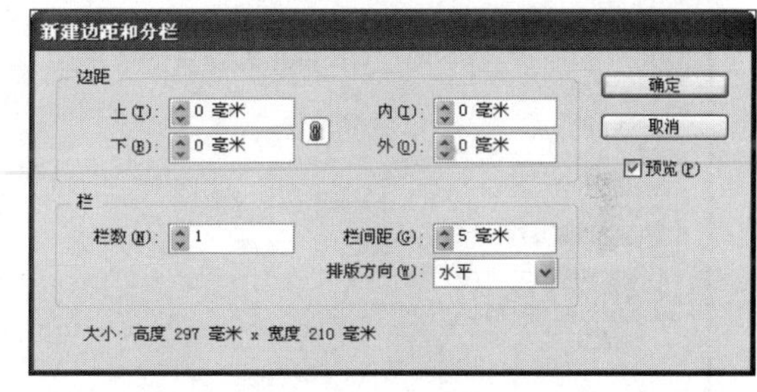

图5-171 “新建边距和分栏”对话框

Step 03 在“图层”面板中双击图层1，在打开的如图5-146所示的“图层选项”对话框中设置名称为“渐变底色”，设置颜色为“炭笔灰”，单击“确定”按钮保存设置。

Step 04 在工具箱中选择“矩形工具”，绘制一个矩形覆盖住整个页面，然后执行“窗口”|“颜色”|“渐变”命令，打开“渐变”面板，在“类型”下拉列表中选择“直线”选项，选中第一个滑块，在左侧的工具箱中双击“填色”选项，打开“拾色器”对话框，设置颜色为淡绿色（C：13，M：0，Y：48，K：0），再按照同样的方法设置第二个滑块的颜色为草绿色（C：41，M：25，Y：100，K：0）。

Step 05 在“渐变”面板的任意一个滑块上单击鼠标右键，在弹出的快捷菜单中选择“添加到色板”命令，此时这个渐变颜色将被添加到“色板”中。

Step 06 在工具箱中选择“渐变色板工具”，拖动后的填色效果如图5-172所示。

Step 07 下面导入图片，在工具箱中选择“矩形框架工具”，绘制一个矩形框架，然后执行“文件”|“置入”命令，在打开的“置入”对话框中选中需要导入的水果素材图片，按

下A键切换到“直接选择工具”，按住Shift键的同时按比例调整图片，大小如图5-173所示。

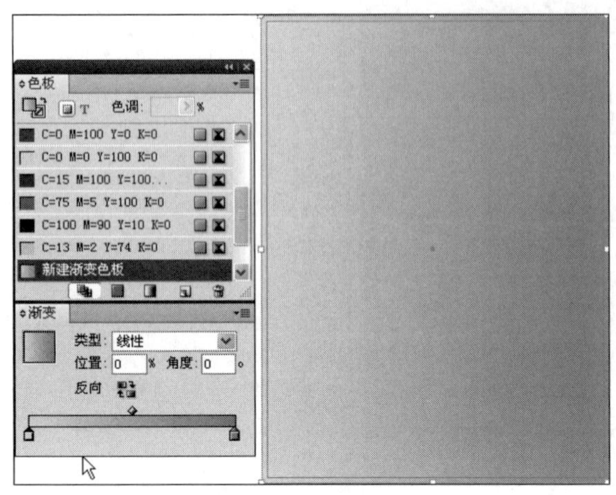

图5-172 绘制矩形并填充渐变色

图5-173 绘制框架并导入图片

Step 08 选中图片后，单击鼠标右键，在打开的快捷菜单中选择“效果”|“渐变羽化”命令，在其中设置角度为63°，设置位置为58%，如图5-174所示。此时的效果如图5-175所示。

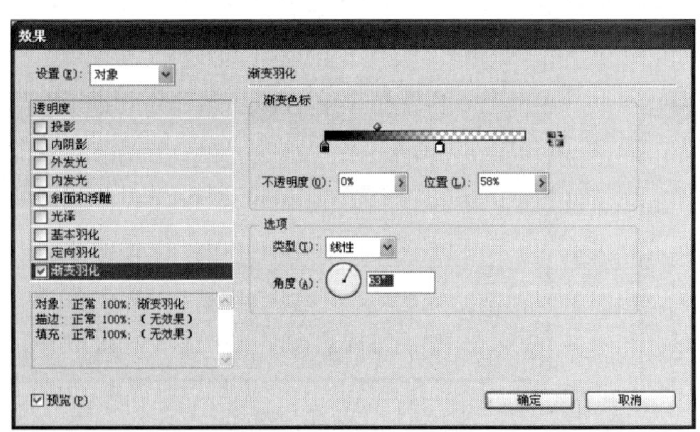

图5-174 “渐变羽化”效果

图5-175 应用渐变羽化后的效果

Step 09 在工具箱中选择“椭圆工具”，单击鼠标左键，然后在弹出的“椭圆”对话框中设置高度和宽度选项的数值均为151毫米，单击“确定”按钮创建圆形，并为其填充渐变色，效果如图5-176所示。

Step 10 接下来新建一个渐变色板，将其命名为“描边渐变色”，设置渐变选项如图5-177所示，单击“确定”按钮新建色板。接下来在“描边”面板中设置“粗细”为15点，使用渐变工具拖拽出描边的渐变效果，如图5-178所示。

图5-176 绘制椭圆并填充渐变色

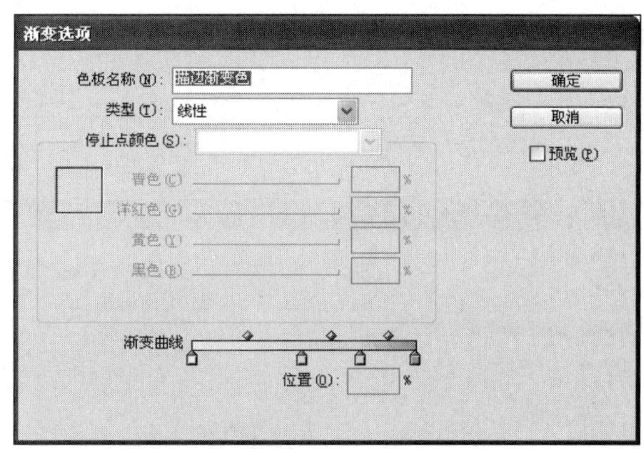

图5-177 “渐变选项”对话框

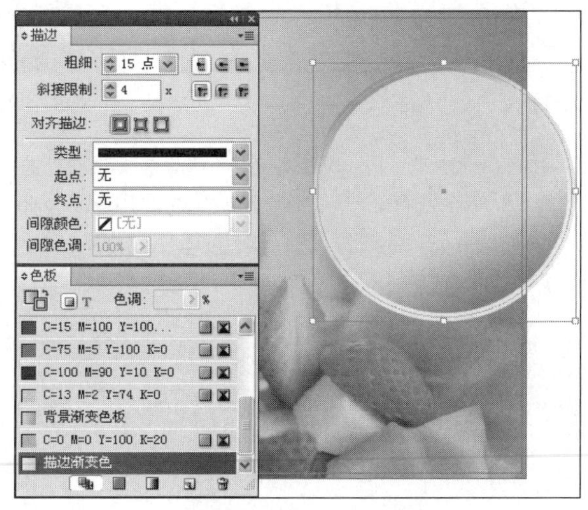

图5-178 添加描边并设置渐变效果

Step 11 选中图片后，单击鼠标右键，在打开的快捷菜单中选择“效果”|“阴影”命令，设置各项数值如图5-179所示，此时的效果如图5-180所示。

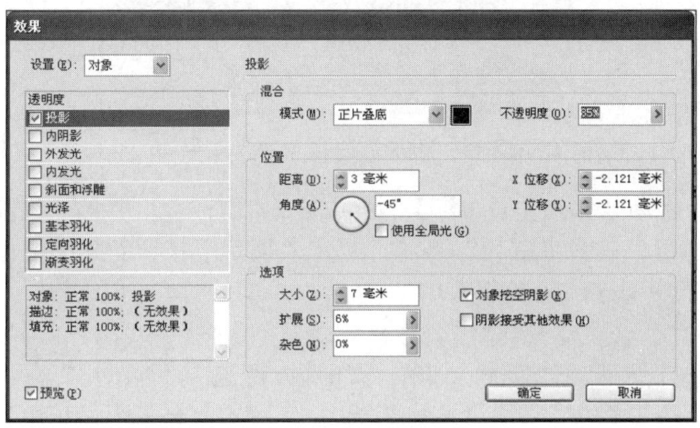

图5-179 添加阴影效果

图5-180 添加阴影后的效果

Step 12 选中图片后，单击鼠标右键，在打开的快捷菜单中选择“效果”|“内阴影”命令，设置各项数值如图5-181所示，此时的效果如图5-182所示。

Step 13 按下T键切换到“文字工具”T，输入文本“休闲时光”，执行“文字”|“字符”命令，打开“字符”面板，在其中设置“字体”为“华康海报体”，如图5-183所示。

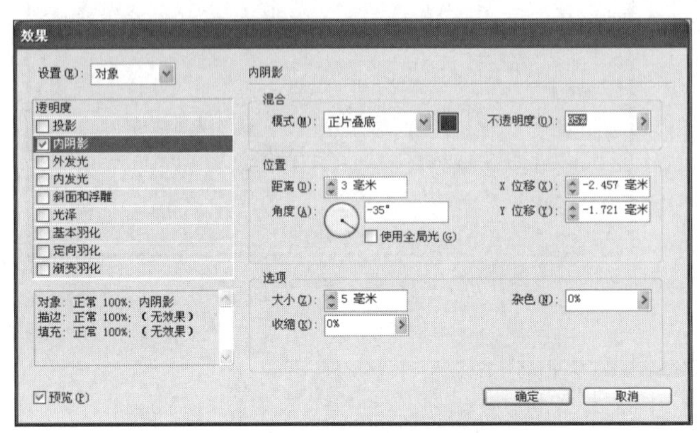

图5-181 添加内阴影效果

图5-182 添加内阴影后的效果

Step 14 选中输入的文本，执行“文字”|“创建轮廓”命令，将文字转换为轮廓，调整轮廓的大小，并为每一个文字填充渐变色，然后设置其描边“粗细”为6点。再单击鼠标右键，在弹出的快捷菜单中选择“效果”|“外发光”选项，设置“外发光”的“大小”为4，扩展为100%，效果如图5-184所示。

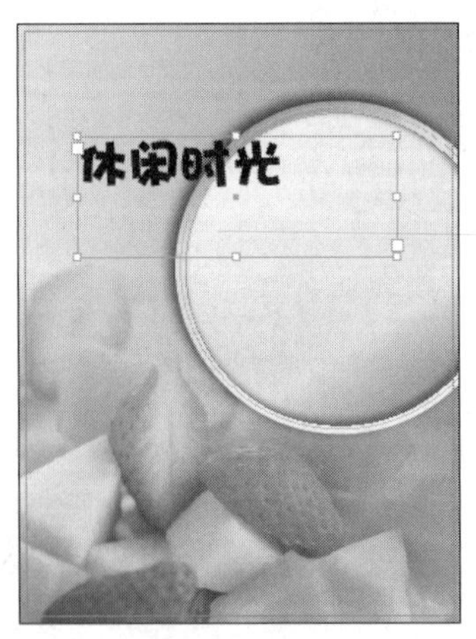

图5-183 输入文本

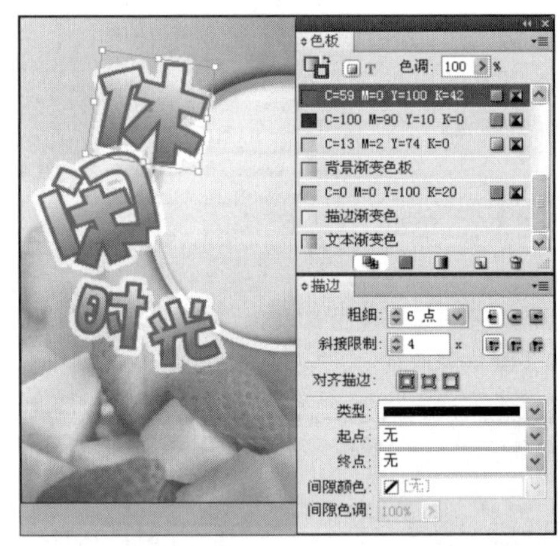

图5-184 添加描边和外发光效果

Step 15 接下来添加装饰。在工具箱中选中“椭圆工具”，单击鼠标左键，在打开的“椭圆”对话框中设置“高度”和“宽度”的数值都为25毫米，单击“确定”按钮新建椭圆形并为其填充土黄色（C：15，M：30，Y：100，K：0）。

Step 16 再按下T键切换到“文字工具”，输入文本“8小时闲情”和“After8”。设置“8小时闲情”的字体为“方正大黑简体”，设置“字体大小”为20点；再选中“After8”，设置“字体大小”为18点。在“描边”面板中设置“粗细”为2。同样在“色板”面板中设置描边色为土黄色。按照相同的方法绘制另外的一组紫红色的图形，效果如图5-185所示。

图5-185 添加装饰效果

Step 17 接下来为中间的椭圆形置入图片。选中椭圆形，执行“文件”|“置入”命令，在打开的“置入”对话框中选中图片素材2.jpg，单击“打开”按钮将其置入。按下A键切换到“直接选择工具”，按住Shift键的同时拖动调整图片的大小比例，此时效果如图5-186所示。

Step 18 在工具箱中选中“椭圆工具”，单击鼠标左键，在打开的“椭圆”对话框中设置“高度”为11毫米，设置“宽度”为26毫米，单击“确定”按钮新建圆形并为其填充橙色（C：0，M：80，Y：100，K：0）。再按下T键切换到文字工具，输入文本New，设置其字体为Folio，然后在选项栏中设置其“旋转”和“倾斜”选项的数值都为10°，如图5-187所示。

图5-186 导入素材图片

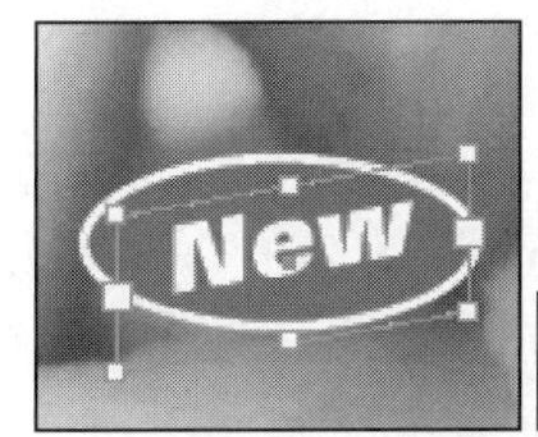

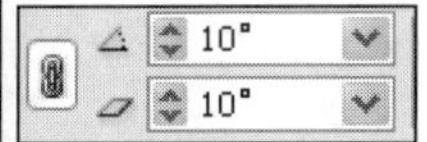

图5-187 绘制图形并添加文本

Step 19 输入最后一组文本“思慕冰系列Smoothie￥28”，设置中文字体为“方正粗圆简体”，设置英文字体为Arial，设置“描边”的“粗细”为2，并且设置填充色为白色，描边色为绿色（C：59，M：0，Y：100，K：42）。此时效果如图5-188所示。

Step 20 最后再进行必要的调整。至此，整个实例制作完成，最终效果如图5-169所示。

图5-188 添加并设置文本

第6章 变换与组织对象

在对版面进行调整时，InDesign与其他软件一样，可以对框架、图形对象进行对齐、分布、调整图层关系以及进行编组操作等。利用这些功能可以使版面中的各种对象进行准确的调整，从而制作出美观、整齐的版面效果。

6.1 变换对象

在对对象进行调整之前，首先要选择对象。在InDesign中可以使用“选择工具”和“直接选择工具”，选择要进行编辑的对象。然后通过变换相关工具，对对象进行移动、旋转、缩放、切边和反转等操作。下面通过实例来进行讲解，实例效果如图6-1所示。

图6-1 实例效果

6.1.1 移动对象

使用移动命令可以准确控制对象的移动距离。

Step 01 执行“文件”|“打开”命令，打开本书附带光盘\Chapter06\甜天西饼屋\“背景.indd”文件，如图6-2所示。

Step 02 执行“文件”|“置入”命令，在弹出的“置入”对话框中，从“查找范围”中选择文

本所在的文件夹，在该对话框中选择素材图片“1.jpg”至“4.jpg”，单击“确定”按钮将它们导入，如图6-3所示。

图6-2 打开文件

图6-3 导入素材

Step 03 此时导入的对象的位置还需要调整。选择要移动的对象，然后执行“对象”｜“变换”｜“移动”命令，打开“移动”对话框，如图6-4所示。

Step 04 在此对话框中可以设置对象的水平与垂直移动距离，或者在“距离”中输入需要对象移动的距离，在“角度”中输入移动的角度，同时可以勾选“预览”复选框进行预览。

Step 05 如果要移动对象的副本，单击“副本”按钮，则可以保持原来的图像不变，而移动副

提示

双击对象可在“选择工具”和“抓手工具”之间切换。双击文本框架可置入插入点并切换到文字工具。

本，如图6-5所示为将“水平”和“垂直”选项的数值都设置为-40毫米，并单击“副本”按钮后的效果。

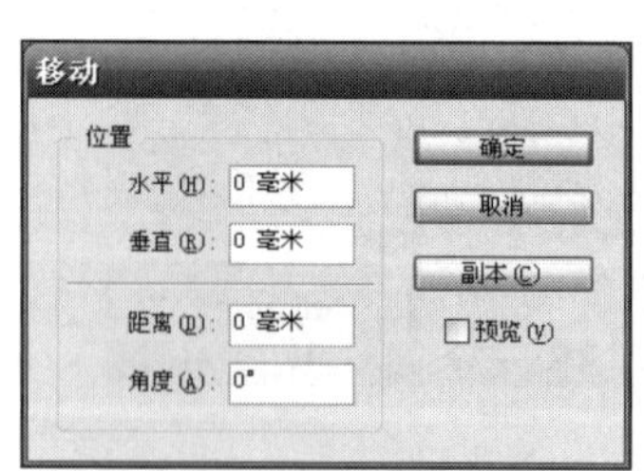

图6-4 “移动”对话框

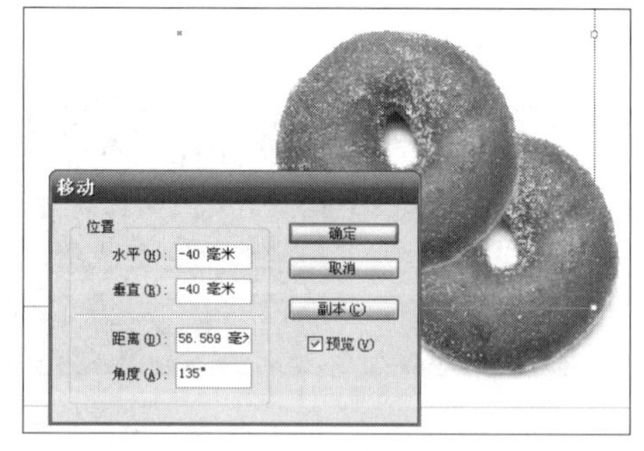

图6-5 移动后的效果

Step 06 本实例不制作副本，只要把对象都移动到合适的位置就可以。

6.1.2 缩放对象

使用“缩放工具”或缩放命令，可以快速将选择对象等比或不等比的缩小或放大。

Step 01 选中导入冰激淋素材，然后在工具箱中选择“缩放工具”，此时在图片的中心会出现

中心点，将鼠标移动到中心点上，鼠标即变成形状。此时按下鼠标左键即可拖动更改中心点的位置，本实例保持中心点的默认位置即可。缩小后的效果如图6-6所示。

Step 02 选中导入的第2张素材图片，执行“对象”|“变换”|“缩放”命令或者在工具箱中双击

提示

按住Shift+Ctrl键可以快速按比例缩小图片。

图6-6 缩放效果

“缩放工具”按钮，然后在打开的“缩放”对话框中可以设置缩放的数值，本实例设置“X缩放”和“Y缩放”选项的数值为35%，如图6-7所示，单击“确定”按钮保存设置。

Step 03 按照相同的方法对其他的素材进行缩小的操作，调整的效果如图6-8所示。

提示

默认情况下，两个缩放比例的参数选项右侧的“约束缩放比例”选项处于激活状态，表示两个比例参数为互相约束的状态，用户只需要更改一个参数值，另一个参数的数值会自动更改。如果要不等比例缩放，只要取消“约束缩放比例”选项的激活即可。

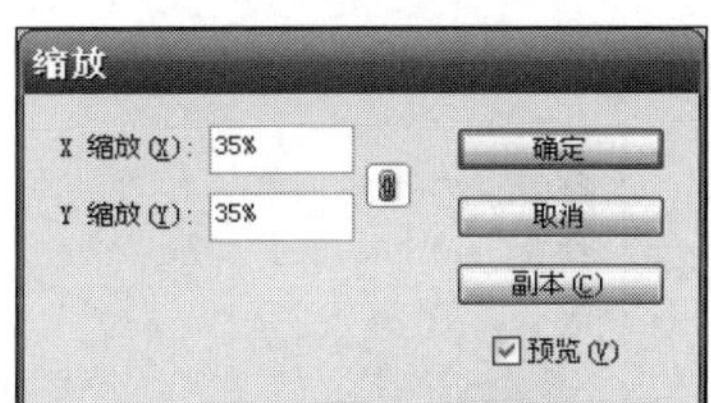

图6-7 “缩放”对话框

提示

用户也可以执行“窗口”|“对象和面板”|“变换”命令，打开如图6-9所示的“变换”面板，然后在此面板中也可以对变换比例进行设置。

图6-8 调整素材后的效果

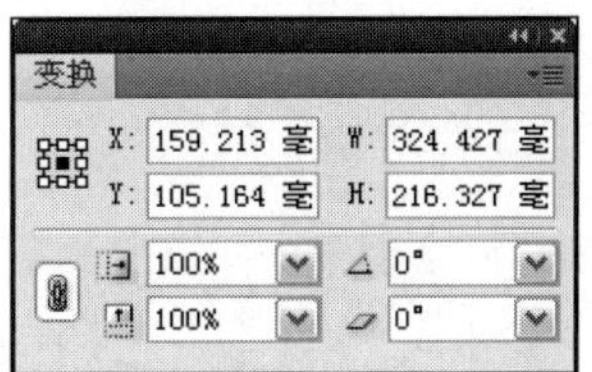

图6-9 “变换”面板

6.1.3 旋转对象

当需要更改对象的角度时，用户可以通过使用工具箱中的“旋转工具”，或者在选项栏中输入旋转角度的数值进行调整。或者使用“自由变换工具”，将选中对象旋转到任意角度。在旋转对象时，将围绕选择对象的变换中心点进行旋转。

Step 01 使用“选择工具”选中左侧的冰激淋图片，然后在工具箱中选中“旋转工具”，此时在图片的中心会出现中心点编制，将鼠标移动到中心点上，鼠标即变成形状，如图6-10所示。此时按下鼠标左键即可拖动更改中心点的位置，本实例保持中心点的默认位置即可。

提示

当手动更改变换中心的位置后，在选项栏的左侧会发现“参考点”图标上黑色方块的位置也发生了变化。用户可以通过在这几个点上单击鼠标，快速更改变换中心至这9个控制点的位置。

Step 02 此时在页面中由右至左拖动鼠标，可以看到选择的对象沿着中心点逆时针旋转。在旋转的同时，可以在选项栏中看到“旋转角度”的数值也随着变化，如图6-11所示。

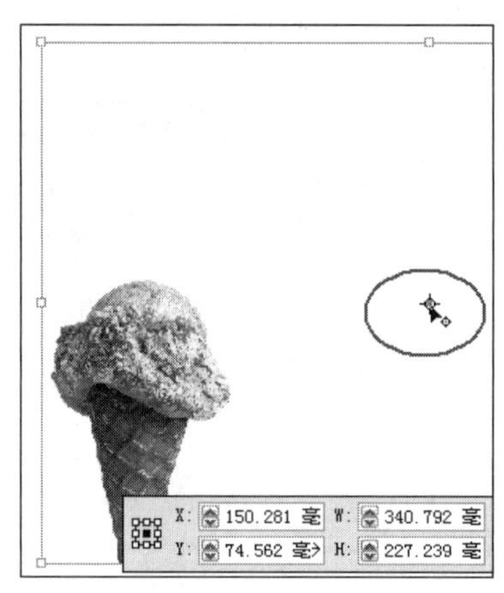

图6-10 调整中心点

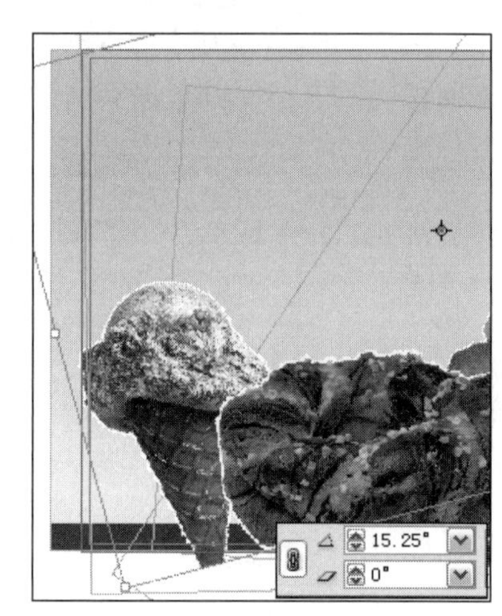

图6-11 调整旋转角度

Step 03 选中第2张素材图片，执行“对象”|“变换”|“旋转”命令或者在工具箱中双击“旋转工具”，在旋转对话框中可以直接来设置需要旋转的角度，如图6-12所示，本实例设置角度为2°，单击“确定”按钮可以保存设置。此时用户可以勾选“预览”复选框，在不关闭对话框的情况下预览旋转对象后的效果。

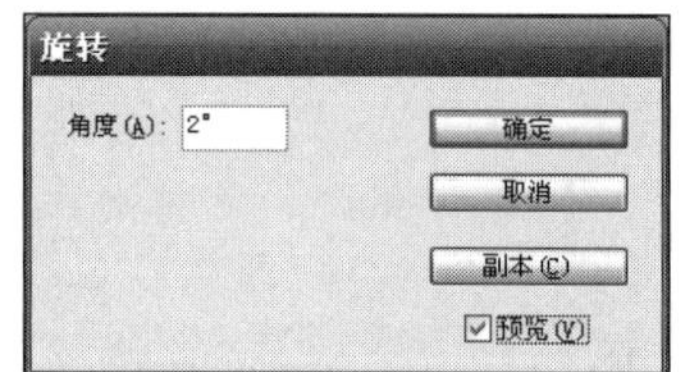

图6-12 设置角度

提示

此时单击“副本”按钮关闭对话框，可以看到创建一个副本旋转的副本，但是原对象没有变化。

Step 04 此时按照前面介绍的方法对将剩余的2张图片也进行旋转，效果如图6-13所示。

提示

在保持对象的选中状态，执行“对象”|“再次变换”|“再次变换”命令，可以根据上一次执行变换操作的参数，再次对当前选择对象进行旋转复制。

Step 05 使用“矩形工具”绘制矩形，使用“直接选择工具”选中端点，制作出三角形，再绘制另一个矩形，同时选中矩形和三角形，执行“对象”|“路径查找器”|“添加”命令，将两个图形连接。

Step 06 在工具箱中双击“旋转工具”，在角度对话框中设置角度为29°，单击“确定”按钮可以保存设置。按住Alt+Shift键的同时拖动制作鼠标制作出3个副本，如图6-14所示。

图6-13 调整角度后的效果

图6-14 制作副本

6.1.4 切变和翻转对象

使用“切变工具”，可以将对象沿着水平轴或垂直轴剪切或倾斜，以产生特殊的变形效果。在InDesign中，用户还可以方便地将对象沿着水平或垂直轴进行翻转。

Step 01 本实例按住Shift键的同时选中前面绘制的4个箭头，在选项栏中单击“水平翻转”按钮，可以将所有的箭头水平翻转，效果如图6-15所示。

> **提示**
>
> 单击“垂直翻转”按钮可以将箭头进行垂直翻转，效果如图6-16所示。

图6-15 水平翻转

图6-16 垂直翻转

Step 02 接下来参考源文件，使用文字工具输入相关的文本，如图6-17所示。

Step 03 使用“选择工具”选中文本“甜天西饼屋”，然后在工具箱中选择“切变工具”，如图6-18所示。

Step 04 此时按下鼠标左键进行拖动，即可使矩形产生倾斜效果，如图6-19所示。

图6-17 输入文本

图6-18 选择切变工具

图6-19 拖动产生倾斜效果

Step 05 此外，也可以按照前面介绍的方法，在工具箱中双击“切变工具”或者执行“对象”｜“变换”｜“切变”命令，打开“切变”对话框，如图6-20所示为使用水平轴切变的效果，如图6-21所示为使用垂直轴切变效果。

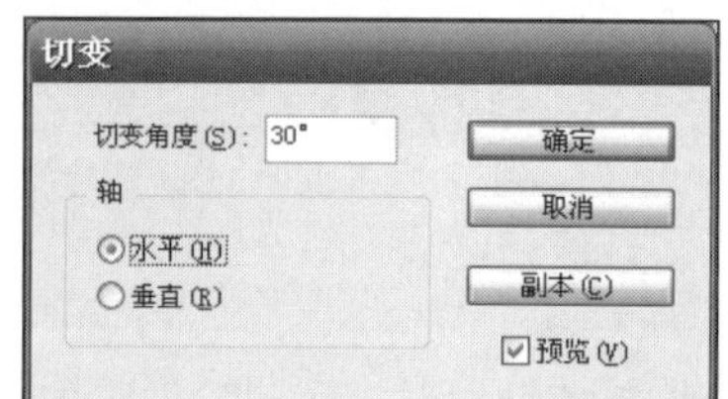

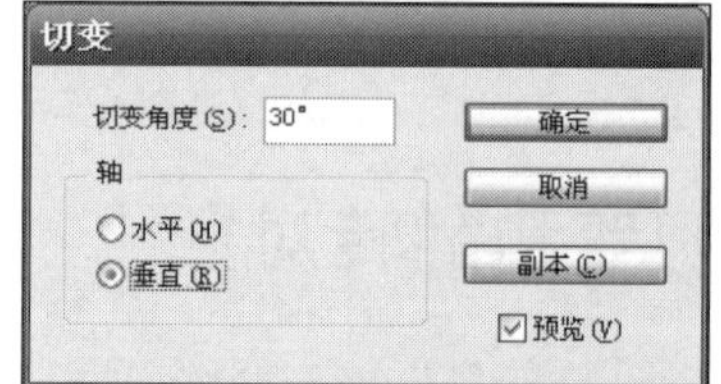

图6-20 水平切变效果

图6-21 垂直切变效果

6.2 对齐和分布

当要将许多对象以某种方式对齐或按照一定的规律分布时，可以使用“对齐”面板进行对齐或分布。可以将对象的边缘或锚点作为参考点。此外，还可以同时在水平和垂直两个方向上均匀地分布对象之间的距离。执行“窗口”｜“对象和面板”｜“对齐”命令，即可打开“对齐”面板，如图6-22所示。

下面通过一个实例来具体讲解，实例效果如图6-23所示。

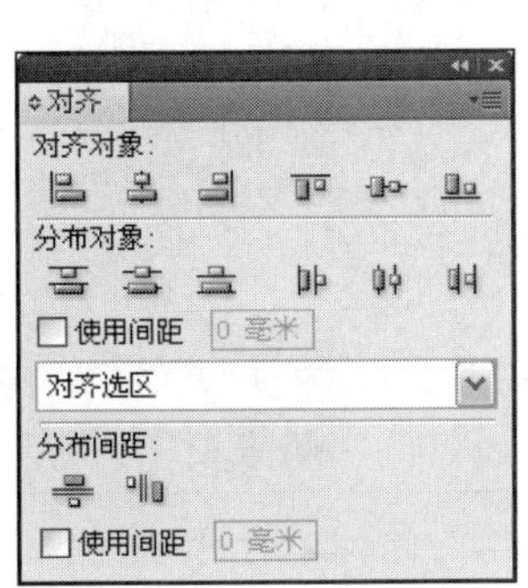

图6-22 “对齐”面板

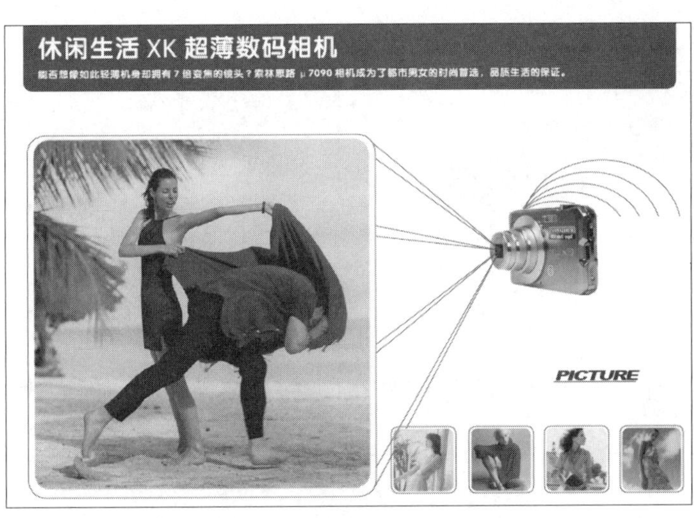

图6-23 实例效果

6.2.1 对齐对象

Step 01 执行“文件”|“打开”命令，打开本书附带光盘\Chapter06\休闲数码相机\“休闲数码相机未编辑.indd”文件，如图6-24示。

Step 02 可以看到此时画面右侧的四张模特图片的排列比较凌乱。接下来只要按住Shift键的同时选中需要对齐的图片，如图6-25所示，然后在“对齐”面板中点击相应的按钮即可。

图6-24 打开文件

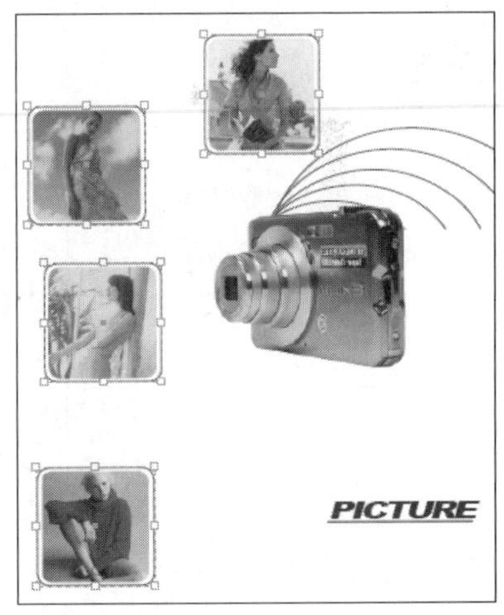

图6-25 选中图片

其中各按钮选项的含义如下。

◎ 左对齐：将所有选中对象的左边缘以选中对象的最左边作为参考点进行对齐，效果如图6-26所示。

◎ 垂直居中对齐：将所有选中对象垂直居中对齐，如图6-27所示。

◎ 右对齐：所有选中对象的右边缘以选中对象的最右边作为参考点进行对齐，如图6-28所示。

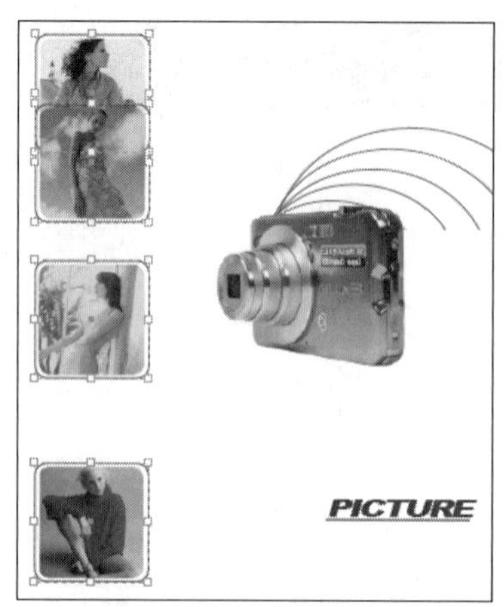

图6-26 左对齐

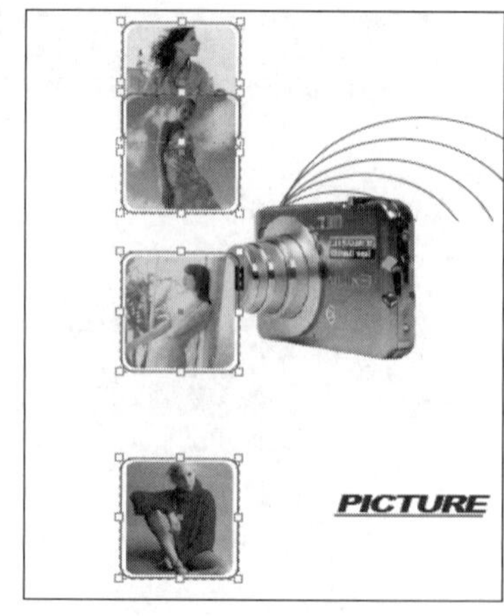

图6-27 垂直居中对齐

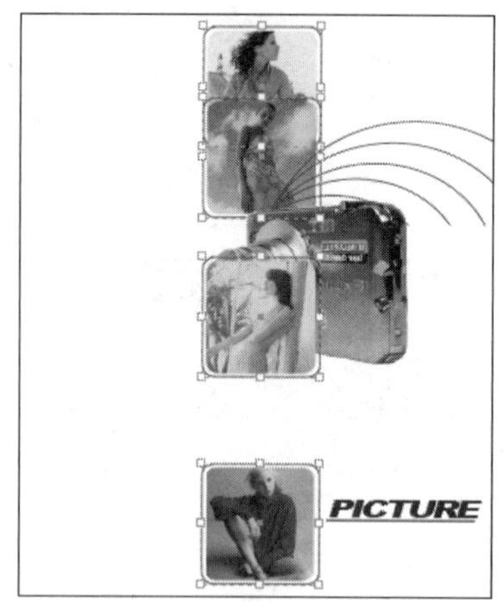

图6-28 右对齐

◎ 顶对齐：将所有选中对象的上边缘以选中对象的最上边作为参考点进行对齐，如图6-29所示。
◎ 水平居中对齐：将所有选中对象水平居中对齐，如图6-30所示。
◎ 底对齐：将所有选中对象的下边缘以选中对象的最下边作为参考点进行对齐，如图6-31所示。

提示

在移动对象时，也可以使用智能间距功能对齐或分布对象。例如，如果两个垂直对象相距 12 点，将第三个对象移动到第二个对象下方12点处时就会出现临时参考线，让您靠齐对象。

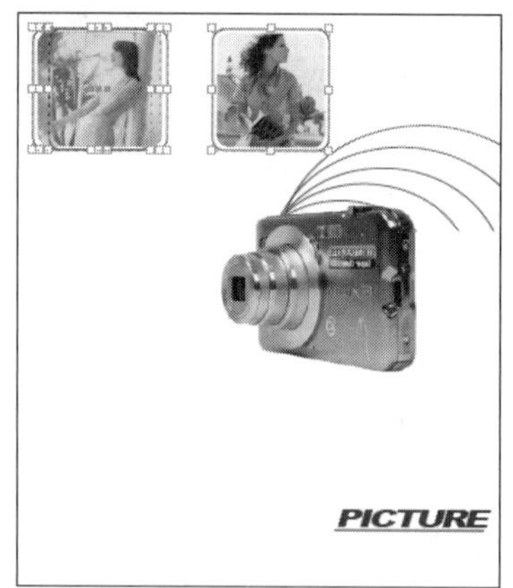

图6-29 顶对齐

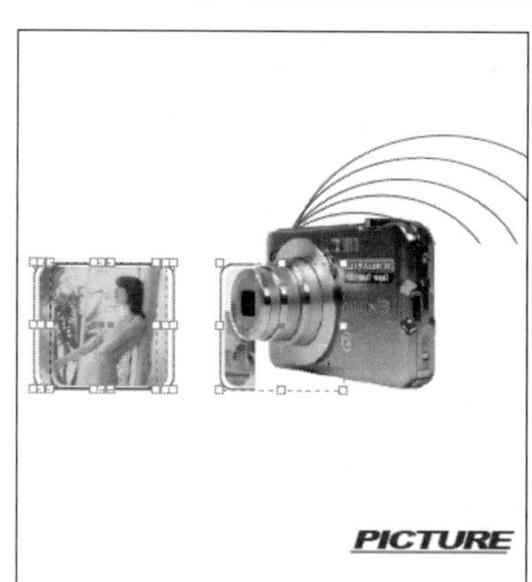

图6-30 水平居中对齐

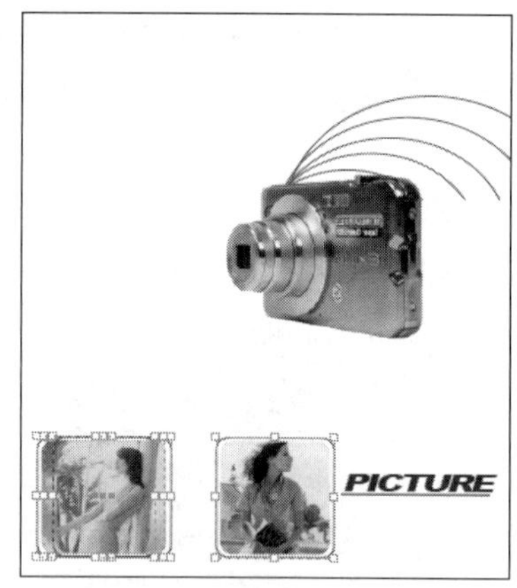

图6-31 底对齐

6.2.2 分布对象

使用分布命令，可以将多个对象按某种方式等间距分布。如果在面板中选中“使用间距”复选框，则可以设置间距值，使对象按照设置的数值分布。如果不勾选，对象将按最顶部与最底部或最左与最右的对象之间的距离平均分布。

其中各按钮选项的含义如下。

◎ 按顶分布：使选中的所有对象以对象上边缘作为参考点在垂直轴上平均分布，水平位置不变，如图6-32所示。

◎ 水平居中分布：使选中的所有对象以对象中心点作为参考点在垂直轴上平均分布，水平位置不变，如图6-33所示。

◎ 按底分布：使选中的所有对象以对象下边缘作为参考点在垂直轴上平均分布，水平位置不变，如图6-34所示。

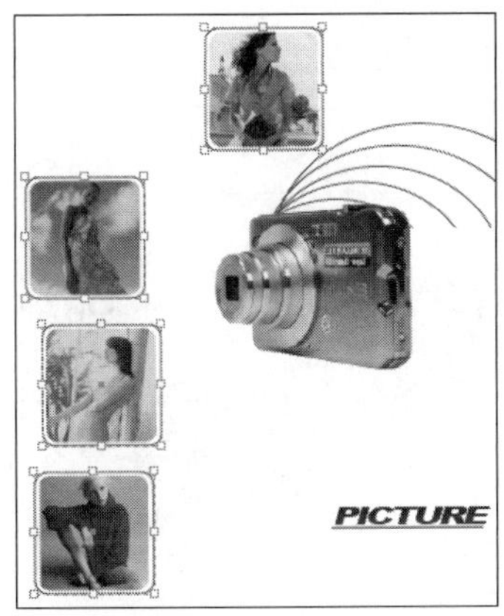

图6-32 按顶分布

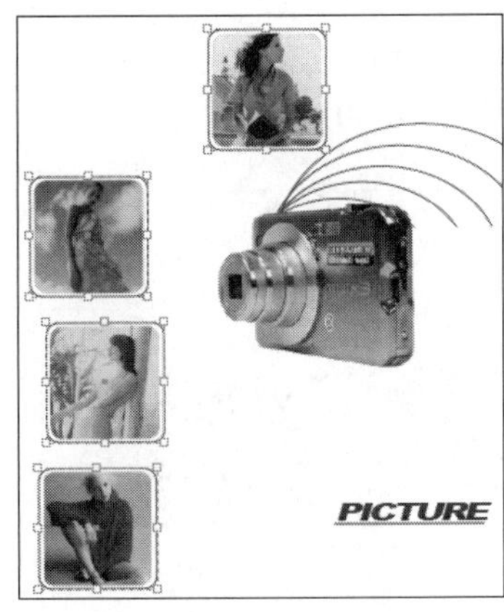

图6-33 水平居中分布

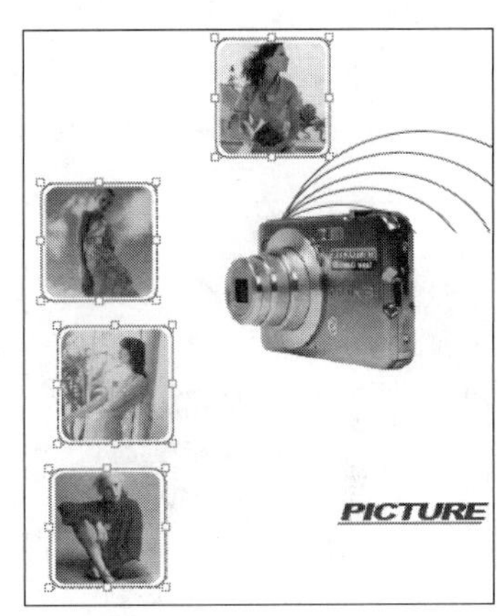

图6-34 按底分布

◎ 按左分布：使选中的所有对象以对象左边缘作为参考点在水平轴上平均分布，垂直位置不变，如图6-35所示。

◎ 垂直居中分布：使选中的所有对象以对象中心点作为参考点在水平轴上平均分布，垂直位置不变，如图6-36所示。

◎ 按右分布：使选中的所有对象以对象右边缘作为参考点在水平轴上平局分布，垂直位置不变，如图6-37所示。

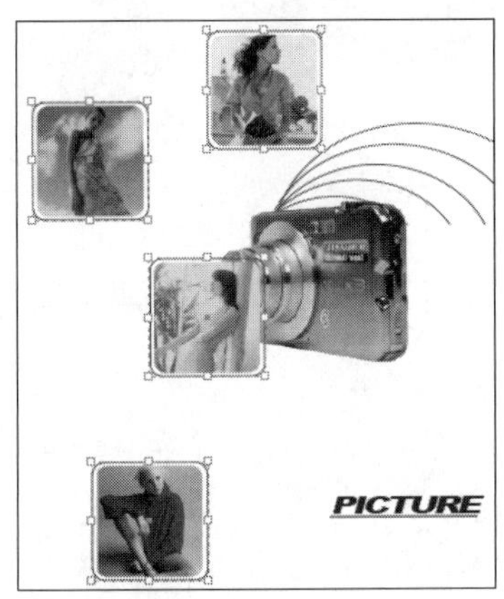

图6-35 按左分布

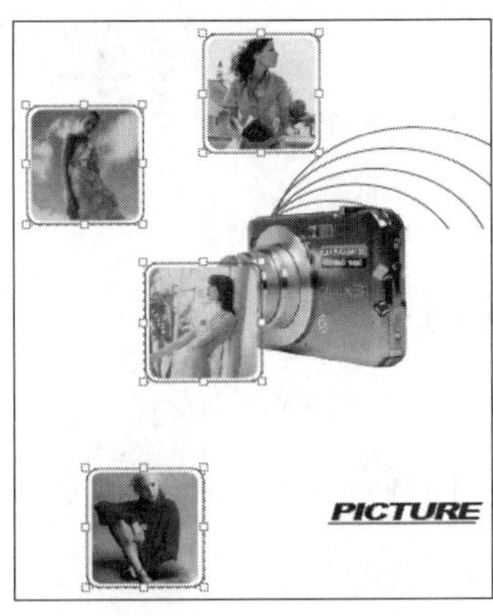

图6-36 垂直居中分布

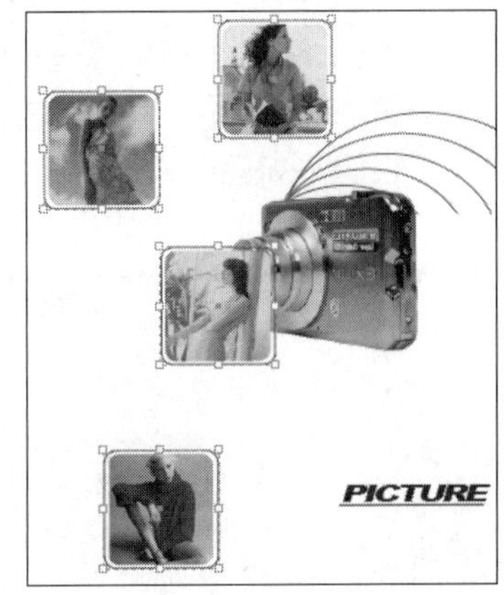

图6-37 按右分布

6.2.3 分布间距

如果有多个对象需要在水平或垂直轴上平均分布，则需要使用分布间距命令。其中：

◎ 水平分布间距：要分布对象，请单击所需类型的分布按钮。单击此按钮可以确保每个选定对象的左边缘到右边缘的间距相等，如图6-38所示。

◎ 垂直分布间距：单击此按钮，可以确保每个选定对象的上边缘到下边缘的间距相等，如图6-39所示。

◎ 使用间距：要在对象间设置间距（无论是中心到中心还是边缘到匹配边缘），可以勾选“使用间距”复选框，然后输入要应用的间距量。单击某个按钮以沿着选定对象的水平轴或垂直轴分布选定对象，如图6-40所示。

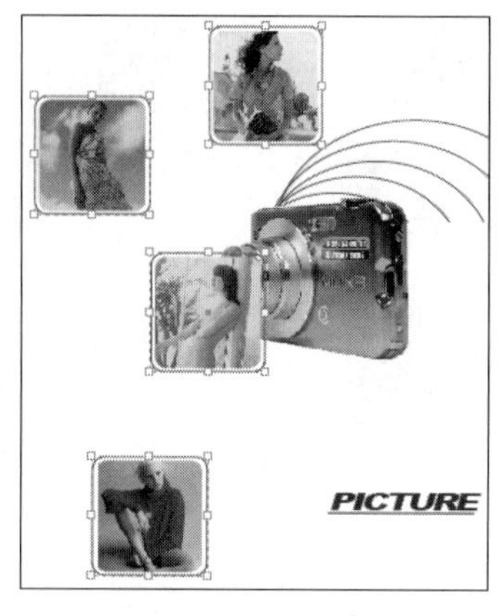

图6-38 水平分布间距

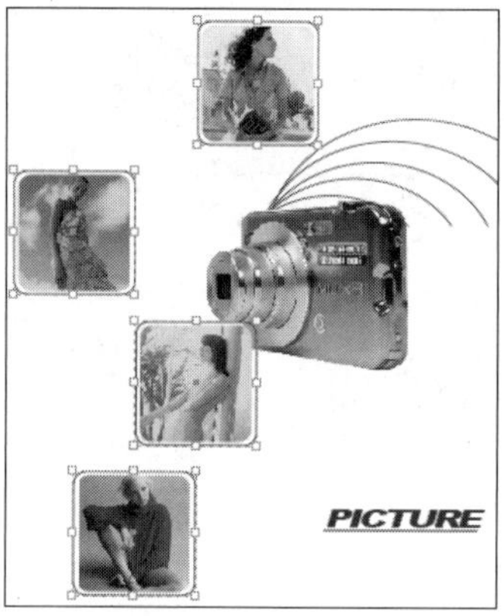

图6-39 垂直分布间距

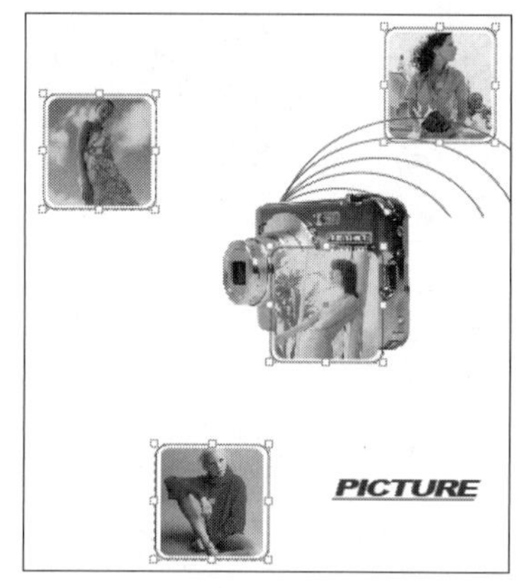

图6-40 使用间距

Step 01 本实例中首先选定四个图片，如图6-41所示的位置。

Step 02 单击“底对齐”按钮，使4张图片以底部对齐，如图6-42所示。再在“对齐”面板中单击“水平分布间距”按钮，使4张图片的水平间距相等，如图6-43所示。

图6-41 确定位置

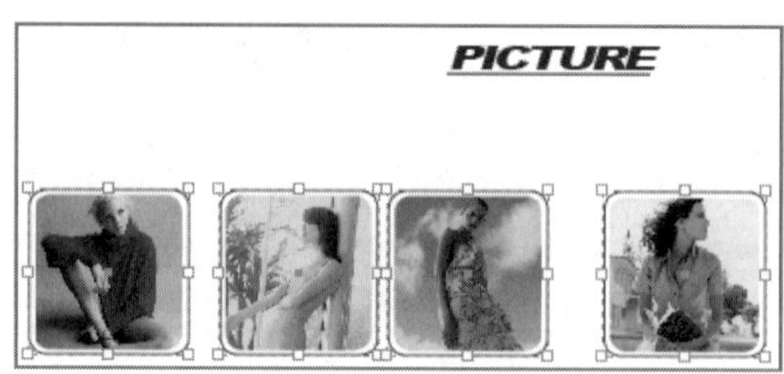

图6-42 底部对齐

图6-43 水平分布间距

6.3 群组与锁定对象

使用InDesign提供的“对象编组”功能，可以将多个对象编成一个组，方便用户一次性将该组选中，并将其作为一个单元进行变换操作，从而减少了选择多个对象的麻烦。

Step 01 按住Shift键的同时选中文件中的5张素材图片，如图6-44所示。

图6-44 选中图片

Step 02 执行“对象”|“编组”命令，或者单击鼠标右键，在弹出的快捷菜单中选择“编组”命令，或者直接按下Ctrl+G键，就可以将这5个对象编成一个组的对象，如图6-45所示。

图6-45 群组效果

提示

如果用户需要对编组中的单个对象进行编辑，可以使用“直接选择”工具来选择编组中的单个对象，并进行变换调整。用户也可以执行“对象”|“选择”|“内容”命令，来选择编组中的单个对象，通过“上一对象”和“下一对象”命令，切换选择编组内容。

Step 03 在工具箱中选择“直线工具”，以相机镜头作为出发点，绘制出发散的直线效果，设置描边色为“红色”，设置描边粗细为1点，此时效果如图6-46所示。

Step 04 同样，按住Shift键的同时选中刚才绘制的直线，执行“对象”|“编组”命令，将它们编组。可以看到，出现了直线压住图片的情况，接下来将对对象的排列状况进行调整，使图片位于直线上方。

提示

保持编组对象的选择状态，执行“对象”|“取消编组”命令，或者按下Ctrl+Shift+G键，可以解除编组对象的编组状态。

图6-46 绘制直线

Step 05 在页面中选中刚才的直线群组，执行“对象” | “锁定位置”命令，可以将选择对象的位置锁定，这时，所有变换参数将呈现灰色不可用状态。通过手动的方式来变换对象时，鼠标指针将表示该对象已经被锁定，不能进行变换操作，如图6-47所示。

图6-47 锁定效果

提示

按下Ctrl+L键，可以将选择对象快速锁定。执行“对象”|“解锁位置”命令，或者按下Ctrl+Alt+L键，可以解除对象的锁定状态。

6.4 排列对象

在同一个图层中，创建的或导入的对象前后顺序，将按照创建或导入的先后排列，先创建或导入的在底层，后创建或导入的将显示在前面。

1. 选择重叠对象

如果要选择重叠的多个对象中的某个对象，或者是框架、容器、组中的对象，甚至是嵌套对象时，执行“对象”|“选择”命令，然后在其子菜单中选择一种选择对象的方式，如图6-48所示。

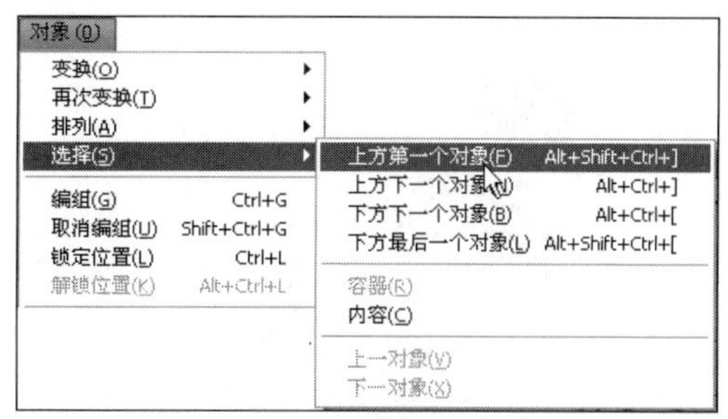

图6-48 选择重叠对象

> **提示**
>
> 如果两张图片重叠，需要选择位于下方的图片，则可以按住Ctrl键的同时单击，即可选中位于下方的图片。如果要选择不重叠的图片，按住Shift键的同时可以选择多张。

2. 排列重叠对象

排列对象只要选择要调整位置的对象，然后执行“对象”|“排列”命令，如图6-49所示，选择一种排列方式即可。

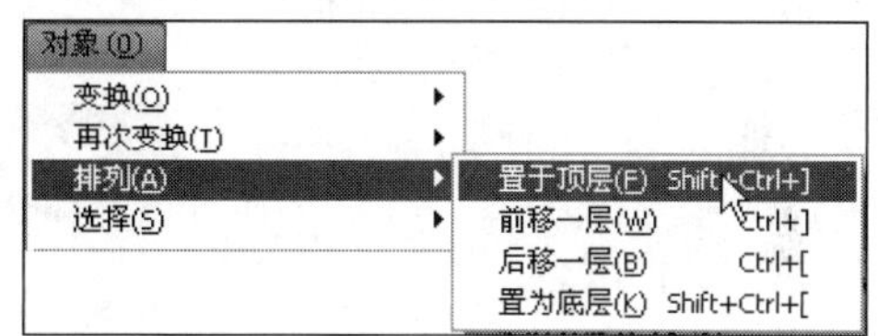

图6-49 排列重叠对象

其中各命令的含义如下。

◎ 置于顶层：使选中对象置于当前页面或跨页所有对象的上面，如图6-50所示为原始效果，如图6-51所示为选中图层置于顶层后的效果。

图6-50 原始效果

图6-51 调整效果

◎ 前移一层：可以使选中对象向前移一层，如图6-52所示。

◎ 后移一层：可以使选中对象后移一层，如图6-53所示。

◎ 置为底层：使选中对象置于当前页面或跨页所有对象的下面。

图6-52 排列效果

图6-53 排列效果

打开刚才没有制作完成的实例。选中图片的群组，单击鼠标右键，在弹出的快捷菜单中选择“排列”|“置于顶层”命令，这样即可调整直线与图片的位置，如图6-54所示。

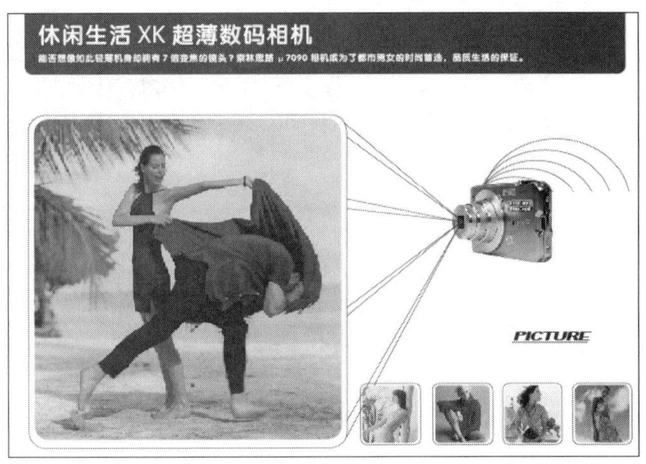

图6-54 调整效果

6.5 上机实践

6.5.1 实例1——国际高尔夫俱乐部

通过“国际高尔夫俱乐部”实例重点练习图形的切变与翻转操作的方法，效果如图6-55所示。

图6-55 实例效果

Step 01 执行“文件”｜“新建”｜“文档”命令，在打开的“新建文档”对话框中的“页面大小”文本框中设置“宽度”为95毫米，设置“高度”为190毫米，单击“边距和分栏”按钮。

Step 02 打开“新建边距和分栏”对话框，在其中设置“上”选项的数值为0毫米，设置“栏数”为4栏，设置“栏间距”为0毫米，单击“确定”按钮保存设置。

Step 03 在工具箱中选择“矩形工具”，在文档中单击鼠标左键，在弹出的如图6-56所示的对话框中，设置“宽度”选项的数值为95毫米，设置“高度”选项的数值为190毫米，单击“确定”按钮新建矩形框架。此时的效果如图6-57所示。

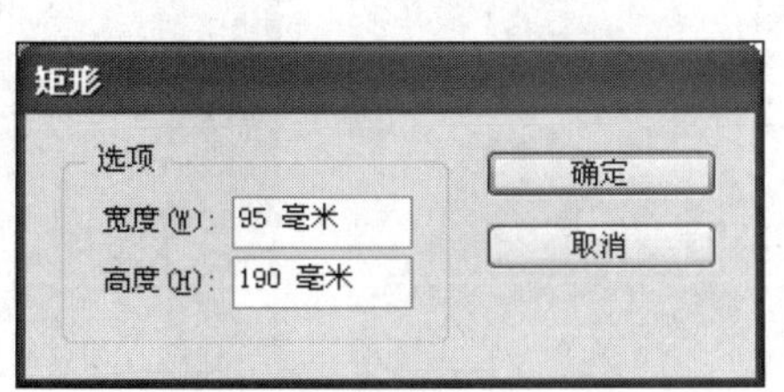

图6-56 “矩形”对话框

图6-57 绘制的矩形

Step 04 工具箱中选择“切变工具”，此时按下鼠标左键进行拖动，即可使矩形产生倾斜效果。本实例在选项栏中设置“旋转角度”和“切变角度”选项的数值同为26°。如图6-58所示。

Step 05 继续选择“矩形工具”，在文档中单击，在弹出的“矩形”对话框中，设置“宽度”选项的数值为26毫米，设置“高度”选项的数值为42毫米，设置“描边宽度”为2毫米，并设置其填充色，效果如图6-59所示。按住Alt+Shift键的同时拖动矩形制作副本并且重新设置颜色，如图6-60所示。

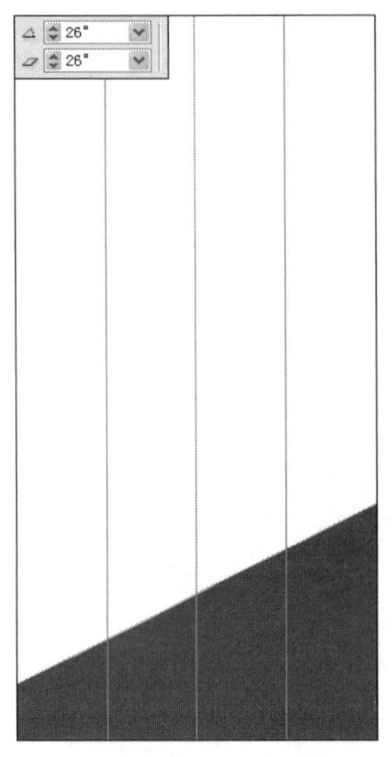

图6-58 设置倾斜和旋转角度

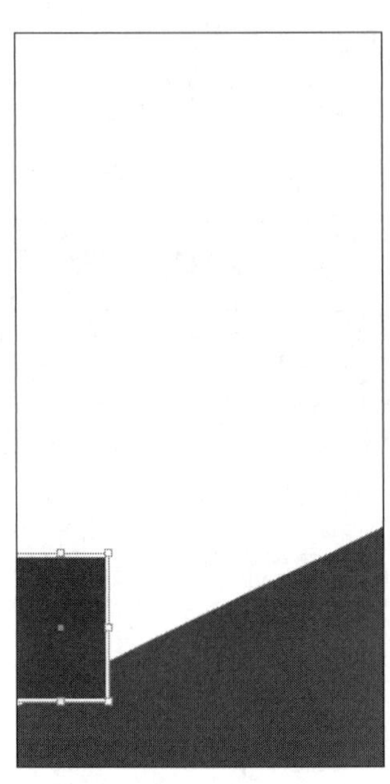
图6-59 绘制矩形

图6-60 制作矩形副本

Step 06 在工具箱中选择“矩形框架工具”，单击鼠标左键，在弹出的“矩形”对话框中设置“宽度”为26毫米，“高度”为40毫米，或者直接使用鼠标沿之前绘制矩形边缘进行绘制。按住Alt键的同时反复拖动，制作3个矩形副本。

Step 07 依次执行“文件”|“置入”命令，在打开的“置入”对话框中选择素材“01.jpg”至“04.jpg”，导入后在工具箱中选择“直接选择工具”，按住Shift键的同时拖动调整素材比例，效果如图6-61所示。

Step 08 依次选中图片，按下Ctrl+[快捷键，将它们的位置调整到矩形的后面，如图6-62所示。

图6-61 置入图片

图6-62 调整图片素材的位置

Step 09 选中左侧第一张图片前面的矩形，在“效果”对话框的混合模式下拉列表中选择“叠加”选项，设置“不透明度”选项的数值为80%，如图6-63所示。此时的效果如图6-64所示。按照相同的方法进行设置，效果如图6-65所示。

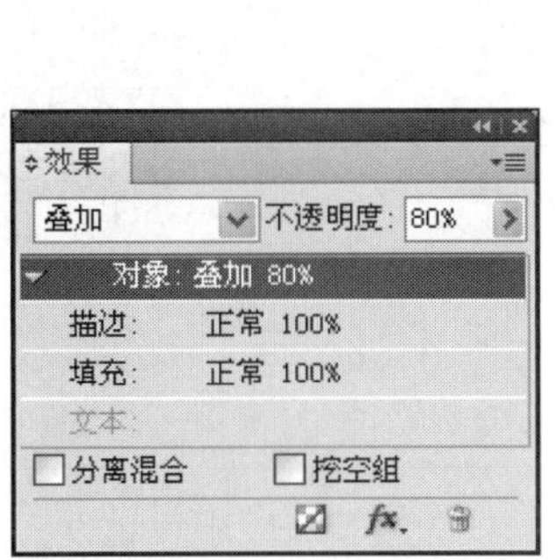

图6-63 “效果”对话框

图6-64 叠加效果

图6-65 设置图片叠加效果

Step 10 依次选中矩形和图片素材，在选项栏中设置“旋转角度”和“切变角度”选项的数值同为26°。此时效果如图6-66所示。

Step 11 执行“文件”|“置入”命令，在打开的“置入”对话框中选择素材Logo，将其置入并调整到中心的位置，与辅助线对齐，如图6-67所示。

Step 12 结合“钢笔工具”和“路径文字工具”制作出路径文本“国际高尔夫俱乐部”，接着输入其他的相关文本，如图6-68所示。最终效果如图6-55所示。

图6-66 斜切和旋转效果

图6-67 置入Logo

图6-68 输入其他文本

6.5.2 实例2——演奏会四折页

通过“演奏会四折页”实例重点练习对象的对齐与排列的方法。实例效果如图6-69所示。

图6-69 实例效果

具体操作步骤如下：

Step 01 执行“文件”｜“新建”｜“文档”命令，在打开的“新建文档”对话框中设置“页数”为2页，在“页面大小”下拉列表中选择297毫米×210毫米，设置页面方向为“横向”，如图6-70所示。单击“边距和分栏”按钮，打开“新建边距和分栏”对话框。

Step 02 在对话框中设置“上”选项的数值为0毫米，此时其他3项也一起变为0毫米，设置“栏数”为2栏，如图6-71所示，单击“确定”按钮保存设置。

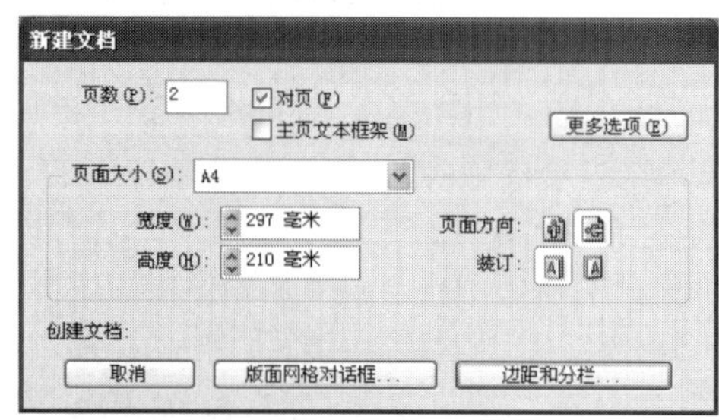

图6-70 “新建文档”对话框

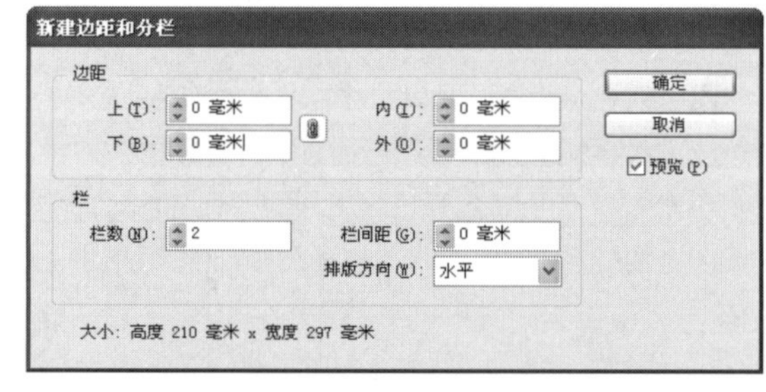

图6-71 “新建边距和分栏”对话框

Step 03 执行“窗口”|“页面”命令，打开“页面”面板，默认情况下如图6-72所示。此时选中页面1，单击面板右侧的扩展按钮，在展开的扩展菜单中取消“允许文档页面随机排放”选项的选中状态，然后按住页面2，将其拖动到如图6-73所示的位置。

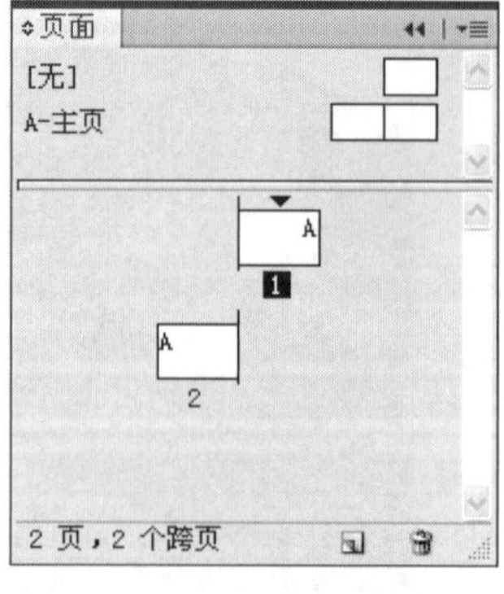

图6-72 “页面”面板中

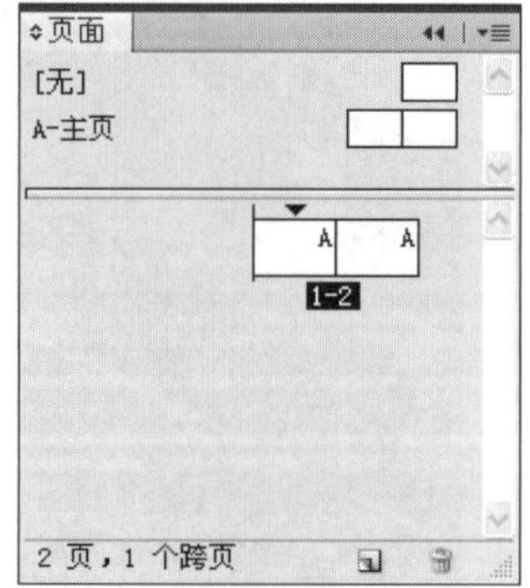

图6-73 调整页面位置

Step 04 按下M键切换到“矩形工具”，单击鼠标左键，打开“矩形”对话框，设置“宽度”选项的数值为68毫米，设置“高度”选项的数值为210毫米，如图6-74所示，单击“确定”按钮保存设置。

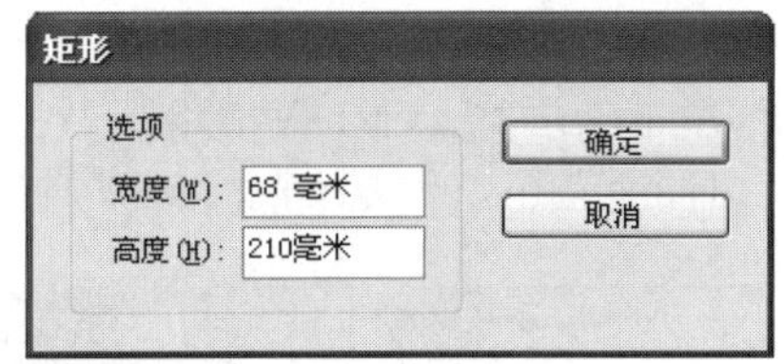

图6-74 “矩形”对话框

Step 05 下面为矩形填充颜色，在“色板”面板中新建一个颜色色板，双击新建的色板，打开“色板选项”对话框，设置“色板名称”为红棕色，设置颜色数值为（C：0，M：88，Y：48，K：85），如图6-75所示，单击“确定”按钮新建色板。将新建的矩形移动到第1页的页面右侧，如图6-76所示。

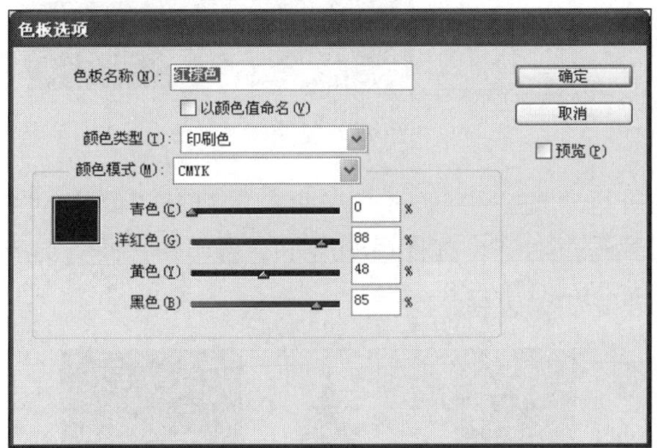

图6-75 在“色板选项”对话框

图6-76 移动矩形

Step 06 按下F键切换到“矩形框架工具”，单击鼠标左键，打开“矩形”对话框，设置“宽度”选项的数值为80毫米，设置“高度”选项的数值为210毫米，单击“确定”按钮创建框架。

Step 07 执行“文件”|“置入”命令，在打开的“置入”对话框中选中素材“乐器2.jpg”，单击“置入”按钮将其导入。按下A键切换到“直接选择工具”，按住Shift键的同时调整图片的大小比例，调整完成的效果如图6-77所示。

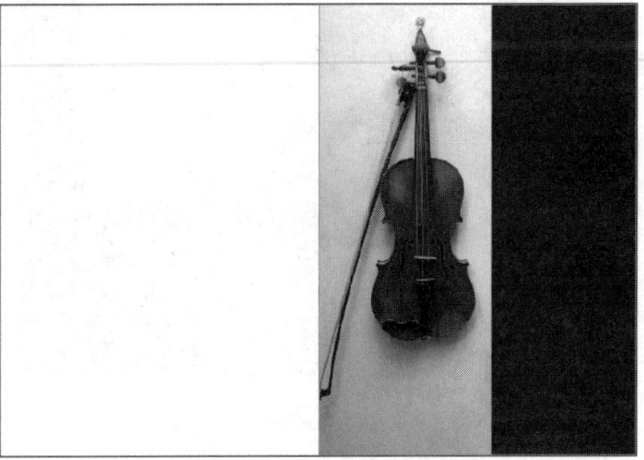

图6-77 置入图片

Step 08 继续置入素材图片，按下F键切换到“矩形框架工具”，单击鼠标左键，打开“矩形”对话框，设置“宽度”选项的数值为28毫米，设置“高度”选项的数值为20毫米，单击“确定”按钮创建框架。

Step 09 执行“文件”|“置入”命令，在打开的“置入”对话框中选中素材“演奏10.jpg”，单击“置入”按钮将其导入。按下A键切换到“直接选择工具”，按住Shift键的同时调整图片的大小比例。在“描边”面板中设置其描边“粗细”为2点，调整完成的效果如图

6-78所示。

Step 10 按下Ctrl+C、Ctrl+V键将矩形框架制作3个副本，依次置入图片“演奏2.jpg”、“演奏17.jpg”和“演奏16.jpg”，如图6-79所示。

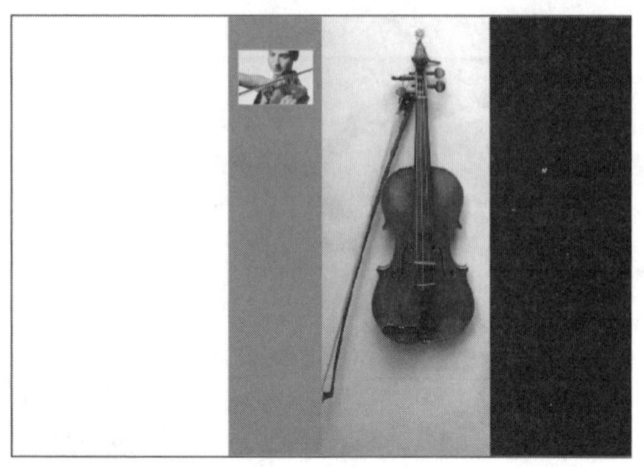

图6-78 绘制框架并置入图片

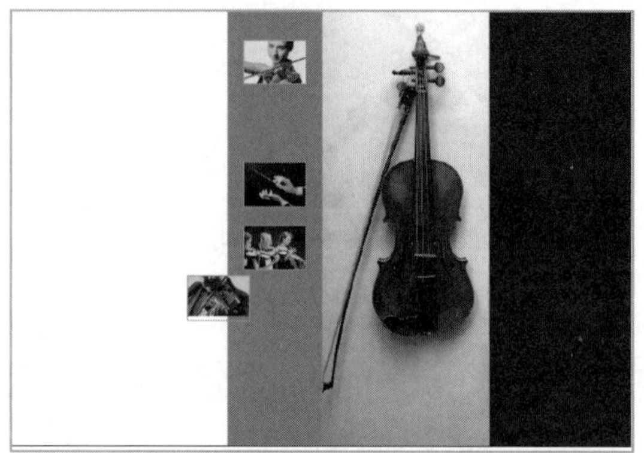

图6-79 复制图片

Step 11 按住Shift键的同时依次选中4张图片，执行“窗口”|“对齐”命令，打开“对齐”面板，单击“垂直居中对齐”按钮使图片垂直对齐，如图6-80所示。再单击“垂直分布间距”按钮，将图片均匀垂直分布，如图6-81所示。

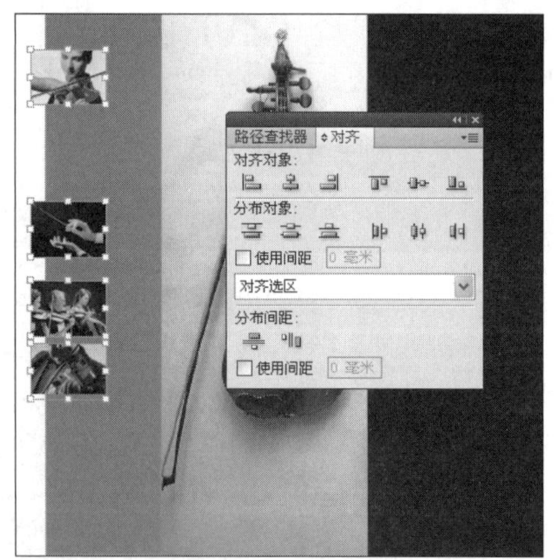

图6-80 垂直居中对齐

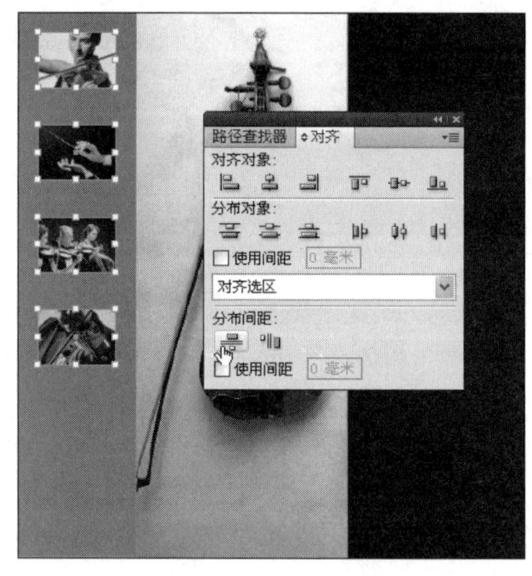

图6-81 垂直分布间距

Step 12 为4张图片底部的矩形更改颜色，在“色板”面板中新建一个色板，双击打开“色板选项”对话框，设置其填充色为橙黄色（C：0，M：45，Y：100，K：0），如图6-82所示。

Step 13 按下T键切换到“文字工具”T，输入文本“天籁之音小提琴演奏会”，执行“文字”|“字符”命令，打开“字符”面板，设置字体为“方正粗倩简体”，设置“天籁之音”的字体大小为48点，设置“小提琴演奏会”的字体大小为26点，效果如图6-83所示。

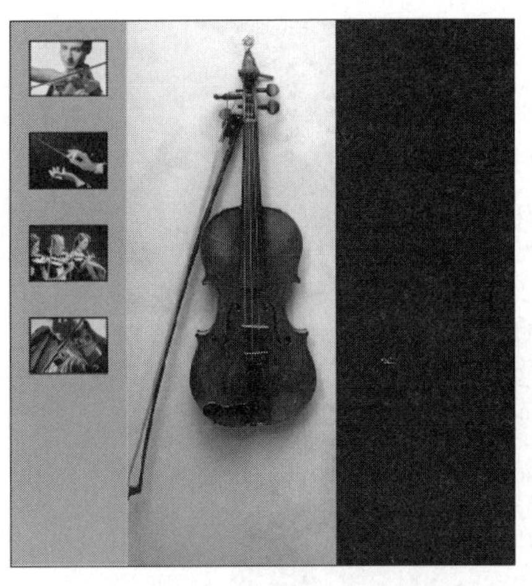

图6-82 更改颜色

天籁之音
小提琴演奏会

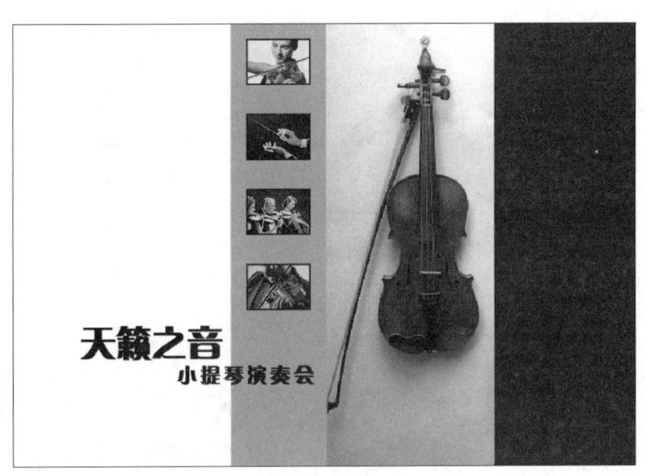

图6-83 输入文本

Step 14 接下来使用“文字工具”T绘制一个文本框放置在页面的右侧，输入经典小提琴曲目，在色板面板中新建一个色板并设置其颜色为浅黄色（C：0，M：0，Y：41，K：12）。在“字符”面板中设置“字体”为“方正细圆简体”，设置“字体大小”为9点，设置“行距”为24点，设置“字间距”为100，如图6-84所示。

Step 15 单击软件界面右侧的扩展按钮，在打开的扩展菜单中选择“项目符号和编号”选项，在“列表类型”下拉列表中选择“项目符号”选项，设置“制表符位置”的数值为8毫米，如图6-85所示。此时的效果如图6-86所示。

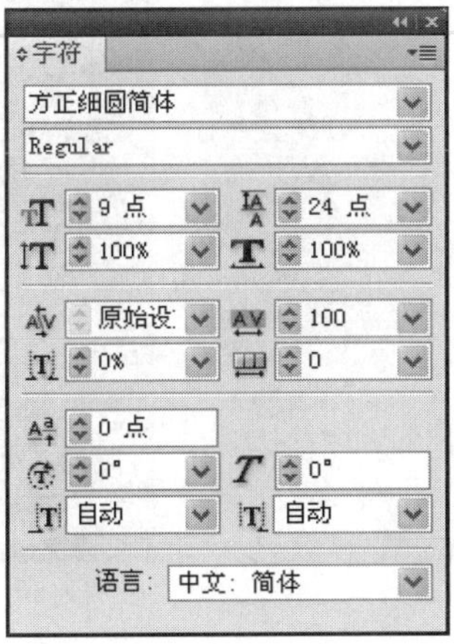
字符
方正细圆简体
Regular
9 点
24 点
100%
100%
原始设
100
0%
0
0 点
0°
0°
自动
自动
语言：中文：简体

图6-84 “字符”面板

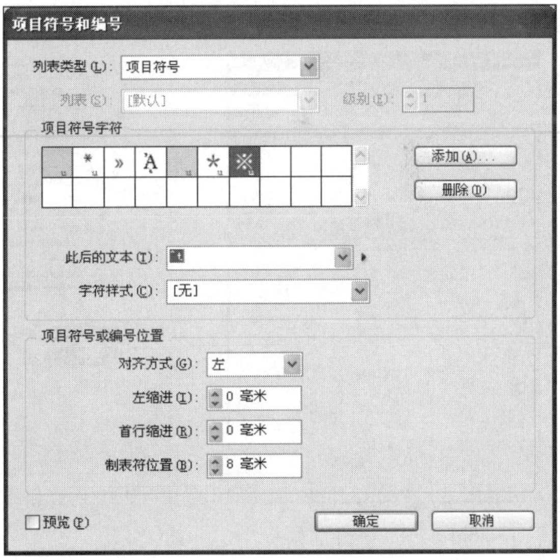
项目符号和编号
列表类型(L)：项目符号
列表(S)：[默认]
级别(E)：1
项目符号字符
添加(A)...
删除(D)
此后的文本(T)：
字符样式(C)：[无]
项目符号或编号位置
对齐方式(G)：左
左缩进(I)：0 毫米
首行缩进(R)：0 毫米
制表符位置(B)：8 毫米
预览(P)
确定
取消

图6-85 “项目符号和编号”对话框

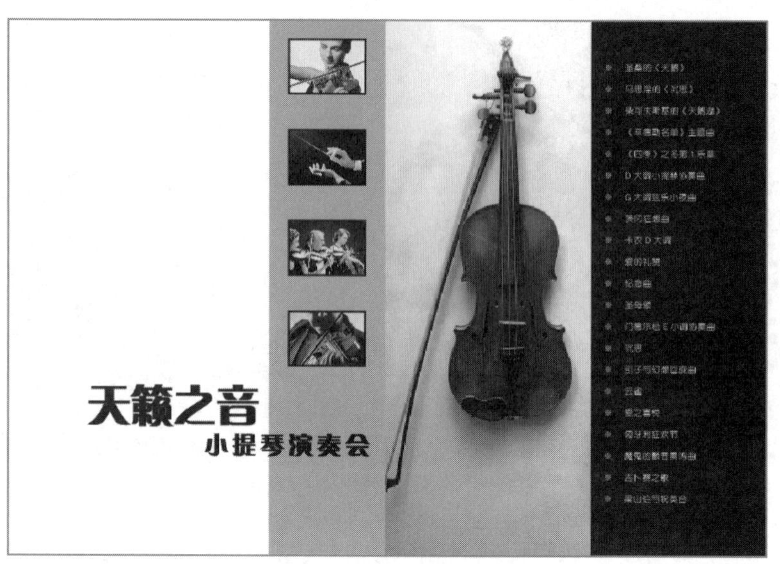

图6-86 添加符号后的效果

Step 16 继续输入另一段相关介绍文本，在“字符”面板中设置“字体”为“宋体”，设置“字体大小”为8点，设置“行距”为16点，设置“字间距”为50点，如图6-87所示。此时的效果如图6-88所示。

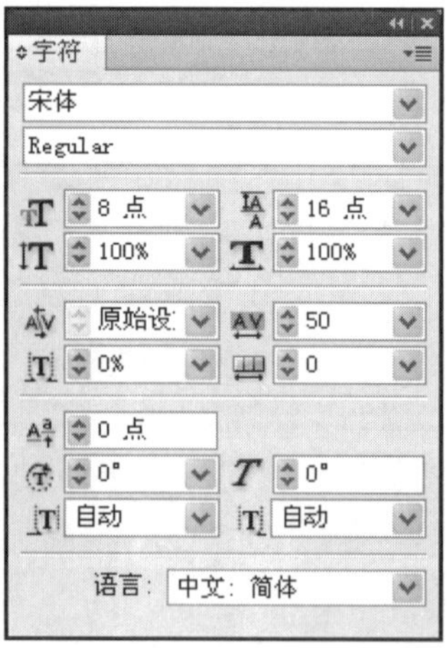

字符
宋体
Regular
8 点　16 点
100%　100%
原始设　50
0%　0
0 点
0°　0°
自动　自动
语言：中文：简体

图6-87 “字符”面板

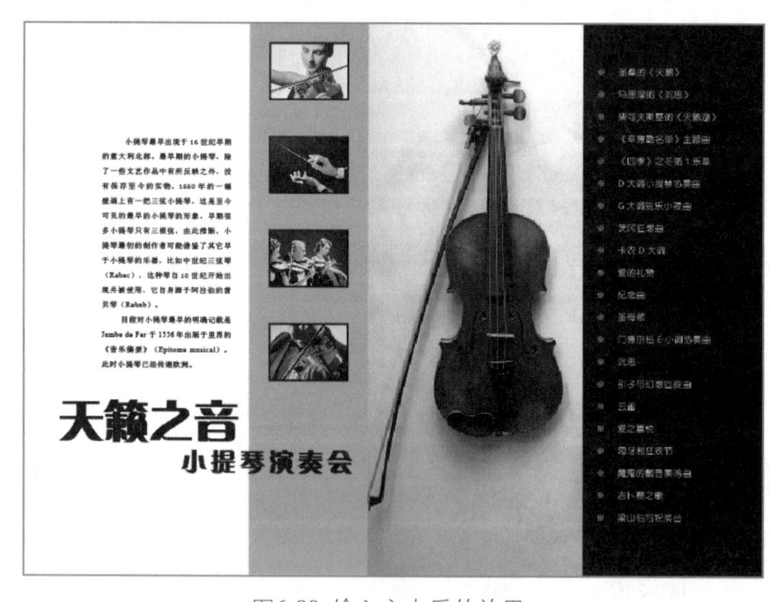

图6-88 输入文本后的效果

Step 17 再继续输入英文，完善页面，具体数值不再赘述，调整后的效果如图6-89所示。

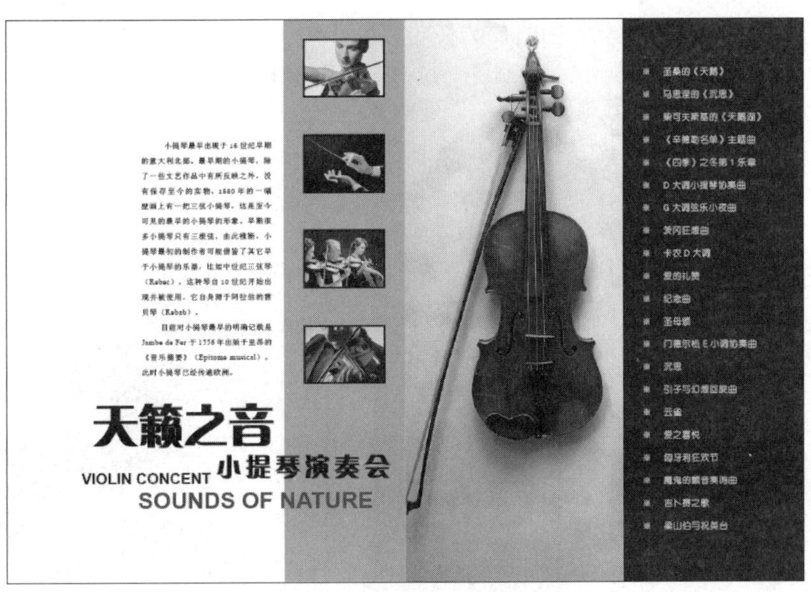

图6-89 左侧页面调整后的效果

Step 18 下面继续来设置右侧的页面。选中左侧页面中的红棕色矩形，按下Ctrl+C键复制，然后按下Ctrl+V键将其粘贴，并放置在页面2的右侧。

Step 19 按下F键切换到“矩形框架工具”，单击鼠标左键，打开“矩形”对话框，设置“宽度”选项的数值为140毫米，设置“高度”选项的数值为210毫米，单击“确定”按钮创建框架。

Step 20 执行“文件”|“置入”命令，在打开的“置入”对话框中选中素材“乐器1.jpg”，单击“置入”按钮将其导入。按下A键切换到“直接选择工具”，按住Shift键的同时调整图片的大小比例。在“描边”面板中设置其描边“粗细”为2点，调整完成的效果如图6-90所示。

Step 21 再将橙黄色矩形也制作一个副本，执行“窗口”|“效果”命令，打开“效果”对话框，设置橙黄色和棕红色的矩形的“不透明度”选项的数值为85%，此时效果如图6-91所示。

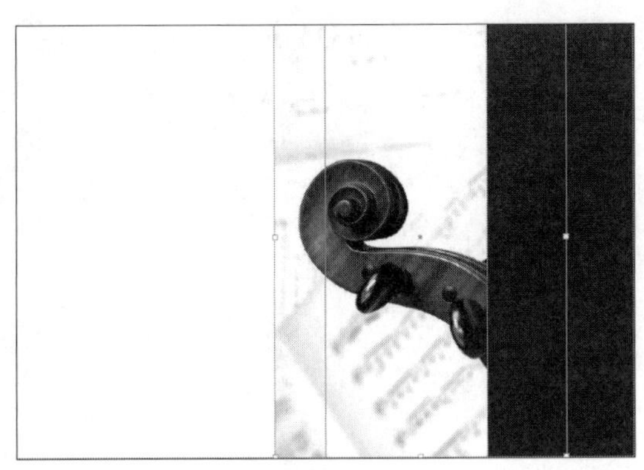

图6-90 置入图片

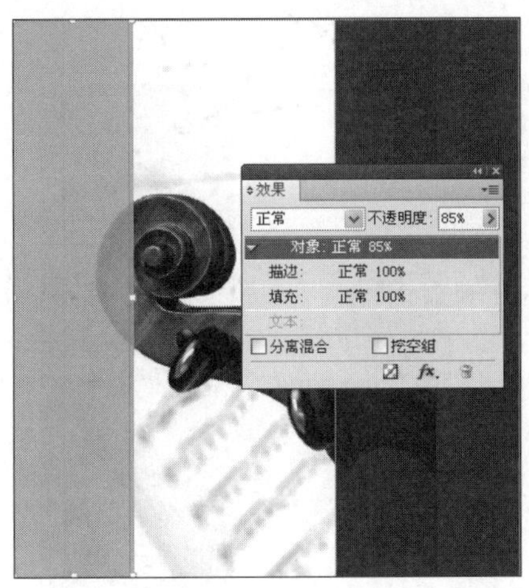

图6-91 设置矩形的不透明度

Step 22 接下来为图片添加左右两侧羽化的效果。选中置入的图片，单击鼠标右键，在弹出的快捷菜单中选择“效果”|“定向羽化”命令，打开如图6-92所示的“效果”对话框，在其中设置“左”选项的数值为7毫米，设置“右”选项的数值为30毫米，单击“确定”按钮保存设置。此时的效果如图6-93所示。

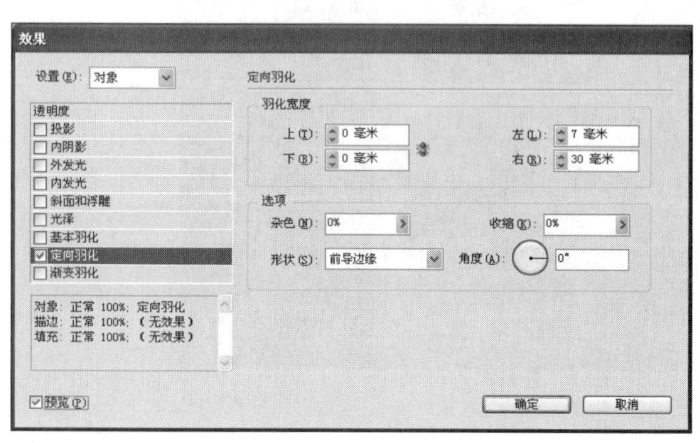

图6-92 设置“定向羽化”的数值

图6-93 设置定向羽化后的效果

Step 23 按下F键切换到“矩形框架工具”，单击鼠标左键，打开“矩形”对话框，设置“宽度”选项的数值为18毫米，设置“高度”选项的数值为26毫米，单击“确定”按钮创建框架。

Step 24 依次执行“文件”|“置入”命令，在打开的“置入”对话框中选中素材“演奏7.jpg”。再按下Ctrl+C键复制框架，再3次按下Ctrl+V键粘贴框架，制作3副本。再依次为复制的3个框架更换图片“演奏8.jpg”、“演奏13.jpg”和“演奏5.jpg”。按下A键切换到“直接选择工具”，按住Shift键的同时调整图片的大小比例，调整完成的效果如图6-94所示。

Step 25 接下来再分别以2张图片来垂直分布间距，并开启自动对齐功能，按住Shift键的同时依次选中4张图片，拖动鼠标左键自动对齐到橙黄色矩形中间的位置，此时系统会自动显示辅助线，在没有开启自动对齐的情况下，也可以按住Shift键的同时选中4张图片，然后单击“水平居中对齐”按钮将其对齐，如图6-96所示。

图6-94 创建并复制框架

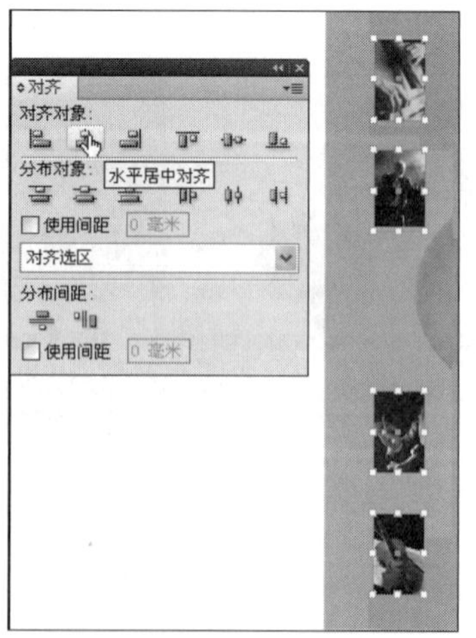

图6-95 垂直对齐图片

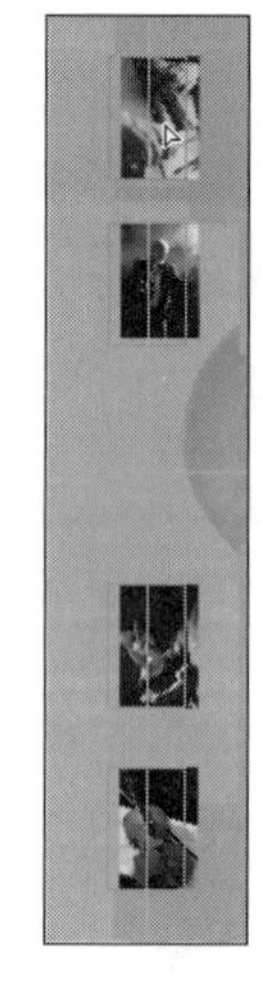
图6-96 垂直分布间距

Step 26 选中左侧页面中的文字，将其制作一个副本并拖动到页面右侧，将其调整到如图6-97所示的位置。按照相同的方法继续添加相关的文本，如图6-98所示。最终效果如图6-69所示。

图6-97 复制文本

图6-98 输入文本

第7章 表格

在出版物中会经常使用到表格，用于统计数据等。在InDesign中，可以方便的编辑各类常见表格，还可以导入或粘贴其他软件中创建的表格。本章将详细介绍表格的创建及设置方法。

7.1 在文档中插入表格

表格一般是由包含注释的单元格构成的。单元格与文本框架类似，读者可以在单元格中添加文本、图形等内容，也可以在单元格内插入新的表格。在文档中应用一些表格，可以使数据或其他需要分类说明的内容在阅读时更清楚、直观。下面通过实例来进行详细的讲解，实例效果如图7-1所示。

课程表

日期 节数	星期一	星期二	星期三	星期四	星期五	星期六星期日
第一节	数学	语文	英语	数学	数学	
第二节	语文	英语	数学	语文	英语	
第三节	劳动技术	数学	语文	物理	语文	
第四节	音乐	政治	体育	劳动技术	美术	
第五节	英语	地理	政治	物理	化学	
第六节	英语	化学	自习	地理	自习	

图7-1 实例效果

Step 01 执行“文件”|“新建”|“文档”命令，打开“新建文档”对话框，在其中设置“页面大小”为A4纸张，设置“页面方向”为横向，单击“确定”按钮新建文档。

Step 02 在工具箱中选择“文字工具” T ，或者直接按下快捷键T键，切换到“文字工具”，按住鼠标左键绘制一个新的文本框架，或者在文本框架中要插入表格的地方单击，插入文字光标。

Step 03 执行“表”|“插入表”命令，打开如图7-2所示的“插入表”对话框。本实例设置“正文行”的数值为10，设置“列”的数值为8，单击“确定”按钮即可插入一个10行×8列表

格，如图7-3所示。

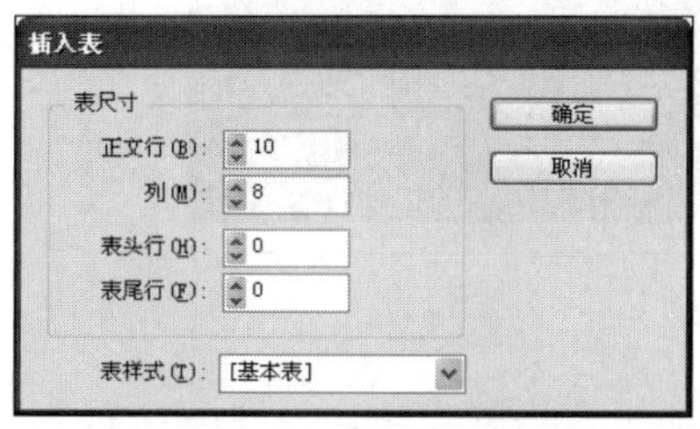

图7-2 “插入表”对话框

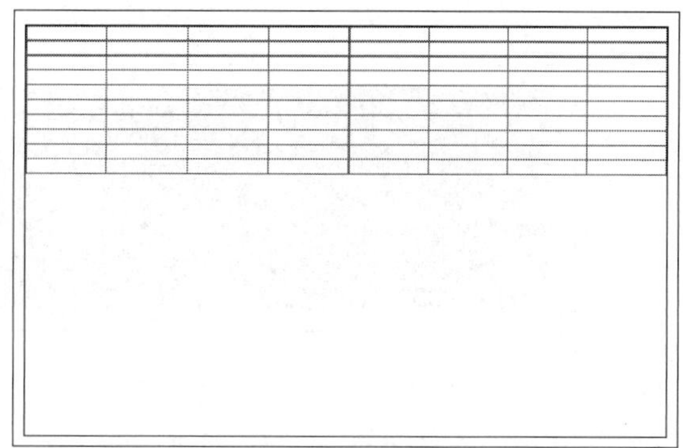

图7-3 插入的表格

“插入表”对话框中各选项的含义如下。

◎ “正文行”文本框：用于输入数值来设置表格的正文行数。
◎ “列”文本框：用于输入数值来设置表格的列数。
◎ “表头行”和“表尾行”文本框：用于设置表头行数或表尾行数。

提示

提示：表格中横向的线称为行线，竖向的线成为列线，行线与列线交际的部分称为单元格。

用户可以使用创建横排表的方法来创建直排表。表的排版方向取决于用来创建该表的文本框架的排版方向；文本框架的排版方向改变时，表的排版方向会随之改变。在框架网格内创建的表也是如此。但是，表中单元格的排版方向是可以改变的，与表的排版方向无关。

提示

应先确认文本框架的排版方向，再创建表。表随周围的文本一起流动，就像随文图一样。例如，当表上方文本的点大小改变或者添加、删除文本时，表会在串接的框架之间移动。但是，表不能在路径文本框架上显示。

7.2 选择与编辑表格

在应用表格的时候免不了有一些问题，如行数太多、列数不够、需要拆分某个单元格或需要合并某些单元格等。

7.2.1 选择表格

要设置并编辑表格，很多时候需要选择表格、行、列或单元格。

Step 01 在工具箱中选择“文字工具”，然后将鼠标置于表格的左上角，当鼠标指针变为符号时，单击鼠标左键，即可选中整个表格，如图7-4所示。

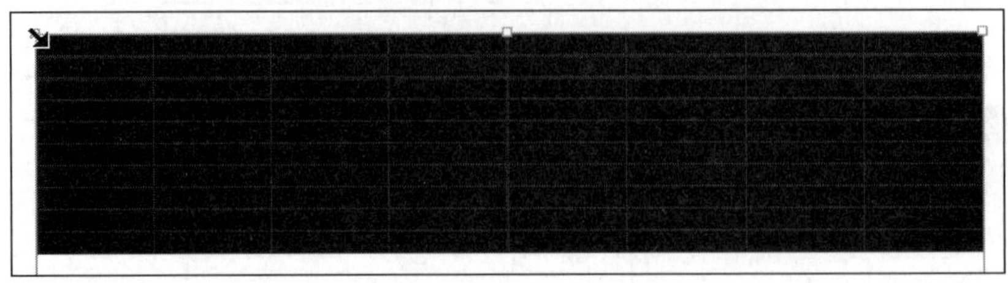

图7-4 选择整个表格

Step 02 在工具箱中选择“文字工具”，然后将鼠标置于表格的左侧，当鼠标指针变为符号时，单击鼠标左键，即可选中整行，如图7-5所示。

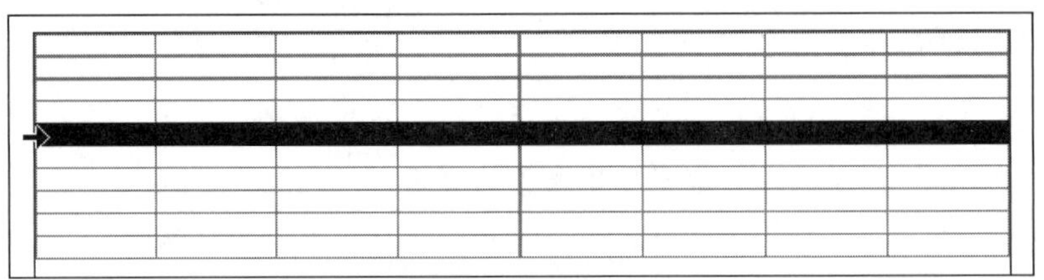

图7-5 选择整行

Step 03 在工具箱中选择“文字工具”，然后将鼠标置于表格的上侧，当鼠标指针变为符号时，单击鼠标左键，即可选中整列，如图7-6所示。

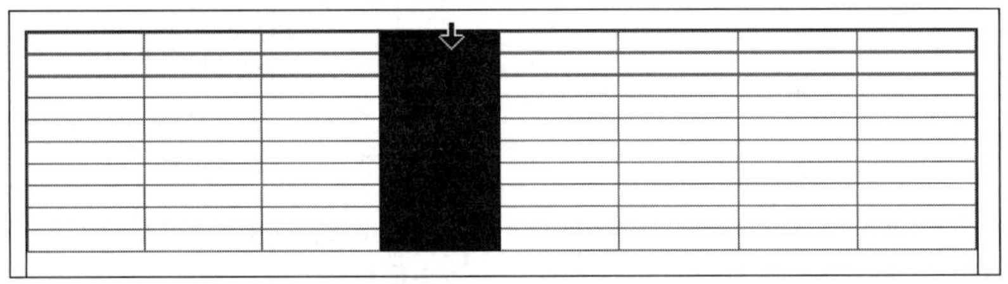

图7-6 选择整列

Step 04 在工具箱中选择“文字工具”，然后将鼠标置于要选择的单元格内，鼠标指针变为符号时，按住鼠标并拖动，可以选择一个或多个单元格，如图7-7所示。

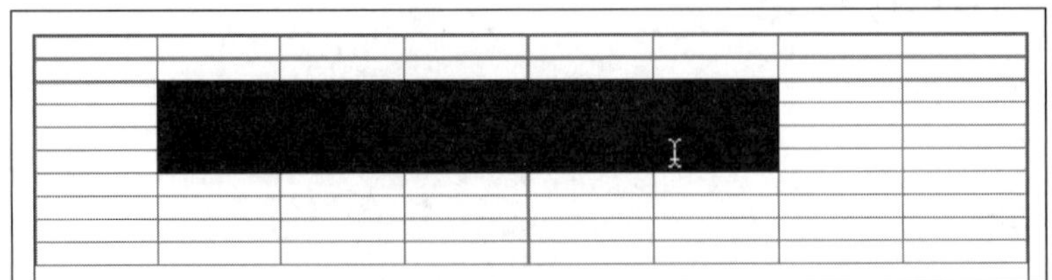

图7-7 使用文本工具选择

提示

要在选择单元格中的所有文本与选择单元格之间进行切换，可按Esc键取消选择。还可以用选择定位图形的方式选择表，即将插入点紧靠表的前面或后面放置，然后按住 Shift 键，同时相应地按向右箭头键或向左箭头键以选择该表。

7.2.2 调整表格大小

创建表格时，表格的宽度自动设置为文本框架的宽度。默认情况下，每一行的宽度相等，每一列的高度也相等。不过，在应用过程中，可以根据需要调整表、行和列的大小。

1. 手动调整表格大小

使用“文字工具”[T]，将指针放在表的右下角，当指针变为箭头形状时，拖动鼠标以增加或减小表格的大小。本实例效果如图7-8所示。

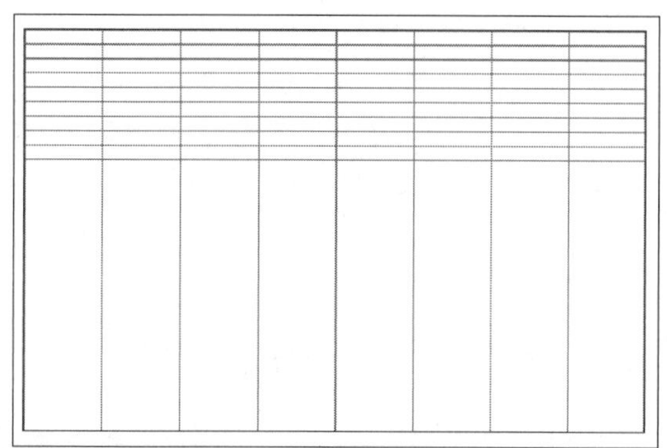

图7-8 增加表格大小

提示

按住Shift键可以保持表的宽高比例。

2. 手动调整行高和列宽

Step 01 要调整行高可选择“文字工具”[T]，然后将鼠标指针置于行线上，当指针变为符号时，按住鼠标左键向上或向下拖移，如图7-9所示。

Step 02 要调整列宽可选择“文字工具”[T]，然后将鼠标指针置于列线上，当指针变为符号时，按住鼠标左键向左或向右拖移，如图7-10所示。

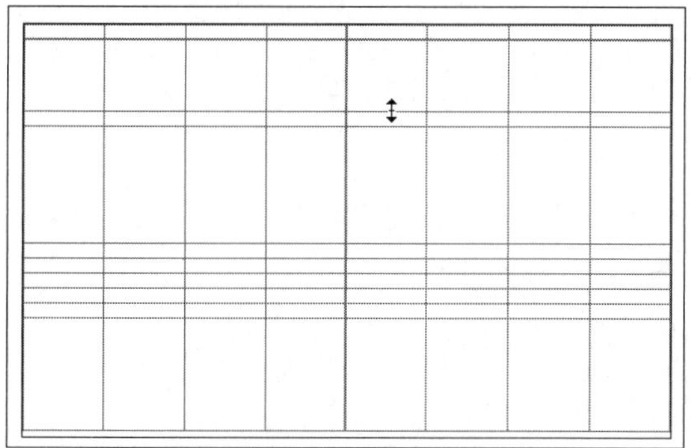

图7-9 调整列宽

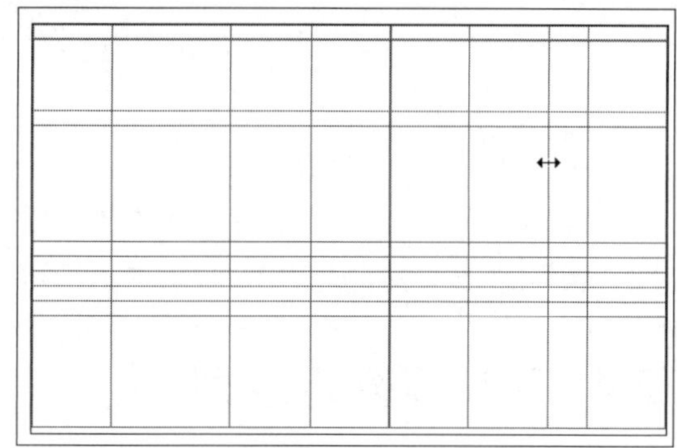

图7-10 调整行宽

3. 自动调整行高和列宽

使用均匀分布行和均匀分布列，可以在调整行高或列宽时，自动依据选择行的总高度与选择列的总宽度，平均分配选择的行和列。

使用“文字工具”T在列或行中选择应当等宽或等高的单元格，执行“表”|“均匀分布行”或“均匀分布列”命令，使表格中的行或列均匀分布，如图7-11所示。

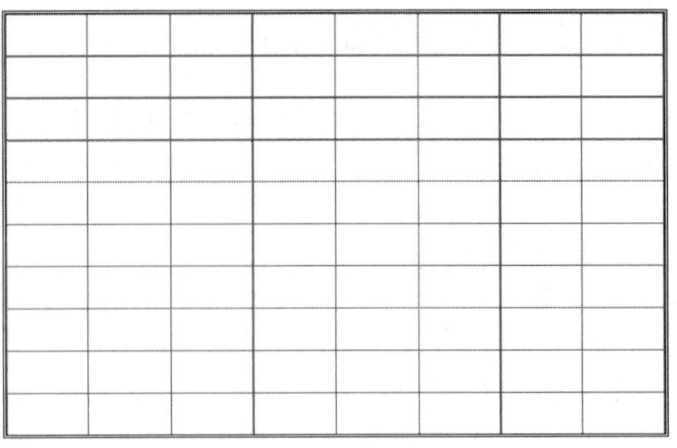

图7-11 自动调整行高和列宽

7.2.3 拆分与合并单元格

在向表格中添加内容时，有时候需要将单元格拆分为几个，有时候需要将几个单元格合并为一个单元格。

1. 合并/取消合并单元格

表格中可以将同一行或列中的两个或多个单元格合并为一个单元格。合并单元格时，使用“文字工具”T，选择要合并的单元格。执行“表”|“合并单元格”命令即可。

取消合并单元格时，将插入点放置在合并的单元格中，然后执行“表”|“取消合并单元格”命令。

本实例合并单元格后的效果如图7-12所示。

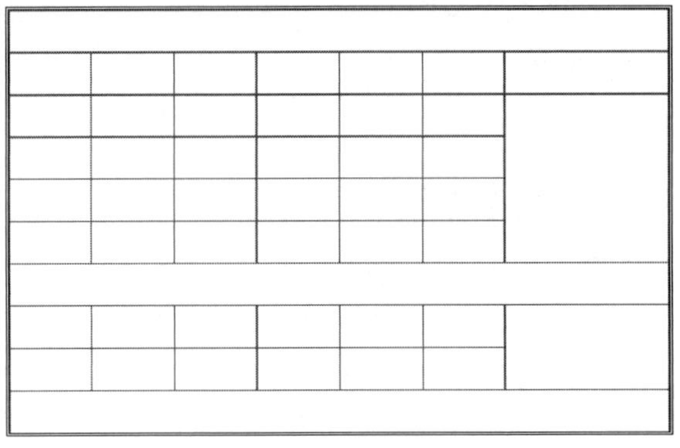

图7-12 合并单元格后的效果

2. 拆分单元

要拆分单元格，可以将插入点放置在要拆分的单元格中，或者选择行、列或单元格块，执行“表”|“垂直拆分单元格”或“水平拆分单元格”命令即可。

7.2.4 插入/删除行或列

在应用表格时，如果表格中的行数或列数不够时，可以插入行和列；当表格中的行数与列数太多时，也可以删除行和列。

1. 插入行或列

Step 01 在工具箱中选择“文字工具”T，将光标放置在希望新行出现的位置的下面一行或上面一行。

Step 02 执行“表”|“插入”|“行”命令，打开“插入行”对话框，设置插入的行数为1，如图7-13所示。

Step 03 单击“确定”按钮保存设置。在文本插入点的上方就添加了指定的行数，如图7-14所示。同样，读者也可以执行“表”|“插入”|“列”命令来为表格插入列。

> **提示**
>
> 还可通过在插入点位于最后一个单元格中时按Tab键创建一个新行。

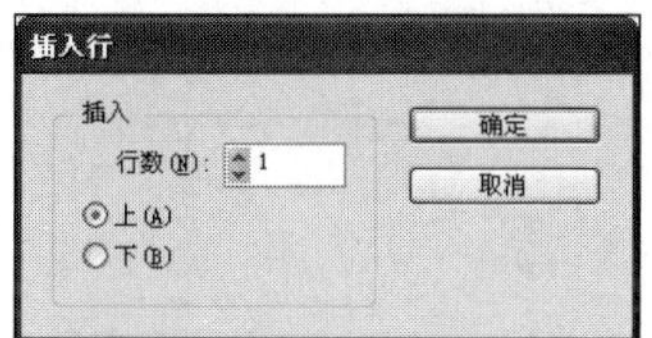

图7-13 “插入行”对话框

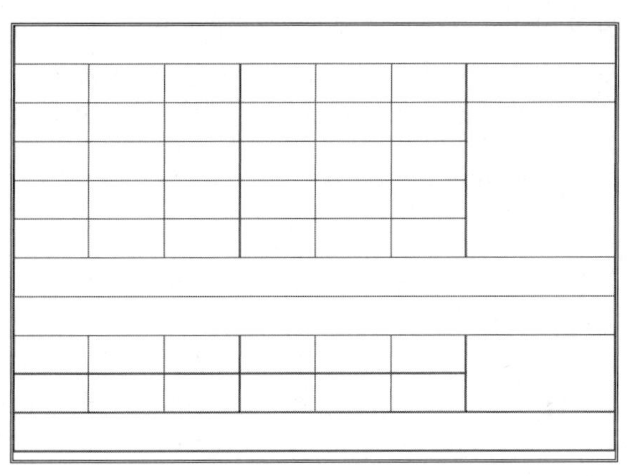

图7-14 插入行

2. 手动插入行和列

将插入点放置在行线或列线上，当鼠标指针变为双箭头时，开始向下或向右拖动。按住Alt键，向下拖动可以添加行，向右拖动可以添加列。

> **提示**
>
> 如果在按鼠标按钮之前按下Alt键，则会显示“抓手”工具。因此，一定要在开始拖动时按下Alt键。

3. 删除行和列

将插入点放置在要删除的行或列的任意单元格内，或者选择要删除的行或列的任意单元格内的文本，然后执行“表”|“删除”|“行”或“列”命令。

> **提示**
>
> 在直排表中，行从表的左侧被删除，列从表的底部被删除。将指针放置在表的底部或右侧的边框上，便会出现一个双箭头图标。向上或向左拖动，然后按住Alt键，向上拖动可以删除行，向左拖动可以删除列。

7.3 在表格中添加内容

表格和文本框架一样，可以添加文本和图形。表格中文本的属性设置同文本框中相同。

7.3.1 向表格中添加文本

向表格中添加文本的方法如下。

◎ 输入文本：将插入点放置在一个单元格中，然后输入文本。当输入的文本宽度超过单元格宽度时将自动换行，按Enter键可以在同一单元格中开始一个新段落。按Tab键或Shift+Tab键可以将插入点相应后移或前移一个单元格。

◎ 粘贴文本：将插入点放置在表格中，然后执行“编辑”|“粘贴”命令，可以把从其他位置复制或剪切的文本粘贴到指定单元格中。

◎ 置入文本：将插入点放置在添加文本的位置上，执行“文件”|“置入”命令，然后双击要置入的文本文件，如图7-15所示为本实例中输入的文本。

课程表						
	星期一	星期二	星期三	星期四	星期五	星期六星期日
第一节	数学	语文	英语	数学	数学	
第二节	语文	英语	数学	语文	英语	
第三节	劳动技术	数学	语文	物理	语文	
第四节	音乐	政治	体育	劳动技术	美术	
第五节	英语	地理	政治	物理	化学	
第六节	英语	化学	自习	地理	自习	

图7-15 输入文本

7.3.2 向表格中添加图形

除了可以在表格中添加文本之外，还可以向表格中添加图形。添加到表格中的图形，仍可进行大小缩放、旋转、裁剪路径等设置。

向表格中添加图形的有以下3种方式：

◎ 置入图形：将插入点放置在要添加图形的位置上，执行“文件”|“置入”命令，然后在“置入”对话框中双击要置入的图形的文件名。

提示

为避免单元格溢流，可以先将图形置入到表的外面，然后使用“选择工具”调整图形的大小并剪切图形，最后再使用“文字工具”将图形粘贴到单元格中。

◎ 插入定位对象：将插入点放置在要添加图形的位置上。执行“对象”|“定位对象”|“插入”命令，然后指定定位对象的内容、对象样式、段落样式、高度、位置等。

◎ 粘贴图形：可以剪切或复制图形，使用“文字工具”将插入点放置在表中，然后执行“编辑”|“粘贴”命令，将图形粘贴到表格的指定位置中。

提示

当添加的图形大于单元格时，单元格的高度就会扩展以便容纳图形，但是单元格的宽度不会改变，图形有可能扩展到单元格的右侧以外。如果将放置该图形的行高设置为固定高度，则高于这一行高的图形会导致单元格溢流。

本实例使用“文字工具”T在右侧的表格中单击鼠标左键插入光标，然后使用“框架工具”⊠绘制出两个图形框架，执行“文件”|“置入”命令，打开本书附带光盘/chapter 07/课程表置入所需的素材图片，如图7-16所示。

课程表						
	星期一	星期二	星期三	星期四	星期五	星期六星期日
第一节	数学	语文	英语	数学	数学	
第二节	语文	英语	数学	语文	英语	
第三节	劳动技术	数学	语文	物理	语文	
第四节	音乐	政治	体育	劳动技术	美术	
第五节	英语	地理	政治	物理	化学	
第六节	英语	化学	自习	地理	自习	

图7-16 置入图片

7.3.3 将文本转换为表格

将文本转换为表之前，有时候需要重新设置文本。在转换为表的文本中，可插入制表符、逗号、段落回车符或其他字符以分隔列和行。

使用“文字工具”，选择要转换为表的文本，执行“表”|“将文本转换为表”命令，即可打开“将文本转换为表”对话框，如图7-17所示。

图7-17 “将文本转换为表”对话框

读者可以在打开的“将文本转换为表”对话框中，在列分隔符和行分隔符中指出新行和新列应开始的位置。可以选择“制表符”、“逗号”或“段落”，或者在“列分隔符”和“行分隔符”后的文本框中输入字符。

单击“确定”按钮，选中的文本将按对话框中的设置转换为表格。

7.3.4 将表格转换为文本

InDesign提供了表格转换功能，可将已不需要以表格呈现的表格文字转换为一般文字。使用“文字工具”，将插入点放置在表格内，或者拖动鼠标选择表格中的文本，执行“表”|“将表转换为文本”命令，打开“将表转换为文本”对话框，如图7-18所示。

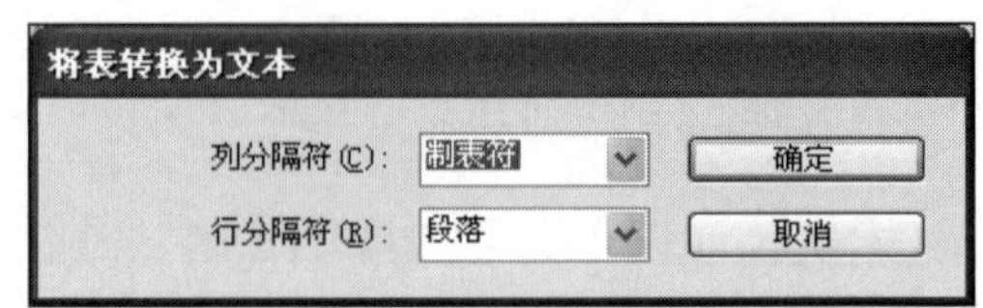

图7-18 “将表格转换为文本”对话框

在“列分隔符”和“行分隔符”中指定要使用的分隔符，单击“确定”按钮，表格将按对话框中的设置转换为文本。

7.4 表格格式的设置

创建好表格之后，如果觉得所建立的表格过于单调，可以通过表格选项或单元格选项对表格进行边框、填充等美化表格的设置。

7.4.1 表设置

利用表格选项可以设置表格的大小、表外框、表间距和表格线绘制顺序。执行“表”|“表选项”|“表设置”命令，打开“表选项”对话框，如图7-19所示。

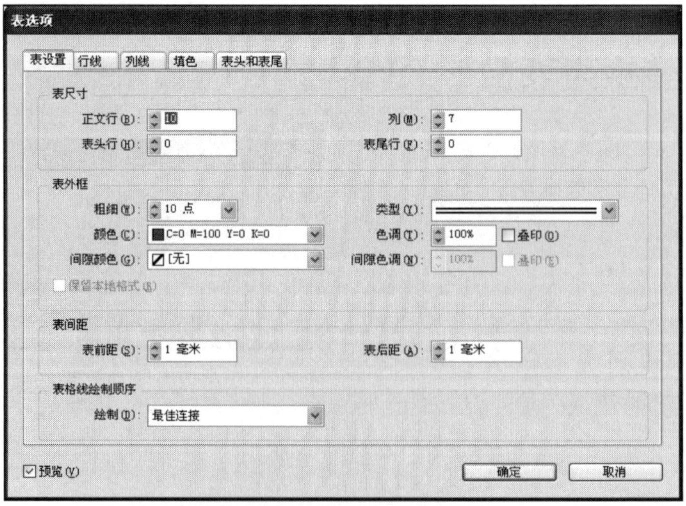

图7-19 “表选项”对话框

其中“表设置”选项卡中各主要选项的含义如下。

◎ “表尺寸”选项：设置表格中的正文行数和列数、表头行行数、表尾行行数。
◎ “表外框”选项：设置表格外框的粗细、框架类型、颜色、色调、间隙颜色、间隙色调，可以根据需要设置不同风格的外框，如图7-20所示。
◎ “表间距”选项：表前距与表后距是指表格的前面和表格的后面离文字或其他周围对象的距离。
◎ “绘制”下拉列表：最佳连接选项使行线将显示在不同颜色的描边交叉点前面，当描边交叉时，描边会连接在一起，并且交叉点也会连接在一起；行线在上选项使表格中的行线显示在前面；列线在上选项使表格中的列线显示在前面。

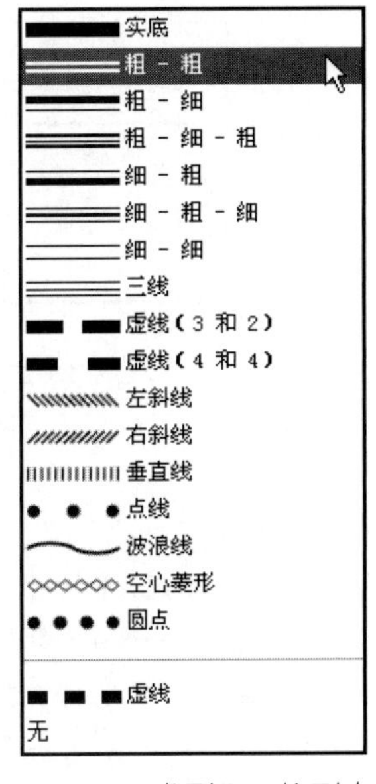

图7-20 “类型”下拉列表

本实例设置表外框的“粗细”选项的数值为10点，设置“颜色”选项的数值为红色（C：15，M：100，Y：100，K：0），在“类型”下拉列表中选择“粗-细”类型。

7.4.2 行线与列线的设置

利用“行线”选项可以设置表格行线的格式。列线的设置同行线相同。切换到“行线”选项卡，如图7-21所示。

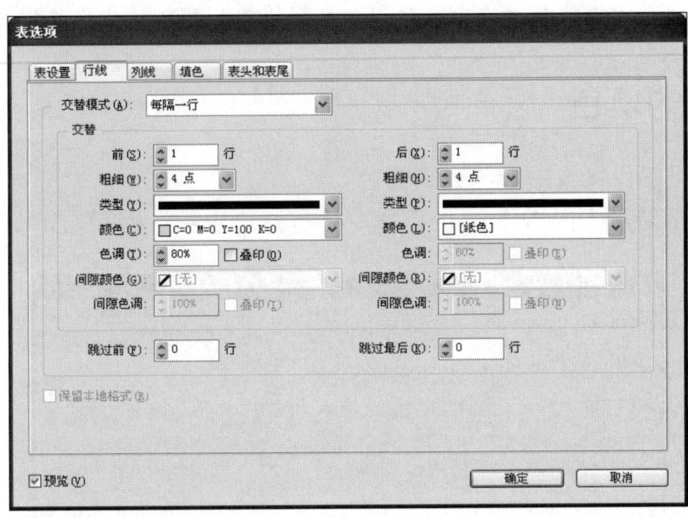

图7-21 “行线”选项卡

其中各主要选项的含义如下。

◎ 交替模式：指定使用的交替模式类型，如图7-22上图所示为交替模式选择“每隔一行”，如图7-22下图所示为交替模式选择“每隔两行”。

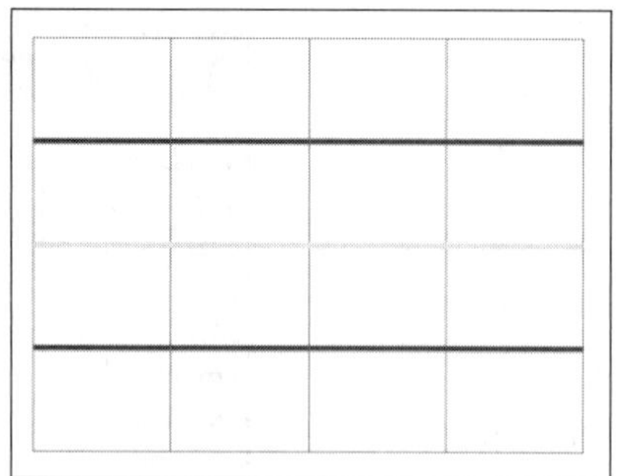
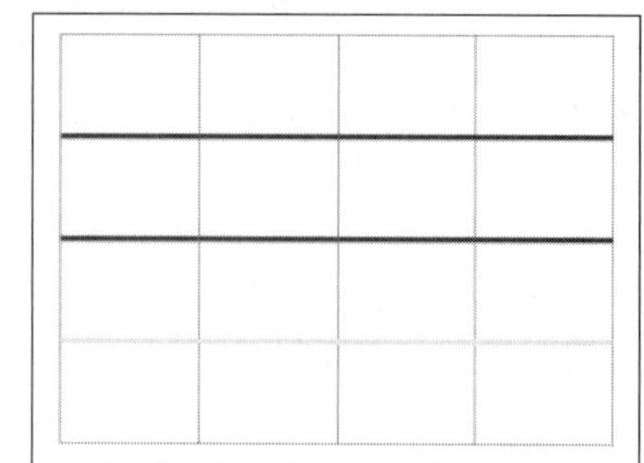

图7-22 交替行线

◎ “前”和“后”：如果交替模式选择“每隔一行”，则“前”和“后”中的数值都为1，选择“每隔三行”则“前”和“后”中的数值都为3。选择“自定”，则可以指定要设置的行线。

◎ 粗细：分别为指定的前几行或后几行指定表格中行线的粗细。

◎ 类型：分别为指定的前几行或后几行指定线条样式。如实底、虚线、点线、波浪线。

◎ 颜色：分别为指定的前几行或后几行指定行线的颜色。

◎ 色调：分别为指定的前几行或后几行指定要应用于描边指定颜色的油墨百分比。

◎ 叠印：将“颜色”下拉列表中所指定的油墨应用于所有底色之上，而不是挖空这些底色。

◎ 间隙颜色：分别为指定的前几行或后几行指定应用于虚线、点或线条之间的区域颜色。如果为“类型”选择了“实线”，则此选项不可用。

◎ 间隙色调：分别为指定的前几行或后几行指定应用于虚线、点或线条之间的区域色调。如果为“类型”选择了“实线”，则此选项不可用。

◎ “跳过前”和“跳过最后”：指定不希望填色属性在其中显示的表开始和结尾处的行或列数。

◎ 保留本地格式：勾选此复选框可以使以前应用于表的填色格式保持有效。

7.4.3 行与列的填色

利用填色选项可以设置表格行与列的颜色。

执行“表”|“表选项”|“交替填色”命令，打开“填色”标签，如图7-23所示。

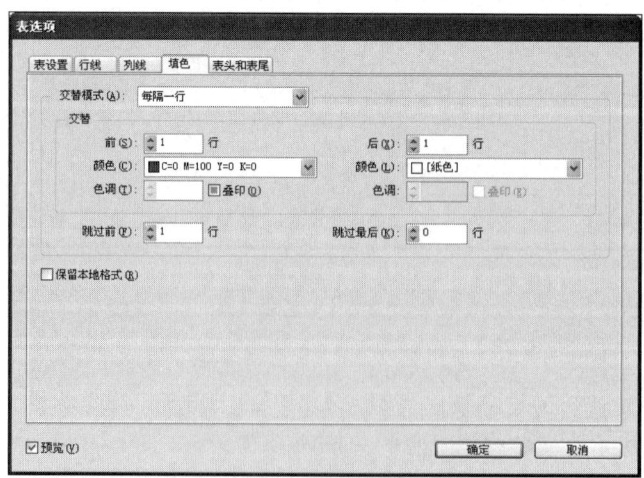

图7-23 “表选项”对话框设置填色选项卡

7.5 单元格格式的设置

利用“文本”选项可以设置单元格内边距、文本排版方向、对齐方式等。

7.5.1 单元格中文本的设置

执行“表格”|“单元格选项”|“文本”命令，打开“单元格选项”对话框，如图7-24所示。

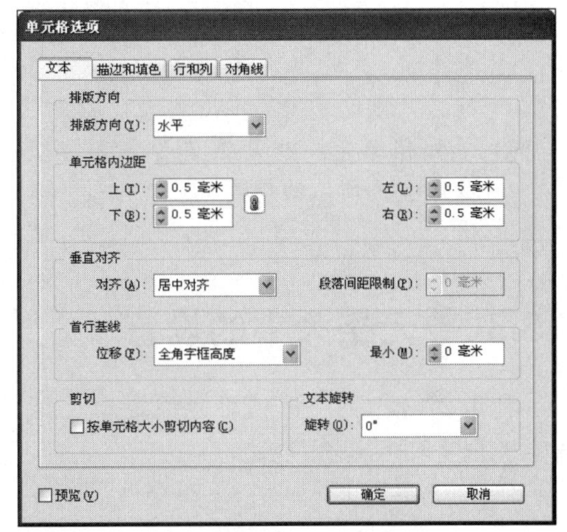

图7-24 “文本”选项卡

各主要选项含义如下。

◎ 排版方向：设置单元格内文本的走向为垂直或者水平。
◎ 单元格内边距：设置文字与单元格的距离。增加单元格内边距间距将增加行高。如果将行高设置为固定值，设置内边距时必须留出足够的空间，以避免导致溢流文本。
◎ 垂直对齐：在“对齐”中设置单元格内文本的对齐方式。如果选择“撑满”，则可以设置要在段落间添加的最大空白量。
◎ 首行基线：设置文本将如何偏离单元格顶部。在“位移”下拉列表中选择一个选项，以确定单元格中第一行文字的基线高度。也可以通过在“最小”中调整数字来调整基线偏移。
◎ 剪切：如果图像对于单元格而言太大，则它会扩展到单元格边框以外。选择此项，可以剪切扩展到单元格边框以外的图像部分。
◎ 文本旋转：使文本旋转一定的度数。

7.5.2 单元格的描边与填色

利用“描边和填色”选项可以设置单元格描边的粗细、类型、颜色、色调、间隙颜色、间隙色调，以及设置单元格填色的颜色、色调。

执行“表”|“单元格选项”|“描边和填色”命令，打开“描边和填色”选项卡，如图7-25所示。

各主要选项含义如下。

◎ 粗细：制定表格描边的粗细。
◎ 类型：制定单元格的描边类型。
◎ 颜色：指定单元格的描边颜色。
◎ 色调：指定要应用于描边指定颜色的油墨百分比。
◎ 间隙颜色：如果描边使用虚线、点或其他时，指定应用于线条之间区域的颜色。如果为“类型”选择了“实线”，则此选项不可用。
◎ 单元格填色：指定需要为单元格所填的颜色及使用的色调。

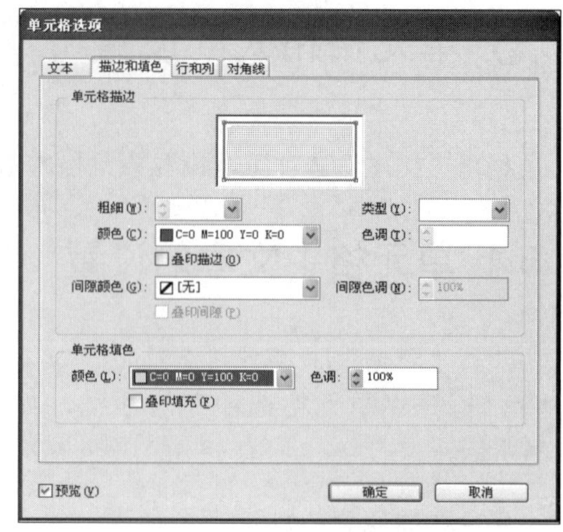

图7-25 “描边和填色”选项卡

7.5.3 单元格大小的设置

利用“行和列”选项可以设置单元格的行高、列宽和保持选项等。

执行“表”|“单元格选项”|“行和列”命令，打开“行和列”选项卡，如图7-26所示。

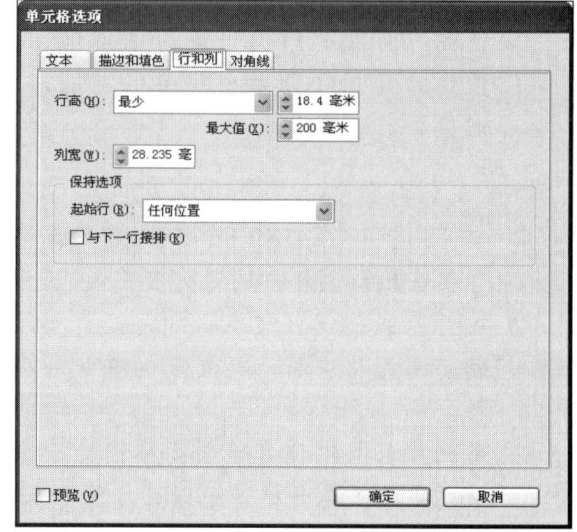

图7-26 “行和列”选项卡

各主要选项含义如下。

◎ 行高：指定单元格高度的最小值与精确值。在“最大值”中指定单元格行高的最大值。
◎ 列宽：制定单元格的宽度。
◎ 起始行：指定当创建的表比它驻留的框架高而使框架出现溢流时，换行的位置。可以指定换到下一文本栏、下一框架、下一页、下一奇数页、下一偶数页或选择任何位置。
◎ 与下一行接排：勾选此复选框，可以将选定行保持在一起。

7.5.4 对角线的添加

利用“对角线”选项可以设置单元格的线条描边等。

执行“表”|“单元格选项”|“对角线”命令，打开“对角线”选项卡，如图7-27所示。

各主要选项含义如下。

◎ 对角线类型：单击要使用的对角线类型，如图7-28所示从上至下依次为几种不同的对角线的效果。
◎ 线条描边：设置描边对角线所需的粗细、类型、颜色和间隙颜色，以及色调百分比。根据情况勾选或取消勾选“叠印描边”选项。
◎ 绘制：如果选择“对角线置于最前”选项对角线将放在单元各内容的前面；选择“内容置于最前”选项对角线将放在单元格内容的后面。

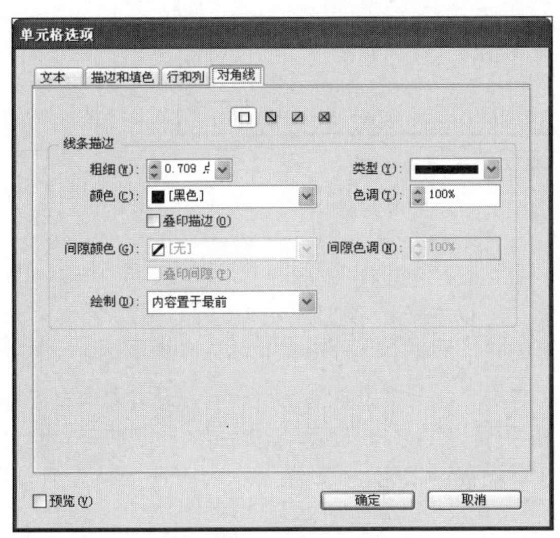

图7-27 “对角线”选项卡

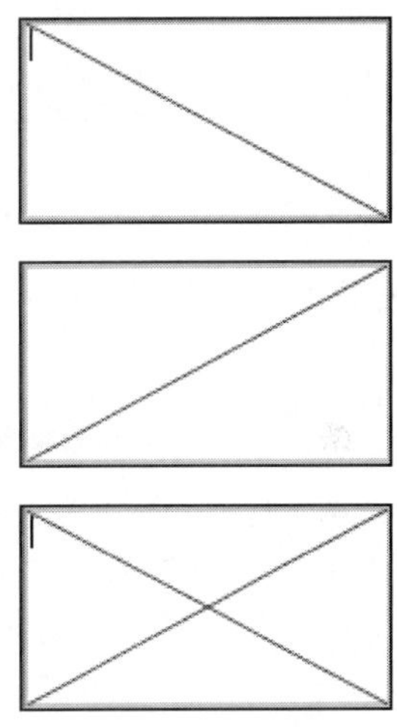

图7-28 对角线不同类型

请参考源文件将实例制作完成，效果如图7-1所示。

7.6 表头与表尾的设置

创建较长的表格式，表可能会垮多个栏、框架或页面。使用表头或表尾，可以在表的每个拆开部分的顶部或底部重复信息。

7.6.1 表头和表尾设置

将插入点放置在表中，然后执行“表”|“表选项”|“表头和表尾”命令，打开“表头和表尾”选项卡，如图7-29所示。

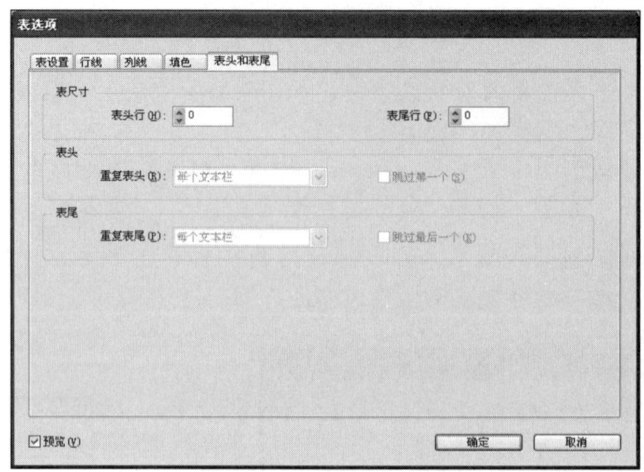

图7-29 “表头和表尾”选项卡

各主要选项含义如下。

◎ 表尺寸：指定表头行或表尾行的数量。可以在表的顶部或底部添加空行。

◎ 表头：指定表中的信息是显示在每个文本栏中，是每个框架显示一次，还是每页只显示一次。

◎ 表尾：指定表中的信息是显示在每个文本栏中，是每个框架显示一次，还是每页只显示一次。

◎ “跳过第一个”：勾选此复选框，表头信息将不会显示在表的第一行中。勾选“跳过最后一个”复选框，表头信息将不会显示在表的最后一行中。

7.6.2 将正文行转换为表头行或表尾行

选择表顶部的行或表底部的行，然后执行“表”|“转换行”|“到表头”或“到表尾”命令。

7.6.3 将表头行或表尾行转换为正文行

可执行下列任意操作：

◎ 将插入点放置在表头行或表尾行，然后执行“表”|“转换行”|“到正文”命令。

◎ 执行“表”|“表选项”|“表头和表尾”命令，然后指定另一个表头行数或表尾行数。单击“确定”按钮以确认删除。

7.7 上机实践

7.7.1 实例1——手机宣传册内页

通过“手机宣传册内页”实例讲解单列表格的创建与设置方法，同时回顾图片的置入与设置方法，效果如图7-30所示。

图7-30 实例效果

Step 01 执行“文件”|“新建”|“文档”命令，在打开的“新建边距和分栏”对话框中设置“边距”为15毫米，设置“栏数”为3栏，设置“栏间距”为0毫米，单击“确定”按钮保存设置。此时新建文件后的效果如图7-31所示。或者执行“文件”|“打开”命令，打开本书附带光盘\Chapter07\手机宣传册内页\“手机宣传页-01.indd”文件。

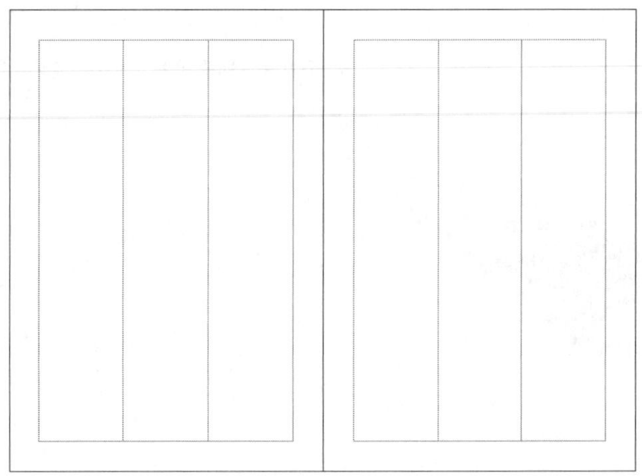

图7-31 打开文件

Step 02 在工具箱中选择“矩形框架工具”，依次单击鼠标左键，创建132毫米×142毫米、313毫米×60毫米、313毫米×108毫米、38毫米×26毫米4个框架。

Step 03 执行“文件”|“置入”命令，在弹出的“置入”对话框中，从“查找范围”中选择文本所在的文件夹，在该对话框中选择素材图片“03.jpg”、“04.jpg”和“05.jpg”，分别单击“打开”按钮将它们导入。

Step 04 按下A键切换到“直接选择工具”，按住Shift键的同时调整图片的位置，调整完的效果在如图7-32所示的位置。

图7-32 置入文件

Step 05 在工具箱中选择“文字工具” T，绘制文本框并输入文本“Bane 1100s 手机能够做什么?”和“Bane系列手机其他促销品种”，设置“字体大小”为17点，设置字体为“方正粗宋简体”；接着输入其他文本，设置小标题“字体”为“方正粗圆简体”，设置“字体大小”为12点；设置说明文本的“字体”为“宋体”，设置“字体大小”为12点，效果如图7-33所示。详细的数值可以参考源文件进行设置。

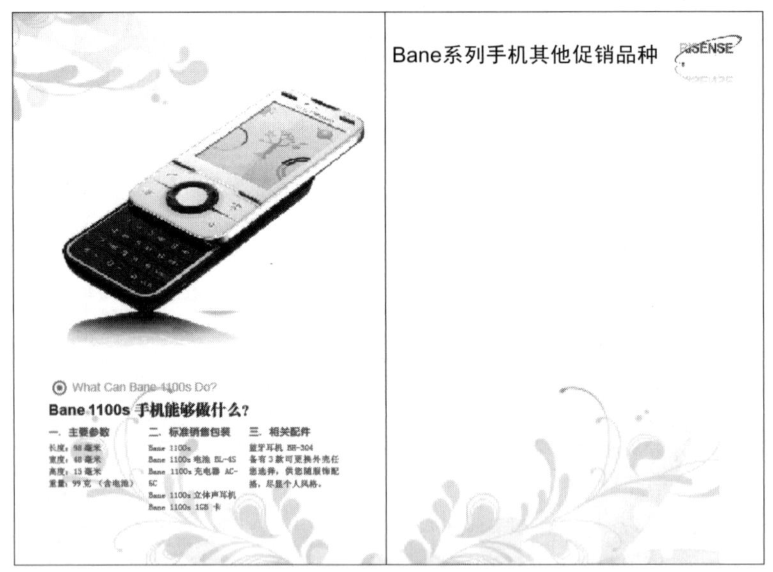

图7-33 输入文本

Step 06 继续使用“文字工具” T，绘制一个新的文本框架。执行“表”|“插入表”命令，打开“插入表”对话框。本实例设置“正文行”的数值为7，设置“列”的数值为1，如图7-34所示。单击“确定”按钮即可插入一个7×1表格，插入后的效果如图7-35所示。

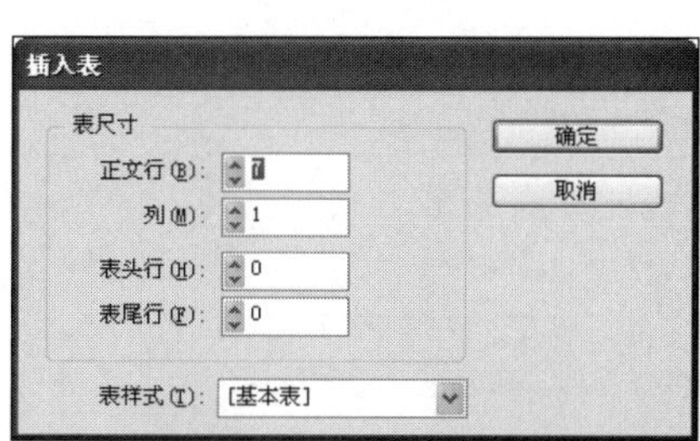

图7-34 “插入表”对话框

图7-35 插入后的效果

Step 07 在表格中输入文本，如图7-36所示。选中输入的文本，在“段落样式”面板中选择预先设置好的“段落样式1”格式，此时的效果如图7-37所示。

图7-36 输入文本

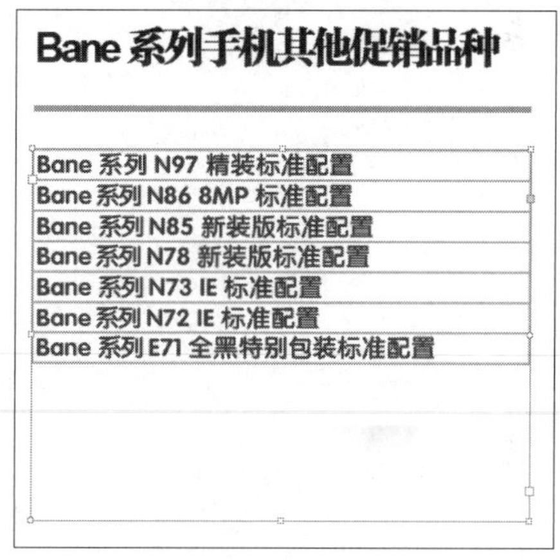

图7-37 设置段落样式

Step 08 使用“文字工具”选中表格中所有的文本，执行“表”｜“表选项”｜“表设置”命令，打开“表设置”对话框，切换到“行线”选项卡，设置“粗细”为12点，设置“颜色”为白色，如图7-38所示；再切换到“填色”选项卡，设置填充颜色为50%的黑色，如图7-39所示。

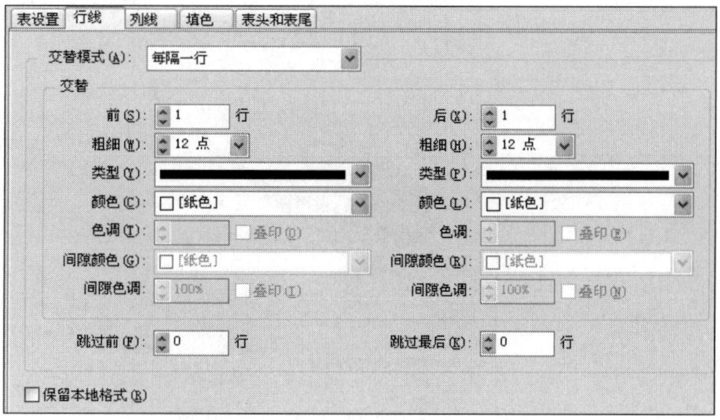

图7-38 在“行线”选项卡中进行设置

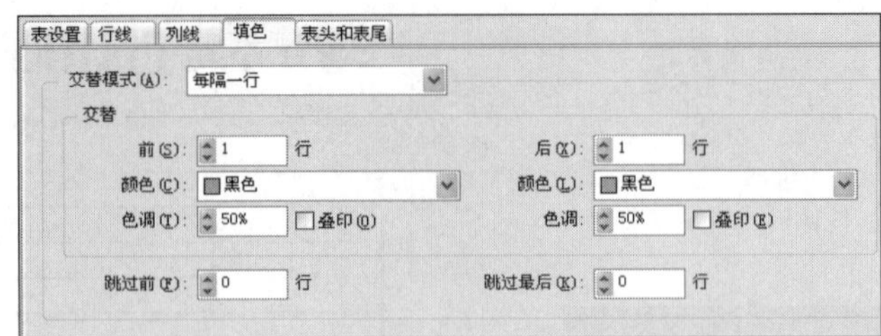

图7-39 在“填色”选项卡中进行设置

Step 09 此时的效果如图7-40所示。

图7-40 设置表格后的效果

Step 10 按照相同的方法再制作另外的2个表格，输入相关文本，并且分别选中两个表格，执行“表”|“单元格选项”|“描边和填色”命令，分别设置单元格的填色和色调，如图7-41所示。

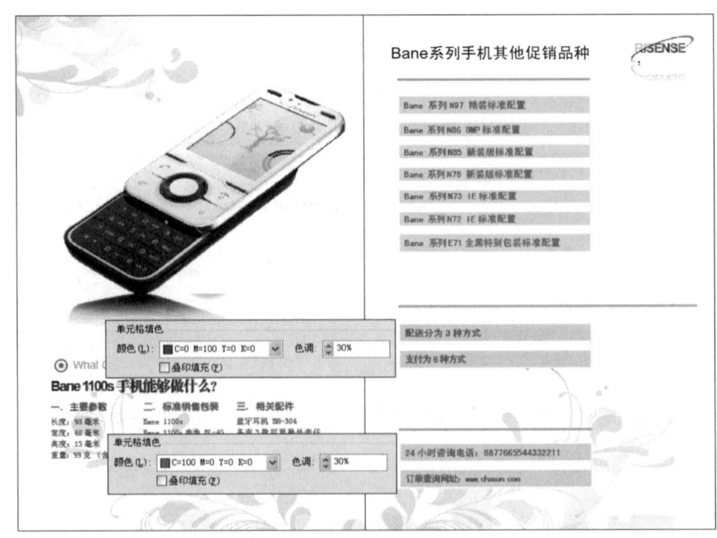

图7-41 设置单元格

Step 11 使用“矩形工具”绘制出矩形并执行“对象”|“角选项”命令，设置其为圆角效果，接着使用“添加锚点工具”添加2个锚点，使用“直接选择工具”选中端点进行调整，并为其添加白色至红色的渐变效果。

Step 12 接着选中矩形，单击鼠标右键，在弹出的快捷菜单中选择“效果”|“投影”命令，在“投影”选项卡中设置数值如图7-42所示，单击“确定”按钮保存设置。

Step 13 根据需要对具体数值进行调整，效果如图7-43所示，最终效果如图7-30所示。

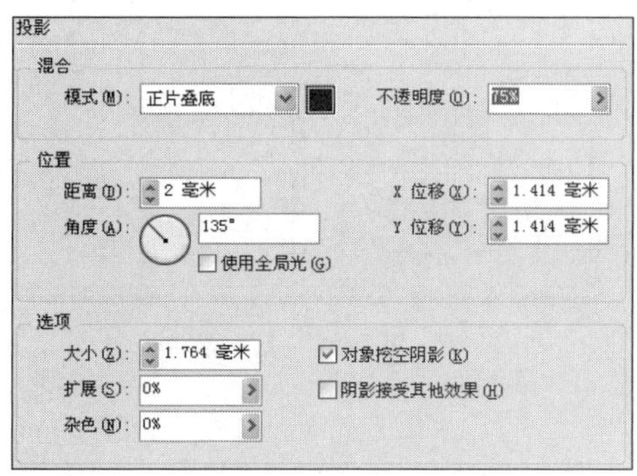

图7-42　设置投影特效

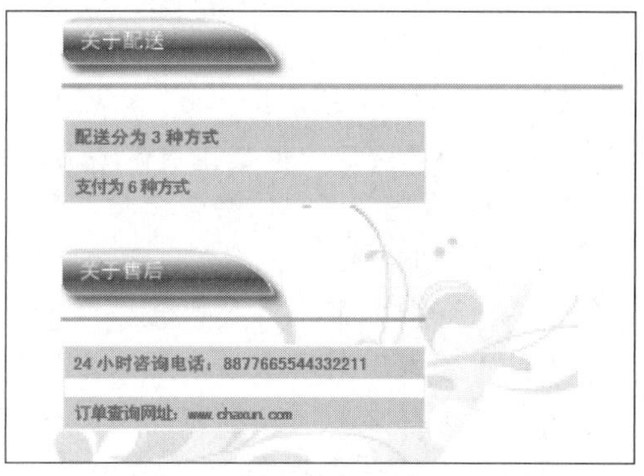

图7-43　填充渐变色并添加阴影

7.7.2 实例2——移动宣传册内页

通过“移动宣传册内页”实例来进一步练习创建并设置表格的方法，同时回顾图片置入与为表格填充渐变色的方法，效果如图7-44所示。

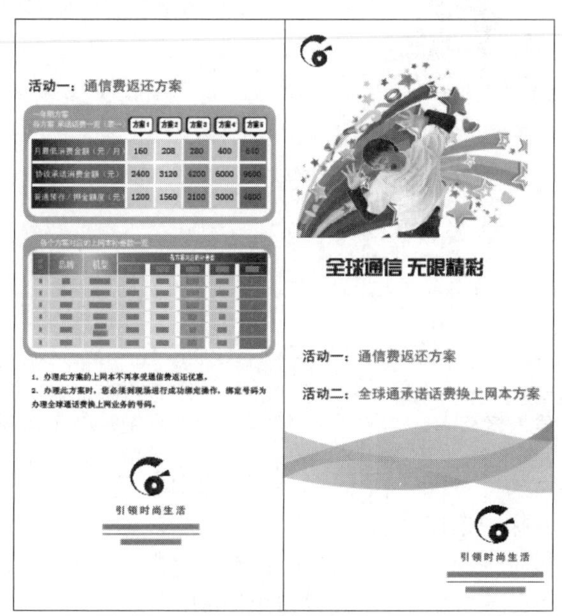

图7-44　实例效果

Step 01 执行“文件”|“打开”命令，或者按下Ctrl+O键，打开本书附带光盘\Chapter07\移动宣传内页\“移动宣传-01.indd”文件。

Step 02 在打开的“新建边距和分栏”对话框中设置“边距”为3毫米，设置“栏数”为2栏，设置“栏间距”为0毫米，单击“确定”按钮保存设置。此时效果如图7-45所示。

图7-45 打开文件

Step 03 在工具箱中选择“框架工具”，同样绘制3个框架，具体数值请参考源文件，后面不再赘述。

Step 04 执行“文件”|“置入”命令，在弹出的“置入”对话框中，从“查找范围”中选择文本所在的文件夹，在该对话框中选择素材图片“标.jpg”、“背景.jpg”和“人物.jpg”，分别单击“打开”按钮将它们导入，此时的效果如图7-46所示。

Step 05 在工具箱中选择“钢笔工具”，然后绘制出曲线并填充渐变色，在“效果”对话框中设置其“不透明度”选项的数值为73%，效果如图7-47所示。

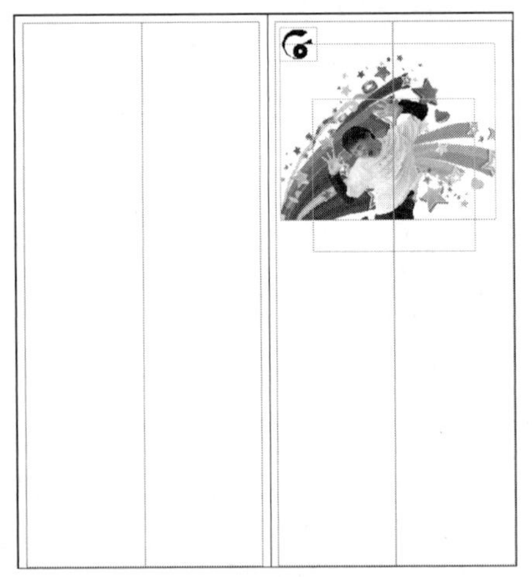

图7-46 导入素材

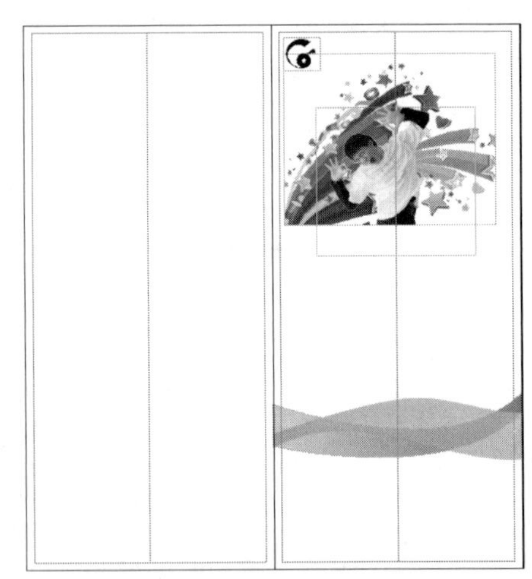

图7-47 绘制曲线并填充颜色

Step 06 在工具箱中选择“文字工具”T，输入相关文本，选中文本“全球通信 无限精彩”，在“段落样式”面板中选择“段落样式5”；选中段落文本“活动一”和“活动二”，在“段落样式”面板中选择“段落样式3”；选中“办理方案”相关段落文本，在“段落样式”面板中选择“段落样式2”，效果如图7-48所示。

Step 07 接下来详细介绍表格的绘制过程。首先使用“矩形工具”绘制矩形并填充“橙色”，按住Alt键的同时拖动鼠标复制一个矩形，分别执行“对象”|“角选项”命令，设置它们为圆角效果，设置“大小”选项的数值为5毫米，此时效果如图7-49所示。

图7-48 输入文本

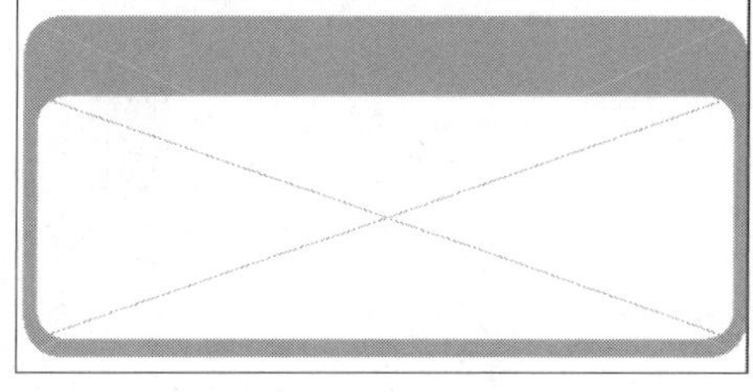

图7-49 绘制矩形并设置为圆角效果

Step 08 在工具箱中选择“文字工具” T，然后绘制一个文本框，执行“表”|“插入表”命令，打开 “插入表”对话框。本实例设置“正文行”的数值为3，设置“列”的数值为6，如图7-50所示，单击“确定”按钮即可插入一个3×6表格，如图7-51所示。

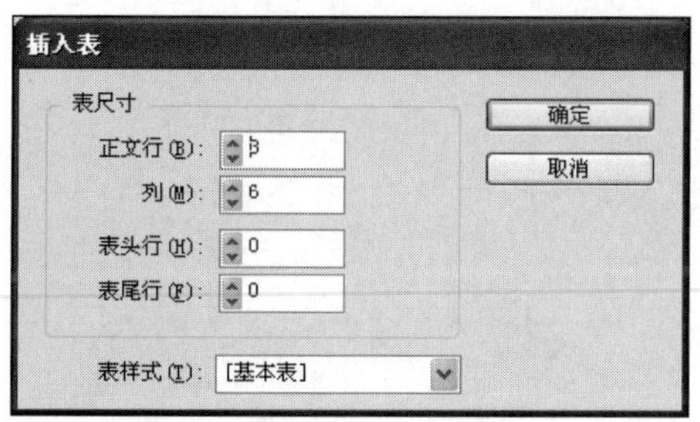

图7-50 “插入表”对话框

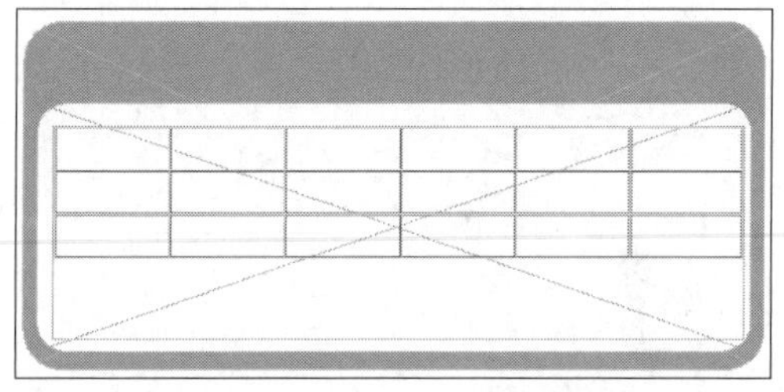

图7-51 插入表格后的效果

Step 09 然后将鼠标指针置于行线上，当指针变为符号或符号时，按住鼠标左键拖动来调整表格，如图7-52所示。

Step 10 此时可以看到表格分布并不均匀。所以首先使用“文字工具”选中后5列的表格，执行“表”|“均匀分布列”命令；再选中所有表格，执行“表”|“均匀分布行”命令，此时效果如图7-53所示。

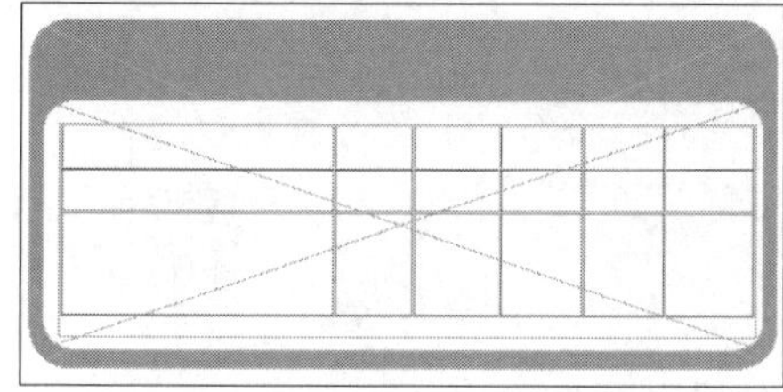

图7-52 拖动调整表格

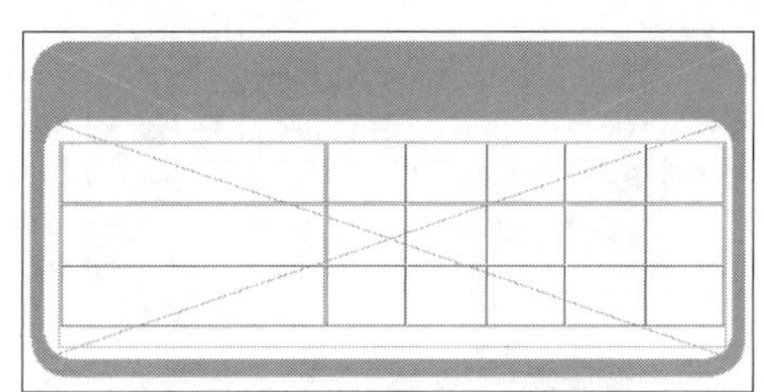

图7-53 均匀分布行和列

Step 11 选中第二列表格，执行“表”|“单元格选项”|“描边和填色”命令，在“颜色”下拉列表中选择颜色为“绿色”（C：75，M：5，Y：100，K：0），设置色调选项的数值为20%，如图7-54所示。

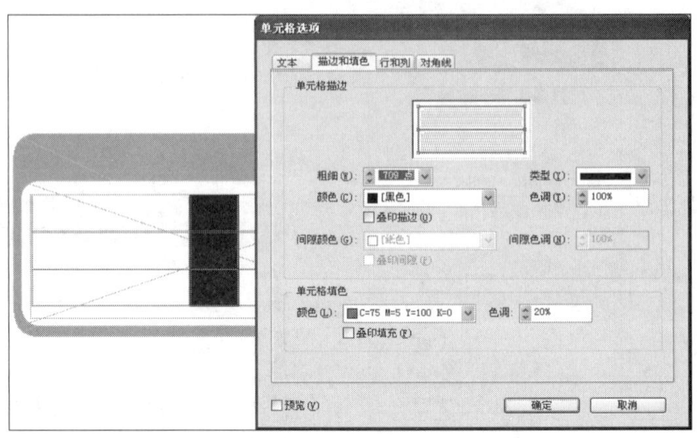

图7-54 设置单元格颜色

Step 12 按照相同的方法，依次选中后面的四列，设置填色数值从上到下依次如图7-55所示。设置完的效果如图7-56所示。

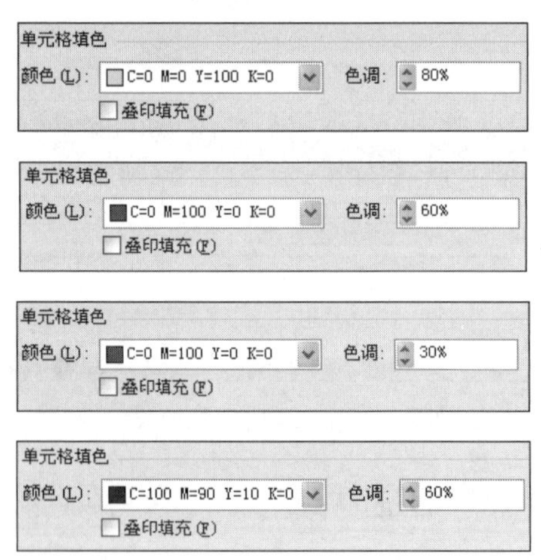

图7-55 设置其他填色

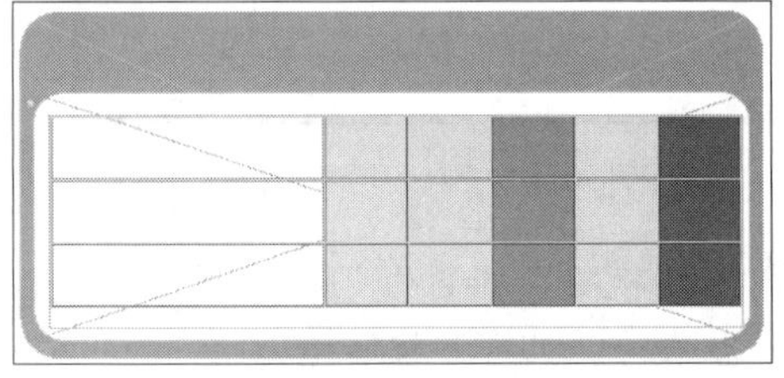

图7-56 设置单元格填色

Step 13 选中第一列的表格，在“渐变”面板中设置渐变色，如图7-57所示，并使用“渐变工具”从左至右拖动填充渐变色，填充效果如图7-58所示。

图7-57 设置“渐变填充色”

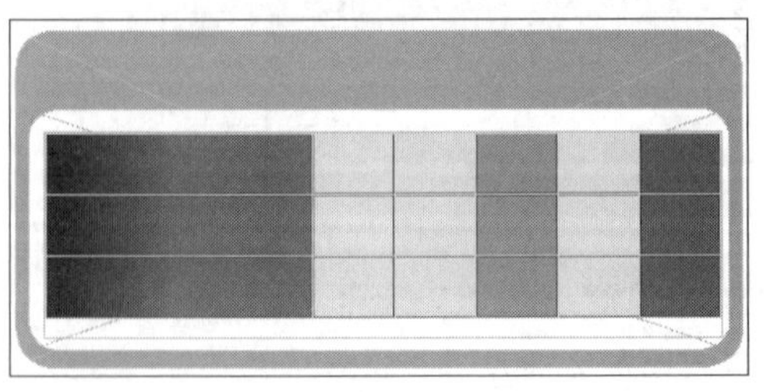

图7-58 设置单元格颜色

Step 14 在工具箱中选择“文字工具”[T]，输入文本，设置左侧文本的“字体”为“黑体”，设置“字体大小”为7点，设置文本颜色为白色；选中右侧的数字，设置“字体”为“宋体”，设置“字体大小”为9点，设置文本颜色为黑色，如图7-59所示。

Step 15 使用“矩形工具”绘制出矩形并执行“对象”|“角选项”命令，设置其为圆角效果，设置数值为1毫米。使用“直接选择工具”选中端点进行调整，效果如图7-60所示。

图7-59 输入文本

图7-60 绘制图形并调整

Step 16 添加其他所需的文本，此时效果如图7-61所示。

Step 17 按照前面介绍的方法，参考源文件，绘制出另外的一组表格，如图7-62所示。至此，整个实例制作完成，对细节部分进行细微调整，效果如图7-63所示，实例效果如图7-44所示。

图7-61 输入文本

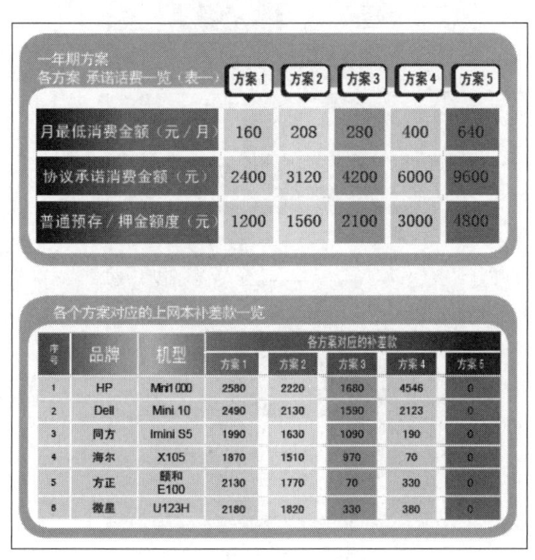

图7-62 绘制另一组表格

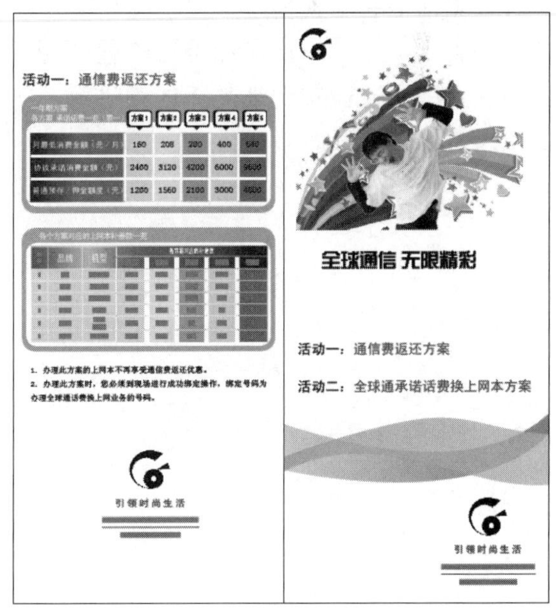

图7-63 绘制完成的效果

第8章 长篇与动态文档的编排

第一次设置文档时所做的决定会影响用户设计和制作页面的效率。正确的计划有助于用户节省金钱和时间。在本章中将重点介绍版面的基本操作方法，包括主页的应用、页面和跨页的设置、页码与章节的编排等内容。

8.1 页面和跨页

在文档中可以对页面执行很多操作，如添加、删除、移动、复制等命令，这些对页面的操作主要是在“页面”面板中进行设置。在“页面设置”对话框中选择“对页”选项时，文档页面将排列为跨页，跨页是一组一同显示的页面。在对页面进行编辑时，页面中的内容也会随着操作进行改变，因此当需要删除、复制或移动页面中的内容时，对页面进行操作也可以得到相应的效果。

8.1.1 更改页面和跨页显示

首先请读者来认识一下“页面”面板。此面板是一个专门为页面和主页编辑而设置的面板，下面通过实例来进行详细讲解，实例效果如图8-1所示。

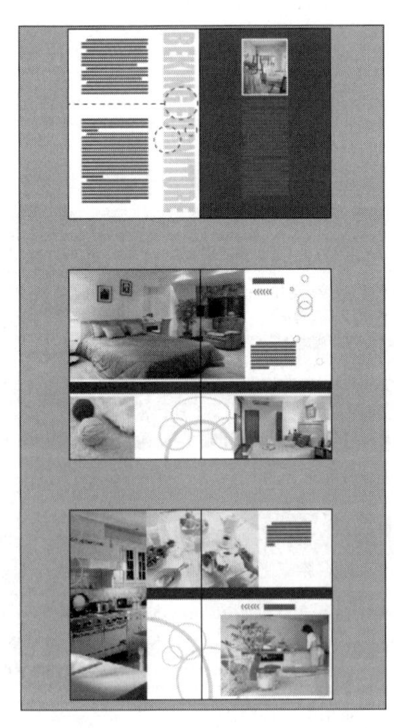

图8-1 实例效果

Step 01 启动软件后，执行“文件”|“打开”命令，打开本书附带光盘\Chapter08\家居宣传册\“高级家私.indd”文件，打开的效果如图8-2所示。

Step 02 执行“窗口”|“页面”命令，或按下键盘上的F12快捷键，打开“页面”面板，如图8-3所示。单击“页面”面板右侧的“扩展菜单”按钮，在弹出的快捷菜单中选择“面板选项”，打开“面板选项”对话框，如图8-4所示。

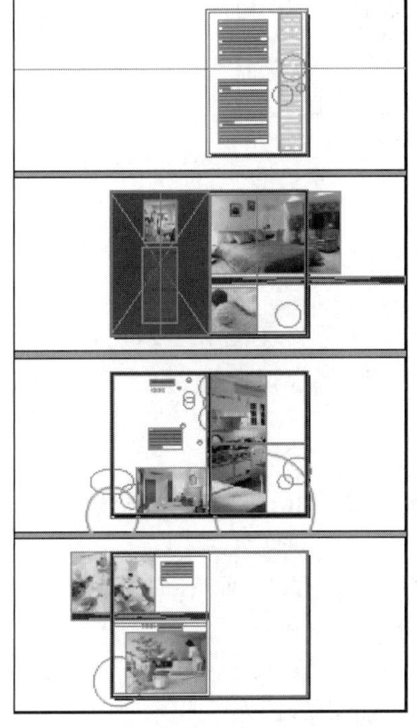
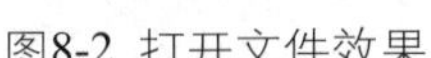

图8-2 打开文件效果

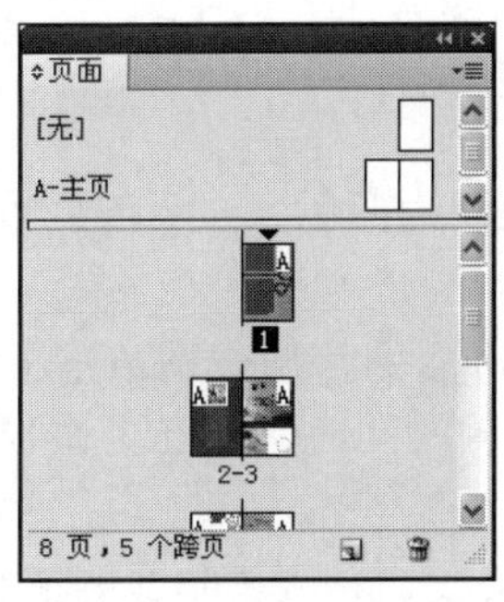

图8-3 “页面”面板

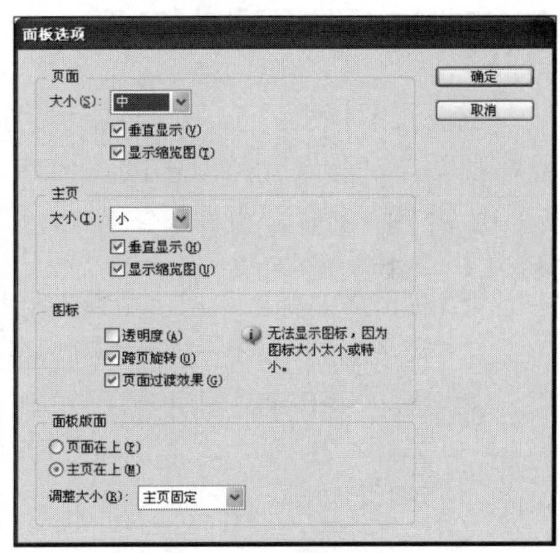

图8-4 “面板选项”对话框

各主要选项含义如下。

◎ “页面在上”选项：单击此单选按钮，可以使页面图标部分显示在主页图标部分的上方。

◎ “主页在上”选项：单击此单选按钮，可以使主页图标部分显示在页面图标部分的上方。

◎ “按比例”选项：选择可以同时调整面板的“页面”和“主页”部分。

◎ “页面固定”选项：选择可以保持“页面”部分的大小不变而使“主页”部分增大。

◎ “主页固定”选项：选择可以保持“主页”部分的大小不变而使“页面”部分增大。

Step 03 本实例在“大小”下拉列表中选择“中”选项，取消对“显示缩览图”选项的勾选，此时效果如图8-5所示，接着取消对“垂直显示”选项的勾选，此时的效果如图8-6所示。

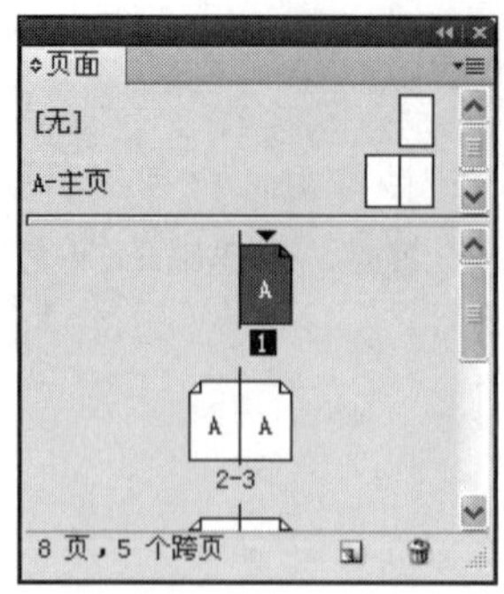

图8-5 页面效果

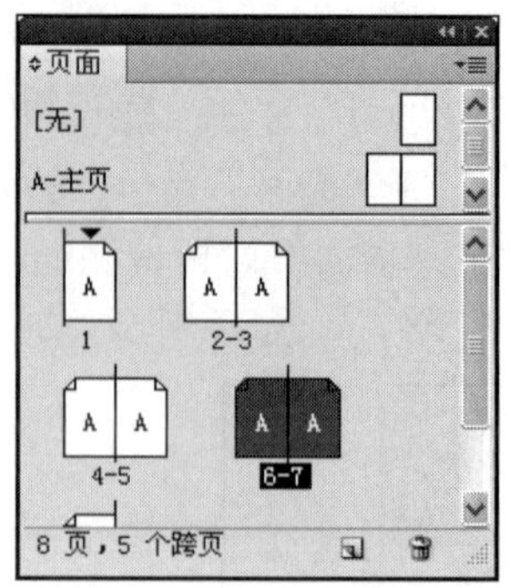

图8-6 页面效果

8.1.2 选择页面或跨页

在页面图标上单击，页面显示为蓝色时，表示该页面为选中状态。在图标上双击，文档会将视图自动移动到所双击的页面中，使其处于选中编辑状态，读者也可以通过使用快捷键选中所需选择的多个页面。

Step 01 在页面图标上单击，页面图标呈现为蓝色，表示该页面处于选中状态，如图8-6所示，本实例中的页面6-7处于选中状态。

Step 02 按下Shift键的同时在所需选中页面的两端分别单击鼠标，即可选中两点间的所有页，如图8-7所示，本实例按住Shift键的同时分别在页面1和页面7上单击，此时选中页面为1-7页。

Step 03 按住Ctrl键的同时再页面上单击，可以选择不相邻的页面，如图8-8所示。

Step 04 在折页页码上单击鼠标左键，可以选择折页。

Step 05 在需要编辑的页上双击，即可将该页选择并成为当前的编辑对象，此时工作区中也会显示该页，如图8-9所示。

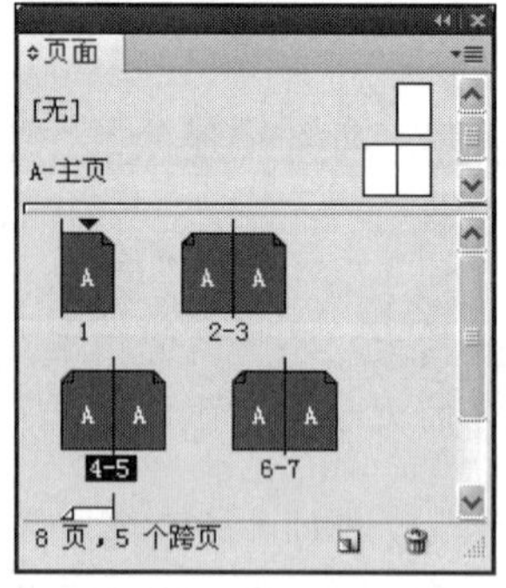

图8-7 选中页面

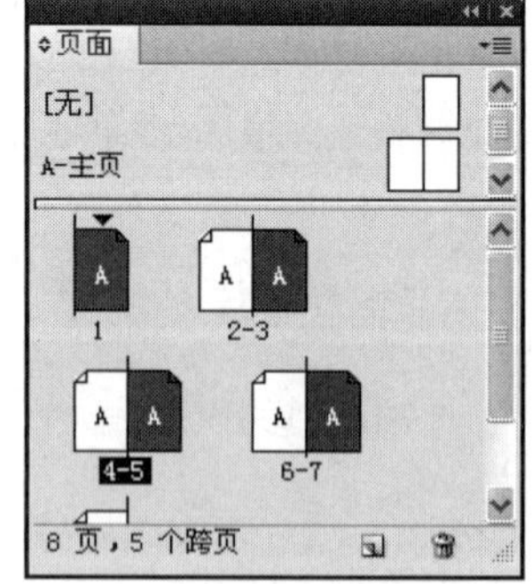

图8-8 选择不相邻的页

提示

要选择页面，在“页面”面板中单击一个页面。但不要双击，除非要以此页面为目标并要将其移动到视图中。选择页面或跨页只是在页面面板中选择此页面的页码，而不一定要将其移动到视图中。

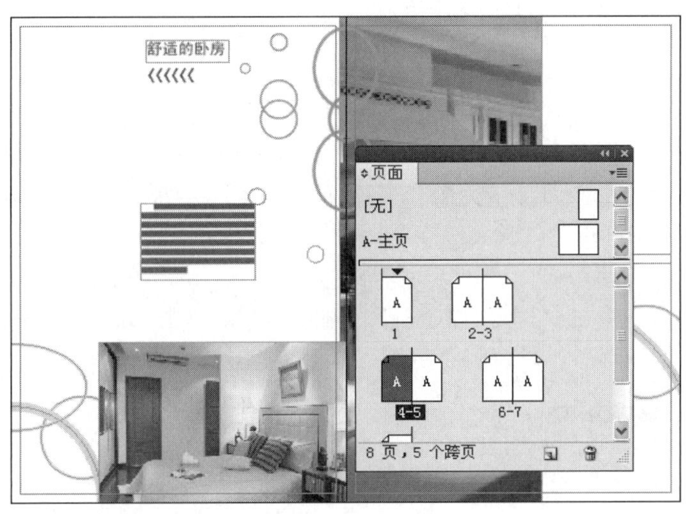

图8-9 选中页面

8.1.3 添加/删除页面

主页设置完成后，开始编辑内容。如果在新建文档时没有更改页数设置，那么默认为1页。此时，在编辑过程中可能因页数不够而需要添加页面。

Step 01 在“页面”面板下方单击“新建页面”图标，单击一次可以新建一页。新建的页面与正在编辑的页面使用同一主页。

Step 02 单击“页面”面板右侧的“扩展菜单”按钮，在弹出的快捷菜单中选择“插入页面”选项，打开“插入页面”对话框，如图8-10所示。

提示

单击“新建页面”图标，只能在目标对象后面添加页面，不能在选择状态的页面后添加页面。

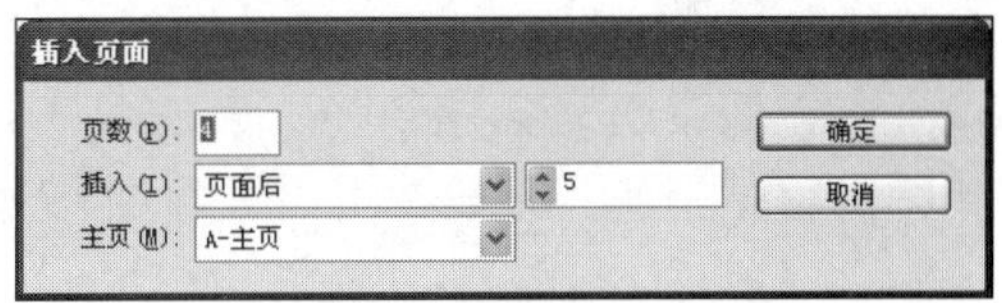

图8-10 “插入页面”对话框

各主要选项含义如下。

◎ “页数”文本框：在该文本框中输入数值，可以设置需要插入页的数量。

◎ “插入”下拉列表：该下拉列表中共有4个选项，分别为“页面后”、“页面前”、“文档开始”和“文档结尾”4个选项。当选择“页面后”和“页面前”选项时，该选项后的文本框为可用状态，在文本框中输入的值为插入页面的位置。例如，选择“页面后”选项，输入数值5，那么将在第5页的后面插入页面。

◎ “主页”选项：此选项用于插入页面所应用的主页。

提示

执行“版面”|“页面”|“添加页面”命令，也可以添加页面，但是一次只添加一页，添加的页面自动添加到文档的最后一页之后。

Step 03 如图8-10所示，本实例设置插入页数为4页，并且是在第5页后插入，单击“确定”按钮即可插入页。

Step 04 设定的页数未用完或其中的某些页面需要删掉时，可以在“页面”面板中选中需要删除的一个或多个页面图标，例如本实例可以按住Shift键的同时选中页面6-7，也就是刚才插入的页面，然后拖到面板下方的“删除选中页面”按钮上，放开鼠标，这些页面就被删除了，如图8-11所示。或者选中图标后，直接单击“删除选中页面”按钮。

Step 05 如果要删除的页面中有内容，系统会弹出提示对话框，如图8-12所示，提示要删除的页面中包含对象，单击“确定”按钮即可删除页面，单击“取消”命令可以保存页面。勾选“不再显示”选项，系统将不再提示直接删除。

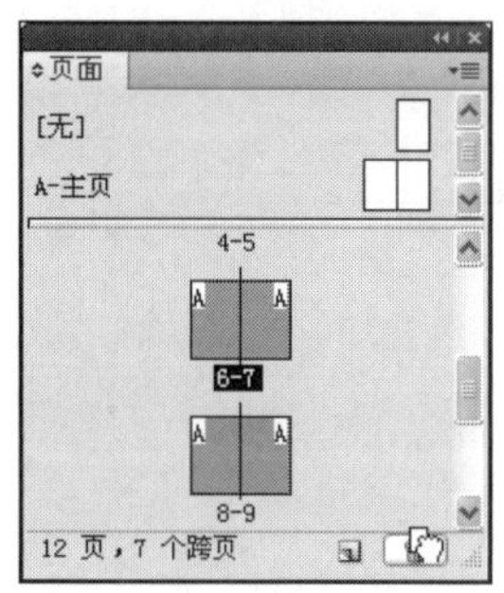

图8-11 删除页面

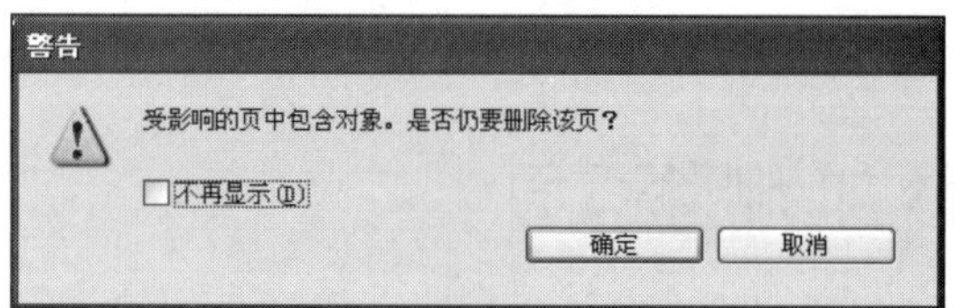

图8-12 删除对象提示

提示

读者也可以选中要删除的页面或跨页，单击“页面”面板右侧的“扩展菜单”按钮，在弹出的快捷菜单中选择“删除页面”或“删除跨页”。

8.1.4 移动/复制页面或跨页

在排版中有时会遇到将页面的顺序弄乱、颠倒或有些内容需要调换的情况，此时不必重新把内容排一遍，只要在页面面板中移动页面，再稍作整理即可。

Step 01 单击“页面”面板中选中第一页，然后单击右侧的“扩展菜单”按钮，在弹出的快捷菜单中选择“页码和章节选项”命令，在打开的“页码和章节选项”对话框中选择“起始页码”选项，设置其数值为2，单击“确定”按钮保存设置，此时文档为对页显示，如图8-13所示。

Step 02 再次单击右侧的“扩展菜单”按钮，在弹出的快捷菜单中选择“移动页面”命令，打开“移动页面”对话框，如图8-14所示。

各主要选项含义如下。

◎ “移动页面”文本框：在该文本框中输入数值，可以设置需要移动的页。

◎ “目标”下拉列表：下拉列表中的内容前面讲解过，在这里不再讲解。后面的文本框用于指定页面移动到哪一页。

◎ “移至”下拉列表：用于设置将指定的页面移动到当前的文档或其他文档中。

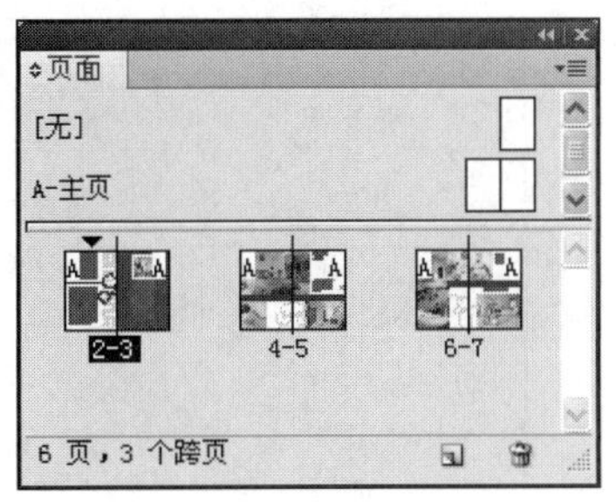

图8-13 对页显示

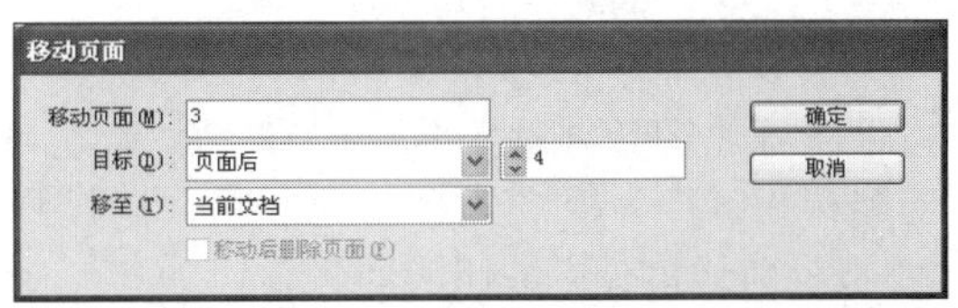

图8-14 “移动页面”对话框

Step 03 本实例选择移动页面3，将其移动到第4页的后面，如图8-15所示，设置完车过后单击“确定”按钮。

提示

如果要将本实例中的页面移动到其他的页面中，只要将目标文档打开，同样选中本实例文档，在“移至”下拉列表中选择目标文档，此时如果两个文档的尺寸不匹配，系统会弹出如图8-16所示的“警告”对话框，单击“确定”按钮将继续移动。

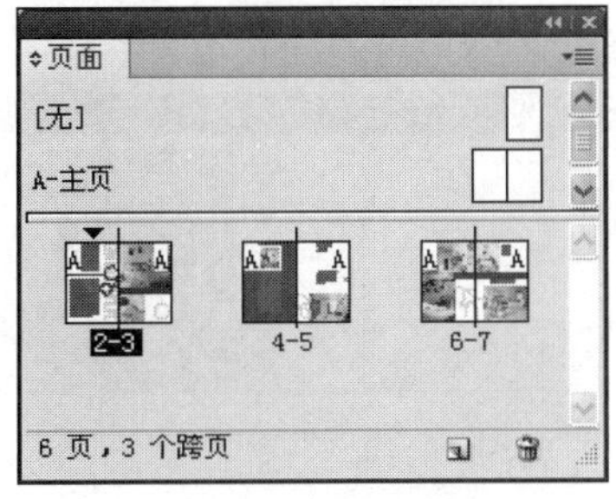

图8-15 移动页面后的效果

图8-16 移动对象提示

Step 04 如果需要复制跨页，选中需要复制的跨页，在“页面”面板的下拉菜单中选择“直接复制跨页”命令，系统将复制跨页并将其放置在最后。

提示

在“页面”面板中按住Alt键的同时选中需要复制的跨页并往空白处拖动，也可以复制跨页，如图8-17所示。复制后使用鼠标拖动将页面移动到需要的位置。

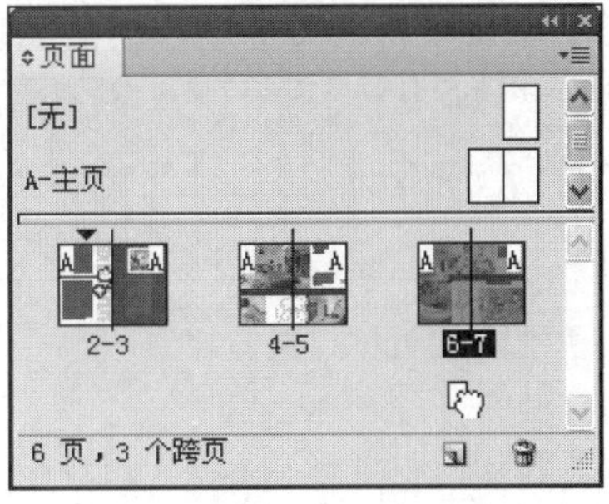

图8-17 拖动复制跨页

8.1.5 创建多页面折页

在制作企业宣传册等项目的时候，经常需要根据需要创建不同的折页文档，我们同样可以通过“页面”面板实现。

Step 01 在“页面”面板中双击4-5页，使该页成为目标对象。然后单击“页面”面板右侧的“扩展菜单”按钮，在弹出的快捷菜单中选择“允许选定的跨页随机排布”命令。

Step 02 按住鼠标左键并拖动第4页到第3页的旁边，当鼠标指针变为符号时，可将页面连接到2-3页的旁边，如图8-18所示。

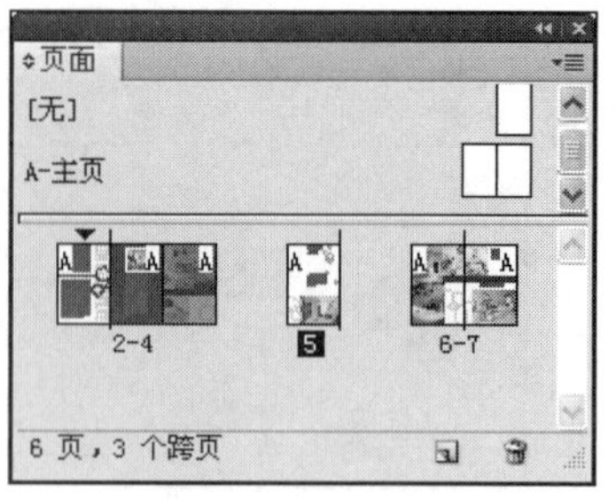

图8-18 拖动复制跨页

Step 03 按照相同的方法将页面5也拖动到页面4的旁边，此时文档中显示效果如图8-19所示。

图8-19 移动跨页

提示

在“页面”面板中，每个跨页中都有一条直线，该线为书籍的装订线。当创建折页时，拖动页面到装订线的左侧，该页面将显示在书籍的左侧；拖动页面到装订线的右侧，该页面将显示在书籍的右侧。

8.2 主页

主页可以在编排文件的过程中，将想要在每页重复显示的固定属性与设置集中管理，主页通常包含重复的徽标、页码、页眉和页脚。这样就可省去重复设置或注意修改的繁琐步骤。

8.2.1 创建/删除主页

新建文件时，InDesign会默认自动建立一个主页文件，以供设置想要显示在文件中每个页面的固定属性与设置。主页的应用和设置与一般页面并没有不同，同样可以执行新建、复制或删除等基本命令，这使主页的管理更加轻松自如。

1. 创建主页

Step 01 单击“页面”面板右侧的“扩展菜单”按钮，在弹出的快捷菜单中选择“创建新主页”命令，打开“新建主页”对话框，如图8-20所示。

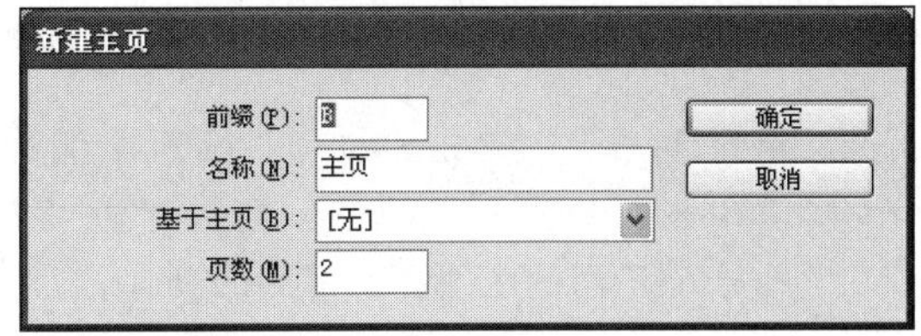

图8-20　“新建主页”对话框

各主要选项含义如下。

◎ “前缀”文本框：输入一个前缀，以标识“页面”面板中的各个页面所应用的主页。最多可以输入4个字符。默认前缀为A、B、C等。
◎ “名称”文本框：输入主页跨页的名称，默认为“主页”。
◎ “基于主页”下拉列表：选择一个要以此主页跨页为基础的现有主页跨页，或者选择“无”，新主页可以不应用其他主页的内容，新建一个空白主页，然后再添加。也可以选择基于已有的某一主页，那么新建的主页就会包含有基于主页的内容。
◎ “页数”文本框：输入一个值以作为主页跨页中要包含的页数（最多为10）。

Step 02 设置完成后单击“确定”按钮，即可创建新的主页，并且进入到创建的主页中，如图8-21所示。

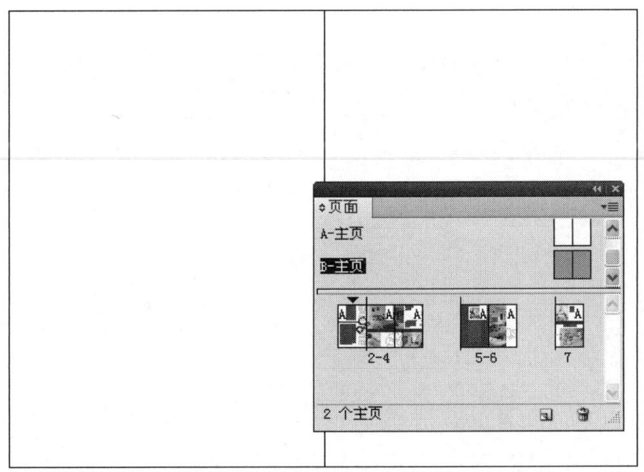

图8-21　“新建主页”对话框

2. 从现有页面或跨页创建主页

读者也可以选择需要创建为主页的跨页页面，单击“页面”面板右侧的“扩展菜单”按钮，在弹出的快捷菜单中选择“存储为主页”命令，即可将选择的跨页页面中的内容存储为主页。

> **提示**
> 也可将整个跨页从“页面”面板的“页面”部分拖动到“主页”部分，原页面或跨页上的任何对象都将成为新主页的一部分。如果原页面使用了主页，则新主页将基于原页面的主页。

3. 使一个主页基于另一个主页

在“页面”面板的“主页”部分，执行下列操作之一：

◎ 选择B-主页，单击“页面”面板右侧的“扩展菜单”按钮，在弹出的快捷菜单中选择“B-主页的主页选项”。在打开的“主页选项”对话框的“基于主页”下拉列表中，选择一个不同的主页，如图8-22所示，然后单击“确定”按钮。这样B-主页就以A-主页为基础。

◎ 选择要作为基础的主页跨页的名称，然后将其拖动到要应用该主页的另一个主页的名称上，如图8-23所示。

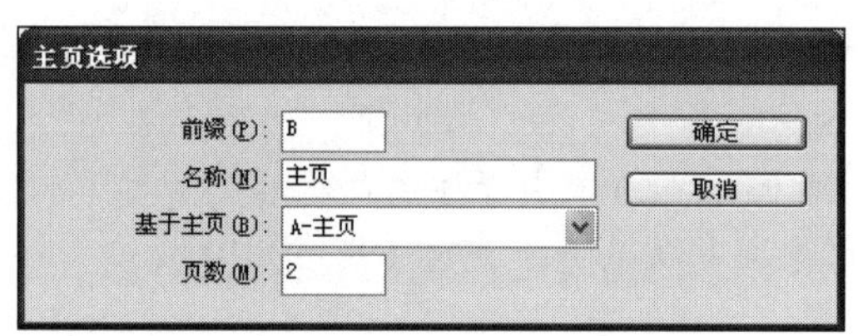

图8-22 “主页选项”对话框

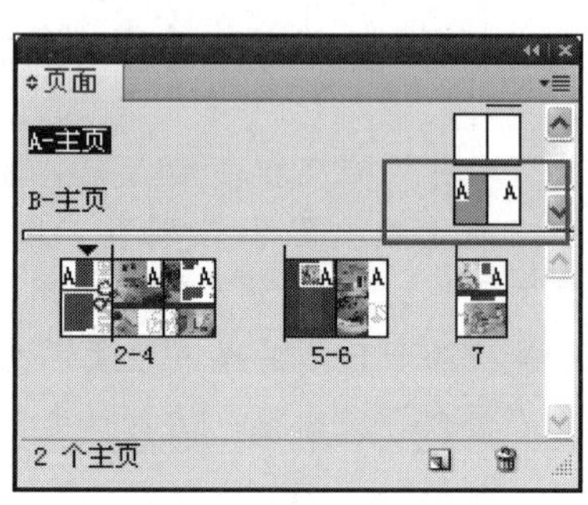

图8-23 拖动应用主页

4. 删除主页

在“页面”面板中，选择要删除的一个或多个主页图标，然后将选定的主页或跨页图标拖动到面板底部的“删除选中页面”按钮上或者选中后直接单击面板底部的“删除选中页面”按钮。

> **提示**
>
> 要选择所有未使用的主页，可以在“页面”面板快捷菜单中选择“选择未使用的主页”然后再执行删除命令。

8.2.2 编辑主页

对主页的编辑和对页面的编辑方法基本相同，读者同样可以在主页中添加文本、图像、图形等内容，编辑完成后主页的内容将直接显示在应用的页面上，无需在每一页重复编辑，大大的节约了时间。下面继续通过实例来进行讲解。

1. 添加普通对象

Step 01 在“图层”面板中新建一个图层。双击“A-主页”，将该主页显示在工作区域中。结合“椭圆工具”和“直线工具”，在视图左下角绘制出如图8-24所示的组合图形，然后按住Alt和Shift键的同时拖动鼠标，将其制作一个副本，并放置在页面的另一侧，如图8-25所示。

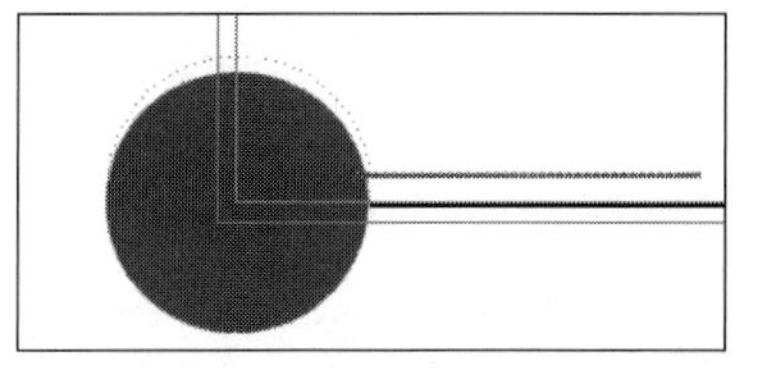

图8-24 绘制图形

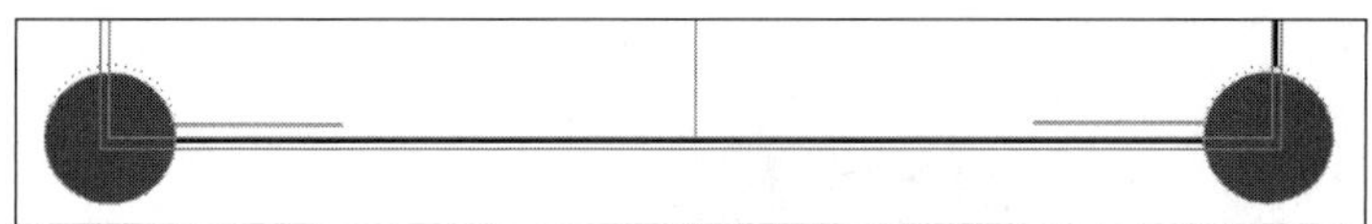

图8-25 制作副本

Step 02 此时预览效果如图8-26所示。可以看到在主页上绘制图形后，后面所有的页面上都自动显示。

提示

在主页上绘制的对象或输入的文本只能在主页上修改，在其他的页面是是无法修改的。

图8-26 添加图形

2. 添加页码

一般的书籍、杂志、宣传册等都会印有页码，以便于迅速地翻阅查找，特别是页数较多的书籍。页码的存在更为重要。在InDesign中可以在主页上插入自动页码，这样页码将会自动从第一页排到最后一页，如有增减，页码会自动更新排列。下面继续通过实例进行讲解。

Step 01 创建自动页码。双击要添加页码的主页，本实例选择A-主页，然后在工具箱中选择“文字工具”T，在需要插入页码的部分绘制一个文本框，本实例绘制在左下角，如图8-27所示。

Step 02 执行“文字”|“插入特殊字符”|“标志符”|“当前页码”命令，就会在光标闪动的地方出现页码标志。出现的标志是随主页的前缀的，如果当前主页的前缀为A，在矩形中出现的就会是A，如图8-28所示。

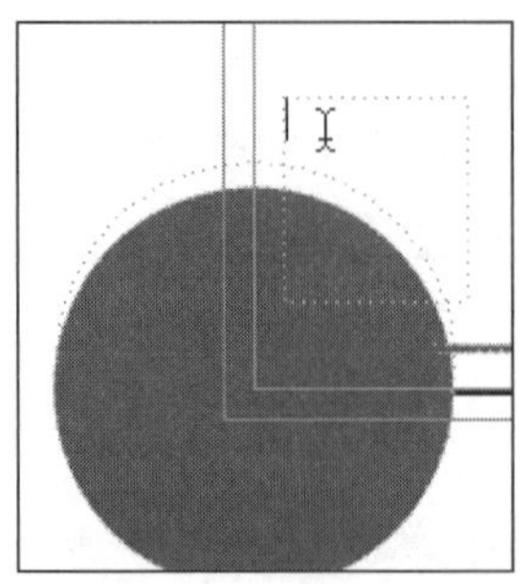

图8-27 绘制文本框

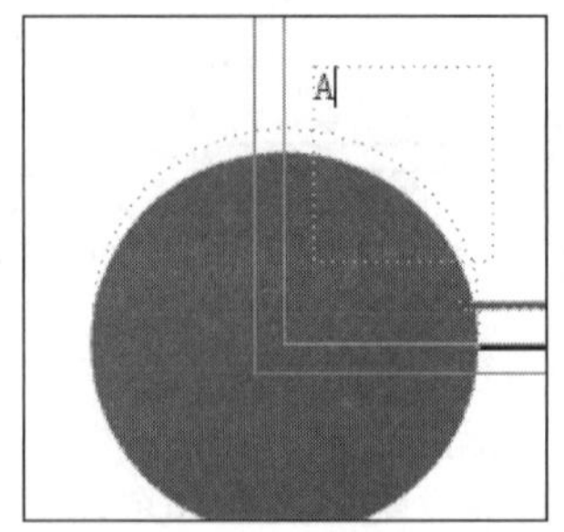

图8-28 添加字符

Step 03 主页的左右都插入文本框后，注意在主页中设置好添加字符的颜色、大小、字体等选项，如图8-29所示。最后切换到普通页面，就可以在和主页同样的位置上看到自动排好的页码了。如图8-30所示。

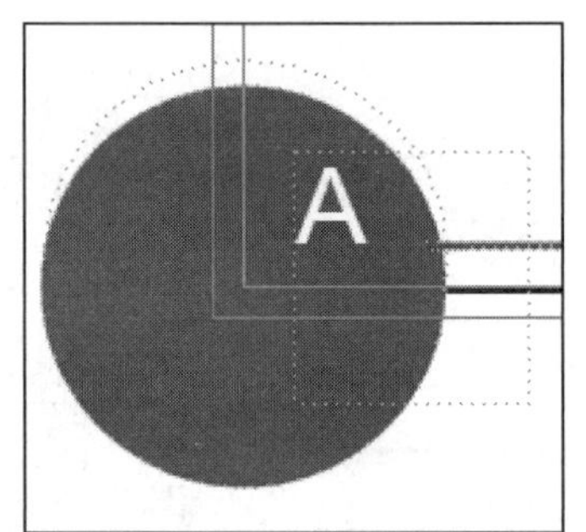

图8-29 更改字体格式

图8-30 添加图形页码的效果

Step 04 选择除了第一页以外的页面，单击“页面”面板右侧的“扩展菜单”按钮，在弹出的快捷菜单中选择“页码和章节选项”或执行“版面”|“页码和章节选项”命令，打开“页码和章节选项”对话框，如图8-31所示。在这里就可以给指定的页面添加章节编号。

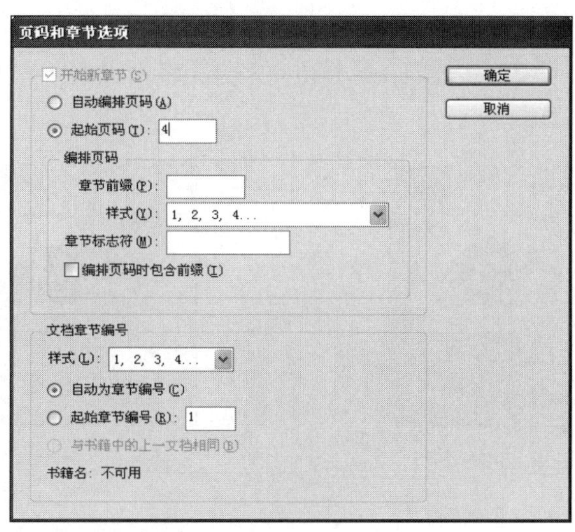

图8-31　“页码和章节选项”对话框

各主要选项含义如下。

◎ “开始新章节”选项：勾选此复选框，那么选定的页面将成为新章节的开始，如果不想开始新的章节，可以取消勾选“开始新章节”复选框。

◎ “自动编排页码”选项：单击此单选按钮，当前章节的页码还跟随前一章的页码，如果在前面添加或删除页面时，本章中的页码会自动更新。

◎ “起始页码”选项：单击此单选按钮，输入一个起始页码，将该章节作为单独的一部分进行编排，第一页尾输入的那个页码。

◎ “章节前缀”选项：可以为每一章都做一个既个性又统一的章节前缀，可以包括标点符号等，最多可输入8个字符。

◎ “样式”选项：可以在菜单中选择一种页码样式。默认情况下，使用阿拉伯数字作为页码。还有其他几种样式，如罗马数字等。该样式选项语序选择页码中的数字位数。

◎ “章节标志符”选项：输入一个标签，InDesign将把该标签插入到页面上章节标志符所在的位置。

◎ “编排页码时包含前缀”选项：勾选此复选框，章节选项可以在生成目录索引或在打印包含有自动页码的页面时显示；如果只是想在InDesign中显示，而在打印的文档、索引和目录中不显示章节前缀，可以取消选择。

3. 覆盖主页对象

当主页应用于文档页面时，应用这一主页的页面上都会显示主页上的所有内容。如果有些页面需要做一点变化，可以通过下面的操作实现。

Step 01 改变局部内容。选择要更改的页面，譬如选择文档的第3页，然后按下Ctrl+Shift组合键，选择要更改的左下角的对象，如图8-32所示。放开Ctrl+Shift键后就可以编辑这些对象的属性，如描边、填色、改变路径、旋转、缩放。

Step 02 本实例使用“转换点工具”调整了椭圆形的形状，更改后如图8-33所示。

Step 03 覆盖全部内容。单击“页面”面板右侧的“扩展菜单”按钮，在弹出的快捷菜单中选择“覆盖所有主页项目”选项，这样应用于这个页面上的所有主页元素就可以改变属性或删除了。

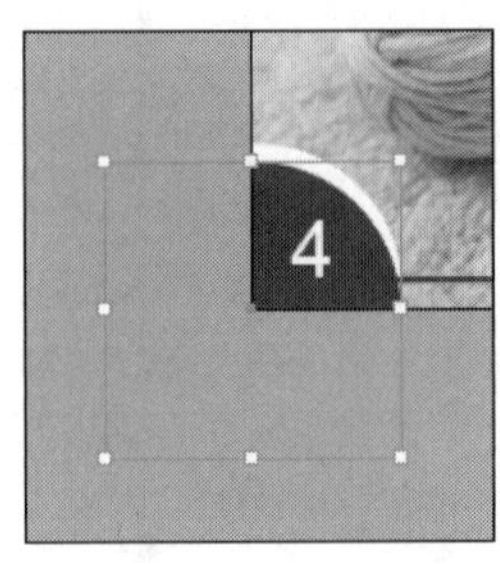

图8-32 选中对象

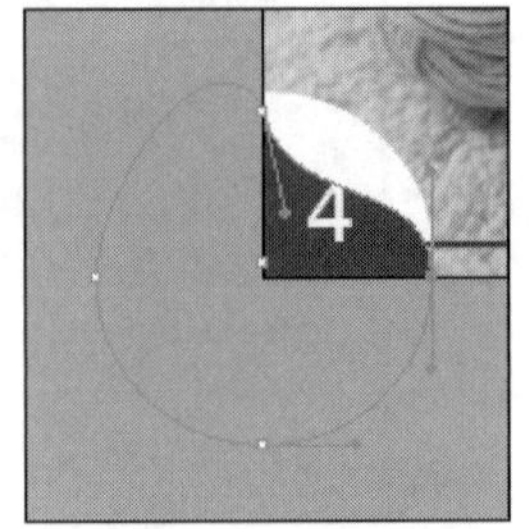

图8-33 更改对象

4. 分离主页对象

◎ 将单个主页对象从其主页中分离，按Ctrl+Shift键并选择跨页上的任何主页对象。然后单击“页面”面板右侧的“扩展菜单”按钮，在弹出的快捷菜单中选择“分离来自主页的选区”选项。

◎ 分离跨页上的所有已被覆盖的主页对象：可以转到包含要从其主页分离且已被覆盖的主页对象的跨页，然后单击“页面”面板右侧的“扩展菜单”按钮，在弹出的快捷菜单中选择“分离所有来自主页的对象”。如果该命令不可用，说明该跨页上没有任何已覆盖的对象。

提示

使用此方法覆盖串接的文本框架时，将覆盖该串接中的所有可见框架，即使这些框架位于跨页中的不同页面上。

5. 重新应用主页对象

覆盖了的页面或跨页上的主页对象，可以重新恢复到原来的状态，恢复以后，主页上的对象被编辑时，这些对象也随之改变。

◎ 重新应用页面中的一个或多个主页：选择这些原本是主页对象的对象，在“页面”面板的下拉菜单中选择“移去选中的本地覆盖”选项，这样选中的主页对象自动恢复为原来属性。

◎ 重新应用页面或跨页中的所有元素：选择要恢复的页面或跨页，在“页面”面板菜单中选择“移去全部本地覆盖”选项，这样选中的整个页面或跨页自动恢复为应用的主页状态。

提示

如果这些页面或跨页已经删除了原先使用的主页，那么将无法恢复主页，只能重新将主页应用于这些页面。

8.3 书籍的创建与编排

书籍文件是一个可以共享样式、色板、主页及其他项目的文档集。用户可以按顺序给编入书籍的文档中的页面编号、打印书籍中选定的文档或者将它们导出为PDF。一个文档可以隶属于多个书籍文件。添加到书籍文件中的其中一个文档便是样式源。

默认情况下，样式源是书籍中的第一个文档，用户可以随时选择新的样式源。在对书籍中的文档进行同步时，样式源中指定的样式和色板会替换其他编入书籍的文档中的样式和色板。

8.3.1 创建书籍文件

当创建书籍文件后，可以在书籍面板中打开它。书籍面板是书籍文件的工作区域，可以在此添加、移去或重排文档。创建方法如下：

执行“文件”|“新建”|“书籍”命令，打开如图8-34所示的“新建书籍”对话框，在“文件名”文本框中输入一个文件名，单击“保存”按钮，即可新建一个后缀名为“.indb”的文件，如图8-35所示。

图8-34　“新建书籍”对话框

图8-35　新建的“书籍1”文件

8.3.2 存储书籍文件

创建并且在书籍中添加书籍中的全部文档后，应当存储书籍文件。书籍文件独立于文档文件，所以在执行“存储书籍”命令时，InDesign会存储对书籍（而非书籍中文档）的更改。存储稳当的方法非常简单，用户只要执行下列操作之一即可：

◎ 如果要使用新名称存储某书籍，单击“书籍”面板右侧的扩展按钮，在展开的如图8-36所示的菜单中选择“将书籍存储为”命令，打开如图8-37所示的“将书籍存储为”对话框，指定新的位置和文件名称后，单击“保存”按钮即可。

◎ 如果要使用同一名称存储现有书籍，可以在“书籍”面板的扩展菜单中选择“存储书籍”命令，或者单击“书籍”面板底部的“存储”按钮即可。

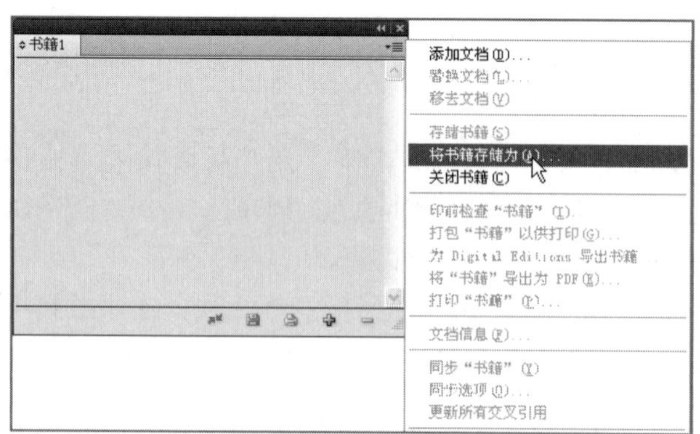

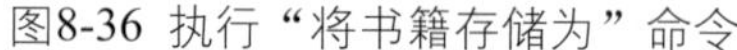
图8-36 执行“将书籍存储为”命令

图8-37 “将书籍存储为”对话框

8.3.3 添加和删除书籍文件

建立空白书籍后，接着就可以将想要集中管理的文档文件置入书籍，以方便统一与整合。一个书籍文件中最多可包含1000个文档。

添加与删除文档的具体操作方法如下：

Step 01 单击“书籍”面板右侧的扩展按钮，在展开的扩展菜单中选择“添加文档”命令，或者单击“书籍”面板右下角的“添加文档”按钮，打开如图8-38所示的“添加文档”对话框，在其中按住Ctrl键的同时可以选中多个需要添加的文件，单击“打开”按钮即可将它们导入，如图8-39所示。

图8-38 “添加文档”对话框

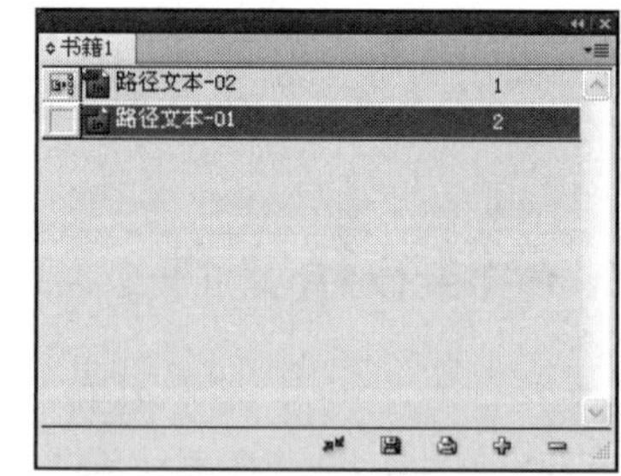

图8-39 添加的文档

Step 02 如果要删除书籍中多余的文档，只要先在书籍中选择想要删除的文件，然后在展开的扩展菜单中选择“删除文档”命令，或者单击面板底部的“移去文档”按钮，即可将不需要的文件移除。

提示

如果添加在早期版本InDesign软件中创建的文档，则在添加到书籍时会弹出“存储为”对话框。在“存储为”对话框中，为书籍中的每个文档指定一个新的名称或保留其原文件名，然后单击“保存”按钮即可。

8.3.4 打开书籍中的文档

当书籍中的文档需要修改时，可以直接在书籍中打开想要编辑的文档进行修改，InDesign中不仅可以修改书籍中的文件属性，还可以同步修改文档文件的原稿属性。

修改方式如下：

在“书籍”面板中双击想要编辑的文档，如图8-40所示，就会打开所选择的文档文件，以供修改和编辑，可以看到打开的文档名称的右侧会显示一个打开的书籍的图标。

图8-40 双击打开需要编辑的文件

8.3.5 调整书籍中文档的顺序

文件的排列顺序是书籍中页码编列的依据，如果觉得排列顺序不妥，可自行依实际需求进行调整。

在书籍中选择想要调整的文档，然后按住鼠标左键，将文件拖动到想要排列的目的位置后，松开鼠标左键，即可调整文档文件的排列顺序，如图8-41所示。完成后，不仅文件的排列顺序被修改，InDesign也会依据文件的排列顺序，重新调整与编排页码，如图8-42所示。

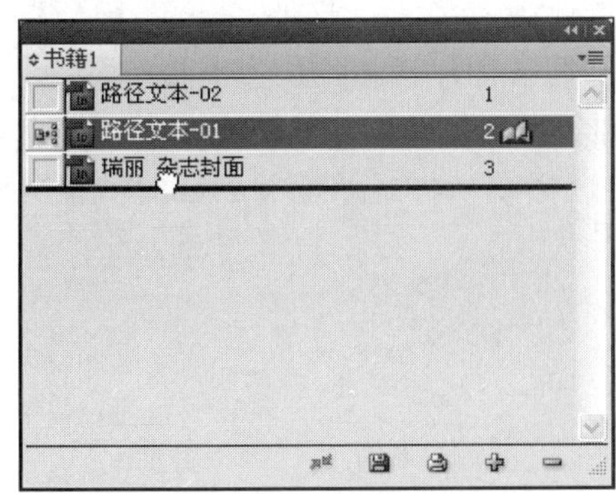

图8-41 调整顺序

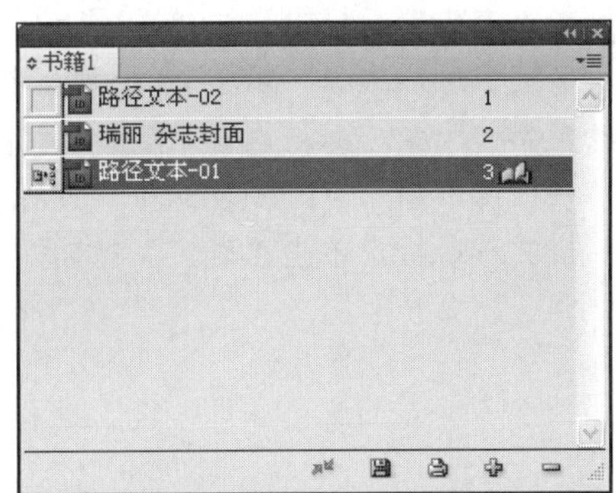

图8-42 调整顺序后页码自动更改

8.3.6 移去或替换缺失的书籍文档

在书籍中的文档文件，是以链接的方式存在的，所以可随时通过书籍中所显示的状态图标，来预览文件相关状态。“书籍”控制面板中的相关状态图示说明如下。

◎ 没有图示：表示此文档是可被使用的。
◎ ：表示此文档链接路径已修改或文件被删除了，导致文件缺失。
◎ ：表示此文档的属性已被改变，但书籍中的文件属性仍未更改。
◎ ：表示书籍文档处于打开状态。

当文件呈现未更新或缺失时，通过更新与重新链接的功能，可以将文件调整至正常链接状态。对于缺失的文档，可执行下列操作之一：

◎ 执行“书籍”面板扩展菜单中的“移去文档”命令，此文档将被从书籍文件中删除。
◎ 执行“书籍”面板扩展菜单中的“替换文档”命令，出现“替换文档”窗口后，从“查找范围”菜单中选择文件存放的文件夹，然后选择想要替换现有文档的文档名称，再单击“添加”按钮。完成后，原本显示缺失的文件，就会重新链接至所指定的文件，并显示链接正常的状态。
◎ 执行“书籍”面板扩展菜单中的“文档信息”命令，然后单击“替换”按钮，替换文档。

对于未更新的文档，只要在“书籍”中直接打开想要更新的文件，InDesign便会自动将文件更新，并呈现正常可使用的状态。

8.3.7 同步书籍文档

书籍中的文档文件通过同步功能，可以将书籍中的文件格式整合统一。在默认的情况下，书籍中的页码会依据文档文件中的页数，以及文件的排列顺序来依次编码。

1. 同步书籍

书籍中的每个文档中均包含各式各样的格式，通过书籍的同步功能，可以以其中某一文件作为标准，将该文件的格式应用至其他文件中。

Step 01 在“书籍”面板中，单击要作为样式源的文档旁边的空白框，样式源图标会指示哪一个文档是样式源，如图8-43所示。如果未选中任何文档，将同步整个书籍。

Step 02 单击“书籍”面板右侧的扩展按钮，在展开的扩展菜单中执行“同步选项”命令，打开如图8-44所示“同步选项”对话框。在其中选择要从样式源复制到其他书籍文档中的样式和色板，单击“确定”按钮即可保存设置。

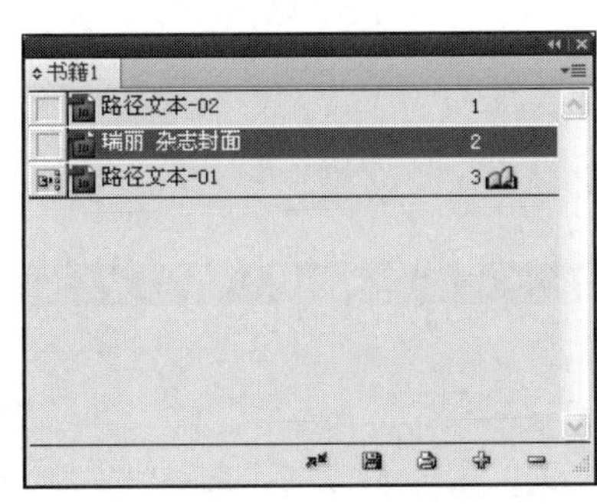

图8-43 选中样式源

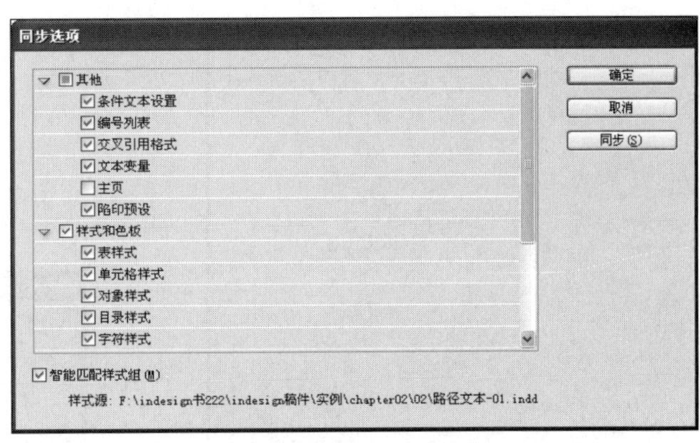

图8-44 “同步选项”对话框

Step 03 在“书籍”面板菜单中执行“同步选中的文档”或“同步书籍”命令，也可以单击“书籍”面板底部的 “使用‘样式源’同步样式和色板”按钮，打开如图8-45所示的“书籍‘书籍1.indb’”对话框，提示同步已完成，单击“确定”按钮即可。

图8-45 同步成功提示对话框

2. 编排书籍中的页码

书籍的页码，在添加文件时便已自动依照排列顺续编制完成，如果不想使用默认的页码与格式，可自定义适合需求的页码格式，例如：页面顺序、页码类型、编码模式等。

具体操作方法如下：

Step 01 在“书籍”面板中选择要重新编码的文档。单击“书籍”面板右侧的扩展按钮，在展开的扩展菜单中选择“文档编号选项”命令，或在“书籍”面板中双击该文档的页码，即可打开如图8-46所示的“文档编号选项”对话框。

Step 02 在此用户可以设置需要的页码、样式、章节编号等内容，设置完成后单击“确定”按钮即可保存设置。

Step 03 在“书籍”面板中选择要重新编码的文档。单击“书籍”面板右侧的扩展按钮，在展开的扩展菜单中选择“书籍页码选项”命令，打开如图8-47所示的“书籍页码选项”对话框，在此选择想要应用的编码模式与相关选项，然后单击“确定”按钮即可保存设置。

◎ 从上一个文档继续：使书籍中文档的页码继续上一文档的页码。

◎ 在下一奇数页继续：使书籍中的文档按奇数页起始编码。

◎ 在下一偶数页继续：使书籍中的文档按偶数页起始编码。

◎ 插入空白页面：将空白页面添加到任意文档的结尾处，以便后续文档必须起始于奇数页或偶数页。

◎ 自动更新页面和章节页码：在编入书籍的文档中添加或移去页面，则页码重新进行编排。

文档编号选项

开始新章节(S)
自动编排页码(A)
起始页码(T)：2
编排页码
章节前缀(P)：
样式(Y)：1, 2, 3, 4...
章节标志符(M)：
编排页码时包含前缀(I)
文档章节编号
样式(L)：1, 2, 3, 4...
自动为章节编号(C)
起始章节编号(R)：1
与书籍中的上一文档相同(B)
书籍名：书籍1.indb
确定
取消

图8-46 “文档编号选项”对话框

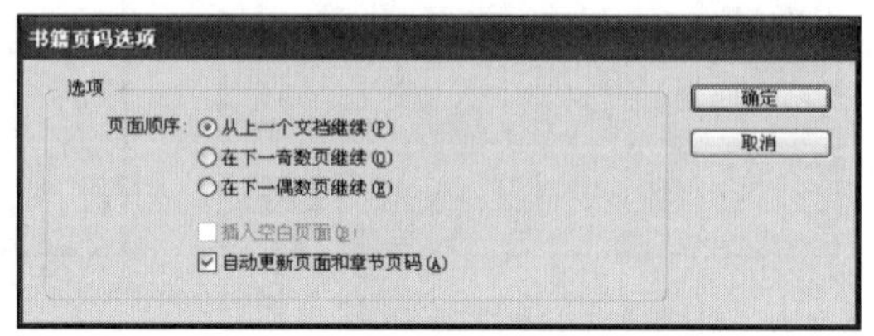

图8-47 “书籍页码选项”对话框

完成后，就会将所选择的文件依指定的格式重新编码，而排列在该文档后方的文件，也会跟着应用所设置的页码格式与模式重新编码。

8.3.8 打印或输出书籍文件

使用书籍文件的一个好处是，使用单个命令即可输出编入书籍的选定文档或整个书籍的选定文档或整个书籍，以便打印、预检、打包或导出到PDF。

在“书籍”面板中，执行下列操作之一：

◎ 要输出特定的文档，可以选择所需的文档。
◎ 要输出整个书籍，可以确保未选中任何文档。
◎ 选择“书籍”面板扩展菜单中的输出命令，如“打印书籍”或“打印已选中的文档”

8.4 创建目录

目录（TOC）中可以列出书籍、杂志或其他出版物的内容，可以显示插图列表、广告商或摄影人员名单，也可以包含有助于读者在文档或书籍文件中查找信息的其他信息。一个文档可以包含多个目录，例如章节列表和插图列表。

每个目录都是一篇由标题和条目列表（按页码或字母顺序排序）组成的独立文章。条目（包括页码）直接从文档内容中提取，并可以随时更新，甚至可以跨越同一书籍文件中的多个文档进行该操作。

8.4.1 关于目录

创建目录的过程需要三个主要步骤：首先，创建并应用要用作目录基础的段落样式。其次，指定要在目录中使用哪些样式以及如何设置目录的格式。最后，将目录排入文档中。

目录条目会自动添加到“书签”面板中，以便在导出为 Adobe PDF 的文档中使用。

设计目录时需要考虑以下事项：

◎ 某些目录是根据实际出版文档中并不出现的内容（如杂志中的广告客户名单）创建的。要在InDesign中完成此操作，需要先在隐藏图层上输入内容，然后在生成目录时将该内容包含在其中。

◎ 可以从其他文档或书籍中载入目录样式，以构建具有相同设置和格式的新目录。（如果文档中的段落样式名称与源文档中的段落样式名称不匹配，则可能需要编辑导入的目录样式。）

◎ 如果需要，可以为目录的标题和条目创建段落样式，包括制表位和前导符。之后就可以在生成目录时应用这些段落样式。

◎ 可以通过创建适当的字符样式、控制页码及将页码和条目区分开来的字符的格式。例如，如果要以粗体显示页码，则应创建包含粗体属性的字符样式，然后在创建目录时选择该字符样式。

8.4.2 设置目录格式

使用目录样式可以设置让目录包含哪些段落样式标记内容，以及设置标题、条目和页码的显示格式。可以为文档或书籍中包含的不同目录创建唯一的目录样式。创建目录样式前，需要确定目录中要包含哪些段落样式标记内容，还应定义设置目录文章格式时使用的所有段落或文字样式。

1. 创建目录样式

执行“版面”｜“目录样式”命令，即可打开如图8-48所示的“目录样式”对话框，单击“新建”按钮，即可打开如图8-49所示的“新建目录样式”对话框，单击“更多选项”按钮，以切换到多选项状态。在其中设置完成后单击“确定”按钮即可创建目录样式。

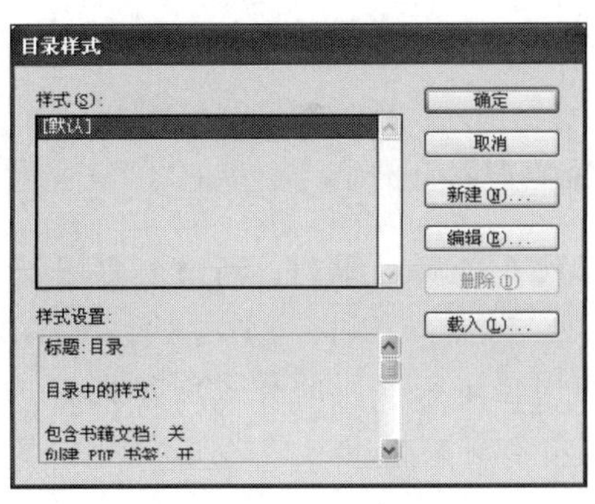

图8-48　“目录样式”对话框

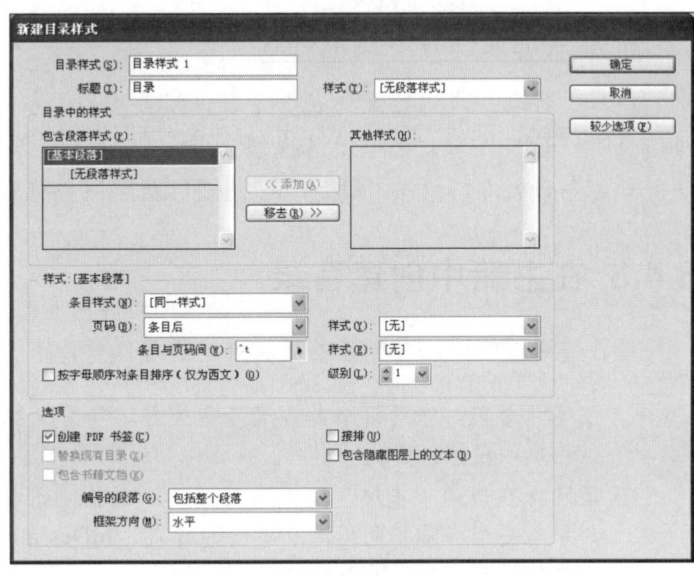

图8-49　“新建目录样式”对话框

各主要选项含义如下。

◎ “目录样式”文本框：输入创建的新目录样式的名称。
◎ “标题”文本框：输入目录标题（如目录或插图列表）。然后在“样式”菜单中选择一个样式以制定应用于标题的样式。
◎ “其他样式”列表：选择与目录中所含内容相符的段落样式；然后单击“添加”按钮，将其添加到“包含段落样式”列表中。要移去添加的段落样式，可以选择要删除的段落样式，然后单击“移去”按钮。
◎ “条目样式”下拉列表：选择一个段落样式，以便对与以上“包含段落样式”中每个样式关联的目录条目设置格式。如果“包含段落样式”中有一个以上的样式，则为每个样式指定一个“条目样式”。
◎ “页码”下拉列表：指定页码的位置在页码后还是页码前，选择无页码则不应用页码。然后在“样式”弹出列表中选择用来设置页码格式的字符样式。
◎ “条目与页码间”选项：指定要在目录条目及页码之间显示的字符。默认值是^t，即让InDesign插入一个制符表。可以在弹出列表中选择其他特殊字符。
◎ “按字符顺序对条目排序”选项：勾选此复选框将按字母顺序对选定样式中的目录条目进行排列。
◎ “级别”下拉列表：默认情况下，“包含段落样式”列表框中添加的每个项目比它的直接上层项目低一级。可以通过为选定段落样式制定新的级别编号来更改这一层。
◎ “创建PDF书签”选项：将目录条目包含在“书签”面板中。
◎ “接排”选项：将所有目录条目接排到某一个段落中。
◎ “包含隐藏图层上的文本”选项：可以在目录中包含隐藏图层上的段落。用于创建其自身在文档中为不可见文本的广告商名单或插入列表。如果已经使用若干图层存储同一文本的各种版本或译本，则不需要勾选。
◎ “包含书籍文档”选项：可以为书籍列表中的所有文档创建一个目录，然后重编该书的页码，如果只想为当前文档生成目录，则可以取消选择此选项。

2. 从其他文档导入目录样式

执行“版面”|“目录样式”命令，打开“目录样式”对话框，单击“载入”按钮，即可打开“打开文件”对话框，选择包含要复制的目录样式的InDesign文档，单击“打开”按钮，即可完成载入，单击“确定”按钮即可新建目录样式。

8.4.3 在书籍中创建目录

要获得最佳效果，在创建书籍目录前需要做好以下几方面的准备工作：

◎ 创建目录前，请验证书籍列表是否完整、所有文档是否按正确顺序排列、所有标题是否以正确的段落样式统一格式。
◎ 请确保在书籍中使用一致的段落样式。避免使用名称相同但定义不同的样式创建文档。如果有多个名称相同但定义不同的样式，InDesign 会使用当前文档中的样式定义 （如果存在的话），或者是书籍中的第一个样式。

◎ 如果“目录”对话框的弹出菜单中未显示必要的样式，则可能需要对书籍进行同步，以便将样式复制到包含目录的文档中。
◎ 如果希望目录中显示页码前缀（如 1-1、1-3 等），请使用节编号，而不要使用章编号。节号前缀可以包含在目录中。

InDesign的目录创建功能既简单又实用，无论单一文件还是书籍文件，只要先将文件中的标题样式设置完成，便可通过InDesign的目录创建成功，轻松地建立出完整的目录项目。具体的操作方法如下：

Step 01 执行“版面”|“目录”命令，打开“目录”对话框，在对话框中，选择要应用的目录样式并设置目录标题。如果对预定义的目录样式不满意，还可以在此对话框中更改选项。

Step 02 设置完成单击“确定”按钮，则出现载入的文本图标，在页面中合适的位置单击，就可以看到生成的目录。系统就会依照所设置的样式，自动应用文件中设置的样式属性，并在指定的位置中建立目录，然后稍作修饰即可。

8.4.4 更新目录

目录相当于文档内容的缩影。如果文档中的页码发生变化，或者对标题或与目录条目相关联的其他元素进行编辑，则需要重新生成目录以便进行更新。更新目录的方法非常简单，只要打开包含目录的文档，执行“版面”|“更新目录”命令即可。

提示

如果遇到以下情况，使用“更新目录”不起作用，可以根据需要直接更改相关联的内容。

◎ 更改目录条目，可以编辑所涉及的单篇文档或编入书籍的多篇文档，而不是编辑目录文章本身。
◎ 要更改应用于目录标题、条目、页码的格式，可以编辑与这些元素相关联的段落与字符样式。
◎ 要更改页面的编号样式（如1，2，3，4…或 i， ii， iii，iv…），可以更改文档或书籍中的页码章节。
◎ 若要制定新标题在目录中使用其他段落样式，或对目录条目的样式进行进一步设置，可以编辑目录样式。

8.5 索引

用户可以针对书中信息创建简单的关键字索引或综合性详细指南。只能为文档或书籍创建一个索引。要创建索引，首先需要将索引标志符置于文本中，将每个索引标志符与要显示在索引中的单词建立关联。

生成索引时，会列出每个主题以及主题位于哪个页面。主题通常在分类标题下按字母顺序排序。每个索引条目包含一个主题（即读者所查找的词条）再加上一个页面引用（页码或页面范围）或交叉引用。交叉引用将读者指引到索引中的其他条目，而不是转到某一页。

8.5.1 创建索引

索引条目由主题和引用两部分组成。在“引用”模式中，预览区域显示当前文档或书籍的完整索引条目。在“主题”模式中，预览区域只显示主题，而不显示页码或交叉引用。“主题”模式主要用于创建索引结构，而“引用”模式则用于添加索引条目。

1. 为索引创建主题列表

Step 01 执行“窗口”|“文字和表”|“索引”命令，打开如图8-50所示的“索引”面板。

Step 02 在“索引”面板中单击“主题”单选按钮，然后单击面板底部的“创建新索引条目”按钮，打开“新建主题”对话框，如图8-51所示。

图8-50 “索引”面板

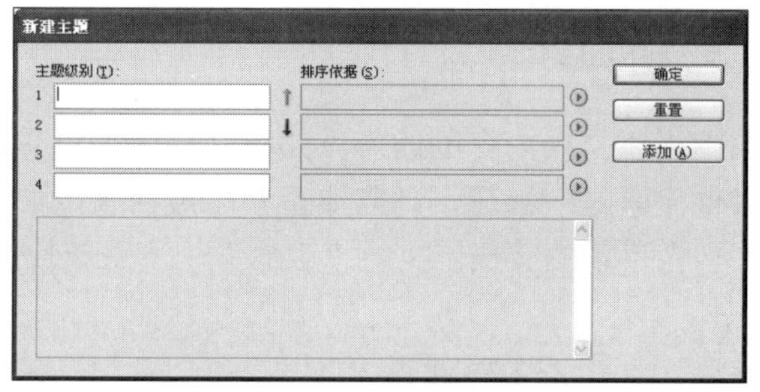

图8-51 “新建主题”对话框

Step 03 执行下列操作之一：

◎ 在“主题级别”下的第一个框中输入主体名称。要创建副主题，可在第二个框中输入名称。要在副主题下创建副主题，可在第三个框中输入名称。

◎ 选择一个现有主题。一次在第二、第三和第四个框中输入副主题。

Step 04 单击“添加”按钮添加主题，此主题将显示在“新建主题”对话框和“索引”面板中，如图8-52所示。

Step 05 添加完主题后，单击“完成”按钮。在“索引”面板中，单击右侧的三角图标可以将折叠的项目展开，查看创建的主题列表，如图8-53所示。

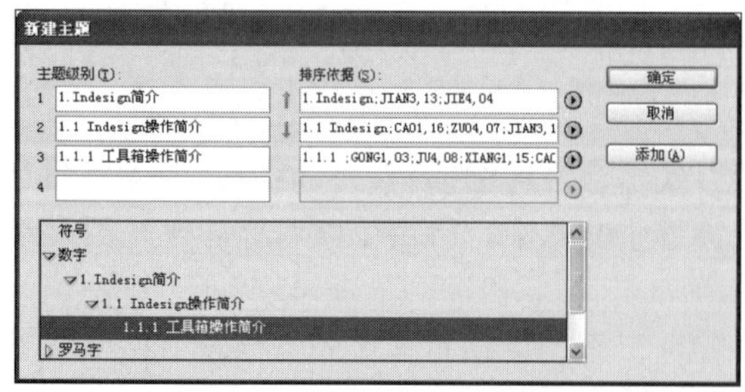

图8-52 “新建主题”对话框

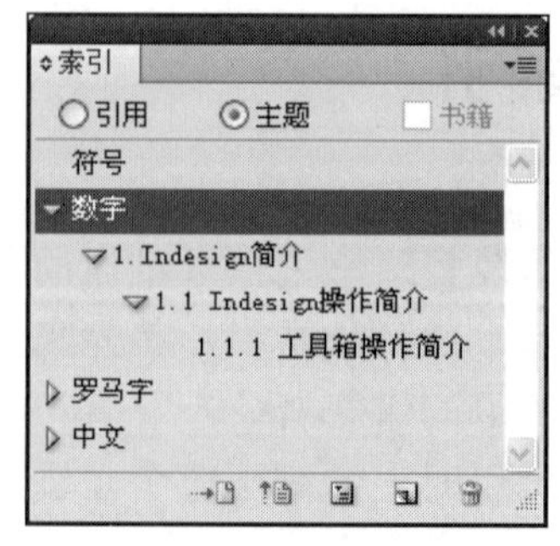

图8-53 “索引”面板

2. 添加索引条目

索引既可以是页码，也可以是对其他主体的交叉引用，添加索引条目的具体操作方法如下：

Step 01 打开文档后，按下T键切换到“文字工具” T ，将插入点放在索引标志符的预期显示位置，或者在文档中选择索引引用所给予的文本，如图8-54所示。

Step 02 执行“窗口”|“文字和表”|“索引”命令，即可打开“索引”面板，在其中单击“引用”单选按钮，然后单击面板底部的“创建新索引条目”按钮，打开“新建页面引用”对话框，如图8-55所示。

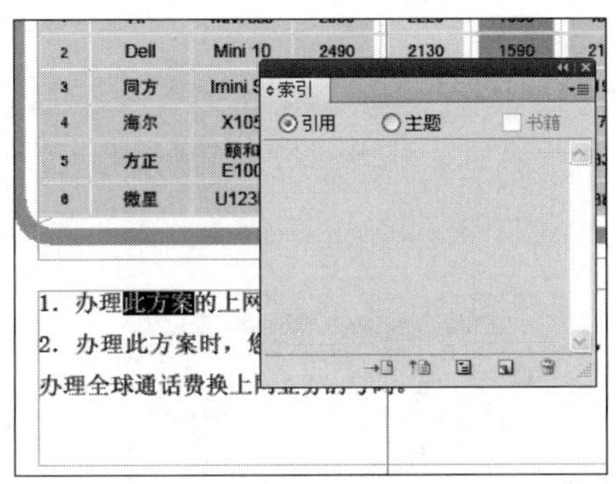

图8-54 选中索引对象

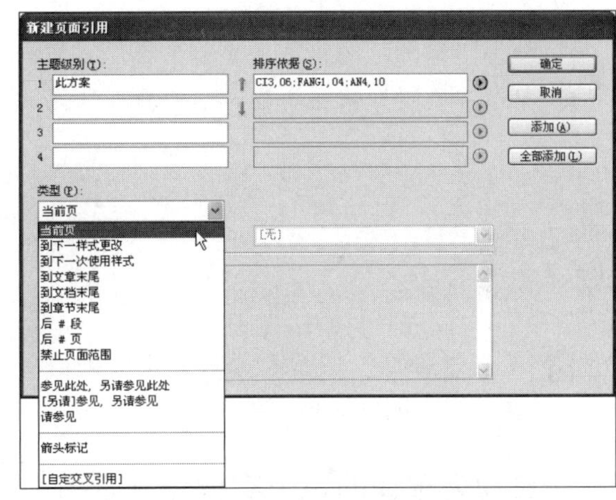

图8-55 选择索引类型

Step 03 要向“主题级别”文本框中添加文本，可以执行下列任意操作。

◎ 要创建简单索引条目，可以在第一个“主题级别”文本框中输入此条目。

◎ 要创建条目和子条目，可以在第一个“主题级别”文本框中输入上一级别名称，并在随后的文本框中输入子条目。可单击向上和向下箭头来更改位于选定项目之上和之下的项目的位置。

◎ 要替换“主题级别”文本框中的文本，可以双击此对话框底部的列表框中的任何主题。

Step 04 要更改“主题级别”所列文本的排列顺序，可以在相邻的“排序依据”文本框中输入作为排序基础的文本。

Step 05 指定索引条目的类型。“类型”下拉菜单包含如图8-55所示的选项。其中各主要选项的各主要选项含义如下。

◎ “当前页”选项：页面范围不扩展到当前页面之外。

◎ “到下一样式更改”选项：页面范围从索引标志符到段落样式的下一更改处。

◎ “到下一次使用样式”选项：页面范围从索引标志符到指定于“邻近段落样式”弹出菜单的段落样式的下一个实例所出现的页面。

◎ “到文章末尾”选项：页面范围从索引标志符到包含文本的文本框架当前串接的结尾。

◎ “到文档末尾”选项：页面范围从索引标志符到文档的结尾。

◎ “到章节末尾”选项：页面范围从索引标志符到“页面”面板中所定义的当前章节的结尾。
◎ “后#段”选项：页面范围从索引标志符到“邻近”框中所制定的段数的结尾，或者到现有的所有段落的结尾。
◎ “后#页”选项：页面范围从索引标志符到“邻近”框中所制定的页数的结尾，或者到现有地所有页面的结尾。
◎ “禁止页面范围”选项：关闭页面范围。

Step 06 要强调特定的索引条目，可以选择“页码样多优先选择”，然后在后面的下拉菜单中指定字符样式。

Step 07 要在索引中添加条目，可以执行下列操作之一：

◎ 单击“添加”按钮添加当前条目，并使此对话框保持打开状态以添加其他条目。
◎ 单击“确定”按钮添加索引条目并关闭此对话框。

提示

单击“添加”按钮后再单击“取消”按钮，不会移去刚添加的条目，执行“编辑”|“还原新建页面引用”命令，可移去这些条目。

Step 08 单击“确定”按钮，添加的索引条目及页面中的标志符，如图8-56所示。

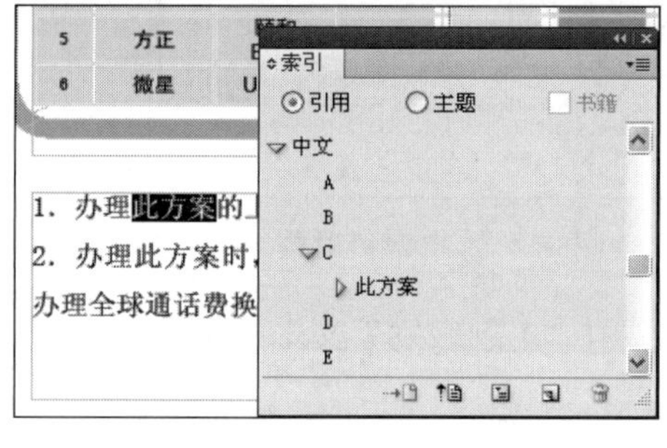

图8-56 添加索引后的效果

3. 自动为单词的每个实例编制索引

用户可以使用“全部添加”选项为文档或书籍中指定条目的所有实例编制索引。单击“全部添加”按钮时，InDesign将在文档中选择的单词的每个实例处创建索引标志符。

搜索选定文本的实例时，InDesign只考虑全字匹配的情形，且搜索时区分大小写。

Step 01 在文档窗口中选中要搜索的文本，然后在“索引”面板中选择“引用”选项。

Step 02 单击“书籍”面板右侧的扩展按钮，在展开的扩展菜单中选择“新建交叉引用”命令，打开“新建交叉引用”对话框，在“新建交叉引用”对话框中单击“全部添加”按钮。此时，InDesign会为与选定文本匹配的所有文本添加索引标志符，而不考虑该文本是否已编制索引，因此同一单词或短语可能会有多个条目。

8.5.2 生成索引

添加索引条目后，就可以生成索引文章，以便放入待出版的文档中。

索引文章可以显示为独立文档，也可以显示在现有文档中。生成索引文章时，InDesign会汇集索引条目并更新整篇文档或整部书籍的页码。如果添加或删除了索引条目，或者对文档进行了重新分页，就需要重新生成索引以更新其内容。

Step 01 执行下列操作之一：

◎ 如果要为单篇文档创建索引，则可能需要在文档末尾添加一个新页面。
◎ 如果要为书籍中的多篇文档创建索引，则应创建或打开索引设计的文档，并确保其包含在书籍中。

Step 02 单击“索引”面板右侧的扩展按钮，在展开的扩展菜单中选择“生成索引”命令，打开“生成索引”对话框，如图8-57所示。

各主要选项含义如下。

◎ “标题”文本框：输入将显示在索引顶部的文本。
◎ “标题样式”下拉列表：在此下拉菜单中选择一个样式，以确定标题格式。
◎ “替换现有索引”选项：选择“替换现有索引”以更新现有索引。如果没有生成索引，此选项将变灰色。
◎ “包含书籍文档”选项：选择“包含书籍文档”，为当前书籍列表中的所有文档创建一个索引，并重新编排书籍的页码。如果只为当前文档生成索引，则可以取消选择此选项。
◎ “包含隐藏图层上的条目”选项：勾选此复选框可以将隐藏图层上的索引标志符包含在索引中。

Step 03 设置完成后，单击“确定”按钮，如果没有选择“替换现有索引”，将显示载入的文本图标。像放置任何其他文本那样放置索引文章，然后根据喜好进行装饰即可。

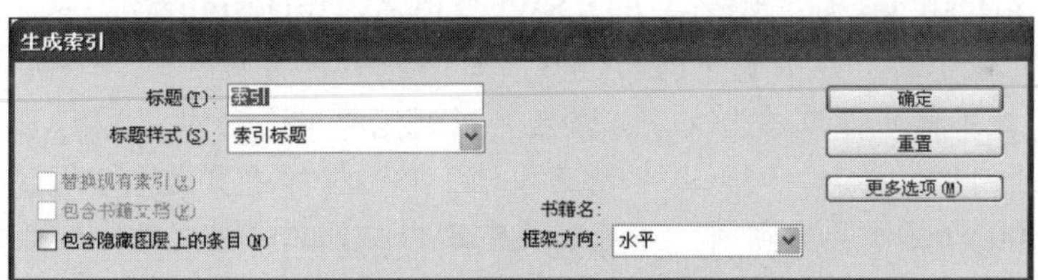

图8-57 “生成索引”对话框

8.5.3 在索引面板中查找索引条目

在“索引”面板中单击右侧的扩展按钮，在展开的扩展菜单中选择“显示查找栏”命令，即可在“索引”面板中显示查找栏，如图8-58所示。

在“查找”文本框中输入要定位的条目名称，然后单击向上或向下箭头进行查找。

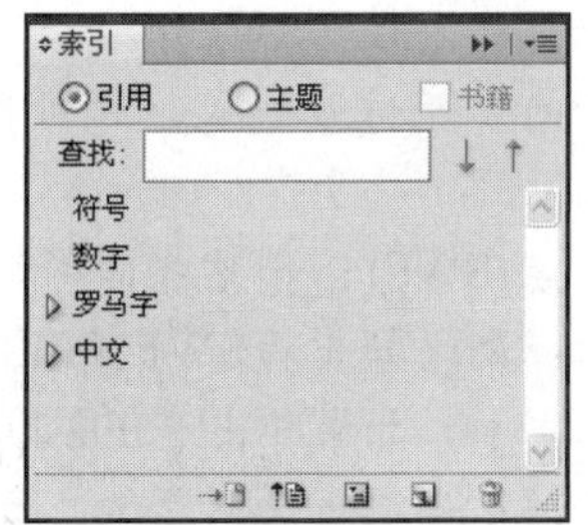

图8-58 查找索引条目

8.6 交互式文档

设计Adobe InDesign CS5文档，使其可以导出为 Flash 或 PDF 格式。对于 Flash 文件，在导出为 SWF 或 FLA 格式之前，根据显示器分辨率（如 800 x 600）指定页面大小，然后添加按钮、超链接和页面过渡效果。对于 PDF 文件，可添加书签、超链接、按钮、影片和声音剪辑来创建动态文档。

8.6.1 创建交互式Flash文档

若要创建可在Flash Player中播放的内容，可以导出为SWF或FLA文件。SWF导出为SWF时，用户会创建一个可用于在Adobe Flash Player中进行查看的文件。SWF 文件可包含在InDesign中添加的按钮、页面过渡效果和超链接中。从InDesign导出的SWF文件不包含影片或音频文件。

提示

如果将 InDesign 文档导出为FLA文件格式，则可以在Adobe Flash CS5 Professional 中打开导出文件以编辑内容。FLA中不包含链接、页面过渡效果和按钮动作等交互式元素。而应使用Flash创作环境添加视频、音频、动画和复杂的交互功能。

在设计用于FLA的InDesign文档时，请考虑下列因素：

◎ 如何转换InDesign页面：如果导出为SWF或FLA，InDesign跨页将会成为时间轴中的单独剪辑，类似于幻灯片放映中的幻灯片。每个跨页都将映射到一个新的关键帧。在Flash Player中，按下箭头键或单击交互式按钮可以浏览导出文档的跨页。

◎ 页面大小：创建文档时，可以从“新建文档”对话框的“页面大小”菜单中选择特定分辨率，例如800 x 600。导出期间，还可以调整 SWF或FLA导出文件的缩放比例或分辨率。

◎ 按钮：对于SWF导出文件中的按钮，“下一页”和“上一页”动作控件对于在 Flash Player 中执行回放功能尤为有用。然而，PDF 交互文件中的某些有效动作在Flash Player中不起作用。这些动作包括关闭、退出、转至下/上一视图、影片、打开文件、声音和视图缩放。虽然 FLA 导出文件中不包含按钮动作，但您可在 InDesign 中为版面添加按钮，并使用 Flash Pro 为之设置动态效果。

◎ 页面过渡效果（SWF)：所有页面过渡效果都能在Flash Player中正常使用。除了翻页时所显示的页面过渡效果，还可以在导出期间添加交互卷边效果，从而可以通过拖动页角进行翻页。

◎ 超链接 (SWF)：创建指向网站或文档中其他页面的链接。超链接在FLA文件中是断开的。

◎ 文本：如果导出为SWF或FLA，您可以确定文本应当输出为Flash文本、矢量路径还是栅格化文本。如果导出为 Flash 文本，在Adobe Flash CS5 Professional中打开FLA文件之后仍然可以充分编辑这些文本；如果存储为 SWF 文件，可在 Web 浏览器中搜索这些文本。

◎ 图像：将图像导出为SWF时，可以更改导出过程中的图像压缩方式、JPEG 品质和分辨率设置。将图像导出为 XFL 时，图像将导出为未经压缩的 PNG 文件。导出为FLA文件时，在 InDesign 文档中置入多次的图像将存储为带有共享位置的单个图像资源。请注意，InDesign 文档中的大量矢量图像可能会产生导出文件中的性能问题。

如果要减小文件大小，请将重复图像放在主页上，并避免复制和粘贴图像。如果同一个图像在文档中多次置入，并且未经转换或裁切，则只会在FLA文件中导出该文件的一个副本。复制和粘贴的图像将被视为单独对象。

默认情况下，置入的Illustrator文件视为XFL文件中的单个图像，而复制和粘贴的Illustrator 文件将会生成许多单独对象。若要获得最佳效果，需要将Illustrator图像以PDF文件置入，而不要从Illustrator复制和粘贴。复制和粘贴将会产生多个可编辑的路径。

◎ 分辨率：导出为SWF或FLA时，InDesign自动将高分辨率打印资源转换为低分辨率Web资源。
◎ 颜色：SWF和FLA文件使用RGB颜色。将文档导出为SWF或FLA时，InDesign会将所有色彩空间（例如CMYK和LAB）转换为sRGB。InDesign 会将专色转换为等效的 RGB 印刷色。
◎ 透明度：在导出为SWF之前，请确保透明对象不与任何交互式元素（例如按钮或超链接）重叠。如果某个透明对象与交互式元素重叠，导出过程中则有可能会丧失交互功能。您可能需要在导出为FLA前拼合透明度。
◎ 影片和声音剪辑：SWF或FLA导出文件中不包含影片和声音剪辑，但包含影片或声音海报。您可以在 InDesign 中将媒体海报添加到版面中，将文档导出为FLA，并使用Flash Pro为之设置动态效果。

8.6.2 创建交互式PDF文档

用户可以导出包含下列交互功能的Adobe PDF动态文档。

◎ 书签：在InDesign文档中创建的书签显示在Adobe Acrobat或Adobe Reader窗口左侧的“书签”选项卡中。每个书签都能跳转到PDF导出文件中的某个页面、文本或图形。
◎ 影片和声音剪辑：可以将影片和声音剪辑添加到文档中，也可以链接到Internet上的流式视频文件。这些影片和声音剪辑可在PDF导出文件中回放。
◎ 超链接：在PDF导出文档中，单击超链接可以跳转到同一个文档中的其他位置、其他文档或网站。
◎ 交叉引用：在PDF导出文件中，交叉引用会将读者从文档的一个部分引导到另一部分。交叉引用在用户指南和参考手册中尤为有用。如果包含交叉引用的文档导出为PDF，交叉引用将充当交互超链接。
◎ 页面过渡效果：在全屏模式中，在导出的PDF文件中翻页时，页面过渡效果将会应用某种装饰效果（例如溶解或划出效果）。

提示

如果要确保交互式元素在PDF中正常发挥作用，请务必在“导出Adobe PDF文档”中指定“书签”、“超链接”和“交互式元素”。

8.6.3 书签

书签是一种包含代表性文本的链接，它能更容易地为导出的Adobe PDF文档导航。在InDesign文档中创建的书签显示在Acrobat或Adobe Reader窗口左侧的“书签”面板中。每个书签都能跳转到文档中的某一页面、文本或图形。

生成的目录中的条目可自动添加到“书签”面板中。此外，可以使用书签进一步自定文档，以引导读者的注意力或使导航更容易。

1. 创建一个新书签

通过添加书签，可以引导注意力，在要返回到的文档中标记一个位置或跳转到文档中的某个位置。

具体操作方法如下：

Step 01 执行“窗口”|“交互”|“书签”命令，打开如图8-59所示的“书签”面板。

Step 02 单击要将新书签置于其下的书签。如果不选择书签，新书签将自动添加到列表末尾。

Step 03 执行以下操作之一，以指示希望书签跳转到的位置：

◎ 在文本中单击以置入一个插入点。

◎ 选择文本。（默认情况下，您选择的文本将成为书签标签。）

◎ 使用“选择工具”选择一个图形。

◎ 在“页面”面板中双击某个页面以在文档窗口中查看它。

Step 04 执行以下操作之一以创建书签：

◎ 在“书签”面板上单击“创建新书签”按钮，此时系统会新建一个未命名书签，然后用户可以根据需要输入名称，例如在本例中就是选中了左下角的图片，然后为新建书签命名为“图片1”，此时双击图片，系统便自动选中之前标记的图片，如图8-60所示。

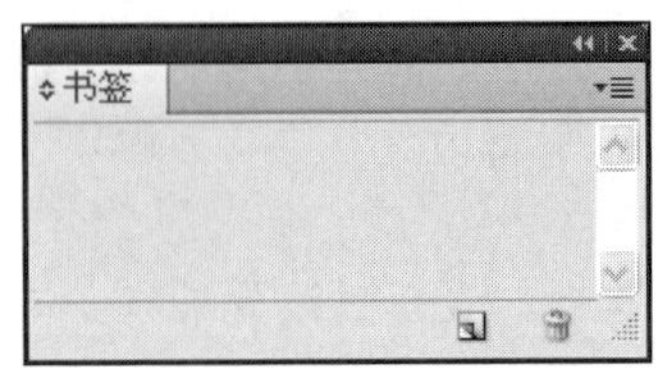

图8-59 “书签”面板

图8-60 新建书签

◎ 从面板菜单中选择“新建书签”。

提示

更新目录时，书签将会重新排序，造成从目录生成的所有书签均显示在列表末尾。

2. 管理书签

使用“书签”面板可以重命名、删除和排列书签。

◎ 管理书签：使用“书签”面板可以重命名、删除和排列书签。
◎ 重命名书签：在“书签”面板中单击一个书签，然后从面板菜单中选择“重命名书签”。
◎ 删除书签：在“书签”面板中单击一个书签，然后从面板菜单中选择“删除书签”。

3. 排列、编组和排序书签

可以嵌套一个书签列表以显示主题之间的关系。嵌套将创建父级/子级关系。可以根据需要展开或折叠此层次结构列表。更改书签的顺序或嵌套顺序并不影响实际文档的外观。

执行下列操作之一：

◎ 单击书签图标旁边的三角形，即可展开或折叠书签层次结构，显示或隐藏它所包含的任何子级书签，如图8-61所示。
◎ 选择要嵌套的书签或书签范围，然后将图标拖动到父级书签上，可以将书签嵌套在其他书签下，如图8-62所示。

提示

拖动的书签嵌套在父级书签下，但实际页面仍保留在文档的原始位置中。

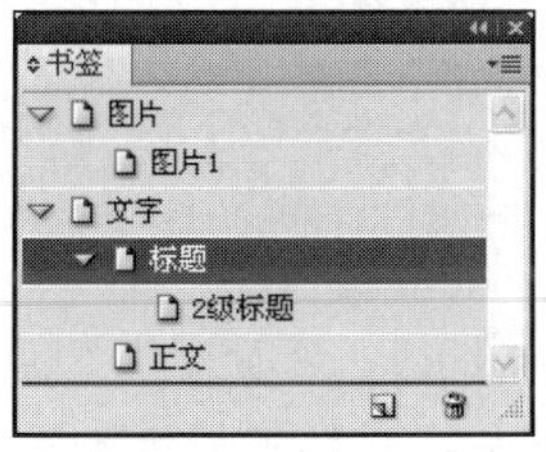

图8-61 书签层级

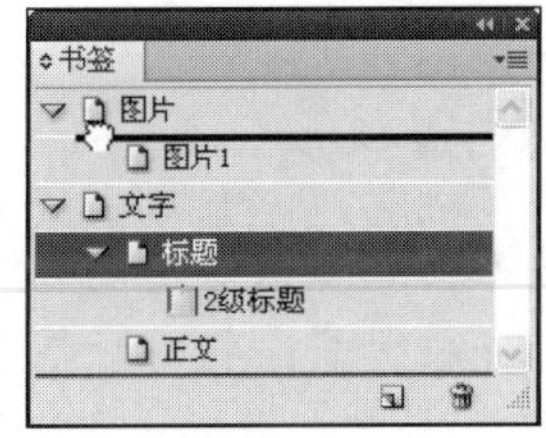

图8-62 拖动移动

◎ 从“书签”面板右侧的扩展菜单中选择“排列书签”命令，书签按照其跳转到的页面的顺序显示。也可以选择一个书签并将其移动到一个新位置，以对书签进行排序。

8.6.4 超链接

超级链接（Hyperlink）是网页文件最重要的特性，它可使文件在选择文字、图形或特定区域时，自动链接到指定的文件位置、文件或Web界面。InDesign内建的超链接功能，可在文件中建立具有超级链接特性的对象，以供在阅览文件时，快速跳跃到所需的信息。

“源”可以是超链接文本、超链接文本框架或超链接图形框架。“目标”可以是超链接跳转到达的URL、文件、电子邮件地址、页面文本锚点或共享目标。一个源只能跳转到达一个目标，但可有任意数目的源跳转到达同一个目标。

1. 创建超链接

具体操作方法如下：

Step 01 选择要作为超链接源的文本或图形，执行“窗口”|“交互”|“超链接”命令，打开如图8-63所示的“超链接”面板。

Step 02 在此面板中单击右侧的扩展按钮，再展开的菜单中选择“新建超链接”命令，或者单击位于“超链接”面板底部的“新建超链接”按钮，即可打开如图8-64所示的“新建超链接”对话框。

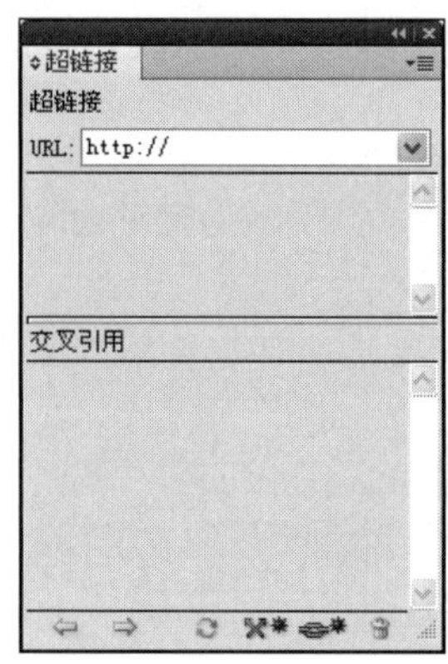

图8-63 “超链接”面板

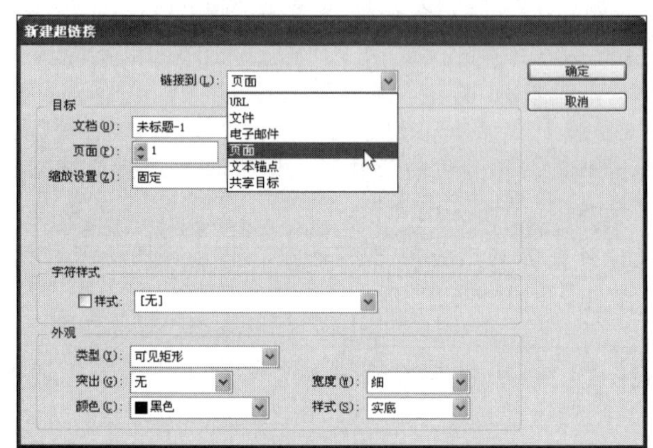

图8-64 “新建超链接”对话框

各主要选项含义如下。

◎ “页面”选项：选择所要连接的文档文件。
◎ “链接到”下拉列表：指定所要连接的类型，包括URL、页面和文本锚点等6种类型。
◎ “缩放设置”选项：用来设置当链接至目标文件后，目标文件所要应用的显示方式，包括固定、适合窗口大小、适合宽度、适合高度等。
◎ “类型”下拉列表：为制定的对象周围加上可见的或不可见的矩形外框，以分辨是否应用超级链接设置。
◎ “突出”下拉列表：制定超链接在到处的PDF文件中的外观，包括反转、外框和内缩3种效果。
◎ “颜色”下拉列表：用来设置举行外框的颜色。
◎ “宽度”下拉列表：可用来设置矩形外框的宽度。
◎ “样式”下拉列表：用来设置矩形外框为实线或虚线类型。

完成后，就会在超链接控制面板中显示所设置的超链接项目，所选择的文字也会应用指定的链接外框。

2. 转到链接源

在文档中创建超链接后，通过超链接控制面板中的“转到超链接源”功能，可快速转到该链接项目所属的文件属性，而不必费力来逐一查找。

在“超链接”面板中选择想要链接至原始属性的项目，然后单击“超链接”控制面板下方的“转到所选超链接或交叉引用的源”按钮，完成后，就会自动选择并转到该项目的原始属性。

3. 转到超链接目标

若想要检查所设置的超链接项目是否链接正确，则可以通过超链接控制面板的“链接至目标”的功能，在输出文件之前，先行检查所设置的超级链接是否正确无误。

在“超链接”面板中选择想要检查链接的项目，然后单击“超链接”面板下方的“转到所选超链接或交叉引用的目标”按钮。

4. 编辑或删除超链接

要编辑超链接，可以在“超链接”面板中双击要编辑的项目。对超链接进行必要的更改，然后单击“确定”按钮。

要删除超链接，可以在“超链接”面板中选择要移去的项目，然后单击此面板底部的“删除选定超链接”按钮即可。移去超链接时，原文本或图形仍然保留。

8.6.5 影片和声音文件

InDesign中，可以将影片和声音剪辑添加到文档中，也可以链接到Internet上的流式视频文件。尽管媒体剪辑无法直接在InDesign版面中播放，但它们可以在您将文档导出为 Adobe PDF 或者导出为XML 并重定位标签时播放。

在InDesign中处理影片需要使用QuickTime 6.0或更高版本。用户可以添加QuickTime、AVI、MPEG和SWF影片。但QuickTime不再完全支持SWF文件。另外还可以添加WAV、AIF和AU声音剪辑。InDesign仅支持未压缩的8位或16位WAV文件。

对于要在PDF文档中查看媒体的其他用户，他们必须安装Acrobat 6.x或更高版本以播放MPEG和SWF影片，或者必须安装Acrobat 5.0或更高版本以播放QuickTime和AVI影片。

1. 将影片和声音文件添加到文档

执行“文件”|“置入”命令，打开“置入”对话框，在打开的“置入”对话框中双击要置入的影片或声音文件。单击要显示影片的位置，即可将文件置入。（如果通过拖动来创建媒体框架，影片边界则可能出现歪斜。）

如图8-65所示，放置影片或声音文件时，框架中将显示一个媒体对象。此媒体对象链接到媒体文件。可以调整此媒体对象的大小来确定播放区域的大小。

提示

如果影片的中心点显示在页面的外部，则不导出该影片。

如果要预览媒体文件并更改设置，可以执行“窗口”|“交互”|“媒体”命令，打开如图8-66所示的“媒体”面板，在此进行查看。

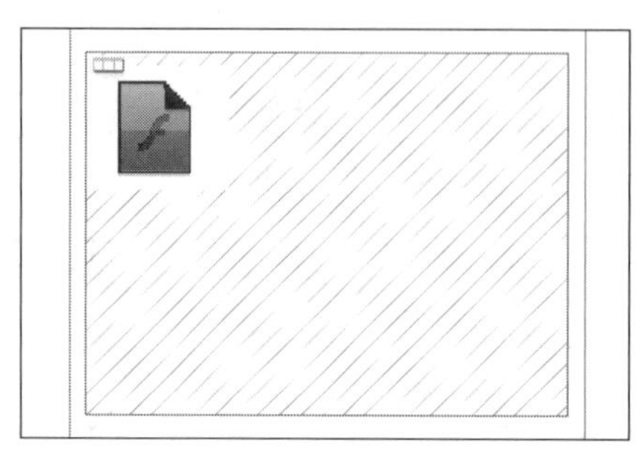

图8-65 置入的影片

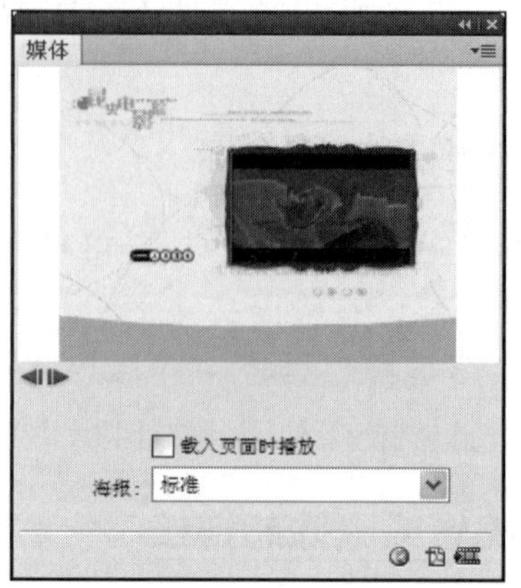

图8-66 “媒体”面板

提示

如果要将文档导出为Adobe PDF或SWF格式。需要执行“文件”|“导出”命令，然后在“保存类型”下拉列表中选择“Adobe PDF（交互）”选项，而不要选择“Adobe PDF（打印）”。

2. 更改影片选项

使用“媒体”面板可更改影片设置。用户首先需要选中文档中的声音对象。然后执行“窗口”|“交互”|“媒体”命令，打开如图8-67所示的“媒体”面板，在此进行查看。

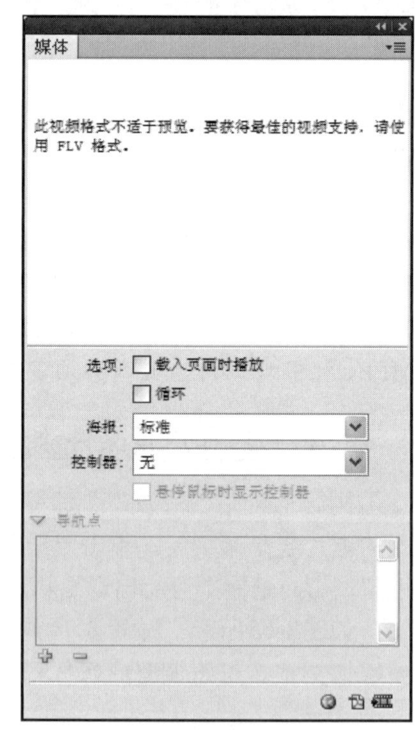

图8-67 置入影片选项

提示

用户置入的SWF文件可能具有其相应的控制器外观。使用“预览”面板可以测试控制器的选项。

其中各主要选项的含义如下。

◎ “载入页面时播放”选项：当用户转至影片所在的页面时播放影片。如果其他页面项目也设置为“载入页面时播放”，则可以使用“计时”面板来确定播放顺序。

◎ “循环”选项：重复地播放影片。如果源文件为Flash视频格式，则循环播放功能只适用于导出的SWF文件，而不适用于导出的PDF文件。

◎ “海报”下拉列表：用于指定要在播放区域中显示的图像的类型。其中“无”选项表示不显示影片剪辑或声音剪辑的海报；“标准”选项表示显示不基于文件内容的一般影片或声音海报。“默认海报”选项表示显示影片文件自带的海报图像。如果选定影片没有指定为海报的框架，则影片的第一帧将用作海报图像。

◎ “控制器”下拉列表：如果影片文件为Flash视频（FLV或F4V）文件或H.264编码的文件，则可以指定预制的控制器外观，从而让用户可以采用各种方式暂停、开始和停止影片播放。如果用户选择了“悬停鼠标时显示控制器”，则表示当鼠标指针悬停在媒体对象上时，就会显示这些控件。使用“预览”面板可以预览选定的控制器外观。

◎ 如果影片文件为传统文件（如.AVI或.MPEG），则可以选择“无”或“显示控制器”，后者可以显示一个允许用户暂停、开始和停止影片播放的基本控制器。

◎ “导航点”选项：要创建导航点，请将视频快进至特定的帧，然后单击加号图标。如果您希望在不同的起点处播放视频，则导航点非常有用。创建视频播放按钮时，您可以使用“从导航点播放”选项，从所添加的任意导航点开始播放视频。

3. 更改声音选项

使用“媒体”面板同样可更改声音设置。用户首先需要选中文档中的声音对象。然后执行“窗口”|“交互”|“媒体”命令，打开如图8-68所示的“媒体”面板，在此进行查看。

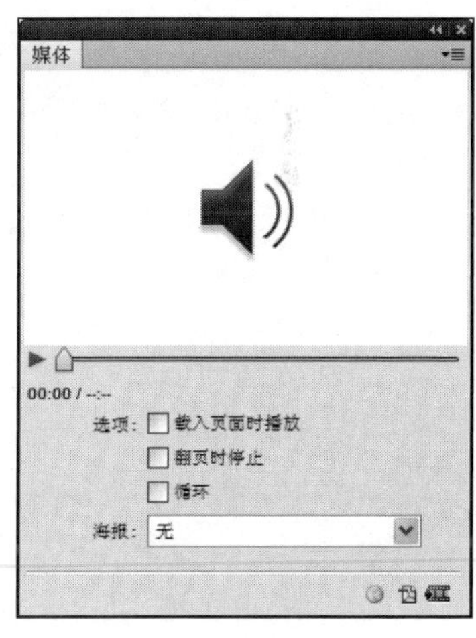

图8-68 设置声音选项

各主要选项含义如下。

◎ “载入页面时播放”选项和“循环”选项：同更改影片选项相同，不再赘述。

◎ “翻页时停止”选项：当用户转至其他页面时停止播放MP3声音文件。如果音频文件不是MP3文件，则此选项灰显处于不可用状态。

◎ “海报”下拉列表：指定要在播放区域中显示的图像的类型。

8.6.6 按钮

在InDesign中，可以使用按钮工具创建按钮，也可以将图形或文本框架转换为按钮。创建按钮后，可以使按钮成为交互式按钮。然后使用状态面板定义按钮为相应某些操作的按钮。还可以设置页面上的按钮顺序。

1. 创建按钮

使用“按钮工具”创建按钮时，可以拖动按钮区域，也可以单击以指定按钮在对话框中的高度和宽度。

创建按钮后，可以执行下列操作：

◎ 使按钮成为交互按钮。如果用户单击SWF或PDF导出文件中的某个按钮，将会执行相应动作。

◎ 使用“按钮”面板的“外观”部分定义相应特定鼠标动作的按钮外观。
◎ 设置PDF页面中各个按钮的跳位顺序。
◎ 处理按钮以及设计动态文档的时候，请选择交互工作区。

2. 从对象转换按钮

Step 01 使用“文字工具”或绘制工具（例如矩形工具或椭圆工具）绘制按钮形状。如有必要，可使用“文字工具”为按钮添加文本，例如“Next”或“Purchase”。

提示

可能需要在主页中添加导航按钮（例如“下一页”或“上一页”），从而不必在每个页面中反复创建这些按钮。这些按钮将显示在主页所应用的所有文档页面中。

Step 02 使用选择工具选择要转换的图像、形状或文本框架。

提示

不能将影片、声音或海报转换为按钮。

Step 03 执行“对象”|“交互”|“转换为按钮”命令。

此外，还可以单击“按钮”面板的“外观”列表框中的“[正常]”，将所选对象转换为按钮，也可以单击“按钮”面板中的“将对象转换为按钮”图标。

Step 04 执行“窗口”|“交互”|“按钮”命令，即可打开如图8-69所示的“按钮”面板，使用“选择工具”选择按钮，然后执行下列任何一项：

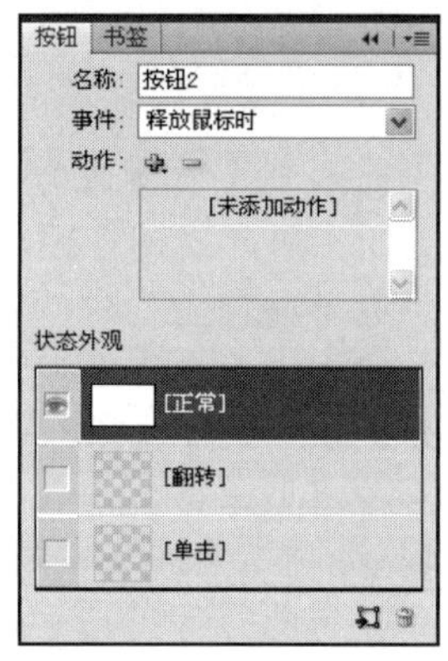

图8-69 “按钮”面板

◎ 在“名称”文本框中，为按钮指定名称，使之不同于您创建的其他按钮。
◎ 为按钮指定一个或多个动作，从而确定在PDF或SWF导出文件中单击按钮时将会发生什么情况。
◎ 激活其他外观状态并更改这些状态的外观，从而确定在导出的PDF或SWF文件中使用鼠标翻转按钮或单击按钮时的按钮外观。

3. 从“示例按钮”面板中添加按钮

在“示例按钮”面板有一些预先创建的按钮，您可以将这些按钮拖到文档中。这些示例按钮包括渐变羽化和投影等效果，当悬停鼠标时，这些按钮的外观略有不同。示例按钮也有指定的动作。例如，示例箭头按钮预设有“转至下一页”或“转至上一页”动作。您可以根据需要编辑这些按钮。

“示例按钮”面板是一个对象库。与所有对象库一样，您可以在该面板中添加按钮，也可以删除不需使用的按钮。示例按钮存储在Button Library.indl文件中，该文件位于 InDesign 应用程序文件夹下的Presets/Button Library文件夹中。

单击“按钮”面板右侧的展开按钮，在扩展菜单中选择“示例按钮”即可打开如图8-70所示的“示例按钮”面板。

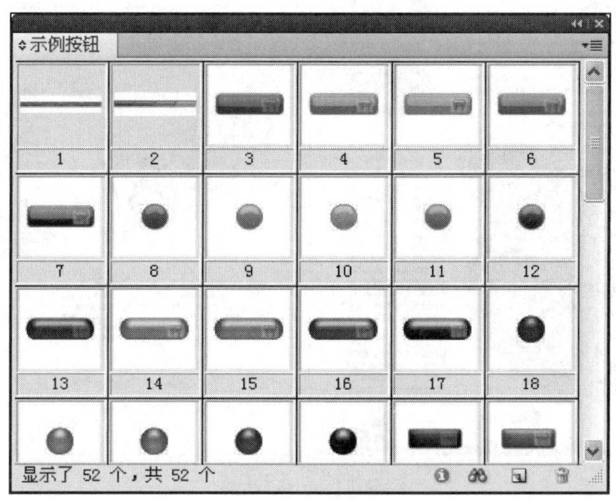

图8-70 示例按钮

用户可以将某个按钮从“示例按钮”面板拖到文档中。使用“选择工具”选择该按钮，然后根据需要使用“按钮”面板编辑该按钮。

编辑示例按钮时，请注意下列几点：

◎ 如果为按钮添加文本，请记住要将文本从“正常”按钮状态复制并粘贴到“悬停鼠标”按钮状态。否则，当鼠标翻转PDF或SWF文件中的按钮时，将不会显示您添加的文本。

◎ 可以调整按钮大小。如果要调整一对“下一页”/“上一页”箭头按钮，请首先调整第一个按钮的大小，然后选择第二个按钮，并选择“对象”|“再次变换”|“再次变换”命令。

8.7 上机实践

下面通过一个名为“女性杂志内页”的实例来进一步讲解，最终效果如图8-71所示。

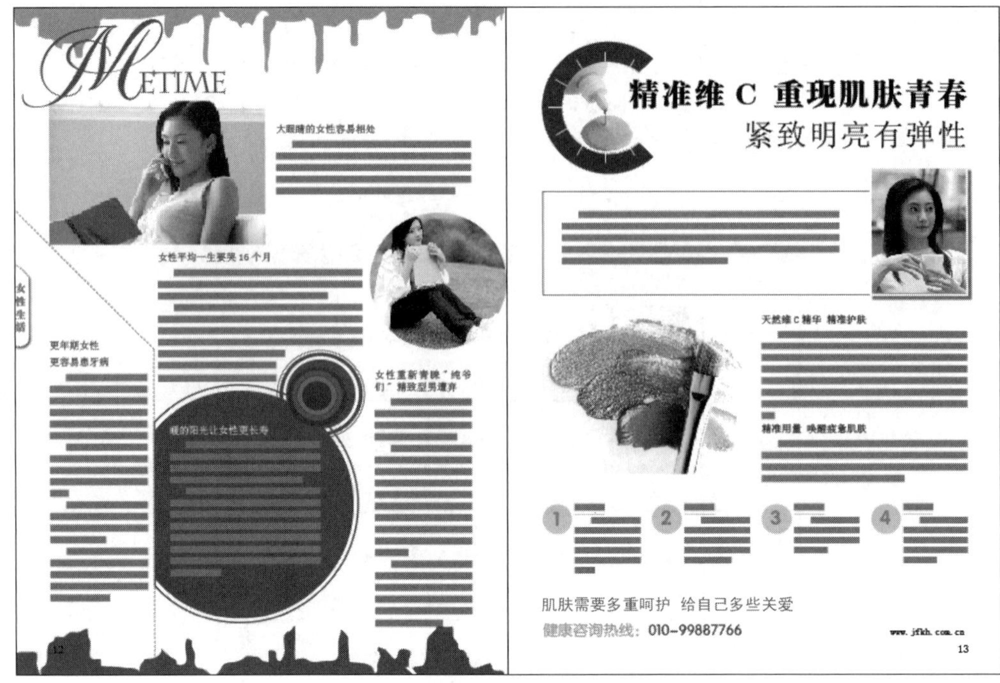

图8-71 实例效果

Step 01 执行“文件”|“新建”|“文档”命令，或者按下Ctrl+N键，在打开的“新建文档”对话框中的“页面大小”下拉列表中选择210毫米×285毫米，设置“页数”为2页，单击“边距和分栏”按钮，打开“新建边距和分栏”对话框。

Step 02 在对话框中设置“上”选项的数值为15毫米，此时其他3项也一起变为15毫米，设置“栏数”为4，设置“栏间距”为5毫米，单击“确定”按钮保存设置。

Step 03 执行“窗口”|“页面”命令，在打开的“页面”面板中单击右侧的“扩展菜单”按钮 ，在弹出的快捷菜单中选择“页码和章节选项”命令，打开“页码和章节选项”对话框，设置“起始页码”选项的数值为12，如图8-72所示，单击“确定”按钮保存设置。

Step 04 在“图层”面板中新建一个图层。然后双击“A-主页”，或者在如图8-73所示的文档底部的菜单中选择“A-主页”选项，将该主页显示在工作区域中。

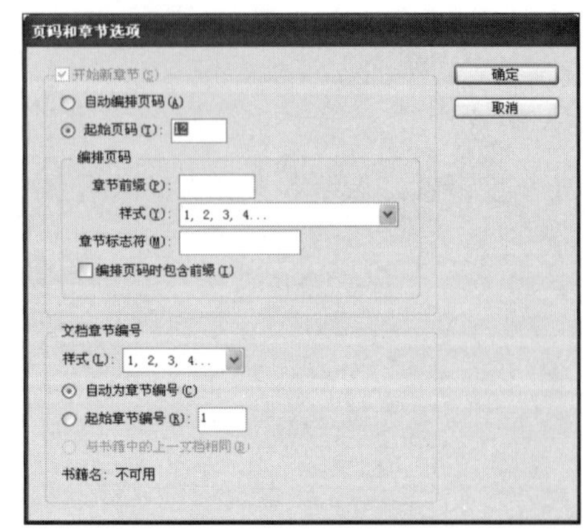

图8-72 “页码和章节选项”对话框

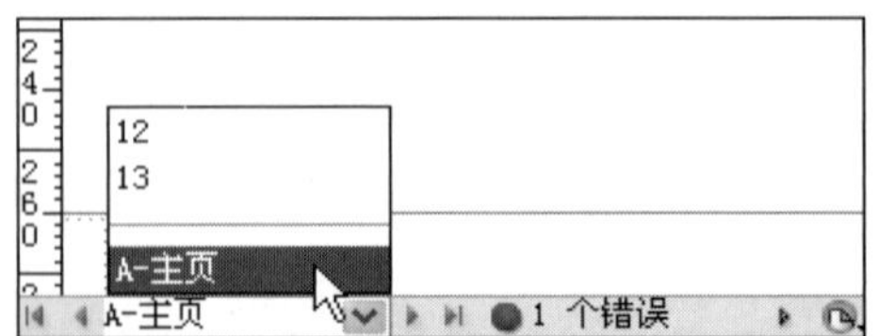

图8-73 选择A-主页

Step 05 在工具箱中选择“文字工具”[T]，在需要插入页码的部分绘制一个文本框，本实例绘制在左下角。

Step 06 执行“文字”|“插入特殊字符”|“标志符”|“当前页码”命令，就会在光标闪动的地方出现页码标志。出现的标志是随主页的前缀的，在文本框中出现的就会是A。按住Shift+Alt键在水平方向上拖动并制作出一个文本副本，将副本放置在页面右侧。

Step 07 选中右侧的副本，在“选项栏”中单击“右对齐”按钮，使添加的页码居右对齐。在字符面板中设置“字体大小”为14点，设置“字体”为Arial，如图8-74所示。

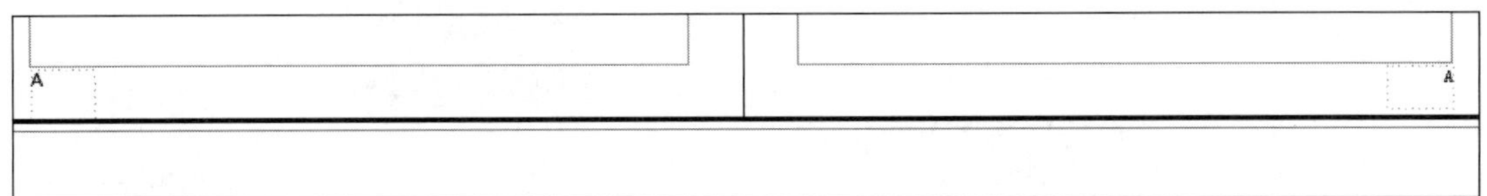

图8-74 放置页码

Step 08 在工具箱中选择“矩形工具”，单击鼠标左键，在“矩形”对话框中设置矩形大小为8毫米×36毫米，单击“确定”按钮新建矩形，设置矩形的填充色为白色，设置描边粗细为1毫米，设置“线形”为点线。

Step 09 在工具箱中选择“直排文字工具”[IT]输入文本“女性生活”，设置“字体大小”为12点，设置“字体”为方正粗宋简体，如图8-75所示。

Step 10 在文本上单击鼠标右键，在弹出的快捷菜单中选择“效果”|“投影”命令，在打开的“投影”面板中设置数值如图8-76所示，单击“确定”按钮保存设置，此时效果如图8-77所示。

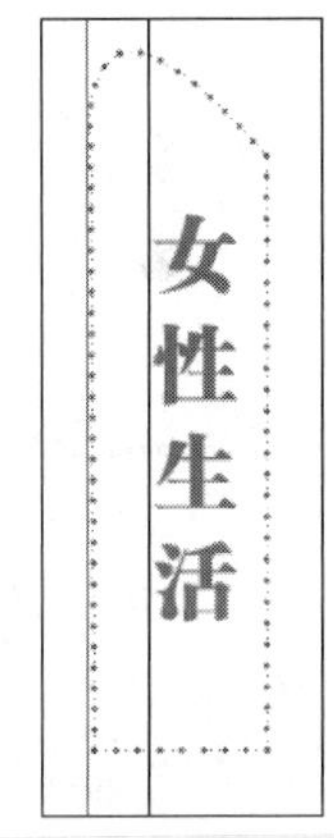

图8-75 绘制矩形框并输入文本

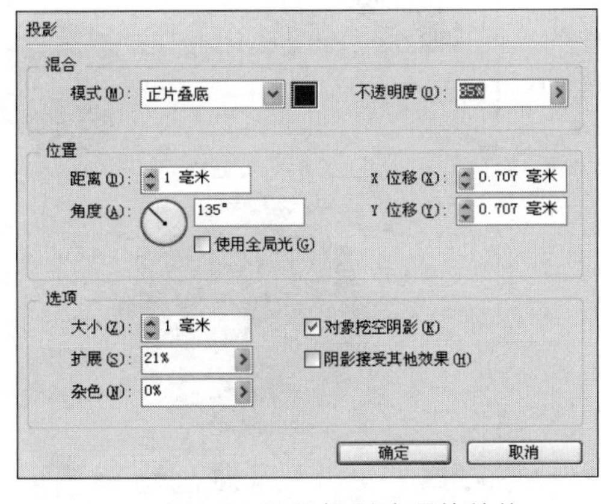

图8-76 设置投影选项的数值

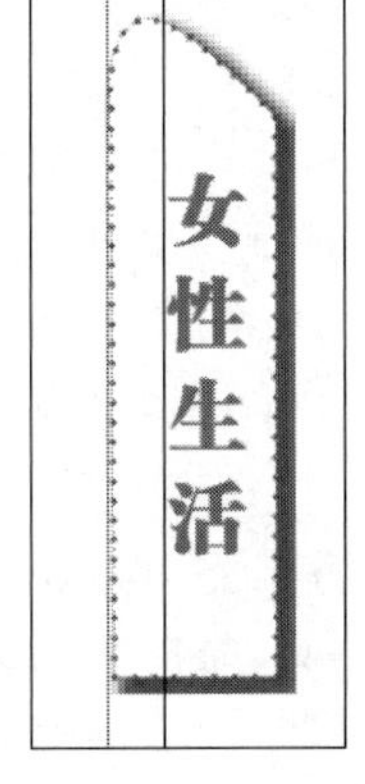

图8-77 添加投影后的效果

Step 11 在工具箱中选择“钢笔工具”，或者按下P键切换到“钢笔工具”，绘制出如图8-78所示的图形，设置顶部的图形颜色为灰色，设置底部的颜色为紫灰色，效果如图8-79所示。

Step 12 在工具箱中“矩形框架工具”⊠，单击鼠标左键，在“矩形”对话框中设置矩形大小为82.5毫米×62毫米，单击“确定”按钮新建矩形框架；再选择“椭圆框架工具”，单击鼠标左键，在“椭圆”对话框中设置椭圆形大小为58毫米×58毫米，单击“确定”按钮新建矩形框架。

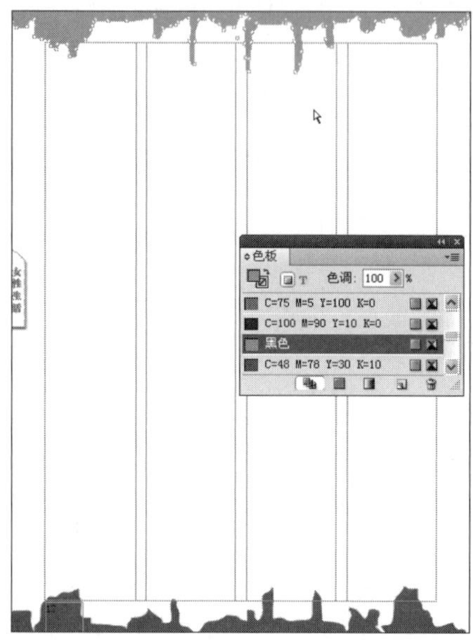

图8-78 绘制图形并填充颜色

图8-79 绘制框架并置入图片

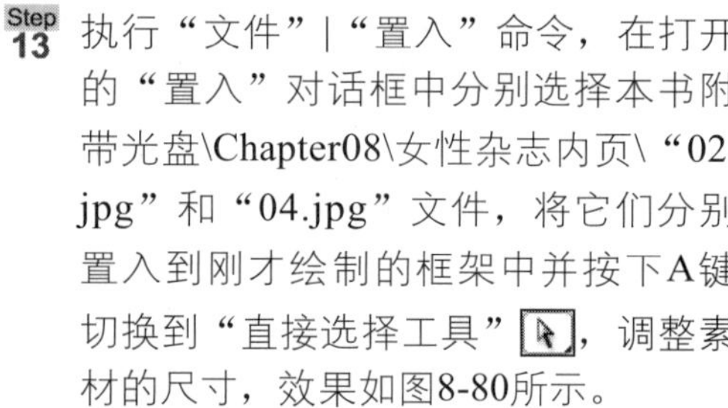

Step 13 执行“文件”|“置入”命令，在打开的“置入”对话框中分别选择本书附带光盘\Chapter08\女性杂志内页\“02.jpg”和“04.jpg”文件，将它们分别置入到刚才绘制的框架中并按下A键切换到“直接选择工具”，调整素材的尺寸，效果如图8-80所示。

Step 14 在工具箱中选择“椭圆工具”，单击鼠标左键，在弹出“椭圆”对话框中设置椭圆形大小为88毫米×88毫米，单击“确定”按钮新建椭圆形，并为其填充颜色，设置描边色为无色；继续单击鼠标左键，在弹出“椭圆”对话框中设置椭圆形大小为102毫米×102毫米，单击“确定”按钮新建椭圆形，设置较大的圆形的填充色为无色，描边色为紫灰色，具体数值请参考源文件。如图8-81所示。

图8-80 绘制图形并填充颜色

Step 15 使用“矩形工具”绘制一个矩形框，将其沿辅助线与圆形交叉放置，按住Shift键的同时选中矩形和圆形，执行“窗口”|“对象和版面”|“路径查找器”命令，打开“路径查找器”对话框，单击如图8-82所示的“减去”按钮，这样即可得到如图8-83所示的图形。

Step 16 继续在工具箱中选择“椭圆工具”，按住Shift键的同时绘制正圆形，接下来按下Alt键的同时拖动制作多个正圆形的副本，依次选中制作的不同副本，按住Shift+Ctrl键的同时按比例调整图形的大小，并且在色板面板中设置填充色和描边色，此时各颜色的数值在色板中显示如图8-84所示。

图8-81 绘制框架

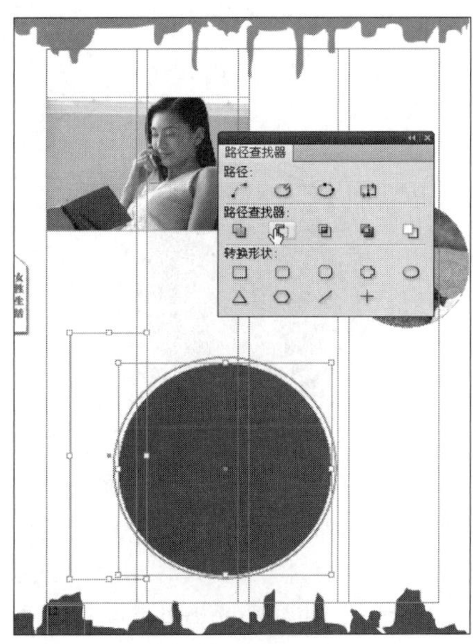

图8-82 绘制图形

图8-83 剪切形状

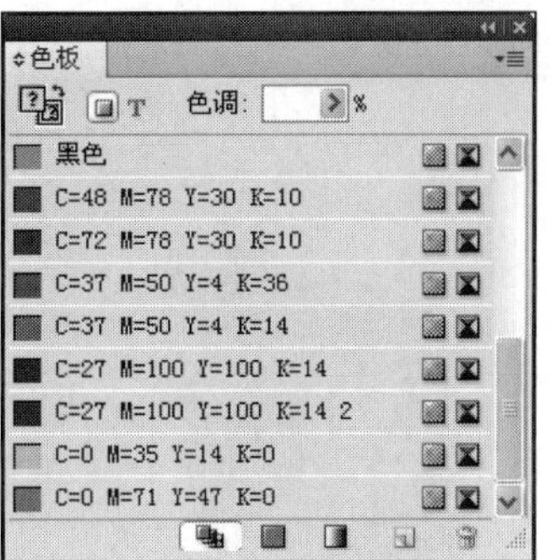

图8-84 “色板”面板

Step 17 按下鼠标左键拖动，框选绘制的所有圆形，单击鼠标右键，在弹出的快捷菜单中选择“编组”命令，效果如图8-85所示。按住Shift+Ctrl键的同时整体调整正圆组的比例，放置在如图8-86所示的位置。

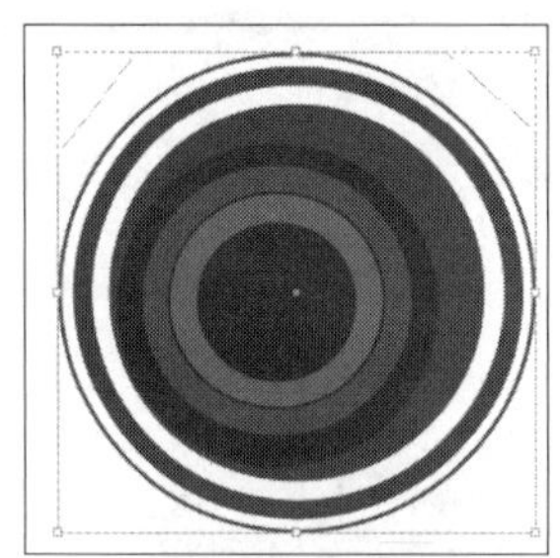
图8-85 群组对象

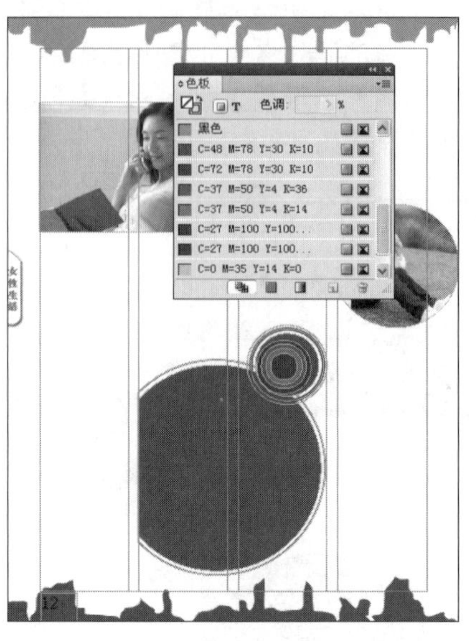
图8-86 调整正圆组的位置

Step 18 在工具箱中选择“文字工具” T，输入文本METIME，选中字符M，在“字符”面板中设置“字体”为MeaCulpa，设置“字体大小”为100点；选中文本ETIME，设置“字体”为Charlemagne Std，设置“字体大小”为36点，将设置好的文本放置在左上角，如图8-87所示。

Step 19 在工具箱中选择“直线工具”，然后按住Shift键的同时绘制直线。执行“窗口”|“描边”命令，或者按下F10键，打开“描边”面板，在“粗细”下拉列表中选择1点，在“类型”下拉列表中选择“虚线”线形，如图8-88所示。

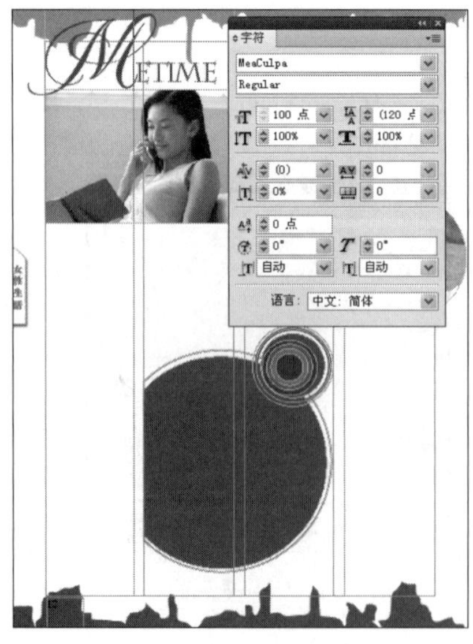

图8-87 输入文本并设置字体

图8-88 绘制直线

Step 20 接下来打开本书附带光盘\Chapter08\女性杂志内页\“杂志文本.doc”文件，按下Ctrl+C键复制文本，切换到InDesign软件中，使用“文字工具” T 绘制出文本框，按下Ctrl+V键粘贴文本，然后选中每段文本的小标题，在“段落样式”面板中选择“小标题”选项，如图8-89所示；选中正文文本，在“段落样式”面板中选择“正文”选项（段落样式的设置数值不再具体介绍，请读者参考源文件），如图8-90所示。

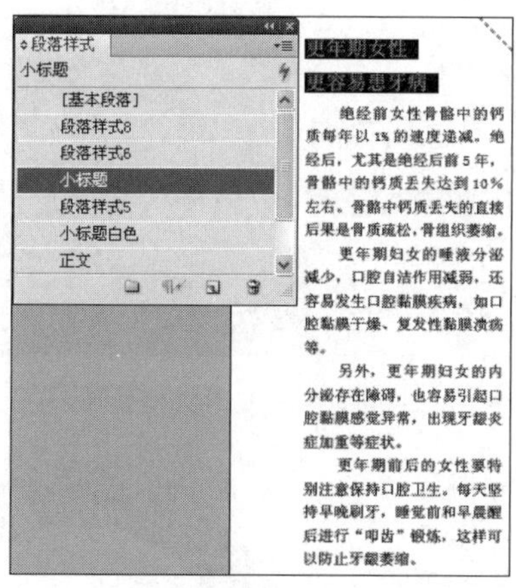

图8-89 设置小标题样式

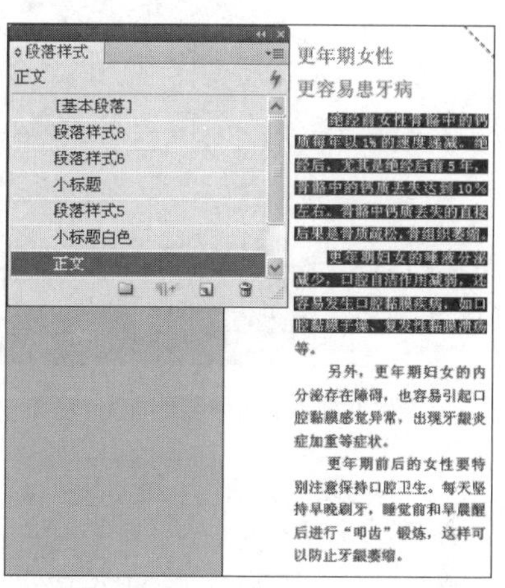

图8-90 设置正文样式

Step 21 此时可以看到中间一段的文本和图形的左上角发生重叠，使文本看起来不够清晰，如图8-91所示。为增强可读性，选中正圆群组对象，执行“窗口”|“文本绕排”命令，打开“文本绕排”面板，在其中单击“沿定界框绕排”按钮，此时可以看到效果如图8-92所示。整体效果如图8-93所示。

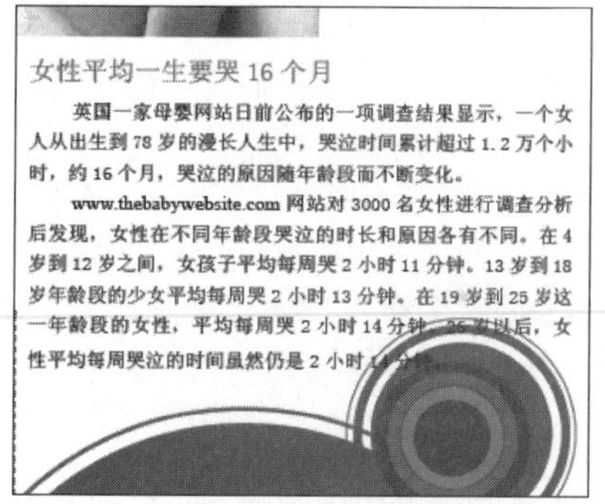

图8-91 文本与图形重叠

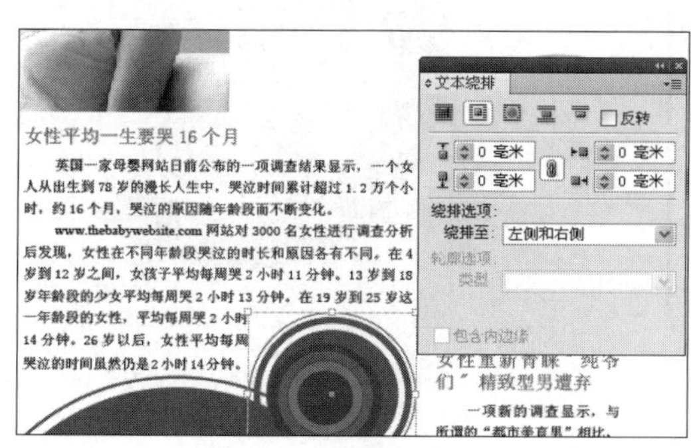

图8-92 文本绕排

图8-93 文本绕派效果

Step 22 接下来继续将“暖的阳光让女性更长寿”一段文本，选中小标题，在“段落样式”面板中选择“小标题白色”选项，如图8-94所示；选中正文文本，在“段落样式”面板中选择“正文白色”选项，如图8-95所示。

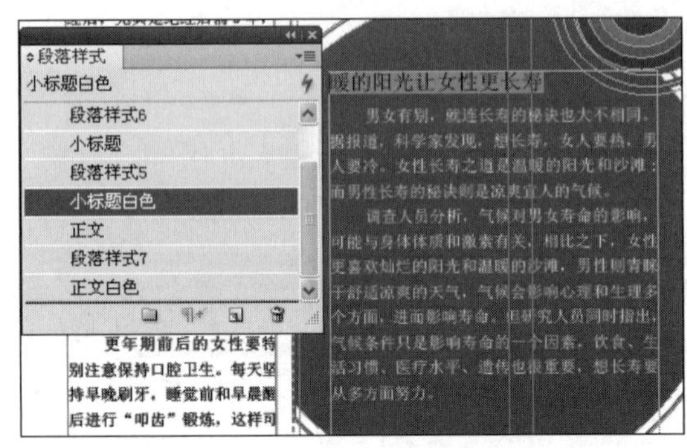

图8-94 设置小标题样式

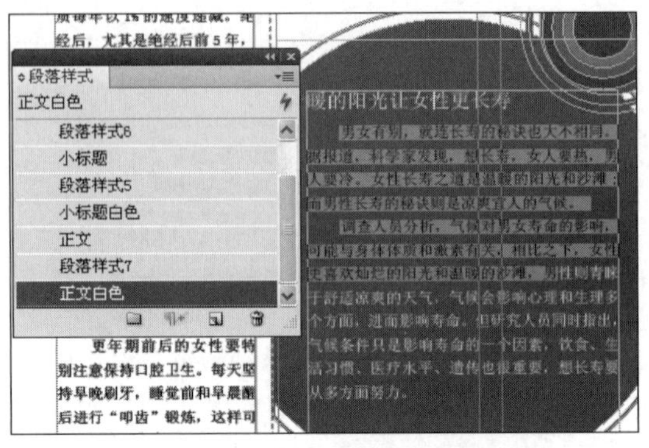

图8-95 设置正文样式

Step 23 接下来编排右侧页面。在工具箱中选择“椭圆工具”，按住Shift+Alt键的同时绘制正圆形，并填充暗红色，接下来按下Alt键的同时拖动制作1个正圆形的副本，按照前面介绍的方法执行“窗口”|“对象和版面”|“路径查找器”命令，打开“路径查找器”面板，单击“减去”按钮，再使用“直线工具”绘制上标尺刻度，这样即可得到如图8-96所示的图形。

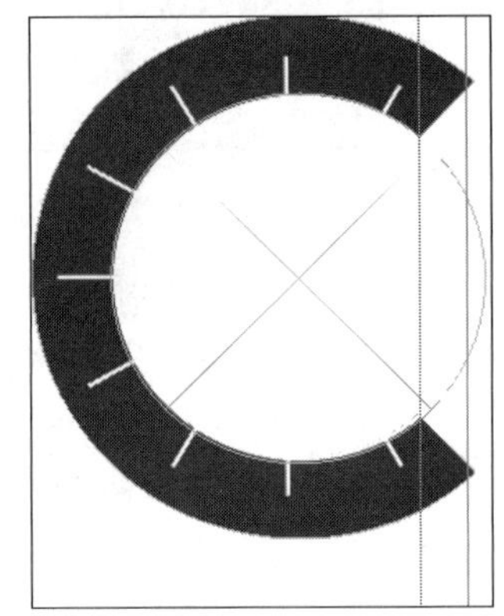

图8-96 绘制图形

Step 24 执行“文件”|“置入”命令，在打开的“置入”对话框中选择本书附带光盘\Chapter08\女性杂志内页\“05.psd”文件，单击“打开”按钮将它导入。按住Shift+Ctrl键的同时按比例缩小素材。

Step 25 执行“对象”|“剪切路径”|“选项”命令，打开“剪切路径”对话框，在“类型”下拉列表中选择“检测边缘”选项，设置数值如图8-97所示，单击“确定”按钮保存设置。此时效果如图8-98所示。

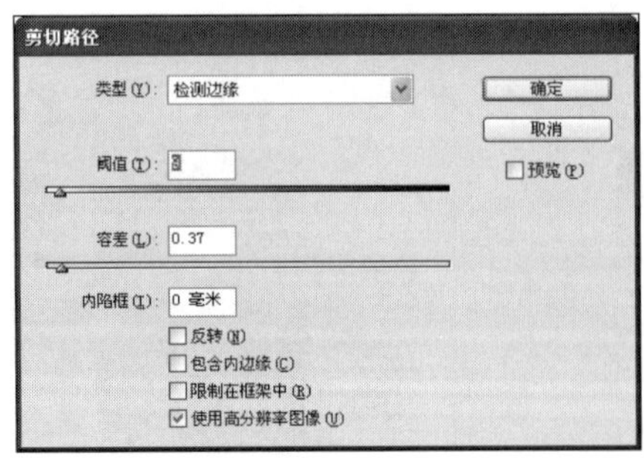

图8-97 “剪切路径”对话框

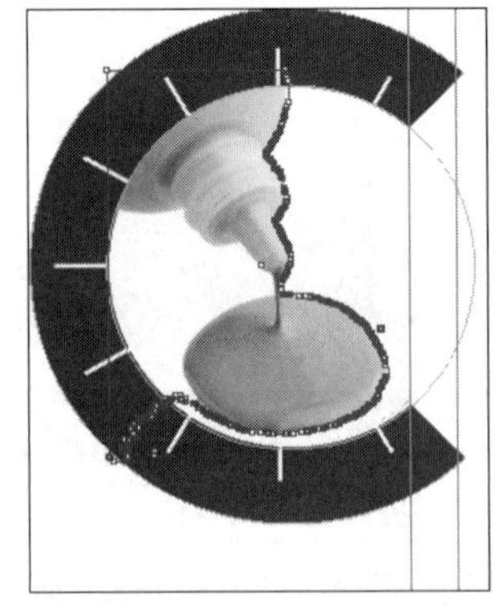

图8-98 剪切路径的效果

Step 26 在工具箱中选择“矩形框架工具”，新建两个矩形框架，设置两个框架的尺寸分别为88毫米×72毫米，42毫米×55毫米，置入素材图片“03.jpg”和“06.jpg”，按住Shift+Ctrl键的同时调整素材尺寸。

Step 27 选中位于右上角的图片，然后单击鼠标右键，在弹出的快捷菜单中选择“效果”|“投影”命令，在打开的“效果”对话框中设置数值如图8-99所示。

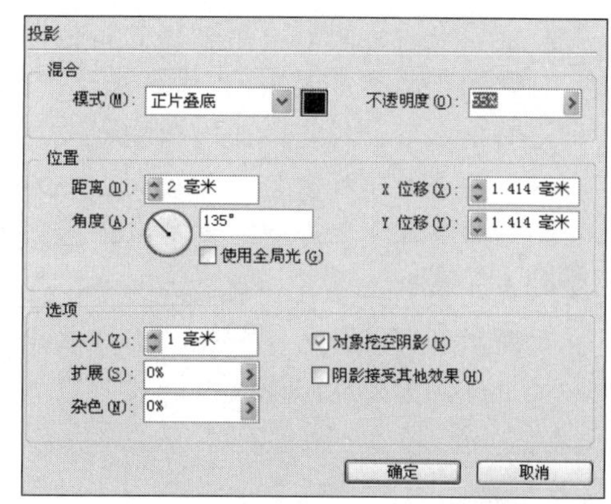

图8-99 设置投影数值

Step 28 接着选中框架，在“描边”面板中设置“粗细”选项的数值为3点，此时的效果如图8-100所示，整体效果如图8-101所示。

图8-100 添加描边效果

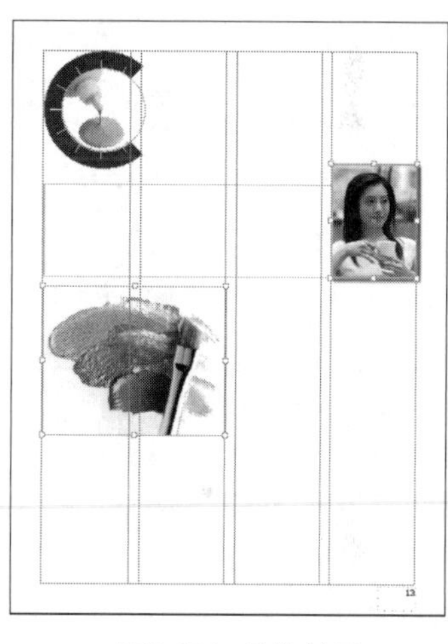

图8-101 整体效果

Step 29 在工具箱中选择“文字工具”，或者按下T键切换到文字工具，然后输入文本“精准维C重现肌肤青春”，在“字符”面板中设置如图8-102所示；继续输入文本“紧致明亮有弹性”，在“字符”面板中设置如图8-103所示，效果如图8-104所示。

图8-102 设置字体

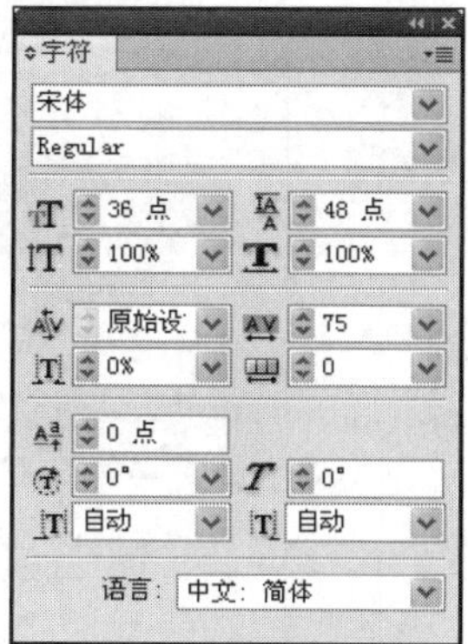

图8-103 设置字体

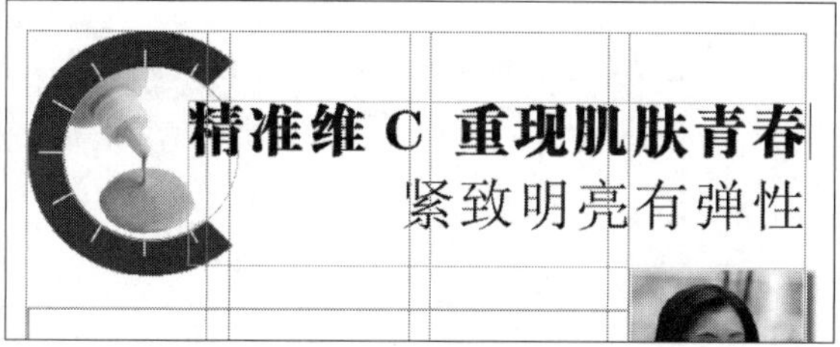

图8-104 输入文本

Step 30 接下来打开本书附带光盘\Chapter08\女性杂志内页\“杂志文本.doc”文件，按下Ctrl+C键复制“杂志文本.doc”中的相关文本，切换到InDesign软件中，使用“文字工具”T绘制出文本框，按下Ctrl+V键粘贴文本，然后选中每段文本的小标题，在“段落样式”面板中选择“小标题红色”选项；选中正文文本，在“段落样式”面板中选择“正文”选项（段落样式的设置数值不再具体介绍，请读者参考源文件），此时效果如图8-105所示。

Step 31 在工具箱中选择“椭圆工具”，单击鼠标左键，在“椭圆”对话框中设置尺寸为12.5毫米×12.5毫米，按住Shift+Alt键的同时拖动制作3个副本，并参考分栏线来排列并输入文本，如图8-106所示。

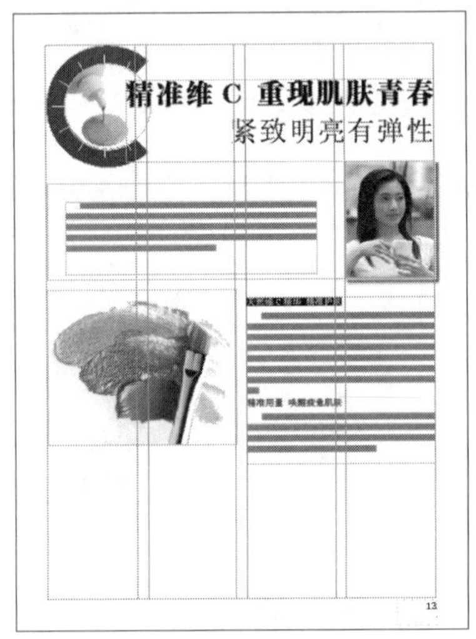

图8-105 绘制图形并填充颜色

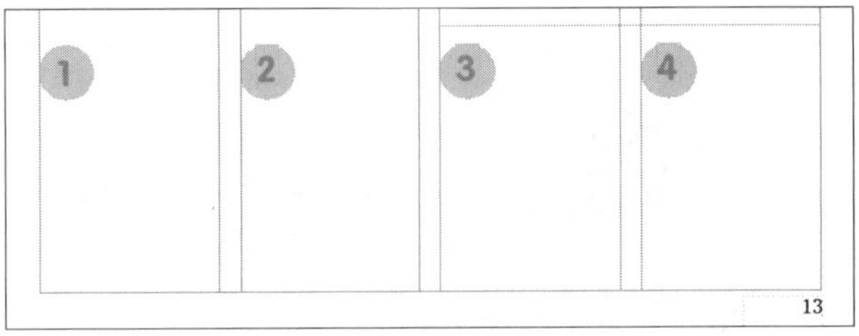

图8-106 绘制图形

Step 32 按下T键切换到文字工具，然后绘制文本框并输入文本，选中步骤标题，在“段落样式”面板中选择“步骤”样式，然后选中步骤下面的文本，在“段落样式”面板中选择“步骤正文”样式。再添加上其他的文本并设置，效果如图8-107所示，整体效果如图8-108所示。

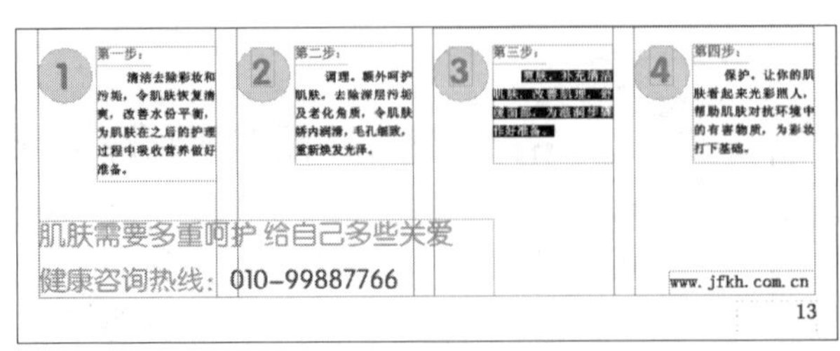

图8-107 输入文本

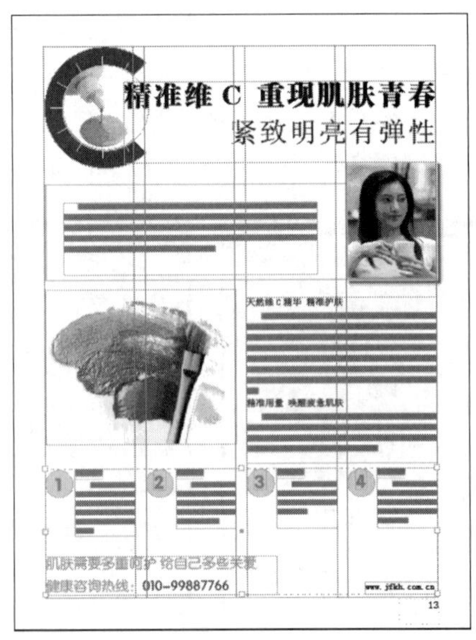

图8-108 设置后的效果

第9章 印前和输出

一个出版物不仅在创建的时候要创建得精美，在输出时更应该仔细检查做好充分准备。本章将详细介绍出版物的印前和输出知识。

9.1 颜色叠印设置

一般打印文件，如果遇到对象重叠的情况时，通常重叠部分只会将最上面的对象属性打印出来，而在下方的部分则不会被打印出来，也就是说下方重叠的部分会被镂空。

而色彩叠印则会将下层的对象颜色和上层的对象颜色相加后打印出来，除了可以使其呈现不同的颜色或效果，还可以用来修正叠印时没有对准对象的边缘部分。另外，当设置色彩叠印时，大部分都是将色彩叠印设置在最上层的对象上，因为若将色彩叠印设置在最下层时，不会有任何效果。设置对象色彩叠印的操作方法如下：

Step 01 在工具箱中选择“矩形工具”，绘制一个矩形，并在“色板”面板中选择填充色“黄色”，填充完成后按下Ctrl+C和Ctrl+V组合键制作2个副本，并分别填充如图9-1所示的颜色。

Step 02 执行“窗口”|“输出”|“属性”命令，打开“属性”面板。选择黄色对象，在“属性”面板中勾选“叠印填充”复选框，如图9-2所示。

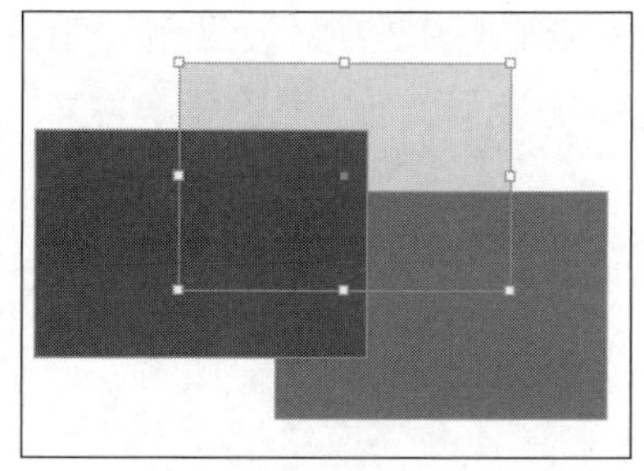

图9-1 绘制3个矩形

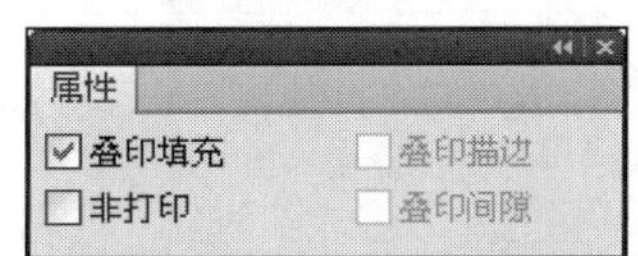

图9-2 “属性”面板

Step 03 重复上述步骤。分别选择红色、蓝色对象后，在“属性”控制面板中勾选“叠印填充”。

Step 04 完成后，会发现对象并没有什么变化，那是因为若要预览叠印效果，必须要切换到叠印预览模式下，才可以看到叠印的效果，执行“视图”|“叠印预览”命令，就可以看到如图9-3所示的叠印效果。

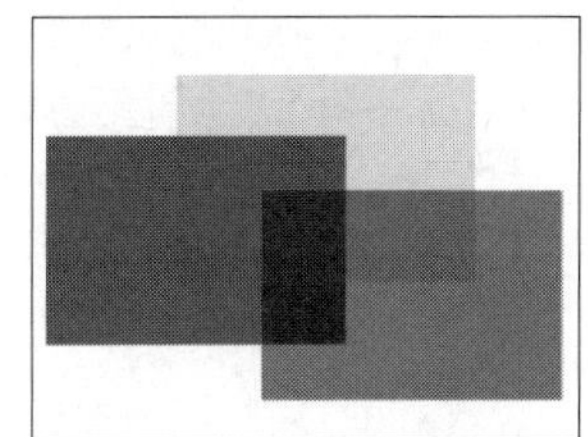

图9-3 叠印预览效果

提示

要在InDesign中挖空黑色对象，必须阻止黑色色板进行叠印。黑色色板与大多数颜色色板不同，大多数颜色色板在默认情况下会挖空对象，而黑色色板在默认情况下则是叠印对象，这些对象包括所有的黑色描边、填色和文本字符。100%印刷黑色在“色板”面板中显示为“[黑色]”。通过在“首选项”中取消选择叠印的默认设置，或者通过复制默认黑色色板并将所复制的色板应用于挖空的颜色对象，可以挖空黑色对象。如果在“首选项”对话框中禁用叠印设置，则会挖空（删除下面的油墨）“黑色”的所有实例。

9.2 陷印

陷印也叫补漏白，又称为扩缩，主要是为了弥补因印刷叠印不准确而造成的两个相邻不同颜色之间的漏白。当人们面对印刷品时，总是感觉深色离人的眼睛近，浅色离人眼睛远。因此，在对原稿进行陷印处理时，总是设法不让深色下的浅色露出来，而上面的深色保持不变，以保证不影响视觉效果。

9.2.1 创建或修改陷印预设

陷印预设是陷印设置的集合，可将这些设置应用于文档中的一页或一个页面范围。“陷印预设”面板提供了一个简单的界面，用于输入陷印设置，以及将设置集合存储为陷印预设。

Step 01 执行“窗口”|“输出”|“陷印预设”命令，打开如图9-4所示的“陷印预设”面板。

Step 02 在“陷印预设”面板中单击右侧的扩展按钮，在展开的扩展菜单中选择“新建预设”命令，打开“新建陷印预设”对话框，如图9-5所示。

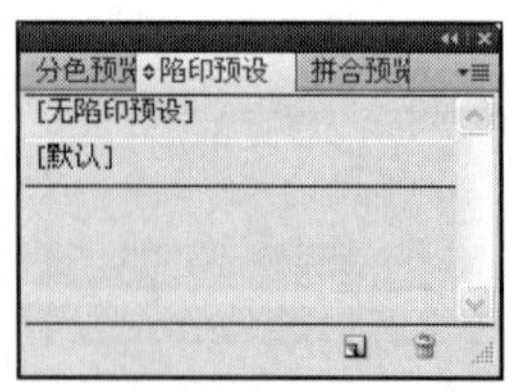

图9-4 “陷印预设”面板

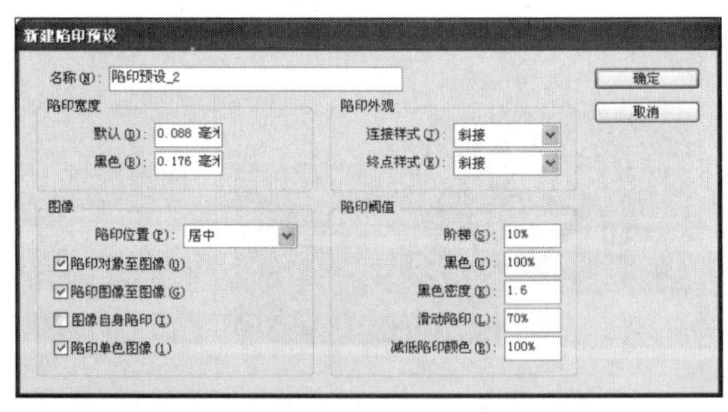

图9-5 “新建陷印预设”对话框

各主要选项含义如下。

◎ 名称：在其中可以输入该预设的名称。不能更改默认陷印预设的名称。
◎ 陷印宽度：可输入数值指定油墨重叠的值。
◎ 陷印外观：可指定控制陷印形状的选项。
◎ 图像：可指定决定如何陷印导入的位图图像的设置。
◎ 陷印阈值：可输入指定陷印发生条件的值。许多不确定因素都会影响需要在这里输入的值。

提示

单击“陷印预设”面板底部的“创建新陷印预设”按钮可以在默认陷印预设设置的基础上创建一个预设。

9.2.2 陷印预设设置

1. 设置陷印宽度

纸张特性、网屏线数和印刷条件不同，所需的陷印量也不同。每个“陷印宽度”控制允许的最大值为8点。然而，实际上，该值只能由Adobe In-RIP陷印使用。如果使用内建陷印，所有超过4点的陷印量都会被减为4点。陷印预设为“陷印宽度”提供了两种不同的设置，如图9-6所示。

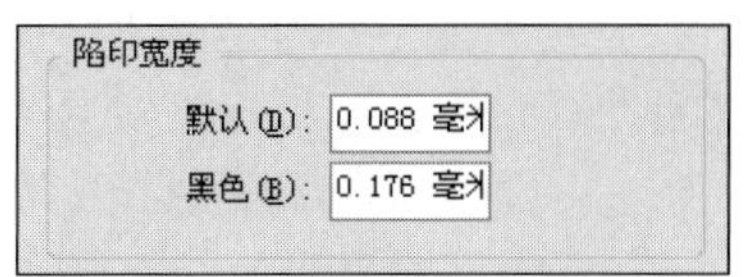

图9-6 “陷印宽度”选项组

其中选项的含义如下。

◎ “默认”文本框：以点为单位指定“陷印宽度”。输入0~8点的值，默认值为0.25点。

◎ “黑色”文本框：指定油墨扩展到纯黑色中的距离，或者称为“阻碍量”（陷印复色“黑”时黑色边缘与下层油墨之间的距离）。默认值是0.5点。该值通常设置为默认“陷印宽度”值的1.5到2倍。

设置的“黑色”值决定InDesign会将什么样的黑色视为纯黑色或复色黑（由纯黑外加一种或多种C、M或Y油墨的颜色）。

2. 设置陷印外观

此选项组指2个陷印边缘在一个公共端点汇合。可以控制2个陷印端外部连接的形状和3个陷印的相交点。“新建陷印预设”和“修改陷印预设选项”对话框的“陷印外观”选项组包含两个选项，如图9-7所示。其中选项的含义如下。

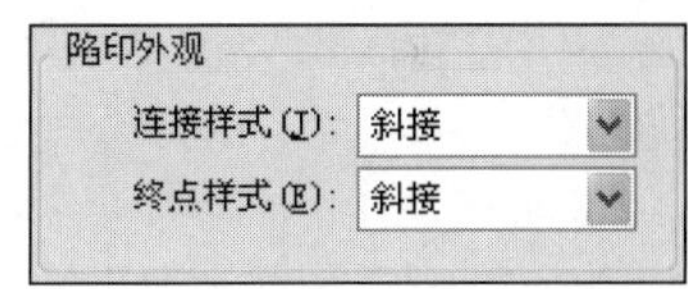

图9-7 “陷印外观”选项组

◎ “连接样式”下拉列表：控制两个陷印端外部连接的形状，可从“斜接”、“圆角”和“斜角”中进行选择。默认为“斜接”，它与早期的“陷印结果”相匹配，以保持与以前版本的Adobe陷印引擎的兼容。

◎ “终点样式”下拉列表：控制3个陷印的相交点。斜接会改变陷印终点的形状，使其离开交叉对象。斜接也与早期的陷印结果相匹配，以保持与以前版本的Adobe陷印引擎的兼容。重叠会影响由与两个或两个以上较暗对象相交的最浅色中性密度对象，所生成的陷印形状。最浅色陷印的终点会环绕3个对象的相交点。

3. 设置图像

此选项组可以创建一个“陷印预设”来控制图像内的陷印和位图图像与矢量对象之间的陷印，如图9-8所示。

其中选项的含义如下。

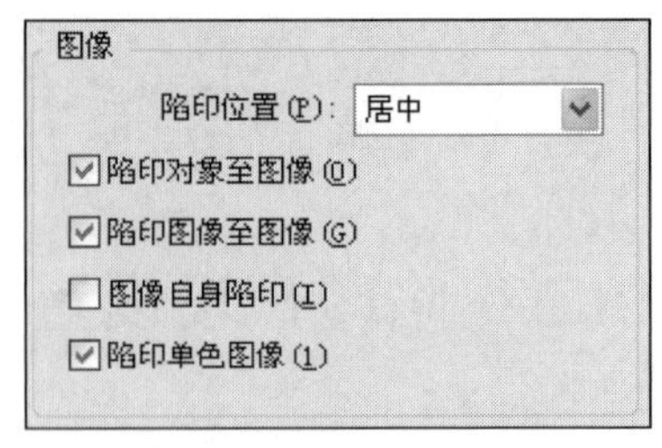

图9-8 “图像”选项组

◎ “陷印位置”下拉列表：提供决定将矢量对象与位图图像陷印时陷印放置位置的选项。除“中性密度”外的所有选项均会创建视觉上一致的边缘。“居中”创建以对象与图像相接的边界线为中心的陷印；“收缩”使对象叠压相邻图像；“中性密度”应用与文档中其他位置所用规则相同的陷印规则。使用“中性密度”设置对象到照片的陷印时，会在该陷印从分界线的一侧移到另一侧时，导致明显不均匀的边缘。“扩展”使位图图像叠压相邻对象。

◎ “陷印对象至图像”选项：确保矢量对象使用“陷印位置”设置陷印到图像。如果矢量对象不与陷印页面范围内的图像重叠，应考虑关闭该选项以加快该页面范围陷印的速度。

◎ “陷印图像至图像”选项：打开沿着重叠或相邻位图图像边界的陷印。该功能默认情况下已打开。

◎ “图像自身陷印”选项：打开每个单独的位图图像中颜色之间的陷印（不仅仅是它们与矢量图片和文本相邻的地方）。该选项仅仅对包含简单、高对比度图像的页面范围使用。对于连续色调的图像及其他复杂图像，应将该选项保留为未勾选状态，因为它可能产生效果不好的陷印。取消勾选该选项可加快陷印速度。

◎ “陷印单色图像”选项：确保单色图像陷印到相邻对象中。该选项不使用“图像陷印位置”设置，因为单色图像只是用一种颜色。大多数情况下，将该选项保持为选中状态。

4. 设置陷印阈值

“陷印阈值”选项组如图9-9所示，其中各选项的含义如下。

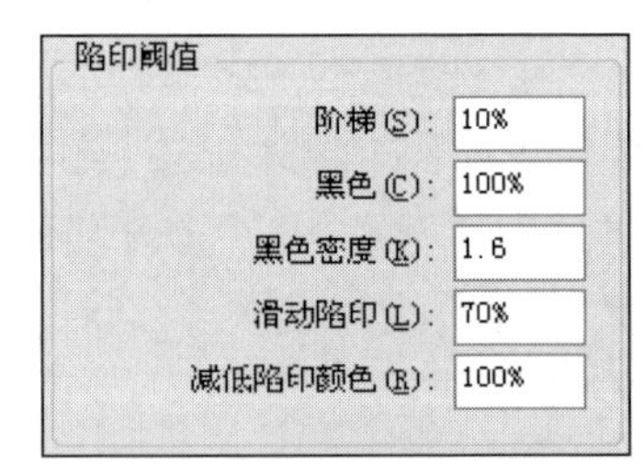

图9-9 “陷印阈值”选项组

◎ “阶梯”选项：指示InDesign在创建陷印之前，相邻颜色的成分必须改变到哪种程度。可输入1%~100%之间的值，或者使用默认值10%。为获得最佳效果，最好使用8%~20%之间的值。较低的百分比可提高对色调差的敏感度，并且可产生更多的陷印。

◎ “黑色”选项：指示在应用“黑色”陷印宽度设置之前所需的最少黑色油墨量。输入0%~100%之间的值，或者使用默认值100%。为获得最佳效果，最好使用不低于70%的值。

◎ “黑色密度”选项：指示一个中心密度值，当油墨达到或超过该值时，InDesign会将该油墨视为黑色。可以使用0.001~10之间的任何值。不过，该值通常设置为接近默认值1.6。

◎ “滑动陷印”选项：指示相邻颜色的中性密度之间的百分差，达到该百分差时，陷印将从颜色边缘较深的一侧向中心线移动，以创建更优美的陷印。

◎ “减低陷印颜色”选项：指示InDesign使用相邻颜色中的成分来降低陷印颜色深度的程度，这样做有助于防止某些相邻颜色，产生比其他颜色都深的不美观的陷印效果。指定低于100%的“减低陷印颜色”会使“陷印颜色”开始变浅；“减低陷印颜色”值为0%时，将产生中性密度等于较深颜色的中性密度的陷印。

9.3 预检文档

打印文档或将文档提交给服务提供商之前，可以对此文档进行品质检查。预检是此过程的行业标准术语。有些问题会使文档或书籍的打印或输出无法获得满意的效果。在编辑文档时，如果遇到这类问题，“印前检查”面板会发出警告。这些问题包括文件或字体缺失、图像分辨率低、文本溢流及其他一些问题。

用户可以配置印前检查设置，定义要检测的问题。这些印前检查设置存储在印前检查配置文件中，以便重复使用。您可以创建自己的印前检查配置文件，也可以从打印机或其他来源导入。要利用实时印前检查，请在文档创建的早期阶段创建或指定一个印前检查配置文件。如果打开了“印前检查”面板，则InDesign检测到其中任何问题时，都将在状态栏中显示一个红圈图标。用户可以打开“印前检查”面板并查看“信息”部分，获得有关如何解决问题的基本指导。在文件打印或导出之前，最好先预检一下文件的设置，待全部设置皆无误后，再将它打印或导出，这样可以有效避免错误发生。

默认情况下，对新文档和转换文档应用“[基本]”配置文件。此配置文件将标记缺失的链接、修改的链接、溢流文本和缺失的字体。用户不能编辑或删除“[基本]”配置文件，但可以创建和使用多个配置文件。

Step 01 执行下列操作之一，打开如图9-10所示的“印前检查”面板。

◎ 对于文档，执行“窗口”|“输出”|“印前检查”命令。
◎ 对于书籍，在“书籍”面板菜单中选择“印前检查‘书籍’选项”。

Step 02 此时在“配置文件”下拉列表中选择的是“[基本]工作”选项，可以看到在“错误”列表组中仅显示有“链接”和“文本”两个选项。

Step 03 如果要显示更多的选项，则单击面板右侧的扩展按钮，在展开的菜单中选择“定义配置文件”选项，打开如图9-11所示的“印前检查配置文件”对话框。

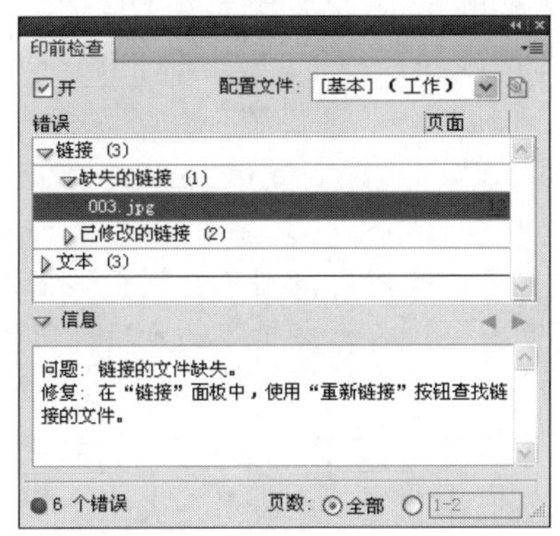

图9-10 “印前检查”面板

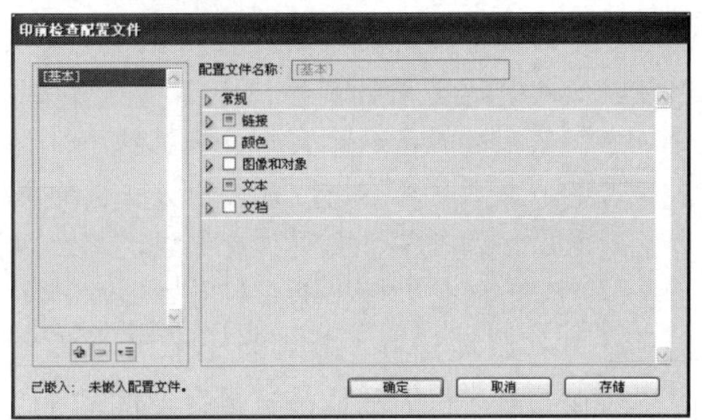

图9-11 “印前检查配置文件”对话框

Step 04 此时如果要勾选任意选项，系统会弹出如图9-12所示的Adobe InDesign提示对话框，提示用户不可以修改[基本]选项，询问是否要新建配置文件，单击“确定”按钮，即可打开如图9-13所示的“新建配置文件”对话框，在“配置文件名称”文本框中可以输入名称，在此输入“其他选项”，单击“确定”按钮回到“印前检查配置文件”对话框，如图9-14所示。

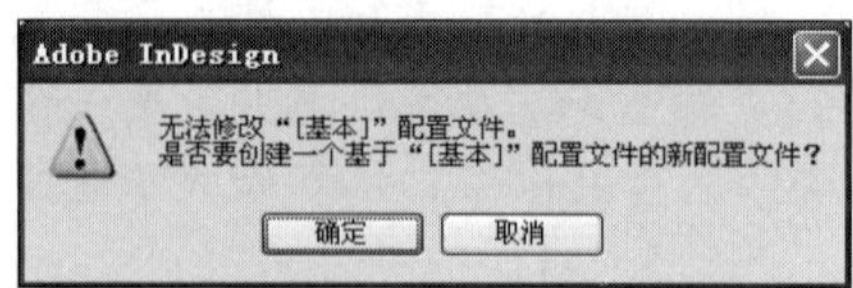

图9-12 Adobe InDesign对话框

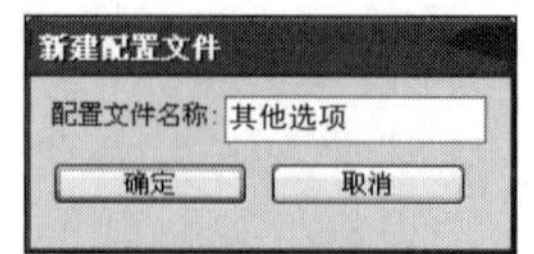

图9-13 “新建配置文件”对话框

图9-14 “印前检查配置文件”对话框

Step 05 选中“其他选项”选项，选中右侧所有的选项，单击“确定”按钮，回到如图9-15所示的“印前检查”面板。此时用户可以在“错误”区域中单击鼠标选中不同的选项，然后在“信息”面板中查看出现的问题。

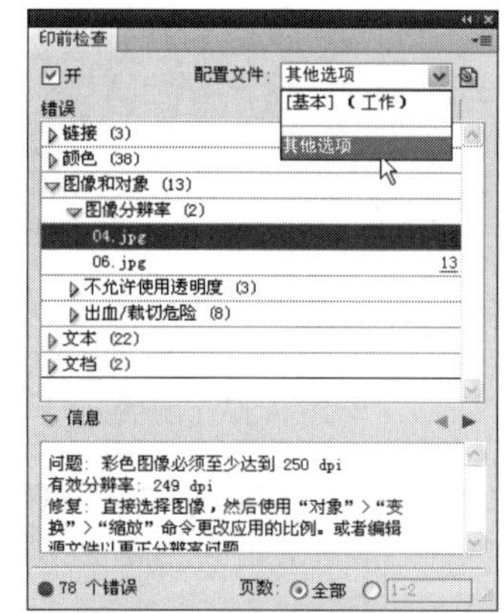

图9-15 “印前检查”面板

查看错误列表时，请注意下列问题：

◎ 在某些情况下，是色板、段落样式等设计元素造成了问题。此时不会将设计元素本身报告为错误。而是将应用有该设计元素的所有页面项列在错误列表中。在这种情况下，请务必解决设计元素中的问题。

◎ 溢流文本、隐藏条件或附注中出现的错误不会列出。修订中仍然存在的已删除文本也将忽略。

◎ 如果某个主页并未应用，或应用该主页的页面都不在当前范围内，则不会列出该主页上有问题的项。如果某个主页项有错误，那么即使此错误重复出现在应用了该主页的每个页面上，“印前检查”面板也只列出该错误一次。

◎ 对于非打印页面项、粘贴板上的页面项或者隐藏或非打印图层中出现的错误，只有当“印前检查选项”对话框中指定了相应的选项时，它们才会显示在错误列表中。

◎ 如果只需输出某些页面，您可以将印前检查限制在此页面范围内。在“印前检查”面板的底部指定页面范围。

9.4 输出PDF

编辑好的文件，可以将它导出成PDF文件，使该文件可以直接在网络上传送、浏览等。将文档、书籍或书籍中选择的文档导出为单个的Adobe PDF文件时，可以保留如超链接、目录项、索引项和书签等InDesign的导航元素。

9.4.1 关于Adobe PDF

PDF是一种通用的文件格式，这种文件格式保留在各种应用程序和平台上创建的字体、图像和版面。Adobe PDF是对全球使用的电子文档和表单进行安全可靠的分发和交换的标准。Adobe PDF文件小而完整，任何使用免费Adobe Reader软件的人都可以对其进行共享、查看和打印。

Adobe PDF在印刷出版工作流程中非常高效。通过将用户的复合图稿存储在Adobe PDF中，可以创建一个用户或用户的服务提供商可以查看、编辑、组织和校样的小且可靠的文件。然后，在工作流程的适合时间，用户的服务提供商可以或直接输出Adobe PDF文件，或使用各个来源的工具处理它，用于后处理任务，例如准备检查、陷印、拼版和分色。

当用户以Adobe PDF格式存储时，可选择创建一个符合PDF/X规范的文件。PDF/X（便携文档格式交换）是Adobe PDF的子集，消除导致打印问题的许多颜色、字体和陷印变量。PDF/X可随时用于PDF文件作为印刷制作的“Digital Master”进行交换，无论是工作流程中的创作还是输出阶段，只要应用程序和输出设备支持PDF/X。

9.4.2 导出Adobe PDF预设

将文档或书籍导出为Adobe PDF非常简单，用户可以将文档、书籍或书籍中的选定文档导出为单个PDF文件。也可以将内容从InDesign 版面复制到剪贴板，并自动创建此内容的Adobe PDF文件。

将InDesign文件导出为PDF时，可以保留导航元素（如目录和索引条目）和交互功能（如超级链接、书签、媒体剪辑和按钮）。还可以选择将隐藏图层、非打印图层和非打印对象导出为PDF。如果要导出书籍，可以使用“书籍”面板合并具有相同名称的图层。

具体的操作方法如下：

Step 01 执行“文件”|“Adobe PDF预设”|“定义”命令，打开“Adobe PDF预设”对话框，如图9-16所示。

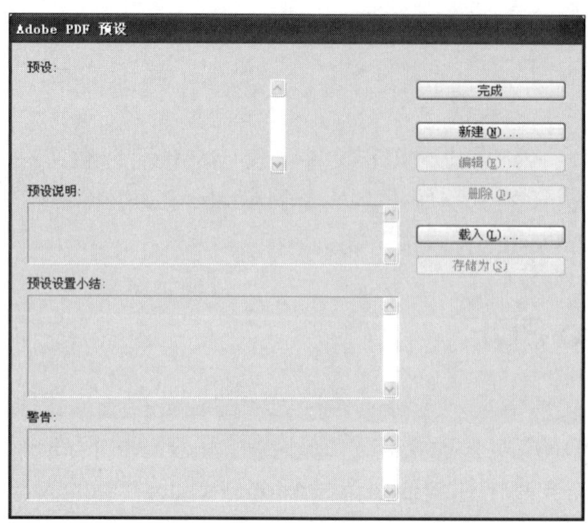

图9-16 “Adobe PDF预设”对话框

Step 02 单击“新建”按钮，打开如图9-17所示的“新建PDF导出预设”对话框。

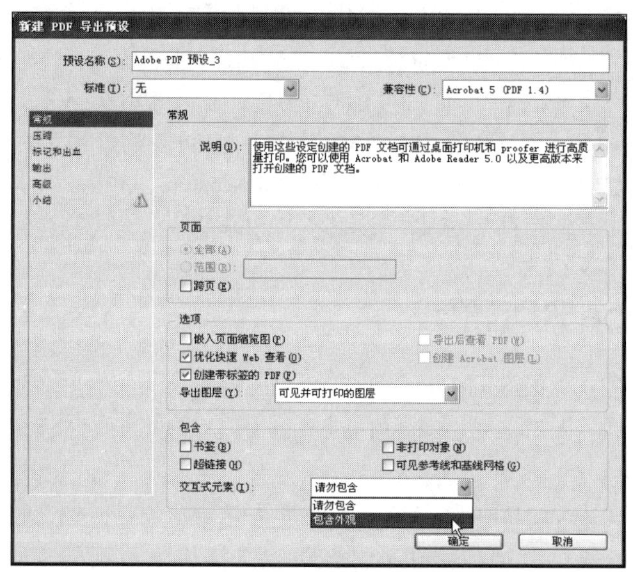

图9-17 “新建PDF导出预设”对话框

在此对话框的“标准”和“兼容性”下拉列表中，InDesign一共提供了9种PDF的导出预设格式。如果觉得InDesign的预设格式选项都不适合需求时，也可以自己新建适合的格式选项。

在“预设名称”文本框中输入新建格式选项的名称，接着设置文件导出后文件的常规、压缩、标记和出血及进阶等相关选项，然后单击“确定”按钮。

1. PDF“常规”设置

单击“新建PDF导出预设”对话框左侧列表中的“常规”选项，可以设置导出Adobe PDF的常规内容，如图9-17所示。

其中各主要选项的含义如下。

◎ “全部”选项：设置是否将全部的页面都导出。
◎ “范围”选项：设置索要到处的范围，若输入“1-3”，表示到处的范围为1~3页；输入“1，3”，表示到处的范围为第1页和第3页。
◎ “跨页”选项：设置文件是否要跨页导出。
◎ “嵌入页面缩览图”选项：设置页面是否要产生一个小图以便预览。
◎ “优化快速Web查看”选项：设置是否要让文件在网页浏览时下载速度变快。若勾选此复选框，则文件的相关属性会被压缩，且浏览页面时该页面才会被下载。
◎ “创建带标签的PDF”选项：生成Acrobat PDF文件，它可在文章中根据InDesign支持的Acrobat标记的子集自动标记元素。
◎ “导出后查看PDF”选项：使设置文件导出后是否要打开PDF文件来浏览。
◎ “创建Acrobat图层”选项：设置是否要保留InDesign文件中的图层，使其在Acrobat中也可看到该图层。

提示

只有将“兼容性”设置为Acrobat 6或Acrobat 7时，才可以使用此选项。

◎ “书签”选项：设置是否要将InDesign文件的目录转换成PDF文件的书签。
◎ “超链接”选项：设置是否要将超级链接一起导出。
◎ “可见参考线和基线网格” 选项：导出文档中当前可见的边距参考线、标尺参考线、栏参考线和基线网格。网格和参考线以文档中使用的相同颜色导出。
◎ “非打印对象”选项：设置是否要将设为不打印导出的对象也一起导出。
◎ “交互式元素”选项：选中“包含外观”可以在PDF中包含诸如按钮和影片海报之类的项目。

2．PDF“压缩”设置

当将文档导出为Adobe PDF时，可以压缩文本和线状图，并对位图图像进行压缩和缩减像素采样。根据选择的设置，压缩和缩减像素采样可以明显减少PDF文件的大小，而不会影响到细节和精度。

单击“新建PDF导出预设”对话框左侧列表中的“压缩”选项，可以设置导出Adobe PDF的压缩设置，如图9-18所示。“压缩”选项组分为3个部分。用于设置在图片中压缩和重新取样的彩色、灰度或单色图像。

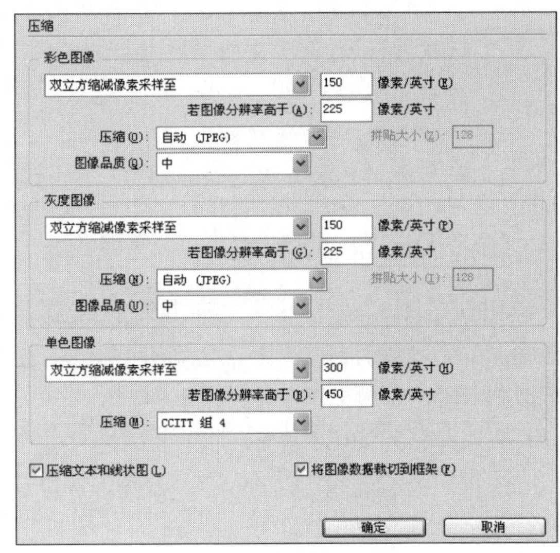

图9-18 “压缩”选项组

各主要选项含义如下。

◎ 关于缩减像素采样。

- 如果要在Web上使用PDF文件，可以使用缩减像素采样以允许进行更高程度的压缩。
- 缩减象素采样指的是减少图像中的像素数。要缩减像素采用彩色、灰度或单色图像，可以选择插值方法，即平均缩减像素采样、双立方缩减像素采样或次像素采样，并输入所需的分辨率。然后再“若图像分辨率高于”文本框中输入分辨率。分辨率高于此阈值的所有图像将被缩减像素采样。

◎ 选择的插值方法决定删除像素的方式。

- “平均缩减像素采样至”选项：在指定区域影像上平均取得使用的色彩后，将影像重新取样。
- “次像素采样至”选项：以正中央的像素为主，取得使用的色彩后，将影像重新取样，此选项会使影像质量变差很多。
- “双立方缩减像素采样至”选项：精确取得使用的色彩，虽然取样速度慢，但重新取样后的影像色彩最平顺。

◎ “压缩”下拉列表：用于确定所用的压缩类型。

- 自动（JPEG）：自动确定彩色和灰度图像的最佳品质。
- JPEG：它适合灰度图像或彩色图像。JPEG压缩有损耗，这表示它将删除图像数据并可能降低图像品质；但是，它会尝试减小文件的大小并最低程度地丢失信息。
- ZIP：非常适用于具有单一颜色或重复图案的大型区域的图像，以及包含重复图案的黑白图像。
- CCITT和Run Length：仅用于单色位图图像。

◎ “图像品质”下拉列表：用于确定应用的压缩量。对于JPEG或JPEG2000的压缩，可以选择“最小值”、“低”、“中”、“高”或“最大值”品质。对于ZIP压缩，仅可以使用8位。因为InDesign使用无损的ZIP方法，所以不会删除数据以缩小文件的大小，这样就不会影响图像品质。

◎ “拼贴大小”选项：确定用于连续显示的拼贴的大小。只有将“兼容性”设置为Acrobat 8和更高版本，并将“压缩”设置为“JPEG2000”时，才可以使用此选项。

◎ “压缩文本和线状图”选项：将纯平压缩应用到文档中的所有文本和线状图，而不损失细节或品质。

◎ “将图像数据裁切到框架”选项：通过仅导出位于框架可视区域内的图像数据，可能会缩小文件的大小。

3. PDF“标记和出血”设置

出血是图片位于打印定界框外的或位于裁切标记和剪标标记外的部分，可以将出血包括在图片中作为错误的边距，以确保油墨在裁切页面后一直扩展到页面的边界，或者确保图形可以被剥离到文档中的准线。

单击“新建PDF导出预设”对话框左侧列表中的“标记和出血”选项，可以设置导出Adobe PDF的标记和出血设置，如图9-19所示。

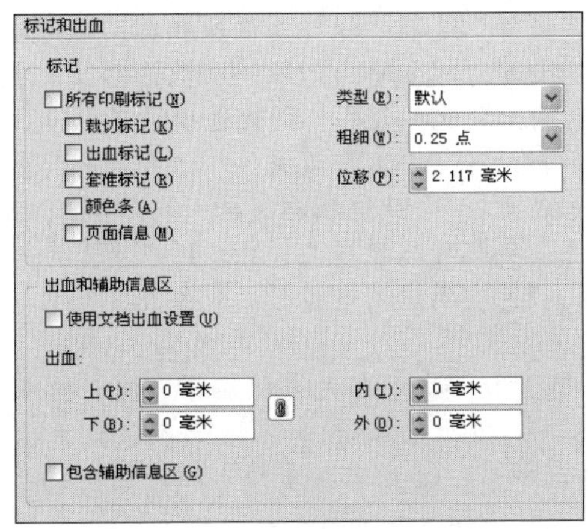

图9-19　“标记和出血”选项组

4. PDF“输出”设置

单击“新建PDF导出预设”对话框左侧列列表中的“输出”选项，可以设置导出Adobe PDF的输出设置，如图9-20所示。

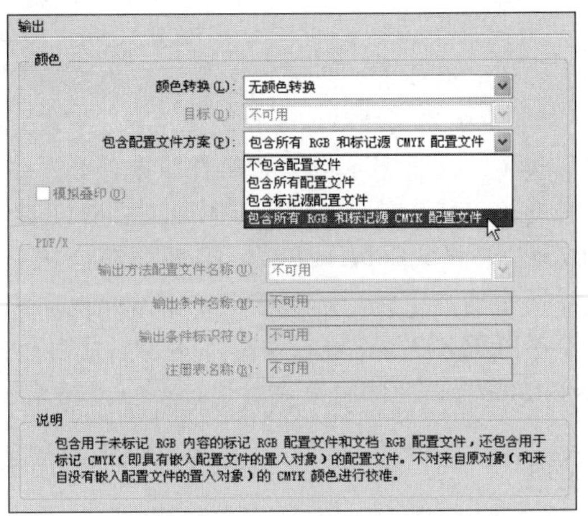

图9-20　“输出”选项组

◎ “颜色转换”下拉列表：指定在Adobe PDF文件中表示颜色信息的方式。在颜色转换期间，将保留所有专色信息；只有进程颜色对应量转换到指定的颜色空间。

◎ “目标”下拉列表：说明最终RGB或CMYK输出设备的色域。

◎ “包含配置文件方案”下拉列表：确定文件中是否包含此颜色配置文件。根据“颜色转换”菜单中的设置、是否选择PDF/X标准之一，以及颜色管理的开关状态，此选项会有所不同。

- “不包含配置文件”选项：不要使用嵌入的颜色配置文件创建颜色管理文档。
- “包含所有配置文件”选项：创建颜色管理文档。如果使用Adobe PDF文件的应用程序或输出设置需要将颜色转换为另一颜色空间，则它在配置文件中使用嵌入颜色空间。选择此选项之前，需要打开颜色管理并设置配置文件信息。

- “包含标记源配置文件”选项：保持与设备相关的颜色不变，并将于设置无关的颜色在PDF中保留为最接近的对应量。如果印刷机构已经校准所有设置，使用此信息指定文件中的颜色并仅输出到这些设备，则此选项很有用。
- “包含所有RGB和标记源CMYK配置文件”选项：包括带标签的RGB对象和带标签的CMYK对象的任一配置文件。此选项也包括不带标签的RGB对象文档的RGB配置文件。
- 包含目标配置文件：将此目标配置文件指定给所有对象。如果选择“转换为目标配置文件”，则将同一颜色空间中不带标签的对象指定给目标配置文件，这样不会更改颜色值。

◎ “模拟叠印”选项：通过保持复合输出中的叠印外观，模拟打印到分色的外观。当取消勾选“模拟叠印”时，必须在Acrobat中选择“叠印预览”，才可以查看叠印颜色的效果。当勾选“模拟叠印”时，则将专色更改为对应的印刷色，并正确叠加颜色显示和输出，且无需在Acrobat中选择“叠印预览”。

◎ “油墨管理器”选项：控制是否将专色转换为对应的印刷色，并指定其他油墨设置。如果使用“油墨管理器”更改文档，则这些更改将反映在导出文件和存储文件中，但设置不会存储到Adobe PDF预设。

◎ “输出方法配置文件名称”下拉列表：指定文档的特殊打印条件。创建PDF/X兼容文件需要输出的方法配置文件。只有在“新建PDF导出预设”对话框的“常规”选项中选择PDF/X标准时，才可以使用此菜单。此可用选项取决于颜色管理开关的状态。例如，颜色管理处于关闭状态，则此菜单仅列出与“目标配置文件”的颜色空间相匹配的输出配置文件；如果打开颜色管理，则输出方法配置文件与为“目标”选择的配置文件相同。

◎ “输出条件名称”选项：描述所用的打印条件。此项对于PDF文档的预期接收者非常有用。

◎ “输出条件标识符”选项：通过指示有关预期打印条件的更多信息。系统会为ICC注册表中包括的打印条件自动输入标识符。在使用PDF/X-3预设或标准时，不可以使用此选项，因为在使用Acrobat 7预检功能或Enfocus PitStop应用程序检查文件时，会出现不兼容问题。

◎ “注册表名称”选项：表明有关注册表更多信息的Web地址。系统会为ICC注册表名称自动输入此URL。在使用PDF/X-3预设或标准时，不可以使用此选项，因为在使用Acrobat 7预检功能或Enfocus PitStop应用程序检查文件时，会出现不兼容问题。

5. PDF“高级”设置

单击“新建PDF导出预设”对话框左侧列表中的“高级”选项，可以设置导出Adobe PDF的高级设置，如图9-21所示。

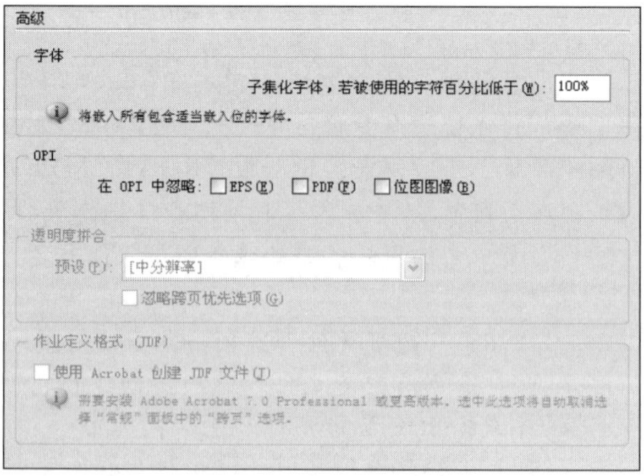

图9-21 “高级”选项组

其中各主要选项的含义如下。

◎ “子集化字体，若被使用的字符百分比低于”选项：根据文档中使用的字体字符的数量，设置此阈值以嵌入完整的字体。如果超过文档中使用的任一指定字体的字符百分比，则完全嵌入特定字体。否则，子集化此字体。嵌入完整字体会增大文件的大小，但如果要确保完整嵌入所有字体，可以输入0。也可以在“常规首选项”对话框中设置阈值，以根据字体中包含字形的数量触发字体子集化。
◎ “OPI”选项：能够在将图像数据发送到打印机或文件时，有选择地忽略不同的导入图形类型，并只保留OPI链接供OPI服务器以后处理。
◎ “预设”下拉列表：如果将“兼容性”设置为Acrobat 4，则可以指定预设以拼合透明度。这些选项仅在导出图稿中含有透明度的跨页时使用。

提示

Acrobat 5和更高版本会自动保留图形中的透明度。因此，“预设”和“自定”选项不适用于这些兼容性级别。

◎ 忽略跨页优先选项：将拼合设置应用到文档或书籍中的所有跨页，覆盖单独跨页上的拼合预设。
◎ 使用Acrobat创建JDF文件：创建作业定义格式文件，并启动Acrobat 7专业版以处理此JDF文件。Acrobat中的作业定义包含对要打印的文件的引用，以及说明和信息。此选项只有装有Acrobat 7专业版的计算机上才可以使用。

6. PDF“小结”设置

单击“新建PDF导出预设”对话框左侧列表中的“小结”选项，右边的列表中列出了导出PDF中的全部设置内容，如图9-22所示。可以拖动右侧的滚动条浏览。要存储小结内容，可以单击“存储小结”按钮。

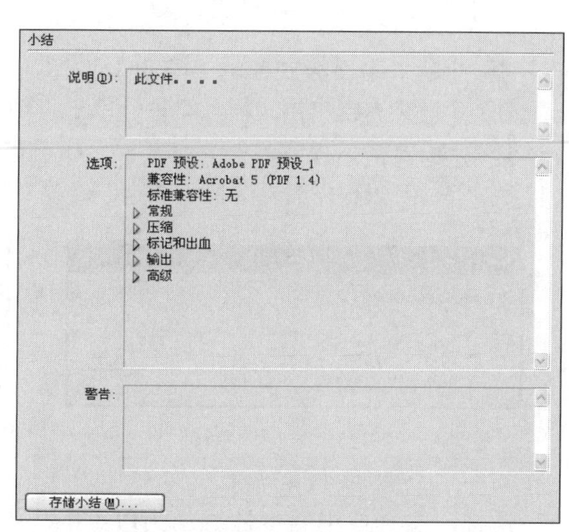

图9-22　“小结”选项组

9.4.3 将文档或书籍导出为Adobe PDF

Step 01 执行下列操作之一，选择导出内容。

◎ 要将当前编辑文档导出为PDF，执行“文件”|“导出”命令。
◎ 要将书籍中的一部分导出为PDF，可以在“书籍”面板中选择要导出的文档，然后在面板菜单中选择“将选定的文档导出为PDF”选项。

◎ 要将整本书籍导出为PDF，可以在书籍面板菜单中选择“将书籍导出为PDF”选项。

Step 02 打开如图9-23所示的“导出”对话框，在其中指定文件的名称和位置，并且确保在“保存类型”下拉列表中选择的是Adobe PDF选项。

Step 03 在“保存类型”中，选择Adobe PDF，单击“保存”按钮。

Step 04 打开“导出Adobe PDF”对话框后，首先在“Adobe PDF预设”选项中选择已经定义好的预设，然后选择“安全性”选项，设置如图9-24所示，设置与安全性相关的选项，并且输入“许可口令”，此口令由用户自己设置，最后单击“确定”按钮。

图9-23 “导出”对话框

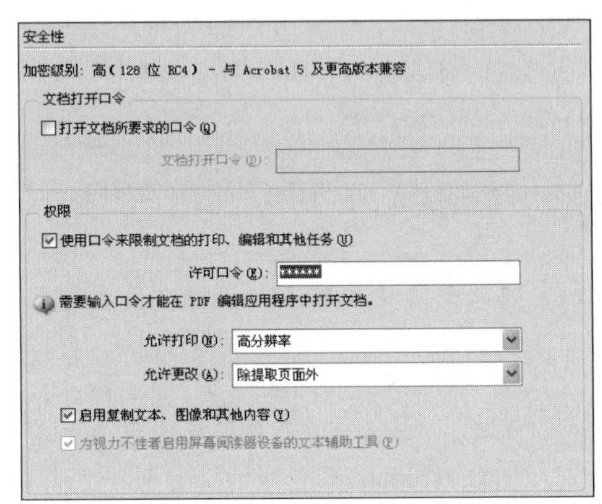

图9-24 “安全性”选项组

Step 05 此时单击面板底部的“导出”按钮，会出现如图9-25所示的“口令”对话框，在“口令”文本框中再次输入口令，单击“确定”按钮。

Step 06 这时可能出现一些警告对话框，如页面上存在溢流文本、文档包含缺失或修改过的文档等，可以根据需要选择“确定”修改文档，或者选择“取消”继续导出，如图9-26所示。

图9-25 “口令”对话框

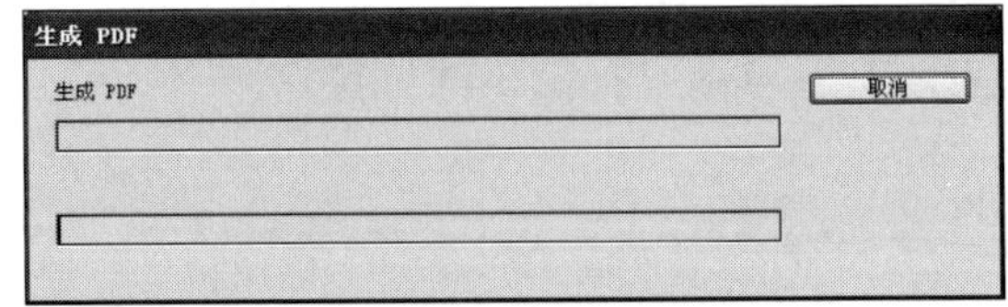

图9-26 “生成PDF”对话框

这样，文档或书籍就被导出为PDF格式的文件，并且存储到指定的位置。想要打开PDF文件，计算机中不一定要有Adobe Acrobat软件，只要在计算机中安装与导出版本相同或更高版本的Adobe Reader，就可以浏览导出的PDF文件。

9.5 打印

文件编辑好之后，最后的操作就是将它们都打印出来，下面介绍打印的知识和打印设置。

9.5.1 基本打印知识

1. 打印类型

打印文件时，InDesign将它发送到打印设备。文件被直接打印在纸张上或发送到数字印刷机，或者转换为胶片上的正片或负片图像。在后一种情况中，可使用胶片生成印版，以便通过商业印刷机印刷。

2. 图像类型

最简单的图像类型在一级灰阶中仅使用一种颜色。较复杂的图像在图像内具有变化的色调。这种类型的图像称为连续色调图像。

3. 半调

为了产生连续色调的错觉，将会把图像分成一系列网点。这个过程称为半调。改变“半调网屏”网点的大小和密度，可以在打印的图像上产生灰度变化或连续颜色的视觉错觉。

4. 分色

要将包含多种颜色的图片进行商业复制，必须将多种颜色打印在单独的印版上，每个印版包含一种颜色。这个过程称为分色。

5. 获取细节

打印图像中的细节取决于分辨率和网频的组合。输出设备的分辨率越高，可使用的网频越精细。

6. 透明对象

如果图片包含具有使用“效果”面板、“投影”或“羽化”命令添加的透明特性的对象，则将根据拼合预设中的选择设置拼合此透明图片。可以调整打印图片中的栅格化图像和矢量图像的比率。

9.5.2 打印文档或书籍

Step 01 执行下列操作之一，打开如图9-27所示的“打印”对话框。

◎ 如果要打印已打开的单个文档，可以执行“文件”|“打印”命令。此时将为当前文档打开“打印”对话框。

◎ 如果要打印书籍，可以在“书籍”面板选择所有文档，然后执行“打印书籍”命令，此时将打印书籍中的所有文档。

◎ 如果要打印书籍中的某部分文档，可以在“书籍”面板中选择此部分文档，然后选择“打印已选中的文档”。

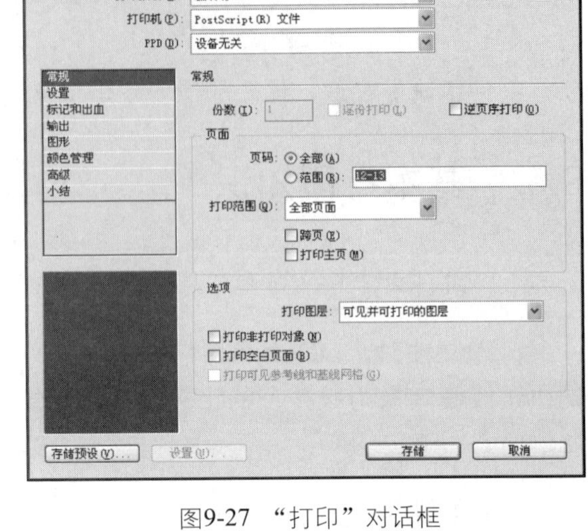

图9-27 “打印”对话框

Step 02 如果打印机预设包含所要的设置，可以在“打印”对话框顶部的“打印预设”菜单中选择此设置。

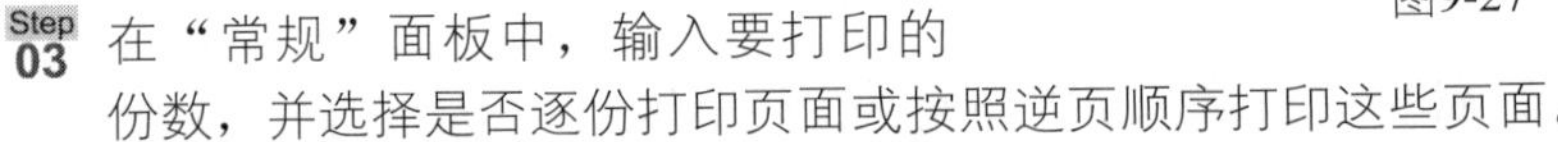

Step 03 在“常规”面板中，输入要打印的份数，并选择是否逐份打印页面或按照逆页顺序打印这些页面。

Step 04 指明要打印的页面。如果要打印书籍，则“页面”选项不可用。

Step 05 在“设置”面板中选择纸张大小和页面方向。

Step 06 在“输出”面板中选择复合颜色模式。

Step 07 根据需要调整每个选项的设置。在“打印”对话框中指定的设置将随文档一起保存。

Step 08 单击“打印”按钮，InDesign将打印所有可见图层及书籍中所有选定的文档。

9.5.3 打印页面设置

单击“打印”对话框左侧列表中的“设置”选项，可以设置打印页面，如图9-28所示。

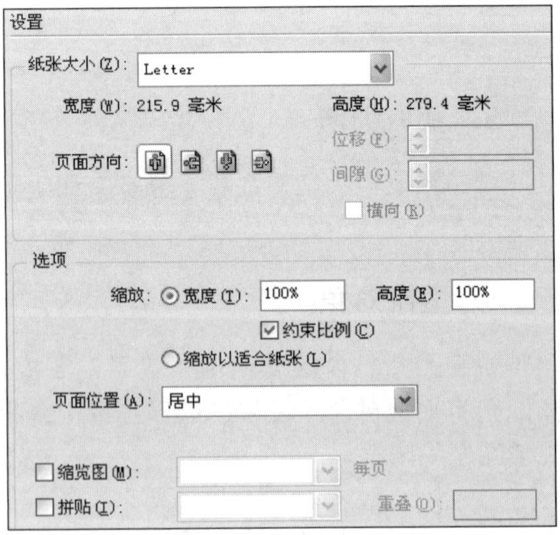

图9-28 “设置”选项组

各主要选项含义如下。

◎ “纸张大小”下拉列表：在“纸张大小”列表中选择打印的纸张大小。下面就会显示所选择纸张的宽度和高度。

◎ “页面方向”选项：可以选择打印页面的方向。有纵向、反向纵向、横向、反向横向4种。

◎ “缩放”选项：可以设置对象缩放的宽度和高度的百分比。勾选约束比例复选框，则按比例缩放多项。如果单击“缩放以适合纸张”单选按钮，将缩放对象以适合纸张。

◎ “页面位置”下拉列表：设置打印页面在纸张上的位置，可以设为左上、居中、水平居中或垂直举重。页面方向不同，显示在纸上的位置也不同。

◎ “缩览图”选项：勾选此复选框，可以在一个页面中打印多页。如图1×2、3×4等。

◎ “拼贴”选项：可以将超大尺寸的文档分为一个或多个可用页面大小进行拼贴。可以选择自动拼贴、自动对齐拼贴、手动拼贴。如果选择自动拼贴，可以设置重叠宽度；如果选择手动拼贴，可以手动进行拼贴。

- 自动：自动计算所需的拼贴数量，包括重叠部分。
- 自动对齐：增加重叠量，以便最右边拼贴的右边与文档页面的右边对齐，最下面拼贴的底边与文档页面的底边对齐。
- 手动：打印单个拼贴。选择此选项之前，首先通过拖动标尺的亮点指定拼贴的左上角，然后执行“文件”|“打印”命令，并将“拼贴”选项选择为“手动”。

9.5.4 打印标记和出血设置

准备用于打印的文档时，需要添加一些标记以帮助印刷商在生成样稿时确定在何处裁切纸张、套准分色片或测量胶片，以获取正确的校准数据及网点密度等。选择任一页面标记选项都将扩散页面边界以适合打印机标记、出血或辅助信息区域。

单击“打印”对话框左侧列表中的“标记和出血”选项，可以设置打印页面，如图9-29所示。

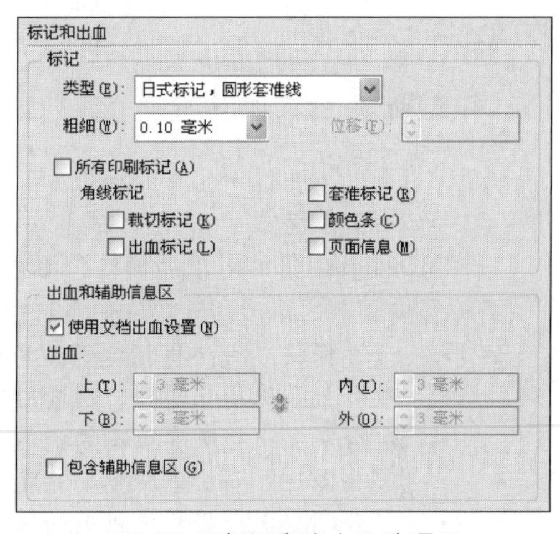

图9-29 “标记和出血”选项组

各主要选项含义如下。

◎ “类型”下拉列表：设置标记类型。可以选择“默认”、“日式标记圆形套准线”、“日式标记，十字套准线”。

◎ “粗细”下拉列表：默认设置为0.1毫米。可以从0.05毫米、0.07毫米、0.1毫米等中选择。

◎ “位移”选项：指定InDesign打印页面信息或标记距页面边缘的宽度。不过，只有在“类型”下拉列表中选择“默认”时，此选项才可用。

◎ “所有印刷标记”选项：勾选此复选框，将打印所有的标记，有裁切标记、出血标记、套准标记、颜色条、页面信息。如果不勾选此项，则可以根据需要选择要打印的标记。

◎ “裁切标记”选项：添加定义页面应当裁切的位置的水平和垂直细线。裁切标记可以与出血标记一起，通过将上下标记重叠，把一个分色与另一个分色对齐。

◎ “出血标记”选项：添加细线标尺，该线定义页面中图像向外扩展区域的大小。

◎ “套准标记”选项：在页面与区外添加小的“靶心图”，以对齐色彩文档中不同的分色。

◎ “颜色条”选项：添加表示CMYK油墨和灰色色调颜色的小方块。

◎ “页面信息”选项：在每页纸张或胶片的左下角，用6磅的宋体字体打印文件名、页码、当前日期和时间及分色名称。“页面信息”选项要求距水平边缘有0.5英寸。

◎ “出血”选项：如果勾选“使用文档出血设置”复选框将使用文档中的出血设置。如果不勾选，则可以在上、下、内、外输入出血的宽度。

◎ “包含辅助信息区”选项：勾选此复选框，可以打印在“文档设置”对话框中设置的辅助信息区域。

9.5.5 打印输出设置

单击“打印”对话框左侧列表中的“输出”选项，如图9-30所示。在“输出”选项中，可以确定如何将文档中的复合颜色发送到打印机。启用颜色管理时，“颜色”设置默认值会使输出的颜色得到校准。在颜色转换中专色信息将保留，只有印刷色将根据指定的颜色空间转换为等效值。

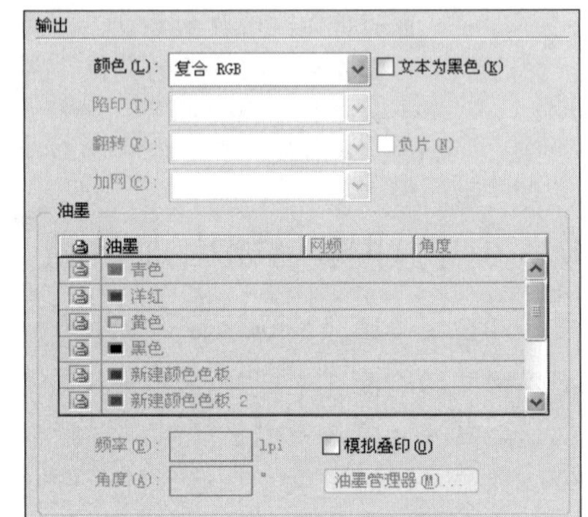

图9-30 “输出”选项组

各主要选项含义如下。

◎ “颜色”下拉列表：下拉列表中选择一种颜色模式。复合模式仅影响使用InDesign创建的对象和栅格化图像，不会影响置入的图形，除非它们与透明对象重叠。

- 复合保持不变：将指定页面的全彩色版本发送到打印机，保留原始文档中所有的颜色值。如果选择此选项，则禁用“模拟叠印”。
- 复合灰度：将灰度版本的指定页面发送到打印机。
- 复合RGB：将彩色版本的指定页面发送到打印机。
- 复合CMYK：将彩色版本的指定页面发送到打印机。
- “分色”：为文档要求的每个分色创建PostScript信息，并将该信息发送到输出设备。
- “In-RIP分色”：将分色信息发送到输出设备的RIP。
- 文本为黑色：将InDesign中创建的文本全部打印成黑色，文本颜色为“无”或“纸色”，或者与“白色”的颜色值相等。

◎ “陷印”下拉列表：如果选择分色打印，则可以在“陷印”中选择一种陷印方式。选择“应用程序内建”将使用InDesign自带的陷印引擎；选择“Adobe in-RIP”将使用Adobe in-RIP陷印；选择“关闭”将不使用陷印。

◎ “翻转”下拉列表：可以将要打印的页面翻转，如水平、垂直、水平翻转、垂直翻转。

◎ “加网”下拉列表：设置加网方式。

◎ “油墨”选项：选择一种油墨色，并设置该油墨的网屏与密度。

9.5.6 打印图形设置

单击“打印”对话框左侧列表中的“图形”选项，可以显示打印图形设置，如图9-31所示。

各主要选项含义如下。

◎ “发送数据”下拉列表：控制置入的位图图像发送到打印机或文件的图像数据量。

- 全部：打印时，发送全分辨率数据，适合于任何高分辨率打印，或者打印高对比度的灰度或彩色图像。需要的磁盘空间最大。
- 优化次像素采样：打印时，只发送足够的图像数据供输出设备以最高分辨率打印图形。用于处理高分辨率图像而将校样打印到台式打印机。

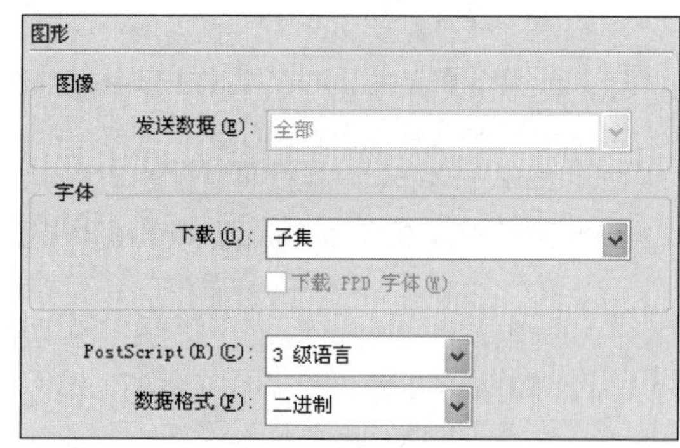

图9-31 “图形”选项组

提示

印使选择“优化次像素采样”选项，InDesign也不会对EPS或PDF图像进行此像素采样。

- 代理：发送置入位图图像的屏幕分辨率版本。选择此项，打印时间会缩短。
- 无：打印时，临时删除所有图形，并使用具有交叉线的图形框代替这些图形，可以缩短打印时间。图形框架的尺寸与导入图形的尺寸相同，且保留了剪贴路径，以便检查大小和定位。

◎ “下载”下拉列表：设置将字体下载到打印机的方式。主流打印机的字体是存储在打印机的内存中或连接到打印机的硬盘驱动器上的字体。Type 1和TrueType字体也可以存储在打印机或计算机上；位图字体只能存储在计算机上。InDesign会根据需要下载字体，条件是字体安装在计算机的硬盘中。

- 无：此选项包括对PostScript文件中字体的引用，包括驻留在打印机中的字体，该文件告诉RIP或后续处理器应当包括字体的位置。
- 完整：选择此项，在打印操作开始时下载文档所需的所有字体。
- 子集：仅下载文档中使用的字符。每页下载一次字体。用于打印单页文档或具有较少文本的短文档时，可以快速生成较小的PostScript文件。
- 下载PPD字体：下载文档中使用的所有字体，包括驻留在打印机中的那些字体。使用此选项可以让InDesign用计算机上的字体轮廓打印普通字体。

9.5.7 打印颜色管理设置

当打印颜色管理文档时，可指定其他颜色管理选项以保证打印机输出中的颜色一致。单击“打印”对话框左侧列表中的“颜色管理”选项，“颜色管理”选项可以将文档的颜色转换为台式打印机的色彩空间，使用此打印机的配置文件替代当前文档的配置文件。如果选择“校样”色彩空间并针对RGB打印机，InDesign则使用选择的颜色配置文件将颜色数据转为RGB值。如图9-32所示为“颜色管理”选项组。

各主要选项含义如下。

◎ 打印：选择打印“文档”或打印“校样”。

◎ “颜色处理”下拉列表：选择“由InDesign确定颜色”。

◎ “打印机配置文件”下拉列表：选择输出设置的配置文件。配置文件描述输出设置的行为及打印条件越准确，颜色管理系统转换文档中实际颜色的数值就越准确。

◎ 保留RGB颜色值：选择“保留RGB颜色值”或“保留CMYK颜色值”。勾选此复选框，将确定InDesign在没有颜色配置文件的情况下如何处理颜色和与之相关联的颜色。InDesign将颜色值直接发送到输出设备。取消勾选此选项时，InDesign首先将颜色值转换为输出设备的色彩空间。

◎ “模拟纸张颜色”选项：将按照文档配置文件的定义模拟由打印机介质显示的纸张颜色。

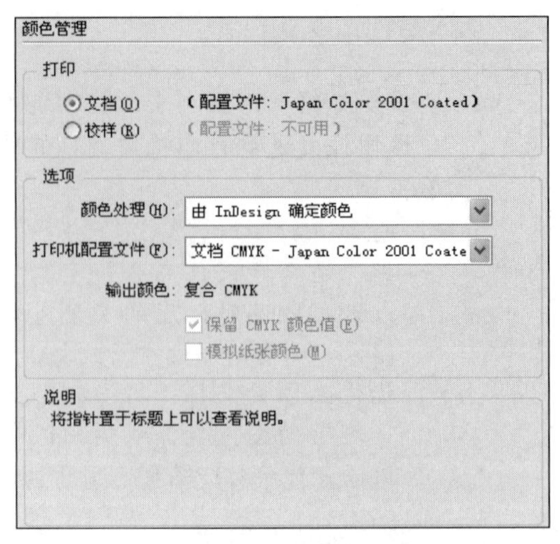

图9-32 “颜色管理”选项组

9.5.8 打印高级设置

单击“打印”对话框左侧列表中的“高级”选项，可以显示打印高级设置，如图9-33所示。

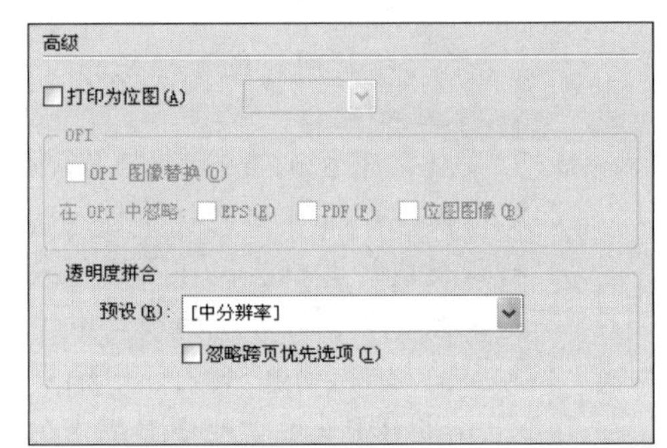

图9-33 “高级”选项组

各主要选项含义如下。

◎ “OPI图像替换”选项：启用InDesign可在输出时用高分辨率图像替换低分辨率EPS代理的图形。要使OPI图像替换起作用，EPS文件必须包含降低分辨率代理图像链接到高分辨率图像的OPI注释。

◎ “在OPI中忽略”选项：使用该选项可在将图像数据发送到打印机或文件时有选择地忽略导入不同的图形类型，只保留OPI链接由OPI服务器以后处理。注释包含在OPI服务器上找到高分辨率图像所需的信息。

◎ “预设”下拉列表：

- 低分辨率：用于要在黑白桌面打印机上打印的快速校样，以及要在Web发布的文档或要导出为SVG的文档。
- 中分辨率：用于桌面校样，以及要在PostScript彩色打印机上打印的文档。
- 高分辨率：用于最终出版，以及高品质校样。

◎ “忽略跨页优先选项”选项：选择此项，在透明度拼合时，将忽略跨页覆盖。

9.5.9 打印小结

单击“打印”对话框左侧列表中的“小结”选项，可以显示打印小结，如图9-34所示。在小结中将显示打印设置的所有内容。先是打印预设名称、打印机，还有常规、设置、编辑和出血、输出、图形、颜色管理、高级、小结中每一个选项的设置情况。

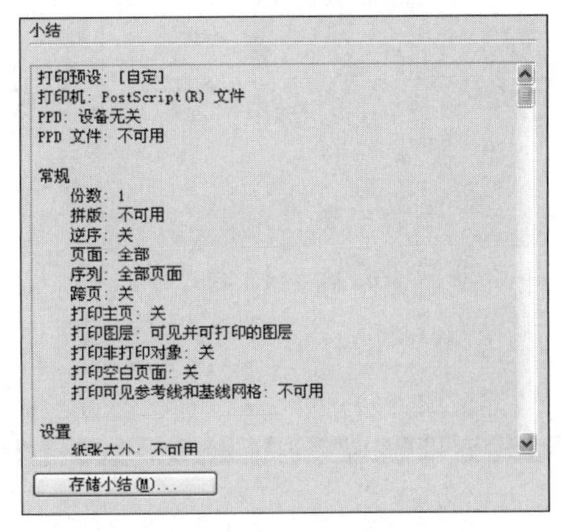

图9-34 “小结”选项组

第10章 综合案例的制作

经过前面几个章节的学习，读者已经对InDesign的基础操作方法有了一定的了解，在本章中将从纸质宣传品、报纸、杂志等几个方面分析不同印刷品的设计要素、制作技巧以及排版方式。

10.1 纸质宣传品的设计与制作

纸质宣传品包含有产品样本、书刊画册、内刊杂志，用户手册、说明书、报价单、海报、企业简介、宣传画册、企业年报、手提袋、文件夹、宣传单页、宣传折页、楼书封套、优惠券、桌卡等许多内容。本章主要通过几个典型案例的制作，对常用的宣传产品的版面布局和设计效果进行讲解。

10.1.1 纸质宣传品的设计要素

由于纸质宣传类产品所包含的范围非常广泛，尺寸也根据客户的不同需求而定，所以这里对宣传产品的尺寸要求不再分析，主要从设计的角度分析一下设计要素和制作技巧。

1. 文字

文字作为视觉形象要素，它首先要有可读性。同时，不同的字体变化和大小及面积的变化，又会带来不同的视觉感受。文字的编排设计是为了增强视觉效果，是使版面个性化的重要手段之一。在宣传产品设计中，字体的选择与运用首先要便于识别，容易阅读，不能盲目追求效果而使文字失去最基本信息传达功能。尤其是改变字体形状、结构，运用特殊效果或选用书法体、手写体时，更要注意其识别性。

字体的选择还要注意适合诉求的目的。不同的字体具有不同的性格特征，而不同内容、风格的宣传册设计也要求不同的字体设计的定位：或严肃端庄、或活泼轻松、或高雅古典、或新奇现代。要从主题内容出发，选择在形态上或象征意义上与传达内容相吻合的字体。

在整本的宣传册中，字体的变化不宜过多，要注意所选择的字体之间的和谐统一。标题或提示性的文字可适当地变化，内文字体要风格统一。文字的编排要符合人们的阅读习惯，如每行的字数不宜过多，要选用适当的字距与行距。也可用不同的字体编排风格制造出新颖的版面效果，给读者带来不同的视觉感受。

2. 图形

图形是一种用形象和色彩来直观地传播信息、观念及交流思想的视觉语言，它能超越国界、排除语言障碍并进入各个领域与人们进行交流与沟通，是人类通用的视觉符号。

在宣传册设计中，图形的运用可起到以下作用：

◎ 注目效果。有效地利用图形的视觉效果吸引读者的注意力。这种瞬间产生的强烈的“注目效果”，只有图形可以实现。

◎ 看读效果。好的图形设计可准确地传达主题思想，使读者更易于理解和接受它所传达的信息。

◎ 诱导效果。猎取读者的好奇心，使读者被图形吸引，进而将视线引至文字。图形表现的手法多种多样。传统的各种绘画、摄影手法可产生面貌、风格各异的图形、图像。尤其是近年来电脑辅助设计的运用，极大地拓展了图形的创作与表现空间。然而无论用什么手段表现，图形的设计都可以归纳为具象和抽象两个范畴。

具象的图形可表现客观对象的具体形态，同时也能表现出一定的意境。它以直观的形象真实地传达物象的形态美、质地美、色彩美等，具有真实感，容易从视觉上激发人们的兴趣与欲求，从心理上取得人们的信任。尤其是一些具有漂亮外观的产品，常运用真实的图片通过精美的设计制作给人带来赏心悦目的感受。因为它的这些特点，具象图形在宣传册的设计中仍占主导地位。

另外，具象图形是人们喜爱和易于接受的视觉语言形式。运用具象图形来传达某种观念或产品信息，不仅能增强画面的表现力和说服力，提升画面的被注目值，而且能使传达富有成效。

需要注意的是，具象图形、图像的选择、运用要紧扣主题，需要经过加工提炼与严格的筛选，它应是具体图形表现的升华，而不是图片形象的简单罗列、拼凑。

抽象图形运用非写实的抽象化视觉语言表现宣传内容，是一种高度理念化的表现。在宣传产品设计中，抽象图形的表现范围是很广的，尤其是现代科技类产品，因其本身具有抽象美的因素，用抽象图形更容易表现出它的本质特征。此外，对有些形象不佳或无具体形象的产品，或有些内容与产品用具象图形表现较困难时，采取抽象图形表现可取得较好的效果。

抽象图表单纯凝练的形式美和强烈鲜明的视觉效果，是人们审美意识的增强和时代精神的反映，较之具象图形具有更强的现代感、象征性、典型性。抽象表现可以不受任何表现技巧和对象的束缚，不受时空的局限，扩展了宣传册的表现空间。

无论图形抽象的程度如何，最终还是要让读者接受，因此，在设计与运用抽象图形时，抽象的形态应与主题内容相吻合，表达对象的内容或本质。另外，要了解和掌握人们的审美心理和欣赏习惯，加强针对性和适应性，使抽象图形准确地传递信息并发挥应有的作用。

具象图形与抽象图形具有各自的优势和局限，因此，在宣传册设计的过程中，两种表现方式有时会同时出现或以互为融合的方式出现，如在抽象形式的表现中突出具象的产品。设计时应根据不同的创意与对象采用不同的表现方式。

3. 色彩

在宣传册设计的诸要素中，色彩是一个重要的组成部分。它可以制造气氛、烘托主题，强化版面的视觉冲击力，直接引起人们的注意与情感上的反应；另一方面，还可以更为深入地揭示主题与形象的个性特点，强化感知力度，给人留下深刻的印象，在传递信息的同时给人以美的享受。

宣传册的色彩设计应从整体出发，注重各构成要素之间色彩关系的整体统一，以形成能充分体现主题内容的基本色调；进而考虑色彩的明度、色相、纯度各因素的对比与调和关系。设计者对于主体色调的准确把握，可帮助读者形成整体印象，更好地理解主题。

在宣传册设计中，运用商品的象征色及色彩的联想、象征等色彩规律，可增强商品的传达效果。不同种类的商品常以与其感觉相吻合的色彩来表现，如食品、电子产品、化妆品、药品等在用色上有较大的区别；而同一类产品根据其用途、特点还可以再细分。如食品，总的来说大多选用纯度较高，感觉干净的颜色来表现；其中红、橙、黄等暖色能较好的表达色、香、味等感觉，引起人的食欲，故在表现食品方面应用较多；咖啡色常用来表现巧克力或咖啡等一些苦香味的食品；绿色给人新鲜的感觉，常用来表现蔬菜、瓜果；蓝色有清凉感，常用来表现冷冻食品、清爽饮料等。

在运用色彩的过程中既要注意典型的共性表现，也要表达自己的个性。如果所用色彩流于雷同，就失去了新鲜的视觉冲击力。这就需要在设计时打破各种常规或习惯用色的限制，勇于探索，根据表现的内容或产品特点，设计出新颖、独特的色彩格调。总之，宣传册色彩的设计既要从宣传品的内容和产品的特点出发，有一定的共性，又要在同类设计中标新立异，有独特的个性。这样才能加强识别性和记忆性，达到良好的视觉效果。

4. 编排

宣传产品的编排设计也遵循各种编排方法、规律，但需要注意的是，宣传册的形式、开本变化较多，设计时应根据不同的情况区别对待。

页码较少、面积较小的宣传册，在设计时应使版面特征醒目；色彩及形象要明确突出；版面设计要素中主要文字可适当大一些。

页码较多的宣传册，由于要表现的内容较多，为了实现统一，整体的感觉，在编排上要注意网格结构的运用；要强调节奏的变化关系，保留一定量的空白；色彩之间的关系应保持整体的协调统一。

为避免设计时只注意单页效果而不能把握总体的情况，可采用以下方法来控制整体效果：

Step 01 首先确定创作思路，根据预算情况确定开本及页数；并依照规范版式将图文内容按比例缩小排列在一起，以便全面观察比较，合理调整。

Step 02 找出整个产品中共性的因素，设定某种标准或共用形象，将这些主要因素安排好后再设计其他因素。在整个产品的设计中抓住几个关键点来控制整体布局，做到统一中有变化，变化中求统一，达到和谐、完美的视觉效果。

10.1.2 纸质宣传品的制作技巧

1. 外表大方美观

外表要大方美观，最好显的很扩气，让人感观上觉的很好。虽然费用会高一点，但效果是不容忽视的。

2. 体现公司实力

宣传产品本来就是用来宣传企业的，可以适当的去“吹”一下贵公司但不能过于夸张。可以把贵公司要执行或正在研究发行的产品先简单介绍一下。当然更重要的是要体现贵公司是多么有实力、有前景的。

3. 内页不要太多

内页不要太多，太多了页数人家也会看烦了，只要保持在3-6页最好了。

4. 增加信息量

如果公司有在一些网站或媒体做宣传,那么要把贵公司网址和电话写上去，这样如果有人感兴趣也可以直接去网站或看到电视媒体的时候会对公司记忆深刻一点儿。这就达到了宣传的目的。

5. 语言简单明了

尽量语言简单明了，不要像个大文学家，毕竟看公司宣传产品的人文化层次是不一样的。

6. 最好彩印

最好是彩印，不要做黑白的，这也是档次的一个体现。

10.1.3 银行宣传单页的设计

本实例是模拟真实印刷品制作的设计，在此只用作教程使用，案例中注重了黑白、色彩对比效果的使用，且采用银行标志的颜色作为设计主色，简洁大方，实例效果如图10-1所示。

图10-1 实例效果图

Step 01 执行“文件”｜“新建”｜“文档”命令，或者按下Ctrl+N键，在打开的“新建文档”对话框中的“页面大小”下拉列表中选择170毫米×285毫米，设置“页数”为1页，如图10-2所示，单击“边距和分栏”按钮，打开“新建边距和分栏”对话框。

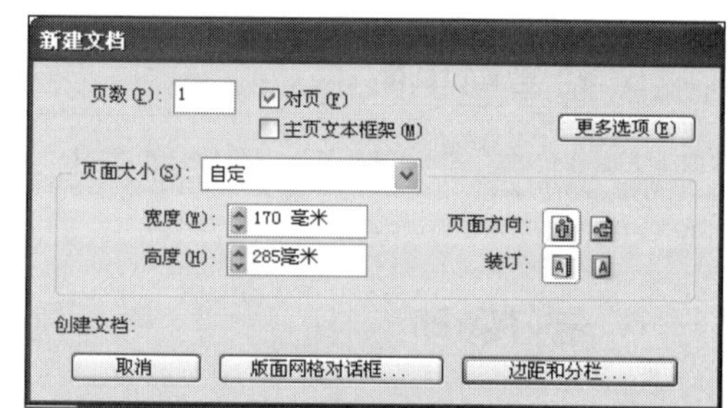

图10-2 “新建文档”对话框

Step 02 在对话框中设置“上”选项的数值为10毫米，此时其他3项也一起变为10毫米，单击“确定”按钮保存设置。

Step 03 在工具箱中选择“矩形工具”，分两次单击，依次在弹出的“矩形”对话框中设置数值为176毫米×256毫米和176毫米×64毫米，新建2个矩形，并分别填充黑色和红色，如图10-3所示。

Step 04 在工具箱中选择“框架工具”，单击鼠标左键，在弹出的“矩形”对话框中设置数值为135毫米×45毫米，新建一个矩形框架。

Step 05 执行“文件”｜“置入”命令，弹出“置入”对话框中，从“查找范围”中选择本实例素材所在的文件夹，在该对话框中选择素材图片“red.ai”文件，单击“打开”按钮将它导入。按住Shift+Ctrl键的同时按比例调整图片素材，效果如图10-4所示。

Step 06 继续使用“框架工具”，单击鼠标左键，在弹出的“矩形”对话框中设置数值为70毫米×38毫米，新建一个矩形框架。按住Alt+Shift键的同时在垂直方向上拖动鼠标制作两个矩形框架副本。

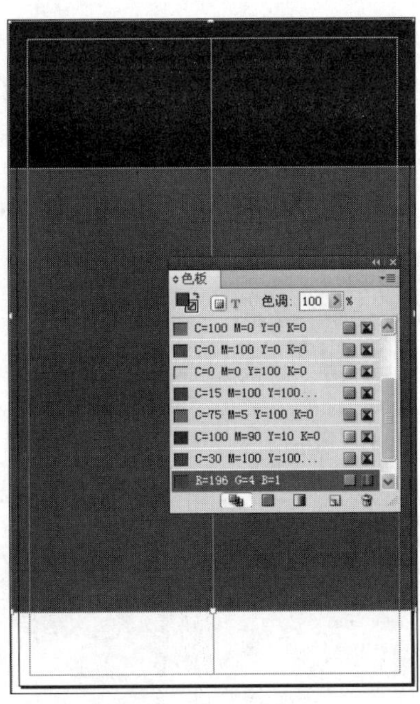

图10-3 新建矩形并填充颜色

图10-4 置入素材图片

Step 07 执行“文件” | “置入”命令，在弹出的“置入”对话框中，从“查找范围”中选择素材所在的文件夹，在该对话框中选择素材图片“01.jpg”至“03.jpg”文件，单击“打开”按钮将它们导入。按住Shift+Ctrl键的同时按比例调整图片素材，效果如图10-5所示。

Step 08 按下T键切换到“文字工具”，输入“星展银行”相关文本并绘制框架，置入图片素材“银行标志.jpg”，编排效果如图10-6所示。

图10-5 置入素材图片

图10-6 输入文本

Step 09 接下来制作银行图标。按下P键切换到钢笔工具，结合“转换点工具”绘制并编辑出如图10-7所示的图形，按住Alt+Shift键的同时在水平方向上移动制作一个副本，然后在选项栏中单击“水平翻转”按钮水平翻转对象。同时选中两个对象，单击鼠标右键，在弹出的快捷菜单中选择“编组”命令，如图10-8所示。

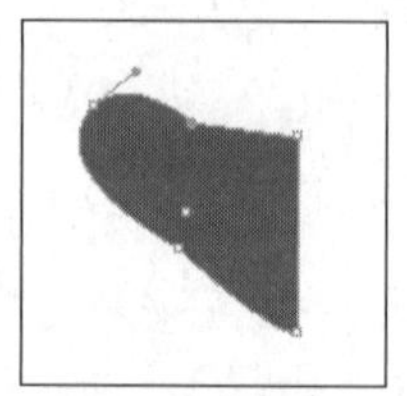

图10-7 绘制图形

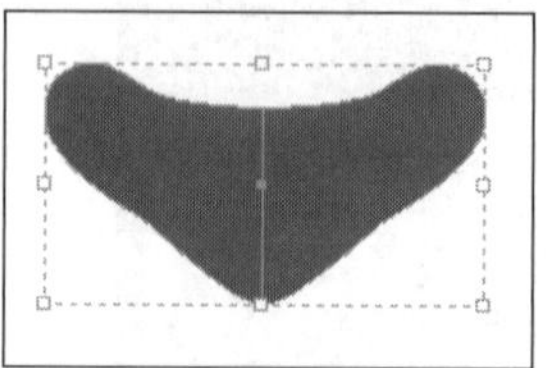

图10-8 制作副本

Step 10 结合“复制”和“粘贴” 命令将编组的对象再制作副本并进行水平和垂直翻转，将翻转后的对象进行编组，调整它们的位置，组成星展银行的标志。执行“窗口”｜“色板”命令，打开“色板”面板，设置颜色如图10-9所示。

Step 11 将编组后的图标制作副本，重复按下Ctrl+[键来调整对象的位置，效果如图10-10所示。

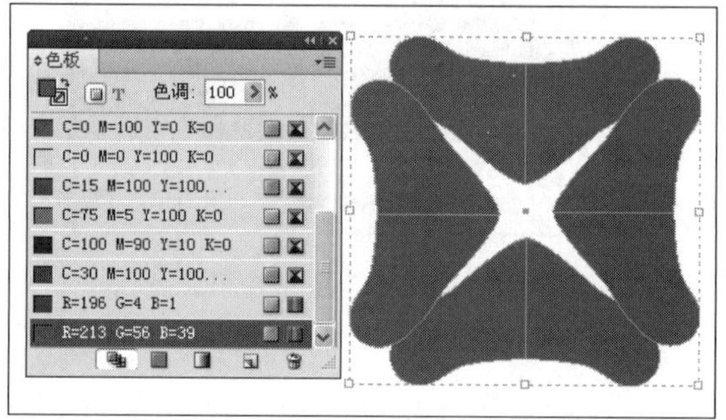

图10-9 制作图形副本并设置颜色

Step 12 输入其他相关的段落文本，选中左侧产品与服务相关的文本，在“段落样式”面板中选择“服务项目”样式；选中右侧银行介绍的相关文本，在“段落样式”面板中选择“介绍”样式，段落样式的具体设置数值请参考源文件，效果如图10-11所示。

图10-10 将银行标志进行复制和排列

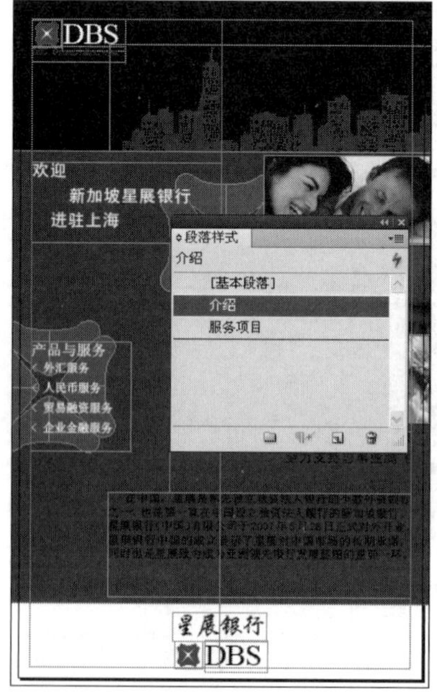

图10-11 继续输入其他文本

10.1.4 职业学校宣传单页的设计

职业学校宣传单页以蓝色调为主，突出学校的商贸特色，对重点专业进行分栏强调。此外，整个版式中需要排列大量的文字，所以需要注意字体与行距的设计，实例效果如图10-12所示。

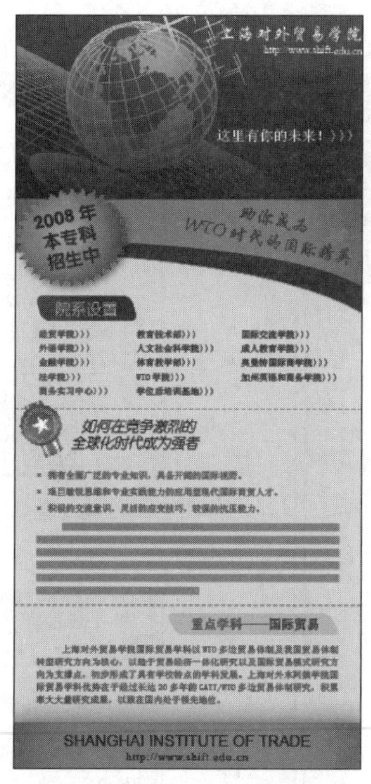

图10-12 实例效果图

Step 01 执行“文件”|“新建”|“文档”命令，或者按下Ctrl+N键，在打开的“新建文档”对话框中的“页面大小”下拉列表中选择95毫米×210毫米，设置“页数”为1页，如图10-13所示，单击“边距和分栏”按钮，打开“新建边距和分栏”对话框。

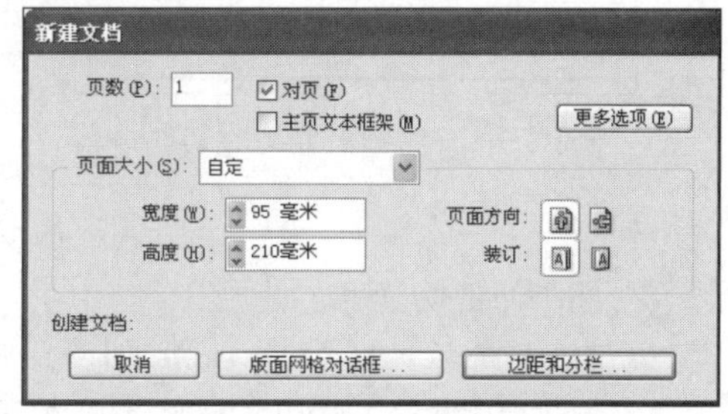

图10-13 “新建文档”对话框

Step 02 在对话框中设置“上”选项的数值为0毫米，单击“确定”按钮保存设置。

Step 03 在工具箱中选择“矩形工具”，单击鼠标左键，在弹出的“矩形”对话框中设置数值为101毫米×55毫米，新建1个矩形。执行“窗口”|“渐变”命令，打开“渐变”面板，设置渐变色如图10-14所示。注意在“类型”下拉列表中选择“线性”类型。

Step 04 此时需要把渐变色保存到“色板”面板中，以备后面随时调用。选中填充的渐变色，在“色板”面板中单击右侧的“扩展菜单”按钮，在弹出的快捷菜单中选择“新建渐变色板”选项，打开如图10-15所示的“新建渐变色板”对话框，在色板名称文本框中输入渐变色的名称，同时可以拖动滑块调整渐变色的数值，单击“确定”按钮保存设置。

Step 05 此时在“色板”面板中就会显示新添加的渐变色板，如图10-16所示。

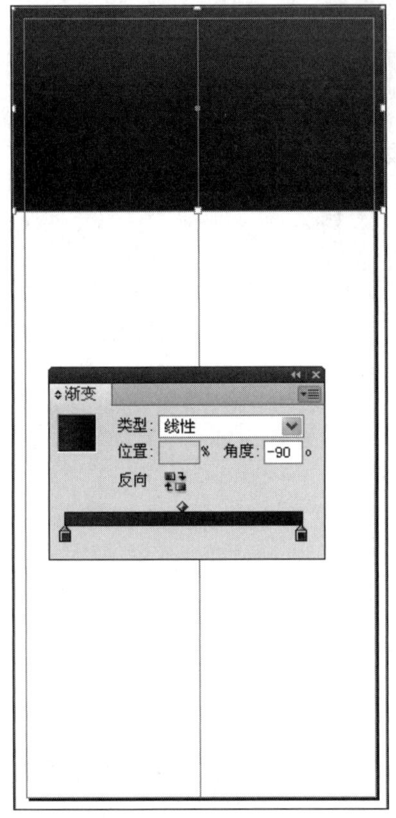

图10-14 绘制矩形并填充渐变色

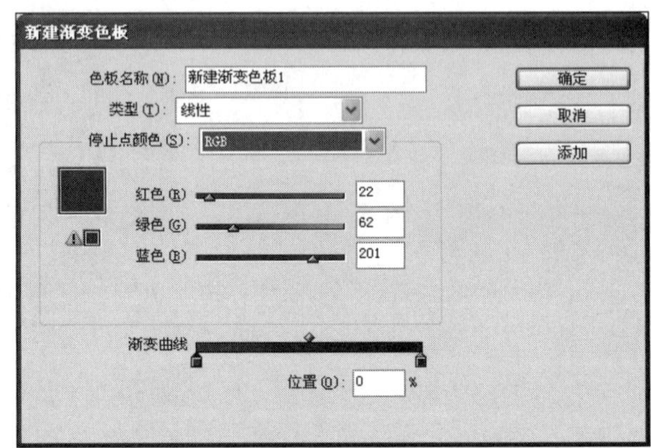

图10-15 “新建渐变色板”对话框

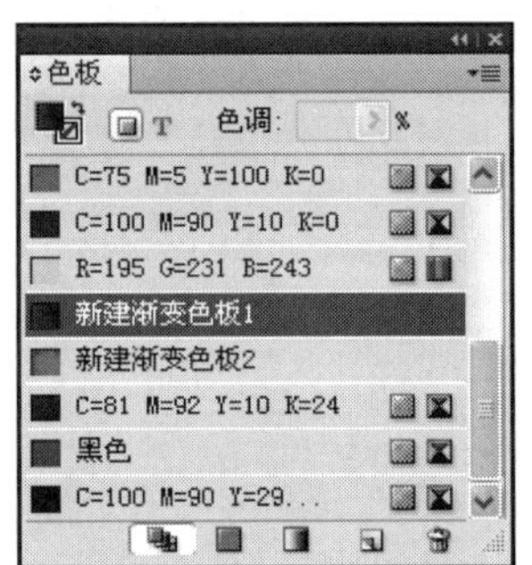

图10-16 “色板”面板

Step 06 按下M键切换回“矩形工具”，单击鼠标左键，在弹出的“矩形”对话框中设置数值为101毫米×162毫米，新建1个矩形并为其填充颜色，如图10-17所示。继续新建一个数值为101毫米×16毫米的矩形，为其填充渐变色，在“类型”下拉列表中选择“径向”选项，同样将其添加到“色板”面板中，效果如图10-18所示。

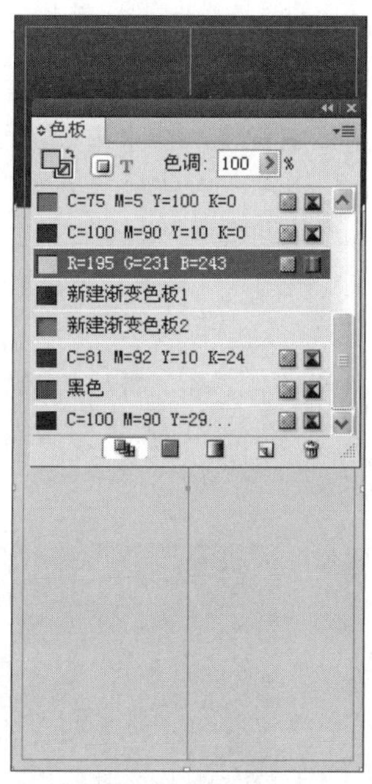

图10-17 绘制矩形并填充颜色

图10-18 绘制矩形并填充渐变色

Step 07 选中刚才绘制的矩形，单击鼠标右键，在弹出的快捷菜单中选择“效果”|“投影”选项，在打开的“投影”参数设置窗口中设置各项数值，如图10-19所示，添加后的效果如图10-20所示。

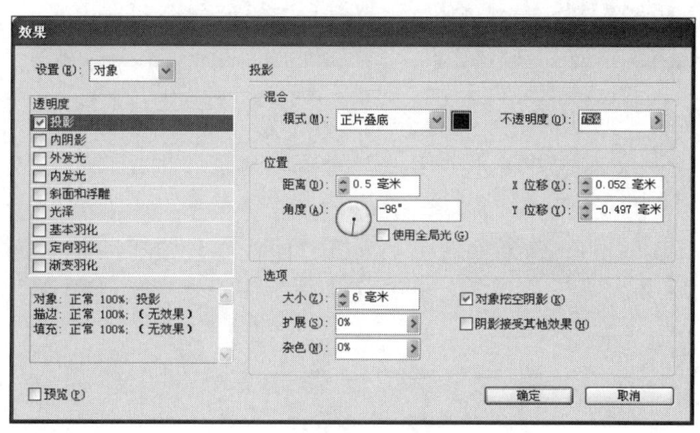

图10-19 “效果”对话框中设置投影

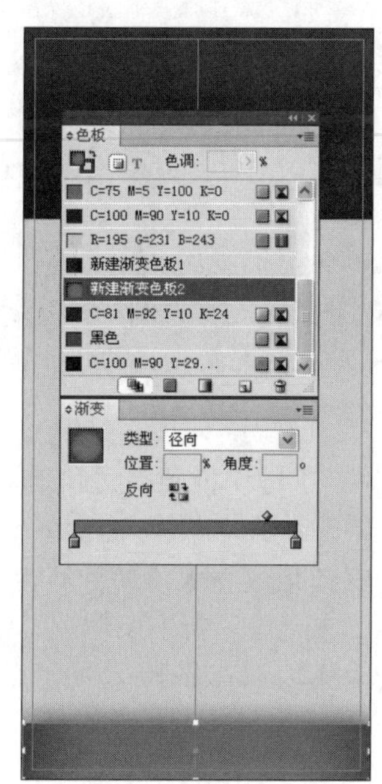

图10-20 添加投影效果

Step 08 按下P键切换到钢笔工具，结合“转换点工具”绘制出如图10-21所示的图形，并为其填充渐变色。

Step 09 按下\键切换到“直线工具”，按住Shift键的同时绘制一条直线，在“描边”面板中设置“粗细”选项的数值为1点，设置“类型”为“虚线”，并在“色板”面板中设置描边色，按住Shift+Alt键的同时制作直线副本，如图10-22所示。

Step 10 继续使用“框架工具”，单击鼠标左键，在弹出的“矩形”对话框中设置数值为101毫米×55毫米，新建一个矩形框架。

Step 11 执行“文件”｜“置入”命令，在弹出的“置入”对话框中，从“查找范围”中选择文本所在的文件夹，在该对话框中选择素材图片“02.ai”文件，单击“打开”按钮将它们导入。按住Shift+Ctrl键的同时按比例调整图片素材，效果如图10-23所示。

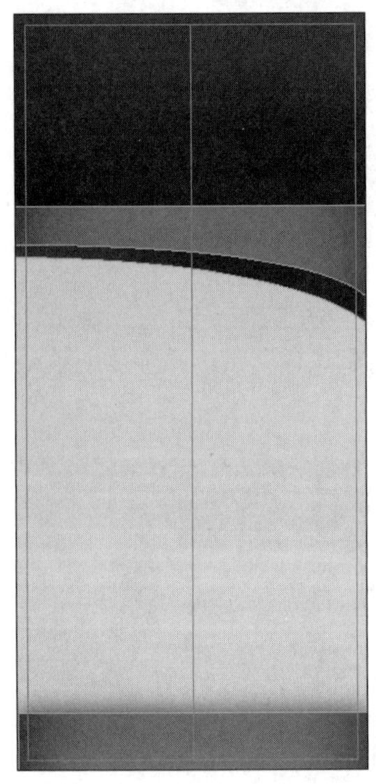

图10-21 绘制图形并填充渐变色

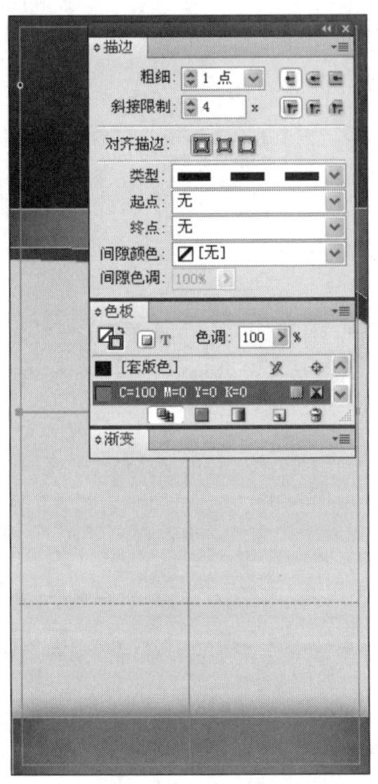

图10-22 绘制直线并设置线型

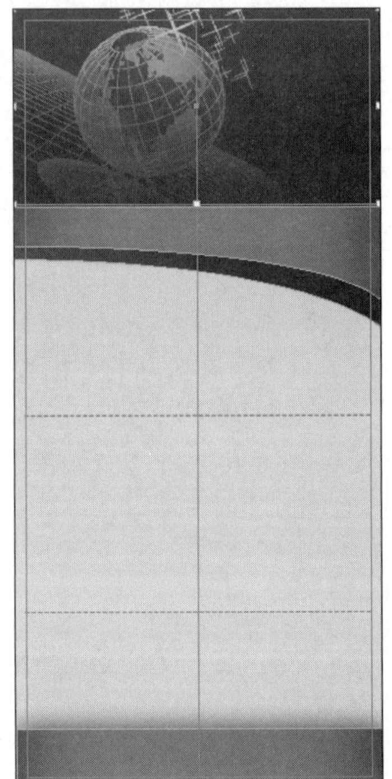

图10-23 置入图片素材

Step 12 按下T键切换到“文字工具”，绘制文本框并输入“上海对外贸易学院”相关文本，设置的数值如图10-24所示。

Step 13 继续输入文本“助你成为WTO时代的国际精英”，在“字符”面板中设置“字体”为“方正硬笔行书简体”，设置“字体大小”为14点，在“选项栏”中设置“旋转角度”为-12°。如图10-25所示。

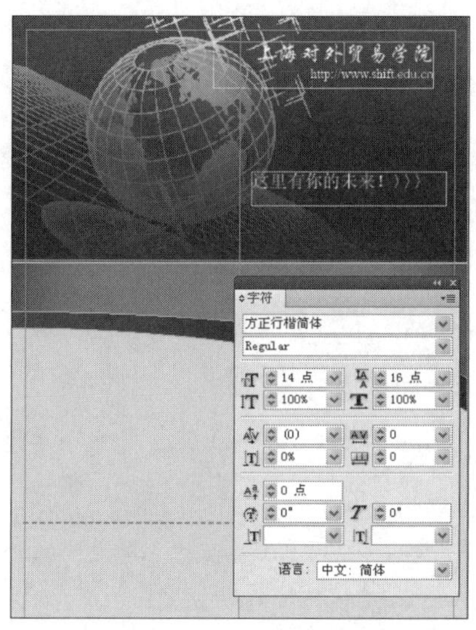

图10-24 输入并设置文本

图10-25 继续输入文本并旋转

Step 14 继续使用"框架工具"☒，单击鼠标左键，在弹出的"矩形"对话框中设置数值为33毫米×29毫米，新建一个矩形框架。执行"文件"｜"置入"命令，在弹出的"置入"对话框中，从"查找范围"中选择文本所在的文件夹，在该对话框中选择素材图片"01.psd"文件，单击"打开"按钮将它导入。按住Shift+Ctrl键的同时按比例调整图片素材。在"选项栏"中设置"旋转角度"为13°并输入相关文本，如图10-26所示。

Step 15 按下T键切换到"文字工具"，绘制一个文本框，执行"表格"｜"插入表"命令，如图10-27所示，在打开的"插入表"对话框中设置"正文行"为5，设置"列"为3，单击"确定"按钮插入表格。

图10-26 置入并旋转图片

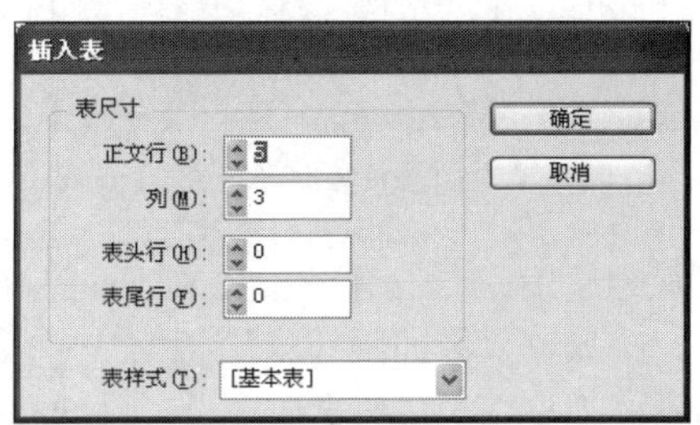

图10-27 "插入表"对话框

Step 16 插入表格后，执行“表格”|“单元格选项”|“描边和填色”命令，设置数值如图10-28所示；再切换到“行和列”选项卡，设置数值如图10-29所示。单击“确定”按钮保存设置。

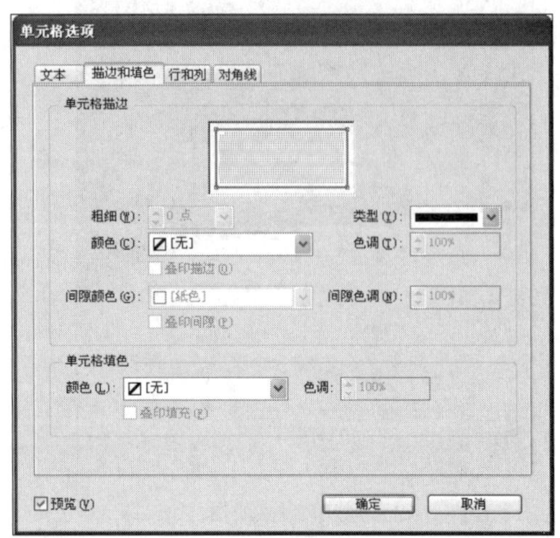

图10-28 “描边和填色”选项卡

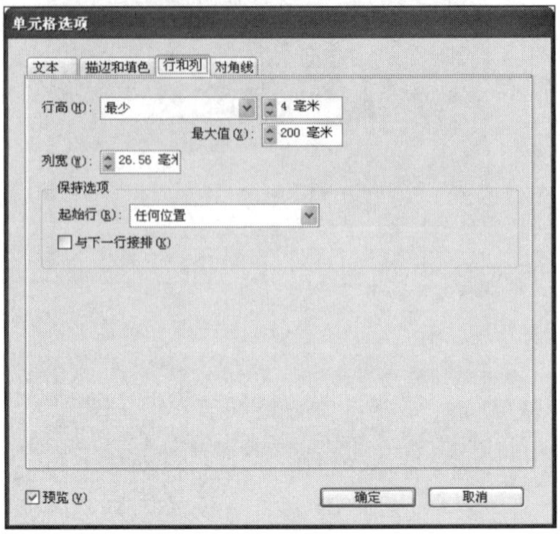

图10-29 “行和列”选项卡

Step 17 输入表格中所需的文本，设置效果如图10-30所示。

Step 18 再输入“如何在竞争激烈的全球化时代成为强者”系列的段落文本，选中段落文本内容，在“段落样式”面板中选择“具备素质”样式，效果如图10-31所示。

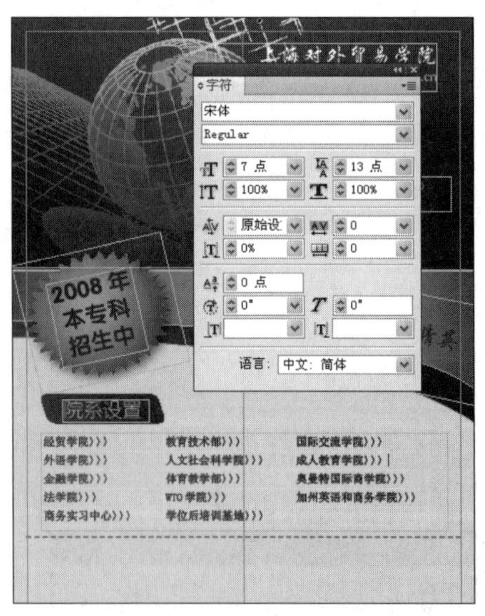

图10-30 输入文本

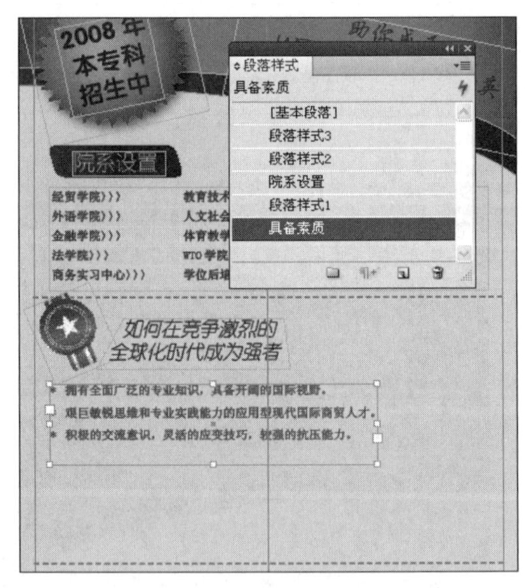

图10-31 选择段落样式

Step 19 继续输入专业介绍相关文本，选中段落文本内容，在“段落样式”面板中选择“正文”样式，效果如图10-32所示。

Step 20 输入学科建设相关的文本，具体数值参考源文件进行设置。最终效果如图10-33所示。

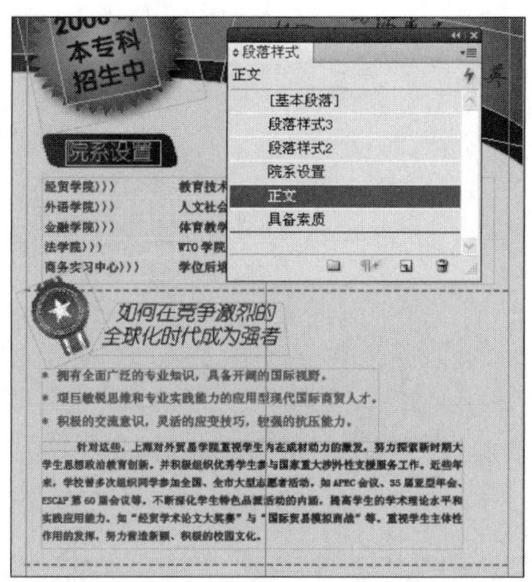

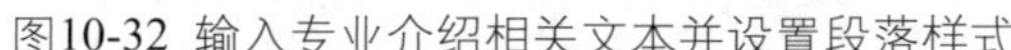

图10-32 输入专业介绍相关文本并设置段落样式

图10-33 输入学科建设相关的文本并设置段落样式

10.1.5 餐厅宣传单页的设计

本餐厅宣传单页的设计中需要排列大量的图片，所以需要注意图片与背景颜色的搭配，以及图片大小比例的掌控，实例效果如图10-34所示。

图10-34 实例效果图

Step 01 执行“文件”｜“新建”｜“文档”命令，或者按下Ctrl+N键，在打开的“新建文档”对话框中的“页面大小”下拉列表中选择A4，设置“页数”为1页，如图10-35所示，单击“边距和分栏”按钮，打开“新建边距和分栏”对话框。

Step 02 在对话框中设置“上”选项的数值为0毫米，单击“确定”按钮新建文档。

Step 03 在工具箱中选择“矩形工具”，单击鼠标左键，在弹出的“矩形”对话框中设置数值为216毫米×57毫米，新建1个矩形并为其填充颜色（R：224，G：229，B：49），如图10-36所示。

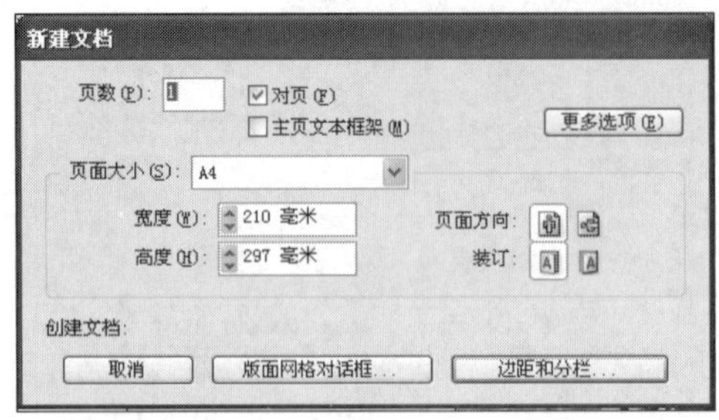

图10-35 “新建文档”对话框

图10-36 绘制矩形并填充颜色

Step 04 按下P键切换到钢笔工具，结合“转换点工具”绘制出如图10-37所示的图形，并为其填充颜色（R：142，G：158，B：10）（R：170，G：189，B：9），所应用到的各项数值的颜色如图10-38所示。

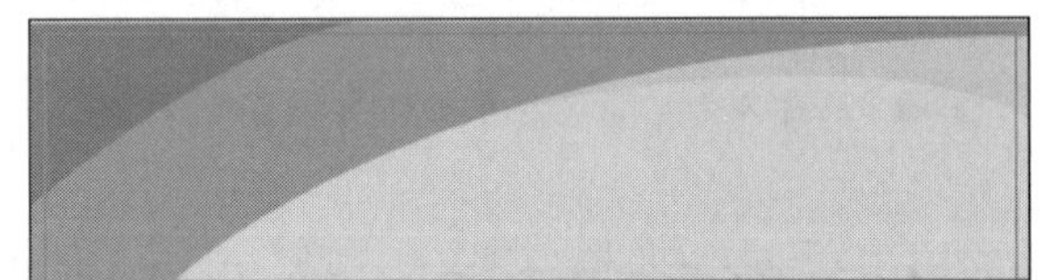

图10-37 绘制形状并填充颜色

Step 05 按下T键切换到文本工具，输入“商务套餐28元起”等相关文本，设置完的效果如图10-39所示。文本的具体数值请参考源文件进行设置。

图10-38 “色板”对话框

图10-39 输入文本并设置

Step 06 输入文本“最高可省25元”，选中文本“省”字，在“字符”面板中设置“字符旋转”的角度为19°，此时在“字符”面板中“字符前挤压间距”和“字符后挤压间距”的数值设置为“自动”，如图10-40所示。选中文本“省25元”，在“字符”面板中设置“字符前挤压间距”和“字符后挤压间距”的数值都为“无空格”，如图10-41所示。

图10-40 输入并设置文本

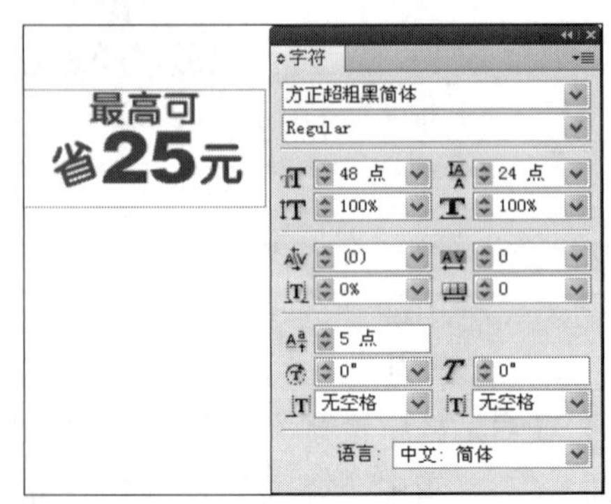

图10-41 调整“字符”数值

Step 07 为文本添加描边效果，设置描边“粗细”为4点，如图10-42所示。

Step 08 按照相同的方法输入其他的文本，并进行设置，如图10-43所示。

图10-42 设置描边粗细

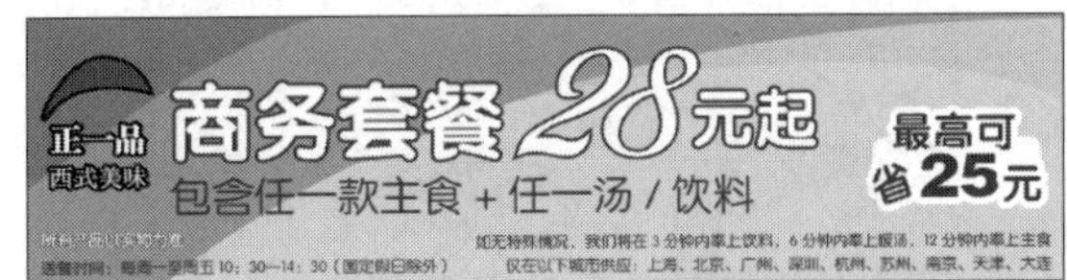

图10-43 输入其他文本

Step 09 按下F键切换到“矩形框架工具”，分别绘制矩形大小为32毫米×15毫米，70毫米×80毫米，70毫米×33毫米，70毫米×35毫米，按住Shift+Alt键的同时制作副本，并进行排列，效果如图10-44所示。

Step 10 执行“对象”|“角选项”命令，打开“角选项”对话框，选择“圆角”选项，设置数值为2毫米。

Step 11 执行“文件”|“置入”命令，在弹出的“置入”对话框中，从“查找范围”中选择文本所在的文件夹，依次在该对话框中选择素材图片“01.jpg”至“11.jpg”文件，单击“打开”按钮将它们导入。按住Shift+Ctrl键的同时按比例调整图片素材。效果如图10-45所示。

Step 12 依次输入各菜品的名称，效果如图10-46所示。依次输入价格，选中输入的文本，然后在“字符”面板中设置“字体”为方正准圆简体，设置“字体大小”为12点，设置文本的颜色为墨绿色，最终效果如图10-47所示。

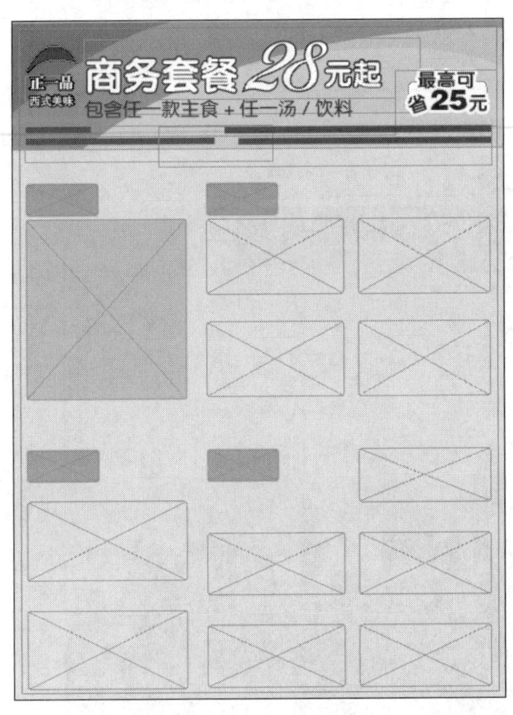

图10-44 绘制矩形框架

图10-45 置入图片

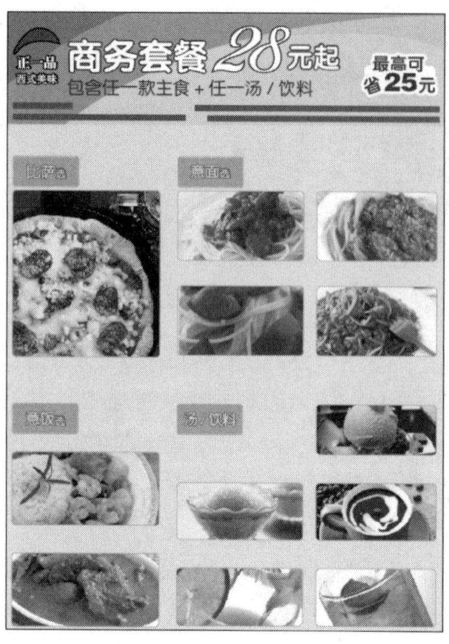

图10-46 输入菜品名称

图10-47 调整后的效果

10.1.6 地产宣传册内页的设计

地产宣传册内页的设计较为注重版式空间的分割和整体色调的搭配，实例效果如图10-48所示。

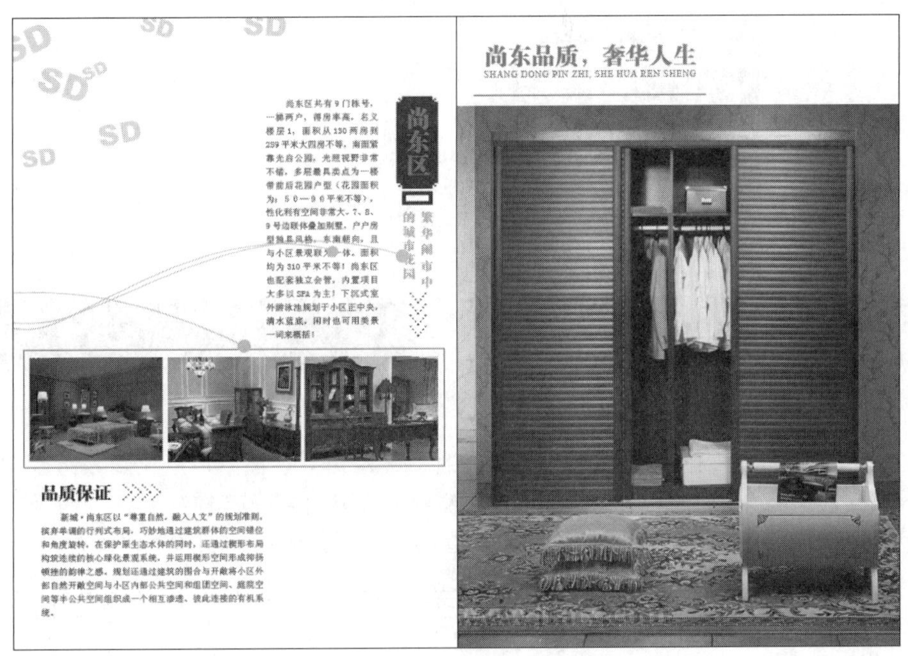

图10-48　实例效果图

Step 01 执行“文件”｜“新建”｜“文档”命令，或者按下Ctrl+N键，在打开的“新建文档”对话框中的“页面大小”下拉列表中选择85毫米×205毫米，设置“页数”为3页，勾选“对页”复选框，如图10-49所示，单击“边距和分栏”按钮，打开“新建边距和分栏”对话框。

Step 02 在对话框中设置“上”选项的数值为10毫米，此时其他3项也一起变为10毫米，单击“确定”按钮保存设置。此时显示文档如图10-50所示。

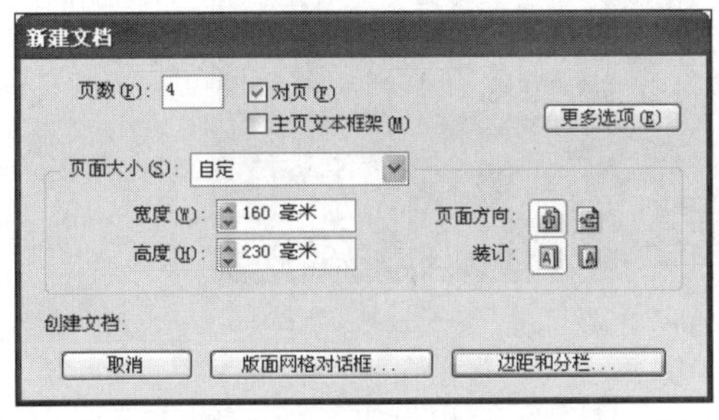

图10-49　“新建文档”对话框

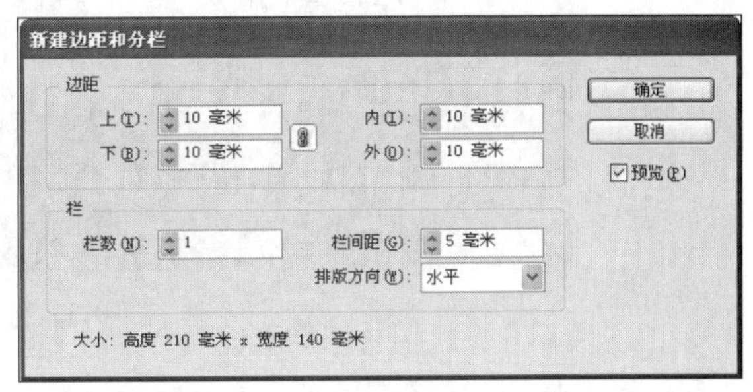

图10-50　“新建边距和分栏”对话框

Step 03 执行“窗口”|“页面”命令，在打开的“页面”面板中单击选中页面2，单击右侧的“扩展菜单”按钮，在弹出的快捷菜单中选择“页码和章节选项”选项，在打开的“新建章节”对话框中选择“起始页码”为2，单击“确定”按钮新建文档。

Step 04 在工具箱中选择“矩形工具”，单击鼠标左键然后在弹出的“矩形”对话框中设置尺寸为325毫米×49毫米，新建一个矩形。在“色板”面板中设置填充色，如图10-51所示。

Step 05 在工具箱中选择“框架工具”，单击鼠标左键，在弹出的“矩形”对话框中设置数值为325毫米×127毫米，新建一个矩形框架，如图10-52所示。

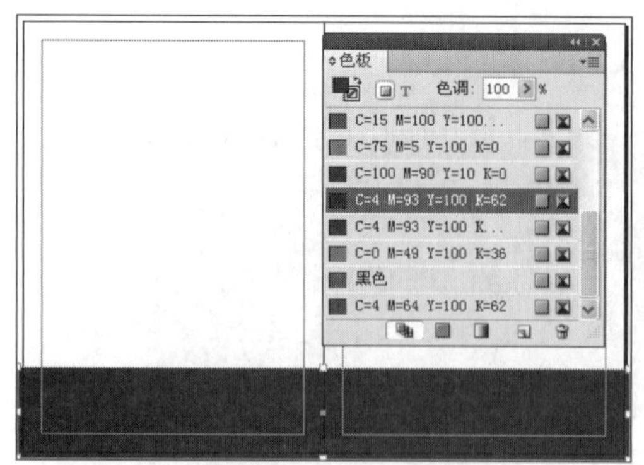

图10-51 绘制矩形并填充颜色

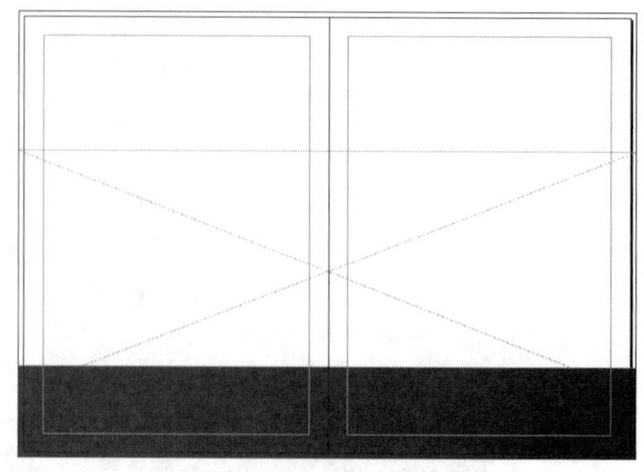

图10-52 绘制矩形框架

Step 06 执行“文件”｜“置入”命令，在弹出的“置入”对话框中，从“查找范围”中选择文本所在的文件夹，在该对话框中选择素材图片“01.psd”文件，单击“打开”按钮将它导入。按住Shift+Ctrl键的同时按比例调整图片素材，效果如图10-53所示。

图10-53 置入图片

Step 07 继续使用“框架工具”⊠，单击鼠标左键，绘制1个新的矩形框架。执行“文件”｜“置入”命令，在弹出的“置入”对话框中，从“查找范围”中选择文本所在的文件夹，在该对话框中选择素材图片“02.jpg”文件，单击“打开”按钮将它导入。按住Shift+Ctrl键的同时按比例调整图片素材。接着按住Alt键的同时绘制2个矩形框架，调整框架中素材的位置，摆放如图10-54所示。

图10-54 继续置入图片

Step 08 按下P键切换到“钢笔工具”，绘制出曲线，在“选项栏”中设置“粗细”为1点，再选中“椭圆工具”，按住Shift键的同时绘制圆形，在“色板”面板中选择颜色，并设置“色调”选项的数值为23%，选中绘制的对象，单击鼠标右键，在弹出的快捷菜单中选择“编组”选项，如图10-55所示。

图10-55 绘制曲线

Step 09 按下\键切换到直线工具，按住Shift键的同时绘制直线，设置描边“粗细”为1.5点。再按下T键切换到“文字工具”，输入文本“尚东品质，奢华人生”，在“字符”面板中设置“字体”为方正粗宋简体，设置“字体大小”为24点，并为其填充颜色，如图10-56所示。

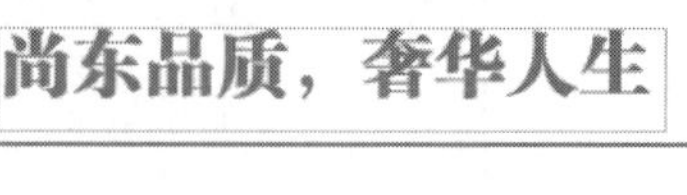

图10-56 输入文本

Step 10 选中输入的文本，单击“选项栏”右侧的“扩展菜单”按钮，在弹出的快捷菜单中选择“拼音”|“拼音”选项，在打开的“拼音”对话框中的“拼音”文本框中输入拼音，然后在“位置”下拉列表中选择“下/左”选项，设置Y位移选项的数值为-3点，如图10-57所示。单击“确定”按钮保存设置。此时的效果如图10-58所示。

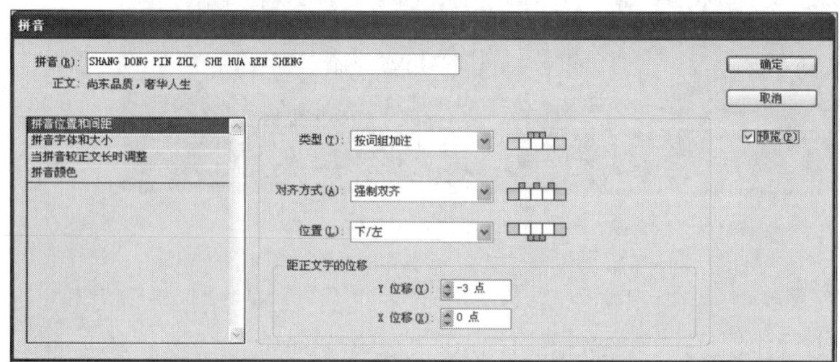

图10-57 “拼音”对话框

图10-58 输入拼音后的效果

Step 11 切换到“矩形框架工具”，单击鼠标左键，在弹出的“矩形”对话框中设置尺寸为25毫米×20毫米，绘制1个新的矩形框架。按住Alt+Shift键的同时在水平方向上制作2个副本。同时选中3个矩形，按下Shift+F7键打开“对齐”面板，单击“水平分布间距”按钮水平分布矩形框架。

图10-59 设置对齐方式

Step 12 执行“文件”|“置入”命令，在弹出的“置入”对话框中，从“查找范围”中选择文本所在的文件夹，在该对话框中选择素材图片“03.jpg”至“05.jpg”文件，单击“打开”按钮将它们导入。按住Shift+Ctrl键的同时按比例调整图片素材。如图10-59所示。

Step 13 使用矩形工具绘制一个15毫米×34毫米的矩形，执行“对象”|“角效果”选项，在打开的“角选项”对话框的“效果”下拉列表中选择“花式”选项，设置“大小”为2毫米，如图10-60所示，单击“确定”按钮保存设置。效果如图10-61所示。

图10-60 “角选项”对话框

图10-61 角选项效果

Step 14 结合“直排文字工具”和“直线工具”，输入相关文本和制作出如图10-62所示的对象，注意设置线形为“圆点”。

图10-62 输入竖排文本

Step 15 按下T键切换回“文字工具”，在左侧页面中绘制一个文本框，输入段落文本，在“段落样式”面板中选择“介绍”样式，效果如图10-63所示。

Step 16 继续输入文本SD，按住Alt键的同时拖动制作出多个副本，并调整副本的“字体大小”，使副本错落有致的摆放。设置其填充色的“色调”为15%，按下R键切换到“旋转工具”，调整副本的角度，如图10-64所示。

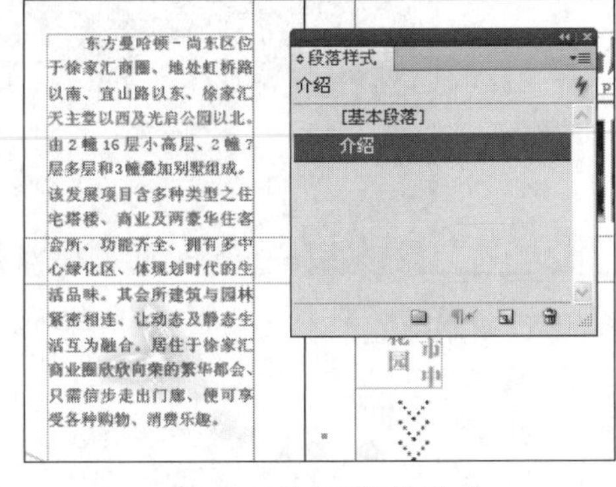

图10-63 设置段落样式

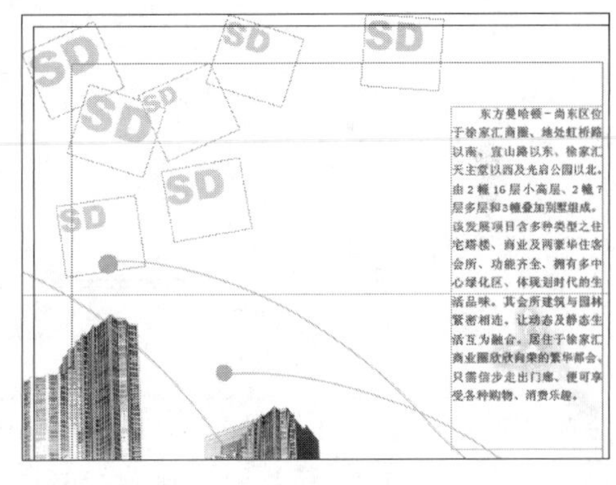

图10-64 制作副本

Step 17 按照相同的方法将前面制作的对象进行复制并按下R键切换到“旋转工具”调整角度，将制作的副本放置在页面的下方，如图10-65所示。

Step 18 选中第5页，按下F键切换到“矩形框架”，绘制一个160毫米×198毫米的矩形框架，并置入图片“1.bmp”。按住Alt+Shift键的同时选中前面制作的带有拼音的文本对象在垂直方向上拖动制作一个副本，如图10-66所示。

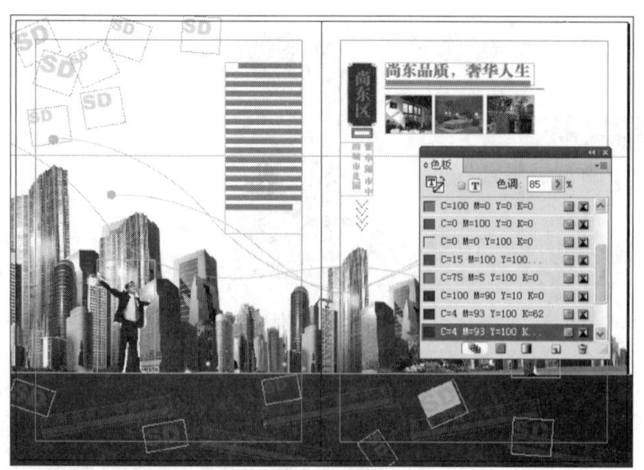

图10-65 调整副本

图10-66 置入图片

Step 19 继续制作另2组对象的副本，并绘制文本框输入另外的一组段落文本，排列效果如图10-67所示。

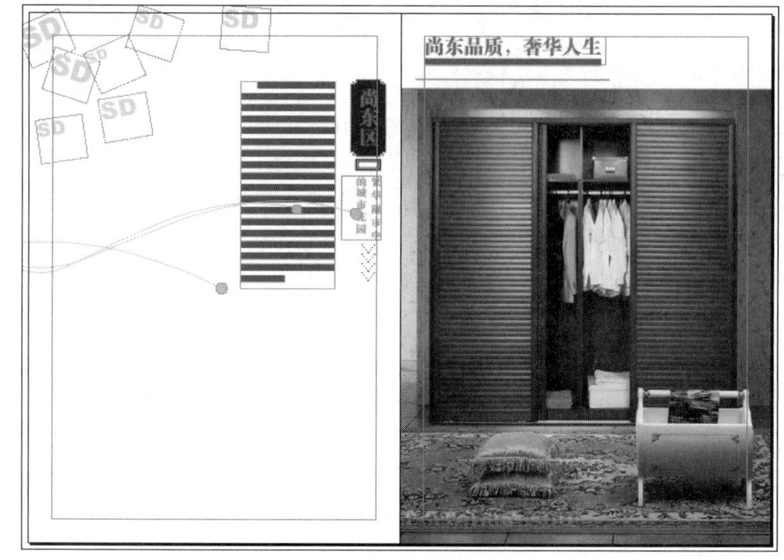

图10-67 输入段落文本

Step 20 切换到“矩形框架工具”☒，单击鼠标左键，在弹出的“矩形”对话框中设置尺寸为48毫米×38毫米，绘制1个新的矩形框架。按住Alt+Shift键的同时在水平方向上制作2个副本。同时选中3个矩形，按下Shift+F7键打开“对齐”面板，单击“水平分布间距”按钮水平分布矩形框架。

Step 21 执行“文件”｜“置入”命令，在弹出的“置入”对话框中，从“查找范围”中选择文本所在的文件夹，在该对话框中选择素材图片文件，单击“打开”按钮将它们导入。按住Shift+Ctrl键的同时按比例调整图片素材。如图10-68所示。

Step 22 最后输入其他相关的段落文本，如图10-69所示，整个实例制作完成。

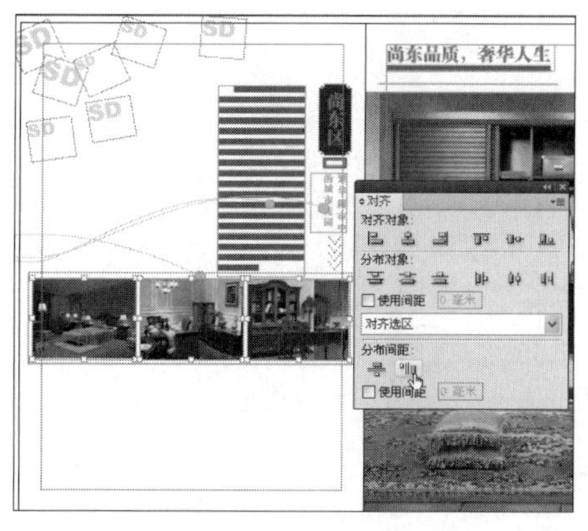

图10-68 置入图片

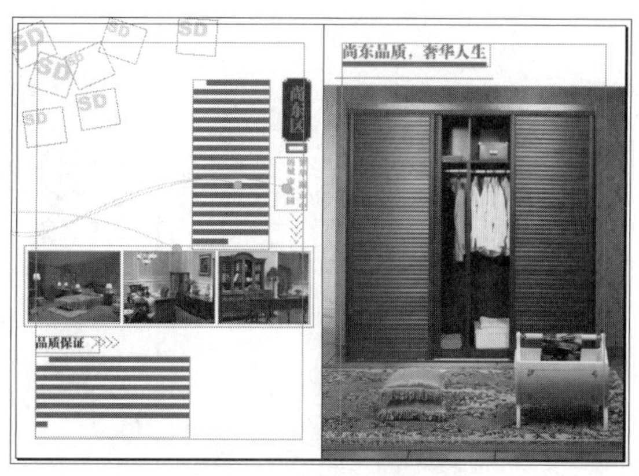

图10-69 输入段落文本

10.1.7 三折页化妆品宣传册的设计（一）

下面通过一个化妆品宣传册的实例来学习常用的三折页宣传册的制作方法，效果如图10-70所示。

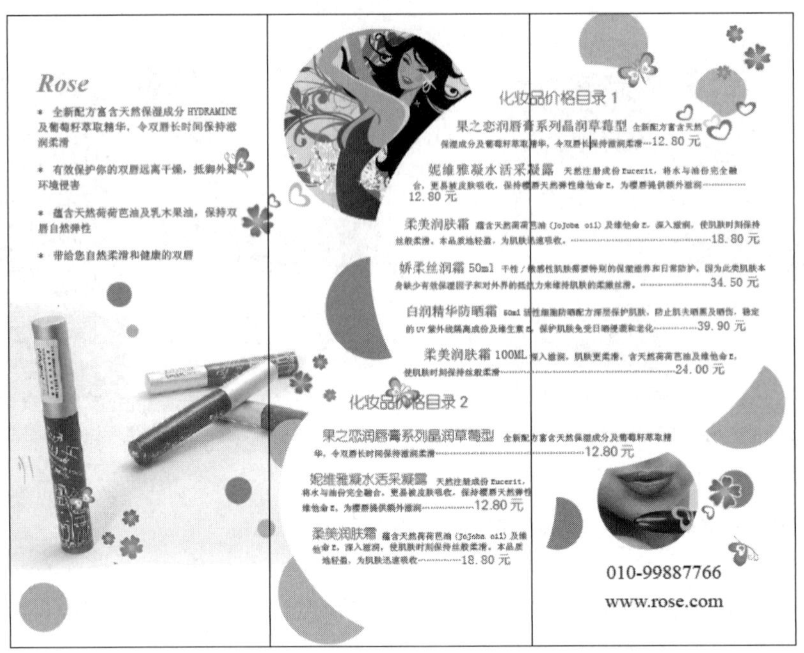

图10-70 实例效果图

Step 01 执行“文件”|“新建”|“文档”命令，或者按下Ctrl+N键，在打开的“新建文档”对话框中的“页面大小”下拉列表中选择85毫米×205毫米，设置“页数”为3页，勾选“对页”复选框，如图10-71所示，单击“边距和分栏”按钮，打开“新建边距和分栏”对话框。

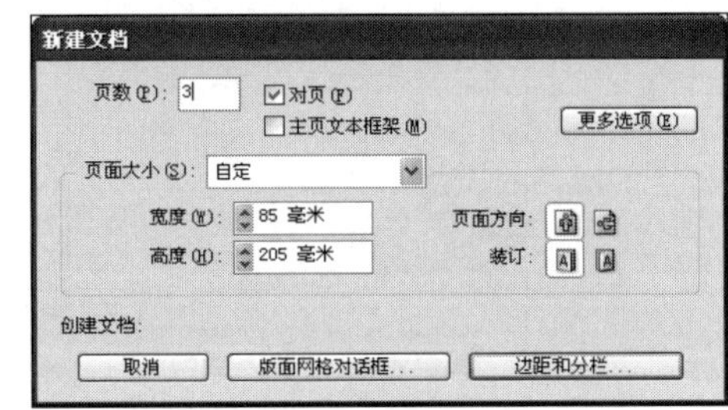

图10-71 “新建文档”对话框

Step 02 在对话框中设置“上”选项的数值为10毫米，此时其他3项也一起变为10毫米，如图10-72所示单击“确定”按钮保存设置。此时显示文档如图10-73所示。

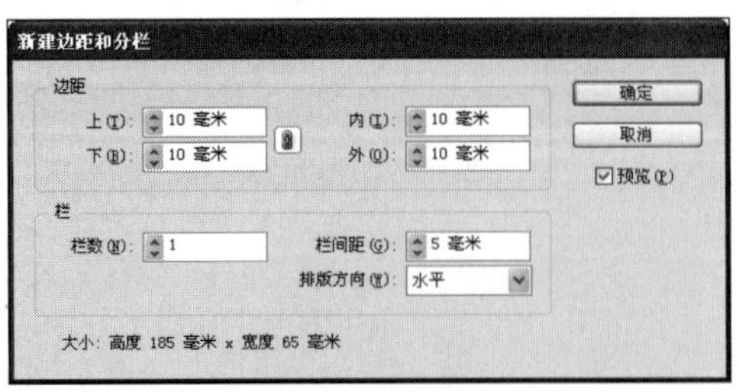

图10-72 “新建边距和分栏”对话框

图10-73 设置边距和分栏后的效果

Step 03 执行“窗口”|“页面”命令，在打开的“页面”面板中单击选中页面2，单击右侧的“扩展菜单”按钮，取消“允许页面上的跨页随机排布”选项的选中状态，然后拖动页面2、3到如图10-74所示的效果。

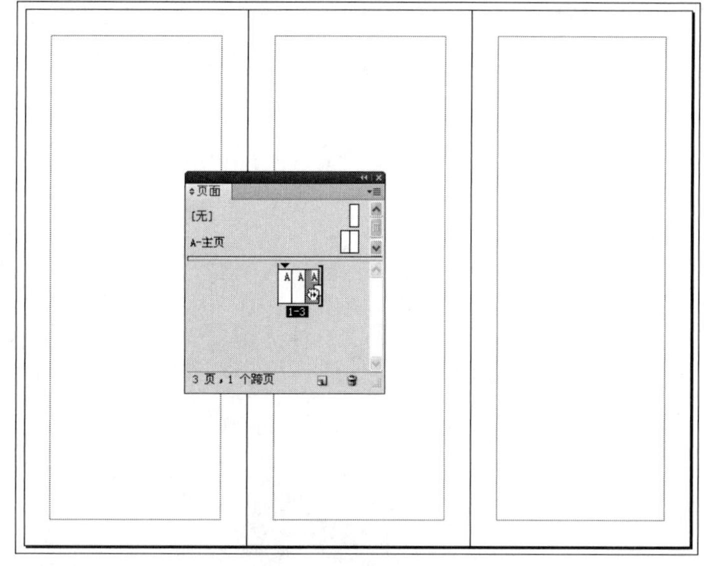

图10-74 在“页面”面板中设置

Step 04 在工具箱中选择“椭圆工具”，按住Shift键的同时绘制大小不同的正圆形，并在“色板”面板中设置不同的填充色数值，注意数值在粉色系中选择，以迎合主题，效果如图10-75所示，本实例在色板面板中设置的数值如图10-76所示。

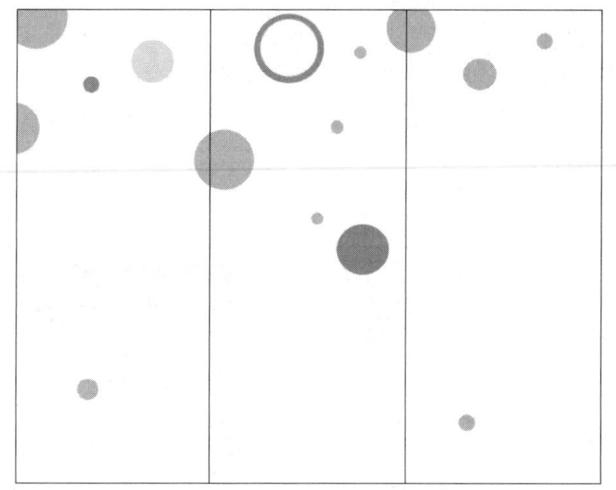

图10-75 绘制正圆形

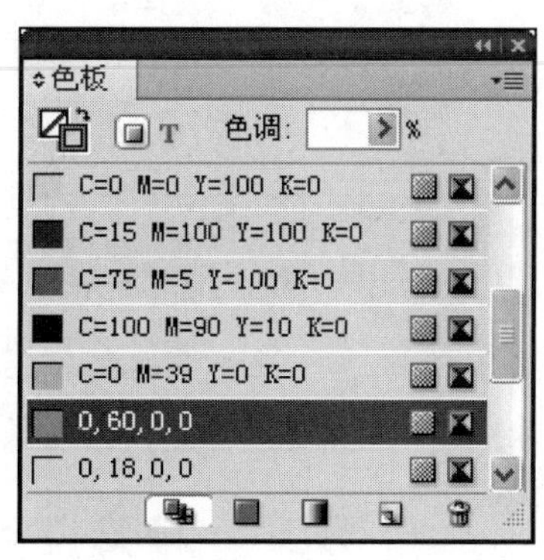

图10-76 “色板”面板

Step 05 在工具箱中选择“框架工具”，单击鼠标左键，在弹出的“矩形”对话框中设置数值为110毫米×130毫米，新建一个矩形框架。

Step 06 执行“文件”|“置入”命令，在弹出的“置入”对话框中，从“查找范围”中选择文本所在的文件夹，在该对话框中选择素材图片“02.ai”文件，单击“打开”按钮将它导入。按住Shift+Ctrl键的同时按比例调整图片素材，效果如图10-77所示。

Step 07 按下T键切换到“文本工具”，输入文本“Rose唇彩令双唇如鲜果般水润透亮，甜美迷人”和“Rose”。选中文本Rose，在“字符”面板中设置“字体”为Times New Roman，设置“字体大小”为55点，在“色板”面板中选择粉色，注意设置“色调”为

75%，按照相同的方法，参考源文件设置其他文本，效果如图10-78所示。

图10-77 置入图片素材

图10-78 输入文本

Step 08 继续输入品牌相关的电话号码、地址、网址等内容，在“色板”面板中选中文本颜色，并设置“色调”为70%，参考源文件设置字体大小与字体，如图10-79所示。

Step 09 打开本书附带光盘\Chapter10\化妆品宣传册\“说明.doc”文件，然后按下Ctrl+C键复制文本，然后回到InDesign软件中，按下Ctrl+V键复制文本，选中文中的小标题，在“段落样式”面板中选择“小标题”样式，选中文中的正文，在“段落样式”面板中选择“正文”样式，然后输入标题“玫瑰色系唇彩”，在“字符”面板中选择“字体”为方正细圆简体，设置“字体大小”为18点，如图10-80所示。

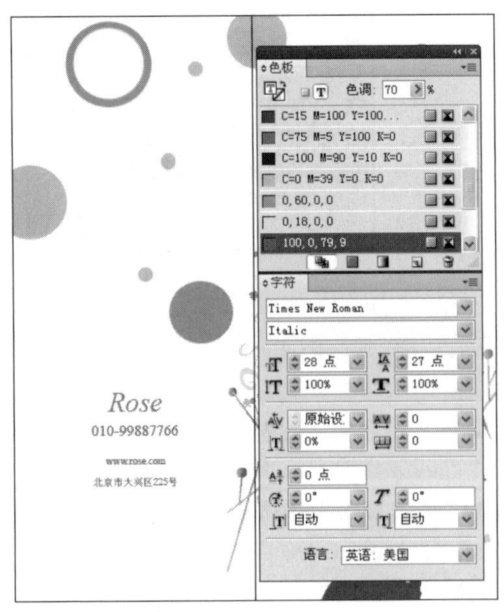

图10-79 输入电话等内容

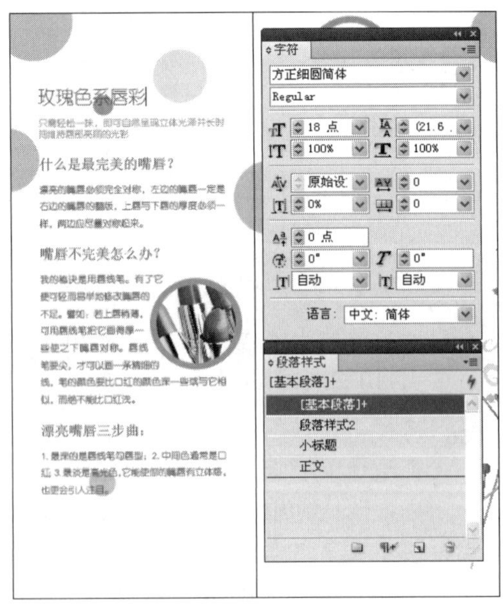

图10-80 添加段落样式

Step 10 前面制作了3折页的一面，下面制作另一面。执行“窗口”|“页面”命令，或者按下F12键打开“页面”面板，单击面板右侧的“扩展菜单”按钮，在其中选择“插入页面”命令，打开如图10-81所示的“插入页面”对话框，设置“页数”为3，在“插入”下拉列表中选择“页面后”选项，设置插入在3页后，单击“确定”按钮保存设置。

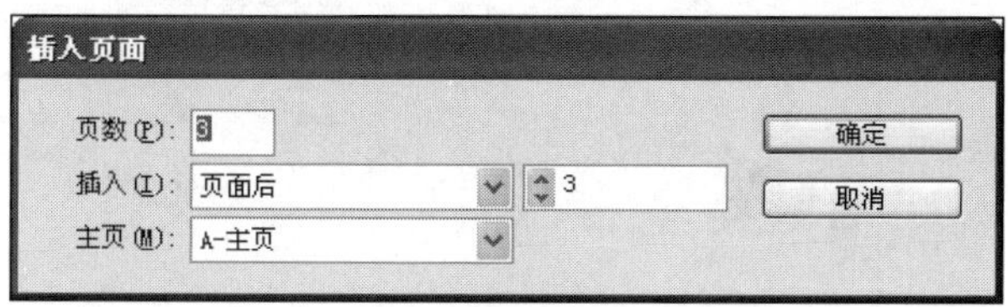

图10-81 “插入页面”对话框

Step 11 在工具箱中选择“椭圆工具”，按住Shift键的同时绘制大小不同的正圆形，并在“色板”面板中设置不同的填充色数值，注意数值在粉色系中选择，以迎合主题，再按下F键切换到“椭圆框架工具”，按住Shift键的同时绘制两个圆形框架，此时效果如图10-82所示。

Step 12 分别选中绘制的椭圆形框架，再执行“文件”|“置入”命令，或者按下Ctrl+D键打开“置入”对话框，从“查找范围”中选择文本所在的文件夹，在该对话框中选择素材图片“03.ai”和“004.jpg”文件，单击“打开”按钮将它们导入。按住Shift+Ctrl键的同时按比例调整图片素材，效果如图10-83所示。

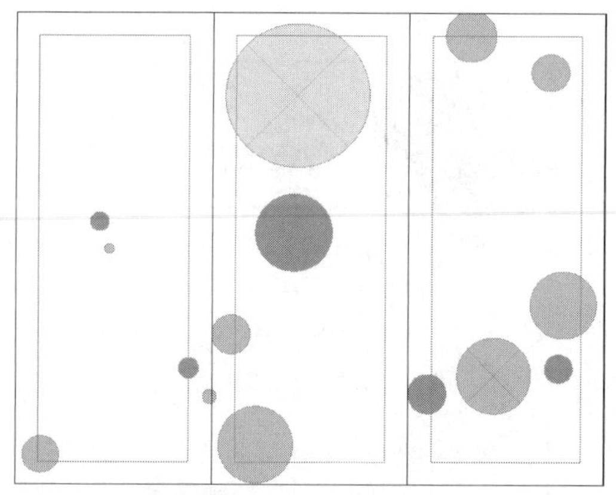

图10-82 绘制正圆形

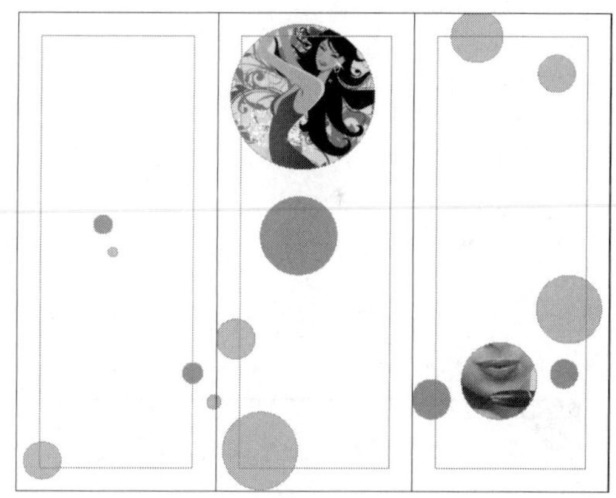

图10-83 置入图片

Step 13 继续切换回“椭圆工具”，按住Shift键的同时绘指出两个正圆形，为其填充白色。按住Shift键的同时选中2个正圆形，然后执行“对象”|“路径查找器”|“添加”命令，将两个圆形连接，如图10-84所示。

Step 14 按下T键切换到文字工具，输入化妆品价格相关的文本，选中输入的文本，在“段落样式”面板中选择“价格目录”选项，显示效果如图10-85所示。

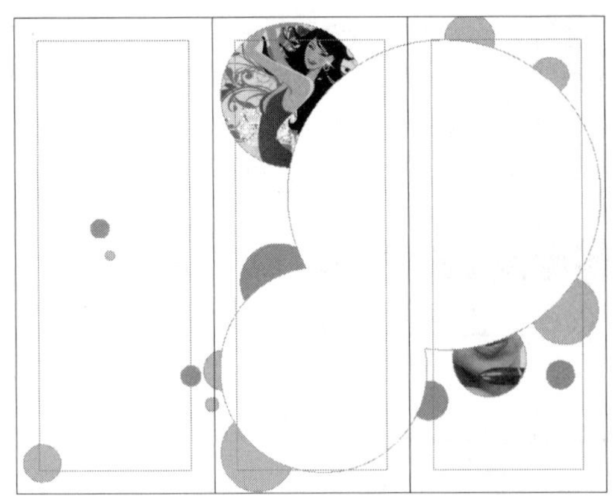

图10-84 将两个圆形连接

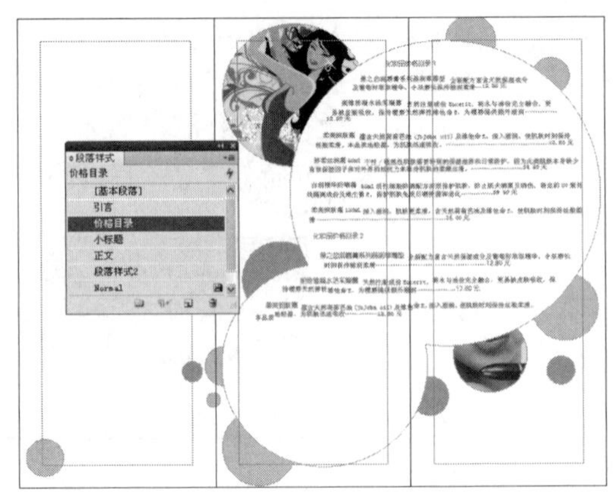

图10-85 添加段落样式

Step 15 使用“文字工具”选中小标题文本，然后在“选项栏”或“字符”面板中设置“字体”为方正细圆简体，设置“字体大小”为12点，并选择文本颜色。再选择“吸管工具”，单击设置的文本选中文本样式，此时吸管显示选中状态，如图10-86所示。

Step 16 此时将吸管工具移动到同样需要设置的文本上绘制添加文本样式，如图10-87所示。设置完的效果如图10-88所示。

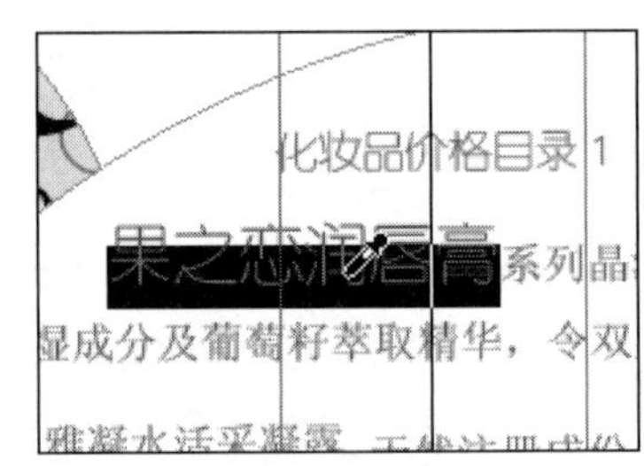

图10-86 吸取段落样式

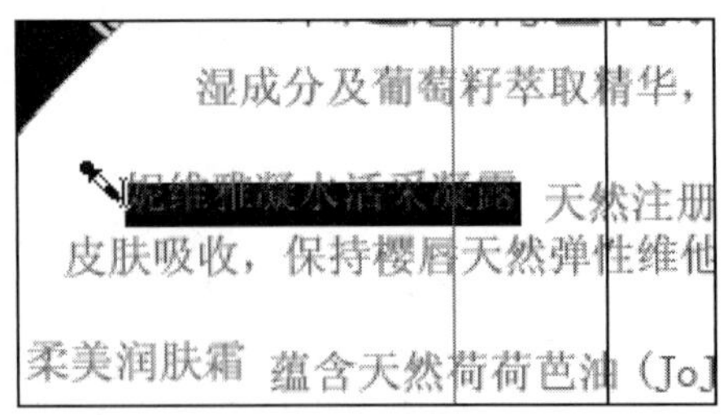

图10-87 添加段落样式

图10-88 设置完段落样式

Step 17 再按下F键切换到“矩形框架工具”，绘制一个矩形框架，执行“文件”|“置入”命令，或按下Ctrl+D键打开“置入”对话框，从“查找范围”中选择文本所在的文件夹，在该对话框中选择素材图片“005.jpg”文件，单击“打开”按钮将它导入。按住Shift+Ctrl键的同时按比例调整图片素材，效果如图10-89所示。

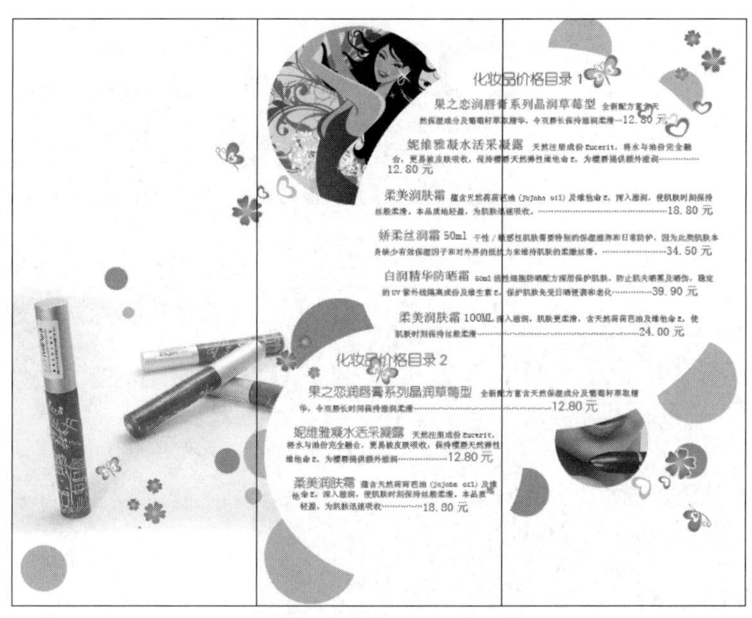

图10-89　继续置入图片

Step 18　再输入Rose相关的段落文本，在“段落样式”面板中选择“引言”样式，如图10-90所示。

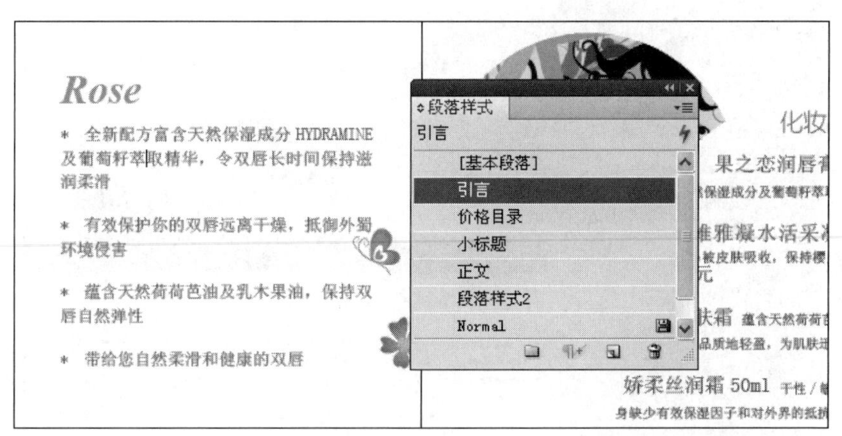

图10-90　输入文本

Step 19　至此，整个实例制作完成，最终效果如图10-70所示。

10.1.8 三折页化妆品宣传册的设计（二）

相似的内容，但采用不同的色调和版式设计会给用户带来完全不同的视觉感受，下面一个实例同样为彩妆广告，但黑色的底色与图片产生强烈的对比，整个色调给观者带来高雅、妩媚的视觉感受，但10.1.7节的实例则更多的带来活泼、青春靓丽的视觉感受。

因此，在排版设计的过程中一定要综合考虑企业产品的定位和特色来进行宣传品的设计。希望读者通过本实例与前一实例的对比来产生更深刻的体会。本实例的效果如图10-91所示。

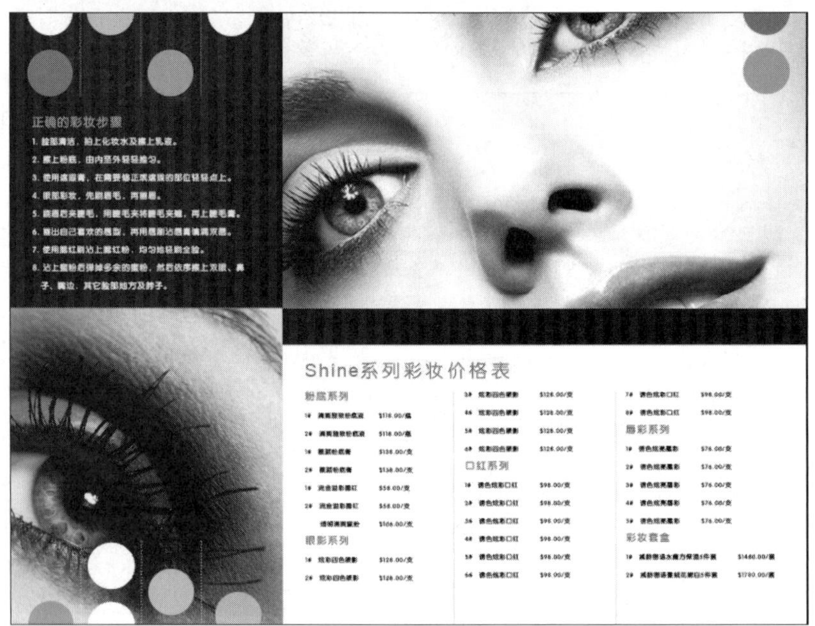

图10-91 实例效果图

Step 01 执行“文件”|“新建”|“文档”命令，或者按下Ctrl+N键，在打开的“新建文档”对话框中设置“页数”为2页，勾选“对页”复选框，在“页面大小”下拉列表中选择A4纸张，在“页面方向”选项中单击选中“横向”按钮，如图10-92所示，单击“边距和分栏”按钮，打开“新建边距和分栏”对话框。

Step 02 在对话框中设置“上”选项的数值为0毫米，此时其他3项也一起变为0毫米，将“栏数”设置为3栏，如图10-93所示单击“确定”按钮保存设置。

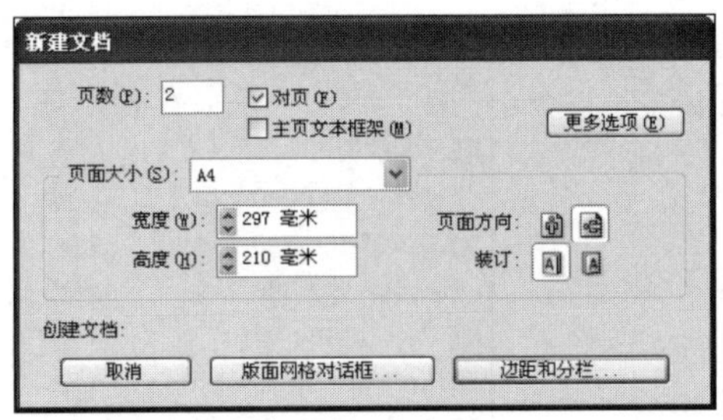

图10-92 “新建文档”对话框

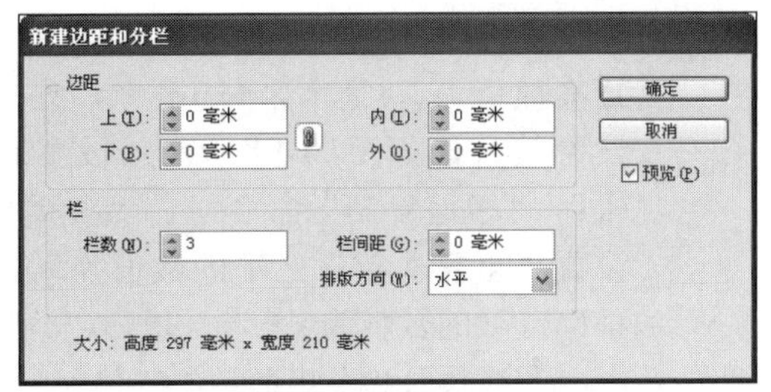

图10-93 “新建边距和分栏”对话框

Step 03 执行“文件”|“另存为”命令，将文件存储为“Shine系列彩妆.indd”文件。

Step 04 在工具箱中选择“矩形工具”，然后绘制一个矩形覆盖整个页面并填充黑色，如图10-94所示。接下来在工具箱中选择“矩形框架工具”，单击鼠标左键，在“矩形”对话框中设置矩形框架尺寸为99毫米×105毫米，单击“确定”按钮创建框架，如图10-95所示。

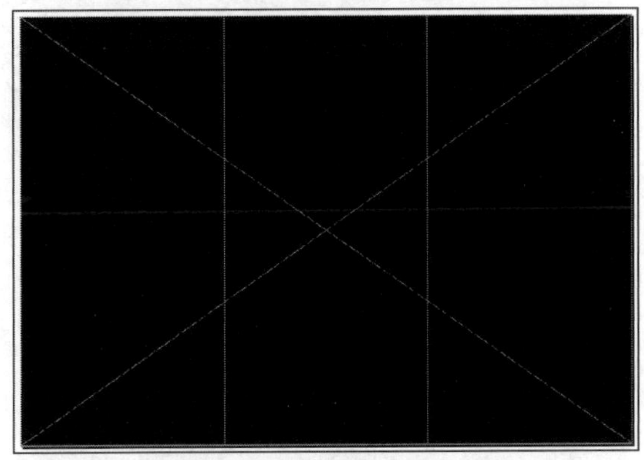

图10-94 绘制矩形

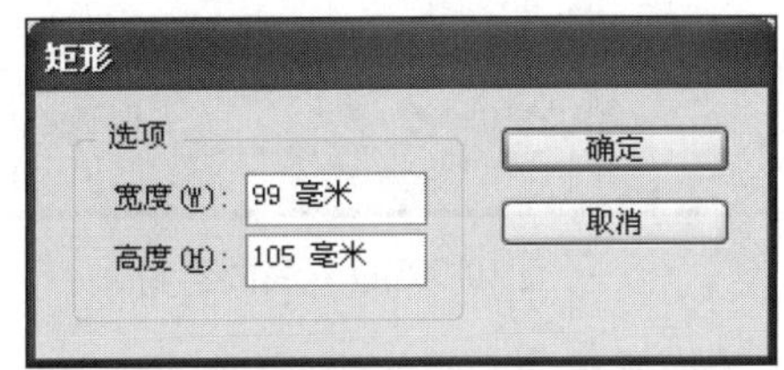

图10-95 创建矩形框架

Step 05 按下Ctrl+C键复制框架，再按下Ctrl+V键制作一个副本。将这两个框架放置在页面的两侧。然后依次执行“文件”|“置入”命令，在打开的“置入”对话框中分别选中pic-1和pic-4文件，如图10-96所示，单击“打开”按钮将它们分别置入，效果如图10-97所示。

图10-96 “置入”对话框

图10-97 置入素材

Step 06 在工具箱中选择“矩形工具”，单击鼠标左键，设置其数值为2.8毫米×110毫米，在“色板”面板中设置其数值如图10-98所示。设置完成后执行“编辑”|“多重复制”命令，在“多重复制”对话框中设置“重复次数”选项的数值为50，设置“水平位移”选项的数值为6毫米，单击“确定”按钮创建副本，调整后面30个矩形副本的位置到页面上方，如图10-99所示。此时的效果如图10-100所示。

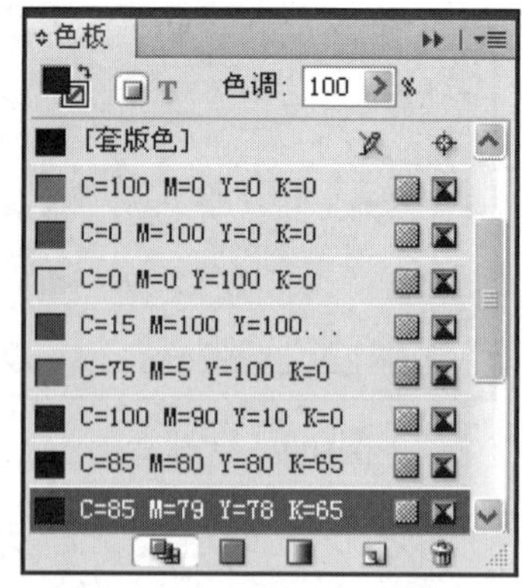

图10-98 “色板”面板

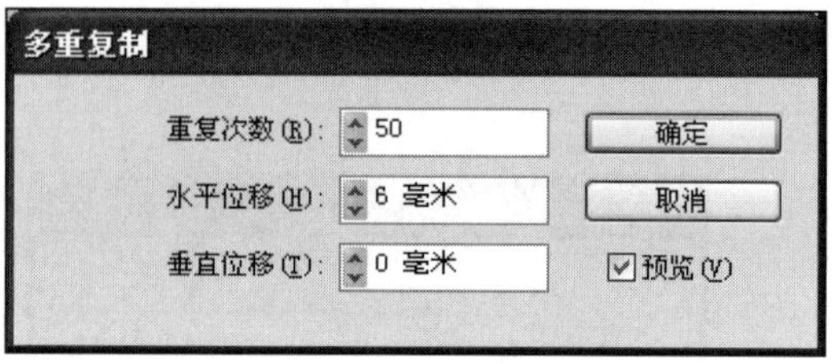

多重复制
重复次数(R): 50
水平位移(H): 6 毫米
垂直位移(T): 0 毫米
确定
取消
☑预览(V)

图10-99 置入后的素材

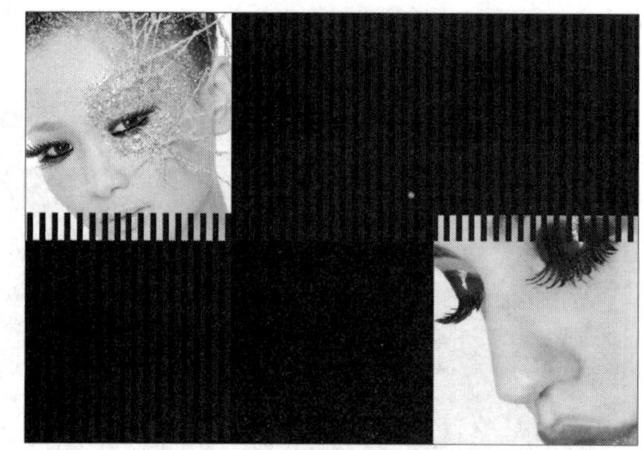

图10-100 多重复制后的效果

Step 07 选中前面绘制的2个矩形框架，单击鼠标右键，在打开的快捷菜单中选择“排列”|“置于顶层”命令，调整它们到矩形副本的上方，如图10-101所示。

图10-101 调整对象的排列顺序

Step 08 在工具箱中选择“椭圆工具”，按住Shift键的同时绘制一个椭圆形，制作多个副本并分别填充不同的颜色。再选择“直线工具”，按住Shift键的同时垂直绘制直线，设置“粗细”为1点，设置颜色为白色并设置“类型”为点状线形，如图10-102所示。此时的效果如图10-103所示。

图10-102 “描边”面板

图10-103 绘制的正圆形和直线的效果

Step 09 在“色板”面板中设置好圆形装饰的不同的填充色的数值，如图10-104所示。此时的整体效果如图10-105所示。

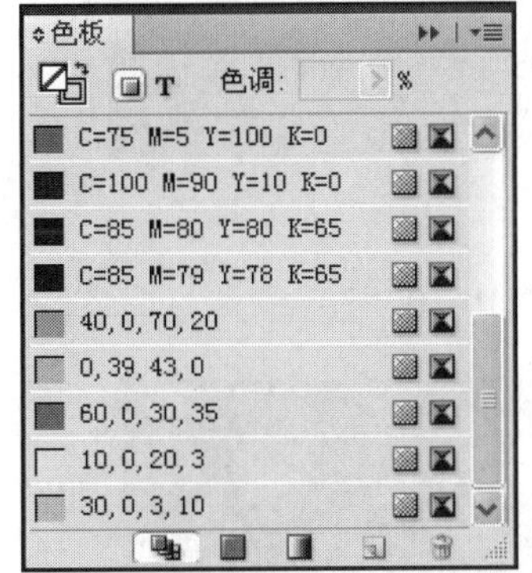

图10-104 “色板”面板

图10-105 圆形装饰的整体效果

Step 10 按照相同的方法，再为第2页也绘制矩形、矩形框架、置入图片并制作圆形副本，如图10-106所示。

图10-106 页面2的效果

Step 11 接下来要输入宣传册的文本。打开文件夹中的Word文档“Shine系列彩妆.doc”，按下Ctrl+A快捷键选中所有的文本，再按下Ctrl+C组合键复制文本，回到InDesign软件中，按下T键切换到“文字工具”，然后绘制文本框，按下Ctrl+V键粘贴文本。

Step 12 执行“文字”|“段落样式”命令，打开“段落样式”面板，可以看到我们已经提前为用户设置好了几个段落样式，注意选中“Shine系列彩妆，总有一款适合您”文本，选择“小标题”段落样式；选中文本正文，选择“正文”段落样式；选中“粉饼、粉底霜、散粉的角色互换”文字，选中“小标题2”段落样式。如图10-107所示。效果如图10-108所示。

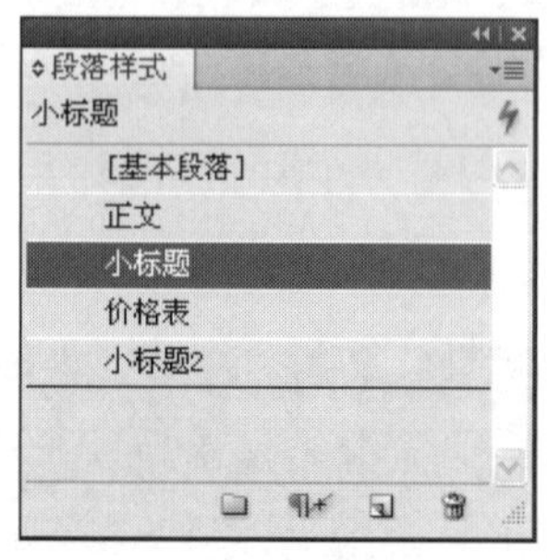

图10-107 “段落样式”面板

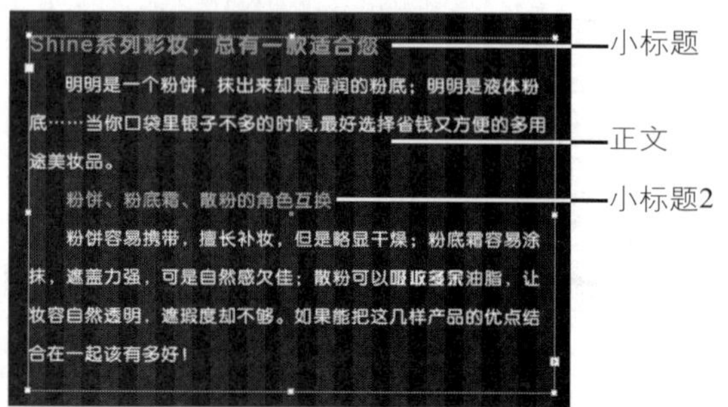

图10-108 各文本对应的段落样式

Step 13 按照相同的方法设置好其他文本，此时的整体效果如图10-109所示。

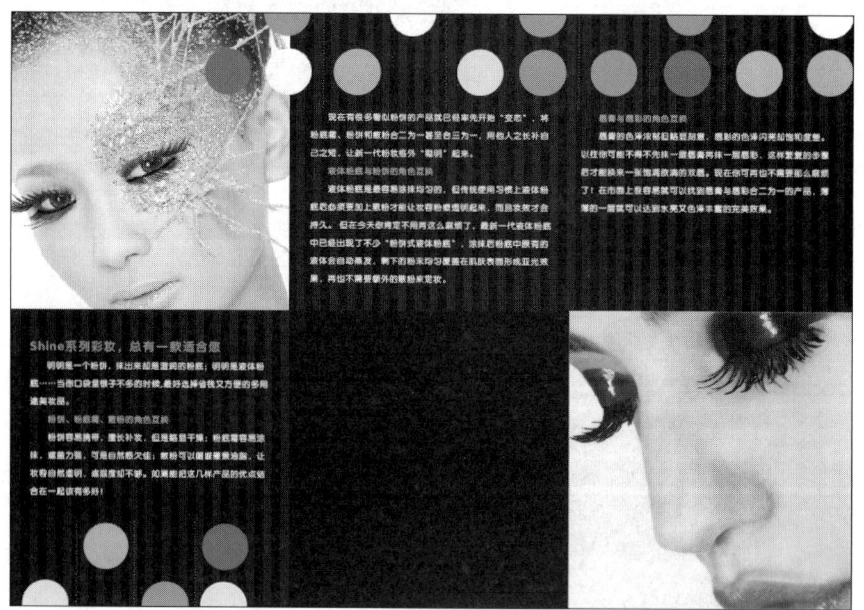

图10-109 设置段落文本

Step 14 接下来首先使用“矩形工具”绘制一个矩形框，然后设置其填充色为淡绿色，设置其描边色为白色，结合“添加锚点工具”和“删除锚点工具”将成对角线的2侧顶点调整为弧形，如图10-110所示。

Step 15 最后添加上品牌的相关标题Shine和Style，设置字体为911-CAI978，设置字体大小为120点，放置在如图10-111所示的位置上。按照相同的方法再制作一个副本，放置在页面右侧，如图10-112所示。

图10-110 绘制并调整矩形

图10-111 添加其他的相关文本

图10-112 制作副本

Step 16 最后按照相同的方法，首先在Word文本中选中所需要的文本，然后将它们粘贴到InDesign文本中，选中左侧“正确的卸妆步骤”相关的文本，在“段落样式”下拉列表中选择“步骤”样式，如图10-113所示。再选中右侧Shine系列彩妆价格表相关的文本，在“段落样式”下拉列表中选择“价格表”选项，如图10-114所示。

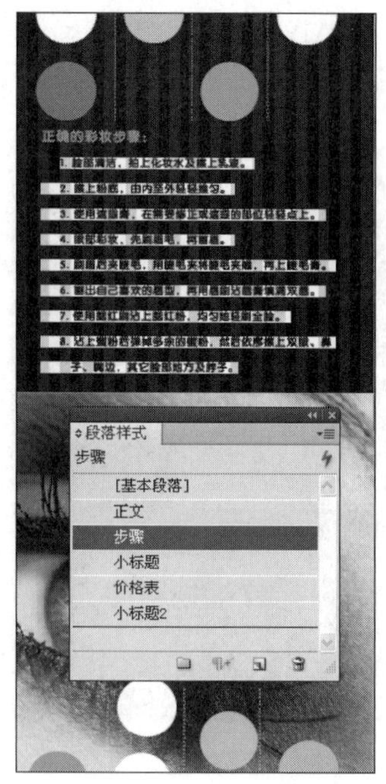

图10-113 选择段落样式

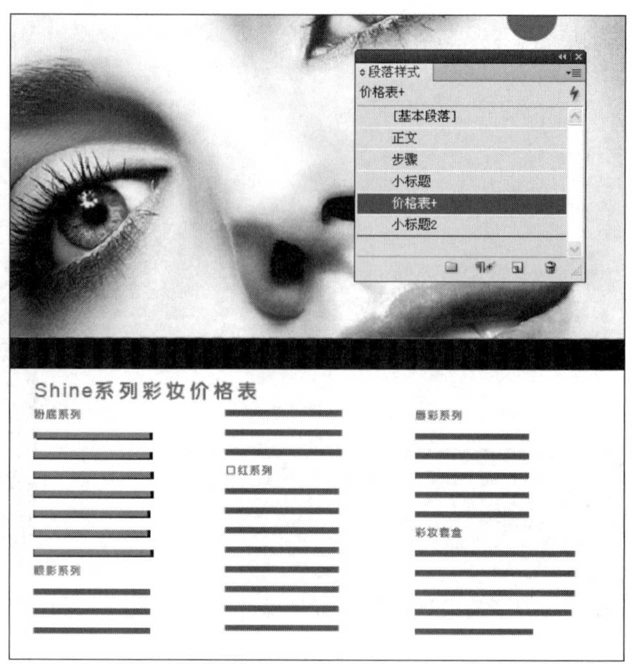

图10-114 选择段落样式

Step 17 至此，整个实例基本制作完成，最终效果如图10-91所示。

10.2 报纸的设计与制作

报纸版面设计是一门艺术，由于报纸本身的时效性和阅读性，决定了报纸以大量文字和图片为主体的特点。因此，从版面编排着手，尽量帮助读者减少读报时间而得到信息与精神的满足，是非常重要的。本章精选了几个不同种类的报纸版面，通过这些实例的讲解，帮助读者快速掌握报纸版面设计和制作过程中常用的手法和技巧。

10.2.1 报纸版面设计概述

报纸版面设计作为报纸信息传播中的重要一环，水平高低直接关系到其信息是否能有效地传播，如何在日趋激烈的报业竞争中推陈出新、标新立异、彰显风格，已成为各平面媒体竞相思考的课题。在强调内容为主的平面媒体中，对形式已经越来越重视。

一般说来，一个人阅读一张报纸的时间为10~30分钟。报纸版面增加了，并不意味着人们阅读报纸时间的延长，反而意味着每版阅读时间的下降。“速度”的信息接收方式导致了信息传播方式的变化——简化版面元素。以标题处理而言，横题的易读性比竖题大；以字号而言，正方体标准字号的易读性比超比例的狭长或扁平字体大；以编排方式而言，装饰平实、图片醒目、文字疏朗的版面的易读性比装饰花哨、图片一般、文字密集的版面可读性强。

新闻传播理念的变化必然引起报纸阅读和刊出方式的变化，为适应这种新变化，报纸的设计者必须研究、确定版式设计的新攻略。2000年以来，《北京晚报》等一批发行和广告收入居国内报纸领先地位、市场化运作程度较高的报纸不约而同的进行改版，推出了版面总体风格上非常接近的版式。近年来新创刊的一些市场表现良好的“新锐”报纸，如《经济观察报》等也都采用了与上述报纸大致相同的版式。这些报纸的版面变革，其实质正是自觉或不自觉地引入了增强易读性的传播理念。

1. 报纸版面设计必须遵守的四个原则

尽管各媒体的采编理念不同，对于版面设计都有自家的理解，但总结众多报纸版式改革的经验，有四个原则必须遵守。

（1）个性化原则

个性化的设计是版面设计的目标之一，是突出版面风格品位、吸引受众的主要手段。打破前人的设计传统，在排版设计中多一点个性而少一些共性，多一点独创性而少一点一般性，突出个性、品位和理念，才能赢得消费者的青睐。各路报界精英都力争在版式上与众不同，你艳丽我素淡，你浓眉大眼我眉清目秀，你“胖”我“瘦”，你“白”我“黄”（指纸张的颜色），你是暖色调我是冷色调，总之就是要新颖、别致，具有鲜明的个性。

（2）人性化原则

简约化是现代版面编排设计的国际趋势之一，采用模块排版、横题到底的版式，一块块有规则的文章区域，统一的标题字体，栏间距变宽等等，以符合国际潮流及网络时代人们的阅读习惯，体现了现代人简洁为美的审美情趣，更重要的是它符合现代生活的快节奏，使读者能方便地找到并接受自己需要的信息。此外，以适量的图片、图表还原信息，用图片讲故事，以图表解说信息，让读者轻松形象地获得信息；版面以厚题薄文、长题短文、适度留白、色彩清淡等现代设计方式方便读者检索，给读者提供明快清新的视觉空间，让读者在轻松的环境下完成阅读。

（3）时尚化原则

报纸的版面设计者不能就版式论版式，应开阔眼界、触类旁通，关注流行时尚的相关艺术，增强自己的艺术修养和对时尚的敏感度、对设计规律的理解能力和把握能力，令报纸的版式紧跟时代步伐。时尚化原则的运用特别体现在各都市类报纸的副刊上，如时尚生活类、服饰美容类、饮食健康类、旅游娱乐类等较为轻松休闲的专刊。这类专刊在版式设计上大多采用简短的文章和大量精美生动的图片、适度的留白简洁的版式结构、时尚类杂志的排版风格，让读者在图文并茂、清新悦目、轻松舒适的状态下，享受并接受报纸所要传达的信息内容。另外，在纸张尺寸的设计上还可以借鉴国外较为流行的报纸尺寸，在目标区域内与其他相互竞争的报纸形成差异化，提高媒体竞争力。

（4）功能化原则

现代报纸版面设计讲究科学的功能化设计，它是报纸个性化、人性化、时尚化的基础。比如报纸一版的封面及导读功能的强化、栏目设置的相对固定化、厚报的按类分叠、具体版面的粗分块细修饰等，这也被业内人士称为报纸杂志化现象。

2. 报纸版面设计的方法

最后要注意通过灵活设计抓住读者眼球。报纸版面设计应该通过灵活新颖的方法给读者留下一个深刻的第一印象，让他们过目不忘，进而产生阅读兴趣。

（1）通过线条变化美化版面

可以通过以下三种方法来装饰版面线条：

◎ 粗、细线条搭配。文字和线条是最先进入读者眼帘的，而密布的文字却很容易引起读者的视觉疲劳，尤其是大开本报纸。

◎ 个性化线条的使用。在传统大报的版式设计中，很少能够发现多变、奇特的线条，其实，我们可以大胆尝试和使用一些形状特别、变化明显的线条来装饰版面，利用突兀、弯曲等线条，给整个版面带来新的活力，同时也更具有个性。

◎ 适当地添加框线。版面设计要想灵活，同样离不开框线和色块对文字的包围和装饰，通过这些线框的衬托，不仅可以增添版面的色彩，还使编辑在设计版面上具有了更加多变的手段。

（2）利用多种色块装饰版面

编辑在版式设计上一定要站在读者的角度去考虑问题，并结合自身媒体的特点，设计适合读者的版式，进而给版面设计带来更多的新鲜元素。

◎ 不同颜色色块的搭配。要想设计出一个美观、活泼的版面，不同色彩的搭配是必不可少的，如果使用得当，其效果将会非常显著，而且通过色块、线条的变化，同样也可以保留报纸的严肃性。

◎ 大面积色块的运用。在一些副刊版面中，也可以采用大色块去达到一种装饰效果。这样做的好处是不仅可以使版面更加富有层次感，而且还可以突出想要表现的重要稿件的内容。

◎ 图片的选用。报纸版面上，除了使用大量文字以外，图片的使用是必不可少的。例如，目前很多媒体都在头版采用具有冲击力的大幅新闻图片，这不仅使整个版面更加富有动感，还增强了新闻内容的真实性和震撼效果。

10.2.2 动漫周刊报纸版面设计

通过“动漫周刊报纸版面设计”实例练习动漫类报纸的设计方法，对与此类的报纸要格外注意图片颜色与版式的设计，本实例的效果如图10-115所示。

图10-115 实例效果图

Step 01 执行“文件”|“新建”|“文档”命令，或者按下Ctrl+N键，在打开的“新建文档”对话框中的“页面大小”下拉列表中选择270毫米×380毫米，设置“页数”为2页，勾选“对页”复选框，如图10-116所示，单击“边距和分栏”按钮，打开“新建边距和分栏”对话框。

Step 02 在对话框中设置“上”选项的数值为10毫米，此时其他3项也一起变为10毫米，设置“栏数”为4，设置“栏间距”为5毫米，如图10-117所示单击“确定”按钮保存设置。

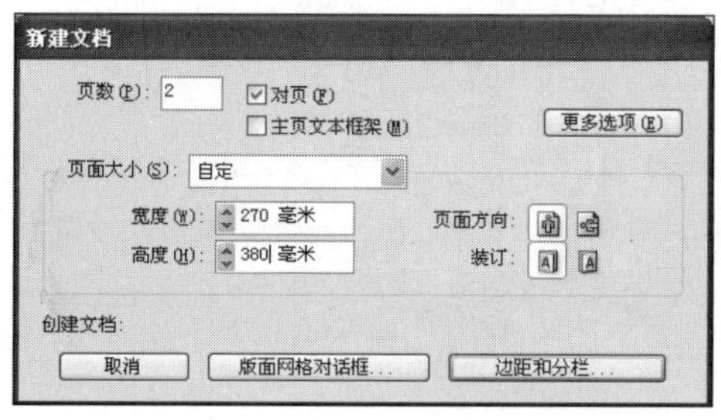

图10-116 “新建文档”对话框

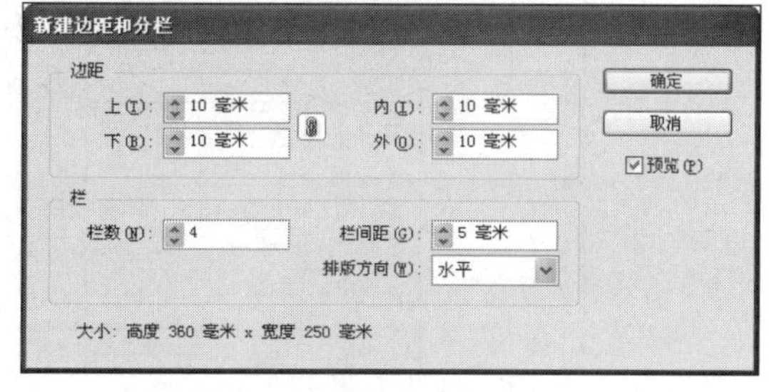

图10-117 “新建边距和分栏”对话框

Step 03 执行“窗口”|“页面”命令，在打开的“页面”面板中单击右侧的“扩展菜单”按钮，在弹出的快捷菜单中选择“页码和章节选项”命令，打开“页码和章节选项”对话框，设置“起始页码”选项的数值为6，如图10-118所示，单击“确定”按钮保存设置。此时效果如图10-119所示。

页码和章节选项
开始新章节(S)
自动编排页码(A)
起始页码(T)：6
编排页码
章节前缀(P)：
样式(Y)：1, 2, 3, 4...
章节标志符(M)：
编排页码时包含前缀(I)
文档章节编号
样式(L)：1, 2, 3, 4...
自动为章节编号(C)
起始章节编号(R)：1
与书籍中的上一文档相同(B)
书籍名：不可用
确定
取消

图10-118 “页码和章节选项”对话框

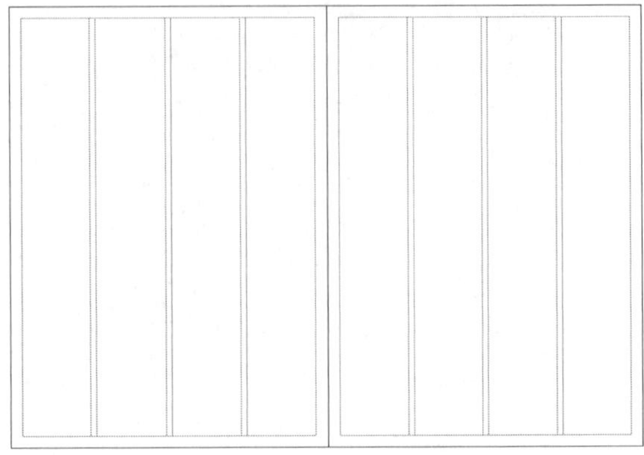

图10-119 新建文档

Step 04 双击“A-主页”，或者在文档底部的菜单中选择“A-主页”选项，将该主页显示在工作区域中。

Step 05 在工具箱中选择“文字工具”[T]，在需要插入页码的部分绘制一个文本框，本实例绘制在左下角。

Step 06 执行“文字”|“插入特殊字符”|“标志符”|“当前页码”命令，就会在光标闪动的地方出现页码标志。出现的标志是随主页的前缀的，在文本框中出现的就会是A。按住Shift+Alt键在水平方向上拖动并制作出一个文本副本，将副本放置在页面右侧。

Step 07 选中右侧的副本，在“选项栏”中单击“右对齐”按钮，使添加的页码居右对齐。设置字符“字体大小”为12点，设置“字体”为“宋体”，如图10-120所示。

Step 08 执行“版面”|“边距和分栏”命令，设置“栏数”为2栏，设置“栏间距”为0毫米，使用“文字工具”输入文本“动漫周刊”，在“字符”面板中设置字体为“方正综艺简体”，将其中点与文本框架的中点对齐，如图10-121所示。

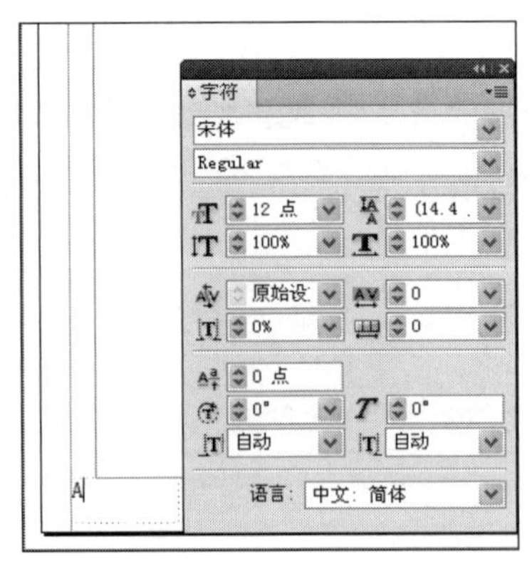

图10-120 设置页码字符

图10-121 设置动漫周刊字符

Step 09 在“页面”面板中双击第7页，以显示此页面，如图10-122所示。

Step 10 在工具箱中“矩形框架工具”[⊠]，单击鼠标左键，在“矩形”对话框中设置矩形大小为250毫米×380毫米，单击“确定”按钮新建矩形框架。为矩形填充蓝色，在展开的“色板”面板中设置如图10-123所示。

图10-122 显示页面

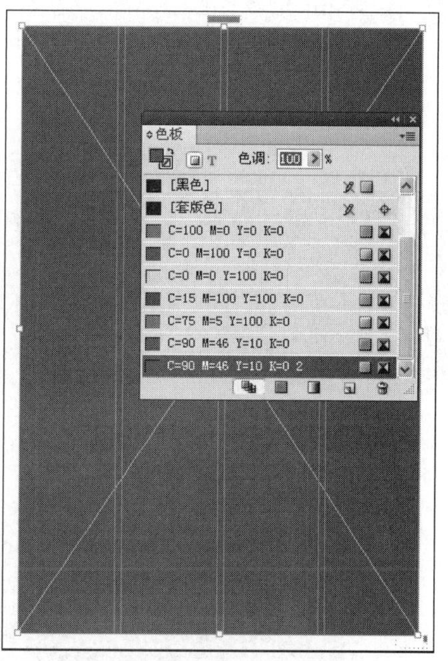

图10-123 新建矩形并填充颜色

Step 11 继续使用“矩形框架工具”[⊠]，单击鼠标左键，在“矩形”对话框中设置矩形大小为250毫米×317毫米，单击“确定”按钮新建矩形框架。

Step 12 执行“文件”|“置入”命令，或者按下Ctrl+D键，打开“置入”对话框，在打开的“置入”对话框中选择本书附带光盘\Chapter10\动漫周刊排版\“08.jpg”文件，单击“打开”按钮将它导入。按住Shift+Ctrl键的同时按比例缩小素材。调整到如图10-124所示的大小比例。

图10-124 置入素材

Step 13 使用“矩形框架工具”，单击鼠标左键，在“矩形”对话框中设置矩形大小为55毫米×52毫米，单击“确定”按钮新建矩形框架。按住Alt+Shift键的同时水平拖动绘制的矩形，制作3个矩形框架副本。此时的间距并不均匀，如图10-125所示。

Step 14 按住Shift键的同时选中水平的4个矩形框架，执行“窗口”|“对象和版面”|“对齐”命令，或者按下Shift+F7键，打开“对齐”面板，单击“水平分布间距”按钮，如图10-126所示。此时的效果如图10-127所示。

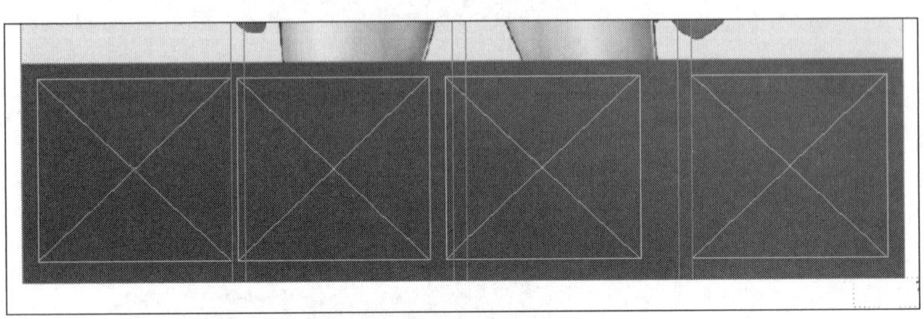

图10-125 绘制框架并制作副本

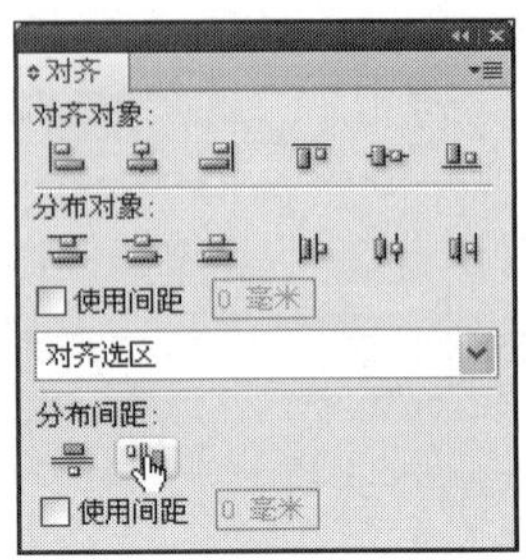

图10-126 对齐矩形框架

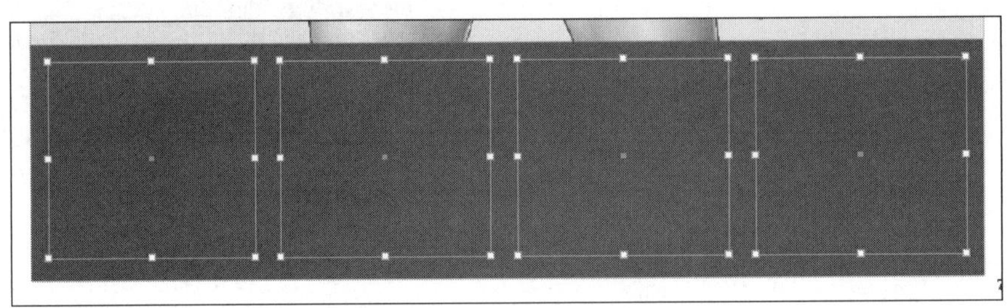

图10-127 水平分布矩形框架

Step 15 执行“文件”|“置入”命令，或者按下Ctrl+D键，打开“置入”对话框，分别在打开的“置入”对话框中选择本书附带光盘\Chapter10\动漫周刊排版\“01.jpg”，“03.jpg”，“07.jpg”，“09.jpg”文件，单击“打开”按钮将它们导入。按住Shift+Ctrl键的同时按比例缩小素材。

Step 16 执行“对象”|“角选项”命令，在打开的“角选项”对话框中选择“圆角”效果，设置大小为5毫米，此时的效果如图10-128所示。

图10-128 圆角效果

Step 17 在工具箱中选择“钢笔工具”，绘制一条曲线，执行“窗口”|“描边”命令，或者按下F10键打开“描边”面板，在“粗细”下拉列表中选择0.5毫米，在“类型”下拉列表

表中选择“虚线”选项，同样设置颜色，如图10-129所示。

图10-129 绘制曲线

Step 18 在工具箱中选择“路径文字工具”，输入文本“他们颠覆了二元次世界”。在“字符”面板中设置“字体”为“黑体”，设置“字体大小”为30点，设置“字符间距”为400；在“描边”面板中设置“粗细”为0.25毫米；在“色板”面板中设置填充色为白色，设置描边色为蓝色，如图10-130所示。

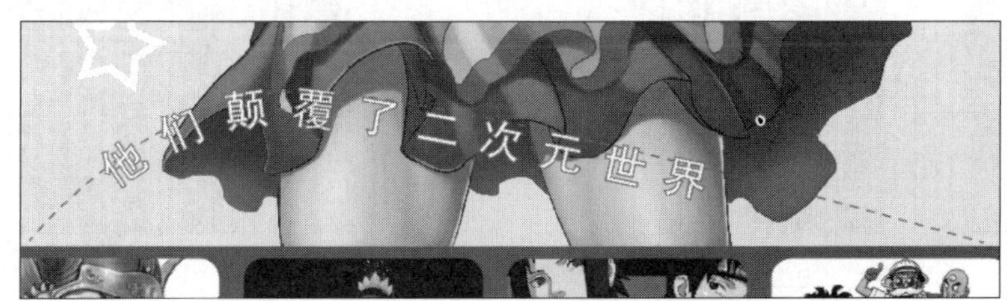

图10-130 制作路径文本并设置数值

Step 19 按下Ctrl+D键，打开“置入”对话框，在打开的“置入”对话框中选择本书附带光盘\Chapter10\动漫周刊排版\“动漫周刊.psd”文件，单击“打开”按钮将它导入。按住Shift+Ctrl键的同时按比例缩小素材，如图10-131所示的大小比例。

Step 20 在工具箱中选择“文字工具”，输入3组文本“中国动漫新闻资讯第一报”、“文化艺术报”和Animation & Comic。效果如图10-132所示。如图10-133所示为在“字符”面板中设置的字符。

图10-131 置入素材

图10-132 输入文本

图10-133 设置字符

Step 21 在工具箱中选择“直线工具”，按住Shift键的同是绘制直线，并在选项栏中设置直线为不同的粗细数值，选中所有绘制的直线，单击鼠标右键，在弹出的快捷菜单中选择“编组”命令，模拟出条形码的效果，如图10-134所示。为条形码添加文本效果，如图10-135所示。

图10-134 绘制条形码

图10-135 添加文本

Step 22 使用“文字工具”输入报纸的期数、出版日期等内容，设置数字272的“字体大小”为30点，设置其他文本的数值如图10-136所示。此时效果如图10-137所示。

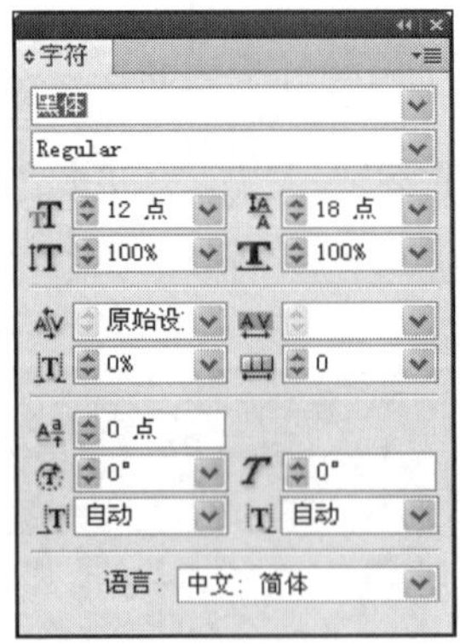

图10-136 设置字体

图10-137 添加报纸期数、出版日期等内容

Step 23 这样第7页就制作完成，页面效果如图10-138所示。

Step 24 在“页面”面板中双击第6页，以显示此页面。

Step 25 在工具箱中选择“矩形工具”，单击鼠标左键，在打开的“矩形”对话框中设置数值为35毫米×64毫米，单击确定按钮。按下\键切换到按住Shift键的同时绘制直线，依次设置它们的粗细为1毫米、2毫米和3毫米，如图10-139所示。

图10-138 页面效果

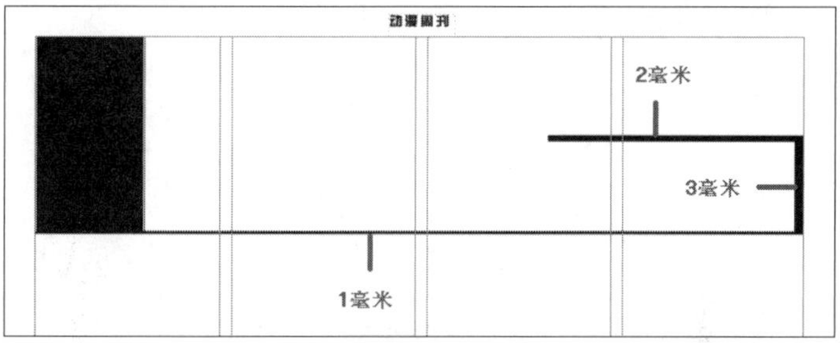

图10-139 绘制矩形和直线

Step 26 在工具箱中“矩形框架工具”⊠，分两次单击鼠标左键，分别设置新建的两个矩形框架的大小为104.5毫米×64毫米和250毫米×186毫米，单击“确定”按钮新建矩形框架。

Step 27 按下Ctrl+D键，打开“置入”对话框，分别在打开的“置入”对话框中选择本书附带光盘\Chapter10\动漫周刊排版\“05.jpg”和“06.jpg”文件，单击“打开”按钮将它们导入。按住Shift+Ctrl键的同时按比例缩小素材。调整到如图10-140所示的大小比例。

图10-140 置入图片素材

Step 28 再新建两个矩形框架，分别设置大小为28毫米×34毫米和60毫米×82毫米，单击“确定”按钮新建矩形框架。

Step 29 按下Ctrl+D键，打开“置入”对话框，分别在打开的“置入”对话框中选择本书附带光盘\Chapter10\动漫周刊排版\“04.jpg”和“01.jpg”文件，单击“打开”按钮将它们导入。按住Shift+Ctrl键的同时按比例缩小素材。

Step 30 设置导入的“01.jpg”的“描边”为3毫米，在选项栏中设置旋转角度为13°，效果如图10-141所示。

Step 31 按下T键切换到文字工具，输入文本“许我冥界曼陀罗”，在“字符”面板中设置“字体”为方正超粗黑简体，设置“字符间距”为50，设置“许我冥界”的“字体大小”为36点，设置“曼陀罗”的“字体大小”为72点。

Step 32 再输入文本“百鬼夜行抄”，设置“字体”为方正细圆简体，设置“字体大小”为24点，此时效果如图10-142所示。

图10-141 置入图片素材并调整角度

图10-142 输入文本

Step 33 打开本书附带光盘\Chapter10\动漫周刊排版\“红人馆.doc”文件，复制文本后，回到InDesign软件中粘贴文件，选中段落标题，在“段落样式”面板中选择“小标题”样式，如图10-143所示；选中正文，在“段落样式”面板中选择“正文”样式，如图10-144所示。具体的数值请参考源文件进行设置，这里不再详细讲解。

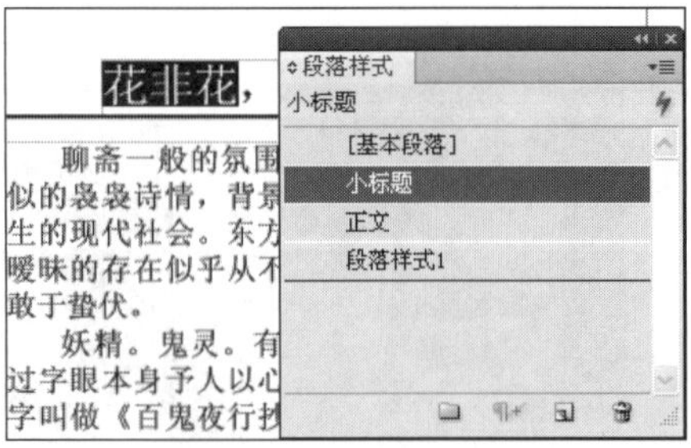

图10-143 设置小标题样式

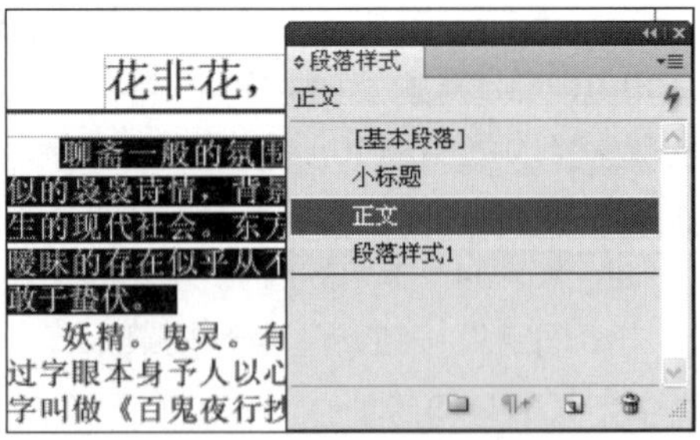

图10-144 设置正文样式

Step 34 此时的效果如图10-115所示。

10.2.3 时尚类报纸版面设计

本实例为模拟的时尚类报纸的实例，在实例中综合应用文本、表格、图片等多种设计元素，实例效果如图10-145所示。

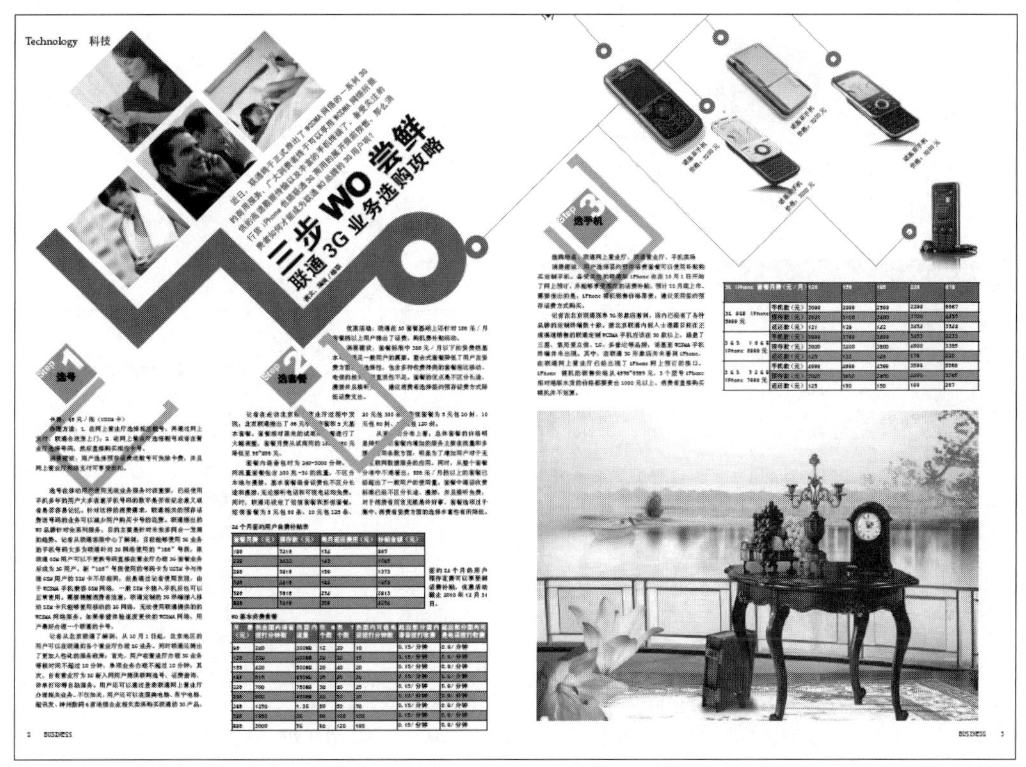

图10-145 实例效果图

Step 01 执行“文件”｜“新建”｜“文档”命令，或者按下Ctrl+N键，在打开的“新建文档”对话框中的“页面大小”下拉列表中选择255毫米×380毫米，设置“页数”为2页，勾选“对页”复选框，如图10-146所示，单击“边距和分栏”按钮，打开“新建边距和分栏”对话框。

Step 02 在对话框中设置“上”选项的数值为10毫米，此时其他3项也一起变为10毫米，设置“栏数”为4，设置“栏间距”为5毫米，如图10-147所示单击“确定”按钮保存设置。

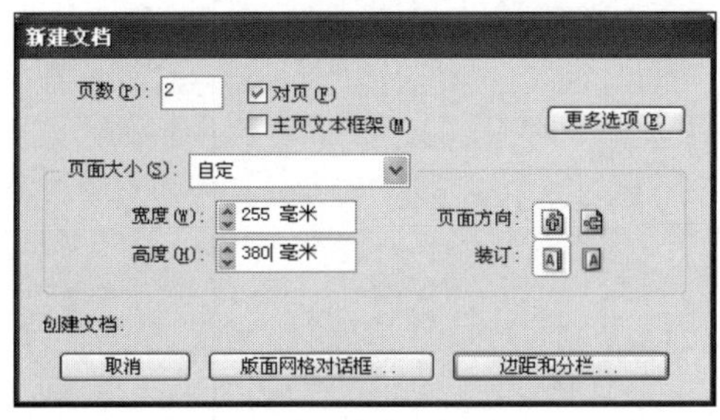

图10-146 “新建文档”对话框

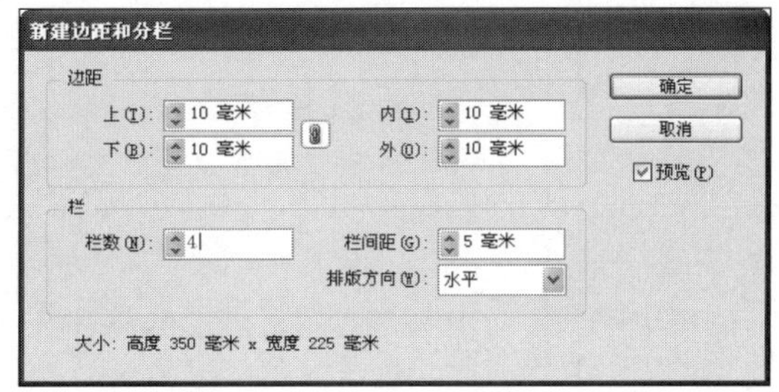

图10-147 “新建边距和分栏”对话框

Step 03 执行“窗口”|“页面”命令，在打开的“页面”面板中单击右侧的“扩展菜单”按钮，在弹出的快捷菜单中选择“页码和章节选项”命令，打开“页码和章节选项”对话框，设置“起始页码”选项的数值为2，如图10-148所示，单击“确定”按钮保存设置。

Step 04 双击“A-主页”，或者在文档底部的菜单中选择“A-主页”选项，将该主页显示在工作区域中。

Step 05 在工具箱中选择“文字工具”[T]，在需要插入页码的部分绘制一个文本框，本实例绘制在左下角。

Step 06 执行“文字”|“插入特殊字符”|“标志符”|“当前页码”命令，就会在光标闪动的地方出现页码标志。出现的标志是随主页的前缀的，在文本框中出现的就会是A。再绘制一个文本框，输入文本BUSINESS。在“字符”面板中设置“字体大小”为10点，设置“字体”为“宋体”，如图10-149所示。

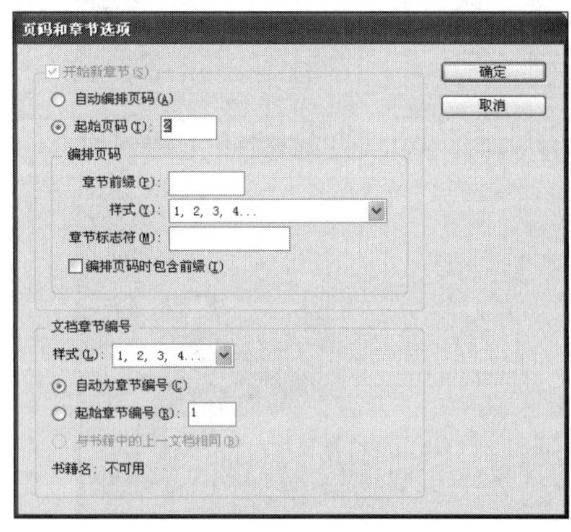

图10-148 “页码和章节选项”对话框

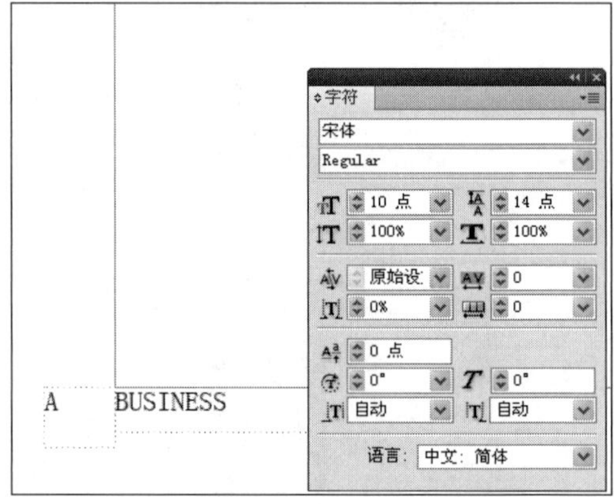

图10-149 设置页码字符

Step 07 按住Shift+Alt键在水平方向上拖动并制作出一个页码和文本的副本，将副本放置在页面右侧。选中右侧的副本，在“选项栏”中单击“右对齐”按钮，使添加的页码居右对齐。

Step 08 在主页的左上角再输入文本“Technology 科技”，设置“字体大小”为16点，如图10-150所示。

图10-150 设置主页

Step 09 在“页面”面板中双击第2页，以显示此页面。

Step 10 在工具箱中选择“直线工具”，按住Shift键的同时绘制45°角的直线，按住Shift+Alt键的同时拖动鼠标制作副本，并在选项栏中单击“逆时针旋转90°”按钮将副本旋转，在“描边”面板中设置“粗细”为40点。在“色板”面板中设置颜色为橙色，设置数值和效果如图10-151所示。

Step 11 在工具箱中选择“椭圆工具”，按住Shift的同时绘制正圆形并填充颜色，设置其大小为47.5毫米×47.5毫米，再绘制一个正圆形并填充白色，设置其大小为18.5毫米×18.5毫米，将两个正圆形对齐后，同时选中两个对象，执行“对象”|“路径查找器”|“减去”命令，即可制作出空心圆环。

Step 12 按住Alt键的同时拖动，制作一个圆环副本，并调整其大小比例，调整完成后在对象上单击鼠标右键，在弹出的快捷菜单中选择“编组”命令，如图10-152所示。

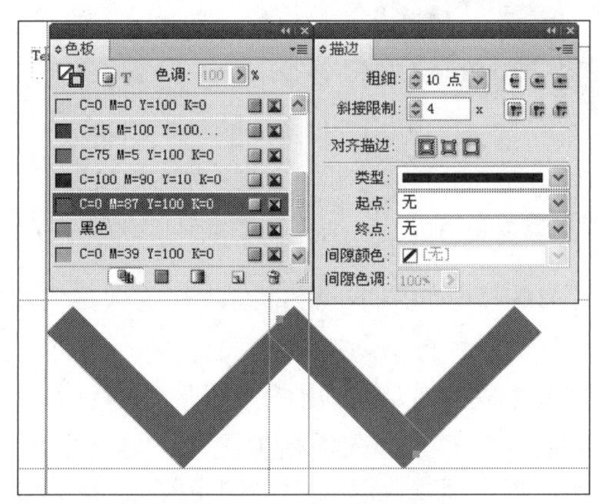

图10-151 设置颜色与面板粗细

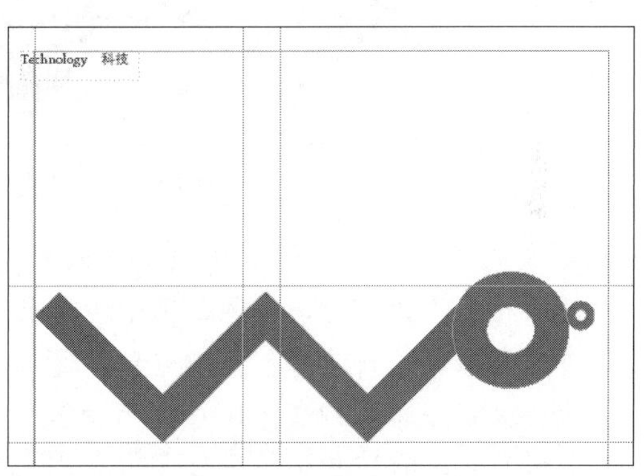

图10-152 制作圆环并编组

Step 13 在工具箱中选择“矩形工具”，单击鼠标左键，在弹出的“矩形”对话框中设置大小为44毫米×44毫米，按住Alt+Shift键的同时制作3个矩形框架副本。

Step 14 按住Shift键的同时选中所有的4个矩形框架，执行“窗口”|“对象和面板”|“对齐”命令，在打开的“对齐”面板中单击“垂直分布间距”和“水平分布间距”按钮，将框架对齐，如图10-153所示。

Step 15 执行“文件”|“置入”命令，或按下Ctrl+D键，在打开的“置入”对话框中选择本书附带光盘\Chapter10\科技类版面\“01.jpg”至“04.jpg”文件，分别将它们导入。按住Shift+Ctrl键的同时按比例缩小素材。调整到如图10-154所示的大小比例。

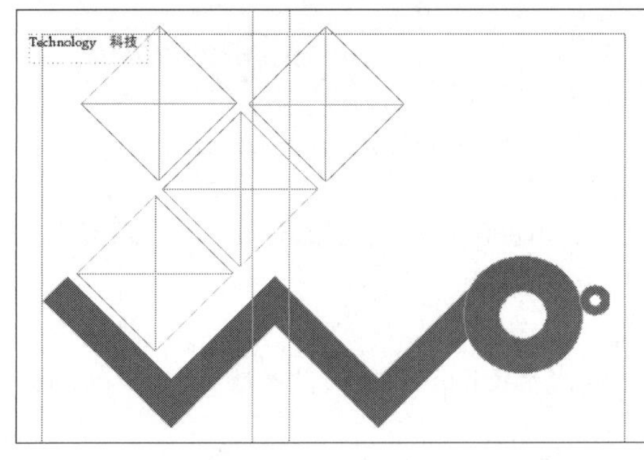

图10-153 绘制框架

图10-154 调整素材比例

Step 16 按下T键切换到“文字工具”，输入文本“三步WO尝鲜”，在“段落样式”面板中选择“主标题”样式；再输入文本“联通3G业务选购攻略”，在“段落样式”面板中选择“副标题”样式；再输入段落导语，在“段落样式”面板中选择“导语”样式，如图10-155所示。

图10-155 输入文本并设置段落样式

Step 17 按下\键切换到“直线工具”，绘制出如图10-156所示的一组直线，在选项栏中设置描边“粗细”为12点，在色面板中设置描边色为“中黄色”。

Step 18 在工具箱中选择“矩形框架工具”，单击鼠标左键，在弹出的“矩形”对话框中设置大小为12毫米×12毫米，单击“确定”按钮保存设置。在选项栏中设置“旋转角度”为45°，并在“色板”面板中设置填充色为灰色，再参考源文件输入相关文本，如图10-157所示。

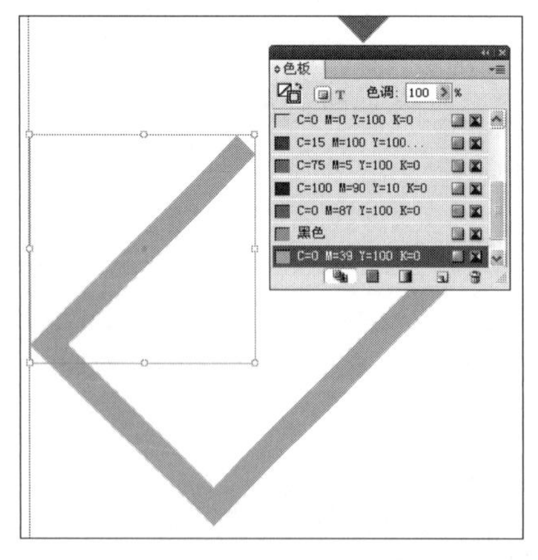

图10-156 绘制直线并描边

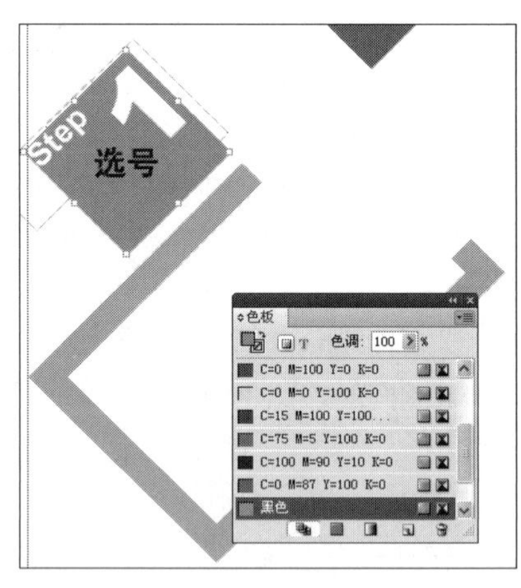

图10-157 绘制矩形并填充颜色

Step 19 按住Shift键的同时选中刚才绘制的对象，按住Alt键的同时拖动鼠标左键制作副本，并调整对象的位置如图10-158所示。

Step 20 按下T键切换到“文字工具”，绘制好文本框，执行“文件”|“置入”命令，或按下Ctrl+D键，在打开的“置入”对话框中选择本书附带光盘\Chapter10\科技类版面\“卡费.doc”文

件，在“段落样式”面板中选择“正文”样式，此时的效果如图10-159所示。

图10-158 制作副本

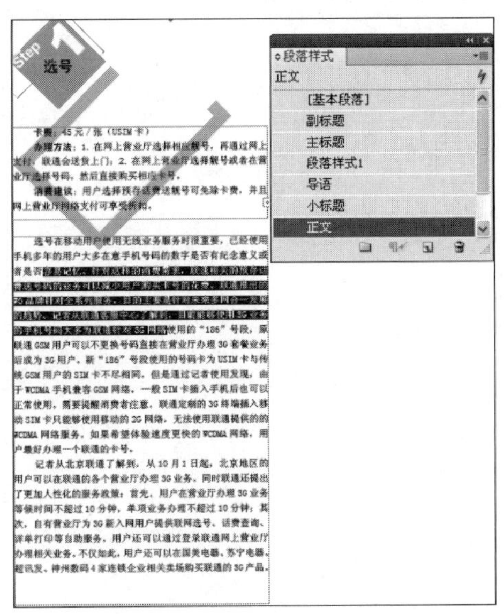

图10-159 输入文本并设置段落样式

Step 21 继续使用文字工具绘制文本框，执行“表”|“插入表”命令，在打开的“插入表”对话框中设置“正文行”为7，设置“列”为4，单击“确定”按钮插入表格，如图10-160所示。此时的效果如图10-161所示。

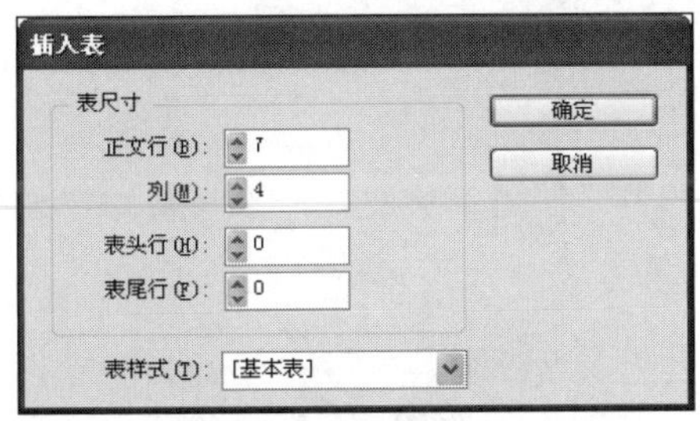

图10-160 插入表格

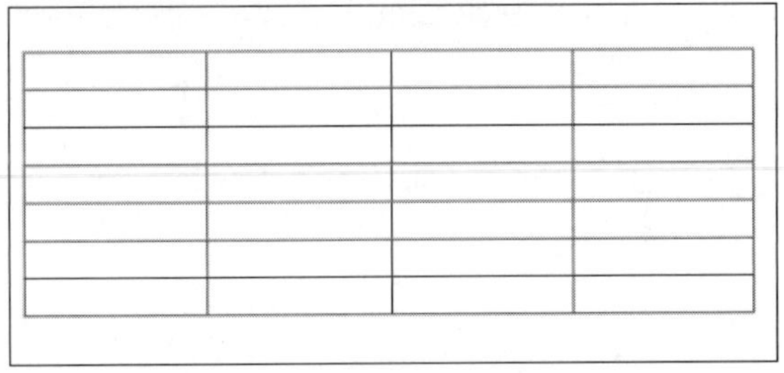

图10-161 插入表格后的效果

Step 22 继续输入所需的文本，然后执行“表”|“表选项”|“交替填色”命令，在打开的对话框中设置交替颜色为灰色和白色，并且在“跳过前”对话框中选择1行，单击“确定”按钮保存设置，如图10-162所示。

Step 23 再执行“表”|“单元格选项”|“描边和填色”命令，在打开的对话框中设置描边色为黑色，设置描边“粗细”为1点，如图10-163所示，单击“确定”按钮保存设置。

图10-162 “填色”选项卡

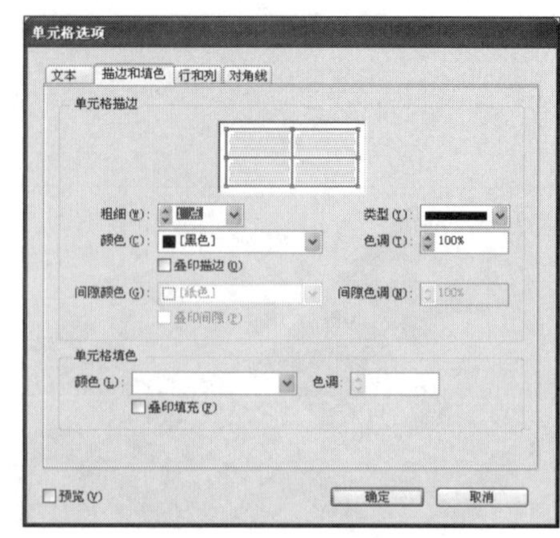

图10-163 “描边和填色”选项卡

Step 24 选中表格的第一行，设置其填充色为橙色。选中第一行的文本，在“段落样式”面板中选择“网络文本”样式；选中表格中其他的文本，在“段落样式”面板中选择“网络内容”样式，如图10-164所示。

24个月签约用户自费补贴表

套餐月费（元）	预存款（元）	每月返还费用（元）	补贴金额（元）
186	3216	134	893
228	3432	143	1085
286	3816	159	1373
386	4416	184	1853
586	5616	234	2813
886	7416	309	4254

段落样式
网络内容
段落样式1
导语
小标题
正文
网络内容
网格文本

图10-164 选择段落样式

Step 25 按照相同的方法制作另一个表格，按照前面介绍的方法进行设置，局部与整体效果如图10-165所示。

24个月签约用户自费补贴表

套餐月费（元）	预存款（元）	每月返还费用（元）	补贴金额（元）
186	3216	134	893
228	3432	143	1085
286	3816	159	1373
386	4416	184	1853
586	5616	234	2813
886	7416	309	4254

签约24个月的用户预存花费可以享受到话费补贴，优惠活动截止2010年12月31日。

WO基本资费套餐

月费（元）	包含国内语音拨打分钟数	包国内流量	包M个数	包T个数	包国内可视电话拨打分钟数	超出部分国内语音拨打收费	超出部分国内可是电话拨打收费
96	240	300MB	12	20	10	0.15/分钟	0.9/分钟
126	320	400MB	20	20	15	0.15/分钟	0.9/分钟
156	420	500MB	20	40	20	0.15/分钟	0.9/分钟
186	510	650MB	20	40	20	0.15/分钟	0.9/分钟
226	700	750MB	30	40	25	0.15/分钟	0.9/分钟
286	900	950MB	40	50	30	0.15/分钟	0.9/分钟
386	1250	1.3G	50	50	50	0.15/分钟	0.9/分钟
586	1950	2G	60	100	100	0.15/分钟	0.9/分钟
886	3000	3G	90	120	180	0.15/分钟	0.9/分钟

图10-165 左图为表格局部，右图为页面整体效果

Step 26 在“页面”面板中双击第3页，以显示此页面。

Step 27 在工具箱中选择“直线工具”，按住Shift键的同时绘制45°角的直线，按住Shift+Alt键的同时拖动鼠标制作副本，在“描边”面板中设置“粗细”为0.75点。在“色板”面板中设置颜色为橙色，并且将前面制作的圆环制作多个副本，如图10-166所示。

Step 28 在工具箱中选择“矩形框架工具”，单击鼠标左键，在弹出的“矩形”对话框中设置大小为63毫米×54毫米，单击“确定”按钮保存设置。在选项栏中设置“旋转角度”为45°。

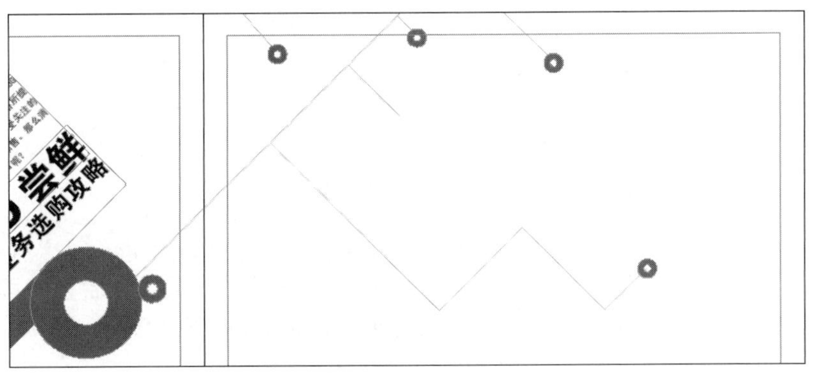

图10-166 绘制直线、描边并绘制圆环

Step 29 执行“文件”|“置入”命令，或按下Ctrl+D键，在打开的“置入”对话框中选择本书附带光盘\Chapter10\科技类版面\“05.jpg”至“06.jpg”文件，分别将它们导入。按住Shift+Ctrl键的同时按比例缩小素材。并且将前面制作地图形对象群组并复制，调整到如图10-167所示的大小比例。

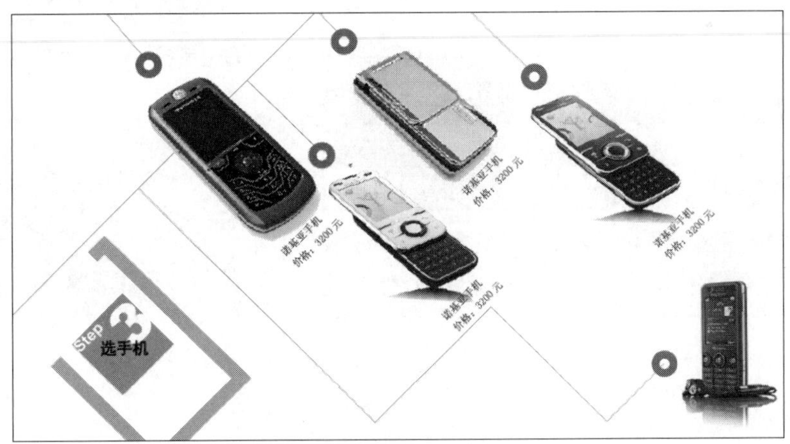

图10-167 置入图片素材

Step 30 打开本书附带光盘\Chapter10\科技类版面\“卡费.doc”文件，选中其中的选手机相关的文本，按下Ctrl+C键复制文本，然后回到InDesign软件中，按下Ctrl+V键粘贴文本，在“段落样式”面板中选择“正文”样式，此时的效果如图10-168所示。

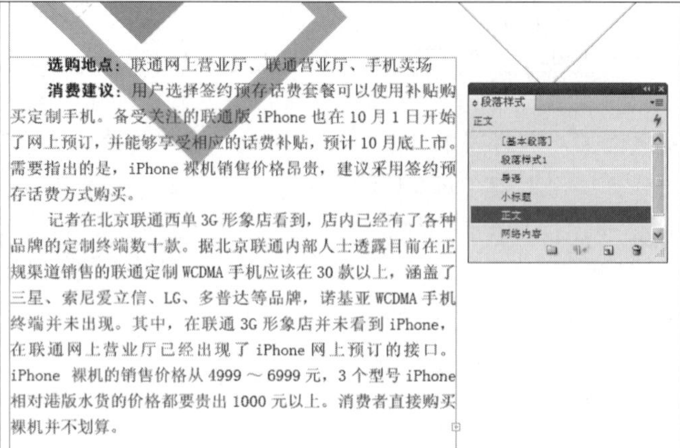

图10-168 输入文本并设置段落样式

Step 31 按照前面介绍的方法继续制作表格，并且输入表格相关的文本，注意根据需要执行“表”|“合并单元格”命令来合并单元格，绘制的表格的具体内容读者可以参考源文件来进行制作，效果如图10-169所示。此页面效果如图10-170所示。

3G iPhone 套餐月费（元/月）		126	156	186	226	678
3G 8GB iPhone 5999 元	手机款（元）	3099	2899	2599	2299	6667
	预存款（元）	2900	3100	3400	3700	4455
	返还款（元）	121	129	142	3454	3344
3GS 16GB iPhone 6999 元	手机款（元）	3999	3799	3499	3453	2233
	预存款（元）	3000	3200	3500	4600	3355
	返还款（元）	126	133	146	179	220
3GS 32GB iPhone 7999 元	手机款（元）	4999	4699	4399	3599	5566
	预存款（元）	3000	3600	3600	4400	3366
	返还款（元）	125	150	150	189	267

图10-169 绘制表格

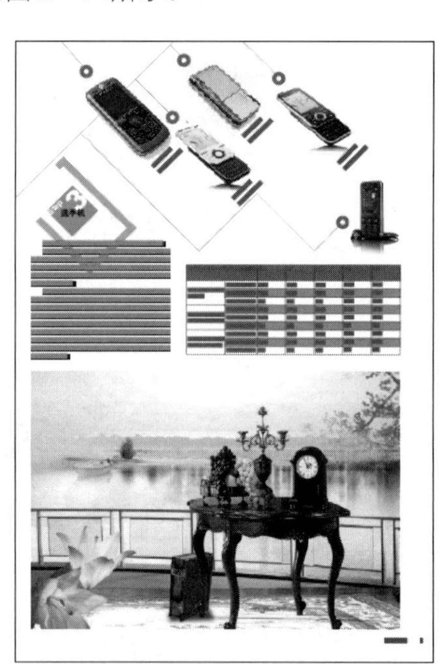
图10-170 整体页面效果

10.2.4 时政类报纸版面设计

时政类报纸是目前市场上应用最为广泛的报纸，往往信息量较大，所以设计中要注意文字大小与行距的控制，注意标题字体大小与正文字体大小的设计要遵循读者视觉习惯和行业规范，实例效果如图10-171所示。

今日政治

千里办案，10万放人

全球打喷嚏

流感时期的人生注解

一面韩国政治的镜子

卢武铉和他的时代

图10-171 实例效果图

Step 01 执行“文件”|“新建”|“文档”命令，或者按下Ctrl+N键，在打开的“新建文档”对话框中的“页面大小”下拉列表中选择340毫米×540毫米，设置“页数”为2页，勾选“对页”复选框，如图10-172所示，单击“边距和分栏”按钮，打开“新建边距和分栏”对话框。

Step 02 取消“将所有设置设为相同”按钮的选中状态，在对话框中设置“上”选项的数值为25毫米，设置其他3项的数值为15毫米，设置“栏数”为1，设置“栏间距”为5毫米，如图10-173所示单击“确定”按钮保存设置。

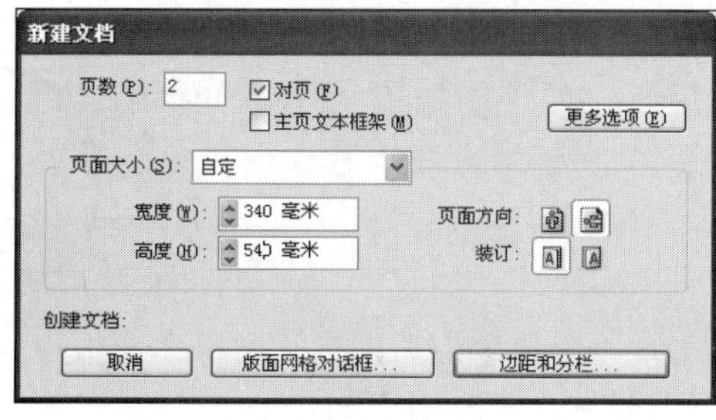

图10-172 “新建文档”对话框

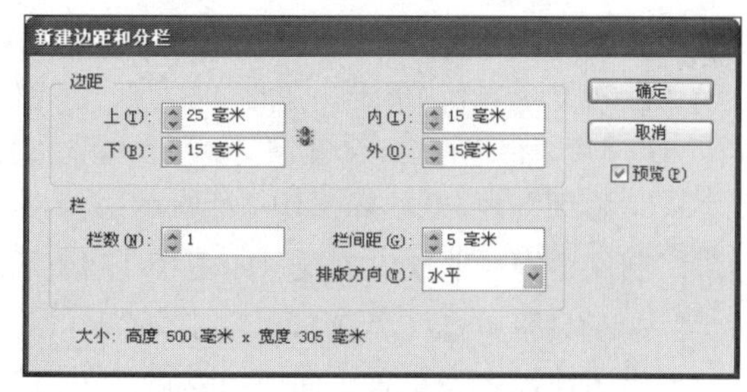

图10-173 “新建边距和分栏”对话框

Step 03 执行“窗口”|“页面”命令，在打开的“页面”面板中单击右侧的“扩展菜单”按钮，在弹出的快捷菜单中执行“页码和章节选项”命令，打开“页码和章节选项”对话框，设置“起始页码”选项的数值为2，单击“确定”按钮保存设置。

Step 04 双击“A-主页”，或者在文档底部的菜单中选择“A-主页”选项，将该主页显示在工作区域中。

Step 05 回到页面的左上角，按下“\”按钮，切换到直线工具，按住Shift键的同时绘制一条直线，将它沿边距参考线放置，在选项栏中设置“粗细”为2点。在工具箱中选择“文字工具”T，输入如图10-174所示的文本，并参考源文件设置好字体和文本颜色。

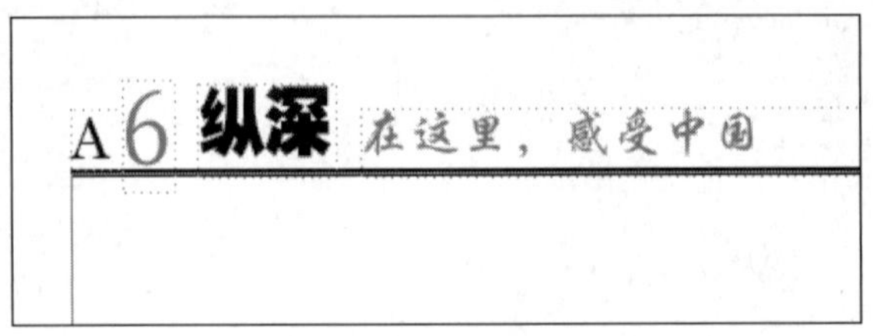

图10-174 输入文本

Step 06 继续输入责任编辑、电话、邮箱等内容，设置“字体大小”为8点，在“选项栏”中单击“右对齐”按钮，如图10-175所示。缩小后查看页面2顶部的效果如图10-176所示。

责任编辑 李玉 见习编辑 毛毛 E-mail:jinrizhengzhi@126.com 电话：010-88776655 2009.6.28 今日政治

图10-175 输入责任编辑、电话、邮箱等内容

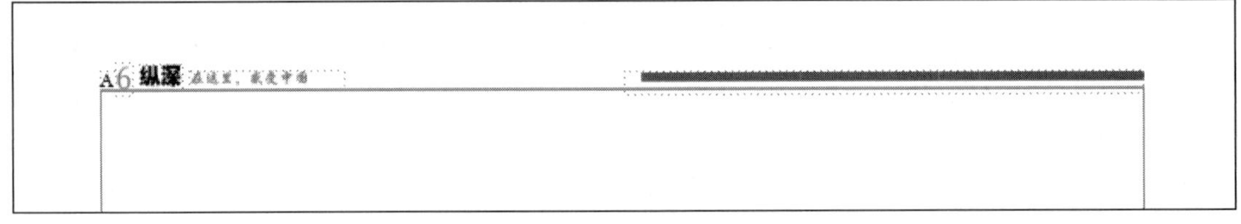

图10-176 页面顶部的效果

Step 07 在“页面”面板中双击第3页，以显示第3页。

Step 08 在工具箱中选择“矩形工具”，单击鼠标左键，在弹出的“矩形”对话框中设置大小为60毫米×160毫米，单击“确定”按钮新建矩形。在“选项栏”中设置矩形的“粗细”为8点。再新建一个矩形，设置大小为54毫米×154毫米，在“选项栏”中设置矩形的“粗细”为2点。如图10-177所示。

Step 09 制作出矩形的缺口效果，如图10-178所示。

Step 10 在工具箱中选择“直排文字工具”IT，输入文本“今日政治”，在“字符”面板中设置“字体”为方正黄草简体，设置“字体大小”为85点，如图10-179所示。

Step 11 继续使用“直排文字工具”IT输入报纸期数，并使用“文字工具”输入出版日期等内容，设置“字体”为黑体，设置“字体大小”为8点，如图10-180所示。

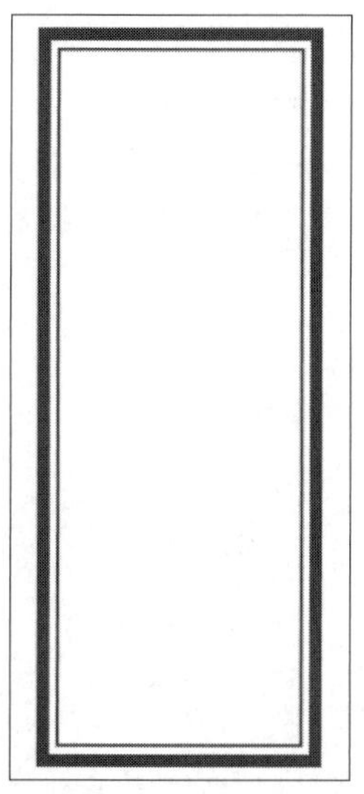

图10-177 绘制矩形

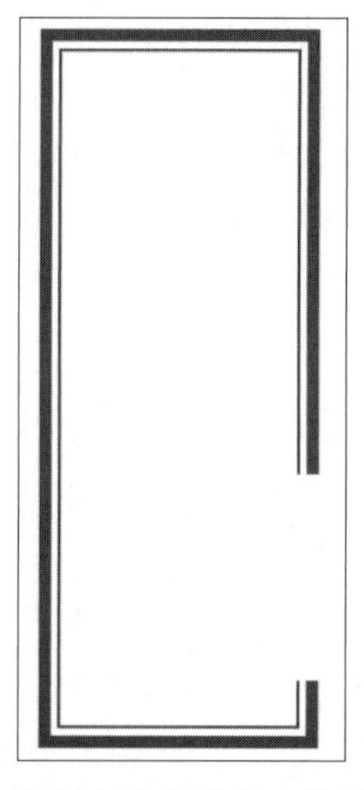

图10-178 制作缺口效果

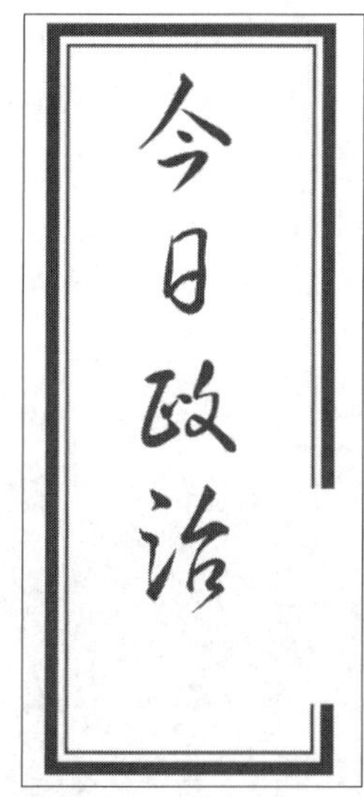

图10-179 输入直排文本

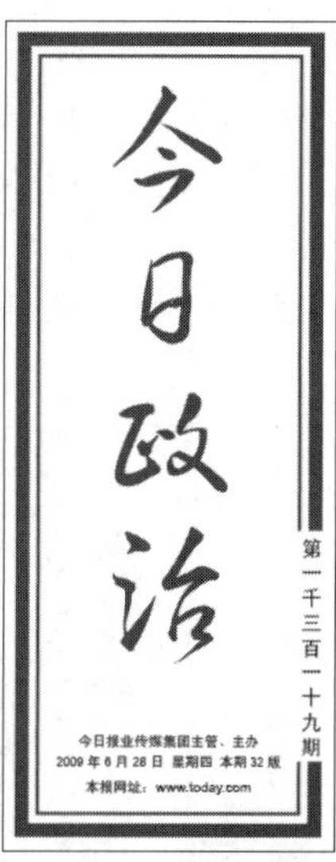

图10-180 输入其他文本

Step 12 按下M键切换到“矩形工具”，单击鼠标左键，在弹出的“矩形”对话框中设置大小为63毫米×10毫米，单击“确定”按钮新建矩形并为其填充颜色；按住Alt+Shift键的同时垂直拖动制作一个矩形副本，设置其高度为3毫米；再新建一个矩形，设置大小为63毫米×313毫米，在色板面板中设置其填充颜色的数值，如图10-181所示。

Step 13 在工具箱中选择“矩形框架工具”，单击鼠标左键，在弹出的“矩形”对话框中设置大小为178毫米×223毫米，单击“确定”按钮保存设置。

Step 14 执行“文件”|“置入”命令，或按下Ctrl+D键，在打开的“置入”对话框中选择本书附带光盘\Chapter10\新闻类\“01.jpg”文件，将它置入。按住Shift+Ctrl键的同时按比例缩小素材。并且将前面制作地图形对象编组并复制，调整到如图10-182所示的大小比例。

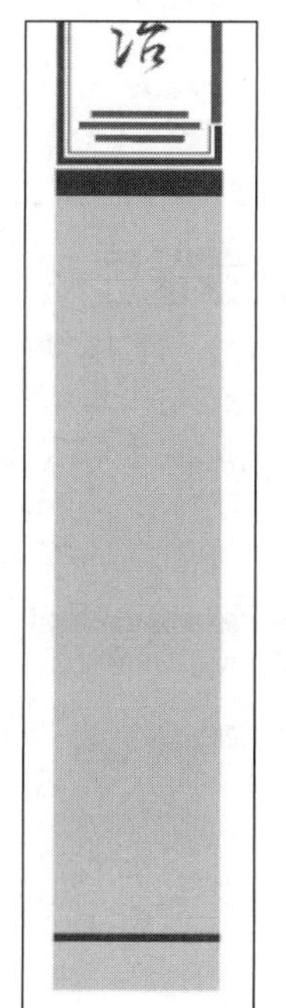

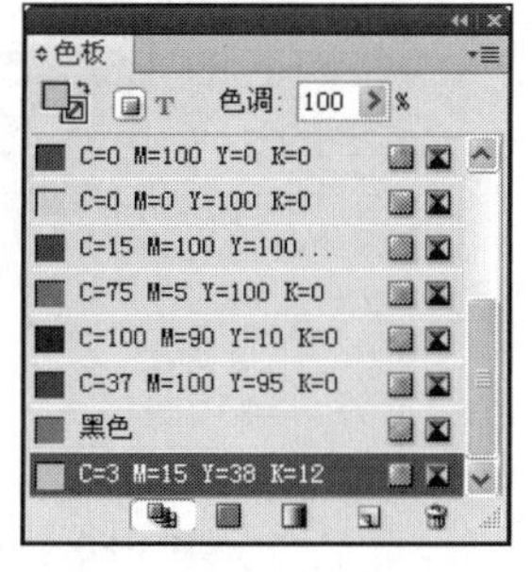

图10-181 绘制矩形，设置并填充颜色

图10-182 绘制框架并置入图片

Step 15 结合“椭圆工具”、“矩形工具”和“钢笔工具”绘制出页面中的组合图形，然后切换到“直排文字工具”，输入相关文本，如图10-183所示。

Step 16 打开本书附带光盘\Chapter10\新闻类\“通城警方.doc”文件，选中其中的段落文本，切换到InDesign软件中，按下T键切换到“文字工具”，绘制好文本框，按下Ctrl+V键粘贴段落文本，默认状态下如图10-184所示。

图10-183 输入相关标题文本

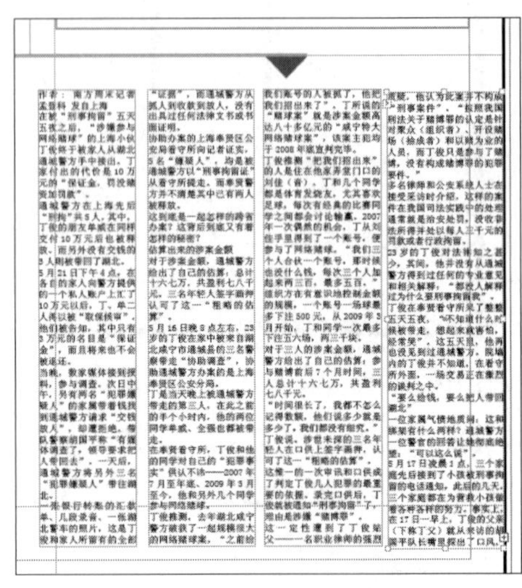

图10-184 粘贴文本

Step 17 按住Shift选中4个文本框架，松开鼠标后，再按下F7键打开“对齐”面板，按下“水平分布间距”按钮，使文本框的间距水平分布，并且按下“顶对齐”按钮使文本框顶部对齐，如图10-185所示。

Step 18 选中文本的小标题“估算出来的涉案金额”，在“段落样式”面板中选择“小标题”样式；再选中导语部分，在“段落样式”面板中选择“小标题导语”样式，如图10-186所示。

图10-185 对齐文本框

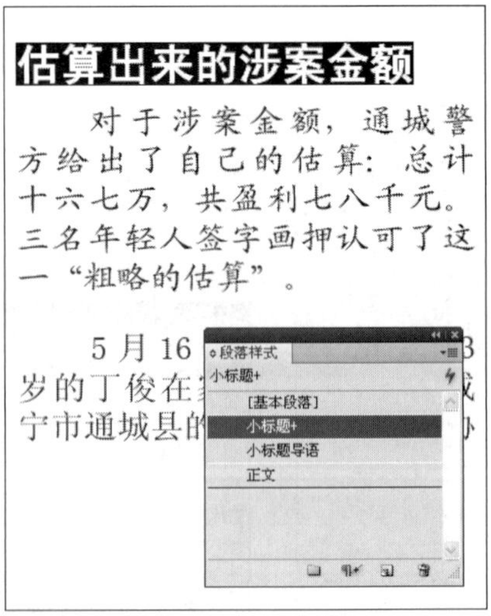

估算出来的涉案金额

对于涉案金额，通城警方给出了自己的估算：总计十六七万，共盈利七八千元。三名年轻人签字画押认可了这一“粗略的估算”。

段落样式
小标题+
[基本段落]
小标题+
小标题导语
正文

图10-186 设置段落样式

Step 19 选中文章开头的“文章作者 孟登科 发自上海”内容，在“段落样式”面板中选择“作者”样式，此时效果如图10-187所示。此时可以看到前面添加的项目符号。

Step 20 添加方式是双击此样式，切换到“项目符号和编号”选项，在“列表类型”下拉列表中选择“项目符号”选项，读者会发现列表中没有我们需要的符号。

Step 21 单击添加按钮，即可打开如图10-188所示的“添加项目符号”对话框，选中需要的符号，单击“确定”按钮添加符号。此时在“项目符号和编号”选项组中即可显示添加的项目符号，注意设置“制表符位置”的数值为3毫米，单击“确定”按钮添加符号。

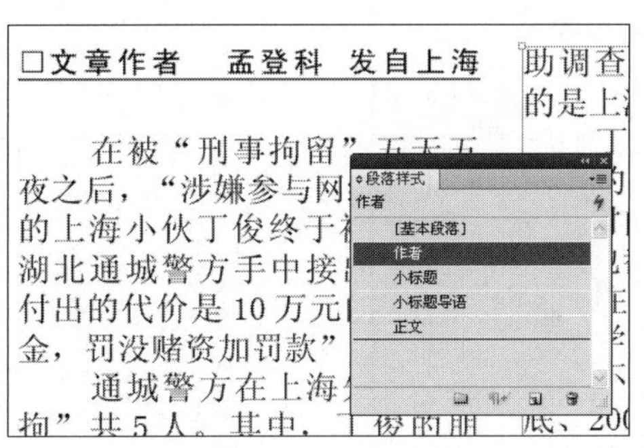

图10-187 设置段落样式

图10-188 “添加项目符号”对话框

Step 22 在“通城警方.doc”文件中选中需要的段落文本，切换到InDesign软件中，按下T键切换到“文字工具”，绘制好文本框，按下Ctrl+V键粘贴段落文本，默认状态下如图10-189所示。

Step 23 在“段落样式”面板中单击“新建样式”按钮，双击此样式，打开“段落样式选项”对话框，在“常规”选项组中设置样式名称为“提要”。切换到“项目符号和编号”选项，在“列表类型”下拉列表中选择“项目符号”选项，如图10-190所示。

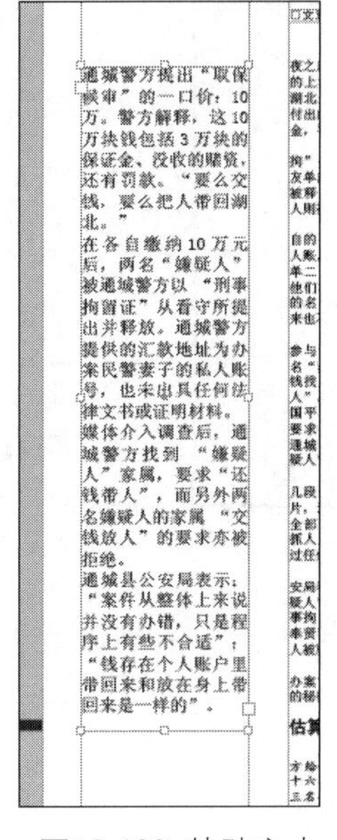

图10-189 粘贴文本

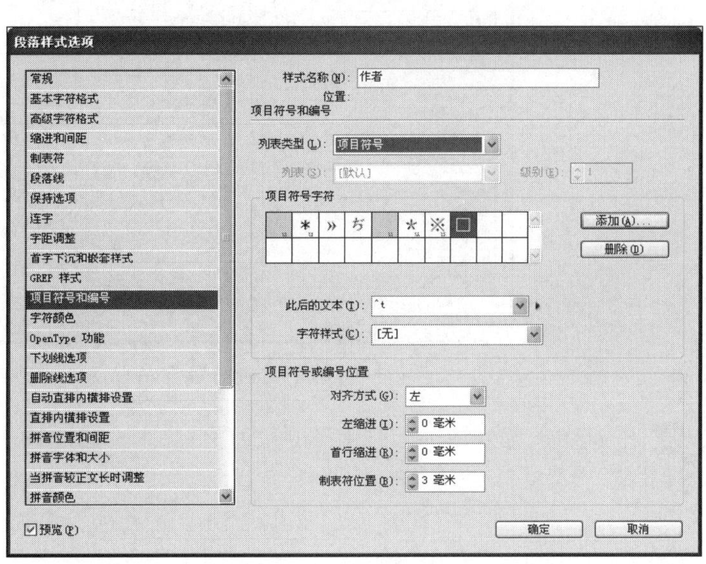

图10-190 “项目符号和编号”选项组

Step 24 选中需要的符号，单击“添加”按钮即可打开如图10-191所示的对话框，在此可以设置需要添加的具体内容，设置完成后单击“确定”按钮添加符号。勾选“预览”复选框，可以看到此时添加的符号为黑色的，如图10-192所示。

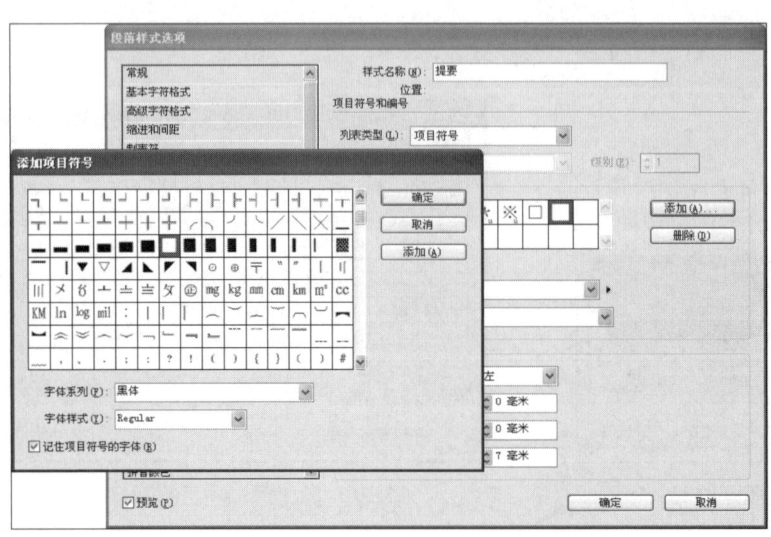

图10-191 “添加项目符号”对话框

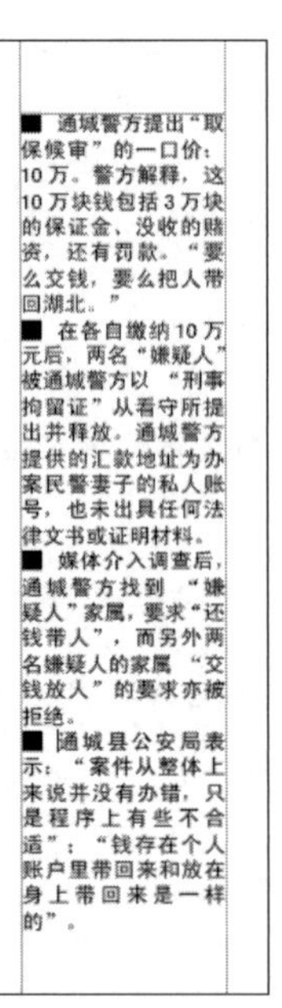

■ 通城警方提出“取保候审”的一口价：10万。警方解释，这10万块钱包括3万块的保证金、没收的赌资，还有罚款。“要么交钱，要么把人带回湖北。”

■ 在各自缴纳10万元后，两名“嫌疑人”被通城警方以“刑事拘留证”从看守所提出并释放。通城警方提供的汇款地址为办案民警妻子的私人账号，也未出具任何法律文书或证明材料。

■ 媒体介入调查后，通城警方找到“嫌疑人”家属，要求“还钱带人”，而另外两名嫌疑人的家属“交钱放人”的要求亦被拒绝。

■ 通城县公安局表示：“案件从整体上来说并没有办错，只是程序上有些不合适”；“钱存在个人账户里带回来和放在身上带回来是一样的”。

图10-192 预览效果

Step 25 可是我们需要的效果是暗红色的项目符号，黑色的文本。所以在“字符样式”下拉列表中选择“新建样式”选项，在弹出的“新建字符样式”对话框中切换到“字符颜色”选项，选中暗红色，设置“样式名称”为“项目符号颜色”，如图10-193所示，单击“确定”按钮回到“段落样式选项”对话框。

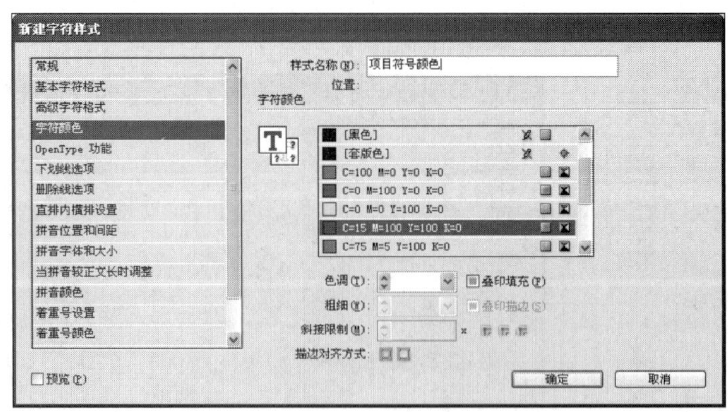

图10-193 “新建字符样式”对话框

Step 26 在其中设置“制表符位置”的数值为7毫米，如图10-194所示。此时的整体效果如图10-195所示。

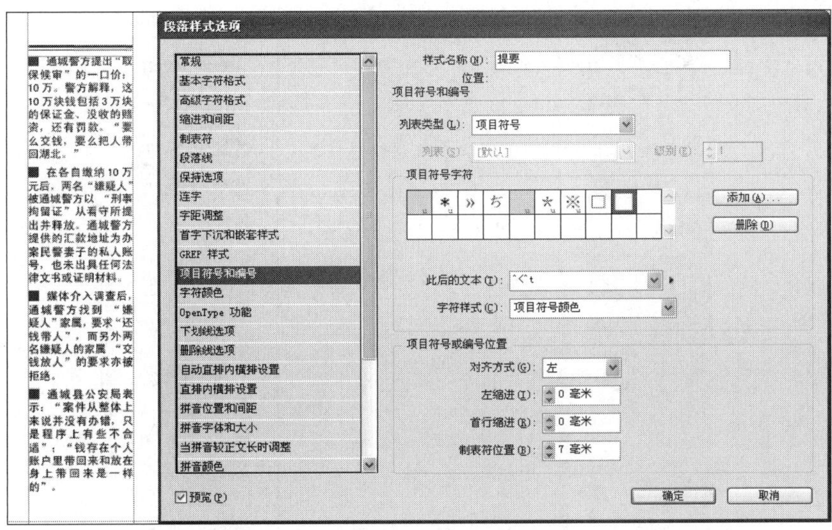

图10-194 设置符号颜色与预览效果

图10-195 整体效果

Step 27 接下来输入左侧的提要文本标题，在“段落样式”面板中选中“提要”样式，如图10-196所示。再输入提要文本的内容和插入相关图片，如图10-197所示。

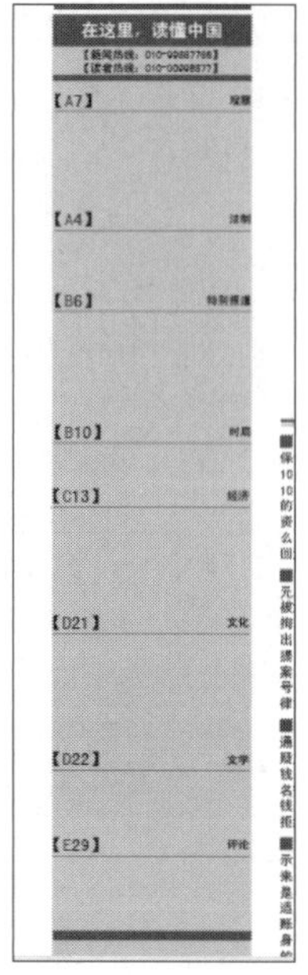

图10-196 设置提要段落样式

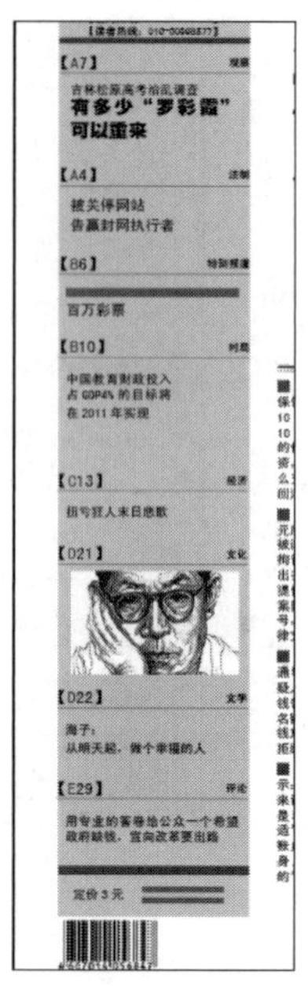

图10-197 输入文本与插入图片

Step 28 此时的整体效果如图10-198所示。

Step 29 在“页面”面板中双击第2页，以显示第2页。

Step 30 在工具箱中选择“矩形框架工具”，单击鼠标左键，在弹出的“矩形”对话框中设置大小为195毫米×310毫米，单击“确定”按钮保存设置。并置入图片素材“03.jpg”。

Step 31 再使用“矩形框架工具”，单击鼠标左键，在弹出的“矩形”对话框中设置大小为75毫米×48毫米，单击“确定”按钮保存设置。按住Shift+Alt键的同时在垂直方向上制作3个副本。

Step 32 按住Shift键的同时选中4个矩形框架，然后在“对齐”面板中单击“垂直分布间距”按钮，效果如图10-199所示。

图10-198 预览页面

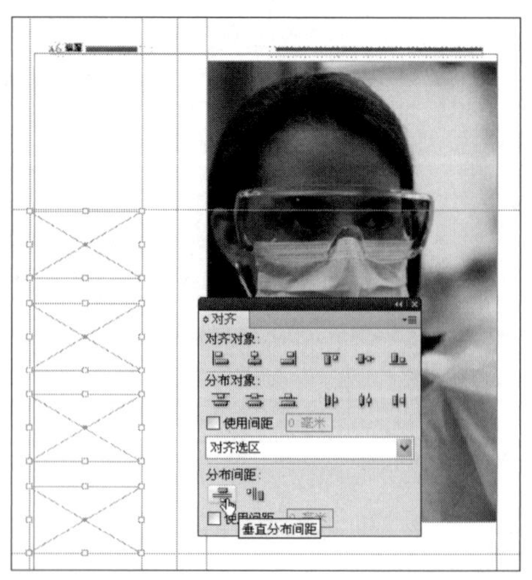

图10-199 绘制框架并垂直分布间距

Step 33 执行“文件”|“置入”命令，或按下Ctrl+D键，在打开的“置入”对话框中选择本书附带光盘\Chapter10\新闻类\“04.jpg”至“07.jpg”文件，分别将它们导入。按住Shift+Ctrl键的同时按比例缩小素材。调整到如图10-200所示的大小比例。继续置入图片，如图10-201所示。

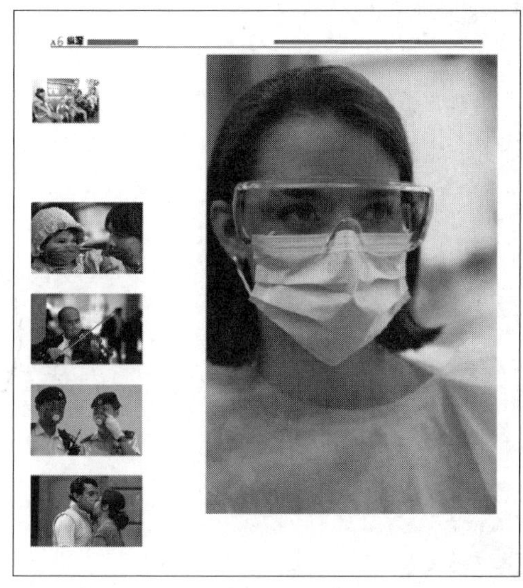

图10-200 置入图片

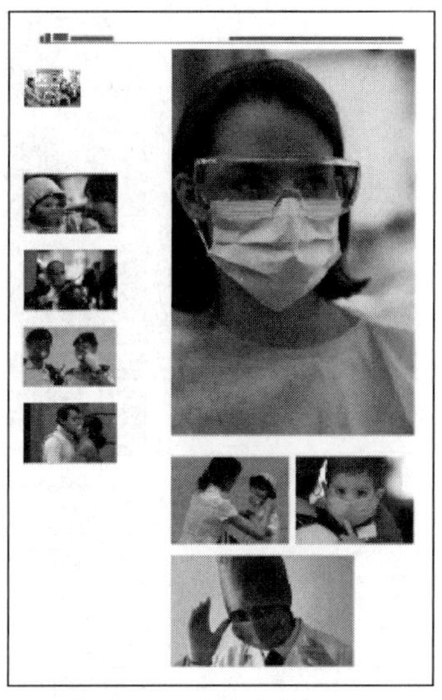

图10-201 继续置入图片

Step 34 置入“编者按”相关的文本，放置在如图10-202所示的位置。选中图片素材，执行“窗口”|“文本绕排”命令，打开“文本绕排”对话框中单击“沿定界框绕排”按钮，设置数值如图10-203所示。在“段落样式”面板中选择“编者按”样式。

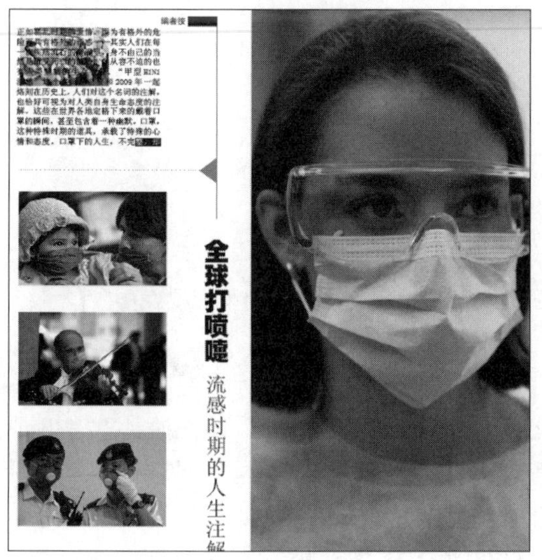

图10-202 输入文本

图10-203 文本绕排

Step 35 按照相同的方法完成其他部分的的编排，具体数值参考源文件，如图10-204所示。

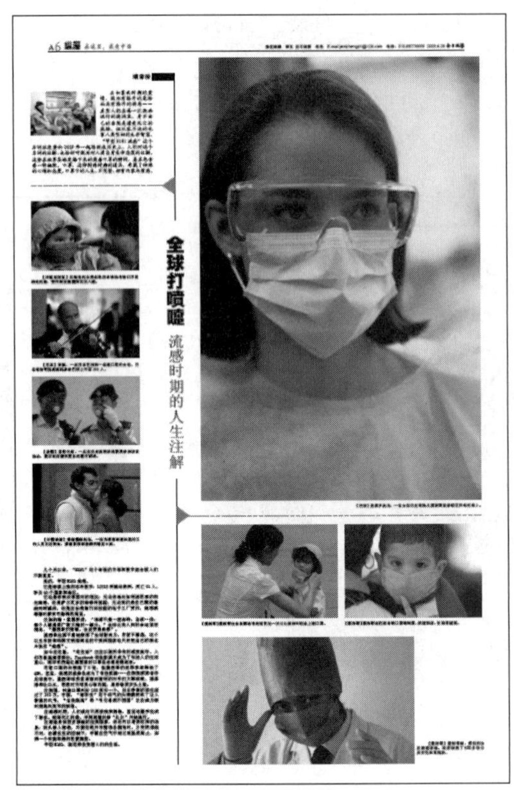

全球打喷嚏

流感时期的人生注解

图10-204 预览页面效果

10.3 杂志的设计与制作

10.3.1 杂志版面设计概述

由于杂志的出版周期较长，与报纸等周期短的出版物相比，对内容和版式的要求较高。因此，在图片的优化选择，文字的精简提炼，结构的分配组合上要下很大的功夫。

一般说来，根据杂志的类型和风格的不同，杂志主要可分为以文字为主和以图片为主两大类。以文字为主的杂志，主要是文学类和专业学术杂志，在版式设计上主要注重于插图的选择和装饰图案的设计。例如国内常见的《读者》、《青年文摘》等。以图片为主的时尚杂志类居多，如《时尚》、《瑞丽》、《视觉》等，此类杂志对图片质量的要求非常高，所以，在从获取图片开始就要非常注意质量，如果能得到胶片照片，就不要用数码照片，能电分就不要扫描，能提供大尺寸的图片就不要小尺寸的图片，这样在接下来的设计制作过程中就会省去很多不必要的麻烦。

另外，还有一种行业内部的杂志，叫做行业内看，也是常常遇到的一种类型杂志。他对图片和文字的要求介于学术杂志和时尚杂志之间，如《看电影》、《新闻周刊》和一些电视行业杂志，在制作过程中主要是文字和图片的搭配，这类杂志在版式设计过程中要考虑的因素比较多，因此想做出好的作品就具有一定的难度。接下来的章节中我们就分类具体来讲解一下杂志的封面，目录和内页的设计与制作过程。

1．杂志版式的种类

通常杂志根据内容和功能的不同，版式可以分为：目录版式、图片新闻类、主题文章类、整版图片类、商品介绍类、不规则图片类、新产品销售类等。

2. 杂志的尺寸规格

目前国内常见的杂志为竖开本，尺寸有185mm×260mm，215mm×275mm，210mm×285mm等，这些尺寸并不是固定的，根据各个杂志的要求不同会有一点变化，但变化的范围不会太大，除此之外也有特殊规格的，比如方形的和横开本的。

3. 杂志封面设计概述

杂志的封面设计与一般书籍的封面设计基本相同，所包含的封面因素也相同，区别在于设计意向不同，杂志分为期刊、旬刊、月刊和年刊。但不管是何类杂志，从其封面设计就应该能直接体现杂志的性质及主题。下面就具体介绍一下杂志的封面设计。

杂志封面上的内容较多，根据杂志的不同风格而各具特色，但是一般情况下必须具有的要素有如下几点：杂志名称或Logo、期刊号、定价、主要文章的标题与内容提要索引、主打的图文信息以及条形码等内容，如图10-205所示的为一本娱乐杂志的封面设计。

图10-205 杂志主要构成部分

杂志封面设计的一般流程：

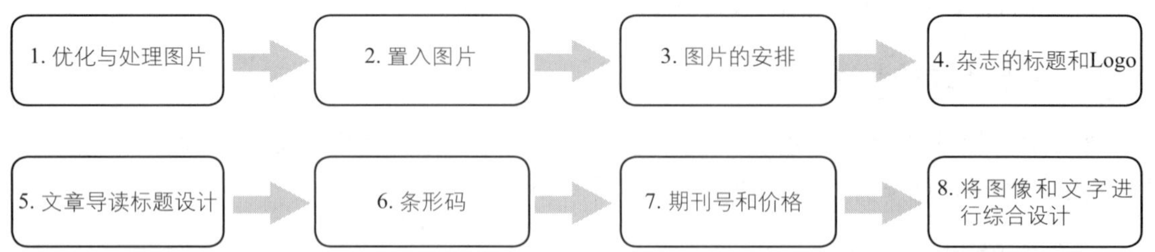

10.3.2 时尚杂志封面设计

此封面设计主要模拟目前市场中的服饰与休闲类杂志的封面进行设计，实例效果如图10-206所示。排版过程中尤其要注意各文字标题的布局方式。

图10-206 实例效果图

Step 01 优化与处理图片。由于要在封面图片下方放置杂志标题，所以需要先处理一下素材图片的背景，将其上半部分删除。打开Photoshop CS5软件，导入素材图片。单击“图层”面板下方的“添加矢量蒙版”按钮，然后在工具箱中选择“画笔工具”，设置前景色为黑色，然后在新建的蒙版中需要透明的部分进行绘制，设置图片素材的上半部分为透明的。效果如图10-207所示。

Step 02 接下来需要调整图片的分辨率，执行“图像”｜“图像大小”命令，打开“图像大小”对话框，设置“分辨率”选项的数值为300，设置完成后单击“确定”按钮即可保存设置。如图10-208所示。

图10-207 新建蒙版调整图片素材

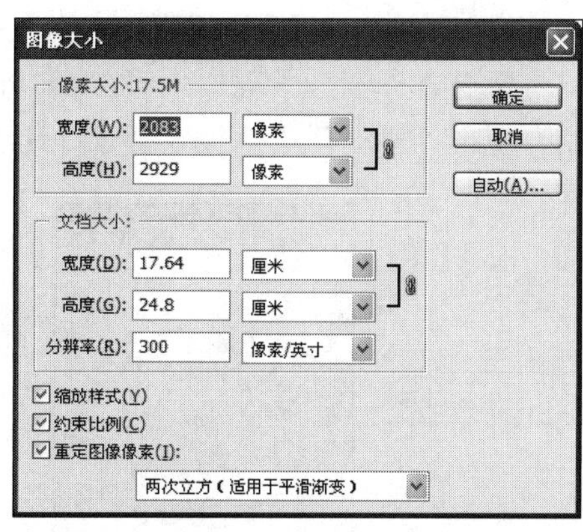

图10-208 “图像大小”对话框

Step 03 设置完成后执行“文件”｜“另存为”命令，或者按下Ctrl+S键，打开“另存为”对话框，将编辑后的图片素材命名为“001.psd”，单击“保存”按钮保存文件。

Step 04 置入与处理图片素材。执行“文件”｜“新建”｜“文档”命令，或者按下Ctrl+N键，在打开的“新建文档”对话框中的设置“宽度”为210毫米，设置“高度”为285毫米，设置“页数”为1页，单击“边距和分栏”按钮，打开“新建边距和分栏”对话框。

Step 05 在对话框中设置“上”选项的数值为15毫米，此时其他3项也一起变为15毫米，设置“栏数”为3栏，设置“栏间距”为5毫米，单击“确定”按钮保存设置。

Step 06 在工具箱中选择“矩形框架工具”，然后执行“文件”｜“置入”命令，在打开的如图10-209所示的“置入”对话框中选择Links文件夹下的001.psd文件，单击“打开”按钮将其导入。

Step 07 按下A键切换到“直接选择工具”，按住Shift键的同时按比例放大图片到如图10-210所示的效果。

图10-209 “置入”对话框

图10-210 导入并调整后的效果

Step 08 设置杂志标题和Logo。在工具箱中选择“文字工具”，或者直接按下T键切换到文字工具，输入文本COSMOPLITAN，执行“窗口”|“字符”命令，打开“字符”面板，在其中设置字体、字体大小、字间距等数值，如图10-211所示。

Step 09 执行“窗口”|“色板”命令打开“色板”面板，选择黄色，如图10-212所示。

图10-211 “字符”面板

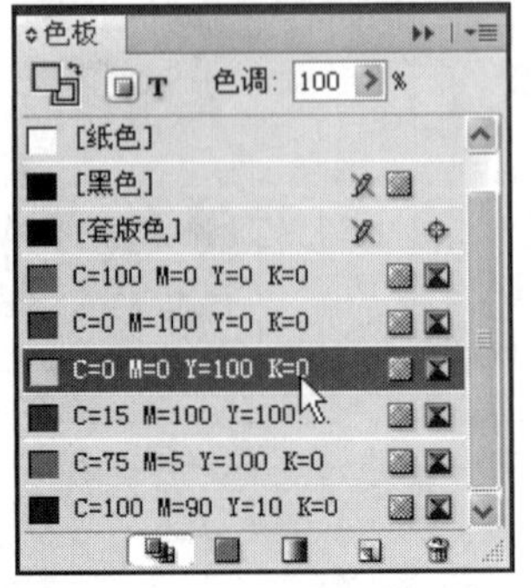

图10-212 “色板”面板

Step 10 再按照相同的方法输入标志相关的文字，此时的效果如图10-213所示。

Step 11 图文综合设置。首先输入主打的标题。例如本期的模拟标题为“Slimming World Expo2010瘦身世博会”，设置好文本的字体大小与字体，如图10-214所示。

图10-213 输入标题

Step 12 再按照相同的方法输入其他的相关文本，在“字符样式”面板中设置好字体、字体大小、行距、字间距等内容，本实例的具体数值可以参考源文件进行设置，并且结合“旋转”按钮来调整字符，效果如图10-215所示。

图10-214 输入主打标题

图10-215 输入其他标题

Step 13 在工具箱中选择“椭圆工具”，按住Shift键的同时绘制一个正圆形，为其填充品红色，再按下Ctrl+C键复制正圆，再执行“编辑”|“原位粘贴”命令，将其原地粘贴，按住Shift + Alt键的同时将其向圆心缩小，并设置其填充色为无色，设置其描边色为白色，在“描边”面板中设置线形为点状，此时的效果如图10-216所示。

Step 14 最后可以模拟制作条形码效果。在工具箱中选择“直线工具”，然后将线条设置为不同的粗细效果，再输入相关的条形码数字，并框选中所需的元素，单击鼠标右键，在打开的快捷菜单中选择“编组”命令，此时效果如图10-217所示。

Step 15 最后在右下角输入网址、定价、国际标准刊号等内容，如图10-218所示。

图10-216 图形制作效果

图10-217 制作条形码

图10-218 输入网址、定价、国际标准刊号

Step 16 至此整个实例制作完成。在实例的制作过程中有部分细节的数值没有给出，在此不再一一赘述，请读者参考源文件进行设置。

10.3.3 时尚杂志目录与内页的设计

本实例综合复习了图片的处理方式和段落样式的使用方式，实例效果如图10-219所示。

图10-219 实例效果

Step 01 执行“文件”｜“新建”｜“文档”命令，或者按下Ctrl+N键，在打开的“新建文档”对话框中的设置“宽度”为215毫米，设置“高度”为280毫米，设置“页数”为4页，勾选“对页”复选框，如图10-220所示，单击“边距和分栏”按钮，打开“新建边距和分栏”对话框。

Step 02 在对话框中取消“链接”选项的选中状态，设置“上”、“下”、“外”选项的数值为8毫米，设置“内”选项的数值为20毫米，如图10-221所示单击“确定”按钮保存设置。

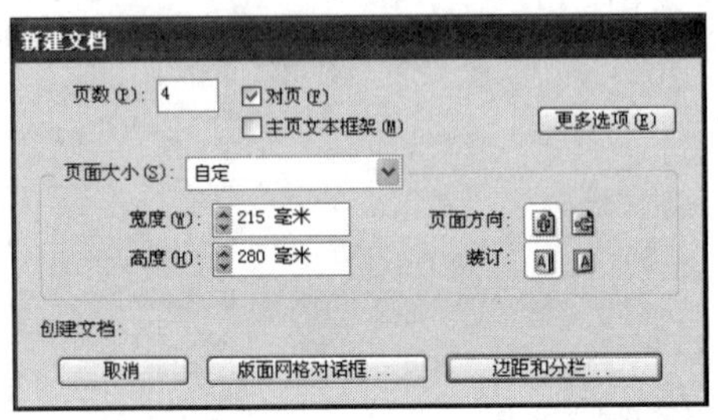

图10-220 “新建文档”对话框

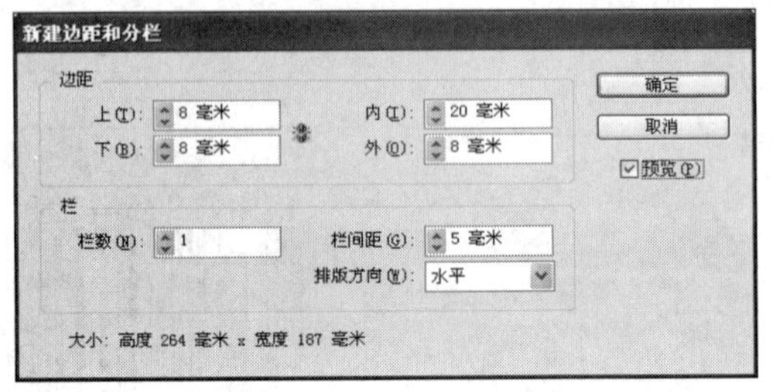

图10-221 “新建边距和分栏”对话框

Step 03 执行“窗口”|“页面”命令，在打开的“页面”面板中单击右上角的扩展按钮，在打开的扩展菜单中选择“页码和章节选项”按钮，选择“起始页码”选项，设置页码数为22，如图10-222所示，单击“确定”按钮保存设置。

Step 04 按下F键切换到“矩形框架”按钮，单击鼠标左键，在弹出的“矩形”对话框中设置尺寸为135毫米×265毫米，单击“确定”按钮保存设置。执行“文件”｜“置入”命令，在打开的“置入”对话框中选中指定文件夹中的素材图片“picture2.jpg”，单击“打开”按钮将其置入。按下A键切换到“直接选择”工具，选中置入的图片，按住Shift键的同时按下鼠标左键拖动调整图片的尺寸，调整完成的效果如图10-223所示。

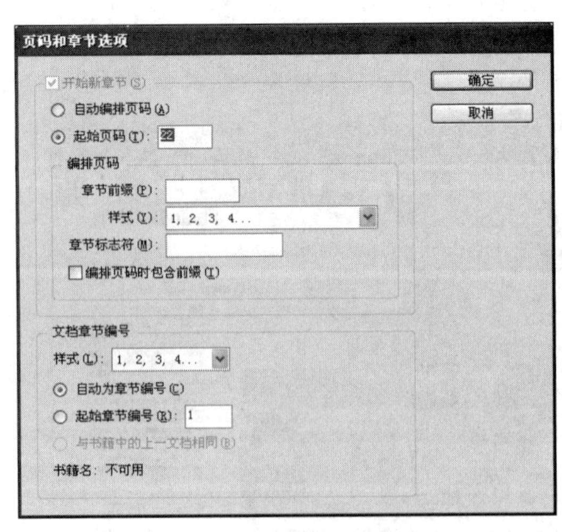

图10-222 “页码和章节选项”对话框

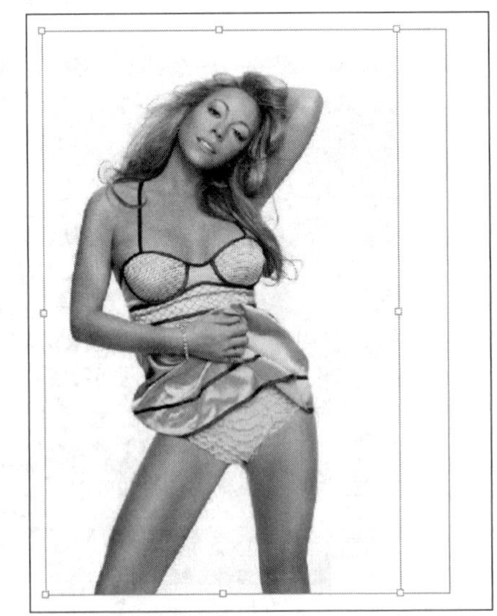

图10-223 绘制矩形框架并置入图片

Step 05 继续执行“文件”｜“置入”命令，在打开的“置入”对话框中选中指定文件夹中的素材图片“picture3.jpg”、“picture4.jpg”、“picture5.jpg”和“picture8.jpg”，依次将它们

置入，按住Shift+Ctrl键的同时拖动鼠标按比例调整图片的大小比例，如图10-224所示。

Step 06 接下来需要将置入图片的白色背景去除。选中位于左上角的第一张图片，执行“对象”|“剪切路径”|“选项”命令，打开“剪切路径”对话框，在“类型”下拉列表中选择“检测边缘”选项，设置“阈值”选项的数值为30，设置“容差”选项的数值为2，如图10-225所示，单击“确定”按钮保存设置。

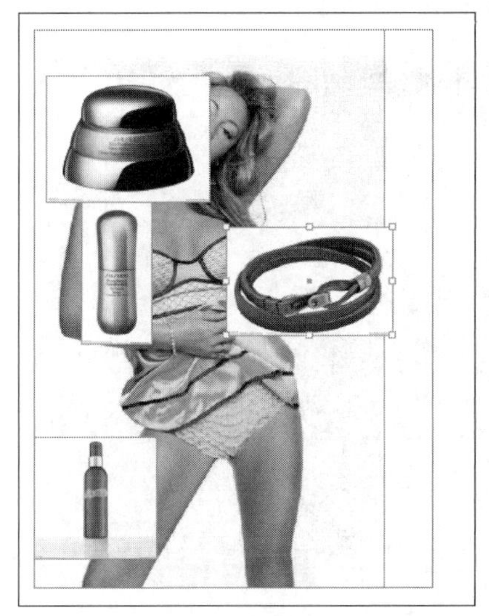

图10-224 置入图片

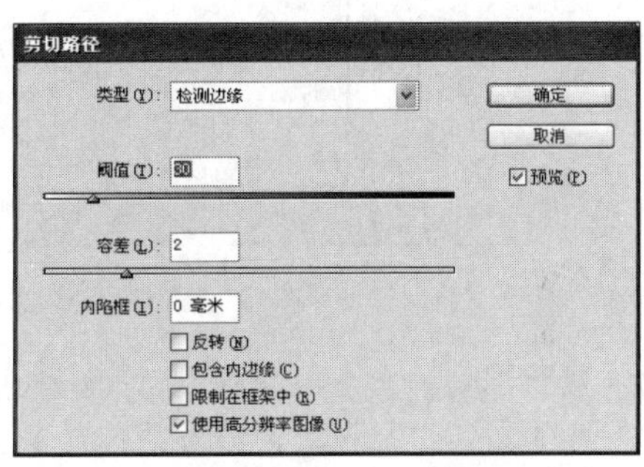

图10-225 “剪切路径”对话框

Step 07 按照相同的方法为其余的3张图片去除背景，对于不同的图片可以对“剪切路径”的“阈值”和“容差”选项的数值进行调整，调整后的效果如图10-226所示。

Step 08 接下来输入文本，在本实例所在文件夹中双击打开文本“360° 无死角美女.doc”，按下Ctrl+A全选文本，按下Ctrl+C复制文本。回到InDesign软件中，按下T键切换到“文字工具”T，按下鼠标左键拖动绘制一个文本框，按下Ctrl+V粘贴文本，默认情况下的效果如图10-227所示。

图10-226 去除图片背景

图10-227 粘贴文本

Step 09 下面需要对段落文本进行设置。按下T键切换到“文字工具”[T]，选中标题“360° 美女”，执行“文字”|“段落样式”命令，打开“段落样式”对话框，单击对话框底部的“新建段落样式”按钮[图标]，新建一个段落样式，双击新建的段落样式，打开“段落样式选项”对话框，切换到“基本字符格式”选项，设置“样式名称”为“标题”，设置“字体”为方正粗宋简体，设置“大小”为36点，设置“行距”为44点，如图10-228所示，单击“确定”按钮保存设置。

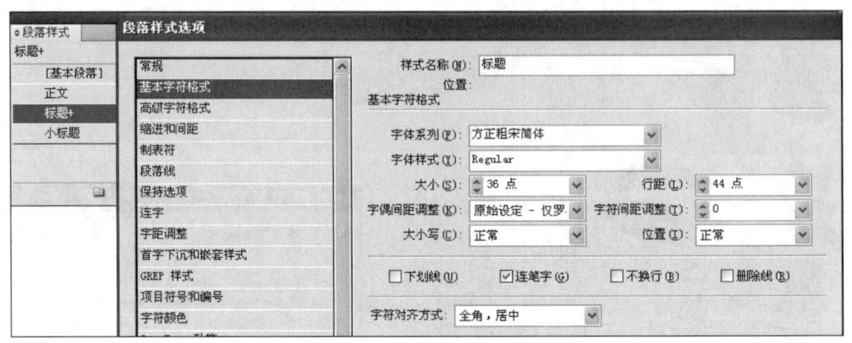

图10-228 “段落样式选项”对话框

Step 10 按照相同的方法再新建2个段落样式，分别将其命名为“正文”和“小标题”，参考源文件的数值进行设置，设置后的效果如图10-229所示。

Step 11 下面需要调整文本框架的形状来适应左侧模特的外形，所以按下键盘上的“=”键切换到“添加锚点工具”[图标]，为文本框架添加几个锚点，按下A键切换到“直接选择工具”调整添加的锚点的位置，按下Shift+C键切换到“转换锚点工具”，调整每个锚点的杠杆曲线，初步调整完成的效果如图10-230所示。

图10-229 设置段落样式后的效果

图10-230 更改文本框架的外形

Step 12 此时会发现文本的排列效果并不理想，进一步调整行距等数值，预览效果如图10-231所示。按照相同的方法，再输入杂志的其他封面拍摄相关工作人员的信息，具体数值请读者参考源文件，具体数值如图10-232所示。

图10-231 调整段落文本

图10-232 添加其他的文本

Step 13 接下来需要插入页码。打开“页面”面板，双击A-主页，切换到主页页面中，按下T键切换到“文字工具”T，首先在页面左下角绘制一个文本框架，然后执行“文字”|“插入特殊字符”|“标识符”|“当前页码”命令，插入字符，此时插入的字符显示为字母A。

Step 14 继续绘制一个文本框架，输入文本“COSMOPOLITAN AUGUST 2010”，选中输入的文本，设置“字体大小”为8点，，如图10-233所示。此时双击页面22，回到页面中，此时可以看到在页面的左下角自动显示页数22，如图10-234所示。

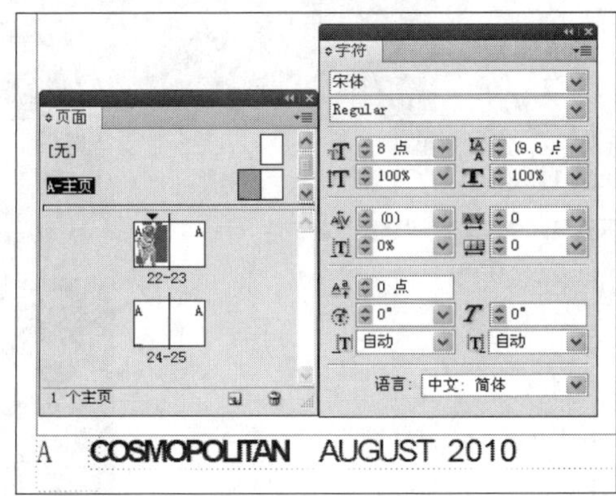

图10-233 设置字体

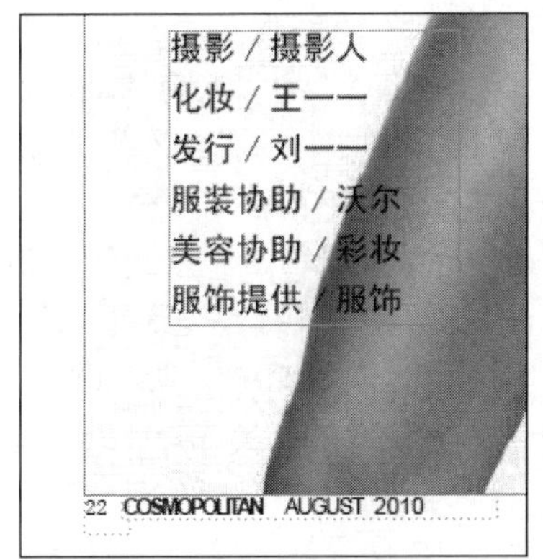

图10-234 显示页码

Step 15 切换到第23页，按下M键切换到“矩形工具”，单击鼠标左键，在弹出的“矩形”

对话框中输入数值为215毫米×110毫米，在“色板”面板中新建一个渐变色板，然后打开“渐变”面板，选中第一个滑块，设置填充色为“暗红色”（C：62，M：80，Y：100，K:50），选中第二个滑块，设置填充色为“红色”（C：50，M：100，Y：100，K:20），设置“角度”选项的数值为-90°，此时的效果如图10-235所示。

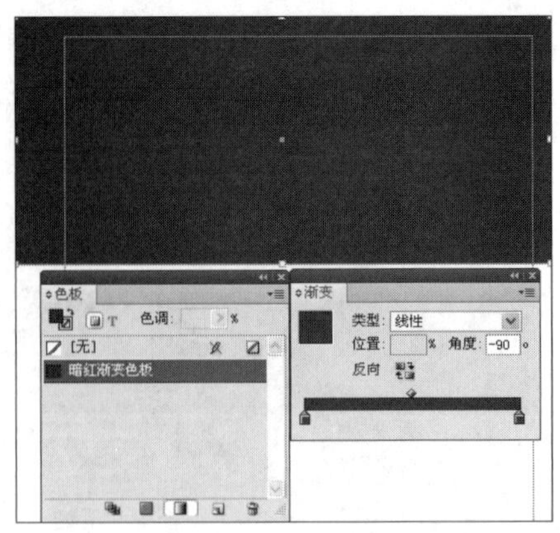

图10-235 添加渐变色

Step 16 按下T键切换到“文字工具”T，输入文本MAD，在“字符”面板中设置好字体和字体大小，然后选中文本，执行“文字”|“创建轮廓”命令，将文字转换为轮廓。

Step 17 在“色板”面板中新建一个渐变色板，选中新建的色板，然后单击“色板”面板右上角的扩展按钮，在展开的菜单中选择“色板”选项，打开“渐变选项”对话框，选中第一个滑块，设置填充色为白色，将其命名为“红白渐变色板副本”，如图10-236所示，单击“确定”按钮保存设置。此时的效果如图10-237所示。

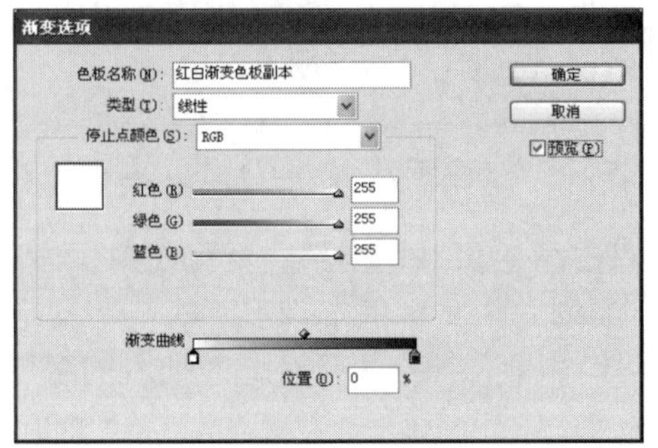

图10-236 “渐变选项”对话框

图10-237 为文本填充渐变色后的效果

Step 18 执行“版面”|“边距和分栏”命令，打开“边距和分栏”对话框，设置栏数为3栏，单击“确定”按钮保存设置。按下F键切换到“矩形框架工具”，沿着辅助线绘制2个矩形框架。执行“文件”|“置入”命令，在打开的“置入”对话框中选中图片素材“179.jpg”和“picture11.jpg”，单击“打开”按钮将它们置入。按下A键切换到“直接选择工具”，按住Shift键的同时按比例调整图片，此时效果如图10-238所示。

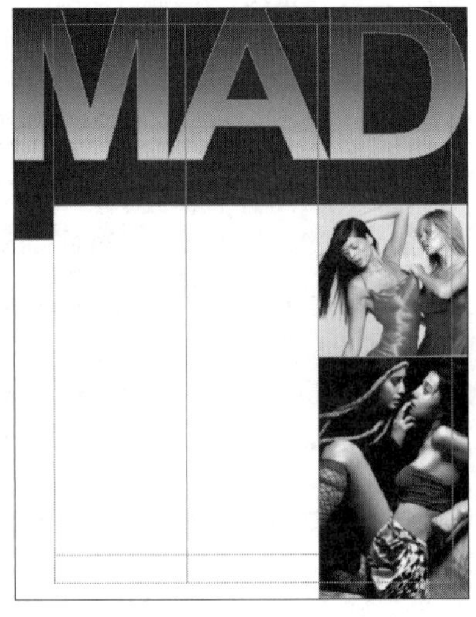

图10-238 置入素材图片

Step 19 按下T键切换到“文字工具”T，输入标题文本COSMOPOLITAN，选中文本，在“字符”面板中设置好字体，字体大小和垂直缩放选项的数值，如图10-239所示。

Step 20 继续绘制一个矩形框架，置入素材图片“picture12.jpg”，同样使用“直接选择工具”进行调整。执行“对象”｜“剪切路径”｜“选项”命令，在打开的“剪切路径”对话框中设置“阈值”和“容差”选项的数值，预览此时的效果如图10-240所示。

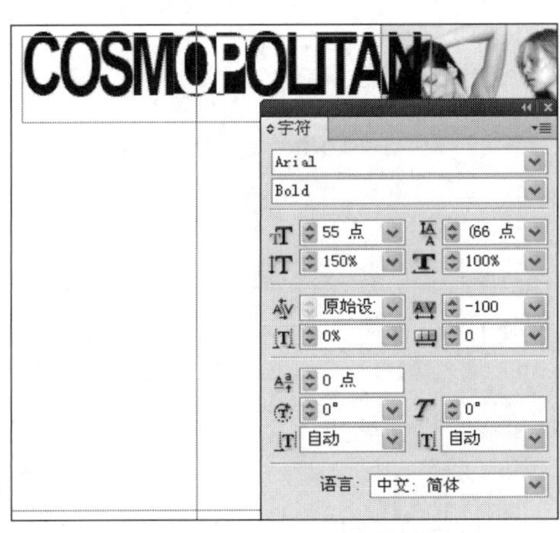

图10-239 输入并设置文本

图10-240 置入图片并使用剪切路径命令

Step 21 下面根据需要将右侧的图片都水平移动到左边，然后输入小标题的文本，设置中文“字体”为方正粗宋简体，设置英文“字体”为Times New Roman，接着输入期刊号等内容，此时的效果如图10-241所示。

Step 22 接下来输入目录相关的内容，在这里主要应用到段落样式的相关知识。设置的效果如图10-242所示。

图10-241 输入小标题、期刊号等内容

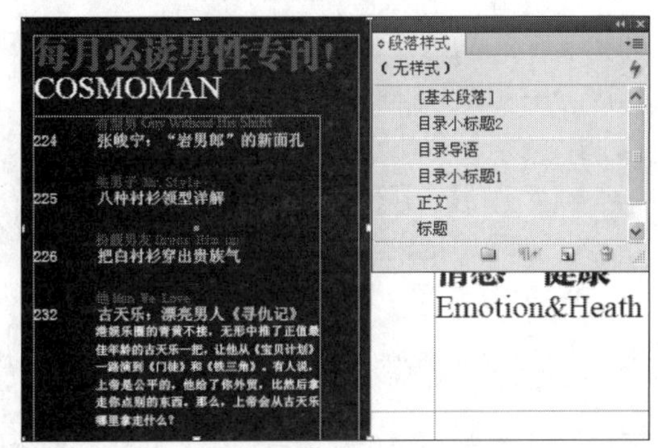

图10-242 设置段落样式

Step 23 具体设置方法为首先从Word文档中选中“每月必读男性专刊！”相关的文本内容，将其粘贴到InDesign软件中。执行“文字”｜“段落样式”命令，打开“段落样式”面板，分3次单击“新建段落样式”按钮，新建3个段落样式，分别将其命名为“目录小标题1”、“目录小标题2”和“目录导语”。

Step 24 双击打开“目录小标题1”样式，切换到“基本字符格式”选项，设置“字体”为宋体，设置“大小”选项的数值为7点；再切换到“缩进和间距”选项，设置“左缩进”选项的数值为11毫米，设置“段前距”选项的数值为4毫米。，如图10-243所示。

Step 25 按照相同的方法设置“目录小标题2”和“目录导语”的段落样式，具体的数值如图10-244所示。

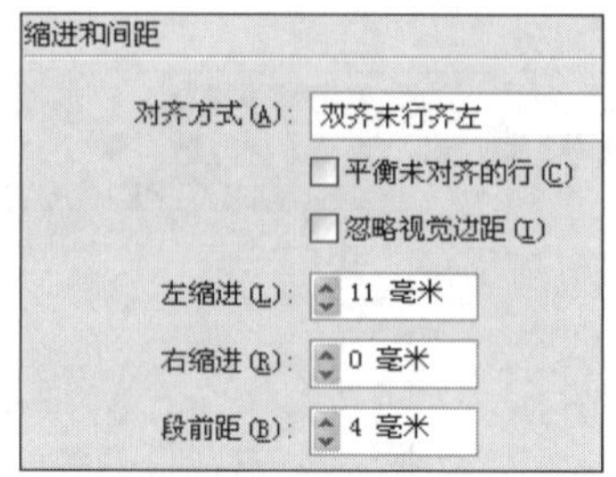

图10-243 设置“目录小标题1”段落样式

图10-244 设置“目录小标题2”段落样式和“目录导语”段落样式

Step 26 将此目录的文本框架制作3个副本，分别放置到需要的位置，对与文本的颜色进行设置，效果如图10-245所示。

Step 27 最后按下“\”键切换“直线工具”，按住Shift键的同时绘制直线并设置线形为“圆点”，设置粗细为1.25点，至此，整个实例已基本制作完成，最终效果如图10-219所示。

图10-245 设置段落文本

10.3.4 电影杂志内页的设计

实例效果如图10-246所示。

图10-246 实例效果图

Step 01 执行“文件”｜“新建”｜“文档”命令，或者按下Ctrl+N键，在打开的“新建文档”对话框中的设置“宽度”为215毫米，设置“高度”为280毫米，设置“页数”为4页，勾选“对页”复选框，如图10-247所示，单击“边距和分栏”按钮，打开“新建边距和分栏”对话框。

Step 02 在对话框中设置“上”选项的数值为15毫米，如图10-248所示单击“确定”按钮保存设置。

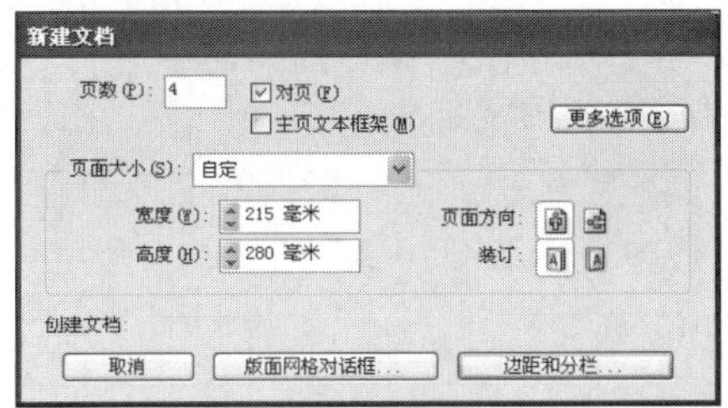

图10-247 “新建文档”对话框

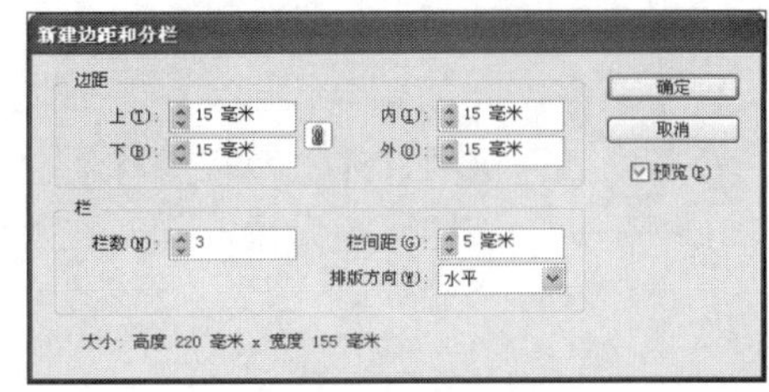

图10-248 “新建边距和分栏”对话框

Step 03 执行“窗口”|“页面”命令，单击右侧的“扩展菜单”按钮，取消“允许文档页面随机排布”选项的选中状态。然后选中第2页，按下鼠标将其拖到页面的右侧，此时的效果如图10-249所示。

Step 04 在工具箱中选择“矩形工具”，单击鼠标左键，在弹出的“矩形”对话框中设置数值为65毫米×280毫米，如图10-250所示，单击“确定”按钮新建一个矩形框架。

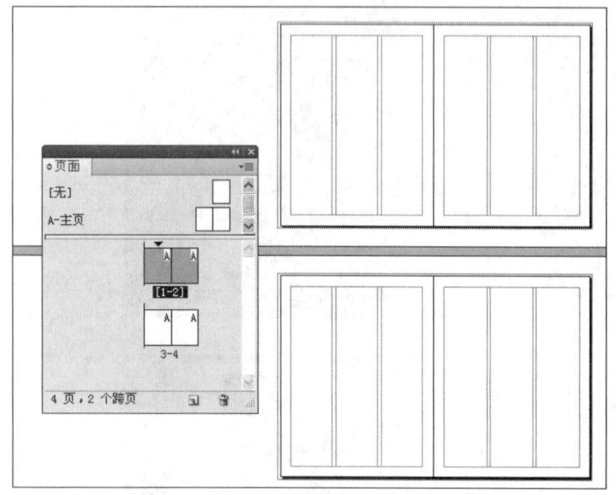

图10-249 设置文档页面排列

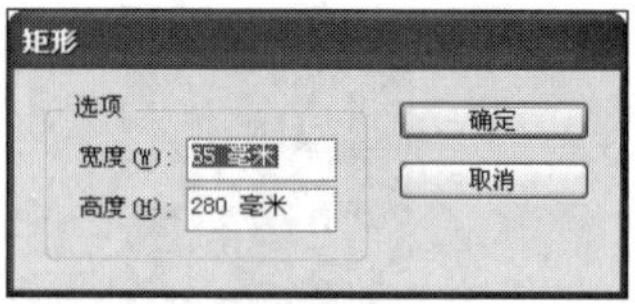

图10-250 “矩形”对话框

Step 05 鼠标左键双击左侧工具箱下面的填色图标，打开“拾色器”对话框，设置填充色为“蓝灰色”（C：94，M：71，Y：44，K：5），如图10-251所示。单击“添加CMYK色板”按钮填充颜色的同时将此颜色保存到“色板”面板中。

Step 06 执行“窗口”|“色板”命令，或者按下F5键，打开“色板”面板，此时新建的颜色已保存在面板中，如图10-252所示。

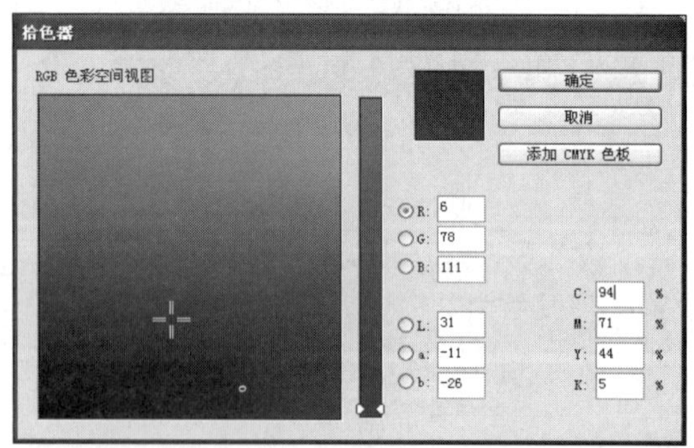

图10-251 “拾色器”对话框

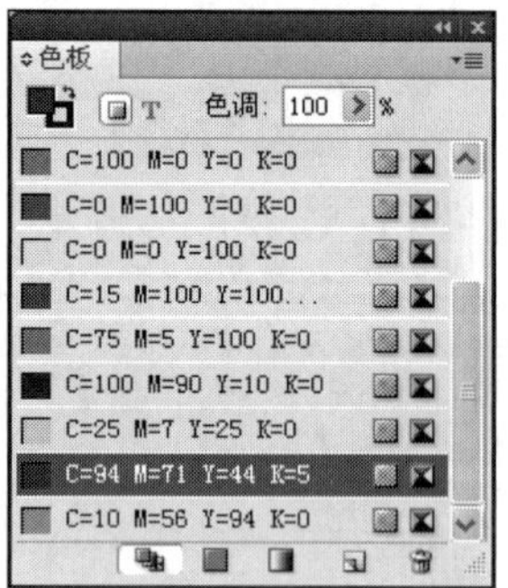

图10-252 “色板”面板

Step 07 由于需要保存的颜色较多。为了便于管理，需要为新建的颜色重新命名。在“色板”面板中双击新建的颜色，即可打开如10-253所示的“色板选项”对话框，取消勾选“以颜色值命名”选项，在“色板名称”文本框中设置颜色名称为“电影杂志设计颜色1”，单击“确定”按钮保存设置，此时在“色板”面板中显示如图10-254所示。

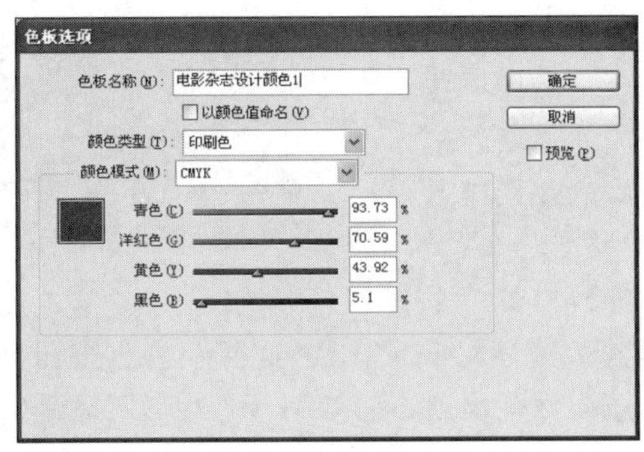

图10-253 “色板选项”对话框

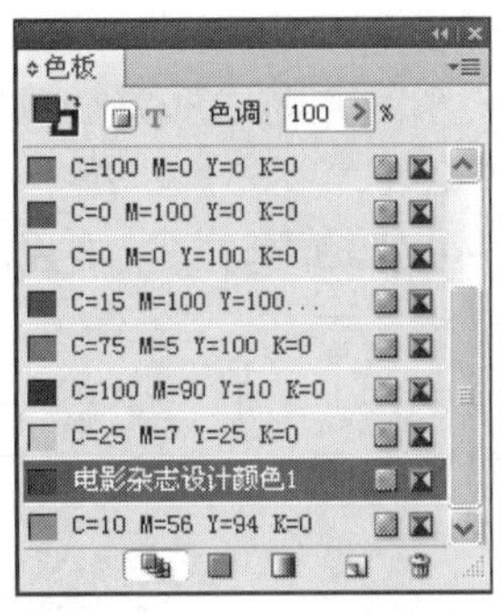

图10-254 后的颜色显示

Step 08 继续在工具箱中选择“矩形工具”，分两次单击鼠标左键，在弹出的“矩形”对话框中设置数值为86毫米×280毫米和64毫米×280毫米，设置新建矩形的填充色分别为“浅蓝色”（C：94，M：71，Y：44，K：5）和“暗红色”（C：94，M：71，Y：44，K：5），并且在“色板”面板中将颜色名称设置为“电影杂志设计颜色2”和“电影杂志设计颜色3”。如图10-255所示。

Step 09 继续按照相同的方法，为其他的页面填充颜色，具体的矩形数值不再一一列出，请读者参考源文件进行设置，设置完的效果如图10-256所示。

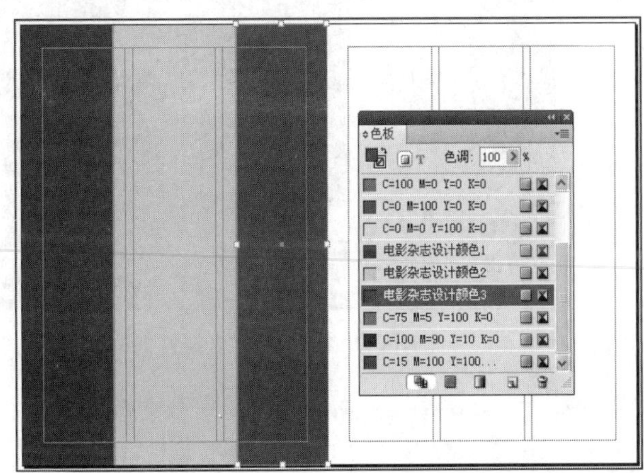

图10-255 设置填充色

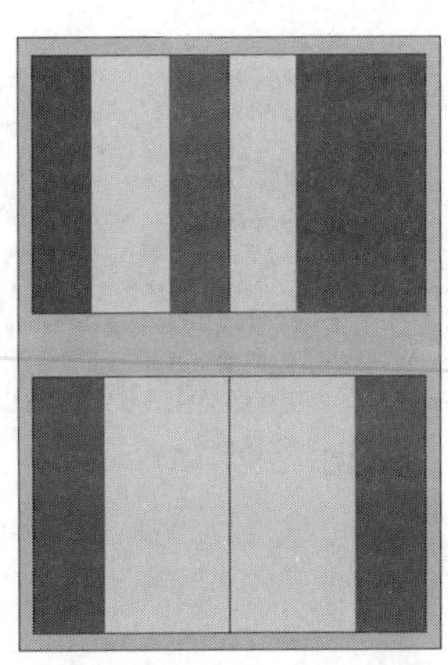

图10-256 继续填充颜色

Step 10 按下M键切换到“矩形工具”，依次单击鼠标左键，在弹出的“矩形”对话框中分别设置数值为150毫米×40毫米和140毫米×67毫米，新建2个矩形。在“色板”面板中新建一个颜色，设置其数值为（C：10，M：56，Y：94，K：0），如图10-257所示。

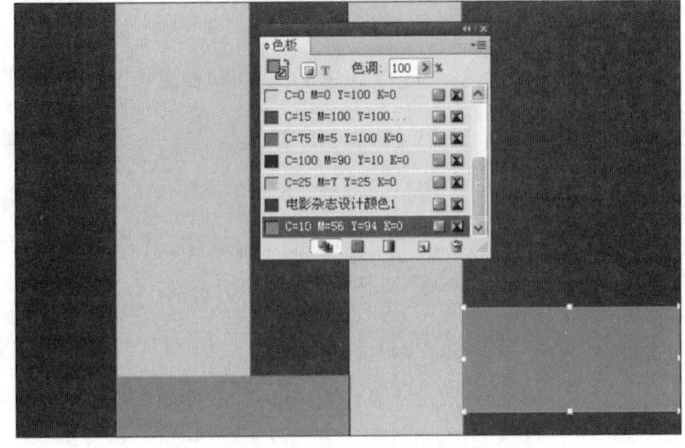

图10-257 绘制矩形并填充颜色

Step 11 按下键盘上的“=”号键，切换到“添加锚点工具”，在矩形的中间位置单击鼠标左键，添加一个锚点。再按下A键切换到“直接选择”工具，选中添加的锚点，按住Shift键的同时将其垂直向下拖动。调整后的效果如图10-258所示。

图10-258 调整矩形点的位置

Step 12 选中右侧的矩形，单击鼠标右键，在弹出的快捷菜单中选择“变换”｜“切变”命令，在打开的“切变”对话框中设置“切变角度”为15°，单击“垂直”单选按钮，勾选“预览”复选框查看效果，单击“确定”按钮保存设置。再绘制一个矩形对底部的部分进行遮挡，此时的效果如图10-259所示。

Step 13 按下F键切换到“矩形框架工具”，依次单击鼠标左键，在弹出的“矩形”对话框中分别设置数值为126毫米×79毫米和95毫米×69毫米，新建2个矩形框架。依次执行“文件”｜“置入”命令，在打开的“置入”对话框中选中图片素材“01.jpg”和“02.bmp”，单击“打开”按钮将它们导入，将“01.jpg”放置在左上角，将“02.bmp”放置在右下角。

Step 14 执行“窗口”｜“描边”命令，在打开的“描边”面板中设置描边粗细为2毫米，此时效果如图10-260所示。

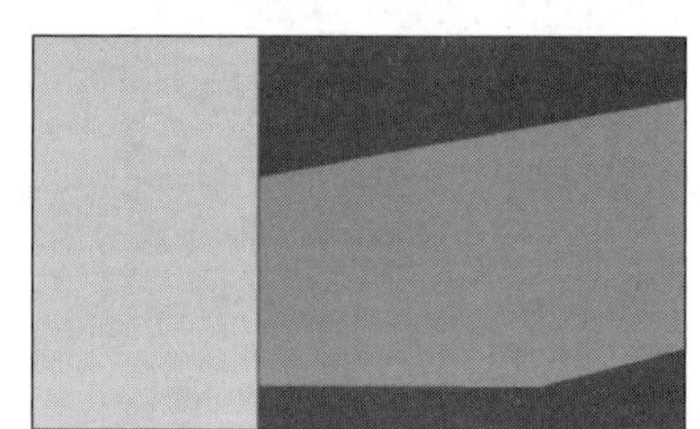

图10-259 切变矩形

图10-260 绘制矩形框架并置入图片

Step 15 接下来输入文章标题，在工具箱中选择“直排文字工具”，输入文本“让考据癖发作得更猛烈些吧”，执行“文字”｜“字符”命令，打开“字符”面板，在其中设置“字体”为方正超粗黑简体，选中文本“让考据癖”，设置“字体大小”为100点，设置“字符间距”为170，在“色板”面板中设置填充色为红色（C：15，M：100，Y：100，K：0）；选中文本“发作得更猛烈些吧”，设置“字体大小”为72点，在“色板”面板中设置填充色为蓝灰色（色框中名称为“电影杂志设计颜色1”）。

Step 16 选中输入的直排文本，单击鼠标右键，在弹出的快捷菜单中选择“变换”｜“切变”命令，设置“切变角度”为-10°，勾选“垂直”复选框，此时效果如图10-261所示。

Step 17 在本实例所在的文件夹中双击打开“电影杂志文本内容.doc”文件，在其中选中“世上本没有导演剪辑版”等导语相关段落文本，按下Ctrl+C键复制文本，回到InDesign文件中，按下T键切换到“文字工具”，按下Ctrl+V键粘贴文本，同样设置“字体”为方正超粗黑简体，并分别设置两组文本的颜色为红色和中黄色（C：10，M：56，Y：94，K：0）。按照前面相同的方法打开“切变”对话框，设置“切变角度”为-10°，方向为“垂直”。

Step 18 再输入文本“有关50部电影的导演剪辑版”，在“切变”对话框中设置“切变角度”为10°，方向为“水平”，效果如图10-262所示。

图10-261 输入直排文本并进行切变

图10-262 输入导语并设置文本

Step 19 继续选中“电影杂志文本内容.doc”文件，在其中选中剩余的段落文本，按下Ctrl+C键复制文本，回到InDesign文件中，按下T键切换到“文字工具”，绘制好文本框并按下Ctrl+V键粘贴文本。

Step 20 设置“字体”为宋体，“字体大小”为11点，设置“行距”为14点，并输入电影名称相关的文本，设置“字体大小”为24点，设置“行距”为28点，如图10-263所示。

Step 21 接下来设置剩余的2页。首先在工具箱中选择“矩形工具”，单击鼠标左键，在弹出的“矩形”对话框中设置数值为124毫米×41毫米，新建矩形。按下A键切换到“直接选择工具”，选中矩形左侧的点，按住Shift键的同时将其垂直向下拖动，调整成三角形。

Step 22 按下F键切换到“矩形框架工具”，依次单击鼠标左键，在弹出的“矩形”对话框中分别设置数值为63毫米×89毫米、62毫米×47毫米、87毫米×57毫米、99毫米×65毫米和99毫米×65毫米新建52个矩形框架。依次执行“文件”｜“置入”命令，在打开的“置入”对话框中选中图片素材“03.jpg”、“04.bmp”、“06.jpg”、“07.jpg”和“08.jpg”单击“打开”按钮将它们导入。

Step 23 按下A键切换到“直接选择工具”分别按住Shift键的同时调整图片的尺寸，调整效果如图10-264所示。

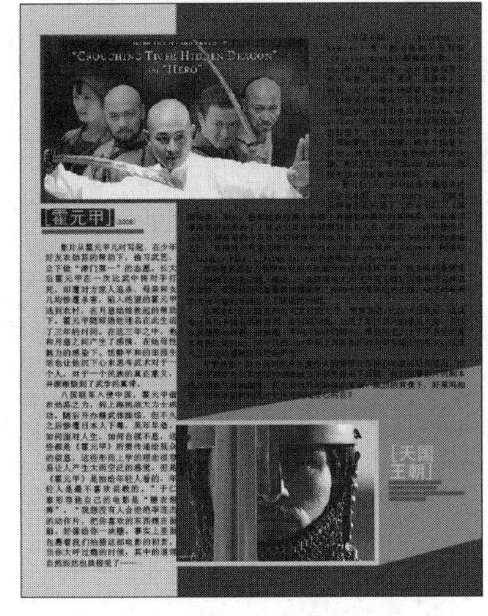

图10-263 输入段落文本

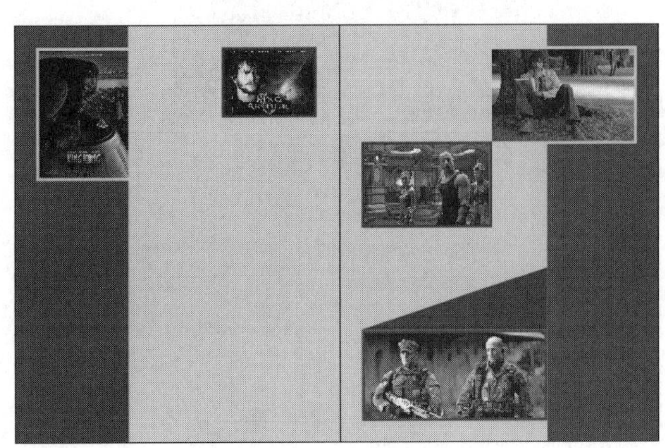
图10-264 绘制矩形框架并置入图片

Step 24 打开“电影杂志文本内容.doc”文件，按下Ctrl+C复制每个电影相关的文本，然后按下T键切换到“文字工具”T，绘制好文本框架，按下Ctrl+V键粘贴文本，默认情况下的效果如图10-265所示。

图10-265 输入段落文本

Step 25 选中左侧页面底部的图片，执行“窗口”｜“文本绕排”命令，打开“文本绕排”面板，取消“链接”选项的选项状态，设置“左位移”选项的数值为2毫米，如图10-266所示。

Step 26 再选中右侧页面左侧的图片，同样打开“文本绕排”面板，设置“右位移”选项的数值为2毫米，如图10-267所示。到此，整个实例已基本完成，最终效果如图10-246所示。

图10-266 左位移文本绕排

图10-267 右位移文本绕排